高效轧制国家工程研究中心先进技术丛书

热轧钢材的组织性能控制
——原理、工艺与装备

余 伟 蔡庆伍 宋 勇 孙蓟泉 编著

北 京
冶 金 工 业 出 版 社
2021

内容简介

本书共12章，其中1～7章介绍了钢材的性能检测方法、强韧化机理、奥氏体组织演变、过冷奥氏体相变、微合金元素的溶解与析出、钢材热轧过程的传热与控制及热变形抗力的物理冶金理论；8～12章阐述了物理冶金方法在中厚板、带钢、棒线材、异型材、钢管热轧生产中的开发与应用，以及物理冶金原理与计算机应用技术的结合。

本书可供相关专业科技人员了解国内外物理冶金理论与工程技术的最新进展，也可以作为材料成型与控制专业本科生及研究生的选修教材。

图书在版编目(CIP)数据

热轧钢材的组织性能控制：原理、工艺与装备/余伟等编著．—北京：冶金工业出版社，2016.10（2021.1重印）
（高效轧制国家工程研究中心先进技术丛书）
ISBN 978-7-5024-7373-0

Ⅰ.①热…　Ⅱ.①余…　Ⅲ.①热轧—钢铁冶金—研究
Ⅳ.①TG335.11

中国版本图书馆CIP数据核字（2016）第244697号

出 版 人　苏长永
地　　址　北京市东城区嵩祝院北巷39号　邮编　100009　电话　(010)64027926
网　　址　www.cnmip.com.cn　电子信箱　yjcbs@cnmip.com.cn
责任编辑　李培禄　美术编辑　吕欣童　版式设计　吕欣童
责任校对　卿文春　责任印制　李玉山
ISBN 978-7-5024-7373-0
冶金工业出版社出版发行；各地新华书店经销；北京中恒海德彩色印刷有限公司印刷
2016年10月第1版，2021年1月第2次印刷
787mm×1092mm　1/16；27.25印张；656千字；415页
80.00元

冶金工业出版社　投稿电话　(010)64027932　投稿信箱　tougao@cnmip.com.cn
冶金工业出版社营销中心　电话　(010)64044283　传真　(010)64027893
冶金工业出版社天猫旗舰店　yjgycbs.tmall.com
（本书如有印装质量问题，本社营销中心负责退换）

《高效轧制国家工程研究中心先进技术丛书》编辑委员会

序言一

高效轧制国家工程研究中心（以下简称轧制中心）自1996年成立起，坚持机制创新与技术创新并举，采用跨学科的团队化科研队伍进行科研组织，努力打破高校科研体制中以单个团队与企业开展短期项目为主的科研合作模式。自成立之初，轧制中心坚持核心关键技术立足于自主研发的发展理念，在轧钢自动化、控轧控冷、钢种开发、质量检测等多项重要的核心技术上实现自主研发，拥有自主知识产权。

在立足于核心技术自主开发的前提下，借鉴国际上先进的成熟技术、器件、装备，进行集成创新，大大降低了国内企业在项目建设过程的风险与投资。以宽带钢热连轧电气自动化与计算机控制技术为例，先后实现了从无到有、从有到精的跨越，已经先后承担了国内几十条新建或改造升级的热连轧计算机系统，彻底改变了我国在这些关键技术方面完全依赖于国外引进的局面。

针对首都钢铁公司在搬迁重建后产品结构调整的需求，特别是对于高品质汽车用钢的迫切需求，轧制中心及时组织多学科研发力量，在2005年9月23日与首钢总公司共同成立了汽车用钢联合研发中心，积极探索该联合研发中心的运行与管理机制，建组同一个研发团队，采用同一个考核机制，完成同一项研发任务，使首钢在短时间内迅速成为国内主要的汽车板生产企业，这种崭新的合作模式也成为体制机制创新的典范。相关汽车钢的开发成果迅速实现在国内各大钢铁公司的应用推广，为企业创造了巨大的经济效益。

实践证明，轧制中心的科研组织模式有力地提升了学校在技术创新与服务创新方面的能力。回首轧制中心二十年的成长历程，有艰辛更有成绩。值此轧制中心成立二十周年之际，我衷心希望轧制中心在未来的发展中，着眼长远、立足优势，聚焦高端技术自主研发和集成创新，在国家技术创新体系中发挥应有的更大作用。

高效轧制国家工程研究中心创始人

徐匡迪 教授

2016年9月

序言二

高效轧制国家工程研究中心成立二十年了。如今她已经走过了一段艰苦创新的历程，取得了骄人的业绩。作为当初的参与者和见证人，回忆这段创业史，对启示后人也是有益的。

时间追溯到1992年。当时原国家计委为了尽快把科研成果转化为生产力（当时转化率不到30%），决定在全国成立30个工程中心。分配方案是中科院、部属研究院和高校各10个。于是，原国家教委组成了评审小组，组员单位有北京大学、清华大学、西安交通大学、天津大学、华中理工大学和北京科技大学。前5个单位均为教委直属，北京科技大学是唯一部属院校。经过两年的认真评审，最初评出9个，评审小组中前5个教委高校当然名列其中。最终北京科技大学凭借获得多项国家科技进步奖的实力和大家坚持不懈的努力，换来了评审的通过。这就是北京科技大学高效轧制国家工程研究中心的由来。

二十年来，在各级领导的支持和关怀下，轧制中心各任领导呕心沥血，带领全体员工，克服各种困难，不断创新，取得了预期的效果，并为科研成果转化做出了突出贡献。我认为取得这些成绩的原因主要有以下几点：

（1）有一只过硬的团队，他们在中心领导的精心指挥下，不怕苦，连续工作在现场，有不完成任务不罢休的顽强精神，也赢得了企业的信任。

（2）与北科大设计研究院（甲级设计资质）合为一体，在市场竞争中有资格参与投标并与北科大科研成果打包，有明显优势。

（3）有自己的特色并有明显企业认知度。在某种意义上讲，生产关系也是生产力。

总之，二十年过去了，展望未来，竞争仍很激烈，只有总结经验，围绕国民经济主战场各阶段的关键问题，不断创新、攻关，才能取得更大成绩。

高效轧制国家工程研究中心轧机成套设备领域创始人

徐廷玲 教授

2016年9月

序言三

高效轧制国家工程研究中心走过了二十年的历程，在行业中取得了令人瞩目的业绩，在国内外具有较高的认知度。轧制中心起步于消化、吸收国外先进技术，发展到结合我国轧制生产过程的实际情况，研究、开发、集成出许多先进的、实用的、具有自主知识产权的技术成果，通过将相关核心技术成果在行业里推广和转移，实现了工程化和产业化，从而产生了巨大的经济效益和社会效益。

以热连轧自动化、高端金属材料研发、成套轧制工艺装备、先进检测与控制为代表的多项核心技术已取得了突出成果，得到冶金行业内的一致认可，同时也培养、锻炼了一支过硬的科技成果研发、转移转化队伍。

在中心成立二十周年的日子里，决定编辑出版一套技术丛书，这套书是二十年中心技术研发、技术推广工作的总结，有非常好的使用价值，也有较高的技术水准，相信对于企业技术人员的工作，对于推动企业技术进步是会有作用的。参加本丛书编写的人员，除了具有扎实的理论基础以外，更重要的是长期深入到生产第一线，发现问题、解决问题、提升技术、实施项目、服务企业，他们中的很多人以及他们所做的工作都可以称为是理论联系实际的典范。

高效轧制国家工程研究中心轧钢自动化领域创始人

孙一康 教授

2016 年 9 月

序言四

我国在“八五”初期，借鉴美国工程研究中心的建设经验，由原国家计委牵头提出了建立国家级工程研究中心的计划，旨在加强工业界与学术界的合作，促进科技为生产服务。我从 1989 年开始，参与了高效轧制国家工程研究中心的申报准备工作，1989～1990 年访问美国俄亥俄州立大学的工程中心、德国蒂森的研究中心，了解国外工程转化情况。后来几年时间里参加了多次专家论证、现场考察和答辩。1996 年高效轧制国家工程研究中心终于获得正式批准。时隔二十年，回顾高效轧制国家工程研究中心从筹建到现在的发展之路，有几点感想：

（1）轧制中心建设初期就确定的发展方向是正确的，而且具有前瞻性。以汽车板为例，北京科技大学不仅与鞍钢、武钢、宝钢等钢铁公司联合开发，而且与一汽、二汽等汽车厂密切联系，做到了科研、生产与应用的结合，促进了我国汽车板国产化进程。另外需要指出的是，把科学技术发展要适应社会和改善环境写入中心的发展思路，这个观点即使到了现在也具有一定的先进性。

（2）轧制中心的发展需要平衡经济性与公益性。与其他国家直接投资的科研机构不同，轧制中心初期的主要建设资金来自于世行贷款，因此每年必须偿还 100 万元的本金和利息，这进一步促进轧制中心的科研开发不能停留在高校里，不能以出论文为最终目标，而是要加快推广，要出成果、出效益。但是同时作为国家级的研究机构，还要担负起一定的社会责任，不能以盈利作为唯一目的。

（3）创新是轧制中心可持续发展的灵魂。在轧制中心建设初期，国内钢铁行业无论是在发展规模上还是技术水平上，普遍落后于发达国家，轧制中心的创新重点在于跟踪国际前沿技术，提高精品钢材的国产化率。经过了近二十年的发展，创新的中心要放在发挥多学科交叉优势、开发原创技术上面。

轧制中心成立二十年以来，不仅在科研和工程应用领域取得丰硕成果，而且培养了一批具有丰富实践经验的科研工作者，祝他们在未来继续运用新的机制和新的理念不断取得辉煌的成绩。

高效轧制国家工程研究中心汽车用钢研发领域创始人

王先进 教授

2016 年 9 月

序言五

1993 年末，当时自己正在德国斯图加特大学作访问学者，北京科技大学压力加工系主任、自己的研究生导师王先进教授来信，希望我完成研究工作后返校，参加高效轧制国家工程研究中心的工作。那时正是改革开放初期，国家希望科研院所不要把写论文、获奖作为科技人员工作的终极目标，而是把科技成果转移和科研工作进入国家经济建设的主战场为己任，因此，国家在一些大学、科研院所和企业成立“国家工程研究中心”，通过机制创新，将科研成果经过进一步集成、工程化，转化为生产力。

二十多年过去了，中国钢铁工业有了天翻地覆的变化，粗钢产量从 1993 年的 8900 万吨发展到 2014 年的 8.2 亿吨；钢铁装备从全部国外引进，变成了完全自主建造，还能出口。中国的钢材品种从许多高性能钢材不能生产到几乎所有产品都能自给。

记得高效轧制国家工程研究中心创建时，我国热连轧宽带钢控制系统的技术完全掌握在德国的西门子，日本的东芝、三菱，美国的 GE 公司手里，一套热连轧带钢生产线要 90 亿元人民币，现在，国产化的热连轧带钢生产线仅十几亿元人民币，这几大国际厂商在中国只能成立一个合资公司，继续与我们竞争。那时国内中厚板生产线只有一套带有进口的控制冷却设备，而今 80 余套中厚板轧机上控制冷却设备已经是标准配置，并且几乎全部是国产化的。那时中国生产的汽车用钢板仅仅能用在卡车上，而且卡车上的几大难冲件用国外钢板才能制造，今天我国的汽车钢可满足几乎所有商用车、乘用车的需要……这次编写的 7 本技术丛书，就是我们二十年技术研发的总结，应当说工程中心成立二十年的历程，我们交出了一份合格的答卷。

总结二十年的经验，首先，科技发展一定要与生产实践密切结合，与国家经济建设密切结合，这些年我们坚持这一点才有今天的成绩；其次，机制创新是成功的保证，好的机制才能保证技术人员将技术转化为己任，国家二十年前提出的“工程中心”建设的思路和政策今天依然有非常重要的意义；第三，坚持团队建设是取得成功的基础，对于大工业的技术服务，必须要有队伍才能有成果。二十多年来自己也从一个创业者到了将要离开技术研发第一线的年纪了，自己真诚地希望，轧制中心的事业、轧制中心的模式能够继续发展，再创辉煌。

高效轧制国家工程研究中心原主任

[signature] 教授

2016 年 9 月

前 言

物理冶金是钢铁材料加工领域重要的理论基础，在钢材加工领域得到广泛应用。研究物理冶金技术的主要目的是简化生产工艺流程，充分发掘钢材的潜能，改善钢材的综合性能，开发钢材新品种，实现先进钢铁材料的绿色制造。

从钢材的使用性能和服役性能要求出发，通过对钢材热轧加工过程的物理冶金原理和新方法研究，分析钢材在生产过程中的组织变化、相变规律以及组织与性能之间的关系，结合材料设计的新理念，充实和形成了物理冶金理论和工程应用技术，为新工艺和先进钢铁材料开发提供参考依据。

本书共12章，其中1~7章介绍了钢材的性能检测方法、强韧化机理、奥氏体组织演变、过冷奥氏体相变、微合金元素的溶解与析出、钢材热轧过程的传热与控制及热变形抗力的物理冶金理论；8~12章阐述了物理冶金方法在中厚板、带钢、棒线材、异型材、钢管热轧生产中的开发与应用，以及物理冶金原理与计算机应用技术的结合。

本书主要由北京科技大学高效轧制国家工程研究中心余伟编写，何春雨编写第6章，孙蓟泉编写第7章，宋勇编写第12章。蔡庆伍参加了部分章节的编写、校对工作。董恩涛参加了本书的文字编辑工作。

本书汇集了作者们多年来的科研成果，蔡庆伍、程知松、武会宾、胡水平等为本书提供了宝贵的技术资料，在此表示衷心感谢。本书也尽可能地收集整理了国内外在物理冶金理论及工程应用领域多年来的研究开发成果与生产实践资料，充实本书内容，力求更全面地展示物理冶金在工程技术领域的应用效果。

本书可以作为相关专业科技人员的参考书，了解国内外物理冶金理论与工程技术的发展。本书也可以作为材料成型与控制专业的选修教材，开阔学生专业视野，深化本专业的基础知识，掌握基础理论与应用相结合的前沿技术和基本方法，增强运用基础理论知识去分析和解决实际问题的能力。

由于我们专业知识有限，编写时间仓促，书中一定存在某些不足之处，诚恳希望读者予以指正。

编著者

2016年8月

目　录

1 钢材的力学性能及评价方法

1.1 钢的拉伸性能

1.1.1 拉伸应力-应变曲线

拉伸试验是指在承受轴向拉伸载荷下测定材料特性的试验方法。利用拉伸试验得到的数据可以确定材料的弹性极限、伸长率、弹性模量、比例极限、面积缩减量、抗拉强度、屈服点、屈服强度和其他拉伸性能指标。

在工程中，应力和应变是按下式计算的：

应力（工程应力 σ 或名义应力）： $$\sigma = \frac{P}{S} \tag{1-1}$$

应变（工程应变 ε_e 或名义应变）： $$\varepsilon_e = \frac{l_f - l_0}{l_0} \tag{1-2}$$

式中，P 为载荷；S 为试样的原始截面面积；l_0 为试样的原始标距长度；l_f 为试样变形后的长度。

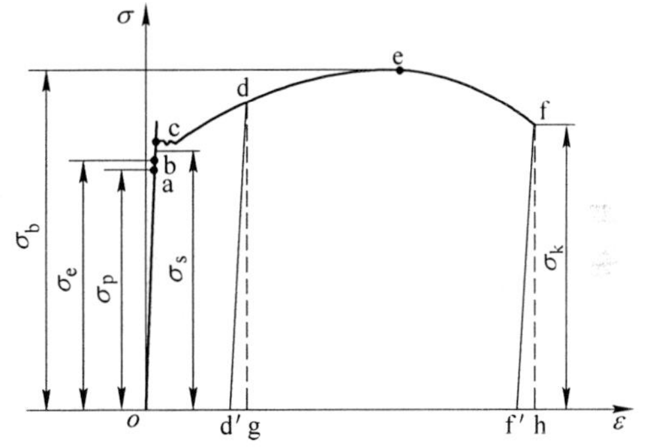

图 1-1　金属的拉伸应力-应变曲线[1]

从图 1-1 所示曲线上，可以看出低碳钢的变形过程有如下特点：当应力低于 σ_e 时，试样处于弹性变形阶段，σ_e 为材料的弹性极限，它表示材料保持完全弹性变形的最大应力。当应力超过 σ_e 后，应力与应变曲线出现屈服平台或屈服齿，钢的变形进入弹塑性变形阶段，卸载后试样变形只能部分恢复，保留塑性变形部分。σ_s 称为材料的屈服强度或屈服点，对于无明显屈服的金属材料，规定以产生 0.2% 或 0.5% 残余变形的应力值为其屈服极限。当应力超过 σ_s 后，试样发生明显而均匀的塑性变形，应力随变形增加，这就是钢的加工硬化或形变强化。当应力达到 σ_b 时试样的均匀变形阶段即告终止，此最大应力 σ_b 称为材料的强度极限或抗拉强度，它表示材料对最大均匀塑性变形的抗力。在 σ_b 值之后，试样开始发生不均匀塑性变形并形成缩颈，应力下降，最后应力达到 σ_k 时试样断裂。σ_k 为材料的条件断裂强度，它表示材料对塑性的极限抗力。

事实上，在拉伸过程中试样的尺寸是在不断变化的，此时的真应力 σ 应该是瞬时载荷 P_i 除以试样的瞬时截面面积 S_i，即：

$$\sigma = \frac{P_i}{S_i} \tag{1-3}$$

式中，P_i 为某时刻的载荷；S_i 为某时刻的横截面面积。

同样，真应变 $d\varepsilon$ 应该是某时刻伸长量 dl 除以该时刻长度 l：

$$d\varepsilon = \frac{dl}{l} \tag{1-4}$$

由此得到真应变的定义：

$$\varepsilon_t = \int d\varepsilon = \int_{l_0}^{l_f} \frac{dl}{l} = \ln\frac{l_f}{l_0} \tag{1-5}$$

式中，l_f 为最终标距长度；l_0 为初始标距长度。

真应变与工程应变的关系如下：

$$\varepsilon_t = \ln\frac{l_f}{l_0} = \ln\frac{\Delta l + l_0}{l_0} = \ln(\varepsilon_e + 1) \tag{1-6}$$

在轴向拉伸时，试件初始标距段的伸长将导致其直径减小，根据真应力和工程应力的定义可知，在相同载荷下，所产生的真应力大于工程应力。根据真应变定义，当试件进行多次变形时，其总的真应变可表示为各次真应变之和，即：

$$\varepsilon_t = \sum \varepsilon_n = \ln\frac{l_1}{l_0} + \ln\frac{l_2}{l_1} + \cdots + \ln\frac{l_f}{l_{f-1}} = \ln\frac{l_f}{l_0} \tag{1-7}$$

1.1.2 拉伸与均匀变形

在均匀塑性变形区，应力随着应变的增加而增大，反映了材料抵抗进一步变形的能力随变形的增加而增强，这一现象就称为应变硬化。根据真应力-应变定义，应变硬化现象可用 Hollomon 经验公式表述[2]：

$$\sigma = K\varepsilon^n \tag{1-8}$$

式中，σ 为真应力；ε 为真塑性应变；n 为应变硬化指数；K 为材料的强度系数。n 和 K 值越大，材料断裂所需的应变能越大，材料的韧性也越好。

应变硬化指数 n 的力学定义为：

$$n = \frac{d\lg\sigma}{d\lg\varepsilon} \tag{1-9}$$

即材料在拉伸变形过程中任一时刻的变形应力对应变的敏感性，n 值的大小反映了材料抵抗进一步变形的能力，n 的数值介于 0 到 1 之间，$n=1$ 时代表理想弹性材料，$n=0$ 时代表理想塑性材料。通常情况下，应变硬化指数随着材料的强度水平降低而增大；对于相同的材料，处于退火状态时比处于冷加工状态时的应变硬化指数要大。

部分常用金属材料的应变硬化指数列于表 1-1 中。

表 1-1 几种金属材料在室温下的 n 和 K 值[3]

材 料	状 态	n	K/MPa
0.05% 钢	退火	0.26	533.8
0.4% C-0.5% Cr-1.8% Ni-0.23% Mo	退火	0.15	643.9
0.60% 钢	淬火 +580℃回火	0.10	1572.8
0.60% 钢	淬火 +704℃回火	0.19	1228.8
铜	退火	0.54	373.5
70% Cu－30% Zn	退火	0.49	899.4

材料的应变硬化能力对试件在拉伸载荷作用下的塑性变形分布有十分重要的影响，当载荷达到临界值时，塑性变形将在试件最薄弱处发生，但应变硬化作用又增强了该处抵抗进一步变形的能力。因此，必须增加载荷使得另一较薄弱处发生变形并硬化，直至应变硬化能力被耗尽，导致变形失稳形成颈缩。从工程应用角度出发，发生局部塑性变形就意味着失效。因此，确定和提高材料的最大塑性应变量具有重要的意义。利用真应力、真应变定义和 Hollomon 经验公式，可以计算材料的最大均匀塑性应变量。

由 $P = S\sigma$ 得：

$$\mathrm{d}P = S\mathrm{d}\sigma + \sigma\mathrm{d}S \tag{1-10}$$

由于材料试件在承受最大载荷时发生颈缩，即当均匀塑性应变为最大时 $\mathrm{d}P = 0$，因此有：

$$\frac{\mathrm{d}\sigma}{\sigma} = -\frac{\mathrm{d}S}{S} \tag{1-11}$$

根据塑性变形过程为恒体积 V 有：$\mathrm{d}V = S\mathrm{d}l + l\mathrm{d}S = 0$ 成立，因此可以得到：

$$\frac{\mathrm{d}S}{S} = -\frac{\mathrm{d}l}{l} \tag{1-12}$$

按照真应变的定义：

$$\mathrm{d}\varepsilon = \frac{\mathrm{d}l}{l} \tag{1-13}$$

从而得到：

$$\sigma = \frac{\mathrm{d}\sigma}{\mathrm{d}\varepsilon} \tag{1-14}$$

这便是拉伸过程颈缩，或者称为塑性失稳。应用 Hollomon 经验公式，得到：

$$\sigma = K\varepsilon^{n} = Kn\varepsilon^{n-1} \tag{1-15}$$

因此得到：

$$\varepsilon = n = \text{颈缩时真应变}$$

即材料的最大均匀真塑性应变在数值上等于其应变硬化指数。由此可见，应变硬化指数的数值可作为衡量材料塑性均匀变形的力学指标。

通常情况下，材料的应变硬化指数 n 的数值可从 $\lg\sigma$-$\lg\varepsilon$ 坐标的真应力-应变曲线中得到，根据 Hollomon 经验公式，该曲线的斜率即为应变硬化指数。n 值计算方法为，将 $\sigma = K\varepsilon^{n}$ 取对数得到：

$$\lg\sigma = \lg K + n\lg\varepsilon \tag{1-16}$$

传统测量方法是根据拉伸实验记录的 P-S 曲线，计算得到 σ 和 ε，作出 $\lg\sigma$-$\lg\varepsilon$ 曲线。系统研究了拉伸变形时应变硬化指数的规范测量问题。采用 $\lg\sigma$-$\lg\varepsilon$ 曲线上人工计算，或采用多项式拟合 $\lg\sigma$-$\lg\varepsilon$ 曲线，然后求得 n 值。

1.2 钢的韧性和冲击试验

1.2.1 钢的韧性

韧性（又名韧度）是材料塑性变形和断裂（裂纹形成和扩展）全过程中吸收能量的能力。金属的韧性随加载速度的提高、温度的降低、应力集中程度的加剧而下降。为防止结构钢材在使用状态下发生脆性断裂，要求材料要有一定的韧性。

根据测定方法的不同，可将材料的韧性指标分为静力韧度、冲击韧度、断裂韧度等。静力韧度是材料拉伸应力-变形量曲线图中所包围的面积所表征的能量指标，其单位为 J/m^2，典型数值为 $10^5 \sim 10^7 J/m^2$；冲击韧度是在冲击载荷作用下单位断裂面积吸收的能量指标，其单位为 J，典型数值为 $10^{-1} \sim 10^2 J$；材料抵抗裂纹扩展断裂的韧性指标被称为断裂韧度，线弹性条件下断裂韧度指标 K_{1C}的单位为 $MPa \cdot m^{1/2}$（或 $MN \cdot m^{-3/2}$），典型数值为 $20 \sim 150 MPa \cdot m^{1/2}$，$G_{1C}$的单位为 $MPa \cdot m$（MJ/m^2），典型数值为 $10^{-3} \sim 0.1 MJ/m^2$（$10^3 \sim 10^5 J/m^2$）；而弹塑性条件下的断裂韧度 J 积分的指标为 J_{1C}，单位为 $MPa \cdot m$（MJ/m^2），裂纹尖端张开位移（CTOD）的指标为 δ_C，单位为 mm。

为保证构件的安全就需要测定断裂韧性，断裂韧性是材料本质性指标，但它的测定比较复杂，不适用于工程和工厂生产上。而冲击韧性指标严格说它不是材料的本质性能指标，并且受试样形状和尺寸的影响十分明显，但是它的测定比较方便，因此，在工程上还是被广泛采用。

1.2.2 钢的韧性评价方法

为了定量地了解材料的缺口敏感性，设计了不少缺口韧性的试验方法，提出了不少缺口韧性的参量，并将这些参量应用于工程设计、工程事故分析和评价工程材料的冶金质量。下面就这些方法进行简要介绍。

1.2.2.1 缺口冲击功

材料的冲击韧性指标主要是冲击功，即缺口冲击韧性 A_K(J) 或 a_K(J/cm^2) 值和韧脆转变温度 T_C。确定韧脆转变温度的方法很多，一般采用缺口面积上出现 50% 结晶状缺口时的温度为 T_C，以 50% FATT 表示。

A 冲击韧性

冲击韧性 A_K(J) 或 a_K(J/cm^2) 指标主要受以下几个条件影响：

(1) 缺口形状一定，如图 1-2 所示。国内外有多种缺口形状，其对应的应力状态和应力集中系数不同。现行国家标准 GB/T 229—2007《金属夏比缺口冲击试验方法》规定 V 形缺口的角度为 45° ± 2°，缺口底部半径为 0.25mm ± 0.025mm；U 形缺口的底部半径 0.25mm ± 0.07mm。

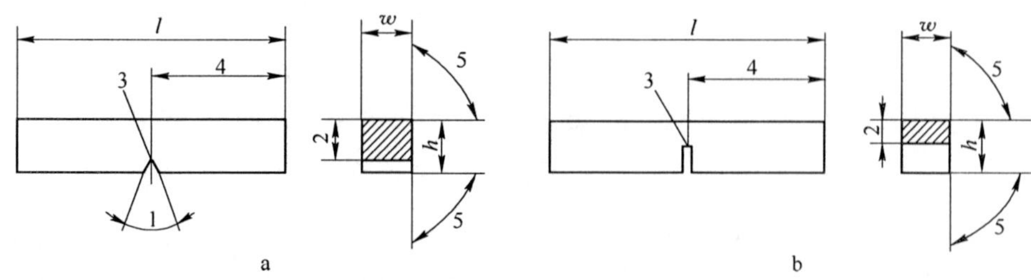

图 1-2 夏比冲击试样缺口尺寸

a—V 形缺口；b—U 形缺口

1—缺口角度；2—缺口位置高度；3—缺口底部半径；4—缺口中心距离；5—两面的垂直度

（2）试样的形状和尺寸。通常需要准确说明其采用的加工标准和外形尺寸。

（3）冲击速度。冲击试验机的摆锤高度一定，其冲击试样的速度和试样的应变速率据此可以计算出来。

（4）试验温度。在未注明时，认为是室温。

（5）试验介质。在未注明时，认为是空气。

在上述试验条件确定时，试样冲击断裂所消耗的能量即是试样从变形到断裂所吸收的能量。

B 脆性转变温度

长期以来，应用中多用冲击功或冲击韧性来表示脆性。对钢材来说，不同评价方法可以得到不同的韧性参量，如特定温度下的冲击功或冲击韧性（图 1-3 中的 A 点），或者是冲击试样断面上脆性断裂（结晶状断口）的面积百分数 50% 对应的试验温度——脆性转变温度，可以用 50% FATT 表示。需要说明的是，确定 50% FATT 时，国际上通用夏比 V 形缺口冲击试样。

C 示波冲击

冲击条件下，可以用示波器记录载荷（P）-位移（D）曲线，曲线下的面积应该等于冲击功。对于不同组织的 Q345 钢，在特定的试验温度下，其 P-D 曲线如图 1-4 所示。

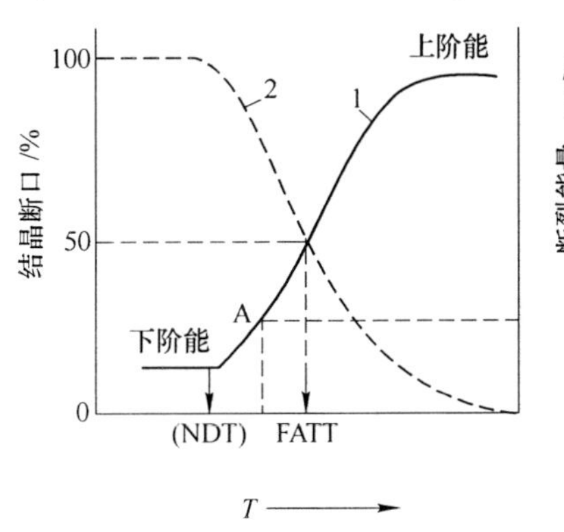

图 1-3 冲击韧性随温度的变化

1—能量曲线；2—结晶断口

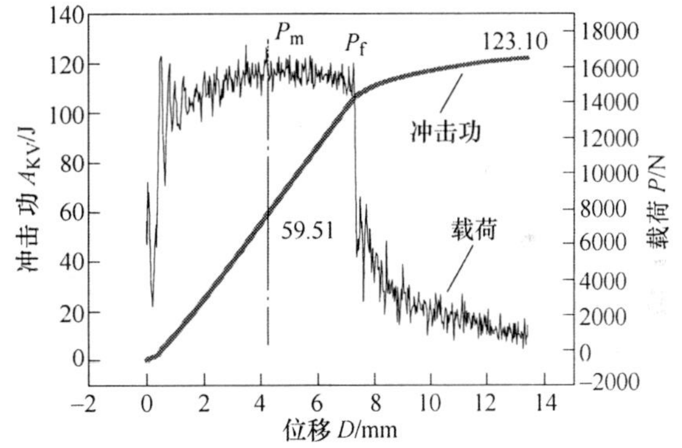

图 1-4 不同组织 Q345 钢的示波冲击曲线

缺口冲击韧性虽然可以反映材料的脆断趋势，但不能直接与设计应力联系起来，只能依据经验，特别是事故教训考察它们与裂纹断裂韧性之间的相关性，提出材料所需的韧性指标。例如，根据第二次世界大战期间不少大油船出现脆断事故的分析，对焊接船板用钢，为防止焊接船体的脆断，要求 10℃ 时夏氏 V 形 A_K 值应大于 20.34J。以后又提高到 0℃ 时钢板的夏氏 V 形 A_K 值应大于 47.47J，结晶断口应小于 70%。正是根据这些经验，各国制定了对产品性能的韧性要求并列入产品标准中。

1.2.2.2 落锤撕裂试验

落锤撕裂试验（Drop Weight Tear Test，DWTT）通过对全截面钢板试样的一次性快速冲断，从断口上观察冶金缺陷、断口性质、形貌等特征，评定试样断裂面上的剪切面积分数，综合评价冶金质量和抗破裂能力。落锤撕裂试验是衡量钢材韧性的重要指标之一。

对于高韧性、大壁厚的管线钢来说，普通夏比冲击试样尺寸过小，不能反映实际构件中的应力状态，而且结果离散性大。而落锤撕裂试验的结果与钢管全尺寸爆破试验结果相当吻合，说明这种方法更能反映断裂的真实情况，而且容易操作，因此落锤撕裂试验被广泛应用于管线钢断裂韧性的评价，被作为衡量管线钢抵抗脆性开裂能力的韧性指标。目前，部分级别的船板钢和桥梁钢板也开始采用落锤撕裂试验作为性能评价标准。评价采用的标准包括 GB/T 8363《铁素体钢落锤撕裂试验方法》和 API RP 5L3 标准。

落锤撕裂试验试样需要预制缺口，缺口的几何形状可采用压制 V 形缺口或人字形缺口（图 1-5）。低韧性管线钢与其他钢材应选用压制 V 形缺口，高韧性管线钢优先选用人字形缺口。人字形缺口可降低 DWTT 吸收能量，在一定程度上减小高韧性管线钢发生异常断口的概率。图 1-6 为 Q500 级别桥梁钢板 DWTT 断口的不同形态。

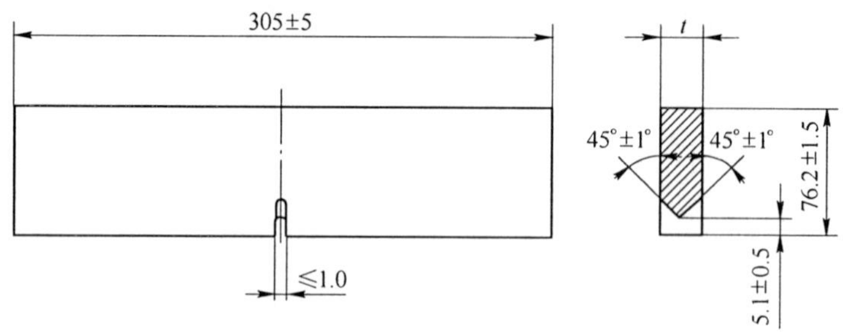

图 1-5　人字形缺口试样

图 1-6　Q500 级别桥梁钢板 DWTT 断口的不同形态

1.3　钢的蠕变性能

蠕变是材料在保持应力不变的条件下，应变随时间延长而增加的现象。高温材料的蠕变是指材料在一定应力、温度的作用下，随着时间的延长发生缓慢塑性变形的现象。蠕变对材料造成的损伤会引起材料晶界强度下降，随着时间的延长不断累积最终导致材料发生断裂，所以蠕变是影响材料高温服役寿命的主要因素之一。

在维持恒定变形的材料中，应力会随时间的增长而减小，这种现象为应力松弛，它可理解为一种广义的蠕变。高温高压技术迅速发展，蠕变试验已成为高温金属材料必须进行的主要性能试验之一。钢铁材料中，各种温度和压力条件下使用的锅炉容器板，都要在设计中考虑材料的蠕变特性。

1.3.1　蠕变曲线

高温下试件材料的应变量和时间关系曲线如图 1-7 所示。这个曲线也称为蠕变曲线。

一般情况下蠕变分为以下三个阶段：首先是减速阶段，随着蠕变时间的增加，蠕变速率不断下降；其次是蠕变的恒速阶段，又称为稳态蠕变阶段，是蠕变过程中速度相对恒定的一个阶段，蠕变速率几乎不变，载荷的大小直接决定了蠕变稳定程度和恒定范围，一般情况下，载荷越小，恒速阶段越长；最后是加速阶段，这个阶段最主要的特点就是蠕变速率随着时间的增加而迅速增大，直至试样断裂，此时对应的断裂时间 h 即为蠕变断裂寿命。

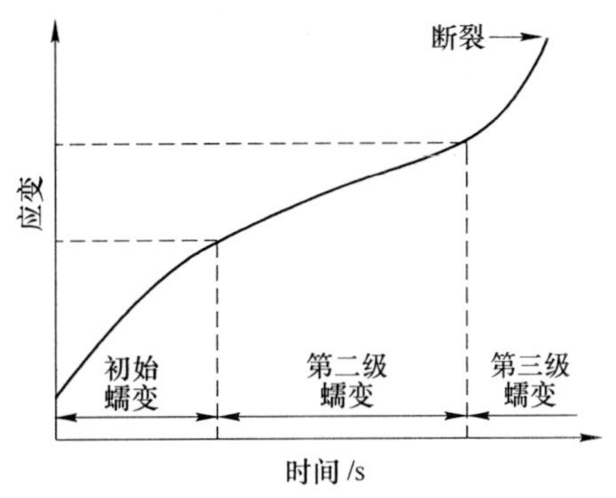

图 1-7 典型的高温蠕变曲线

蠕变曲线不是稳定不变的，其变化规律与材料的组织性能、试验温度和载荷息息相关。即使是同一种材料，它的蠕变曲线也不同，当试验温度发生变化，或是载荷发生变化时，蠕变曲线都会发生变化。

蠕变或持久试验是检测金属材料在一定的温度和外力作用下发生的形变、形变速率、断裂或应力变化等的试验方法。

选择蠕变和持久强度作为材料高温性能评价依据，是根据材料的实际工作环境来决定的。蠕变极限方法是在处于高温的构件变形量低于标准值时使用的；持久强度法是在不计算塑性变形量，只研究某一预先设定的应力值下的持久时间时使用的。另外，蠕变伸长率、稳态蠕变速率、持久断裂时间、持久断后伸长率或断面收缩率及持久缺口敏感系数等指标也用于评价材料的高温蠕变性能。下面主要就常用的持久强度评价法作出说明。

1.3.2 持久强度极限

蠕变断裂抗力判据是持久强度（creep rupture strength）极限，即在一定温度下和规定时间内不产生断裂的最大应力。对于某些在高温运转中不考虑形变量、只考虑使用寿命的构件，持久强度极限是重要的设计依据。持久强度试验同蠕变试验相似，但在试验过程中只确定试样的断裂时间。高温持久强度试验按照 GB/T 2039—1997、高温瞬时拉伸试验按照 GB/T 228—2002 规定进行，在此基础上确定材料的高温持久强度等蠕变性能。

将原始试验数据经过一定的图解或公式计算，获得实际工程上所需要的设计指标（一般为 $1\times10^5 \sim 20\times10^5$h 的设计寿命）。由于材料的持久强度试验不可能做这么长时间，因此需将短时试验的结果通过试验公式进行处理，用外推方法得到长时持久强度[4]。国内外关于金属材料持久强度的预测方法有很多种，比如经验关系式外推法、等温线法、时间-温度参数法（KD 参数法和 Larson-Miller 参数法）、最小约束法和状态方程法等，其中 Larson-Miller 参数法是应用最广泛的一种。根据一般经验公式认为，当温度不变时，断裂时间与应力两者的对数呈线性关系。据此可用内插法或外推法求出持久强度极限。为了保证外推结果的可靠性，外推时间一般不得超过试验时间 10 倍。

利用持久强度的状态函数，通过对 Larson-Miller 参数 P、温度 T 和时间 t 之间关系的解析和转换，建立高温材料在给定温度条件下持久强度与持久时间之间的数学解析式，在此基础上计算马氏体型耐热钢 Mod. 9Cr-1Mo 长时持久强度，并用试验数据验证，如图 1-8 和图 1-9 所示[5]。Mod. 9Cr-1Mo 材料状态为经过 1050℃ 正火 + 780℃ 回火热处理。

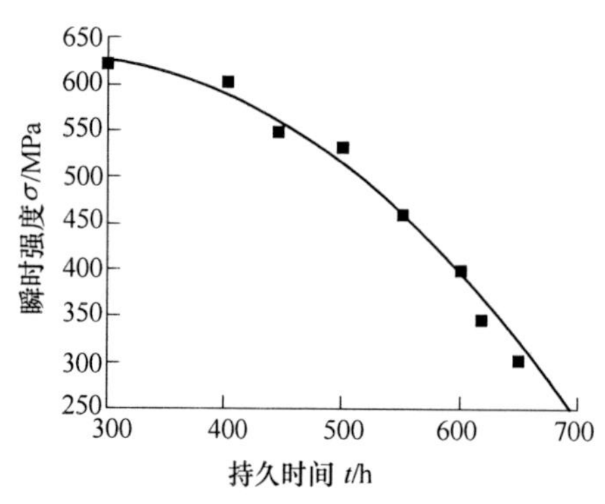

图 1-8 Mod. 9Cr-1Mo 钢高温瞬时强度

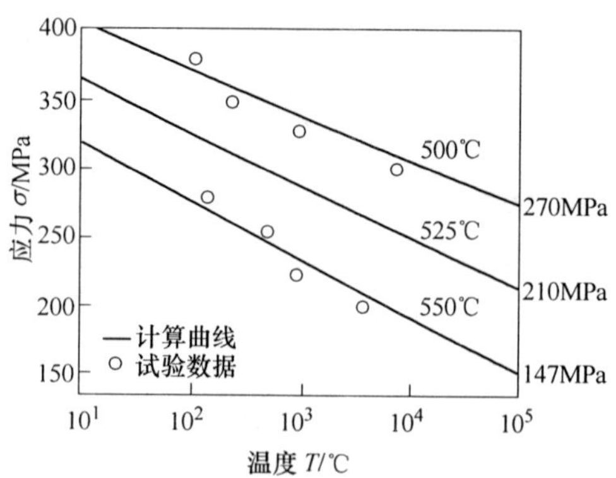

图 1-9 不同温度 Mod. 9Cr-1Mo 钢持久强度计算曲线与实测值对比

1.3.3 持久塑性

蠕变试验断裂后的伸长率和断面收缩率表征金属的持久塑性。若持久塑性过低，材料在使用过程中会发生脆断。持久强度缺口敏感性，是用在相同断裂条件下缺口试样与光滑试样两者的持久强度极限的比值表示。缺口敏感性过高时，金属材料在使用过程中往往过早脆断。持久塑性和持久强度缺口敏感性均为高温金属材料重要的性能判据。持久断后伸长率是持久试样断裂后，在室温下计算长度部分的增量与原始计算长度的百分比。持久断面收缩率是持久试样断裂后，在室温下横截面面积的最大缩减量与原始横截面面积的百分比。

化学成分为 0. 096% C-9. 36% Cr-0. 68% Mo-0. 17% V-0. 040% Nb-0. 035% N-0. 62% Mn-0. 55% Ni-0. 40% Si 的耐热钢高温拉伸持久强度试验，其持久伸长率和持久断面收缩率如图 1-10 和图 1-11 所示[6]。

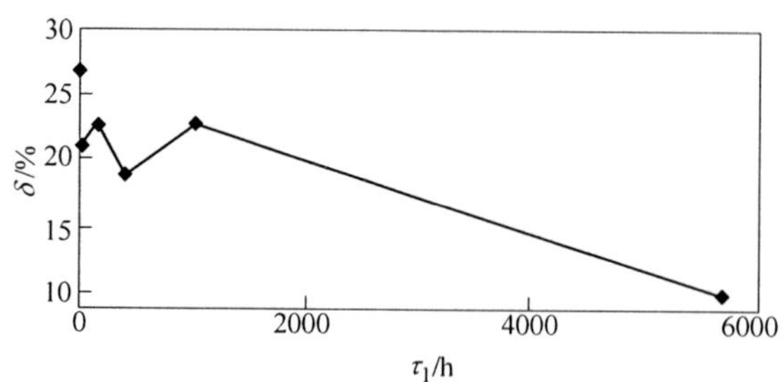

图 1-10 断裂时间与伸长率关系曲线

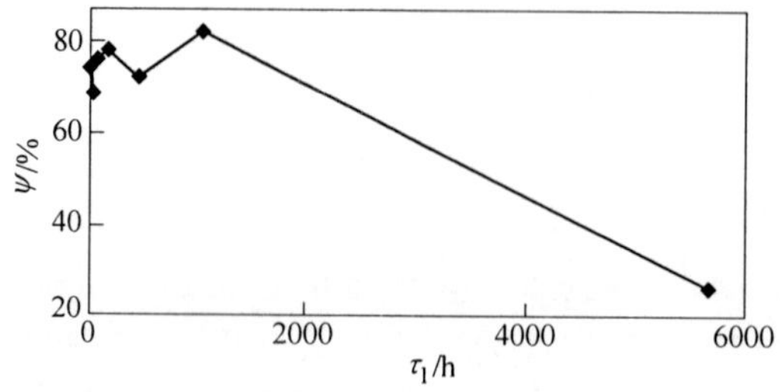

图 1-11 断裂时间与断面收缩率关系曲线

1.3.4 应力松弛

在金属构件总形变恒定的条件下，弹性形变不断转变为塑性形变，从而使应力不断减小的过程称为应力松弛。这种现象多出现于弹簧、螺栓以及其他压力配合件，高温下尤为显著。因此，应力松弛试验通常在高温下进行。国家标准 GB 10120—2013《金属应力松弛试验方法》中给出了典型的应力松弛动力学曲线，如图 1-12 所示。通常以规定时间后的剩余应力作为金属应力松弛抗力的判据。

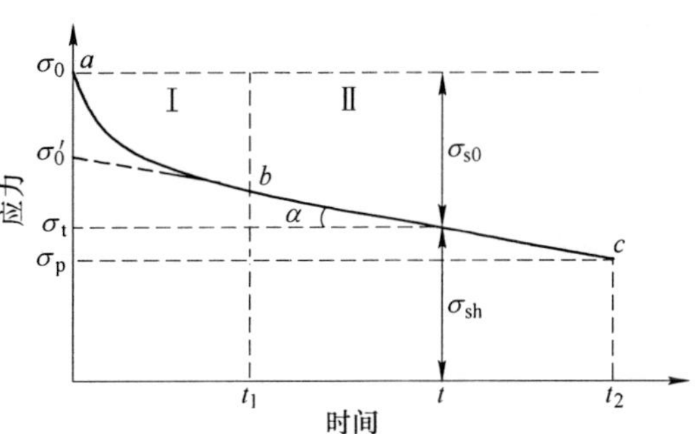

图 1-12 典型的应力松弛动力学曲线

剩余应力 σ_{sh}表示在初始应力作用下经过规定时间 t 后材料剩余应力的大小。它可以用 σ_{sh}/σ_0的百分比来表示。σ_{sh}或 σ_{sh}/σ_0越大，表示材料的抗松弛性能越好。

应力松弛率 ν_s表示单位时间的应力下降值，即某一时刻的应力松弛曲线的斜率，$\nu_s = d\sigma/dt$。ν_s 越小，材料的抗应力松弛稳定性越好。

第Ⅰ阶段松弛稳定系数 s_0：将松弛曲线的直线部分反向延伸到纵轴，与纵坐标轴交点处的应力值记为 σ'_0，其与初始应力 σ_0的比值定义为 s_0，$s_0 = \sigma'_0/\sigma_0$。因此，s_0表示的是第Ⅰ阶段的松弛特征，其值越大表示第Ⅰ阶段越短，材料或元件的抗松弛性能也越好。

第Ⅱ阶段松弛速度系数 t_0：松弛曲线第二阶段直线的斜率，它也反映了第Ⅱ阶段的抗松弛特征。t_0 越大表示材料或元件的抗松弛性能越好。

应力松弛试验可用来确定栓接件在高温下长期使用时保持足够紧固力所需要的初始应力，预测密封垫密封度的减小、弹簧弹力的降低、预应力混凝土中钢筋的稳定性，以及判明锻件、铸件和焊接件消除残余应力所需要的热处理条件。对于用作紧固件的金属材料常在不同温度和不同初始应力下进行应力松弛试验，以便对其性能有较全面的了解。试验条件对应力松弛试验结果影响显著。控制总形变量的恒定性和温度的稳定性是保证试验结果有良好重现性的关键。

1.4 钢的疲劳性能

1.4.1 钢的疲劳失效与应力状态

金属疲劳是指一种在交变应力作用下，金属材料发生破坏的现象。疲劳损伤是导致当今工程结构失效的最常见的原因之一。

金属材料在交变应力作用下的破坏具有以下特点：

（1）抵抗断裂的极限应力低，材料破坏时的应力要比材料强度极限低很多，甚至低于屈服极限。

（2）破坏有一个过程，材料需经过若干次应力循环后才突然断裂。

（3）材料的破坏呈脆性断裂，即使是塑性材料，断裂时也无明显塑性变形，并且断口表面一般都存在两个不同的区域：光滑区和粗糙区。其中在疲劳断口的光滑区，多数情况下可以看到疲劳裂纹的萌生地——裂纹源。

典型的疲劳断口如图 1-13 所示。

疲劳失效过程经历了四个时期：疲劳成核时期、微观裂纹增长期、宏观裂纹生长期、最终断裂期。在实际工程中，也经常将四个时期分为两个阶段，即疲劳裂纹萌生阶段和疲劳裂纹扩展阶段。

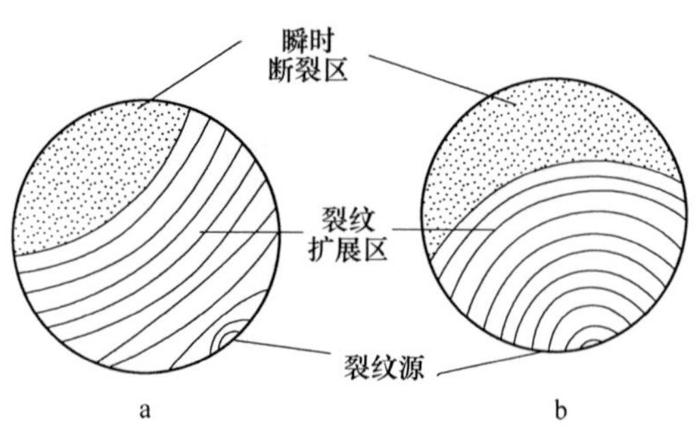

图 1-13 疲劳断裂的典型断口形态

a—对缺口不敏感材料；b—对缺口敏感的材料

1.4.2 应力循环与 *S-N* 曲线

1.4.2.1 应力循环

交变应力状态不同，对金属疲劳破坏影响也存在很大差异。因此，应力循环是研究材料疲劳特性的基础条件。

在单周应力状态下，可以用以下几个参数描述其应力循环状态：即最大应力 σ_{max}、最小应力 σ_{min}、平均应力 $\sigma_m = (\sigma_{min} + \sigma_{max})/2$、应力幅 $\sigma_a = (\sigma_{max} - \sigma_{min})/2$、循环特性系数（应力比）$r = \sigma_{min}/\sigma_{max}$。

如果 $r = 1$，为静应力状态；如果 $r = 0$，则为脉动循环应力状态；如果 $r = -1$，为对称循环应力状态；而 $-1 \leqslant r \leqslant 1$ 时，为非对称循环变应力状态，如图 1-14 所示。

按循环应力作用的大小，疲劳可分为应力疲劳和应变疲劳。

应力疲劳：最大循环应力 σ_{max} 小于屈服应力 σ_s，寿命一般较高（$N > 10^4$），多用于高周疲劳性能检测。

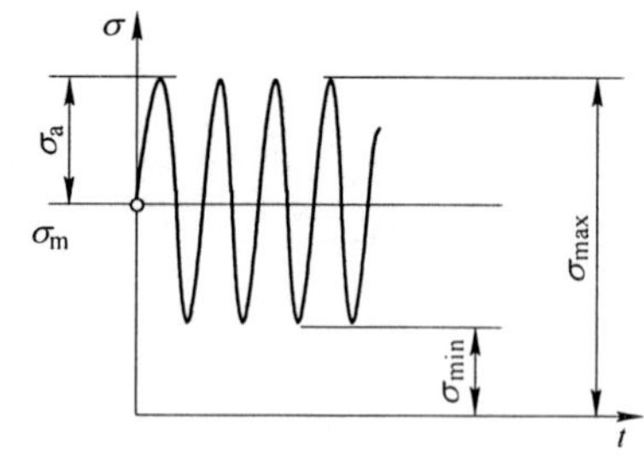

图 1-14 非对称循环变应力状态

应变疲劳：最大循环应力 σ_{max} 大于屈服应力 σ_s（材料屈服后应变变化较大而应力变化较小，故一般以应变为控制参量），寿命一般较低（$N < 10^4$），多用于材料的低周疲劳性能检测。

1.4.2.2 *S-N* 曲线

对于一种材料，根据实验可得出在各种循环作用次数 N 下的极限应力，以作用次数 N 为横坐标、极限应力为纵坐标绘成的曲线称为材料的疲劳曲线，或称 *S-N* 曲线，如图 1-15 所示。σ_N 称为一定循环作用次数 N 的极限应力，也称为条件疲劳极限。当应力低于某一值时，试样可以经受无限次的循环而不断裂，此应力值称为该材料的疲劳极限，或疲劳强度，用 σ_r 表示，其中 r 为应力状态。

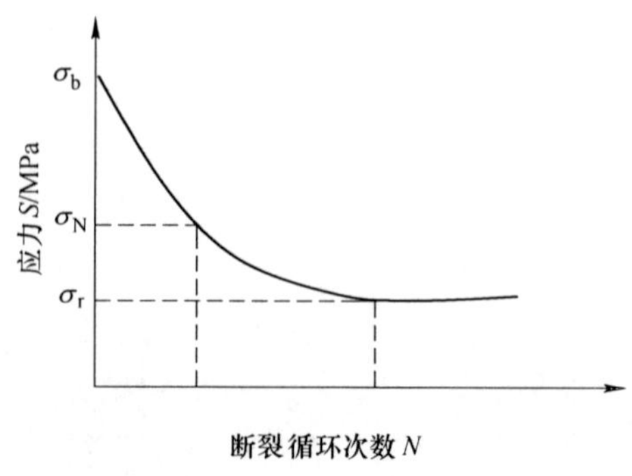

图 1-15 材料的疲劳曲线

1.4.3 钢的疲劳性能评价

钢的疲劳性能测试主要评价两大指标：疲劳强度与疲劳寿命。

由于疲劳极限是由试验确定的，试验又不可能一直做下去，故在许多试验研究的基础上，所谓的无穷大一般被定义为，钢材10^7次循环时、焊接件2×10^6次循环时其对应的极限应力为疲劳强度。图1-16为汽车曲柄连杆制造用C70S6BY和V-N微合金化钢的旋转弯曲疲劳试验的*S-N*曲线，两种材料的疲劳强度分别为360MPa和400MPa，而其静载荷下的屈服强度分别为505MPa和645MPa[7]。

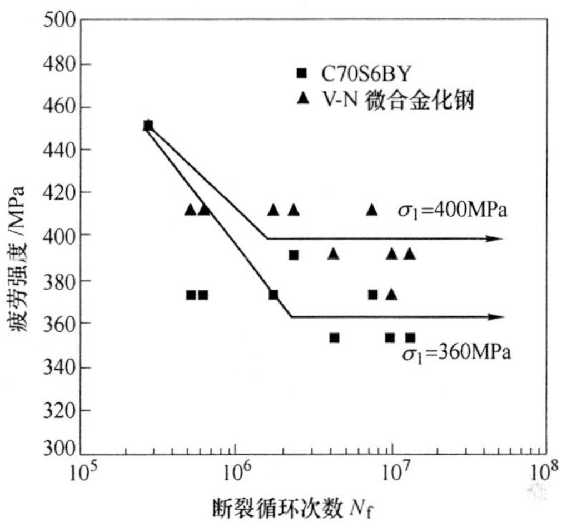

图1-16 C70S6BY和V-N微合金化钢的旋转弯曲疲劳试验*S-N*曲线

由于服役环境的条件不同，金属疲劳性能测试方法种类较多，从应力和应变的角度看，可以分为：等幅应力试验、增加应力振幅试验、恒塑性应变幅试验、变幅试验等。国内现行的国家标准包括：GB/T 3075《金属轴向疲劳试验方法》、GB/T 4337《金属旋转弯曲疲劳试验方法》、GB/T 7733《金属旋转弯曲腐蚀疲劳试验方法》、GB/T 12443《金属扭应力疲劳试验方法》、GB/T 2107《金属高温旋转弯曲疲劳试验方法》、GB/T 15248《金属材料轴向等幅低循环疲劳试验方法》、GB/T 10622《金属材料滚动接触疲劳试验方法》。

1.4.4 疲劳的影响因素

影响材料疲劳强度的因素主要有：工作条件、材料成分及组织、表面状态及尺寸因素、表面强化及残余应力。

1.4.4.1 工作条件因素

同种材料在不同应力状态下，相应的疲劳强度也不同。对称循环疲劳强度包括对称弯曲疲劳强度σ_{-1}、对称扭转疲劳强度τ_{-1}、对称拉压疲劳强度σ_{-1p}，存在如下关系：钢$\sigma_{-1p}=0.85\sigma_{-1}$，铸铁$\sigma_{-1p}=0.65\sigma_{-1}$，钢及轻合金$\tau_{-1}=0.55\sigma_{-1}$，铸铁$\tau_{-1}=0.80\sigma_{-1}$。

对同种材料，其疲劳强度：$\sigma_{-1}>\sigma_{-1p}>\tau_{-1}$，因为弯曲疲劳时，试样表面应力最大，只有表面层才产生疲劳损伤。而拉压疲劳时，应力分布均匀，整个截面都可产生疲劳损伤，故$\sigma_{-1}>\sigma_{-1p}$。扭转疲劳时，切应力大，更容易使材料发生滑移而产生疲劳损伤，故τ_{-1}最小。

1.4.4.2 材料的化学成分及组织因素

（1）化学成分：工程材料中，结构钢的疲劳强度最高$\sigma_{-1}\approx0.5\sigma_b$。结构钢中，碳是影响疲劳强度的重要因素，既有间隙固溶强化作用，又有弥散强化作用（碳化物），提高材料的形变抗力、疲劳强度。在一定范围内，随着碳含量增大，疲劳强度增大（固溶强化、弥散强化作用增大），但碳含量太高，钢的脆性增大，σ_{-1}降低。成分变化对钢材疲劳强度和疲劳寿命的影响如图 1-16 所示。

（2）非金属夹杂物及冶金缺陷：脆性夹杂物（Al_2O_3、硅酸盐）在钢中易萌生疲劳裂纹，降低疲劳强度。冶金缺陷（气孔、缩孔、偏析、白点、裂纹等）都是疲劳裂纹源，降低疲劳强度和寿命。晶粒度对疲劳强度的影响如下：

$$\sigma_{-1} = \sigma_i + kd^{-1/2} \tag{1-17}$$

式中，σ_i为位错在晶格中运动摩擦阻力；k 为材料常数，d 为晶粒平均直径。显然，显微组织细化有利于提高疲劳强度。由于热加工工艺的变化，钢材的组织和疲劳性能也会随之改变。图 1-17 为 2Cr13 钢经过两种不同回火温度（640℃回火和 710℃ 回火）处理后的 S-N 曲线，可见，在较低温度回火（640℃），其疲劳强度提高 15.6%。

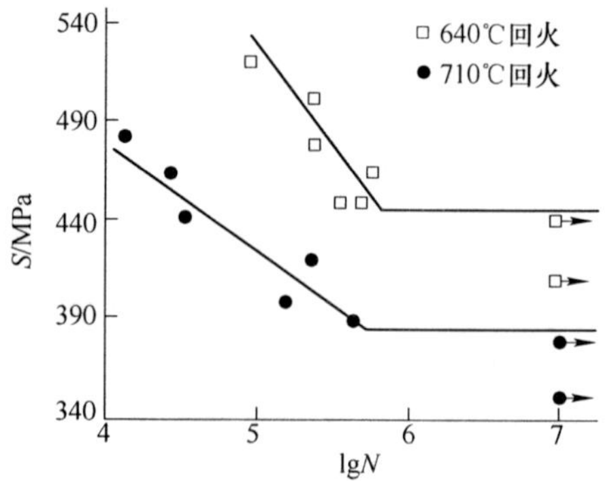

图 1-17　不同回火温度后 2Cr13 钢的 S-N 曲线[8]

1.4.4.3　表面状态及尺寸因素

（1）应力集中：材料表面的缺口应力集中，往往是引起疲劳破坏的主要原因。一般用 K_t 表示应力集中程度。

$$K_t = \frac{\text{最大局部弹性应力 } \sigma_{max}}{\text{名义应力 } \sigma} \tag{1-18}$$

理论弹性应力集中系数一般由弹性理论分析、有限元法或实验方法得到。应力集中系数 K_t 不同，S-N 曲线不同，如图 1-18 所示。材料不同，K_t 对 S-N 曲线的影响也不同。

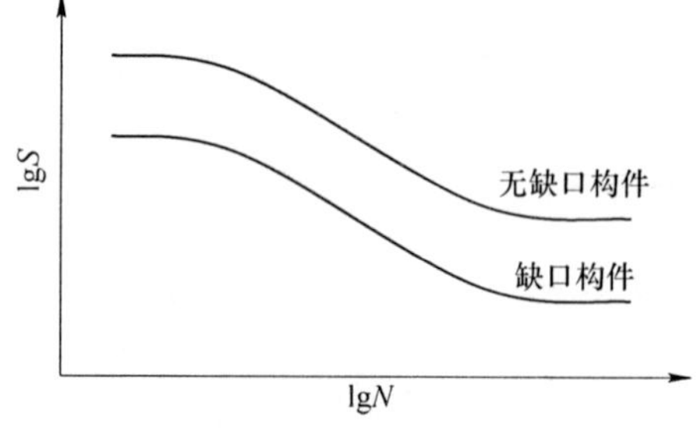

图 1-18　应力集中系数对 S-N 曲线的影响

（2）表面状态：表面粗糙度越低，材料的疲劳强度越高；表面粗糙度越高，材料疲劳强度越低。材料强度越高，表面粗糙度对疲劳极限的影响越显著。金属表面加工方法直接影响最后材料的表面粗糙度。抗拉强度越高的材料，材料加工方法对其疲劳极限的影响越大。

（3）尺寸因素：材料尺寸对疲劳强度也有影响，尤其在弯曲、扭转载荷作用下影响更大。一般来说，材料随着尺寸的增大疲劳强度下降，这种现象称为疲劳强度尺寸效应。

1.4.4.4　表面强化及残余应力因素

表面强化处理具有双重作用：（1）提高表层强度；（2）提供表层残余压应力，抵消一部分表层拉应力。表面强化的方法通常有表面喷丸和滚压、表面淬火及表面化学热处理等。

参考文献

[1] Hu Z, Rauch E F, Teodosiu C. Work-hardening behavior of mild steel under stress reversal at large strains

[J]. International Journal of Plasticity, 1992, 8 (7): 839~856.

[2] Hollomon J H. The Effect of heat treatment and carbon content on the work hardening Characteristics of several steels [J]. Transactions of ASM, 1944, 32: 123~133.

[3] George E Dieter. Mechanical Metallurgy [M]. McGraw-Hill Book Company Inc, 1961: 248.

[4] 鄢国强. 力学性能试验 [M]. 上海: 上海科学普及出版社, 2003.

[5] 宛农, 谢锡善, 张家福, 等. 基于 Larson-Miller 参数的蠕变持久强度数学模型 [J]. 机械强度, 2004, 26 (4): 410~413.

[6] 王冬梅, 张庄, 赵爱彬. 汽轮机缸体用耐热钢持久强度与塑性研究 [J]. 物理测试, 2006, 24 (3): 8~11.

[7] 张贤忠, 陈庆丰, 周桂峰, 等. 汽车发动机裂解连杆用 V-N 微合金钢疲劳性能, 材料热处理学报, 2014, 35 (SⅡ): 75~79.

[8] 刘晓燕, 张海存, 何晓梅, 等. 回火温度对 2Cr13 钢疲劳强度的影响 [J]. 理化检验-物理分册, 2007, 43 (9): 446~448.

2 钢的强化和韧化机理

一种材料要通过各种检验指标来确定它的加工性能和使用性能。对于钢材来说，在大多数情况下其力学性能是最基本、最重要的，其中强度性能又居首位。但对钢材不仅只要求强度，往往还要求一定的韧性和可焊接性能，而这方面的指标又是和强度性能指标相牵连的，甚至是相互矛盾的，很难使其中某项性能单方面发生变化。结构钢材的最新发展方向就是要求材料的强度、韧性和可焊接性能诸方面有比较好的匹配。控制轧制和控制冷却工艺正是能满足这种要求的一种比较合适的工艺。为了能够合理地利用各种强化机制来制定控轧控冷工艺，有必要对钢的强化机制及其对钢材强度和韧性的影响有粗略的了解。

2.1 钢的强化机制

强度是工程结构用钢最基本的要求。而所谓强度是指材料对塑性变形和断裂的抗力，用给定条件下所能承受的应力来表示。通过合金化、塑性变形和热处理等手段提高金属强度的方法称为金属的强化。

我们这里所指的强化是指光滑的金属材料试样在大气中，并在给定的变形速率、室温条件下，对拉伸时所能承受应力的提高。屈服强度（σ_s）和抗拉强度（σ_b）是其性能指标。

钢的强化机制包括固溶强化、形变强化、析出（沉淀）强化、细晶强化、亚晶强化和相变强化等。

下面将对上述几种强化机制分别作一简单说明。

2.1.1 固溶强化

要提高金属的强度可使金属与另一种金属（或非金属）形成固溶体合金。按照溶质的存在方式，固溶可分为间隙固溶和置换固溶。这种采用添加溶质元素使固溶体强度升高的现象称为固溶强化。固溶强化的机理是溶质原子溶入铁基体晶体点阵中，将使晶体点阵发生畸变，畸变产生一弹性应力场，从而使基体的强度提高。溶质原子与位错间还会产生相互作用和有序化相互作用（包括短程有序和长程有序），这些作用也都将导致位错运动的阻力增大从而使材料强化。在体心立方点阵的基体晶体（如大多数钢铁材料）中，弹性相互作用（钉扎作用）是固溶强化的主要方式。

固溶强化作用的大小与溶质原子的量有关，相关的理论研究结果表明，可根据溶质原子固溶后引发的点阵畸变的对称性将溶质原子区分为强固溶强化（快速强化）元素和弱固溶强化（逐步强化）元素。引发基体点阵非对称性畸变的溶质元素被称为强固溶强化元素，反之则为弱固溶强化元素。强固溶强化元素的固溶强化效果比弱固溶强化元素的固溶强化效果大两个数量级左右。钢铁材料中的固溶 C、N 原子属于强固溶强化元素，而绝大多数置换固溶元素属于弱固溶强化元素，个别特殊的元素如 B、P、Si 固溶后会产生一定程度的非对称畸变而处于其间。

溶质与基体的原子大小差别越大，强化效果也就越显著。如图 2-1 是常见元素和原子半径对比，其中在钢中固溶的元素为原子尺寸与 Fe 原子相差较大的 C、N、B 间隙原子，其强化作用显著；常见的与 Fe 尺寸相近的常见合金化元素，如 Mn、Cr、Ni、Mo、Cu、Nb、V、Co，在钢中是置换原子，固溶强化作用稍低。类金属元素 Si、P、S 也能形成置换原子固溶体，发挥强化作用。

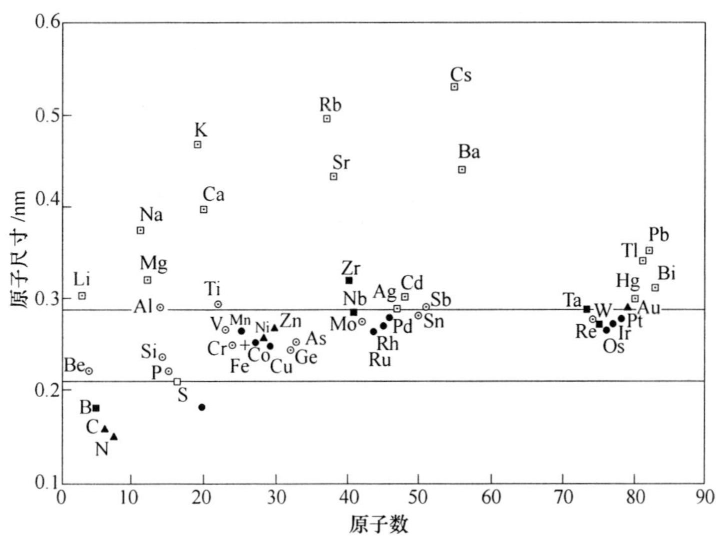

图 2-1　常见元素和原子半径对比

溶质元素溶解量增加，固溶体的强度也增加。对于无限固溶体，溶质原子浓度（摩尔分数）为 50% 时的强度最大。对于有限固溶体（如碳钢）其强度随溶质元素溶解量增加而增大。溶质元素在固溶体中的饱和溶解度越小其固溶强化效果越好（图 2-2）。

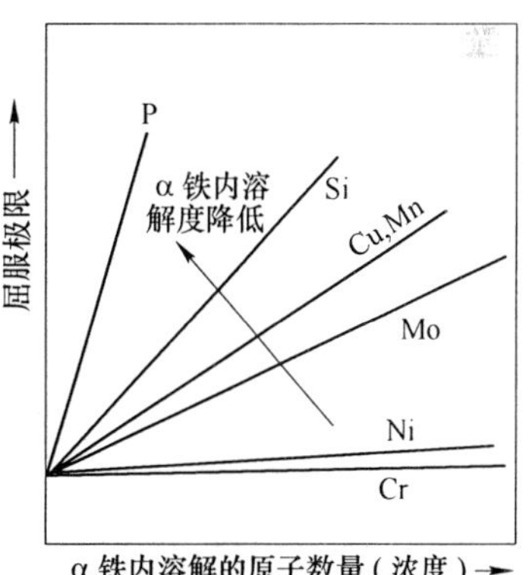

图 2-2　由置换元素来实现铁的固溶强化示意图[1]

钢中最主要的合金元素 Mn、Si、Cr、Ni、Cu 和 P 都形成置换固溶体，并在一定的含量范围内使屈服强度和抗拉强度呈线性增加（图 2-3），C、N 等元素在 Fe 中形成间隙固溶体，在过饱和的固溶体中，由于 C、N 原子有很好的扩散能力，可以直接在位错附近和位错中心聚集，形成柯氏（Cottrel）气团，对运动的位错起着钉扎作用，使屈服强度、抗拉强度提高。

钢铁材料中的固溶 C、N 原子属于强固溶强化元素，而绝大多数置换固溶元素属于弱固溶强化元素，个别特殊的元素如 B、P、Si 固溶后会产生一定程度的非对称畸变而处于其间。强固溶强化元素的固溶强化效果大致正比于固溶原子量的二分之一次方，而弱固溶强化元素的固溶强化效果大致正比于固溶原子量的一次方。由此可得强固溶强化元素的固溶强化强度增量的计算式为：

$$\Delta\sigma = k_c[\mathrm{C}]^{1/2} \tag{2-1}$$

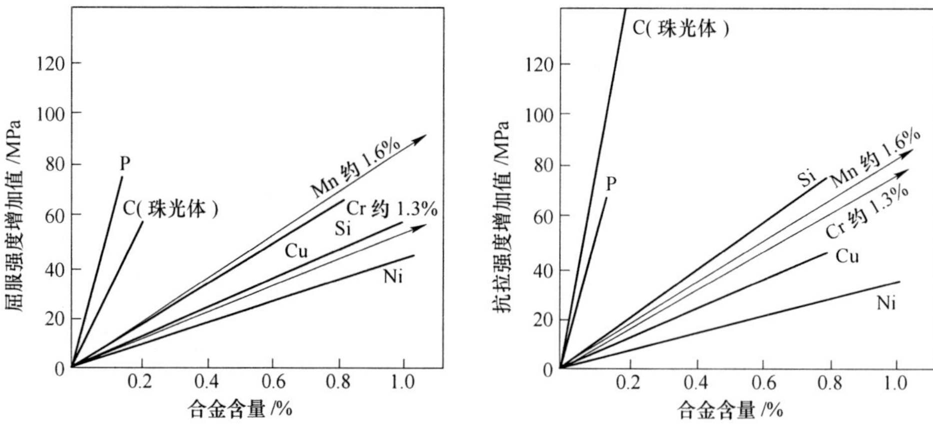

图 2-3　不同合金元素对提高钢的屈服强度和抗拉强度的影响[1]

弱固溶强化元素的固溶强化强度增量的计算式为：

$$\Delta\sigma = k_{\mathrm{m}}\ [\mathrm{M}] \tag{2-2}$$

式中，[C]、[M] 为处于固溶态的 C、M 元素的质量分数；k_{c}、k_{m}为比例系数。

为了估算的方便，通常也可认为在一定的化学成分范围内强固溶强化元素的固溶强化效果正比于固溶原子量，即固溶强化强度增量可统一由式（2-2）估算。

各种实验表明，每增加 0.1% C 能使抗拉强度平均提高 70MPa，屈服强度平均提高 28MPa。但是，间隙固溶原子的强化效果实际上是正比于固溶量的二分之一次方的，仅在一定的化学成分范围内（低碳范围内）可近似视为线性关系，因而不能将上述的强化作用系数无限制外推。间隙固溶强化是相当有效的强化方式，钢铁材料中 C 的间隙固溶强化是成本相当低廉的强化方式，但碳含量的增加将极大地损害钢的韧性和可焊性。

假定合金元素的叠加作用呈线性关系，就可以列出下式用以计算由化学成分引起的强度值。

屈服强度：

$$\sigma_{\mathrm{s}} = 9.8 \times \{12.4 + 28w(\mathrm{C}) + 8.4w(\mathrm{Mn}) + 5.6w(\mathrm{Si}) + 5.5w(\mathrm{Cr}) + 4.5w(\mathrm{Ni}) + 8.0w(\mathrm{Cu}) + 55w(\mathrm{P}) + [3.0 - 0.2(h-5)]\} \tag{2-3}$$

抗拉强度：

$$\sigma_{\mathrm{b}} = 9.8 \times \{23.0 + 70w(\mathrm{C}) + 8.0w(\mathrm{Mn}) + 9.2w(\mathrm{Si}) + 7.4w(\mathrm{Cr}) + 3.4w(\mathrm{Ni}) + 5.7w(\mathrm{Cu}) + 46w(\mathrm{P}) + [2.1 - 0.14(h-5)]\} \tag{2-4}$$

式中，h 为产品厚度；各元素含量以质量分数代入。

2.1.2　位错强化

位错运动时，邻近的其他位错将与之产生各种交互作用，使其运动受阻从而产生强化，这种强化方式称为位错强化。金属的塑性变形意味着在位错运动之外还不断形成新的位错，因此位错密度值随着变形而不断增高，在剧烈冷变形后，甚至可高达 $5\times10^{12}\mathrm{cm}^{-2}$（铁的退火单晶的位错密度为 $10^{6}\sim10^{7}\mathrm{cm}^{-2}$），变形应力也就随之增高，材料被加工硬化了。在冷拉钢丝的工业生产中可使位错密度达到 $5\times10^{10}\mathrm{mm}^{-2}$，由位错强化提供的强度增量高达4500MPa，使钢丝的强度突破了5000MPa。因此，位错强化是钢铁材料中目前有效的强化方式之一。

位错的强化效应与位错类型、数量、分布，固溶体的晶型及合金化情况，晶粒度和取向以及沉淀颗粒的状况等有关。层错能低的金属比层错能高的金属加工硬化更为显著，细晶粒、有沉淀相、高速形变和低温形变都表现为较高的形变强化效应。奥氏体钢较之铁素体钢或铁素体-珠光体钢有更高的形变强化能力（图2-4）。金属的形变强化效应宏观上可以通过应力-应变曲线来描述。研究认为，金属材料的屈服强度与位错密度的1/2次幂成正比。

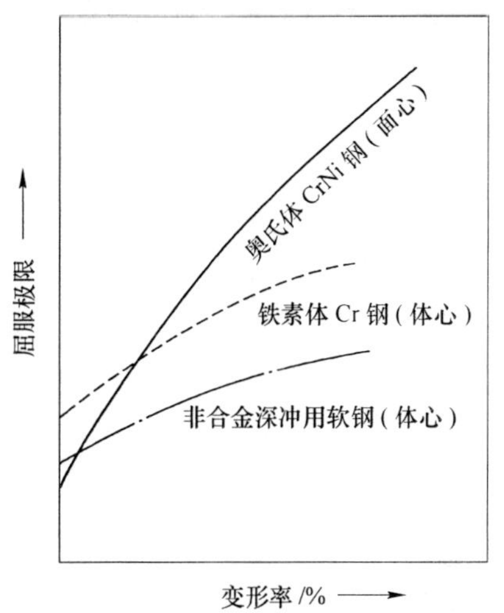

图2-4　不同结构的钢的强化状态

冷变形的加工硬化机制在实践中是完全可以利用的。如冷拔线材、预应力钢筋、深冲薄板异形件等都是通过冷加工后使材料的强度得到提高的。

这些理论均得到如下形式的位错强化增量 $\Delta\sigma_d$ 的计算式：

$$\Delta\sigma_d = 2\alpha Gb\rho^{1/2} \tag{2-5}$$

式中，ρ 为位错密度；G 为晶体的切变弹性模量；b 为位错柏矢量绝对值；α 为比例系数，根据相应的理论推导结果和大量的实验结果，面心立方晶体的 α 在0.2左右，而体心立方晶体的 α 在0.4~0.5之间，对大多数钢铁材料，其数值大约为0.5。

退火态钢铁材料中位错密度在 $10^5\sim10^6\text{mm}^{-2}$ 的数量级，由位错强化提供的强度增量为6.4~20.3MPa；正火态钢铁材料中位错密度大致在 10^7mm^{-2} 的数量级，由位错强化提供的强度增量为64MPa；低碳位错马氏体中或表面冷变形强化的钢铁材料中位错密度在 $10^8\sim10^9\text{mm}^{-2}$ 的数量级，由位错强化提供的强度增量为203~641MPa；剧烈冷加工态钢铁材料中位错密度最高可达 $5\times10^{10}\text{mm}^{-2}$，由位错强化提供的强度增量将高达4529MPa。

估算材料的位错强化强度增量的过程中，一个非常突出的问题是至今尚没有较为方便、准确和可靠的方法对位错密度进行测定或估算。但是，塑性形变过程中较为容易测定的是塑性变形量。为此，人们一直试图建立应变量与位错密度之间的关系。根据材料的应力-应变关系的Hollomon关系式，即式（1-15）与式（2-5）求解，可以得到：

$$\rho = \frac{K^2\varepsilon^{2n}}{4\alpha^2G^2b^2} \tag{2-6}$$

形变强化指数 n 与金属材料的层错能有关，低层错能的材料具有高的 n 值。对面心立方金属而言，由于层错能较低，因而 n 值较高，如退火纯铜的 n 值为0.443，而奥氏体不锈钢的 n 值为0.50；对于层错能较高易于发生交滑移的体心立方金属而言，n 值相对较低，如退火纯铁的 n 值为0.237。由此，对面心立方金属，位错密度与应变量的关系可相当接近于线性正比关系；而对体心立方的 α 铁来说，位错密度近似正比于应变量的二分之一次方。在很多情况下可由式（2-6）估算钢铁材料经 ε 的均匀塑性变形后的位错密度。

2.1.3　沉淀强化

细小的沉淀物分散于基体之中，阻碍位错运动，而产生强化作用，这就是沉淀强化。通过脱溶沉淀产生第二相，构成的强化称为沉淀强化。弥散强化与沉淀强化并没有太大区别，前者是外加第二相质点产生的强化。作为热轧钢材，析出物产生的强化就只有沉淀强化。

根据析出物颗粒与滑移位错的交互作用机制，可得到两种不同的强化机制：位错绕过析出物颗粒并留下环绕颗粒的位错环的 Orowan 机制；位错切过析出物的切过机制。前者中的析出物颗粒被称为不可变形颗粒，而后者中的析出物颗粒被称为可变形颗粒。

滑移位错以切过机制通过可变形颗粒时，析出相阻碍滑移位错的运动而产生强化作用，其强度增量 $\Delta\sigma_{PC}$ 与第二相的体积分数 f 和颗粒尺寸 d 之间存在下述关系：

$$\Delta\sigma_{PC} \propto f^{1/2}d^{1/2} \tag{2-7}$$

滑移位错以 Orowan 机制绕过不可变形颗粒时，由于位错弓出弯曲将增大位错的线张力，因而需要更大的外加应力才能使位错越过第二相颗粒而继续滑移，由此导致材料的强化，其强度增量 $\Delta\sigma_{PO}$ 与第二相的体积分数 f 和颗粒尺寸 d 之间大致的关系如下：

$$\Delta\sigma_{PO} \propto f^{1/2}d^{-1}\ln d \tag{2-8}$$

可见，第二相强化的效果与第二相的体积分数的二分之一次方成正比，增大第二相的体积分数将提高强化作用，但当第二相的体积分数较大时继续提高体积分数所导致的强化作用将逐步减弱。

根据 Orowan-Ashby 的计算，第二相质点体积分数 f 产生的强度增加值为：

$$\sigma = \{5.9f^{\frac{1}{2}}/d \times \ln[d/(2.5 \times 10^{-4})]\} \times 6894.76 \tag{2-9}$$

式中，σ 为位错克服第二相质点所必须增加的正应力，Pa。

第二相质点引起的强化效果与质点的平均直径 d 成反比，与其体积分数 f 的平方根成正比。质点越小，体积分数越大，第二相引起的强化效果越大。但是 d 和质点之间的间距也不能过小，否则位错不能在质点之间弯曲。质点本身强度不足也会使位错不是绕过质点而是从质点上剪切而过。这两者都会降低沉淀强化的效果。

由式（2-7）、式（2-8）可以看出：第二相质点尺寸较小时，切过机制起强化效应，并随着质点尺寸的增加而增加。第二相质点较大时，绕过机制起作用，强化效应随质点尺寸减小而增大。只有当质点尺寸在临界转换尺寸 d_c 附近时，才能获得最大的沉淀强化效果（图 2-5）。也可以说，对于一定成分的质点，只有质点直径和质点间距恰好是不出现切断程度那么大时，才会产生最高的强化作用。根据计算和实验，一般的质点间距最佳值在 20 ~ 50 个原子间距（50 ~ 120nm），体积分数的最佳值在 2% 左右。

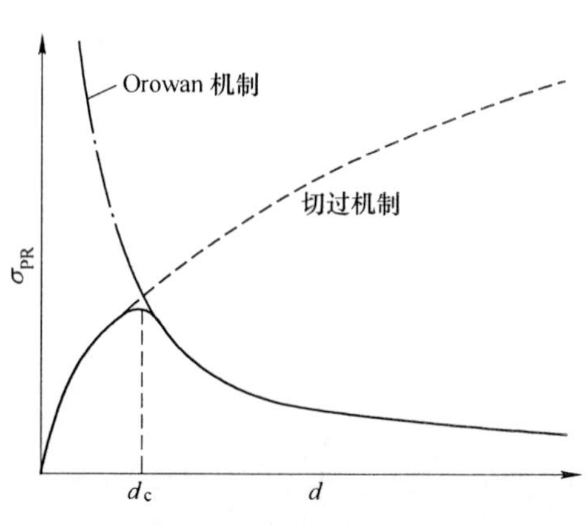

图 2-5　析出相质点强化作用与质点尺寸的关系

此外，沉淀相的部位、形状对强度都有影响。其一般规律是：沉淀颗粒分布在整个基体上比晶界沉淀的效果好；颗粒形状球状比片状有利于强化。形变热处理是在第二相质点沉淀前对材料施以塑性变形，因而使位错密度增加，第二相沉淀形核位置增多，因而析出物更为弥散。如果形变还能造成亚晶，那么第二相沉淀在亚晶界上，其分布密度更为弥散。这就是形变热处理造成强化的原因之一。

随着时间的延长，沉淀强化的强度将连续下降。这是因为颗粒长大，颗粒间距加大的缘故（图2-6）。因此沉淀强化析出的质点应具有尽可能小的溶解度和很小的凝聚性。也就是说能在各种温度下保持稳定。结构钢中的碳化物、氮化物和碳氮化物在实际使用中能满足这些要求。

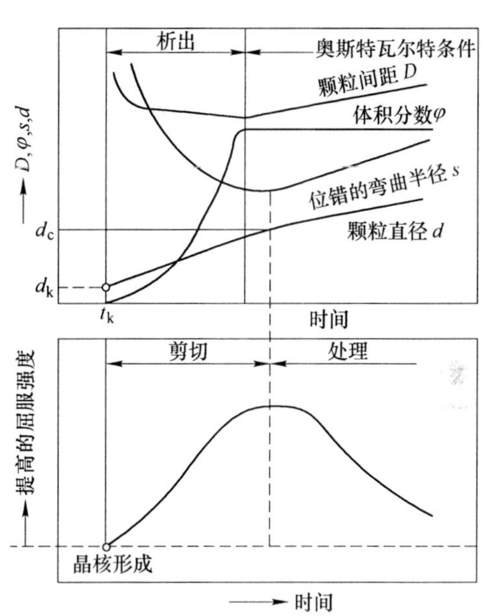

图2-6 屈服强度随析出和颗粒增大而变化的示意图

在普通低合金钢中加入微量 Nb、V、Ti，这些元素可以形成碳的化合物、氮的化合物或碳氮化合物，在轧制中或轧后冷却时它们可以沉淀析出，起到第二相沉淀强化作用。钢中有时也会增加合金元素如 Cu、Al，其固溶度的变化可能会有单质铜的析出，加入 Al 会形成 AlN 沉淀析出，钢中合金 Ni、Al 同时添加到一定比例时则会形成金属间化合物析出，其析出物也可起到第二相的沉淀强化作用。

2.1.4 细晶强化

通过细化晶粒使晶界所占比例增高而阻碍位错滑移产生强化的方式称为细晶强化。细晶强化是各种强化机制中唯一使材料强化的同时并使之韧化的最为有利于钢铁材料强韧化的方式。

与单晶体的塑性变形不同，多晶体晶粒中的位错滑移除了要克服晶格阻力、滑移面上杂质原子对位错的阻力外，还要克服晶界的阻力。晶界是原子排列相当紊乱的地区，而且晶界两边晶粒的取向完全不同。晶粒越小，晶界就越多，晶界阻力也越大，为使材料变形所施加的切应力就要增加，因而使材料的屈服强度提高。式（2-10）是根据位错理论计算得到的屈服强度与晶粒尺寸的关系：

$$\sigma_s = \sigma_i + K_1 d^{1/2} \qquad (2\text{-}10)$$

此式称为 Hall-Petch 公式。式中 σ_i 为常数，大体相当于单晶体时的屈服强度。d 为晶粒直径，以 σ_s 和 $d^{1/2}$ 作图（图2-7），其斜率为 K_1，它是表征晶界对强度影响程度的常数。它和晶界结构有关，而

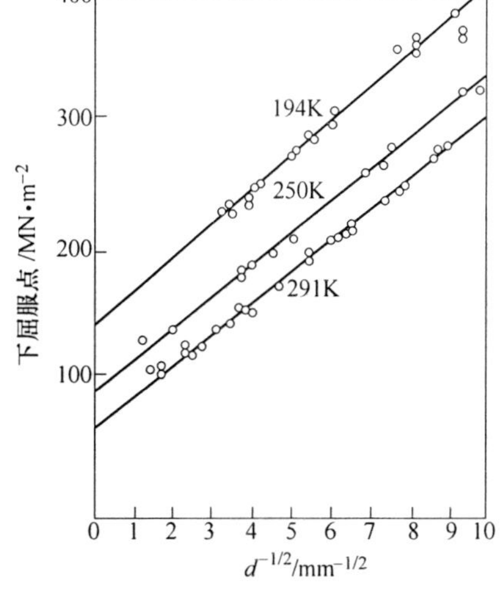

图2-7 低碳软钢的晶粒尺寸和下屈服点的关系[2]

和温度关系不大。试验表明，在应变速率为 6×10^{-4}/s 内，晶粒尺寸范围为 3μm 到无限大（单晶）时，室温下的 K_1 值为 14.0 ~ 23.4N/mm$^{3/2}$。

σ_i 包含着不可避免的残留元素，如 Mn、Si、N 等对位错滑动的阻力。对于铁素体-珠光体组织的低碳钢经过实验确定了这些元素的作用，因此 Hall-Petch 公式可以改写为：

$$\sigma_s = \sigma_0 + [3.7w(\mathrm{Mn}) + 8.3w(\mathrm{Si}) + 291.8w(\mathrm{N}) + 1.51D^{1/2}] \times 9.8 \quad (2\text{-}11)$$

式中，σ_0 为单晶纯铁的屈服强度；D 为等轴铁素体晶粒平均截线长，mm；σ_s 为材料的屈服强度，MPa。各元素含量以质量分数代入，各项的系数就是这些元素的固溶强化系数，即每 1% 质量分数可以提高的屈服强度。由式（2-10）可得到每一个 $d^{-1/2}$（mm$^{-1/2}$）可以使屈服强度变化 14.7 ~ 23.6MPa。铁素体晶粒细化对提高屈服强度的效果很明显。目前在钢铁材料中通过低温大塑性变形（SPD）工艺如等截面转角挤压（ECAP）、高压扭转变形（HPT）、累积叠轧（ARB）及特殊控制轧制工艺如动态再结晶控轧（DRCR）、应变诱导铁素体相变（DIFT）最佳情况可获得 0.5 ~ 1μm 的有效晶粒尺寸，由此根据式（2-10）计算将可获得 550 ~ 778MPa 的强度增量。

式（2-11）适用于钢中珠光体含量小于 30% 的组织，这时珠光体的数量对 σ_s 的影响在测量误差范围之内（波动值在 30.38Pa 的置信度为 95%）。当珠光体含量大于 30% 时，珠光体对材料强度的影响不能忽视，式（2-10）可以改写为：

$$\sigma_s = f_F\sigma_{0.2} + f_P\sigma_P + f_F K_1 d^{-1/2} \quad (2\text{-}12)$$

式中，f_F、f_P 是铁素体和珠光体的体积分数，即 $f_F + f_P = 1$；$\sigma_{0.2}$ 和 σ_P 相应为纯铁素体钢和纯珠光体钢的屈服强度。由式（2-12）可看出，曲线斜率 $f_F K_1$ 随碳含量提高而变小，从而降低了细化铁素体晶粒的强化作用。相反碳含量提高使珠光体量增加，珠光体对 σ_s 的贡献加大。因此，与细化晶粒有关的提高钢强度的方法中，钢中碳含量越低其强化效果越大。

此外，晶粒细化也能提高抗拉强度，不过要比对屈服强度的影响小。屈强比将随着晶粒尺寸的减小而提高。晶粒细化对加工硬化指数 η 也有影响，一般有如下关系：

$$\eta = 5/(10 + d^{1/2}) \quad (2\text{-}13)$$

晶粒细化使 η 加大，亦即使加工硬化率 n 提高。

实验证明，Hall-Petch 公式可以应用到晶粒尺寸为 1μm 的尺度，Morris 等人认为，该公式可以应用到晶粒尺寸大约为 20nm 的情况。但是晶粒尺寸在亚微米以下时，多晶体材料的屈服强度-晶粒尺寸关系曲线偏离常规的 Hall-Petch 公式。这是因为 Hall-Petch 关系是建立在经典的位错理论假设上的，即大量的位错是弹性的并在充分塞积状态下，并且位错源可开动的位错数量是无限的。而在纳米晶体形变过程中，少有（甚至没有）位错行为，形变过程则主要由晶粒转动和晶界滑动完成[3]。

上述所说的晶界强化所强调的晶界是大角度晶界。在多晶体材料中，由于相变、变形还会在晶体中形成小角度晶界——亚晶界，亚晶界也会产生强化作用，也是晶界强化的一种方式。

低温加工的材料因动态、静态回复形成亚晶，亚晶的数量、大小与变形温度、变形量有关。亚晶强化的原因是位错密度提高。亚晶本身是位错墙，亚晶细小位错密度也高。另外，有的亚晶间的位向差稍大，也如同晶界一样阻止位错运动。

为了能定量地描述亚晶尺寸、数量对强化的作用，对 C-Mn 钢建立了一个与 Hall-

Petch 公式形式相同的公式：

$$\sigma_s = \sigma_0 + K[D^{-\frac{1}{2}} f_F + d^{-\frac{1}{2}}(1 - f_F)/2] \tag{2-14}$$

式中，σ_0、K 分别为 Hall-Petch 公式中单晶体的屈服强度和晶界强化系数；D 为没有亚晶的等轴铁素体尺寸；d 为铁素体亚晶尺寸；f_F 为等轴铁素体的体积分数。

把 $[D^{-\frac{1}{2}} f_F + d^{-\frac{1}{2}}(1 - f_F)/2]$ 称为组织因子 M，它既代表晶粒作用，也包括亚晶的作用。

对于 C-Mn 钢，以$\sigma_0 = 70.56\text{MPa}$、$K = 1.96\text{N/mm}^{3/2}$代入式（2-14）得：

$$\sigma_s = 70.56 + 1.96 D^{-\frac{1}{2}} f_F + 0.98 d^{-\frac{1}{2}}(1 - f_F) \tag{2-15}$$

2.1.5 相变强化

通过相变而产生的强化效应称为相变强化。通过在钢中添加微量合金元素、控制轧制工艺和控制轧后的冷却速度，可以在室温条件下获得各种不同基体组织的钢，如多边形铁素体-珠光体、贝氏体、多边形铁素体-贝氏体、马氏体等。它们都在不同程度上提高了钢材的强度。

除了因为相变前奥氏体晶粒度影响外，相变温度不同，共析钢和过共析钢中的珠光体形态有很大差别，根据珠光体片层间距可以细分为粗大珠光体、索氏体和屈氏体。珠光体片层间距的变化会改变钢材的强度。根据实验数据[4]，珠光体钢的屈服强度 σ_s和断裂强度 σ_f为：

$$\sigma_s = 139 + 46.4S^{-1} \tag{2-16}$$

$$\sigma_f = 436.4 + 98.1S^{-1} \tag{2-17}$$

式中，S 为珠光体片层间距，μm；屈服强度 σ_s和断裂强度 σ_f的单位为 MPa。

通过马氏体和贝氏体相变是获得高强度和超高强度的重要方法。马氏体和贝氏体组织与扩散转变型的铁素体-珠光体组织有明显不同。

在低、中碳钢中的马氏体，其中的板条束由惯习面相同的平行板条组成，板条间有一层残余奥氏体膜；板条的立体形态可以是扁条状，也可以是薄片状；一个奥氏体晶粒有几个领域（packet），一个领域内存在位向差时，也会形成几个块（block），块中是有微小取向差别的双变体板条（laths），如图 2-8a 所示。板条马氏体的位错密度高达（0.3～0.9）$\times 10^{12}/\text{cm}^2$，故称位错马氏体。

高碳钢中马氏体的立体外形呈双凸透镜状，断面为针状或竹叶状，相变时第一片分割奥氏体晶粒，以后的马氏体片越来越小，块状组织中也有单变体板条，如图 2-8b 所示。马氏体形成温度高时，惯习面为 $\{225\}_A$，符合 K-S 关系；形成温度低时，惯习面为 $\{259\}_A$，符合西山关系。片状马氏体的亚结构为 $\{112\}_M$的孪晶。马氏体还有其他形态如蝶状、薄片状与薄板状等。

马氏体相变能获得高的强度和硬度，不是靠单一的强化机制，而是几种强化机制共同作用的结果：

（1）马氏体的固溶强化。马氏体是碳在 α-Fe 中的过饱和固溶体。当奥氏体转变为马氏体时，点阵由面心立方转变为体心立方，碳原子的数量由不饱和变为饱和，由此引起的晶格畸变形成巨大的应力场。碳含量越高，应力场越大，这个应力场还会与晶体内的位错发生强烈的交互作用，阻碍位错运动，从而起到强化作用。

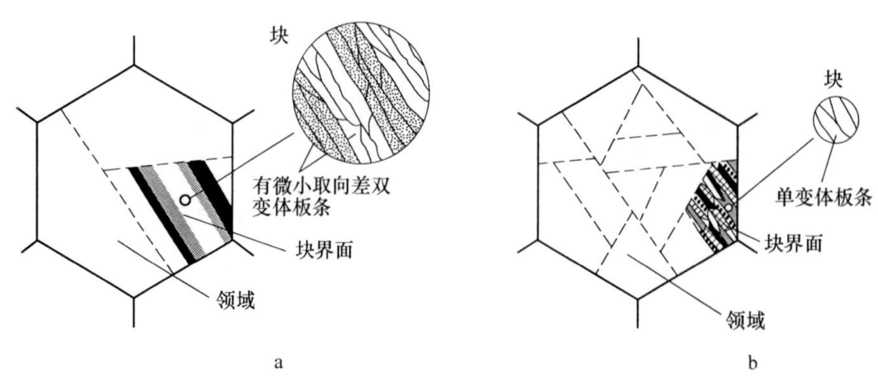

图 2-8 板条马氏体结构示意图[5]
a—低碳（0～0.4%C）合金；b—高碳（0.6%C）合金

（2）晶粒细化作用。马氏体相变时形成细小的马氏体领域、块和板条，甚至产生了孪晶，使马氏体的有效晶粒尺寸变小，晶粒间的取向增加。马氏体碳含量越高，板条越细小，其晶粒细化作用越强。

（3）位错强化作用。相变后马氏体的位错密度可以达到 $10^{12}/cm^2$，因为马氏体相变是切变过程，使马氏体位错增多，位错运动阻力增加。

（4）马氏体变形时，会发生过饱和的固溶体分解，析出碳化物等新相，阻碍位错运动。

影响马氏体强化的机制多样，因此性能的变化规律更为复杂。根据研究结果，归纳为以下几项：

（1）原始奥氏体晶粒大小直接影响马氏体的领域、块和板条的大小。细小的奥氏体晶粒转变后的马氏体均有更高的强度，如图 2-9 所示。可见改善马氏体性能，细化奥氏体晶粒是重要的措施。

（2）奥氏体的塑性变形对马氏体转变按钢种和变形量有不同的作用规律。有的促进相变，有的抑制相变，也改变残余奥氏体的数量，从而改变了材料的力学性能。

（3）奥氏体塑性变形会引起奥氏体中位错密度增加，形成位错亚结构，并被相变后的马氏体继承，使得钢的塑性提高，脆性减小，强度提高。

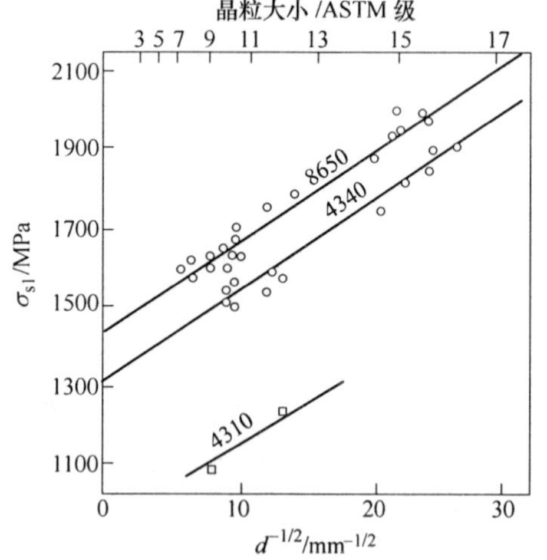

图 2-9 奥氏体晶粒对回火马氏体屈服强度的影响[6]

2.2 钢的增塑和韧化机制

断裂韧性是材料的一种性能，它取决于材料的组织结构。为了改善材料的韧性就要从工艺（包括冶炼、铸造、加工、热处理等）入手改变材料的结构，以达到改善材料韧性的目的。

2.2.1 钢的增塑机制

塑性是一个容量指标，即容许材料发生多大的塑性变形而不断裂。在材料的拉伸试验中所测定的指标伸长率 δ 和断面收缩率 ψ 都是材料的总塑性指标，一般可将塑性分为均匀塑性和不均匀塑性两部分，刚开始发生颈缩时所测得的 δ_B 和 ψ_B 是均匀塑性指标，而在颈缩后产生的 δ_N、ψ_N 则是非均匀塑性或局部集中塑性指标。实际应用的结构材料中，对材料塑性的要求主要集中于均匀塑性。因此，增加钢材塑性的机制时需要注重均匀塑性变形的影响因素及其作用机制。

材料在均匀塑性变形阶段的应力-应变关系可由 Hollomon 关系式表达，材料失稳极限，可以推导出形变强化指数 n 在数值上与最大均匀应变量 ε_B 相等。由此，n 值不仅表征了材料形变强化的能力，同时也是一个重要的塑性指标。n 值大，材料能够产生的均匀塑性变形量就较大；n 值小，均匀塑性变形量就较小，一旦实际变形量偶然超过 n 值就将发生局部集中减薄或颈缩。大多数金属材料的 n 值在 0.1 ~ 0.5 之间，钢铁材料中奥氏体不锈钢和高锰钢的 n 值在 0.45 左右，退火纯铁为 0.237，退火低碳钢为 0.22 左右，IF 钢一般在 0.2 ~ 0.3 之间，而淬火回火态的高碳钢仅为 0.1。

2.2.1.1 强化机制对塑性的影响

当材料的加工硬化率 $d\sigma/d\varepsilon$ 的提高程度超过应力 σ 的提高程度时，材料的均匀塑性将提高，反之则将降低。强化方式对材料均匀塑性的影响主要取决于其对加工硬化率和对材料强度的相对提高程度。

位错强化是相当有效的强化方式，但从本质上来说，其强化过程同时也是消耗材料的均匀变形塑性的过程，强化的同时必然导致均匀塑性的降低，因而位错强化对材料的均匀塑性不利。当位错密度增大时，位错间交互作用增大，可动性降低，流变应力增高；此外，位错密度很高之后产生的胞结构的强化作用明显偏低（胞壁处位错强化等效密度仅为实际位错密度的五分之一），从而使加工硬化率降低；二者的综合作用均导致材料均匀应变的明显下降。相对而言，均匀分布的位错对均匀塑性的危害较小，而提高可动位错的密度可提高加工硬化率因而对均匀塑性有利。

间隙固溶强化将同时提高材料的流变应力和加工硬化率，但前者的提高幅度远大于后者，因而造成均匀塑性的明显下降。当间隙原子与位错形成气团有效钉扎位错而明显降低位错的可动性时，其对塑性的危害尤甚（如蓝脆现象）。

置换固溶强化基本不改变加工硬化率，但其提高流变应力的作用也不大且基本不阻碍螺位错的运动，因而置换固溶强化略降低材料的均匀塑性但影响不大。固溶的 Ni 能够有效促进螺位错的交滑移因而明显改善钢的均匀塑性特别是低温塑性。

细晶强化同时提高材料的流变应力和加工硬化率且提高幅度很接近，因而基本不影响均匀应变。此外，晶粒细化后每个晶粒中塞积的位错数目减少，应力集中减轻，推迟微裂纹的萌生，将增大断裂应变（总应变）；细晶还为在更多的晶粒内部开动位错源提供了必要的条件，这将使塑性变形的均匀性提高。

可变形第二相颗粒不直接阻碍位错运动而是为位错所切割，故不会引起位错的大量增殖，因而对加工硬化率的影响不大；但它们的存在将提高流变应力；因此，可变形第二相颗粒强化将导致材料均匀塑性一定程度的降低。不可变形第二相颗粒由于在形变过程中不断产生位错圈因而产生较高的加工硬化率，其作用大于流变应力的提高，因而可适当改善均匀应变，或至少不会使均匀塑性降低。

2.2.1.2 钢的塑性增加机制

A 位错滑移机制

铁素体钢在塑性变形时，滑移往往持续地在某些滑移平面内进行，称为驻留滑移带。驻留滑移带发展到一定程度后，在材料的表面造成粗糙不平现象，裂纹源便萌生于驻留滑移带中，驻留滑移带是硬化的基体所包围着的软的薄片区域，材料在加载过程中能否出现驻留滑移带，取决于它的滑移能力。在低层错能的合金中往往不形成驻留滑移带。

铁素体-珠光钢的塑性决定于其中铁素体和珠光体的相对容积分数。珠光体塑性主要取决于碳化物的片间距或球状碳化物的间距。在静拉伸加载过程中发现，随着变形度的增加，先共析铁素体中的位错密度很快增加，最终形成高密度位错的缠结和位错胞。共析铁素体的位错组态随变形度增加也发生明显变化，运动位错不断增殖，位错之间相互作用，形成位错缠结和位错胞。最后，珠光体中形成的位错胞处萌生显微裂纹[7]。

因此，对于α-Fe为基体的钢材，其塑性变形机制主要是位错滑移机制。影响位错滑移的因素如晶界及晶体取向、位错密度、析出物颗粒及固溶原子等都会直接增加位错运动阻力，最终降低材料的塑性。以晶界对塑性的影响为例，随着钢的晶粒尺寸减小，钢的塑性不断降低，如图2-10所示。

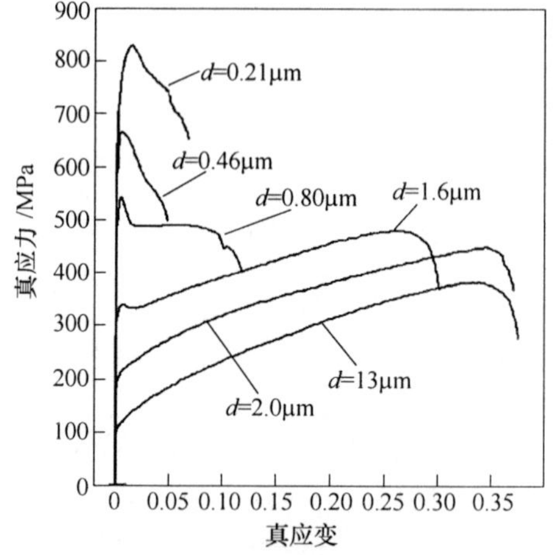

图2-10 IF钢的晶粒尺寸对钢塑性和强度的影响[8]

B 层错与孪生增塑机制

奥氏体钢中往往存在许多层错，层错在形成时几乎不产生点阵畸变，但由于破坏了晶体的完整性和正常的周期性，使晶体的能量有所增加，增加的能量即为堆垛层错能。对于具有面心立方晶体结构的金属材料，层错能是决定塑性变形机制的最重要的参数之一。因此，层错能也强烈地影响着这些材料的力学性能。当材料具有比较低的层错能时，全位错分解为肖克莱半位错，阻碍位错滑移，材料的变形机制趋向于形变孪晶和马氏体相变。一般来说，与形变孪晶、马氏体相变或位错滑移主导的塑性变形过程对应的层错能是逐渐增大的。

层错能是合金材料的一个重要物理特性，直接影响材料的力学性能、位错交滑移、相稳定性等。高锰TRIP、TWIP钢中的马氏体相变是通过奥氏体内每隔一层{111}面上形成的堆垛层错来完成的，因而与奥氏体基体的层错能相关。当马氏体转变吉布斯自由能更低且层错能低于16mJ/m^{2}时，在机械加载时不稳定，在应力作用下发生马氏体相变，在高应变区会应变诱发TRIP效应，由此显著延迟钢的缩颈，从而极大提高了钢的塑性。而当马氏体转变吉布斯自由能为正值且其层错能约为25mJ/m^{2}时，最有利于TWIP效应的发挥，通过形变过程中孪晶的形成来延迟钢的缩颈。当层错能大于60mJ/m^{2}时，位错运动为主要变形机制[9]。韩国研究人员 Yoo 等人[10]通过对 Fe-28Mn-10Al-1C 钢的研究发现，该钢种具有较高的层错能，达到 $85mJ/m^2$，在室温拉伸变形过程中，充分抑制了 TRIP 和 TWIP 效应的产生，发现存在微带诱发塑性（micro band induced plasticity）的形成过程。

C 相变诱导塑性机制

相变诱发塑性（Transformation Induced Plasticity，TRIP）是 Zackay[1]发现并命名的，当时对相变诱发塑性的研究用来提高奥氏体不锈钢的塑性和成型能力。后续研究中发现，钢中的残余奥氏体也使钢具有 TRIP 效益。变形过程中逐步进行的局部马氏体相变过程导致的塑性被称为相变诱导塑性。具有这种组织结构的奥氏体钢或含有残余奥氏体的钢，随后在室温使用时，裂纹前端存在的应力集中，会使裂纹前端区的奥氏体变为马氏体。因为形成马氏体需要消耗大量能量，从而使裂纹传播发生困难，这样就会既增高钢的强度(马氏体强化)，又增大塑性和断裂韧性。

TRIP 钢含有 50%~60% 的铁素体、25%~40% 的贝氏体或少量马氏体及 5%~15% 的残余奥氏体。当 TRIP 钢板中存在一定量、比较稳定的残余奥氏体时，在塑性变形的作用下，残余奥氏体逐渐增大产生应变硬化，诱发了马氏体的形核，产生相变而转变为马氏体，使局部的硬度得到提高，继续变形较困难，变形向周围转移，颈缩的产生被延迟，随着相变的不断发展，材料获得了很高的塑性。残余奥氏体相变为马氏体引起位错密度的增加，产生位错强化，材料的强度得到提高。TRIP 效应的影响组织因素主要有：钢板中残余奥氏体的含量、残余奥氏体的稳定性、残余奥氏体晶粒的尺寸和形貌、各组成相的晶粒尺寸和体积含量等。钢板的化学成分、加工工艺和热处理制度可以在很大程度上影响残余奥氏体的碳含量及其稳定性、各相的晶粒大小和相比例。

以 0.21% C-1.18% Si-1.41% Mn-0.033% Nb-0.06% V 钢为例，在热变形后采用两种不同的连续冷却工艺得到铁素体 F、贝氏体 B 和残余奥氏体 RA 组织，工艺 1 和工艺 2 得到钢中铁素体和残余奥氏体分别为 34.7%、9.5% 和 10.3%、7.8%。由图 2-11 可以看到钢的加工硬化系数 n 值随真应变的差异。前者在变形过程中 n 值不断提高，最高达到 0.32，TRIP 效应十分明显。后者因为铁素体相过少，在变形前期 n 值过高，塑性反而下降。

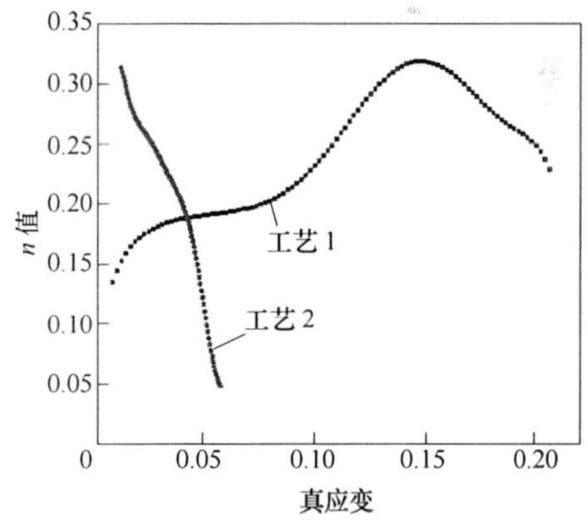

图 2-11 实验钢 n 值随真应变的变化曲线

TRIP 效应同残余奥氏体的含量有关，还同残余奥氏体的稳定性有关。在塑性变形过程中，残余奥氏体的相变转化率可以用下式计算[11]：

$$\ln\left(\frac{V_{\gamma} - V_{\gamma u}}{V_{\gamma 0} - V_{\gamma u}}\right) = \ln K - m\varepsilon \tag{2-18}$$

式中，$V_{\gamma u}$ 为饱和单一应变下未发生相变的残余奥氏体体积分数；$V_{\gamma 0}$ 为残余奥氏体的初始体积分数；V_{γ} 为残余奥氏体的体积分数；K 为残余奥氏体的稳定系数；ε 为真应变；m 为残余奥氏体的相变转化率系数，高的 m 值代表着高的相变转化率，其力学稳定性越差，塑性越低。

综上所述，钢的化学成分、相构成和相形态会对钢的强度和塑性产生影响，表 2-1 给出了钢中不同相的强度、塑性和硬度。在多相钢和复相钢中，会是这些相的混合，钢的宏观塑性也会受到不同组成相的微观塑性机制影响。

表 2-1　钢中不同相的强度、塑性和硬度

钢中相组成	R_e/MPa	R_m/MPa	A/%	硬度 HV
无间隙原子铁素体	100 ~ 150	约 280	约 50	—
铁素体（软钢）	约 220	约 300	约 45	—
铁素体（0.7% Ni，0.6% Cr）	约 330	约 550	约 35	约 180
铁素体（13% Cr）	约 300	约 500	>18	—
珠光体	约 900	约 1000	约 10	—
渗碳体	约 3000	—	—	800 ~ 1150
Nb 碳氮化物	—	—	—	2500 ~ 3000
贝氏体（约 0.1% C）	400 ~ 800	500 ~ 1200	≤25	约 320
马氏体（约 0.1% C）	约 800	约 1200	≤5	约 380
马氏体（约 0.4% C）	约 2400	—	—	约 700
奥氏体（18% Cr，8% Ni）	约 300	约 600	>40	约 240

2.2.2　钢的韧化机制

相对而言，线弹性条件下材料的断裂韧性的理论较为成熟，目前已广泛应用于材料的检测、设计和失效分析。通过裂纹尖端应力场分析方法得到材料的断裂韧度 K_{IC} 的表达式为：

$$K_{IC} = \sqrt{\pi}\,\sigma_c\,\sqrt{a_c} \tag{2-19}$$

式中，$\sqrt{\pi}$ 为无限宽板心部裂纹在平面应变状态下的裂纹形状系数，随裂纹是表面裂纹还是心部裂纹、裂纹与工件的相对尺寸、裂纹的形状和长宽比的变化，该数值有所变化，但一般在 1 ~ 2 之间；σ_c 为材料的断裂强度；a_c 为临界裂纹尺寸（表面裂纹的长度或心部裂纹的半长度）。由该式可看出，断裂韧度同时包含了材料的断裂强度和临界裂纹尺寸，当材料内部的最大裂纹尺寸确定时，由该式和材料的断裂韧度可计算出材料可承受的最大应力；而当外加应力确定时，由该式和材料的断裂韧度可计算出材料中容许存在的最大裂纹尺寸。材料的断裂韧度越高，在确定裂纹尺寸下材料的断裂强度就越高，或在确定的受力情况下，材料中容许存在的裂纹尺寸越大。因此，断裂韧度是在材料中存在微裂纹的前提下提出的材料抵抗微裂纹扩展断裂的韧性指标。

而根据裂纹扩展过程中消耗的能量分析方法得到的材料的断裂韧度 G_{IC} 为：

$$G_{IC} = \frac{(1-\nu^2)\pi\sigma_c^2 a_c}{E} = \frac{1-\nu^2}{E}K_{IC}^2 \tag{2-20}$$

该式表明 G_{IC} 正比于 K_{IC} 的平方，因而对 K_{IC} 的分析同样使用于 G_{IC} 。但 G_{IC} 的单位为 MJ/m^2，即单位断裂面积上消耗的能量，故更明确的是一韧性指标。

由 Griffith 脆性断裂理论推导出的平面应变状态下材料的断裂强度 σ_c 为：

$$\sigma_c = \left[\frac{E(2\gamma_S + \gamma_P)}{(1-\nu^2)\pi a_c}\right]^{1/2} \tag{2-21}$$

式中，γ_S 为材料的比表面能；γ_P 为形成单位面积微裂纹所消耗的塑性功。将该式代入式(2-20)，可得：

$$G_{IC} = 2\gamma_S + \gamma_P \tag{2-22}$$

对完全脆性的钢铁材料，γ_P 很小而 γ_S 基本固定（为 1 ~ 2J/m^2），G_{IC} 约为 3J/m^2，由式(2-20) 可得 K_{IC} 约为 0.83MPa · m$^{1/2}$，这与铁单晶低温解理脆断时的实验结果一致。一般情况下钢铁材料脆性断裂时 γ_P 约为 10^3J/m^2，可得其 K_{IC} 约为 15.2MPa · m$^{1/2}$。具有较高韧性的中等强度钢铁材料的 γ_P 约为 10^5J/m^2，可得其 K_{IC} 高达 152MPa · m$^{1/2}$。

各种强化方式对材料断裂韧度的影响规律为：

（1）间隙固溶原子造成晶体点阵的严重畸变，加大微裂纹尖端的应力集中程度，使微裂纹有效尺寸增大并使 γ_P 明显减小，从而显著降低材料的断裂韧度。

（2）置换固溶原子造成晶体点阵的一定畸变，使 γ_P 有所减小但作用效果不大，与基体原子尺寸相差较大或产生一定程度非对称畸变的固溶元素的危害作用较大。Ni 元素可使裂纹明显钝化而提高 γ_P，从而有效改善钢铁材料的断裂韧度，但其作用机理尚不完全清楚。而杂质元素如 S、P 和低熔点元素如 Sn、As、Sb 等由于对塑性的危害而显著降低 γ_P 从而显著降低材料的断裂韧度。

（3）位错强化过程中将产生大量位错，体心立方晶体中在位错运动障碍前塞积的刃位错可通过 Cottrell 位错反应而萌生解理微裂纹；而大量的不可动位错造成的应力集中将使微裂纹有效尺寸增大并使 γ_P 明显减小。

（4）晶界两侧晶粒的取向不同和晶界本身原子的不规则排列，使晶界比晶内的变形阻力增大，变形时需消耗更多能量，使 γ_P 明显增大。晶粒越细，晶界面积越大，裂纹尖端附近从产生一定尺寸的塑性区到裂纹扩展所消耗的能量也就越大，因而细晶强化的同时将明显提高材料的断裂韧度。

（5）钢中析出和夹杂物的韧性均比基体差，不可能由它们来容纳塑性变形，由此限制了裂纹尖端塑性区的尺寸因而明显降低 γ_P；且由于通过解聚或断裂形成微裂纹并通过微孔聚合长大机制促使裂纹扩展；因此析出物和夹杂物将使材料的断裂韧度明显降低。其危害作用析出物和夹杂物的体积分数、尺寸、形状及分布均对材料的断裂韧度有显著的影响。粗大的颗粒比细小的颗粒损害作用大，具有尖角形的和片状的颗粒比球状或近球状的颗粒危害作用大得多，而以网状或断续网状分布于晶界或以带状偏析分布于晶内的颗粒比均匀分布的颗粒显著地损害断裂韧度。因此，控制析出和夹杂物的尺寸（包括控制液析和一次碳化物的析出）、改善析出物和夹杂物的形态（如加入稀土元素或 Ca、Zr 元素使长条状硫化锰变为近球状）、消除网状或断续网状分布及带状偏析的析出物和夹杂物将非常有效地提高钢材的断裂韧度，同时并不影响甚至还能提高析出物强化的效果。

较高韧性材料的断裂韧度必须用弹塑性断裂力学进行理论分析，线弹性断裂力学还不能普遍适用。由于断裂韧度指标测试困难，如第 1 章所述，目前广泛采用冲击韧度来表征材料的断裂行为。

2.2.3 钢的韧化方法

2.2.3.1 化学成分设计与均质化控制

加入基体（铁）的合金元素对基体形成间隙固溶强化或置换固溶强化，在一定的条件下（如能形成稳定的化合物、有足够的合金含量等）还可形成析出强化，从而明显提高材料的强度。间隙固溶造成晶格的强烈畸变，因而对提高强度十分有效，但同时又由于间隙原子在铁素体晶格中造成的畸变是不对称的，所以随着间隙原子浓度的增加塑性和韧性明显降低。而置换式溶质原子造成的畸变比较小，而且大都是球面对称的，因此其强化作用要比间隙式溶质原子小得多，但同时其对基体的塑性和韧性的削弱不明显，或基本上不削弱。

表 2-2 列出合金元素对工业纯铁脆性转变温度和屈服强度的影响。

表 2-2 合金元素对工业纯铁脆性转变温度和屈服强度的影响[12]

溶质原子	原子直径 /nm	25℃时下屈服点变化 /Pa·原子% $^{-1}$	冲击韧性转变温度变化 /℃·原子% $^{-1}$
P	0.218	21.1×10^{7}	130，300①
Pt	0.277	4.9×10^{7}	-20
Mo	0.272	3.6×10^{7}	-5
Mn	0.224	3.5×10^{7}	-100
Si	0.235	3.5×10^{7}	25
Ni	0.249	2.1×10^{7}	-10
Co	0.249	0.4×10^{7}	—
Cr	0.249	0.0	-5
V	0.263	-0.2×10^{7}②	—

① 炉冷为 130℃，空冷为 300℃；② 由于排除间隙原子而软化。

钢中 S、P 是不可避免的元素，这两个元素对断裂韧性是有害的。P 导致回火脆性和影响交叉滑移；而 S 则增加夹杂物颗粒，减小夹杂物颗粒间距，都使材料韧性下降。因此在生产中要求尽可能降低 S、P 含量。

C 是钢中最基本和最重要的成分。C 作为间隙固溶元素，在提高材料强度的同时，也显著影响材料的韧性，使 50% FATT 上升。因此在生产中为提高材料的韧性，往往采用在该钢种允许的成分范围内降低碳含量，由此产生的强度下降则由增加成分中的锰含量来弥补。

Mn、Cr 与 Fe 的化学性质和原子半径相近，在钢中形成置换固溶体，造成的点阵畸变小，因而对韧性的损害小。对铁素体-珠光体型微合金钢而言，Mn、Cr 可以细化晶粒，减小珠光体片层间距，有利于提高韧性。因此适当增加 Mn、Cr 含量，在提高强度的同时，还可以使韧性有所增加。而微合金元素 Nb、V、Ti 等由于影响奥氏体和铁素体晶粒尺寸以及固溶 C、N 元素的浓度等，会显著影响微合金化钢的韧性。

还应该指出，各种牌号钢通常都是二元以上的合金，合金组元之间有交互作用，同时合金元素还可以有多种途径影响断裂韧性。例如，钢中加入少量的钒，由于钒与钢中的氮结合成 VN，阻止奥氏体再结晶，细化了相变后的组织，可提高韧性。但过多的固溶钒也会阻止交叉滑移而降低韧性，因此使合金元素对韧性的影响更为复杂。

2.2.3.2 气体和夹杂物控制

钢中的气体主要是氢、氧、氮，夹杂物主要是氧化物和硫化物。氢和氮主要以溶解状态存在，而氧主要以化合物状态存在。

一般来说，钢中的气体和夹杂物对钢的韧性都是有害的。钢的冶炼方法、浇铸方法直接影响钢中的气体含量和夹杂物数量。目前，由于各种冶炼、浇铸新工艺的采用（如各种搅拌技术、真空冶炼、炉外精炼、炉外脱气等），已经可以使钢中气体和夹杂物大幅度下降，生产出纯净钢材，因而从根本上改善了钢材的韧性。但 C、N 的总量，特别是 N 的含量也不能低到影响形成微合金化合物的程度。

调整钢的化学成分也可以减轻夹杂物对韧性的不良影响。如硫是钢中的有害元素，锰的加入可以与硫形成具有塑性的 MnS 夹杂，减轻硫的有害影响。但被加工变形后的 MnS 会引起钢板纵、横向韧性差异（横向较差）。而锆（Zr）和稀土等元素的加入可以固定硫，热轧后仍保持球状，改善横向韧性。

2.2.3.3 晶粒细化

晶粒的细化使晶界数量增加，而晶界是位错运动的障碍，因而使屈服强度提高。晶界还可以把塑性变形限定在一定的范围内，使变形均匀化，提高了材料的塑性；晶界又是裂纹扩展的阻力，因而可以改善材料的韧性。晶粒越细，裂纹扩展临界应力越大，材料的韧性越高。

图 2-12 是不同磷含量的钢在不同晶粒尺寸和各种温度下的冲击值。由图可见，细晶粒钢的冲击值明显高于粗晶粒钢。

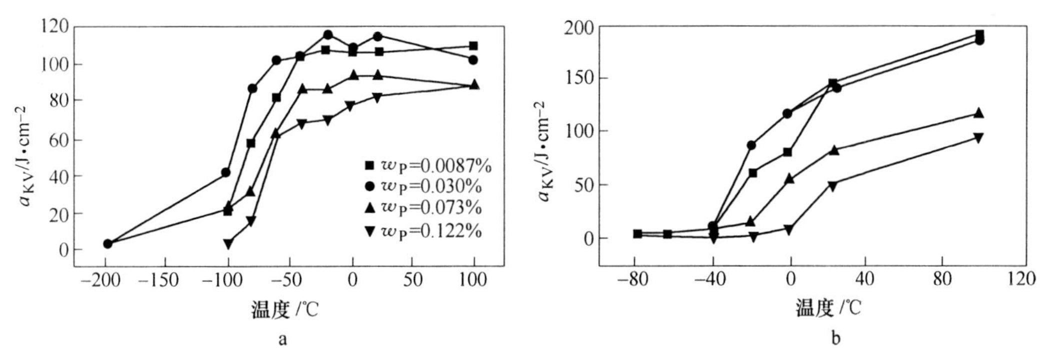

图 2-12 不同晶粒尺寸钢的冲击值[13]

a—平均晶粒尺寸为 4μm 的细晶粒；b—平均晶粒尺寸为 47μm 的粗晶粒

有各种经验公式用来表示晶粒细化与脆性转化温度的关系。如 Petch 就提出冲击韧脆转变温度 T_c 与晶粒尺寸 D 的关系：

$$T_c = A - mD^{-1/2} \tag{2-23}$$

式中，A、m 为常数，对于结构钢 $m = 12℃/mm^{1/2}$。当铁素体直径 D 由 20μm 细化到 5μm 时，可使 T_c 下降 81℃。

除了晶粒大小外，晶粒的均匀程度对 A_K 值也有影响，均匀的晶粒能提高 A_K 值。

2.2.3.4 沉淀析出控制

沉淀强化造成材料屈服强度的提高，但是它破坏了材料的连续性，并在第二相及其周围的基体中或多或少地使点阵发生畸变，因此使脆性转化温度升高。在铁素体晶粒内析出的质点还阻碍了位错运动，使材料延伸性能降低。

但是用控制轧制技术生产的微合金钢中，Ni、V、Ti 等微合金元素在起到析出强化作用的同时还能细化晶粒，而后者却能使强度和韧性都得到改善。微合金元素的含量、形变工艺参数的选择等将会影响这类析出物对晶粒细化的作用和析出强化作用的比例，从而最终决定材料的性能。

2.2.3.5 加工硬化的控制

一方面，形变使位错在障碍处塞积会促使裂纹形核，可以使塑性和韧性降低；另一方面，位错在裂纹尖端塑性区内的移动可解缓尖端的应力集中，使塑性和韧性升高。在这两者中通常前者起主要作用，因而在冷加工变形中，位错的增加在使材料强度提高的同时，也随变形量的增加使材料的延伸性下降、韧性恶化。

2.2.3.6 相变组织控制

控轧工艺和控冷条件的改进，使控轧控冷态的基体组织突破了传统的铁素体-珠光体组织的范围，发展了如多边形铁素体-珠光体、贝氏体、多边形铁素体-贝氏体、马氏体等各种基体组织，它们除影响材料的强度外也影响着材料的韧性。使用者将根据不同的性能要求、生产成本等因素来选择。

综上所述，不同的强化机制同时也影响韧脆性转变温度。Kozasa 给出一个常用的、类似 Hall-Petch 型的表达式，用以描述各种强化因素与韧脆性转变温度的关系为[14]：

$$FATT = A + B\sigma_{ss} + C\sigma_p + D\sigma_d - (E d^{-\frac{1}{2}} + F d_s^{-\frac{1}{2}}) + \Phi \tag{2-24}$$

式中，σ_{ss} 为固溶强化增量；σ_p 为沉淀强化增量；σ_d 为位错及亚结构强化增量；d 为铁素体晶粒尺寸；d_s 为亚晶尺寸；A、B、C、D、E、F 为材料常数；Φ 为与析出的第二相粒子形态及尺寸有关的函数。

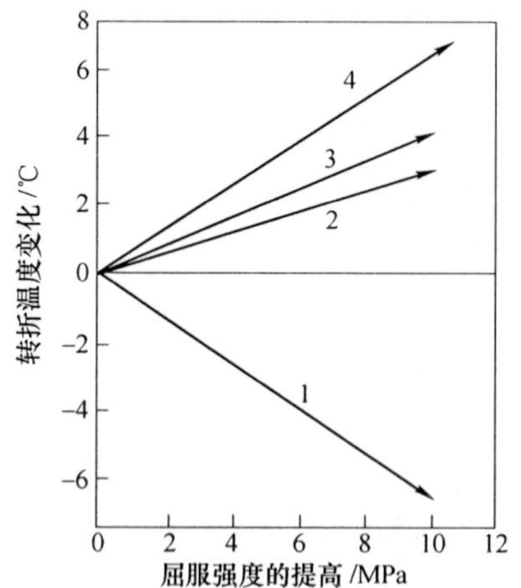

图 2-13 不同强化机制对钢韧脆性转变温度的影响[15]

1—晶粒细化强化；2—沉淀强化；3—位错强化；4—碳含量强化

由式 (2-24) 可见，在各种强化机制中晶粒细化是唯一一种既能使材料提高强度又能降低材料韧脆性转变温度的方法（图 2-13）。所以细化晶粒就成为控制轧制工艺的基本目标，也是各种提高材料强韧性能的措施所要追求的目标之一。

为了能全面衡量各种强化机制和成分对强度和韧性的影响，可采用冷脆系数 K 来表述[16]，即：

$$K = \Delta T_c / \Delta\sigma_s \tag{2-25}$$

式中，ΔT_c 表示某一变化条件下韧脆性转化温度的变化值；$\Delta\sigma_s$ 表示在同一变化条件下屈服强度的变化值。如果 $K>0$ 表示有提高脆性断裂的倾向。

表 2-3 是强化机制和化学成分对低碳钢冷脆系数的影响。

表 2-3 强化机制和化学成分对低碳钢冷脆系数的影响[16]

因素		$\Delta T_c/\Delta\sigma_s$/℃·(10MPa)$^{-1}$
结构	20%珠光体	40
	位错强化	6
	沉淀强化	4
	晶粒细化	-10
成分	P	34
	N	19
	Sn	11
	C	6.4
	Si	5.1
	Mn	-3.2
	Al	-17

还有资料给出 Nb 的冷脆系数 $K=-0.20℃/10^7Pa$。V 的冷脆系数 $K=-0.13℃/10^7Pa$。如果由于晶粒强化小于强化总值的 40%，而固溶强化、沉淀强化大于强化总值的 60%，则对于材料脆性断裂倾向有不利影响。

实际生产中常常是同时采用几种强化机制，相互取长补短，以获得最佳的综合性能。最常用的方法是在晶粒细化的基础上，与析出强化和（或）相变强化相结合。为此要进一步探索钢材的成分设计与控轧控冷生产工艺相结合以提高性能的途径，并且尽量减少合金元素用量以降低成本。

参考文献

[1] Pickering F B. Physical Metallurgy and the Design of Steels [M]. Applied Science Publishers, 1978.

[2] Petch N J. "Fracture", Proceedings of the Swampscott Conference (1959) [C]. Edited by Averbach B L et al. John Wiley, New York, 1959.

[3] 翁宇庆. 超细晶粒钢 [M]. 北京：冶金工业出版社，2003：893.

[4] 徐祖耀. 金属材料热力学 [M]. 北京：科学出版社，1981：281 ~ 282.

[5] Morito S, Tanaka H, Konishi R, Furuhara T, Maki T. The morphology and crystallography of lath martensite in Fe-C alloys [J]. Acta Mater., 2003, 51: 1789 ~ 1799.

[6] Grange R A. Strengthening steel by austenite grain refinement [J]. Trans. ASM., 1966, 59 (1): 26 ~ 48.

[7] 刘禹门. 铁素体珠光体钢的变形和断裂 [J]. 金属热处理学报，1982，3（1）：13.

[8] Tsuji Ito Saito, Minamino. Strength and ductility of ultra fine grained aluminum and iron produced by ARB and annealing [J]. Scripta Materialia, 2002, 47: 893.

[9] Frommeyer Q, Brux U. Supra-Ductile and High-Strength Manganese-TRJP/TWIP steels for High Energy Absorption Purposes [J]. ISIJ Int., 2003, 43 (3): 438 ~ 446.

[10] Yoo J D, Hwang S W, Park K-T. Origin of Extended Tensile Ductility of a Fe-28Mn-10Al-lC Steel [J], Metallurgical and Materials Transactions A, 2009, 40: 1520 ~ 1523.

[11] Kim S J, Lee C G, Lee T H, et al. Effects of copper addition on mechanical properties of 0. 15C-1. 5Mn-1. 5Si TRIP- aided multiphase cold- rolled steel sheets [J] . ISIJ International, 2002 (42): 1452 ~ 1456.

[12] 肖纪美. 金属的韧性与韧化 [M]. 上海: 上海科学技术出版社, 1980.

[13] 贾书君, 曲鹏, 翁宇, 等. 磷和晶粒尺寸对低碳钢力学性能的影响 [J]. 钢铁, 2005, 40 (6): 59 ~ 63.

[14] 齐俊杰, 黄运华, 张跃. 微合金化钢 [M]. 北京: 冶金工业出版社, 2006: 9.

[15] 雍歧龙, 马鸣图, 吴宝榕. 微合金钢: 物理和力学冶金 [M]. 北京: 机械工业出版社, 1989: 65.

[16] 王有铭, 李曼云, 韦光. 钢材的控制轧制和控制冷却 [M]. 北京: 冶金工业出版社, 1995: 11.

3 钢的奥氏体组织演变与控制

3.1 高温变形奥氏体的再结晶

3.1.1 动态回复和动态再结晶

3.1.1.1 动态回复

如果钢在常温附近变形（冷加工），随着应变的增加钢的流变应力将增加，呈线性增长的方式。根据加工硬化的位错理论，流变应力与 $\alpha b\sqrt{\rho}$ 成正比关系，其中：ρ 为位错密度，b 为位错柏氏矢量，α 为比例系数。随着应变增加，尤其在热变形条件下，钢中的位错运动使部分位错消失或重新排列，位错密度增加逐渐减弱，加工硬化也低于线性增长规律，这种现象称为动态回复。

高温奥氏体变形时，一方面变形导致位错增殖，产生加工硬化；另一方面位错运动和重排导致动态回复，当位错重新排列到一定程度时形成清晰的亚晶界，称为动态多边形化。奥氏体的动态回复和动态多边形化都产生软化。随着变形量的增加，位错消失速度加快，也就是软化加快。反映在真应力-真应变曲线上，随着变形量加大变形应力还是不断增大，但增加的速度逐渐减慢，直至为零。其应力-应变现象如图 3-1 中应变量对应的 AB 区间。奥氏体组织在此阶段呈现压扁或拉长，内部有多边形化的形变亚晶存在。

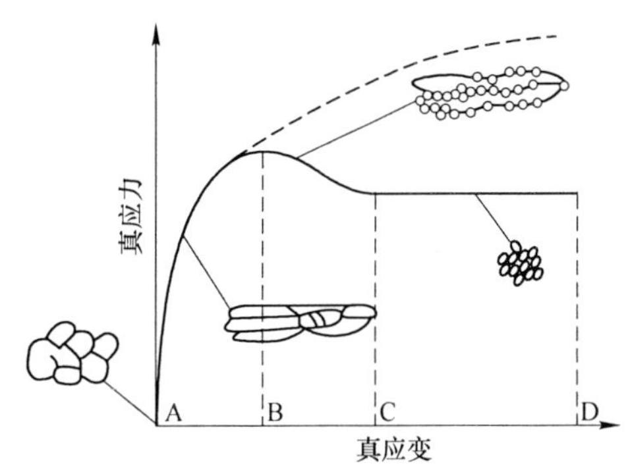

图 3-1 奥氏体热加工真应力-真应变曲线和材料结构示意图

3.1.1.2 动态再结晶

A 动态再结晶的力学行为

当塑性变形量小时，随着应变量增加高温奥氏体的流变应力增加，直至达到最大值。而畸变能积累到一定程度就会发生再结晶，使更多的位错消失。这种在变形过程中发生的再结晶现象称为动态再结晶。动态再结晶使更多的位错消失，材料快速软化，随应变增加流变应力也快速下降。变形奥氏体内不断形成再结晶核心并继续成长，直至完成一轮再结晶，变形应力降至最低点。在动态再结晶发生阶段，动态软化大于加工硬化，直至两者达到平衡。体现在真应力-真应变曲线上，随着变形量加大变形应力开始下降，直至变形应力不再下降为止，其去应力-应变现象如图 3-1 中应变量对应的 BC 区间。

当完成第一轮动态再结晶后，对不同的材料在真应力-真应变曲线上将会出现两种不同的情况：一种是变形量增加而应力值基本不变，如图 3-1 中应变量对应的 CD 区间，这种现象称为连续动态再结晶；另一种是应力随变形量增加出现波浪式变化，如图 3-2b 所示，这种情况称为间断动态再结晶。以下就这两种现象的基本原理做简要分析。

假设 ε_c 是奥氏体发生动态再结晶的临界变形量，ε_r 是由动态再结晶形核到完成一轮再结晶所需要的变形量，ε_r 可能大于 ε_c，也可能小于 ε_c（图 3-2）。

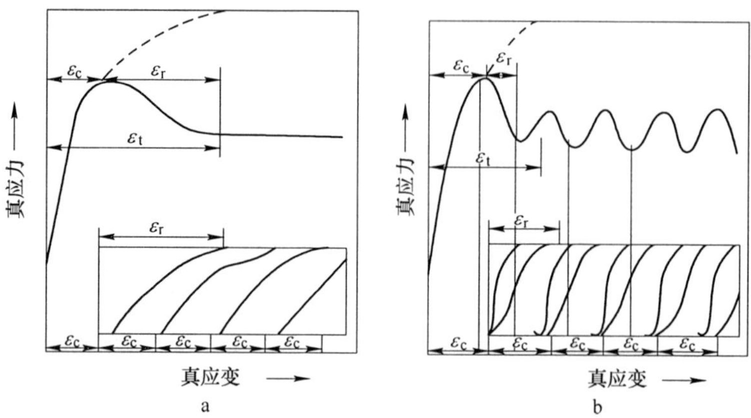

图 3-2 发生动态再结晶的两种真应力-真应变曲线

a—连续动态再结晶；b—间断动态再结晶

当 $\varepsilon_c < \varepsilon_r$ 时，发生连续动态再结晶。在总应变达到 $\varepsilon_t = \varepsilon_c + \varepsilon_r$ 时，奥氏体晶粒完成第一轮再结晶，累计变形达到 $\varepsilon_t \geqslant 2\varepsilon_c$ 时，已再结晶的晶粒承受新变形动态再结晶的临界变形量 ε_c，引发第二轮动态再结晶。变形增加，会导致多轮再结晶同时发生，各轮再结晶所处的阶段不同，其结果反映出一个平均近似不变的应力值，这就出现了连续动态再结晶，如图 3-2a 所示。

当 $\varepsilon_c > \varepsilon_r$ 时，发生间断动态再结晶。变形奥氏体在承受变形量 $\varepsilon_t = \varepsilon_c + \varepsilon_r$ 后就完成了第一轮动态再结晶，加工硬化消除；然后再结晶晶粒才开始承受新的变形，直到累计应变 $\varepsilon_t \geqslant 2\varepsilon_c$ 开始新一轮动态再结晶，累计应变在 $\varepsilon_c + \varepsilon_r < \varepsilon_t < 2\varepsilon_c$ 之间，因为 $\varepsilon_c > \varepsilon_r$ 无法开始新的再结晶，动态回复抵消不了加工硬化，应力值就会上升。以此类推，在真应力-真应变曲线上出现波浪形式，这种情况下动态再结晶是间断进行的。层错能偏低的材料如铜及其合金、奥氏体钢等易出现动态再结晶。故动态再结晶是低的层错能金属材料热变形的主要软化机制。

工艺参数（变形温度 T 和变形速度 $\dot{\varepsilon}$）对 ε_c、ε_r 都有影响，只是 T、$\dot{\varepsilon}$ 对 ε_r 的影响比对 ε_c 的影响大。也就是说，当 T 高或 $\dot{\varepsilon}$ 低时，出现间断动态再结晶。反之，出现连续动态再结晶。

B 动态再结晶的机制

应变诱发晶界迁移机制（也称为晶界弓出机制）：应变诱发晶界迁移机制是大角度晶界两侧存在着位错密度差的结果。如图 3-3 所示，由于大角度晶界两侧亚晶含有不同的位错密度，致使两侧亚晶所含

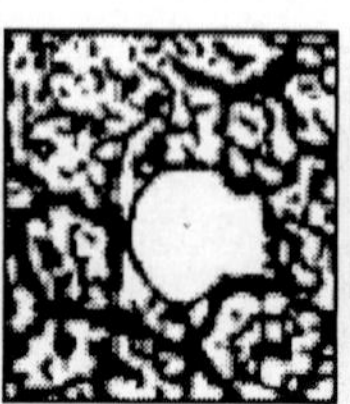

图 3-3 亚晶界迁移长大成核心

的应变储能不同，在应变储能差这一驱动力的作用下，大角度晶界会向位错密度高的一侧迁移，形成再结晶晶粒。

亚晶粗化机制：即是位向差不大的两相邻亚晶为了降低表面能而转动相互合并。在这个过程中，为了形成新的晶界并消除两亚晶合并后的公共亚晶界，需要两亚晶小角度晶界上位错的滑移和攀移来实现，亚晶转动合并后，由于转动的作用会增大其与相邻亚晶之间的位向差，就这样形成大角度晶界，形成了新的再结晶晶粒。

3.1.1.3 动态再结晶条件

A 动态再结晶临界变形量

发生动态再结晶所需最低变形量称为动态再结晶的临界变形量，以 ε_c 表示。当连续动态再结晶发生后，应力开始进入稳定阶段所对应的应变称为稳态再结晶应变量，以 ε_s 表示。真应力-真应变曲线上应力峰值所对应的初始应变量为 ε_p。而 ε_c 的大小与钢的成分、原始奥氏体晶粒大小 d_0、变形条件（变形温度 T、变形速度 $\dot{\varepsilon}$）有关。动态再结晶发生的临界变形量 ε_c 和应力-应变曲线稳态时的 ε_s，根据实验和经验公式可以描述为如下形式[1]：

$$\varepsilon_c = b_1 \varepsilon_p \tag{3-1}$$

$$\varepsilon_p = b_2 d_0^{b_3} Z^{b_4} \tag{3-2}$$

$$\varepsilon_s = b_5 d_0^{b_6} Z^{b_7} \tag{3-3}$$

式中，$b_1 \sim b_7$ 为系数；Z 为温度补偿变形速率因子，在下面有重点介绍。

近似地看，ε_c 几乎与真应力-真应变曲线上应力峰值所对应的初始应变量 ε_p 相等，由 Sellars 提出的关系式为 $\varepsilon_c = 0.8\varepsilon_p$；也有人认为 $\varepsilon_c \approx 0.83\varepsilon_p$。

B 动态再结晶发生的条件

奥氏体在高温变形条件下，应力-应变曲线的最大应力值 σ_p（或恒应变应力值 σ_s）、变形速度 $\dot{\varepsilon}$、变形温度 T 之间符合以下关系：

$$Z = \dot{\varepsilon}\exp\left(\frac{Q}{RT}\right) = f(\sigma) \tag{3-4}$$

式中，Q 为变形激活能；R 为气体常数；T 为绝对温度；Z 为温度补偿变形速率因子。Q 大体等于自扩散激活能。当 Q 不依赖于应力、温度时，σ_p（或 σ_s）可用 Zener-Hollomon 因子 Z 来表示[2]：

$$Z = f(\sigma) = \begin{cases} a_1\sigma^{n_1} \\ a_2\exp(a_3\sigma) \\ a_4\sinh(a_5\sigma)^{n_2} \end{cases} \tag{3-5}$$

其中，$a_1 \sim a_5$ 和 n_1、n_2 是系数。式（3-5）中的第 3 式由 Sellars 和 Tagert 第一次用于热变形过程，能在很宽的变形条件下使用。在小应力水平，其适用范围将变小，特别是对于蠕变情况，就要用第 1 式。也就是在小应力水平时（$a_5\sigma \leqslant 0.80$），流变应力接近于指数式的第 1 式。相反，在应力水平很大时（$a_5\sigma \geqslant 1.20$），则接近于指数式的第 2 式。

由式（3-5）和式（3-4）可以知道：当变形温度越低、变形速率 $\dot{\varepsilon}$ 越大时 Z 值变大，即 σ_p、σ_s 大，动态再结晶开始的变形量 ε_c 和动态再结晶完成的变形量 ε_r 也变大，也就是说，需要一个较大的变形量才能发生动态再结晶。当 Z 一定时，随着变形量 ε 的增加，材料组织发生由动态回复→部分动态再结晶→完全动态再结晶的变化。反之，当变形量 ε 一定时，随着 Z 值变大，材料组织发生由完全动态再结晶→部分动态再结晶→动态回复的变化。当 Z 一定时，就有一个发生动态再结晶的最小变形量 ε ，这个最小变形量就是 ε 的下临界值 ε_{minc} 。它也是一个随 Z 值而变化的值，Z 值越小 ε_{minc} 也越小。因此，动态再结晶能否发生，要由 Z 和 ε 来决定。

3.1.1.4 动态再结晶组织变化

动态再结晶是一个混晶组织，其动态再结晶平均晶粒尺寸只由加工条件来决定。稳态时，奥氏体晶粒尺寸是 Z 或稳态时变形抗力的函数，可用下式表示：

$$d_{dyn} = a_6 Z^{a_7} \tag{3-6}$$

式中，d_{dyn} 为动态再结晶晶粒尺寸；a_6 、a_7 为模型系数。参数 Z 包含了应变速率 $\dot{\varepsilon}$ 、形变温度 T 对变形后奥氏体再结晶晶粒的影响，Z 越大奥氏体晶粒越细。提高应变速率 $\dot{\varepsilon}$ 与降低形变温度，都有利于参数 Z 增大，对应的流变应力峰值 σ_p 较高。在其他工艺条件相同的情况下，较高的应变速率或较低的形变温度及较大的形变量都能减小热变形奥氏体再结晶晶粒尺寸。由于式（3-6）未涉及应变量，只用于稳态时的计算。为了计算未到达稳态时的晶粒尺寸，将式（3-6）改进为：

$$d_{dyn} = a_8 \varepsilon^{b_1} \dot{\varepsilon}^{b_2} \exp\left(\frac{Q_d}{RT}\right) \tag{3-7}$$

式中，a_8、b_1、b_2为模型系数；Q_d为再结晶激活能；R 为气体常数；T 为变形的绝对温度。

在没有达到稳态前，动态再结晶晶粒尺寸随应变、形变速率增加及变形温度降低而细化。图 3-4 是 Q235 钢的 Z 参数与动态再结晶晶粒尺寸 d 关系图。动态再结晶晶粒尺寸与初始晶粒尺寸 d_0无关。

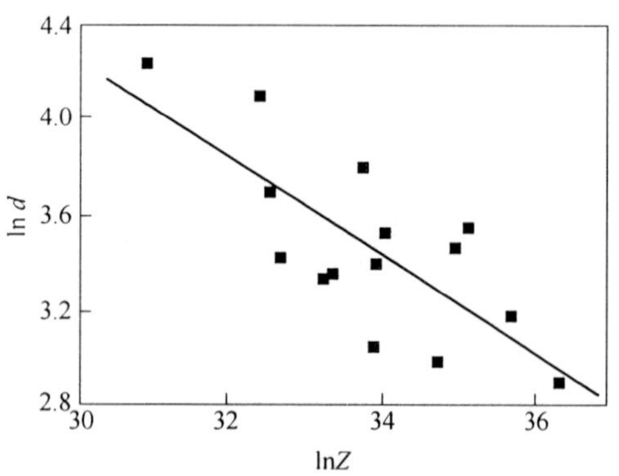

图 3-4 Z 与动态再结晶晶粒尺寸的关系[3]

研究表明，动态再结晶的平均晶粒尺寸 d_{dyn} ，在一定变形量范围内还是与变形量有关的（虽然 Z 值没有改变）（图 3-5）。这是因为变形量不同，奥氏体再结晶晶粒经受过的变形周期次数不同，所以最终动态再结晶晶粒平均尺寸不同。只有当变形量达到一定程度（即应力达到稳定值时的变形量），才能使动态再结晶晶粒达到在该参数条件下的极限值。也只有这时，动态再结晶晶粒大小才不随变形量而变，仅取决于 Z 参数。

动态再结晶组织是存在一定加工硬化程度的组织。因此在平均晶粒尺寸相同时，动态再结晶组织比静态再结晶组织有更高的强度。

根据动态再结晶发生过程，可以知道变形奥氏体发生动态再结晶时 $\varepsilon_c < \varepsilon < \varepsilon_s$，变形过程中奥氏体不一定会发生百分之百的再结晶。为了衡量动态再结晶程度，采用动态再结

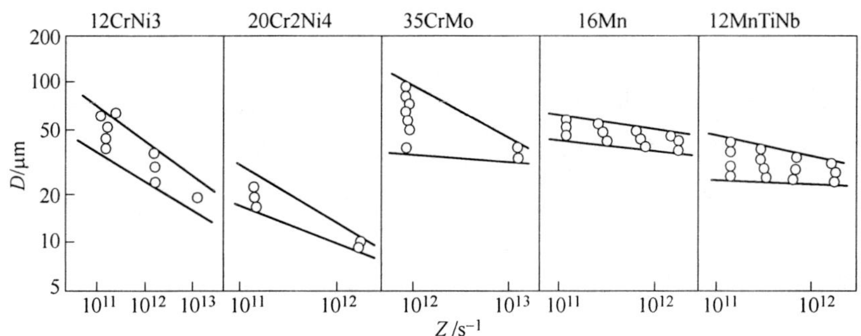

图 3-5 Z 参数对动态再结晶晶粒直径的影响[4]

晶百分数 X_d 表示，当 $\varepsilon_c<\varepsilon<\varepsilon_s$ 时，可以定义为：

$$X_d=\frac{\sigma_c-\sigma}{\sigma_c-\sigma_s} \tag{3-8}$$

其中，ε_c、ε_s分别为动态再结晶临界变形量和完成动态再结晶的稳态变形量；σ_c 为发生动态再结晶的临界真应力；σ 为实验测得真应力；σ_s为稳态再结晶的真应力。

根据 JMAK 再结晶理论，动态再结晶的运动学描述为：

$$X_d=1-\exp\left[-k_1\left(\frac{\varepsilon-\varepsilon_c}{\varepsilon_{0.5}-\varepsilon_c}\right)^{k_2}\right] \tag{3-9}$$

式中，k_1 、k_2 为常数；$\varepsilon_{0.5}$ 为发生 50% 再结晶的变形量，其表达式为：

$$\varepsilon_{0.5}=c_1d_0^{c_2}\dot{\varepsilon}^{c_3}\exp\left(\frac{Q}{RT}\right) \tag{3-10}$$

式中，$c_1\sim c_3$ 为常数；d_0 为原始奥氏体晶粒尺寸；Q 为变形激活能。

对于碳锰钢（0.174% C-1.16% Mn-0.29% Si-0.034% Al）根据试验测试和模型计算，可以获得在热变形条件下，不同 Z 参数下的特征变形量。如图 3-6 所示，动态再结晶临界应变量 ε_{minc} 和稳态应变量 ε_s 都随着 Z 参数和应变量增加而增加，根据再结晶百分数将动态再结晶区分为：未再结晶、部分再结晶和完全再结晶区。

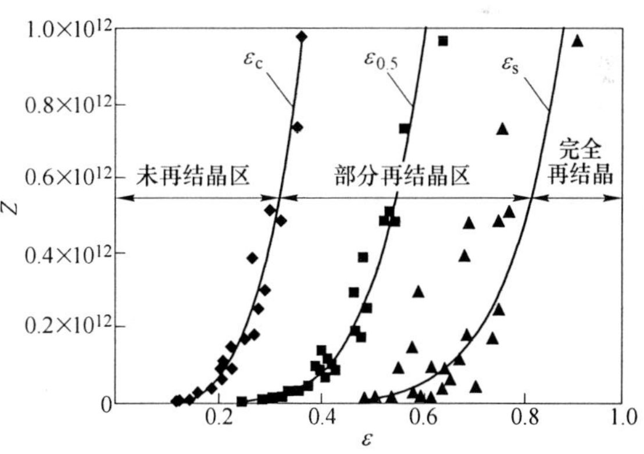

图 3-6 不同 Z 参数下的特征变形量[5]

3.1.2 静态再结晶的控制

3.1.2.1 静态再结晶

热加工过程中的任何阶段，包括发生完全动态再结晶阶段，都不能完全消除奥氏体的加工硬化，这就造成了材料组织结构的不稳定性。在热加工的间隙时间里，或热加工后在奥氏体区的冷却过程中，材料的组织结构将继续发生变化，以消除加工硬化，使材料的组织达到稳定状态。这种变化仍然是回复、再结晶过程。这种在不变形过程中发生的软化行为，称之为静态回复、静态再结晶。

图 3-7 为 Nb 钢两次热变形的真应力-真应变曲线，当热变形达到 ε_1 时，对应的应力为 σ_1，这时如果停止变形，并恒温保持一段时间 τ 后再变形，就会发现奥氏体的流变应力有不同程度的降低，降低的程度与停留时间 τ 的长短、停留前的变形量 ε_1、变形速度 $\dot{\varepsilon}$ 有关。如果以 σ_y 及 σ_1 分别表示奥氏体的屈服应力及达到变形量 ε_1 时的应力，以代表变形后恒温保持 τ 时间后再次发生塑性变形的应力值，则 σ'_y 总是低于或等于 σ_1。两次变形间奥氏体软化的数量 $(\sigma_1 - \sigma'_y)$ 与 $(\sigma_1 - \sigma_y)$ 之比，称为静态软化百分数（或软化率），以 X_s 表示，则有：

$$X_s = (\sigma_1 - \sigma'_y)/(\sigma_1 - \sigma_y) \qquad (3\text{-}11)$$

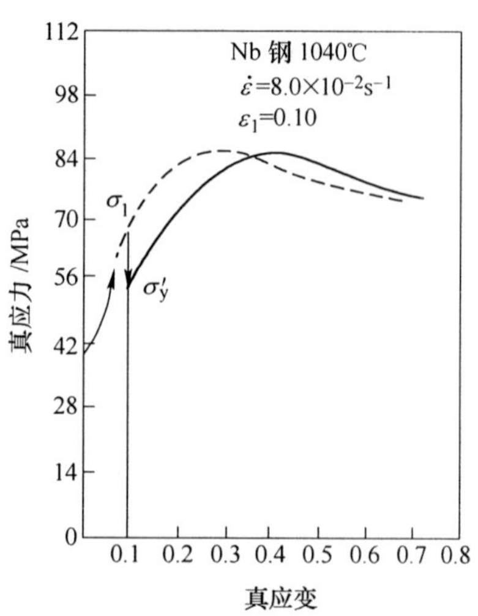

图 3-7　奥氏体在热加工间隙时间里真应力-真应变曲线的变化

当 $X_s = 1$ 时，表示奥氏体在两次热加工的间隙时间里消除了全部加工硬化，恢复到变形前的原始状态，$\sigma'_y = \sigma_y$ 就是全部静态再结晶的结果。

当 $X_s = 0$ 时，表示奥氏体在两次热加工的间隙时间里没有任何软化，因此 $\sigma'_y = \sigma_1$。

当 $X_s = 0 \sim 1$ 时，表示奥氏体在两次热加工的间隙时间里发生了不同程度的静态回复与静态再结晶。

软化百分数 X_s 受到多种因素的影响。首先是受到变形停止时，加工奥氏体的组织结构的影响。一切影响奥氏体组织结构的工艺因素：变形量、变形温度、变形速度，都会影响软化百分数。其次是受到变形后停留时间、停留时温度的影响。为了讨论方便，先将变形温度、变形速度和变形后停留时的温度固定不变，只改变变形量，分析变形后奥氏体的组织结构在加工后的间隔时间里的变化。

以 0.68% C 钢在各种变形量下，进行高温变形后，保持在 780℃时的软化曲线为例来说明这些变化，如图 3-8 所示。为了方便说明，首先定义发生静态再结晶所需最小变形量为静态再结晶的临界变形量 ε_L。

(1) 当 ε 远小于 ε_L 时（a 点，a 曲线）：曲线 a 表示了两次变形间隔时间里软化的情况与软化的速度。曲线 a 表明变形停止后软化立刻发生，随着时间的延长软化百分数增大，当达到一定程度时软化停止，这个过程大约在 100s 内完成，但仅仅软化了 30%，还有 70% 的加工硬化不能消除。这种变化为静态回复，可以部分减少位错，残留加工硬化。如果这是最后一次变形，那么在后续冷却相变组织中仍能继承高温变形的加工硬化

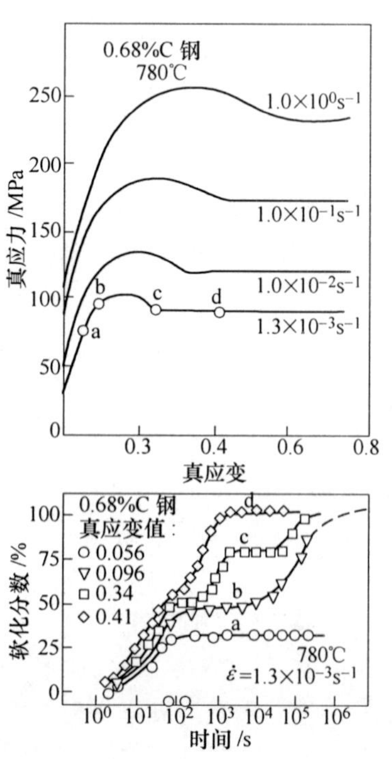

图 3-8　软化行为受应变量影响曲线

结构。

（2）当$\varepsilon_L < \varepsilon < \varepsilon_p$时（b点，b曲线）：曲线b表明第一阶段的静态回复用了100s时间，软化率达到45%。如果继续保温，经过一段潜伏期后即进入第二阶段的软化，即静态再结晶。静态再结晶可以使软化百分数达到$X_s=1$，形成了新的无位错晶粒。如果再次变形，真应力-真应变曲线恢复到原始状态。

（3）当$\varepsilon_p < \varepsilon < \varepsilon_s$时（c点，c曲线）：曲线c表示变形在动态再结晶开始后某一个阶段后的软化情况。曲线被分为三个阶段。第一个阶段是静态回复阶段；第三个阶段是经过一个潜伏期后的静态再结晶阶段；中间那段可以认为是由于原来动态再结晶核心的继续长大，这个过程几乎不需要潜伏期，可以称为次动态再结晶或亚动态再结晶，其特点像没有潜伏期的静态再结晶。

（4）当ε在变形应力的稳定阶段，即$\varepsilon > \varepsilon_s$时（d点，d曲线）：d点表示变形应力超过最大应力达到正常应力部分，动态再结晶晶粒维持一定的大小和形状，此时加工硬化率和动态再结晶的软化率达到平衡，停止变形并保持温度，材料的软化过程如d曲线。由于动态再结晶的组织中有不均匀位错密度，变形停止后材料马上就进入静态回复，接着就是次动态再结晶阶段。曲线d上不出现平台，只出现拐点，这也表明次动态再结晶不需要潜伏期。由于这一阶段的热加工变形量很大，发生的动态再结晶核心很多，形变停止后这些核心很快继续长大，生成无位错的新晶粒，消除全部加工硬化，所以不发生静态再结晶的软化过程。

以上是钢成分一定、形变温度一定、形变速度和变形后停留时间温度一定时，几种不同的形变量在两次变形的间隙时间里发生的软化过程和奥氏体软化的几种基本类型。这些规律适用于不同的钢种和加工温度，可以用图3-9表示。

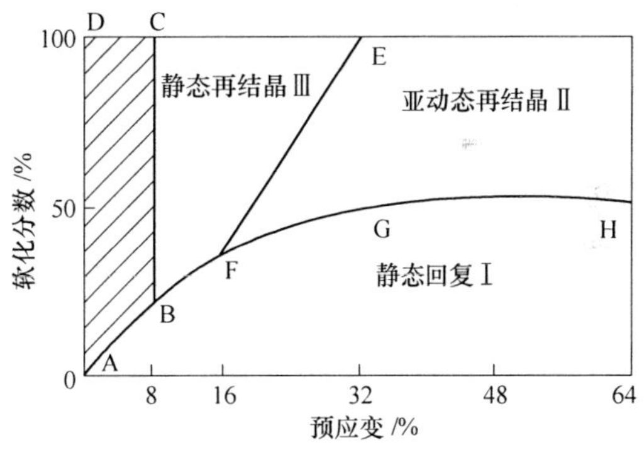

图3-9 形变量与三种静态软化类型的关系

Ⅰ区表示静态回复软化，Ⅱ区表示亚动态再结晶软化，Ⅲ区表示静态再结晶软化，阴影区ABCD是“禁止带”，表示在小于ε_L的变形量下变形，在变形的间隔时间里只发生静态回复，局部地区由于形变引起晶界迁移而产生粗大晶粒，这是不希望发生的。在停留时间足够的前提下，图3-9中B点的变形量对应于静态再结晶的临界变形量ε_L，点F对应于发生亚动态再结晶的变形量ε_p，点E对应于只发生静态回复和亚动态再结晶的变形量ε_c。

3.1.2.2 静态再结晶的数量

热加工后奥氏体回复、再结晶的速度取决于奥氏体内部存在的储存能的大小、热加工后停留温度的高低、奥氏体成分和第二相质点的大小等。金属在变形后的停留时间里，首先发生了回复过程，储存能被释放出来，直到发生再结晶，储存能全部被释放。

静态再结晶从开始到全部结束是一个过程。在此过程中，再结晶的数量是逐渐增加的。但增加的数量、速度将随变形量、变形温度和变形后的停留时间而变化。图3-10是含铌钒钛的X70管线钢在1200℃后，在1100～800℃轧制时，变形量对奥氏体再结晶体积分数的影响图。如果变形量相同，再结晶的体积分数与轧制温度的关系如图 3-11 所示。轧制温度、变形量与奥氏体再结晶体积分数之间的关系，即奥氏体再结晶百分数随着变形量的增大和变形温度的升高而增加。

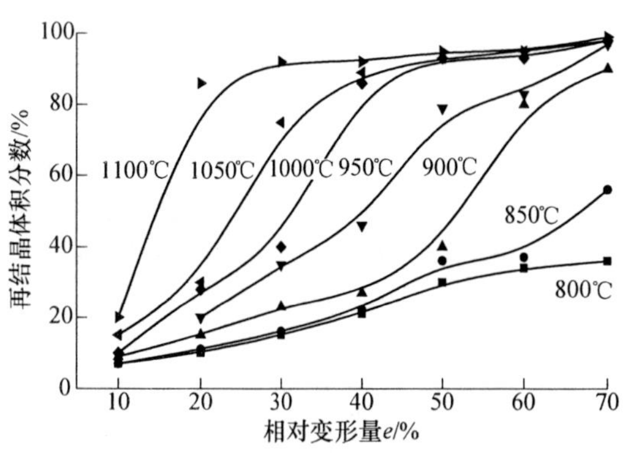

图 3-10 相对变形量对 X70 管线钢奥氏体再结晶体积分数的影响

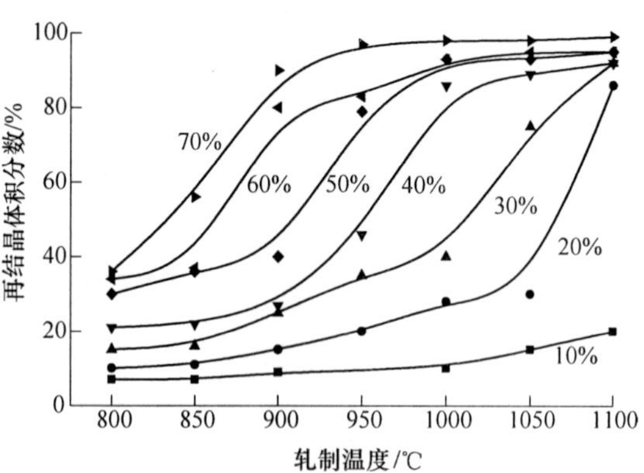

图 3-11 X70 管线钢轧制温度与奥氏体再结晶体积分数的关系

图 3-12 是含钛 16Mn 钢在 1000℃轧制和 850℃轧制时，不同停留时间下变形量对奥氏体再结晶体积分数的影响图。可见，延长停留时间会增加奥氏体再结晶体积分数。

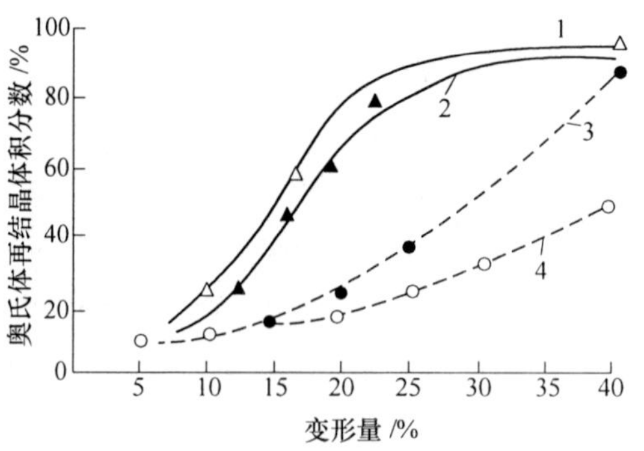

图 3-12 不同轧制温度、轧后空延时间下变形量对奥氏体再结晶体积分数的影响

1—1000℃轧钢，停留 15s；2—1000℃轧钢，停留 2s；3—850℃轧钢，停留 15s；4—850℃轧钢，停留 2s

再结晶速度用再结晶体积分数与时间关系曲线表示。图 3-13 给出 0.2% C 钢与低碳铌钢再结晶动力学曲线，再结晶体积分数是随时间的延长而增加的。当奥氏体成分一定时，增加变形量、提高变形温度、提高变形后的停留温度都将提高回复和再结晶的速度，而奥氏体中的微合金元素碳氮化物析出将强烈地阻止再结晶的发生。从图 3-13 可见，当变形量为 30% 时，碳钢在大于 900℃下，静态再结晶在很短时间内就全部完成了；只有在变形温度小于 850℃时，静态再结晶速度才

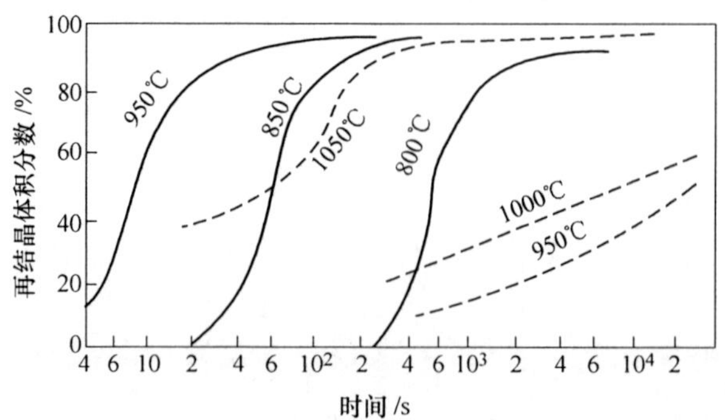

图 3-13 0.2% C 钢与低碳铌钢等温再结晶的动力学曲线

（实线为碳钢，虚线为铌钢）

开始变慢。而 Nb 钢在 950℃以下，发生静态再结晶就相当困难了。图 3-13 还表明，当再结晶完成 50%左右时，再结晶速度最快。

大量研究表明，钢中奥氏体静态再结晶的动力学一般遵守 Avrami 方程[6]：

$$X_s = 1 - \exp\left[-k\left(\frac{t}{t_{0.5}}\right)^n\right] \tag{3-12}$$

式中，X_s 为静态再结晶百分率；$t_{0.5}$ 为再结晶 50% 所用的时间；k 为常数；n 为与形变再结晶温度有关的一个常数；t 为恒温保持温度。

完成再结晶 50% 所用的时间 $t_{0.5}$ 为[7]：

$$t_{0.5} = A\, d_0^s \varepsilon^p\, \dot{\varepsilon}^q \exp\left(\frac{Q_s}{RT}\right) \tag{3-13}$$

式中，ε、$\dot{\varepsilon}$ 分别为应变和应变速率；R、T 分别为气体常数和热力学温度；Q_s 为静态再结晶激活能；A、p、q、s 均为常数；d_0为初始奥氏体晶粒尺寸。

3.1.2.3 静态再结晶晶粒的大小

静态再结晶晶粒的尺寸 d 取决于静态再结晶晶核的形核速率 $\dot{N}$ 和再结晶晶粒的成长速度 G，它们之间存在以下的近似关系：

$$d = A(G/\dot{N})^{1/4} \tag{3-14}$$

式中，A 为常数；d 为再结晶晶粒平均尺寸。G 以再结晶晶粒半径 R 随时间 t 的变化率$\mathrm{d}R/\mathrm{d}t$ 来定义，$G=\mathrm{d}R/\mathrm{d}t$。形核率 $\dot{N}$ 以单位时间内形成的核心数除以尚未再结晶的金属体积表示。

按照均匀连续形核理论，形核不考虑具体位置，再结晶晶核在体系中均匀分布而且连续形核。形核率 $\dot{N}$ 采用下式计算：

$$\dot{N} = C_0(E_D - E_D^C)\exp[-Q_N/(kT)] \tag{3-15}$$

$$E_D = \frac{1}{2}\bar{\rho}\mu b^2 \tag{3-16}$$

$$E_D^C = \frac{1}{2}\rho_c \mu b^2 \tag{3-17}$$

式中，$\bar{\rho}$、ρ_c 分别为变形奥氏体的平均位错密度和再结晶区域位错密度；μ 为剪切模量；b 为柏氏矢量，E_D 为变形储能；E_D^C 为形核发生的临界储能。而再结晶晶核的长大过程被视为热激活的过程，驱动力来自变形区域和再结晶区域之间的自由能差。生长过程中，晶粒的生长情况由位移 Δx 来表示：

$$\Delta x = G\Delta t \tag{3-18}$$

再结晶晶粒的界面迁移速率 G 用下式表示：

$$G = ME_D \tag{3-19}$$

式中，M 为界面迁移率；E_D 为晶界迁移的驱动力，即变形储能。其中 M 用下式来表示：

$$M = M_0\exp[-Q/(RT)] \tag{3-20}$$

式中，Q 为激活能；R 为气体常数；T 为绝对温度。而界面迁移的驱动力来自变形产生的位错密度 $\bar{\rho}$。

从上述式（3-14）、式（3-15）和式（3-19）可以知道，一切影响储存能和晶界迁移率的因素都影响晶粒的成长速度。如随变形量的增加 E_D 增加，所以 G 增加。原始晶粒

大小对 G 的影响也是通过影响 E_D 而起作用的，在应变数值相等的条件下，原始晶粒越细小，E_s 就越大，G 值也就越大。温度对 G 的影响也可以通过对 M 的影响表现出来，变形温度提高使 M 增大，G 也就增大。金属中的第二相析出对 G 的影响也很大。

各种因素对再结晶晶粒尺寸的影响取决于各个因素对 $\dot{N}$ 和 G 的影响的综合效果。可以定性地说，增加 $\dot{N}$ 、减小 G 可以得到细小的再结晶晶粒，其定量计算只能根据具体钢种的实测数据作统计处理，这里只能作定性的分析。在讨论各种工艺因素对奥氏体平均晶粒尺寸的影响时，除了要考虑它们对再结晶奥氏体晶粒尺寸本身的影响外，还必须考虑它们是否同时还影响到再结晶奥氏体的数量。

（1）变形量的影响：变形量增加，使 $\dot{N}$ 和 G 都增加，但 $\dot{N}/G$ 却减小了，也就是再结晶晶粒变小了。实验表明：在变形温度一定的条件下，变形后的奥氏体晶粒的平均晶粒尺寸随变形量的增大而减小。这一方面是由于奥氏体再结晶数量增加的结果，另一方面是由于再结晶晶粒本身变小了。在大变形量下，变形量增大使再结晶晶粒细化的作用减弱，在60%以上的压下率下甚至没有细化作用，其极限值为 20 ~ 40μm。

（2）变形温度的影响：变形温度会改变变形后的储存能 E_D 及晶界迁移率 M，而影响 $\dot{N}/G$ 。降低变形温度会增加 $\dot{N}/G$ ，一方面使再结晶晶粒细化，但变形温度对 $\dot{N}/G$ 的影响微弱；另一方面，会减少奥氏体再结晶晶粒的数量。当在部分再结晶区中变形时，两种对奥氏体平均晶粒尺寸相互矛盾的作用，使变形温度的影响变复杂，需要根据再结晶百分数、再结晶晶粒长大、未再结晶晶粒尺寸来确定。

（3）变形速度的影响：变形速度可以看成是与变形温度有同样效果的因素。低变形速度相当于高变形温度；高变形速度相当于低变形温度。实际生产中，在一定设备条件下，变形速度变化不会很大，因而对奥氏体晶粒尺寸的影响不是主要的。

（4）原始晶粒尺寸的影响：原始晶粒尺寸越细，储存能越大，$\dot{N}$ 与 G 都增大，但 $\dot{N}$ 增大比 G 快，所以再结晶的晶粒也越细。奥氏体原始晶粒尺寸的影响随变形量的增大而逐渐减小，当变形量达到约 60% 以后，原始晶粒尺寸几乎对再结晶晶粒尺寸没有影响。

综合上述四个影响因素对静态再结晶奥氏体晶粒大小的影响，可以用下式表达[8]：

$$d_s = a d_0^b \dot{\varepsilon}^m \varepsilon^n \exp\left(-\frac{Q_s}{RT}\right) \tag{3-21}$$

式中，a、b、m、n 为与材料相关的模型系数；d_0 为初始奥氏体晶粒尺寸；$\dot{\varepsilon}$ 为变形速率；ε 为应变量；Q_s 为静态再结晶激活能；R 为气体常数；T 为变形的绝对温度。对于40Cr 钢，$Q_s = 28448\text{J/mol}$，$m = -0.114$，$n = -0.48$，$b = 0.078$，$a = 215.6$。

（5）变形后停留时间的影响：停留时间的延长既会增加奥氏体再结晶的数量 X，也会使已再结晶的奥氏体晶粒长大。因此，其结果将视奥氏体再结晶的发展情况而定。在停留的开始阶段，奥氏体数量的增加是主要的，而在后期，再结晶晶粒的数量已经很大，这时已再结晶晶粒的长大就可能成为主要的了。这时晶粒长大的驱动力不是畸变能，而是由小晶粒长大成大晶粒，可以减小晶界面积，从而减少总的晶界能。

对 0.17% C-1.29% Mn 钢和 0.06% C-1.90% Mn-0.08% Nb-0.015% Ti-0.002% B 的含 Nb-Ti 微合金化钢，在变形后等温时间中，其静态再结晶晶粒的长大规律如图 3-14 和图 3-15 所示。

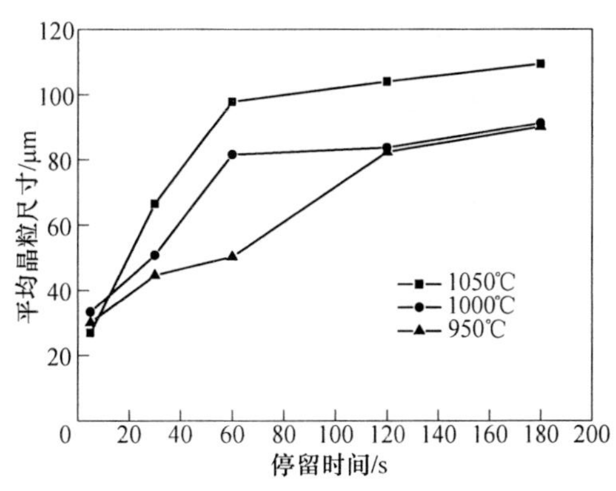

图 3-14 Q345B 钢再结晶奥氏体晶粒长大

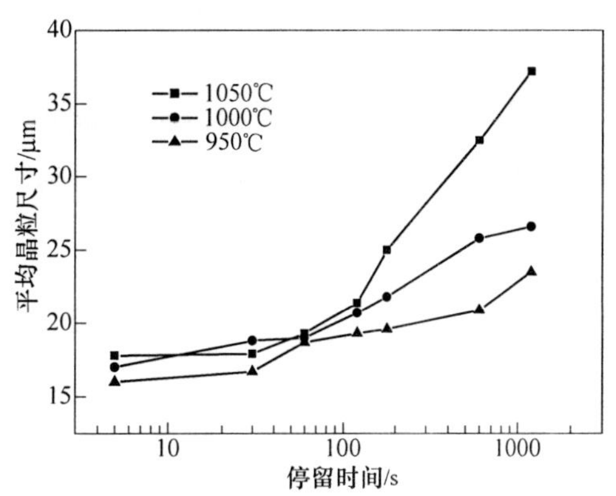

图 3-15 含 Nb-Ti 微合金钢再结晶奥氏体晶粒长大

再结晶奥氏体晶粒的正常长大多采用 Sellars 模型计算。影响晶粒长大的主要因素有：温度 T、初始晶粒尺寸 d_0、时间 t 和晶粒长大过程的热激活能 Q。Sellars 模型表示为[9,10]：

$$d^n = d_0^n + At\exp\left(-\frac{Q}{RT}\right) \tag{3-22}$$

式中，d 为最终晶粒直径，μm；n、A 为实验常数；R 为气体常数。

因此，对 0.17% C-1.29% Mn 钢和 0.06% C-1.90% Mn-0.35% Mo-0.08% Nb-0.015% Ti-0.002% B 的微合金化钢，奥氏体晶粒长大模型分别为：

$$d^{2.73} = d_0^{2.73} + 2.73 \times 10^7 t\exp\left(-\frac{1.02 \times 10^5}{RT}\right) \tag{3-23}$$

$$d^{5.86} = d_0^{5.86} + 9.9 \times 10^{14} t\exp\left(-\frac{2.3 \times 10^5}{RT}\right) \tag{3-24}$$

3.1.3 再结晶区域图

热变形后的组织随变形量、变形温度、变形速度等的不同变化很大。在以变形量为横坐标、变形温度为纵坐标的图上，可根据变形后的组织是否发生再结晶将图分成三个区域，即再结晶区（Ⅲ区）、部分再结晶区（Ⅱ区）和未再结晶区（Ⅰ区），如图 3-16 所示。通常根据再结晶体积分数对应的变形量和变形温度来划分这三个区域。当再结晶数量超过 95%（或 90%）时，认为处于再结晶区，对应的变形温度称为再结晶温度；当再结晶数量低于 5%（或 10%）时，该变形区称为未再结晶区，对应的变形温度称为未再结晶温度，通常用 T_{nr} 表示。

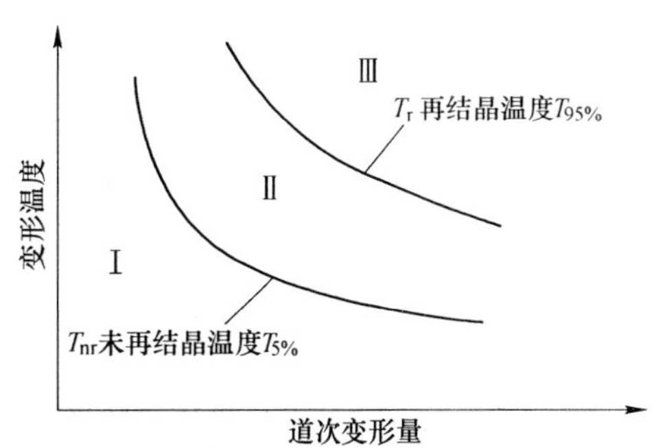

图 3-16 奥氏体静态再结晶区域图

图 3-17 表示一道次轧制后钢的再结晶区域图。压下率大的部分发生完全再结晶，压下率低于再结晶临界变形量的部分只发生回复，不发生再结晶，在这两者之间为部分再结晶区。产生部分再结晶的临界压下率和完成静态再结晶的临界压下率，随着变形温度的降

低而加大。热变形后在静态再结晶区所得到的再结晶晶粒尺寸，随变形量的增大而细化，而受变形温度的影响较小。不同钢种、不同原始晶粒尺寸都会使这三个区域的位置发生变化。

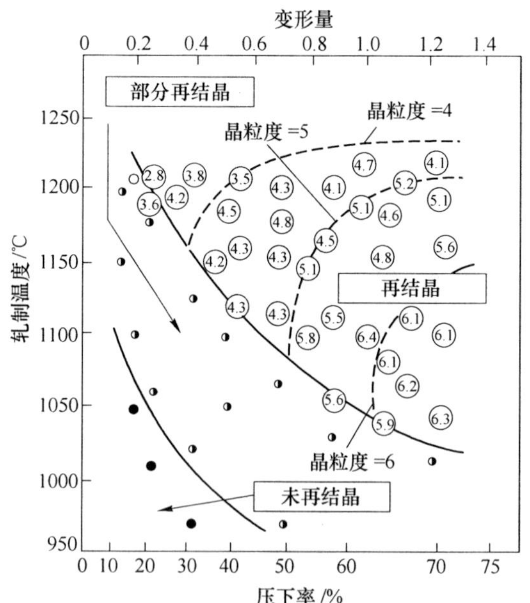

图 3-17　轧制温度和压下率对再结晶行为和再结晶晶粒直径产生影响的再结晶区域图

以上是一道次轧制时的情况，那么多道次轧制时其组织又会发生怎样的变化呢？以 0.11C-0.035Nb 钢种为例，在Ⅲ区中连轧两道（每道压下率为28%）后得到全部细化的再结晶组织。再结晶区多道次轧制后奥氏体晶粒的大小既决定于总变形量也决定于道次变形量，尤以道次变形量的作用大。道次变形量或总变形量增大都能使奥氏体晶粒细化，但是再结晶晶粒细化有一个限度，只能达到 20～40μm。在Ⅱ区中用了 3 道次和 5 道次连续压下，在 3 道次中每道压下 10% 得到再结晶和未再结晶的混合组织，而在 5 道次连续压下时（总压下率为 42%），却得到全部再结晶的组织。

如果轧制道次足够（总变形量足够），这个阶段得到的组织比较细而且整齐。在实际生产中，多道次轧制时，轧制温度时常是逐渐下降的，因此仍有可能虽经多道次轧制，在Ⅱ区中有足够的总压下量，晶粒得到细化，但仍然得不到全部再结晶组织。

在Ⅰ区中连续轧制时，如果变形温度较低，所给的变形量合适，那么全部晶粒都是未再结晶晶粒，它将随着轧制道次的增加（总变形量增加），晶粒拉长，晶内形变带逐渐增加并逐渐均匀。晶粒的拉长程度和变形带增加程度与在Ⅰ区中的总变形量成正比，而与道次变形量关系不大。但如果在Ⅰ区的较高温度段第一道次给以 6% 的变形量，产生了如前文中所说的巨大晶粒，那么之后即使以每道次 6% 的多道次压下，轧制 5 道（总压下率 27%），也只能得到少数的再结晶晶粒，大部分是回复的晶粒和巨大晶粒的混合组织。即使 7 道次轧制（总压下率 43%），可以看到一些再结晶，但是回复晶粒仍占主体。也就是说，如果在未再结晶区中因不恰当的工艺引发产生巨大的回复晶粒，这种巨大的晶粒在以后的轧制中很难消失，即使再连续给以部分再结晶区的压下量也很难消失。

正如前面所指出的，变形后延长停留时间会促进奥氏体再结晶的发生，因而也会使奥氏体再结晶区域图中的曲线向低温小变形方向移动。这是在使用奥氏体再结晶区域图时要注意的。

3.2　奥氏体变形储能及控制

钢的奥氏体组织变形过程中或变形后会出现加工硬化，高温过程中也会伴随动态回复、动态再结晶，或静态回复和静态再结晶。表征变形后的组织通常采用软化百分数、再结晶数量、再结晶晶粒尺寸等指标，表征微观组织特点和变化规律。从更微观的角度看，对于未再结晶奥氏体的状态表征靠晶粒尺寸或形状还远远不够。未再结晶奥氏体随变形量不同，其加工硬化程度不同，也就是位错密度、亚晶尺寸、变形带数量都会不同。采用变形储能，可以较好地表征未再结晶奥氏体的状态。变形储能不仅是晶界迁移的驱动力，也是奥氏体向其他组织相变的动力之一。

奥氏体由于变形会导致微观结构的变化，从而引起 $\gamma\rightarrow\alpha$ 相变动力学和最终组织结构的变化，而位错密度的变化是奥氏体变形过程中最重要的一个变化，也是变形储能衡量的重要指标。前述提到，变形储能为 $E_D=\frac{1}{2}\bar{\rho}\mu b^2$，其主要受位错密度 ρ、奥氏体剪切模量 μ 及位错柏氏矢量 b 的影响。在材料的化学组成确定情况下，影响变形储能的主要因素是位错密度。

在奥氏体变形过程中及变形结束后，均会发生不同程度的软化效应，在高温阶段变形时，当变形量超过临界应变时奥氏体发生动态再结晶现象，当变形量没有达到临界应变时奥氏体只发生动态回复行为。由于冷至室温后的奥氏体稳定性较差，通常会发生 $\gamma\rightarrow\alpha$ 转变，导致热变形奥氏体中位错密度的测量非常困难，加之变形的不均匀性，很难直接表征出宏观的位错密度。

奥氏体变形时的应力-应变曲线，曲线中均未出现真应力峰值，故判定在各变形温度下均未发生动态再结晶，而是发生了动态回复。在整个动态回复过程中，位错增殖导致位错密度不断增加，同时位错对的湮灭以及亚晶界对位错的吸收导致位错密度的降低，两者同时发生，在达到一定的变形量时可达到动态平衡，此时位错密度基本保持不变，在应力-应变曲线中表现为平稳曲线[10]，如图 3-18 所示。

采用不同温度奥氏体变形的方法，可以测试 0.35% C-2.2% Mn-1.0% Cr 钢的真应力-真应变曲线，如图 3-19 所示。850 ~ 700℃ 变形时，随位错密度的增加，位错还通过交滑移和攀移等方式使得部分位错消失或重新排列，呈现奥氏体的动态回复[11]；500 ~ 300℃ 变形时，随应变的增加，钢的应力不断增加，异号位错合并以及位错再排列引起的加工软化很少，位错密度逐渐增加，内部畸变能逐渐增加。

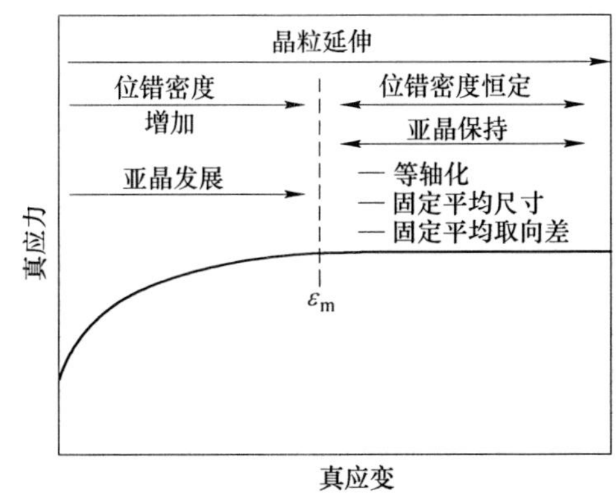

图 3-18 变形过程中的真应力-真应变曲线及位错密度变化示意图[10]

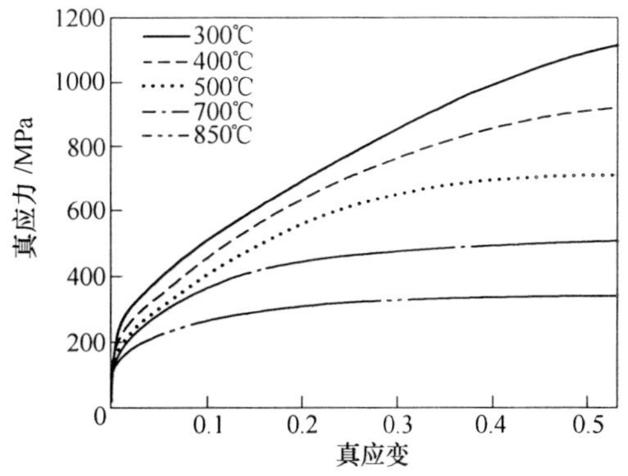

图 3-19 0.35% C-2.2% Mn-1.0% Cr 钢奥氏体变形过程中的真应力-真应变曲线[11]

变形过程中，考虑加工硬化和动态回复，即位错密度的变化可以表达为应变和时间的函数[12]：

$$\mathrm{d}\rho = \left(\frac{\partial\rho}{\partial\varepsilon}\right)\mathrm{d}\varepsilon + \left(\frac{\partial\rho}{\partial t}\right)\mathrm{d}t \tag{3-25}$$

式中，ρ 为位错密度；ε 为应变；t 为变形开始时间。第一项为变形引起的位错密度的改变，位错密度通常随变形量呈线性增加，即$\left(\frac{\partial\rho}{\partial\varepsilon}\right) = C$；第二项为回复过程中位错密度的变化，即：

$$\frac{\partial\rho}{\partial t} = -B(\rho - \rho_0) \tag{3-26}$$

其中系数 B 可表示为：

$$B = B_0\exp\left(-\frac{Q_B}{RT}\right) \tag{3-27}$$

式中，B_0 为取决于化学成分和应变速率的独立温度系数；ρ_0 为完全再结晶或退火状态下的位错密度；Q_B 为动态回复激活能。在动态回复过程中，$\mathrm{d}\rho = 0$，即：

$$\rho - \rho_0 = \Delta\rho = \frac{C\dot{\varepsilon}}{B_0}\exp\left(\frac{Q_B}{RT}\right) \tag{3-28}$$

式中，$\dot{\varepsilon}$ 为应变速率。应力-应变曲线和位错密度的关系需要参数 C、B_0、Q_B 结合起来，它们之间还存在着适用于任何材料的关系，如式（3-29）所述：

$$\sigma = \alpha\mu b\,(\rho - \rho_0)^{\frac{1}{2}} \tag{3-29}$$

式中，α 为恒定常数；μ 为剪切模量；b 为柏氏矢量。根据上述两式，可得到：

$$\left(\frac{\sigma_m}{\mu b}\right)^2 = \left(\alpha^2\frac{C\dot{\varepsilon}}{B_0}\right)\exp\left(\frac{Q_B}{RT}\right) \tag{3-30}$$

式中，σ_m 为稳态应力。$\frac{C\alpha^2}{B_0}$ 和 Q_B 可通过不同温度流变应力曲线拟合得到。计算过程中的参数：变形速率为 $3\mathrm{s}^{-1}$，变形温度分别为 300℃、400℃、500℃、700℃、850℃，C 取 $2.4\times10^{14}/\mathrm{m}^2$[13]，柏氏矢量为 $2.5\times10^{-10}\mathrm{m}$，初始位错密度 ρ_0 为 $10^8\mathrm{m}^{-2}$，$R = 8.314$ J/(mol · K)，剪切模量 μ 如图 3-20 所示。

将不同变形温度时的稳态应力及剪切模量分别代入式（3-30），通过线性拟合（图 3-21），

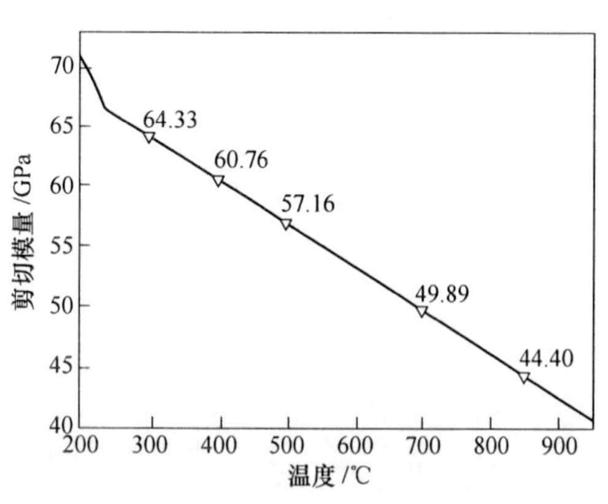

图 3-20 剪切模量随温度变化关系

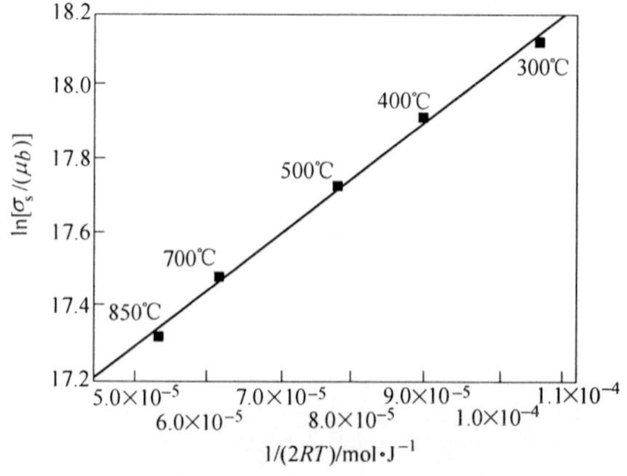

图 3-21 动态回复激活能 Q_B 的拟合

得到 $Q_B=15616.7\text{J/mol}$，$\dfrac{C\alpha^2}{B_0}=7.3\times10^{13}\text{s/m}^2$。然后，将不同变形温度的瞬时应力、应变通过式（3-31）回归得到参数 B。

$$\left(\frac{\sigma}{\mu b}\right)^2=\left(\alpha^2\frac{C\dot{\varepsilon}}{B}\right)\left[1-\exp\left(-\frac{B}{\dot{\varepsilon}}\varepsilon\right)\right] \tag{3-31}$$

将式（3-27）代入式（3-31）得到：

$$\left(\frac{\sigma}{\mu b}\right)^2=\left[\frac{C\alpha^2\dot{\varepsilon}}{B_0\exp\left(\frac{Q_B}{RT}\right)}\right]\left\{1-\exp\left[-\frac{\varepsilon B_0\exp\left(\frac{Q_B}{RT}\right)}{\dot{\varepsilon}}\right]\right\} \tag{3-32}$$

分别将不同温度的 T、$\dfrac{C\alpha^2}{B_0}$ 和 Q_B 代入式（3-32），拟合可得 $B_0=0.390007\text{s}^{-1}$，$\alpha=0.344423$。将所得参数代入式（3-28）可得到不同变形温度时饱和位错密度，如图3-22中实心点所示。

结合式（3-29），发现应力的平方 σ^2 与位错密度增量（$\rho-\rho_0$）呈线性关系，由此可得出应变为0.20时的位错密度变化，如图3-22空心点所示。随未再结晶奥氏体变形温度的降低，加工硬化产生的位错来不及回复消失，导致位错密度增加，饱和位错密度逐渐升高。

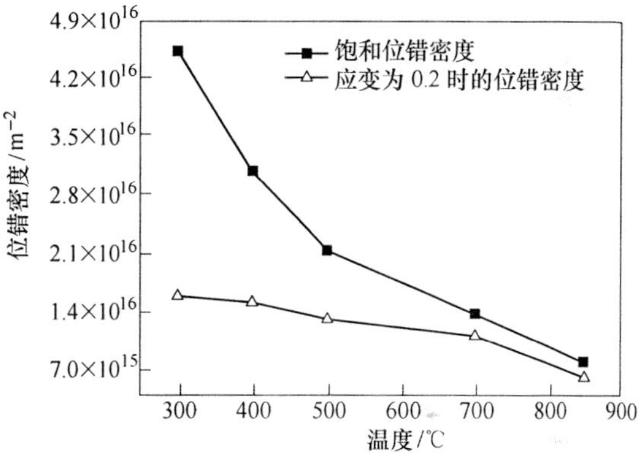

图3-22 不同温度预变形对应的位错密度

单位体积内的位错产生的变形储能 E_d 为：

$$E_d=k\mu\rho b^2 \tag{3-33}$$

而流变应力和位错密度的关系为（忽略高温变形前初始位错密度）：

$$\sigma=M\alpha\mu b\rho^{1/2} \tag{3-34}$$

式中，M 对fcc晶体取3.11；μ 为奥氏体切变模量，b 为Burges矢量，二者均和温度有关；α 为与温度相关的系数，可根据 $\alpha=-0.000628T+1.0693$ 计算[14]。据此建立变形储能和流变应力的关系为：

$$E_d=\frac{k\sigma^2}{\mu M^2\alpha^2} \tag{3-35}$$

以上仅考虑了由位错增殖所引起的变形储能，事实上在高温区进行变形一般会发生动态再结晶。该过程将消耗一部分位错，而形成亚晶界。因此，高温变形储能应该由位错增殖及亚晶界界面能两部分组成[15]：

$$\Delta G_D=\frac{1}{2}\mu\rho b^2V_\gamma(1-f_{dyx})+\frac{3\sigma}{\delta}V_\gamma f_{dyx} \tag{3-36}$$

式中，V_γ 表示奥氏体的摩尔体积；f_{dyx} 是动态再结晶分数；δ 是动态再结晶形成的亚晶粒的直径；σ 是亚晶界的界面能。在低温下变形或者以较高的应变速率变形时，应力-应变曲线一般为单调上升，动态再结晶的作用较小，可以忽略。应用式（3-35）计算变形储能是合理的近似。

奥氏体剪切模量随温度的变化关系为：

$$\mu_{\gamma}^{T} = 1.45 \times 10^5 - 137T + 3.48 \times 10^2 T^2 \tag{3-37}$$

$$\alpha = -0.000628T + 1.0693 \tag{3-38}$$

变形应力 σ 可以通过实验方法得到。当然，上式表示的是在变形过程中的位错增量。在变形后或两次变形间的静态回复过程中也会发生软化，静态软化百分数 X_s 可以衡量这一过程。

在奥氏体再结晶区，钢的变形储能更多的表现在奥氏体晶粒尺寸的变化。因为经过变形和静态再结晶后，奥氏体晶粒内部的位错消失到近乎退火状态，能衡量位错密度的就是由位错构成的大角度晶界。晶界面积越大，代表位错密度越高。简单表示位错密度和奥氏体晶粒尺寸的关系如下：

$$\rho = A + Bd_{\gamma}^{2} \tag{3-39}$$

式中，d_{γ} 为奥氏体平均晶粒尺寸；A、B 为常数。

因此，变形储能在变形过程中会成为奥氏体再结晶形核长大的动力，被部分消耗；部分变形储能转变为界面能，即奥氏体晶粒尺寸的变化；在未再结晶区的变形储能在变形过程中可以达到饱和，但是在变形后或道次之间的静态回复和多边形化时，也会少量被消耗，更多的会保留下来，为奥氏体向低温组织转变发挥作用。

3.3 低温奥氏体的形成与控制

残余奥氏体是钢在淬火或快冷时未能转变成马氏体而保留到室温的奥氏体。从理论上讲，奥氏体与过冷奥氏体碳含量是相同的；不同的是，奥氏体是相对较为稳定的相，而在温度快速降低到一定值时，奥氏体会变得不稳定，那就意味着它需要转化成为其他相，而此时的相即为过冷奥氏体。合金元素在相变过程中扩散的原因，残余奥氏体是稳定的奥氏体转化后残留下的。因为奥氏体在转化过程中体积要发生变化，所以，基体转化成为马氏体后，残余部分由于空间的限制，导致该部分只能以奥氏体存在，当过冷至零度以下时，这部分残余会继续转化成为马氏体。

3.3.1 低温奥氏体组织控制

3.3.1.1 残余奥氏体

淬火时未能转变成马氏体，而保留到室温的奥氏体，被称为残余奥氏体。在淬火过程中，随着马氏体的形成，引起体积膨胀，处于马氏体片间的奥氏体切变阻力增大，难以再转变成马氏体。此外，在马氏体中脊附近存在着孪晶，残余奥氏体承受着来自不同方向和不同晶团的压应力，奥氏体中位错密度显著升高，切变阻力增大，也难以完成马氏体转变。因此，残余奥氏体通常存在于马氏体片间和马氏体中脊附近。在等温淬火或类似等温淬火过程中，也会在铁素体晶粒间或贝氏体板条间形成粒状或片状残余奥氏体。残余奥氏体是所有可淬火硬化钢中普遍存在的一种显微组织。

还有一种是在冷却过程中存在，但还没有转变为低温组织的奥氏体，称为过冷奥氏体。过冷奥氏体在后续冷却至室温后可能转变为低相变点的室温组织，如贝氏体、马氏体或残余奥氏体。因此，残余奥氏体与过冷奥氏体的主要区别是：（1）因为 γ-Fe 比 α-Fe 能溶解更多的 C，所以残余奥氏体的碳含量高于钢的平均碳含量，热稳定性高，能在室温或更低的温度下存在；过冷奥氏体只能在高温下存在。（2）残余奥氏体受相变先析出相的影响，第2类内应力（在晶粒或亚晶范围内处于平衡的内应力）和第3类内应力（存在于一个原子集团范围内处于平衡的内应力）较大，位错密度较高，储存能量较高、不稳定；过冷奥氏体的内应力和储存能只受奥氏体变形过程的影响。（3）残余奥氏体组织形貌各异，有薄膜状、片状、颗粒状和块状等，受形成过程的相变和原奥氏体状态影响；过冷奥氏体形态也受高温奥氏体的变形、冷却过程中先相变组织形态影响。

A 残余奥氏体量

钢中残余奥氏体量主要取决于化学成分。一般来说，增加钢中降低 M_s 点的元素的含量，就会增加残余奥氏体量的含量，碳素钢中碳含量和淬火温度对残余奥氏体量的影响见图3-23。残余奥氏体量还与淬火温度密切相关，从图3-23可以看出：碳素钢的残余奥氏体量随淬火温度升高呈先升后降的变化趋势，所有可淬火钢都具有类似特性，仅是峰值温度范围有所不同。延长保温时间的作用与提高淬火温度作用相同，但作用弱得多。

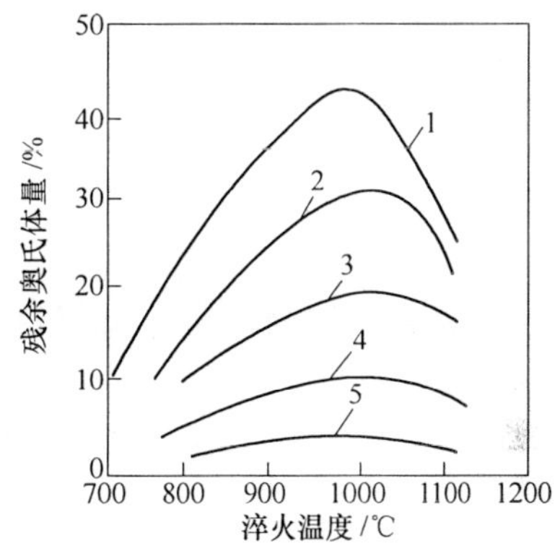

图3-23 碳钢淬火温度对残余奥氏体量的影响[16]

1—1.28%C水淬；2—0.89%C油淬；3—0.89%C水淬；4—0.40%C油淬；5—0.40%C水淬

热处理工艺也会对残余奥氏体量产生影响。如化学成分为0.15% C、1.12% Si、1.53% Mn、0.08% Nb的TRIP钢经800℃加热保温3min后，以30℃/s的冷速冷却到贝氏体区范围等温，等温温度为400～440℃，保温时间为120～300s，室温组织为多边形铁素体、贝氏体和残余奥氏体。其残余奥氏体量、残余奥氏体的碳含量和钢的力学性能如表3-1所示。可以看出，在同一保温时间（300s）下，随着等温温度的升高，屈服强度和抗拉强度差别不大，伸长率逐渐下降，而钢中残余奥氏体的体积分数由410℃时的5.23%增加到440℃的16.30%，残余奥氏体的碳的质量分数则由1.50%减少到1.12%。

表3-1 贝氏体区等温处理后TRIP钢的力学性能、残余奥氏体含量及其碳含量[17]

试样编号	时效温度/℃	时效时间/s	屈服强度/MPa	抗拉强度/MPa	伸长率/%	残余奥氏体体积分数的计算值/%	残余奥氏体碳的质量分数的计算值/%
1	410	300	548	720	26.1	5.23	1.50
2	420	300	580	760	24.5	7.86	1.67
3	430	300	550	745	24.1	13.72	1.25
4	440	300	526	744	17.7	16.30	1.12
5	430	120	539	728	9.8	3.59	1.77
6	430	180	558	770	25.9	6.56	1.86
7	430	240	528	735	27.2	11.30	1.63

对化学成分为0.21% C、1.18% Si、1.41% Mn、0.033% Nb、0.060% V的热轧TRIP钢，在830℃终轧后，分别以30℃/s、50℃/s、80℃/s的冷速冷却至730℃，5℃/s空冷至680℃，再以50℃/s的冷速冷却至400℃，等温20～60min，其残余奥氏体量、残余奥

氏体的碳含量如图 3-24 所示。

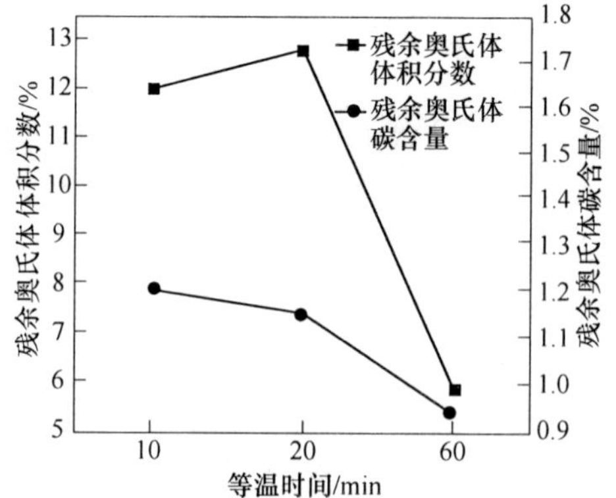

图 3-24　不同等温时间对热轧 TRIP 钢残余奥氏体的影响[18]

测定和计算残余奥氏体含量和残余奥氏体的碳含量时，可以采用 X 射线衍射得到衍射图谱，再利用 X 射线衍射分析软件进行寻峰处理，并计算衍射峰角度、半高宽以及积分强度，选择奥氏体的｛200｝、｛220｝、｛311｝衍射线以及铁素体的｛211｝衍射线，利用以下残余奥氏体含量公式进行计算[19]：

$$V_r = 1.4I_r/(I_A + 1.4I_r) \qquad (3\text{-}40)$$

式中，V_r 是残余奥氏体的体积分数；I_r 是奥氏体｛200｝、｛220｝和｛311｝晶面衍射峰的平均积分强度；I_A 是铁素体｛211｝晶面衍射峰的积分强度。当然，也可用 Lepara 试剂（将 1% 偏重亚硫酸钠水溶液和 4% 苦味酸酒精溶液以体积比 1:1 均匀混合）侵蚀后，通过光学显微镜观察钢中残余奥氏体的形态，用图像分析软件计算残余奥氏体的含量及尺寸。

残余奥氏体的碳含量用下式进行计算[19]：

$$w(\mathrm{C})_r = (A_r - 3.547)/0.046 \qquad (3\text{-}41)$$

式中，$w(\mathrm{C})_r$ 是残余奥氏体中碳的质量分数，%；A_r 是残余奥氏体的晶格常数。

B　残余奥氏体尺寸

对贝氏体区等温处理后 TRIP 钢中的残余奥氏体进行观察分析，发现残余奥氏体主要以 3 种形态存在，即薄膜状残余奥氏体、粗大块状残余奥氏体和细小粒状残余奥氏体。

化学成分为 0.21% C、1.18% Si、1.41% Mn、0.033% Nb、0.060% V 的热轧 TRIP 钢，等温 10min、20min 和 60min，残余奥氏体晶粒尺寸在 0.1～1μm 区间内分布的累加频率分别高达 95.0%、95.0% 和 95.6%，如图 3-25 所示，对应平均晶粒尺寸为 0.266μm、0.289μm 和 0.297μm，即随着等温时间的延长，0.1～1μm 区间内的残余奥氏体平均晶粒尺寸有所增大，但波动较小。

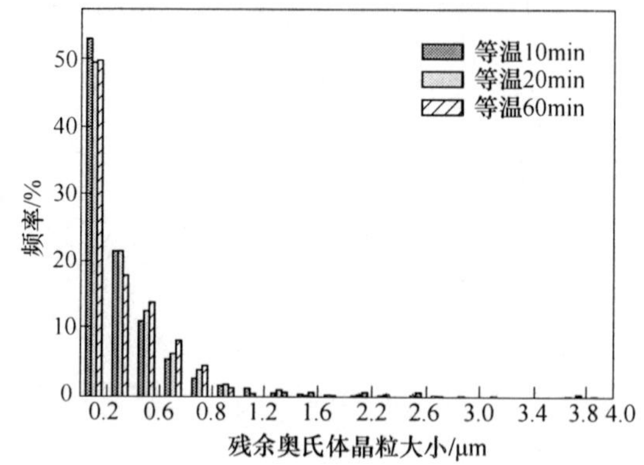

图 3-25　不同等温时间对热轧 TRIP 钢残余奥氏体晶粒尺寸的影响

在低碳钢中，残余奥氏体在形成过程中由于过冷奥氏体稳定性较低，会在低合金钢中形成一种碳含量极不相同的富碳合金马氏体、奥氏体或它们的混合物，称之为马氏体-奥氏体（MA）或 MA 岛，MA 碳含量远远超过基体中的平均碳含量。对 0.028% C-0.25Si-1.82% Mn-0.85% Nb 钢进行 Q-P（淬火 Quenching-分配 Partitioning）热处理。钢淬火到贝氏体相变开始（429℃）和终止温度（619℃）左右，之后快速（20～50℃/s）加热到回火温度（660～800℃），进行短时间保温（0～500s）。回火前快速冷却的终冷温度在贝氏体相变温度区间，会增加回火后形成的残余奥氏体体积分数，其体积分数可以达到 5% 以上。提高升温速率至 50℃/s，残余奥氏体体积分数最高达到7.9%。提高回火温度和延长回火时间，残余奥氏体的体积分数会出现峰值，如图3-26所示。提高终冷温度、升温速率、回火温度和延长回火时间，会使回火后的残余奥氏体粗大，呈多边形化。回火后，残余奥氏体平均尺寸在0.77～1.48μm。

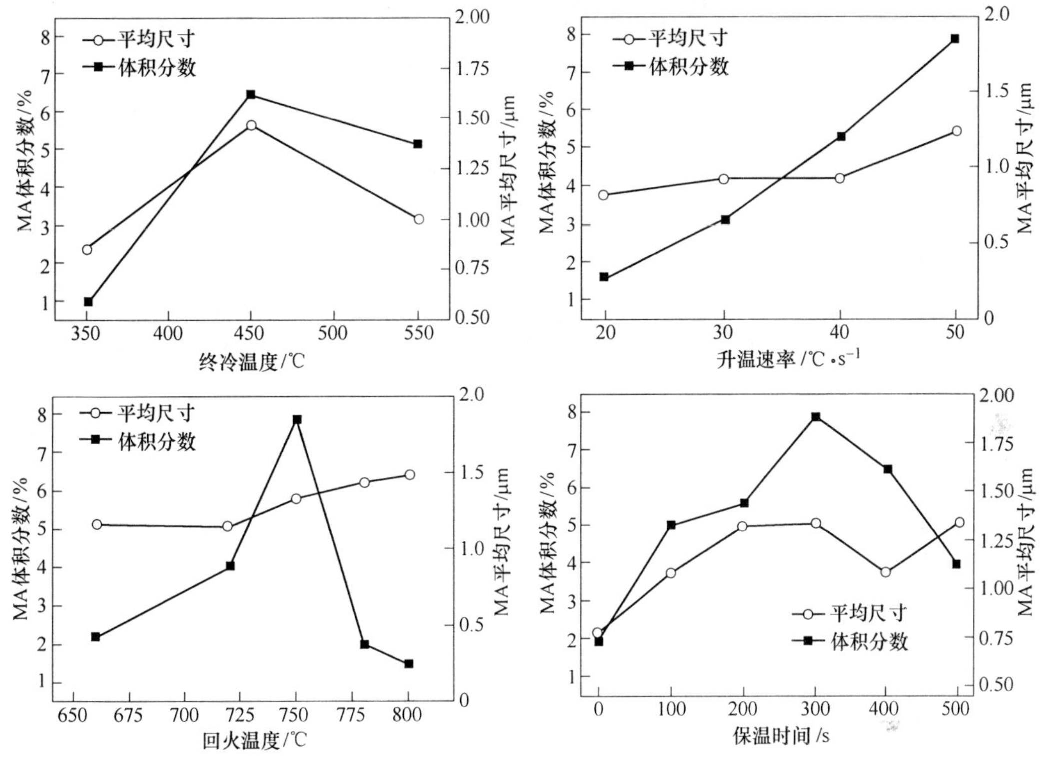

图3-26 Q-P热处理工艺对残余奥氏体体积分数及尺寸的影响[20]

C 残余奥氏体形态

TRIP钢在贝氏体转变区400～440℃下发生等温转变。在等温转变初期（120s），随着贝氏体等温温度的提高，呈三角状、块状分布的残余奥氏体越来越多，在430℃保温120s的残余奥氏体的形态如图3-27a所示。当等温温度较低并进行适当的保温后，微观组

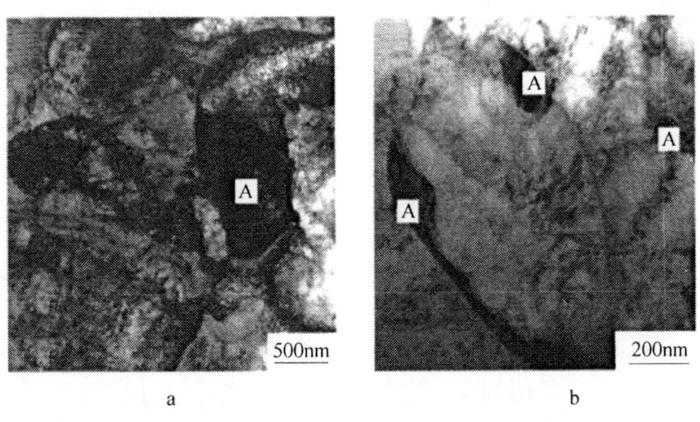

图3-27 等温转变TRIP钢残余奥氏体的形态（TEM）

a—块状奥氏体；b—薄膜状和粒状残余奥氏体

织中发现了大量晶间薄膜状的残余奥氏体，甚至在铁素体晶粒内部还可以观察到一些细小的粒状残余奥氏体，如图 3-27b 所示。

3.3.1.2 逆转奥氏体

逆转奥氏体是瑞典人最初发表的有关 Ni4 钢的专利中给出的定义，指 Cr-Ni-Mo 系马氏体不锈钢在回火过程中，由马氏体直接切变生成的奥氏体。这种奥氏体在室温下，甚至更低的温度下都可以稳定存在。为了与残余奥氏体区别开来，根据其形成特点，称为逆转奥氏体。

逆转奥氏体的特点是：

（1）逆转奥氏体是马氏体钢在 M_s点之上、A_{c1}点之下回火或时效处理过程中，由马氏体逆转变形成的，是非扩散型转变产物。但因转变温度较高，组织中合金元素有一定的扩散能力，化学均匀性较好，内应力已得到释放；转变过程中钢的体积收缩，组织中不像残余奥氏体中存在着高密度的位错和孪晶。如在 A_{c1}点以上回火，获得的是稳定奥氏体，就不能称为逆转奥氏体了。

（2）逆转奥氏体是由马氏体直接切变生成的，尺寸十分细小、均匀，连续地弥散于马氏体基体中，可在不降低强度的情况下，改善钢的塑性、韧性和焊接性能。而残余奥氏体为等轴晶，被马氏体分割，以薄膜状、片状、颗粒状和块状存在于马氏体板条间，其韧化效果远不如逆转奥氏体。

（3）逆转奥氏体形成温度较高，组织中 C、Ni、Mn 等稳定奥氏体的元素聚集量较高，热稳定性很好，有人用低温磁称法测定逆转奥氏体的稳定性，结果表明：含逆转奥氏体的试样冷却到 -196℃后再回到室温时，逆转奥氏体的含量仅减少 1.5%。

（4）逆转奥氏体的力学稳定性一般，冷加工时，逆转奥氏体很容易转变为形变马氏体。

逆转奥氏体的形成是有条件的，同样经历形核和长大的过程：当回火温度升至 A_s 点时，马氏体开始转变为回火马氏体，基体部分应力得到释放。回火温度继续升高，C 原子有能力从基体扩散出来，形成碳化物，聚集在原马氏体板条边缘，逆转奥氏体的晶核在板条间形成，而 Ni、Mn 原子因动力不足仍停留在板条中。当回火温度升至稍高于 A_s点时，逆转奥氏体相的核心就通过切变方式在高 Ni、Mn 区直接生成逆转奥氏体，并沿板条界面和原奥氏体晶界纵向长大成极细的条索状。

（5）A_s点表示马氏体开始转变成逆转奥氏体的温度，与之对应的 A_f点表示马氏体转变成逆转奥氏体的终止温度。A_s点均高于 M_s，因钢种不同两者差距有很大差别，Fe-Ni30 合金的 A_s比 M_s高 420℃左右，数值最大。沉淀硬化不锈钢和超马氏体不锈钢的差距均在 350～400℃之间。另有一类合金，如 Cu-Al-Ni、Au-Cd、Cu-Al-Mn 和 Cu-Zn-Al 等被称之为热弹性形变合金，A_s与 M_s的差均距在 100℃以内，M ⇔ A_n转变是双向的，经多次反复，也不影响转变速率，该类合金俗称为记忆合金，基本特征是：在相变的全过程中，新相和母相始终保持共格关系，相变是完全可逆的[16]。

从定义描述中可以看出：在沉淀硬化不锈钢和超马氏体不锈钢，或高强度和超高强度钢成品中不可能存在稳定奥氏体和过冷奥氏体组织，可用作韧化相的只有残余奥氏体和逆转奥氏体组织。9Ni 钢（钢的化学成分为 0.036% C、0.1% Si、0.70% Mn、0.0068% P、0.005% S、9.02% Ni、0.096% Mo，钢的 A_{c1} = 650℃、A_{c3} = 730℃）淬火后，在不同温度进行回火也可获得逆转奥氏体。570℃回火处理后，奥氏体呈断续块状，多分布于马氏体板条束界上，很少位于板条之间，逆转奥氏体含量约为4.47%。经650℃两相区处理的钢，逆转奥氏体含量约为10.15%。经670℃两相区回火，逆转奥氏体多存在于板条之间，但逆转奥氏体含量降至5.88%。700℃回火后，逆转奥氏体含量仅剩下2.34%[21]。

钢中奥氏体含量变化与逆转奥氏体机制有关。一般认为，钢中C和Ni、Mn的分布是不均匀的，低温时效时，C、Ni、Mo受扩散能力限制，无法在基体中聚集，促进奥氏体形成。当温度超过A_s点时，随C和Ni扩散能力增强，逆转奥氏体开始形成，含量逐渐增加，稳定性逐渐加强，冷却后奥氏体含量达到最高水平。但温度高于A_{c_1}点时，C、Ni、Mn扩散加剧，向奥氏体聚积的趋势反而减弱，奥氏体稳定性开始下降，冷却过程中又转变为马氏体，钢中奥氏体含量反而比较少。

ZG02Cr13Ni4Mo为超马氏体不锈钢铸件，发现经620℃×15min一次回火的试样，逆转奥氏体呈长条状分布，长为102～103nm，宽约100nm，未见有高密度位错。进一步使用能量分析谱仪（EDX）对5处逆转奥氏体和邻近马氏体中的Ni含量进行测定，显示马氏体中Ni含量略低于合金中平均含量（4.40%），逆转奥氏体中Ni含量略高于合金中平均含量（见表3-2），证实了逆转奥氏体中富集了大量的奥氏体化元素是其在冷却过程中稳定存在的原因。

表3-2 EDX测定逆转奥氏体和邻近马氏体中的Ni含量（质量分数） （%）

位　置	逆转奥氏体中	马氏体中
1	5.41	3.99
2	5.48	4.20
3	7.75	4.16
4	7.64	4.36
5	8.24	4.49

回火过程中的逆转奥氏体优先在马氏体板条束间和原奥氏体晶界处形核长大，是因这些区域存在高密度缺陷，为其形核提供了能量，同时为相变时奥氏体化元素扩散提供了快速通道。使用TEM（透射电镜）观察，基体马氏体与逆转奥氏体之间具有：$(011)_M // (1\bar{1}\bar{1})_A$、$\{100\}_M // \{110\}_A$晶体学取向关系，即西山（N-W）关系，这种晶体学关系只是为降低逆转奥氏体形核时的界面能而形成的，不是切变型相变的结果[22]。

3.3.2 残余奥氏体的稳定性

残余奥氏体的稳定性体现在两个方面：一是力学稳定性，也就是在力和变形的作用下，残余奥氏体分解为马氏体的能力；二是热稳定性，是在残余奥氏体形成过程中，在温度作用下分解为马氏体和碳化物的能力。两者之间有一定的联系。

残余奥氏体的稳定性受温度和应力等因素影响，因此残余奥氏体是一种不稳定相或称为亚稳相。

3.3.2.1 残余奥氏体的力学稳定性

影响残余奥氏体力学稳定性的因素有很多，主要包括钢板中残余奥氏体的碳含量、残余奥氏体的体积分数、尺寸和形貌、变形温度、应力状态、其他各相的晶粒尺寸和体积含量、加工工艺和热处理制度等。在诸多影响因素中，钢板中残余奥氏体的数量及其碳含量、残余奥氏体的尺寸和形貌起着至关重要的作用。

将上述化学成分为 0.15% C、1.12% Si、1.53% Mn、0.08% Nb 的热处理 TRIP 钢进行拉伸后，分析发现，块状奥氏体全部转变成马氏体，薄膜状残余奥氏体部分转变为马氏体，而细小的粒状残余奥氏体基本上保留了下来。产生这种变化的主要原因是大块状残余奥氏体的碳含量要远远低于薄膜状的残余奥氏体，其热力学和力学稳定性差，在高应力条件下会转变为马氏体。对于晶内细小的粒状残余奥氏体，与薄膜状残余奥氏体相比不易引起应力集中，因而不易发生转变。

力学稳定性评价：在预拉伸实验的基础上，采用式（3-42）来计算不同应变量下残余奥氏体的 K 值，利用 K 值来表征残余奥氏体的力学稳定性[23]。

$$\lg f_{r\varepsilon} = \lg f_{r0} - K\varepsilon \tag{3-42}$$

式中，$f_{r\varepsilon}$ 为应变量为 ε 时试样中的残余奥氏体量；f_{r0} 为变形之前试样中残余奥氏体量；ε 为应变量，在这里为工程应变。由式（3-42）可知，K 值越小，残余奥氏体的稳定性越好。在计算 K 值基础上，分析试样的加工硬化性能，建立 K 值与加工硬化性能之间的联系。

对高铝和铌钒处理的 TRIP 钢，进行拉伸变形，残余奥氏体含量逐渐减少。在变形开始阶段，残余奥氏体减少速度很快，两试样在 5% 的应变时，残余奥氏体量分别减少了 63.70% 和 53.01%。随着变形增加，残余奥氏体减少速度变缓。这说明随着变形增加而残余奥氏体稳定性增强。图 3-28 中 K 值的变化也反映了这个特点，随应变量增加，K 值逐渐下降。试样 1 的 K 值高于试样 2 的，这表明试样 2 残余奥氏体在变形过程中的稳定性要高于试样 1。

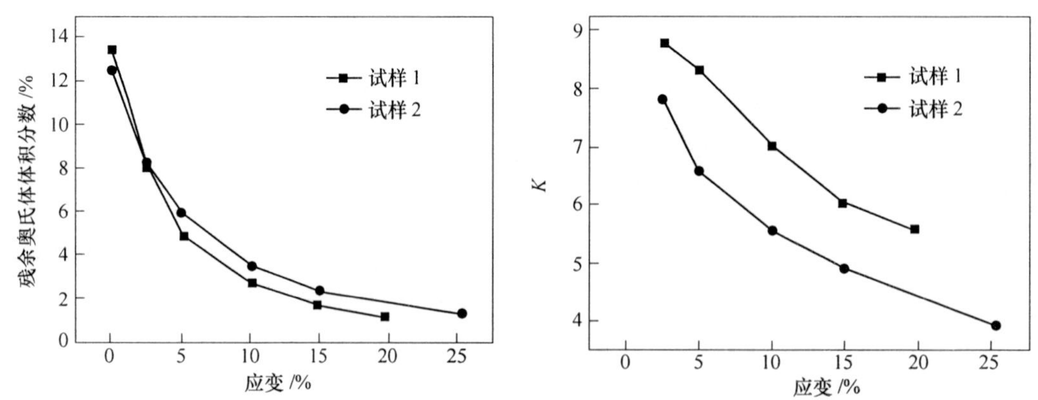

图 3-28　TRIP 钢预拉伸过程中残余奥氏体量和稳定性特征值 K 的变化[24]

对 14SiMn3Mo 钢的热处理工艺发现，残余奥氏体的量在变形过程中随应变的变化规律如图 3-29 所示。

在变形过程中，残余奥氏体的转变量 ΔA_r 与外加应变量的对数成线性关系：

$$\Delta A_r = K\lg\varepsilon + C \tag{3-43}$$

式中，C 是应变量为 1% 时残余奥氏体的转变百分量；K 为残余奥氏体转变量随应变量的增加速率。定义无量纲参数：

$$K_s = \frac{1}{K} \quad (3\text{-}44)$$

则 K_s 可表示残余奥氏体的力学稳定性的大小，称之为残余奥氏体力学稳定性参数。显然 K_s 值越大，残余奥氏体的力学稳定性越高。粒状贝氏体（Bg）、回火 Bg、粒状组织（GS）和回火 GS 四种组织对应的残余奥氏体稳定性特征值分别为 0.035、0.056、0.045 和 0.086[25]。残余奥氏体越稳定，钢的屈服强度和冲击功越高。

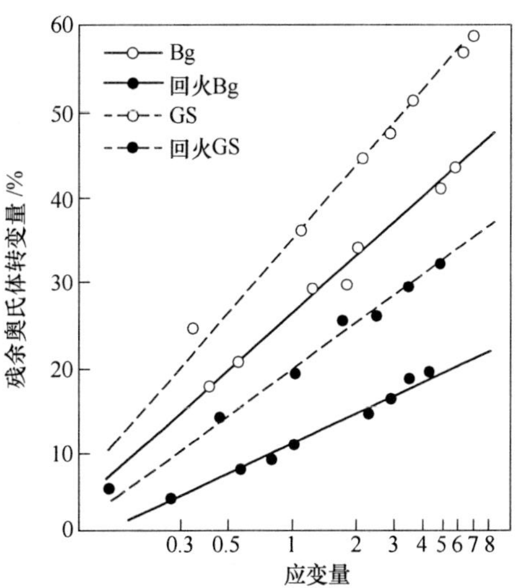

图 3-29 塑性应变量与残余奥氏体转变量的关系

3.3.2.2 残余奥氏体的热稳定性

奥氏体的热稳定现象是 1937 年在 1.17% C 钢经冷处理时发现的。在室温停留后到 −150℃ 冷处理时，残余奥氏体转变为马氏体。以后在碳钢、铬钢、镍钢等中也都发现了奥氏体热稳定形象，淬火空位也能使奥氏体呈热稳定化现象。研究发现，低温时效和高温时效都会引起奥氏体热稳定化[26]。所谓的高温时效和低温时效并没有严格的温度界限。一般以在 M_s 点温度以下的时效称为低温时效，之上的为高温时效。

对于低温时效的奥氏体热稳定化产生的原因，共识是与 C 和 N 原子运动有关，随 C 和 N 的增加稳定化效应增强；高温时效的奥氏体热稳定化是与 C 和合金元素（如 Ni、Mn 等）的原子扩散有关，也就是高温时效过程中合金原子从马氏体或贝氏体基体通过扩散到固溶量大的残余奥氏体组织中，并进一步增加了奥氏体的稳定性。随 C 和合金元素量的增加稳定化效应增强；强碳化物形成元素，如 Cr、Mo、V 的固溶存在也使稳定化效应增强；非碳化物形成元素，如 Ni 和 Si 对稳定化效应也有影响。但是，奥氏体在高温时效时，同时需要考虑是否会因为奥氏体热稳定性不足，引发奥氏体分解。

奥氏体的稳定性对残余奥氏体量也有重要影响。等温淬火过程中冷却速度较慢或在冷却过程中停留都会引起奥氏体稳定性提高，而使马氏体转变产生迟滞的现象，称为奥氏体的热稳定化（又称为陈化）。连续淬火时，残余奥氏体的转变原则只取决于最终冷却温度，而与冷却速度无关，但大型零部件的冷却速度减慢时热稳定性明显增强。实际生产中可以灵活运用残余奥氏体的这些转变特性，来调节钢中的残余奥氏体量，获得最佳强韧性配合。

参考文献

[1] Karhausen K, Kopp R. Model for Integrated Process and Microstructure Simulation in Hot Forming [J]. Steel Research, 1992, 63 (6): 247.

[2] Frost H J, Ashby M F. Deformation-mechanism maps [M]. Oxford: Pergamon Press, 1982.

[3] 孙影，张麦仓，董建新，等. Q235 钢的热变形特性 [J]. 钢铁研究学报，2006，41 (5): 42 ~ 45, 59.

[4] 徐洲，熊征，门学勇，等．热变形奥氏体动态再结晶晶粒直径与变形参数间的关系［J］．钢铁，1988，23（10）：47～51.

[5] 魏洁，唐广波，刘正东．碳锰钢热变形行为及动态再结晶模型［J］．钢铁研究学报，2008，20（3）：31～35，53.

[6] Wang F M，Tang L，Esser J J，et al. Static softening behavior of hot-worked austenite in microalloyed structural steel StE460［J］. Journal University Science Technology Beijing，1999，6（1）：35.

[7] Medina S F，Mancilla J E. Static recrystallization modelling of hot deformed steels containing several alloying elements［J］. ISIJ International，1996，36（8）：1070.

[8] 蔺永诚，陈明松，钟掘．42CrMo钢形变奥氏体的静态再结晶［J］．中南大学学报（自然科学版），2009（4）.

[9] Sellars C M，Whiteman J A. Recrystallization and grain growth in hot rolling［J］. Metal Science，1979，13（3～4）：187.

[10] Beynon J H，Sellars C M. Modeling microstructure and its effects during multi-pass hot rolling［J］. ISIJ International，1992，32（3）：359.

[11] Wang Y M，Ma E. Three strategies to achieve uniform tensile deformation in a nanostructured metal［J］. Acta Materialia，2004，52（6）：1699～1709.

[12] 宋维锡．金属学［M］．2版．北京：冶金工业出版社，1989：186～187.

[13] Dong-Woo S U H，Jae-Young C H O，Hwan O H K，et al. Evaluation of dislocation density from the flow curves of hot deformed austenite［J］. ISIJ international，2002，42（5）：564～566.

[14] Luo H W，Sietsma J，Van Der Zwaag. Effect of inhomogeneous deformation on the recrystallization kinetics of deformed metals［J］. Metall Mater Trans，2004；35A（9）：2789.

[15] 徐祖耀．应力作用下的相变［J］．热处理，2005，19（2）：1～17.

[16] 刘宗昌，等．材料组织结构转变原理［M］．北京：冶金工业出版社，2006.

[17] 江海涛，唐荻，刘强，等．TRIP钢中残余奥氏体及其稳定性的研究［J］．钢铁，2007，42（7）：60～63，83.

[18] 王潇．热轧TRIP780带钢的控制冷却工艺研究［D］．北京：北京科技大学，2013：12.

[19] 景财年，王作成，韩福涛．相变诱发塑性的影响因素研究进展［J］．金属热处理，2005，30（2）：26～30.

[20] 余伟，陈涛，焦多田，等．含Nb低碳钢的淬火中间冷却及回火工艺对MA组织的影响［J］．北京科技大学学报，2011，33（5）：550～556.

[21] 杨跃辉，蔡庆伍，武会宾，等．两相区热处理过程中回转奥氏体的形成规律及其对9Ni钢低温韧性的影响［J］．金属学报，2009（3）：270～274.

[22] 王培，陆善平，李殿中，康秀红，李依依．低加热速率下ZG06Cr13Ni4Mo低碳马氏体不锈钢回火过程的相变研究［J］．金属学报，2008（6）：681～685.

[23] Sugimoto K I，Nakano K，Song S M. Retained austenite characteristics and stretch-flangeability of high-strength low alloy TRIP type bainitic sheet steels［J］. ISIJ International，2002，42（4）：450～455.

[24] 定巍，龚志华，唐荻，等．低硅含铝TRIP钢残余奥氏体变形过程中稳定性研究［J］．材料工程，2013（12）：68～73.

[25] 张明星，康沫狂．包头钢铁学院学报，1992，11（1）：36～42.

[26] 徐祖耀．马氏体相变与马氏体［M］．北京：科学出版社，1999.

4 热变形奥氏体的动态相变与控制

4.1 过冷奥氏体相变及测试方法

连续冷却转变曲线，简称 CCT（Continuous Cooling Transformation）曲线，它系统地表示冷却速度对材料相变开始点、相变结束点、相变进行速度和组织形成影响情况。一般的热处理、形变热处理、热轧材的控制冷却以及焊接等生产工艺，均是在连续冷却的状态下发生相变的。CCT 曲线与实际生产条件相当近似。所以，它是制订轧制工艺和冷却工艺的重要参考数据。

等温转变曲线，简称 TTT（Time Temperature Transformation）曲线，反映过冷奥氏体在不同过冷度下等温温度、保持时间与转变产物所占百分数（转变开始及转变终止）的关系曲线，又称为"C 曲线"。典型高碳钢的 TTT 曲线如图 4-1 和图 4-2 所示。

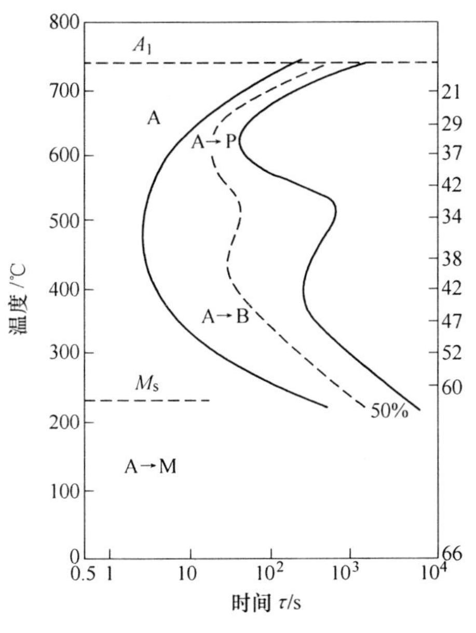

图 4-1　GCr15（1.0% C-1.7% Cr）的 TTT 图

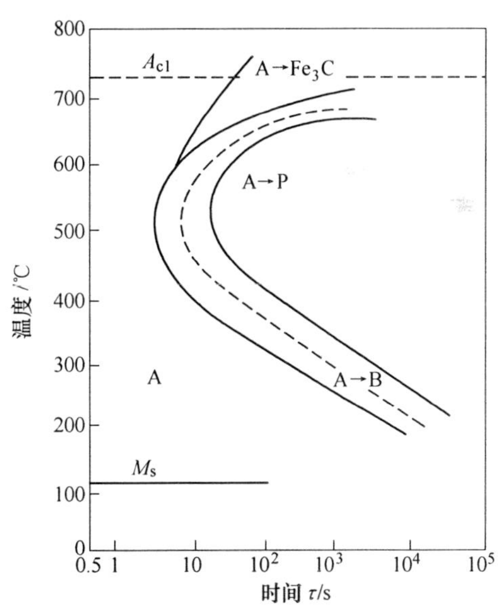

图 4-2　T13（1.3% C）钢的 TTT 图

根据相变曲线，可以选择最适当的工艺，从而得到最佳设计的室温组织，达到所需的理想力学性能。

相变点检测的方法主要有热分析法、差示扫描量热法、声发射法、膨胀法、磁性法、热分析法和金相法等。磁性法只能检测钢的磁性转变温度，对实际的钢铁品种开发没有意义。而金相法需要大量的试验，试验烦琐，试样不能进行变形，限制了其应用。热分析法与热膨胀法实现简单，因此是测量钢铁材料相变点的理想方法。热膨胀法对于相组成未知的材料，还需要结合金相法来确定相变温度和所对应的相。

4.1.1　热分析法

采用热分析法来测量材料的相变点，根据材料在快速冷却过程中释放相变潜热来对其进行检测，对材料以及变形没有什么要求，操作简单。热分析法比较适用于潜热大和转变速率快的过程，如钢的熔化和凝固，而不大适用于潜热小和转变速率慢的过程，如大部分扩散型的固态相变。相对地说，钢中马氏体转变的潜热较大，转变速率也较快。因此可以用它来测量马氏体、贝氏体等切变机制的相变点[2]。由于目前高级别管线钢、船板钢、压力容器等用钢广泛采用板条贝氏体组织[3]，因此用热分析法来对其冷却过程中相变点进行检测是比较合适的。

热分析法测相变的原理为相变热力学，由于连续冷却过程中，需要有过冷度或者过热度才能发生相变，因此，在其平衡温度上下的相变点内，两相之间将有自由能差，这些自由能在发生相变时，其外观表现为冷却曲线将在此温度发生转变。其热力学自由能与相变之间的关系见图4-3。在冷却过程中，在 T_1 温度，γ 相将转变为 α，而此温度下 γ 相的自由能G_γ大于 α 相的自由能G_α，因此，此自由能之差 $\Delta G_{\gamma\to\alpha}$将会以热量的形式释放出来，表现在温度上，在同样冷却条件下此时的温度将稍微上升，也即冷却曲线上的温度在此处出现拐点。而且随着冷却的增大，过冷度也要增大，也即相变潜热将更大。因此，热分析法的拐点将更加明显。根据热分析测量相变点原理来说，实现应用的关键是温度的准确测量，而且要有能感知相变转变过程中微小信号的监测系统。

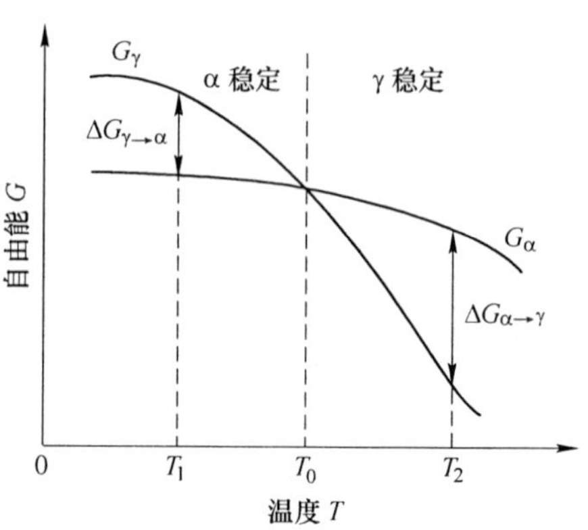

图 4-3　各相自由能与温度之间的关系

4.1.2　差示扫描量热法

差示扫描量热法（DSC）是一种热分析法。在程序控制温度下，测量输入到试样和参比物的功率差（如以热容的形式）与温度的关系。差示扫描量热仪记录到的曲线称 DSC 曲线，它以样品吸热或放热的速率，即热流率 dH/dt（单位为 mJ/s）为纵坐标，以温度 T 或时间 t 为横坐标，可以测定多种热力学和动力学参数，例如比热容、反应热、转变热、相图、反应速率、结晶速率、高聚物结晶度、样品纯度等。该法使用温度范围宽（−175 ~ 725℃）、分辨率高、试样用量少。在钢的相变中，DSC 方法用于测定较低温度相变，如残余奥氏体向马氏体转变、马氏体向奥氏体的逆转变、析出物分析等。

4.1.3　声发射法

声发射（Acoustic Emission，AE）是材料或工件在受到形变和外界作用时，内部应变能以弹性应力波的形式，迅速释放出来的物理现象。而用电子学的方法接收发射出来的应力波，分析和评价 AE 源的发生、发展的规律，以及寻找、确定其位置的技术称为声发射技术[1,2]，关于相变时的声发射有两种情况：一种是由扩散所控制的相变，如珠光体、贝氏体和铁素体转变没有声发射信号发生，这是因为它们的生长速度很慢，转变过程释放的能量很少所致；另一种是由奥氏体转变为马氏体，这种转变是非扩散型转变，在这个过程中大量地释放出贮存的能量，因以弹性波释放的能量多，故表现为产生大量的突发性声发射信号。

4.1.4 电阻法

合金的电阻率与其组织状态有关[3]，是组织敏感参量，对于形状记忆合金（SMA），表现为马氏体和奥氏体的电阻率不同。以电阻法测得 Ti-Ni 合金进行马氏体相变及其逆相变时的相变临界温度，如图 4-4 所示，当温度进行逆马氏体相变时，合金电阻率下降；而降温进行正马氏体相变时，合金电阻率急剧上升，故从电阻率变化的拐点可以确定 SMA 的相变温度。

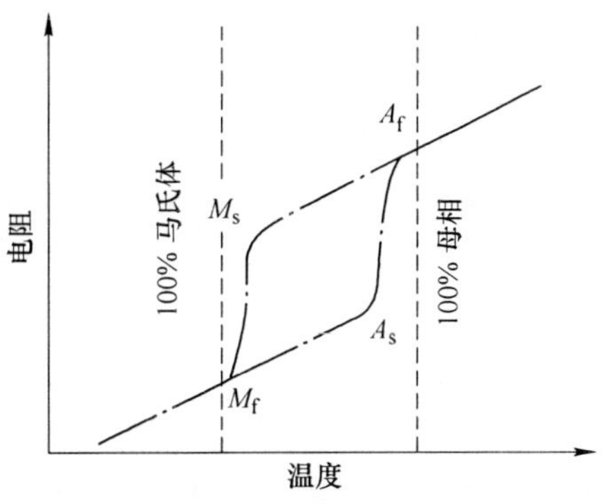

图 4-4 电阻法测量马氏体相变点

4.1.5 热膨胀法

众所周知，物体热胀冷缩，钢也不例外。当钢发生固态相变时，常伴随着体积的不连续变化，从而引起热膨胀的不连续变化。因此分析热膨胀现象在研究钢的相变特征方面占有很重要的地位。它可以用来测定钢在不同温度下的线膨胀系数和不同钢种的各种相变温度。

设某物体的长度为 L_t，则其在 t(℃) 时的长度 L_t 为：

$$L_t = L_0(l + \alpha_t t + \beta_t t^2 + \cdots) \tag{4-1}$$

式中，α_t、β_t 为物体的材料常数。一般 β_t 及其后面的项都很小，可忽略不计。故上式可简化为：

$$L_t = L_0(1 + \alpha_t) \tag{4-2}$$

求其微分，可得：

$$\frac{dL_t}{dt} = \alpha L_0 \quad 或 \quad \alpha = \frac{1}{L_0} \times \frac{dL_t}{dt} \tag{4-3}$$

式中，α 为该材料在 t(℃) 时的线膨胀系数，简称线胀系数。当只需要某给定范围内的平均线胀系数时，则：

$$\bar{\alpha} = \frac{1}{L_0} \times \frac{L_2 - L_1}{t_2 - t_1} \tag{4-4}$$

式中，L_1 为试样在温度 t_1 时的长度；L_2 为试样在温度 t_2 时的长度。

上述情况只是在加热和冷却过程中材料不发生相变时才有效。若有相变发生，则由于新旧两相的结构不同、比容不同，材料的体积将发生不连续的变化，因而热膨胀曲线在相变发生的温度处形成拐点，就可以比较容易地确定各种相变点。

钢是一种具有相变特性的合金，其高温组织（奥氏体）及其转变产物（铁素体、珠光体、贝氏体和马氏体等）具有不同的线膨胀系数与比容。前者按其由大到小的顺序排列为：奥氏体 > 铁素体 > 珠光体 > 上、下贝氏体 > 马氏体；后者则恰好相反，是马氏体 > 铁素体 > 珠光体 > 奥氏体 > 碳化物。铬和钒的碳化物比容大于奥氏体。所以在钢的组织中，凡发生铁素体溶解、碳化物析出、珠光体转变为奥氏体和马氏体转变为奥氏体的过程将伴随体积的收缩；凡发生铁素体析出、奥氏体分解为珠光体或马氏体的过程将伴随着体积的膨胀。

钢试样在加热或冷却时，除了热胀冷缩引起正常体积变化之外，还有因相变而引起的异常体积变化，以致在正常膨胀曲线上出现了转折点。从图4-5所示亚共析钢加热和冷却时膨胀曲线示意图中可以看出：加热中，在膨胀曲线上出现了两个拐点，从这两个拐点就可以确定出 A_{c1} 和 A_{c3}；冷却中，当从奥氏体中析出铁素体和奥氏体转变为珠光体时，开始时收缩的曲线会发生膨胀，当奥氏体全部转变为铁素体和珠光体后，膨胀曲线又继续收缩，从而也出现两个拐点，并可根据拐点确定 A_{r3} 和 A_{r1}。同理，当冷却速度足够大，发生奥氏体向马氏体转变时，同样会引起膨胀曲线的变化而出现拐点，由此确定 M_s 和 M_f。然后，以温度为纵坐标，时间为横坐标，将相同性质的相转变开始点和结束点分别连成曲线，并标明各曲线所围成区域的最终组织和硬度值以及 M_s 点等，便可得到钢的连续冷却转变曲线图。

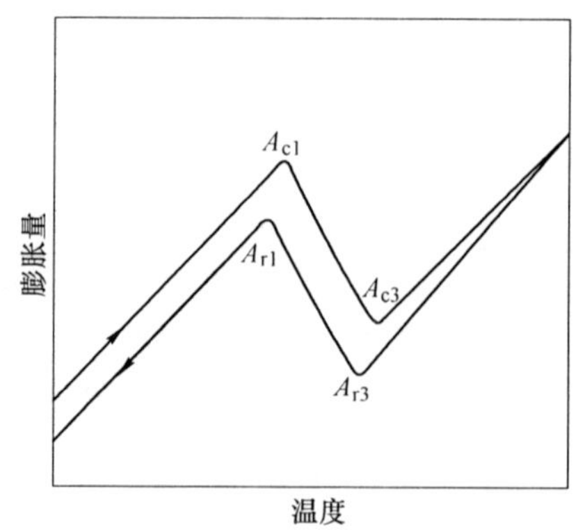

图4-5 亚共析钢的膨胀曲线

测定钢在热轧后冷却过程中奥氏体相变温度的方法可以分为两类：一类是利用钢在相变过程中发生的物理量变化来测定相变点，如测定相变时钢的体积膨胀（或收缩）、电阻的变化、因相变放热而造成钢的冷速的变化等；另一类是利用在奥氏体区和在奥氏体、铁素体两相区轧制时钢中产生的织构特点和力学性能的变化来测定相变点，如测定轧制织构的变化，测定钢的强度的变化等。

4.2 变形奥氏体的铁素体相变

4.2.1 变形对奥氏体向铁素体（γ→α）转变的影响

4.2.1.1 从再结晶奥氏体晶粒生成铁素体晶粒

再结晶奥氏体生成的铁素体的重要特征之一是，随着奥氏体晶粒的细化，铁素体晶粒也按比例地细化。定义转变前的奥氏体晶粒直径与转变后铁素体晶粒直径之比 D_A/D_F 为转换比，化学成分对转换比有影响。例如，在相同的奥氏体晶粒度下，含碳、锰较高钢的铁素体较细，而含铌、钒钢又比不含铌、钒钢的铁素体要细。此外，如图4-6所示，在奥氏体晶粒细化到8～9级以后，钢的转换比接近于1。通常热轧通过形变再结晶可使奥氏体晶粒细化到20～40μm，由其转变后的铁素体晶粒可细化到20μm（8级）。由图可见，奥氏体即使细化到10级，铁素

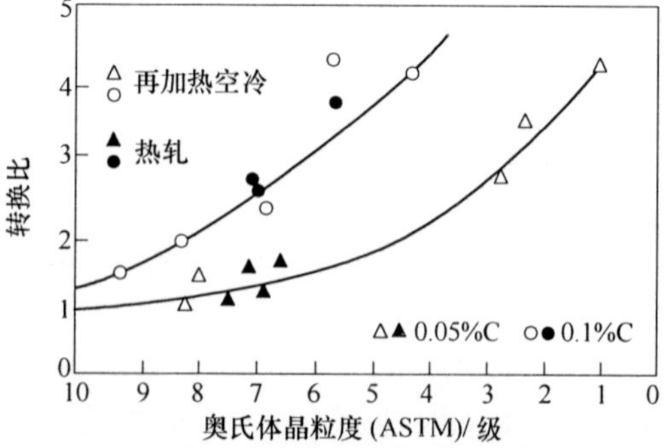

图4-6 Si-Mn钢转变前奥氏体晶粒度与转换比的关系

体晶粒也只细化到10.5级（10μm）。因此，为了使铁素体晶粒进一步细化，必须在再结晶奥氏体的基础上再进行奥氏体未再结晶区的控制轧制。

4.2.1.2 从部分再结晶奥氏体晶粒生成铁素体晶粒

部分再结晶奥氏体晶粒由两部分组成：一部分是再结晶晶粒，另一部分是未再结晶晶粒。再结晶晶粒细小，在其晶界上析出的铁素体往往也较细小。而未再结晶的晶粒受到变形被拉长，晶粒没有细化，因此铁素体成核位置可能少，容易形成粗大的铁素体晶粒和针状组织。所以从部分再结晶奥氏体晶粒生成的铁素体是不均匀的，这种不均匀性对强度影响不太大，但对材料的韧性有较大的影响，因此是不希望的。

但是，如果在部分再结晶区进行多道次轧制，随着轧制道次增加，再结晶体积分数可能增大，直至最后形成全部均匀细小的奥氏体晶粒。或者最后虽未能达到奥氏体完全再结晶，但这时部分再结晶晶粒的平均晶粒尺寸减小以及晶粒中的未再结晶晶粒受到了比较大的变形，晶粒不仅被拉长，晶内还可能出现较多的变形带，成为铁素体新的形核点，因此转变后也能得到较细小的铁素体晶粒，整个组织的均匀性和性能都能得到改善。

4.2.1.3 从未再结晶奥氏体晶粒生成铁素体晶粒

在未再结晶奥氏体中变形时，产生了薄饼形晶粒，并且晶内还有变形带和孪晶存在，使单位体积的有效晶界面积 S_v 增大，形变也使位错和其他缺陷增多，铁素体的形核位置增多。铁素体不仅在晶界上成核，而且在变形带上成核（有人把这点看成是控制轧制与传统轧制的本质区别）。在变形带上形成的铁素体晶粒细小（2～10μm），成点列状析出。在奥氏体晶界上生成的铁素体晶粒，在奥氏体晶粒的中间互相碰撞时就停止成长，即铁素体晶粒是以伸长了的奥氏体晶粒短轴尺寸之半终止其成长的。其结果就是，突破了单纯细化再结晶奥氏体晶粒而使铁素体细化的限度，得到了细小的铁素体晶粒。但是从变形带上转变的铁素体先行析出并且细小，而不在变形带上转变的铁素体，转变较晚并且比前者粗大。因此，在未再结晶区轧制，既有可能得到均匀细小的铁素体晶粒，也有可能得到粗细不均的混晶铁素体晶粒。这种情况的关键在于，能否在未再结晶区中得到大量均匀的变形带。未再结晶区的总变形量小，得到的变形带就少，而且分布不均。在总变形量相同时，一道次压下率越大，变形带越容易产生，而且在整个组织中容易均匀。为了保证获得细小均匀的铁素体晶粒，需要在未再结晶区的总压下率大于一定值，一般要大于45%。从奥氏体未再结晶区生成的铁素体可以小于5μm，达到12～13级。图4-7表示含铌钢在奥氏体未再结晶区总压下率55%的条件下，压下道次和道次平均压下率与含有变形带的有效晶界密度或含有变形带的奥氏体晶粒的比例的关系。形变对促进铁素体核心的增多，大大超过对铁素体晶粒长大速度的增长，从而细化晶粒。

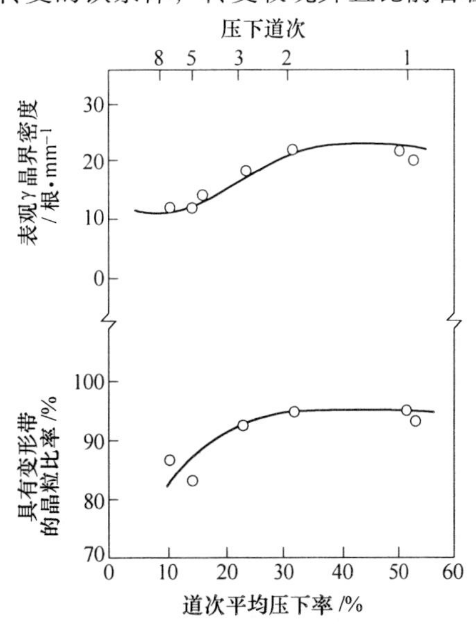

图4-7 含铌钢在未再结晶区轧制时压下道次、道次平均压下率与变形带的关系

进一步的研究发现，当有效晶界面积相同时，

由未再结晶奥氏体转变的铁素体晶粒直径比由再结晶奥氏体转变的铁素体晶粒细小，形变未再结晶奥氏体单位有效晶界面上的铁素体核心数目比未形变奥氏体高两个数量级。究其原因，有学者在实验中观察到，未再结晶奥氏体由于形变诱发晶界迁移，使晶界弓弯，弓弯晶界具有多的晶角晶边。由于晶角晶边的形核潜力大于晶界，从而使铁素体细化。另有研究者认为，形变奥氏体发生恢复，形成很细小的亚晶，形变诱导析出的第二相优先在亚晶界析出，在析出相上就容易形成铁素体核心，促进铁素体晶核产生，增多核心数目，从而细化晶粒。此外，还由于奥氏体晶界会发生应变集中，从而提高了晶界上铁素体的形核率。

4.2.2　变形奥氏体的相变动力及形核

4.2.2.1　变形条件下的相变动力

奥氏体经过热变形之后产生了一定的形变储能，使奥氏体自由能随成分变化的曲线上升，由公切线定理，如图 4-8 所示，此时奥氏体的平衡成分将增大，图中的 C_m 即代表热变形条件下与铁素体成分平衡的奥氏体浓度 $C_{\gamma/\alpha}$，C_{ek} 代表不变形条件下与铁素体成分平衡的奥氏体浓度。

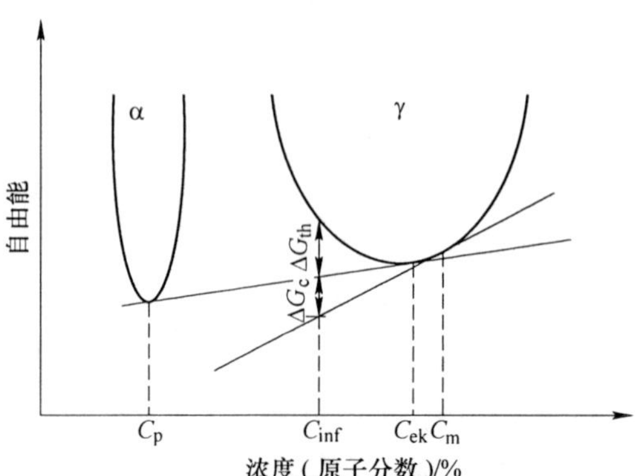

图 4-8　加入形变储能前后 α、γ 两相的平衡成分

热变形会在过冷奥氏体内引入位错和空位等缺陷，使奥氏体自由能增加，增加的部分即为变形储能，以 E_d 表示，因先共析铁素体在变形奥氏体内形核时，单位体积 Gibbs 自由能变化 ΔG_V 应为化学自由能（化学成分决定）和形变储能贡献之和，即：

$$\Delta G_V = (\Delta G_c + \Delta G_d)/V_\gamma \tag{4-5}$$

式中，V_γ 为奥氏体摩尔体积；ΔG_d 为变形储能对驱动力的贡献，$\Delta G_d = -\Delta E_d$；ΔG_c 为化学摩尔 Gibbs 自由能变化。热变形对形核的影响可认为主要有以下三个方面：（1）引入变形储能，增大形核驱动力；（2）奥氏体晶粒拉长和晶界面积增加，并在奥氏体晶粒内引入位错胞或应变带，从而增大晶界和晶内形核位置数[4,5]；（3）引入位错等缺陷，加速扩散。这三个方面均使形核率增大。

若假设原始奥氏体晶粒为立方形，晶粒尺寸为 D_0，变形方式为平面应变压缩，则可推出单位摩尔奥氏体晶界能 ΔG_{gb} 与应变量 ε 的关系为：

$$\Delta G_{gb} = [\exp(\varepsilon) + \exp(-\varepsilon) + 1] e_{\gamma/\gamma} V_\gamma / D_0 \tag{4-6}$$

式中，$e_{\gamma/\gamma}$ 取 0.8J/m^2；V_γ 为奥氏体摩尔体积（7.1×10^{-6} m^3/mol）；ε 为应变量。

根据第 3 章的式（3-27）~式（3-30）和式（4-6）可以计算出 0.10% C-0.31% Si-1.43% Mn 钢的奥氏体晶界能和位错能，如图 4-9 所示。如果考虑变形奥氏体界面能的变化，单位体积 Gibbs 自由能变化 ΔG_V 进一步变为：

$$\Delta G_V = (\Delta G_c + \Delta G_d + \Delta G_{gb})/V_\gamma \tag{4-7}$$

采用相变热力学软件计算变形储能对 0.11% C-1.48% Mn-0.25% Si-0.048% Nb 钢 γ→α 平衡转变温度的影响。可以看到，变形储能的引入，使（γ→α）区扩大，γ→α 平衡相

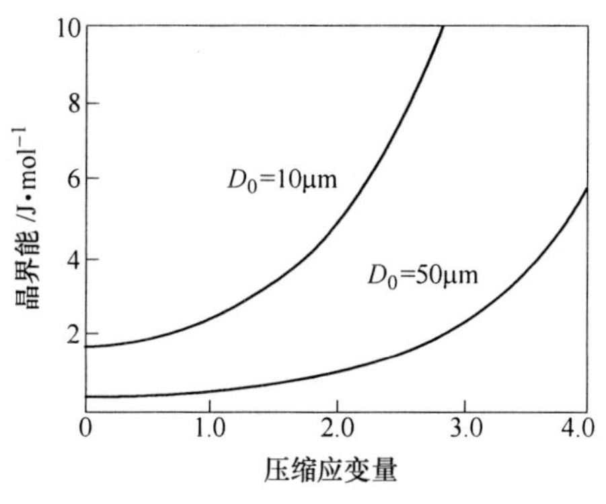

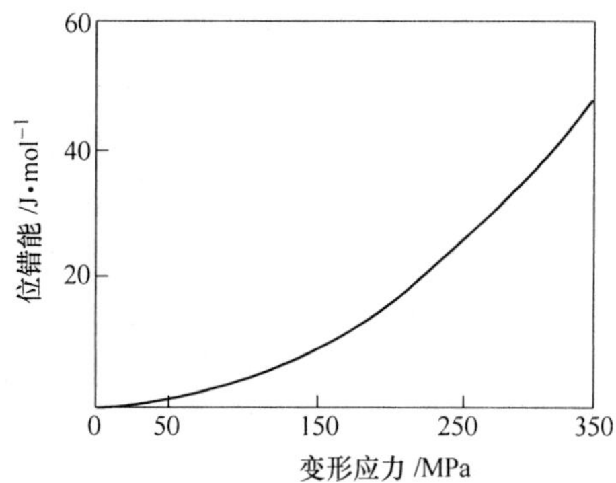

图 4-9 奥氏体晶界能、位错能与压缩应变量、变形应力的关系[6]

变温度提高。这一新的温度称为变形诱导铁素体相变上限温度 A_{d3}。图 4-10a 示出了 0.11%C-1.48%Mn-0.25%Si-0.048%Nb 钢的 A_{d3} 与变形储能的关系。可见，奥氏体变形产生的变形储能会提高奥氏体-铁素体相变的开始温度。这种现象称为应变诱导铁素体相变（Strain-induced Transformation to Ferrite）。Y. Mat sumura 和 H. Yada 等的工作表明，通过 1073K（800℃）多道次变形，可将普通 C-Mn 钢的铁素体晶粒尺寸细化到 1～3μm[7]。

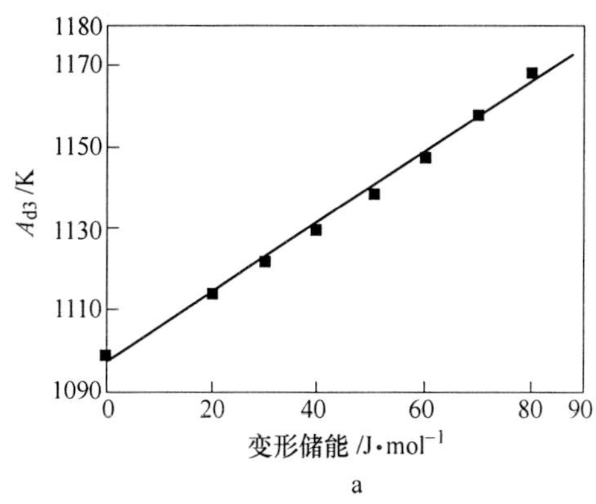

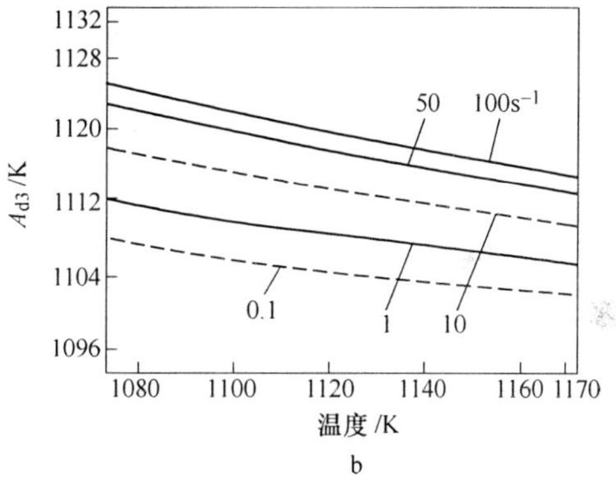

图 4-10 A_{d3} 与变形储能（a）、温度和应变速率（b）的关系[6]
（应变量 0.6）

4.2.2.2 变形条件下的相变形核

根据经典形核理论，形核率动力学表达式为：

$$J^* = Z^* \beta^* N \exp\left(-\frac{\Delta G^*}{kT}\right)\exp\left(-\frac{\tau}{t}\right) \tag{4-8}$$

式中，J^* 为形核率，$m^{-3} \cdot s^{-1}$；Z^* 为 Zeldovich 非平衡因子，将临界平衡态形核数转化为稳态形核数；β^* 为频率因子，即单个原子加入临界核心的速率，s^{-1}；N 为单位体积形核位置数，m^{-3}；ΔG^* 为临界形核功，对应形核势垒，J/mol；k 为 Boltzmann 常数；T 为热力学温度，K；τ 为孕育期，s；t 为形核时间，s。临界形核功 ΔG^* 按照下式计算：

$$\Delta G^* = \frac{\psi}{\Delta G_V^2} \tag{4-9}$$

式中，ΔG_V 为相变驱动力，J/mol；ψ 为形核因子，J^3/m^6。

对奥氏体变形，在小变形范围内，形核主要发生在奥氏体晶界，此时应力随变形增加迅速，变形对形核率的贡献主要是增加形核驱动力，此时形核驱动力 ΔG_V 包括化学驱动力 ΔG_C 和变形储能 ΔG_D ：

$$\Delta G_V = \Delta G_C + \Delta G_D \tag{4-10}$$

从式（4-8）~式（4-10）可以知道：

（1）细化奥氏体晶粒可以增加铁素体相变的形核位置，奥氏体晶界面积增加，使得相变-单位体积形核位置数 N 增大，形核率 J^* 增大，有利于相变铁素体晶粒细化；

（2）结合冷却速度对 γ→α 相变温度和相变发生时间的影响可以看出，增加冷却速度，使得相变的孕育期 τ 缩短，也会增加形核率 J^* ，有利于细化相变后的铁素体晶粒；

（3）增加轧后冷却速度还降低热力学温度 T ，使得相变在更低的温度进行，也会增加形核率 J^* ；

（4）轧制变形后加速冷却可以减少高温金属的软化，保留更多的变形储能 ΔG_D ，形核驱动力 ΔG_V 增大，促使相变温度升高；相同的相变温度下，形核率 J^* 升高。

以 0.097% C-0.50% Mn-0.23% Si-0.88% Cr 低碳合金钢进行计算，该低碳钢的 A_{e3} 温度为 814℃，对于连续冷却过程，需要考虑式（4-8）中的时间项，还应该考虑对已消耗形核位置的修正。对于一定的冷速，如 1℃/s，加入 0、3J/mol 和 6J/mol 的变形储能归一化后得到的形核率随温度变化如图 4-11 所示。由计算得到，加入 6J/mol 变形能后最大形核率温度升高约 3.5℃，变形后形核率曲线右移，先共析铁素体相变的起始温度升高。随着变形储能的增加，孕育期缩短，在 800℃下，加 10J/mol 变形能，孕育期缩短约一半，如图 4-12 所示。

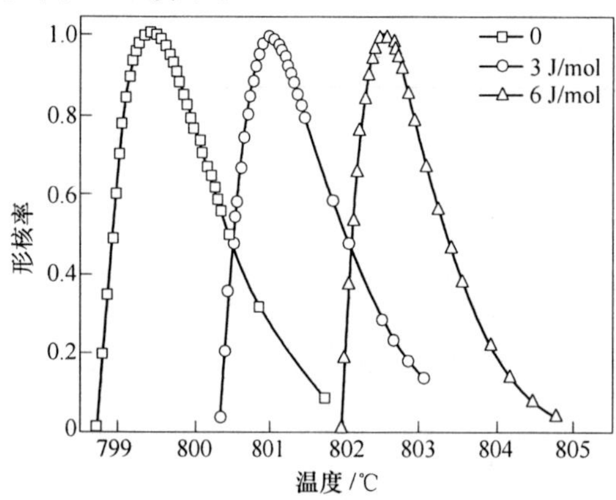

图 4-11　具有不同变形储能的低碳钢在连续冷却过程中归一化形核率随温度的变化曲线

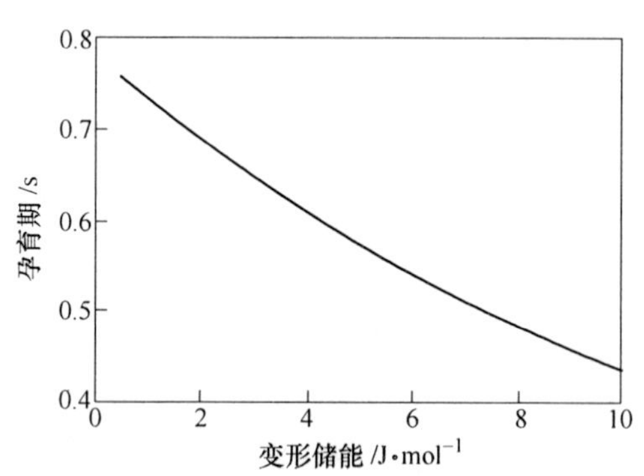

图 4-12　在 800℃下铁素体形核孕育期随变形储能的变化曲线[8]

4.2.3　热变形对 γ→α 相变温度的影响

4.2.3.1　热变形对 γ→α 相变开始温度的影响

变形温度对含铌钒钛的 X70 管线钢相变开始温度的影响如图 4-13 所示。可以看出，在热变形条件下，变形温度升高，相变开始温度降低。当以 100℃/s 冷速冷却时，轧制温度 800℃与 850℃比较，冷却时相变开始温度升高了 10℃；冷却速度在 50 ~ 5℃/s 时，相变开始温度升高幅度在 10 ~ 25℃之间。

在一定的变形温度下，随冷却速度的升高，相变开始温度呈降低趋势，且趋势基本保持不变。相变开始温度的高低反映了奥氏体向低温组织转变的难易程度。奥氏体向铁素体转变的过程实质上就是铁素体晶粒在奥氏体基体上形核的过程。变形对 A_{r3}温度的影响有两种情况：一种是在奥氏体再结晶区变形后造成奥氏体晶粒的细化，从而影响 A_{r3}温度；另一种是在奥氏体未再结晶区变形后造成变形带的产生和畸变能的增加，从而影响 A_{r3}温度。热塑性变形引起奥氏体向铁素体相变温度 A_{r3}变化，原因即是奥氏体单位体积中有效晶界面积和相变前奥氏体组织中保存下来的储存能的多少。两者之间既存在联系又各不相同。在奥氏体再结晶区变形，储存能得到释放，由于奥氏体晶粒细化，使界面能增加；在未再结晶区变形，一部分储存能表现为晶粒伸长后，单位体积中晶界面积增加，以增加了界面能的形式保存下来，另一部分储存能以晶体缺陷的形式保存下来。变形诱导下的强制相变使相变开始温度升高，表征相变的相变开始曲线向右移。

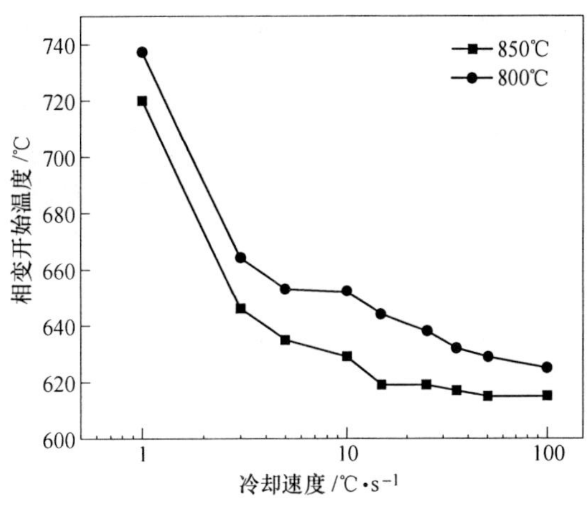

图 4-13 变形温度和冷却速度对相变开始温度的影响

对 20MnSi 钢，采用在 950℃ 后保温 5min，以 3℃/s 冷却速度分别冷却至不同变形温度（720 ~ 850℃），变形后以 1.7℃/s 冷却至室温。而 20MnSi 钢不变形，加热到 900℃后以 3℃/s 冷却至室温，其奥氏体向铁素体转变温度 A_{r3}为 705℃，珠光体转变开始温度 A_{r1}为 610℃。变形温度对 A_{r3}的影响如图 4-14 所示。当变形温度为 810℃时，先共析铁素体相变的开始温度 A_{r3}最高。更高或更低的变形温度，都会导致相变开始温度降低。变形温度在 750 ~ 700℃之间时，变形温度几乎与相变开始温度 A_{r3}一致，且不随应变速率变化而改变。如上所述，变形对 A_{r3}温度的影响体现在两方面：一方面是在奥氏体再结晶区变形后造成奥氏体晶粒的细化，从而影响 A_{r3}温度；另一方面是在奥氏体未再结晶区变形后造成变形带的产生和畸变能的增加，从而影响 A_{r3}温度。后一种情况造成的影响称为形变诱导相变。

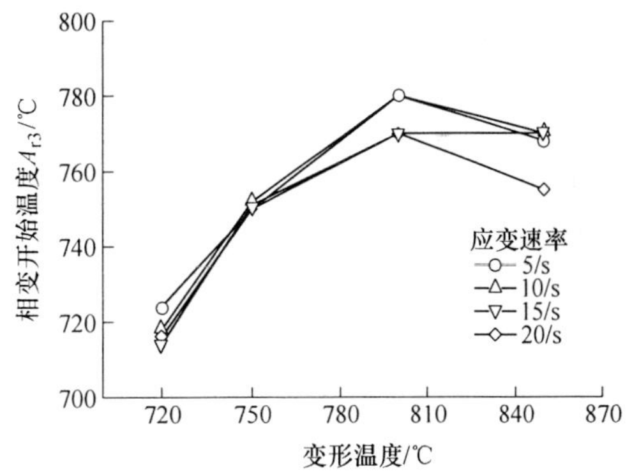

图 4-14 变形温度对 20MnSi 钢 A_{r3}的影响

为进一步分析上述变形过程对相变的影响，需结合钢在热变形过程中的变形储能变化，即加工过程应力变化。不同温度和应变速率下的 20MnSi 钢流变应力-应变曲线如图 4-15所示。在所选定的变形温度及变形速率下，无应力峰值出现，变形过程没有发生动态再结晶，变形过程只存在动态回复。而在变形后冷却至相变发生前，可能会发生奥氏体静态再结晶，消除加工硬化，850℃变形后相变开始温度的变化特点可能与奥氏体静态再结晶有关。应变速率对加工硬化的作用更多体现在变形过程中，静态回复和多边形化后，其作用可以忽略，因此对 $\gamma\rightarrow\alpha$ 相变的作用很小。

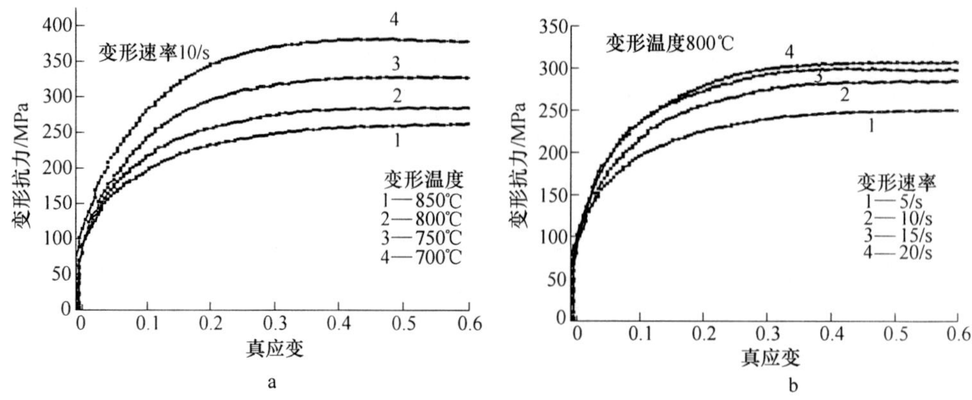

图 4-15 不同温度和应变速率下的 20MnSi 钢应力-应变曲线

a—应变速率 10/s；b—变形温度 800℃

4.2.3.2 变形温度对 $\gamma\rightarrow\alpha$ 相变终止温度的影响

图 4-16 是 X70 钢在变形量一定条件下，奥氏体在连续冷却过程中相变终止温度随变形温度的变化情况。可以看出，当冷却速度在 5℃/s 以上时，随变形温度降低，相变终止温度也相应降低。当冷却速度在 5℃/s 以下时，随变形温度降低，相变终止温度反而提高。

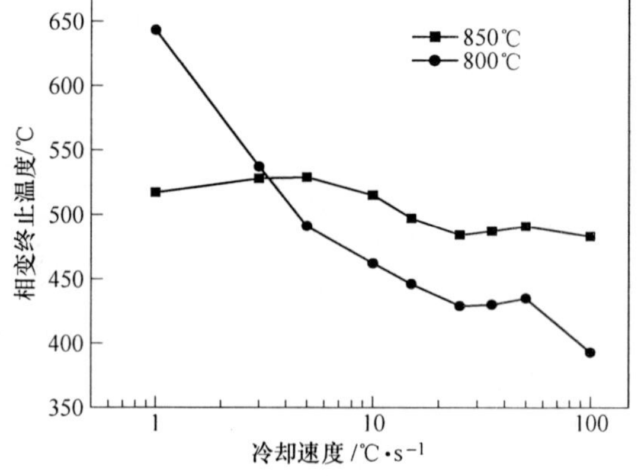

图 4-16 变形温度和冷却速度对相变终止温度的影响

从前面对相变组织分析可知：当冷却速度在 5℃/s 以下时，相变组织为多边形铁素体 + 珠光体组织；提高冷却速度，相变组织由多边形铁素体 + 珠光体逐渐过渡到针状铁素体。这说明奥氏体区的低温变形，能促进奥氏体扩散型的多边形铁素体 + 珠光体的转变，却延长了扩散和切变相结合的针状铁素体相变。

变形温度及变形量对奥氏体向针状铁素体转变温度这种复杂的影响规律，是由于贝氏体转变是以扩散转变和共格型奥氏体向铁素体转变（切变机构）的混合机构发展，因而受两种因素制约。一方面，低温变形使奥氏体缺陷密度增加更快，促进铁原子的自扩散，使贝氏体转变加快；另一方面，低温变形使奥氏体中产生更多的多边形化亚组织，这些亚组织将奥氏体分割成很细小的共格区，在相当程度上破坏晶格取向的延续性，使得贝氏体转变中共格成长受到阻碍，从而将转变过程减慢下来。大量的实验结果证明了高温变形使贝氏体转变减慢的现象，说明后一种因素占很大比重。

综合看来，塑性变形使奥氏体的自由能和热力学不稳定性因晶格畸变而提高，增大了奥氏体向该条件下更稳定相分解的趋势。旧相储存能的提高，必然会造成相变点的提高，以利于系统由高能量状态过渡到低能量的稳定状态；从新相形核和长大来说，变形后产生的缺陷为新相形核提供了更多的可能，且新相形核速度因储存能的提高而加快。同时还有一点须注意的是：由于相变温度的提高，促使 C 曲线左移，相变完成后，在其冷却过程中，易于发生铁素体晶粒的长大，因此变形后冷却速度的合理控制是得到细小晶粒的常温组织的关键所在。这也是生产中非常重视轧后控制冷却的重要原因。

4.2.3.3 冷却速度对 γ→α 相变温度的影响

冷却速度增大可以降低奥氏体的相变开始温度。在所进行的实验条件下，冷却速度由1℃/s 提高到 15℃/s，相变开始温度下降了 93℃，如图 4-17 所示。冷却速度对相变开始温度的影响规律在变形和不变形条件下都是相同的。只是变形使奥氏体有可能在较高温度下分解。由于铁素体转变属于扩散型转变，加大冷却速度制约了原子的扩散能力，若要使转变发生，必须降低温度增大过冷度，所以 A_{r3} 降低了。因此，冷却速度的增大使 A_{r3} 下降，即相变区域显著地向低温侧扩大。

由图 4-17 可以看出，在一定的变形温度下，相变终止温度的变化有类似相变开始温度的变化规律，随着冷却速度的增加，奥氏体向铁素体相变终止温度下降。以变形温度为800℃为例，冷却速度从 1℃/s 上升到 3℃/s，相变终止温度从 643℃降低到 537℃，降低了 106℃；冷速增为 10℃/s 时，降低到 462℃；冷速增为 25℃/s 时，降低到 412℃；冷速增为 50℃/s 时，降低到 435℃。

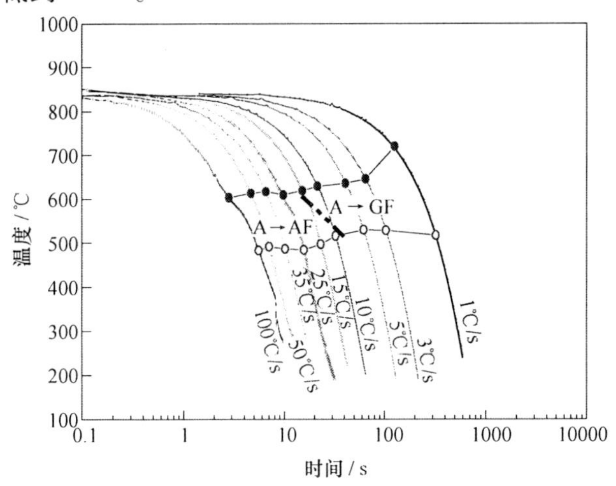

图 4-17 变形温度 850℃时 X70 钢 CCT 曲线图

4.2.4 铁素体的变形与再结晶

随着轧钢设备能力的提高，现在的控制轧制已经不只是在奥氏体区（包括再结晶区和未再结晶区）中轧制，而是扩大到（A + F）两相区中进行热加工，有的甚至在铁素体、珠光体区中进行温加工。因此有必要对铁素体的热加工有所了解。

4.2.4.1 铁素体热加工中的组织变化

铁素体为体心立方结构，层错能较高，容易进行位错的攀移和交滑移过程。因此在热加工过程中易于发生动态回复，而且动态回复可以完全和应变硬化相平衡，从而使应变能难以达到使铁素体发生动态再结晶的水平，因此在热加工过程中一般是不易发生动态再结晶的。

图 4-18 是铁素体热加工的真应力-真应变曲线。在变形初期应力很快升高，随着变形

量的增大，动态的软化使应力的增加速度减慢，当变形继续增大，应力达到一个稳定值后，变形虽继续增加，应力也不再继续增加。与奥氏体热加工的真应力-真应变曲线的最大不同就是不出现应力峰值，曲线上没有应力下降的一段，只有在变形速度很低时才会出现峰值，这属于特殊情况。

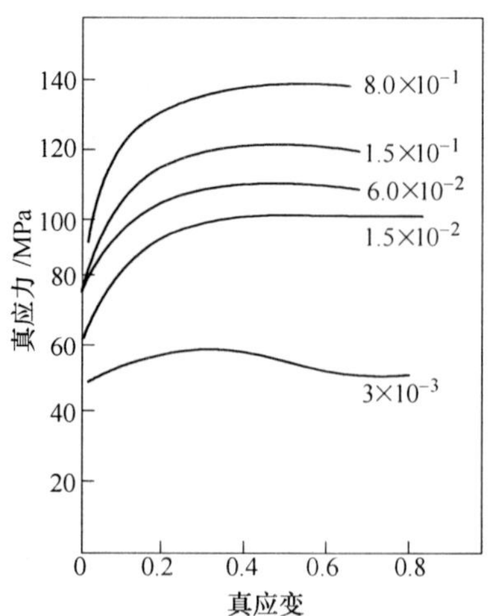

图 4-18　铁素体热加工的真应力-真应变曲线

从铁素体的真应力-真应变曲线可以看出，铁素体加工时的动态软化方式是动态回复与动态多边形化，没有动态再结晶。即使在变形量达到很大时，铁素体晶粒越来越被拉长，但是晶内的亚晶仍为等轴的，并且亚晶的尺寸在应力的稳定阶段一直保持不变。这意味着在热加工过程中铁素体的亚晶不断的产生，又不断的原地消失，位错的增殖速度与消失速度保持平衡。

在应力达到稳定后，亚晶尺寸 d 在一定的变形条件下 T、$\dot{\varepsilon}$ 是不变的。根据实验得到 d 的计算公式为：

$$d^{-1} = a + b\lg Z \tag{4-11}$$

式中，a、b 为常数；Z 为温度补偿变形速率因子。

温度高或变形速度低形成的亚晶尺寸粗大，而与变形量无关。但是当应力未达到稳定值之前，动态回复形成的亚晶尺寸与变形量是有关的，变形量增大，亚晶数量增多，亚晶尺寸减小。

但 20 世纪七八十年代后已经有一些学者在研究中发现铁素体动态再结晶。G. Glove 等在研究高纯铁变形时，首次发现存在一个临界 Z 参数值 Z_c，$Z < Z_c$ 时发生动态再结晶，$Z > Z_c$ 时发生动态回复。又如对化学成分（质量分数,%）为 C 0.171、S 0.013、P 0.017、Si 0.09、Mn 0.36、Cr 0.02、Ni 0.03、Cu 0.01、Al 0.025、Mo 0.01 的钢，经加工后制成铁素体晶粒尺寸分别约为 100μm、50μm、20μm、10μm 的试样，然后在 700°C 温度下，以不同的应变速率变形，得到图 4-19 所示的典型的应力-应变曲线。由图可见，在低应变速率条件下，4 种原始晶粒尺寸的低碳钢的应力-应变曲线是存在明显应力峰的动态再结晶型曲线，而且是不连续动态再结晶。还有学者在 IF 钢的铁素体单相区中轧制时，也发现了铁素体动态再结晶现象，并且利用这一现象在单相铁素体的低温区进行轧制，成功获得了 1 ~ 2μm 的超细铁素体晶粒。在低碳钢的两相区中轧制时，在形变诱导析出的细小的铁素体上也发现有动态再结晶现象。虽然近年来对铁素体的动态再结晶进行了大量的研究，并且有了许多新的认识，但还有不少问题需作进一步的研究。

4.2.4.2　在变形间隙时间里铁素体发生的组织变化

如热加工奥氏体一样，铁素体在变形的间隙时间里也将发生静态的回复和再结晶软化过程。产生静态再结晶也是有条件的，也就是只有在铁素体中的变形达到某一值 ε_s 后才能发生。当变形量 $\varepsilon < \varepsilon_s$ 时只能发生静态回复过程。铁素体静态再结晶动力学同样可用公式 $x = 1 - \exp(-kt^n)$ 来描述，即在同样的变形量下，随着温度升高或停留时间延长，再结晶体积分数都增加。并且变形量对静态再结晶也有影响，当 $\varepsilon < \varepsilon_{st}$（$\varepsilon_{st}$是流变应力达到稳定阶段时的最小应变量）时，随变形量的增加再结晶的驱动力不断增加，再结晶速度

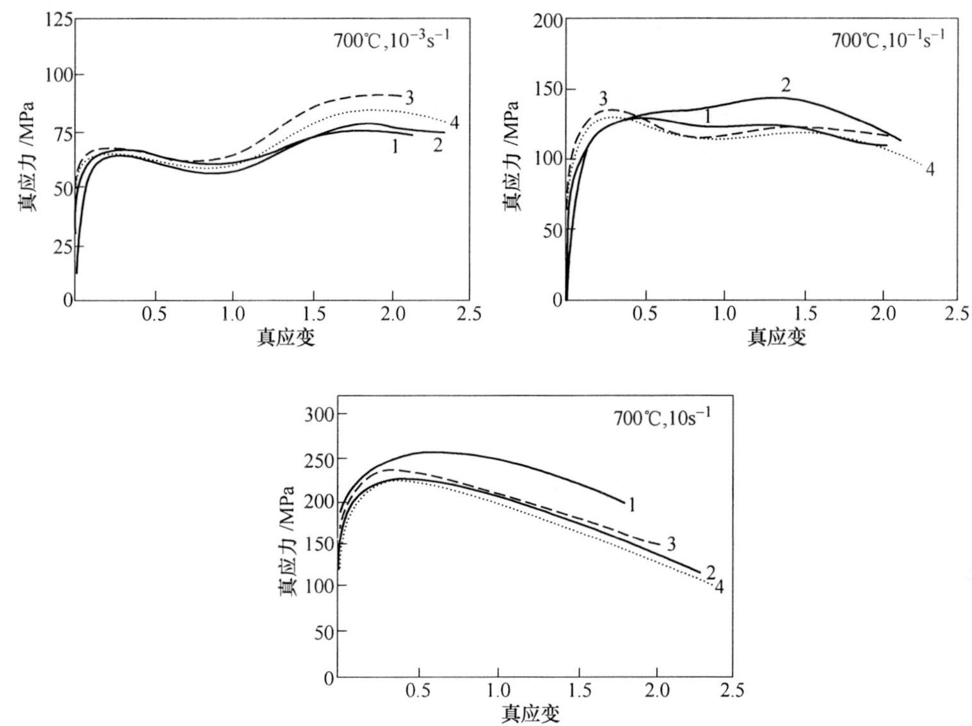

图 4-19 不同原始晶粒尺寸的低碳钢在 700°C、不同应变速率下变形得到的应力-应变曲线

1—100μm；2—50μm；3—20μm；4—10μm

大大加快。当 $\varepsilon > \varepsilon_{st}$ 以后，随着变形量的增加，静态再结晶速度维持一定，不再变化。这是因为达到稳定阶段后，位错的增殖速度与位错的抵消速度相平衡，再结晶的驱动力维持恒值的缘故（图 4-20）。

铁素体再结晶后的晶粒大小：形变可以细化铁素体晶粒。变形量增大，再结晶晶粒不断细化。当流变应力达到稳定值后，变形量对再结晶晶粒尺寸的作用逐渐减弱，直到最后不发生作用，再增加变形量也不能细化铁素体晶粒，如图 4-21 所示。

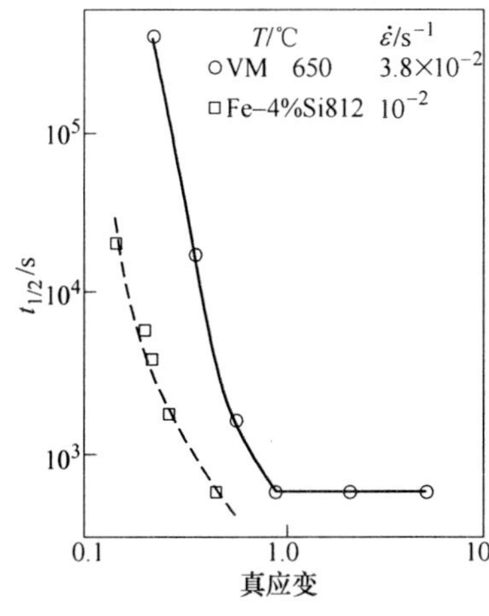

图 4-20 应变量对铁素体静态再结晶 50% 所需时间的影响

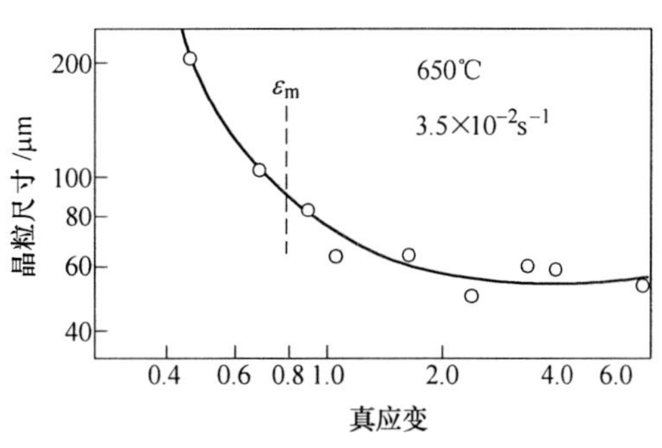

图 4-21 应变量对铁素体再结晶晶粒大小的作用

4.3 变形奥氏体的珠光体相变

4.3.1 珠光体形核和珠光体形貌参数

4.3.1.1 珠光体形核

珠光体通常在晶界形核，并以大致恒定的径向速度呈球团状向母相奥氏体晶粒内长大，而且往往只向相邻母相的其中某一晶粒长大。如果过冷度不大，形成的珠光体球团的数目较少，这时球团将呈球状或半球形互不干扰地长大；而在较大的过冷度下，形核率大为增加，此时将发生“位置饱和”，以致在转变初期，所有可能的形核位置都将发生形核，于是相变产物珠光体把母相奥氏体晶粒的晶界极其清晰地刻画了出来。对于珠光体形核位置，长期以来存在着争论。可以肯定的是，形核需视晶界结构和成分而定。希勒特测定晶体位向的一系列实验结果指出，钢中珠光体既可由 α 形核，也可由 Fe_3C 形核。一般还认为，在过共析钢中先共析渗碳体是核心，而在亚共析钢中，提供核心的则是先共析铁素体。

4.3.1.2 珠光体球团与珠光体领域

珠光体球团一般都由许多称为“珠光体领域”或“珠光体群”的结构单元组成，而在每个珠光体领域中，大部分片层是平行的。珠光体领域的示意图如图 4-22 所示。钢中珠光体通常呈现为层片状的组织形貌，但在热变形和冷却速度控制情况下，α 和 Fe_3C 可能以非层片状的方式长大，形成所谓的“退化珠光体”，如图 4-22b 所示；而在非钢珠光体中则相当普遍地出现一种类似于非规则共晶体的粒状珠光体。

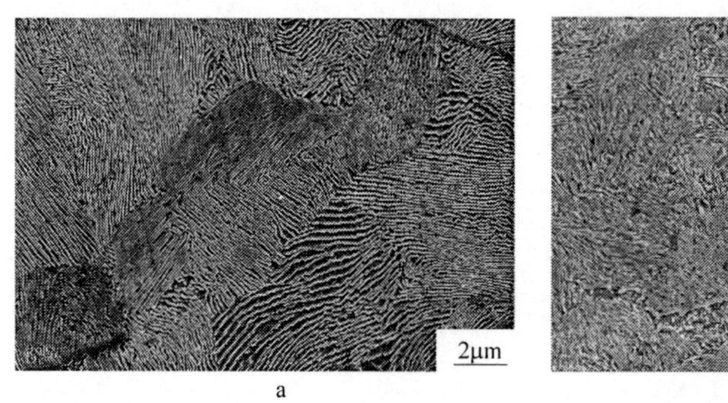

a

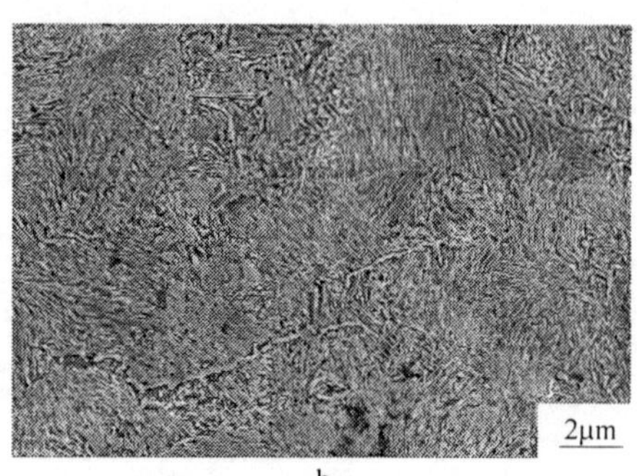

b

图 4-22 高碳钢在不同过冷度下的珠光体形态

840℃应变 20%、应变速率 $5s^{-1}$ 进行变形，然后以 30℃/s 的冷速冷却到 740℃（a）和 680℃（b）

4.3.1.3 珠光体片层间距

珠光体的片层间距 S_0 是表征珠光体组织细密程度的参量，由于珠光体的细密程度与强度密切有关，所以 S_0 是描述珠光体组织的一个重要参量。研究指出，珠光体的片层间距 S_0 随 A_1 温度以下的过冷度 ΔT 的增加而减小，两者有如下关系[9]：

$$S_0 = \frac{2\sigma T_e}{\Delta H \Delta T} \tag{4-12}$$

式中，T_e 为珠光体转变的平衡温度；ΔH 为相变潜热；T 为实际转变温度，$(T_e - T)$ 即转变的过冷度；σ 为单位面积的界面能。上式中尽管作了不少简化假设，但仍可得到如下几点重要的结果：(1) 片层间距 S_0 随转变温度的降低而减小；(2) 珠光体的细密度受到相变自由能约限制；(3) S_0 和 ΔT^{-1} 间应具有线性关系，即 $S_0 \propto \Delta T^{-1}$，也与实验结果基本符合。

60Si2MnA 线材热变形后的冷却速度对珠光体片层间距的影响如图 4-23 所示。可以看出，热变形温度虽然有所影响，但是相变区冷却速度对珠光体片层间距影响很大，相变区冷却速度从 1℃/s 提高到 10℃/s，珠光体片层间距则从 0.170μm 减小到 0.125μm。

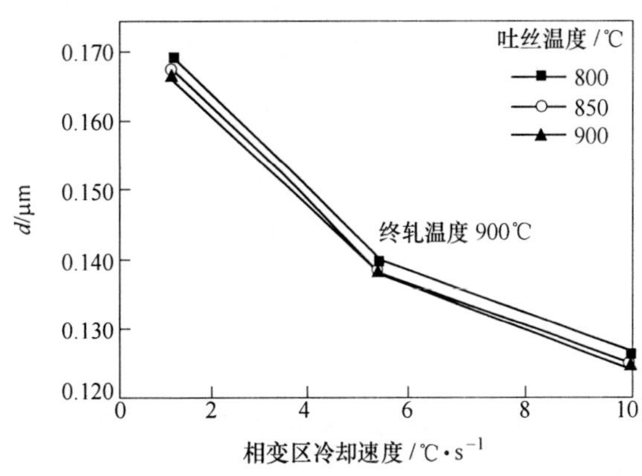

图 4-23 相变区冷却速度对珠光体片层间距的影响[10]

在等温转变条件下，奥氏体晶粒大小或奥氏体化温度会对珠光体领域和片层间距产生影响，其效果与奥氏体再结晶晶粒大小作用类似。以基本成分为 0.75%C、0.40%Si、1.10%Mn 的钢轨用中碳钢为例，在不同温度加热后，以 20℃/s 的冷速冷却到 640℃等温 15min，之后空冷至室温的组织特征和室温性能如表 4-1 所示，奥氏体晶粒尺寸越大，珠光体领域和片层间距越细小。一般情况下提高奥氏体化温度会使珠光体钢的 TTT 曲线向右侧移动，高的奥氏体化温度会使珠光体等温相变的实际过冷度有所增大，从而使珠光体片层间距减小。

表 4-1 珠光体组织钢轨钢等温转变时的组织变化及性能[11]

奥氏体化温度 /℃	奥氏体晶粒大小 /μm	珠光体领域大小 /μm	珠光体片层间距 /μm	室温冲击韧度 A_{KU}/J·cm^{-2}
800	78.9	6.0	0.183	39.0
900	91.5	8.0	0.152	27.7
1000	137.2	10.8	0.142	16.3
1100	214.1	12.4	0.137	13.3
1200	319.4	16.3	0.136	8.0

4.3.2 珠光体的形核与长大

4.3.2.1 珠光体形核

在晶界、晶边和晶角位置饱和的情况下，珠光体形成动力学规律应该用 Avrami 方程来描述 $X = 1 - \exp(-bt^n)$，在位置饱和的情况下，对于不同的形核位里，方程中的常数值 b、n 如表 4-2 所示。

表 4-2 珠光体形成动力学 Avrami 方程参数[12]

形核位置	b	n
晶界	$2Av$	1
晶边	$4\pi Lv^2$	2
晶角	$4\pi\mu Lv^3/3$	3

注：A 为晶界面积；L 为晶边长度；μ 为单位体积晶角数；v 为长大速度。

因此，奥氏体晶粒细化和形变亚晶界形成都会促进珠光体的形核。

形核率的提高是热变形促进新相形成的最重要因素，对T8钢珠光体相变的影响如图4-24所示。应变量越大，珠光体转变开始和结束温度提高得越多，变形的加大对热变形奥氏体相变过程的促进是显著的。热变形促进奥氏体中新相形成的另外一个原因是，热变形奥氏体中新相的形核位置增多，主要表现在：

(1) 奥氏体晶粒因变形而拉长，增加了单位体积的奥氏体晶界面积；

(2) 再结晶细化了奥氏体晶粒，增加了单位体积的奥氏体晶界面积；

(3) 奥氏体晶粒内缺陷区域（位错密集区）成为形核位置。

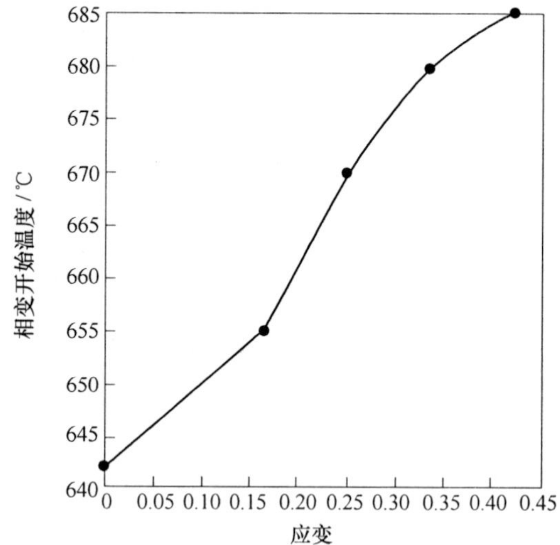

图4-24　T8钢应变与相变开始温度的关系[12]

4.3.2.2　珠光体的长大

研究表明，Fe-C二元合金珠光体领域的长大速度可用下式表示[9]：

$$v = KD_{\mathrm{C}}^{\gamma}(\Delta T)^2 = B\exp\left(-\frac{Q}{RT}\right)(\Delta T)^2 \tag{4-13}$$

式中，D_{C}^{γ}为C在γ相中的扩散系数；Q为相应的扩散激活能；ΔT为过冷度；K、B为近似常数的热力学系数。由上式可知，在较高的转变温度下（即ΔT较小），转变的驱动力小（$\Delta G_{\mathrm{V}} = \Delta S\Delta T$），长大速度$v$也小；而在低温下虽然$\Delta T$增大，但原子扩散急剧减慢，过程主要为$\exp\left(-\frac{Q}{RT}\right)$项所控制，因此长大速度$v$也不大。实际上仅在某一中间温度下$v$才有极大值，因此珠光体反应的等温转变曲线上就有了与此相应的“鼻子”。

通常认为，在只涉及置换固溶体的共析转变中，控制长大速度的是界面扩散，在这种情况下，长大速度有如下表达式：

$$v = K'D_{\mathrm{B}}(\Delta T)^3 = B'\exp\left(-\frac{Q_{\mathrm{B}}}{RT}\right)(\Delta T)^3 \tag{4-14}$$

式中，K'、B'为热力学系数；D_{B}和Q_{B}分别为界面扩散系数和界面扩散激活能；ΔT为过冷度。一般认为，珠光体的长大速度主要与过冷度密切相关，而晶粒度和碳化物颗粒的存在与否对其影响不大，因此，珠光体长大速度可视为结构不敏感的参量。

4.3.3　变形条件下的珠光体相变温度

珠光体转变是典型的扩散型相变，过冷奥氏体发生珠光体转变时多半在奥氏体晶界上形核，也可以在晶体缺陷比较密集的区域形核。随变形量增大，变形引起的奥氏体的畸变程度越大，珠光体的相变驱动力越大，越有利于珠光体的转变，珠光体相变开始温度会升高，如图4-25所示。同时，奥氏体中的缺陷增多也促进珠光体的形核，从而减小珠光体球团直径，故奥氏体珠光体相变过程被加速。因此在同样的连续冷却速度条件下，随变形量增大，珠光体转变量增加，珠光体球团直径减小。

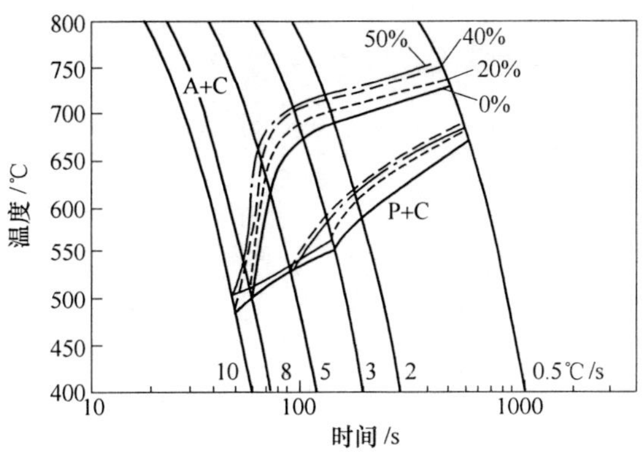

图 4-25 980℃不同变形量下 GCr15 轴承钢的珠光体转变温度曲线[13]

随变形温度降低，在低温区进行一定程度的变形，未再结晶的奥氏体经过变形晶粒被进一步拉长，并且在晶粒内增加变形带和位错密度，为细化珠光体球团尺寸创造了条件，因此随变形温度的降低，珠光体球团直径减小。而珠光体的片层间距主要随着转变温度、过冷度和冷却速度的不同而变化。因此，随变形温度降低，虽然珠光体球团直径减小，但珠光体转变温度升高，过冷度减小，则珠光体片层间距呈增大趋势。变形温度对 60Si2MnA 珠光体片层间距的影响如图 4-26 所示。

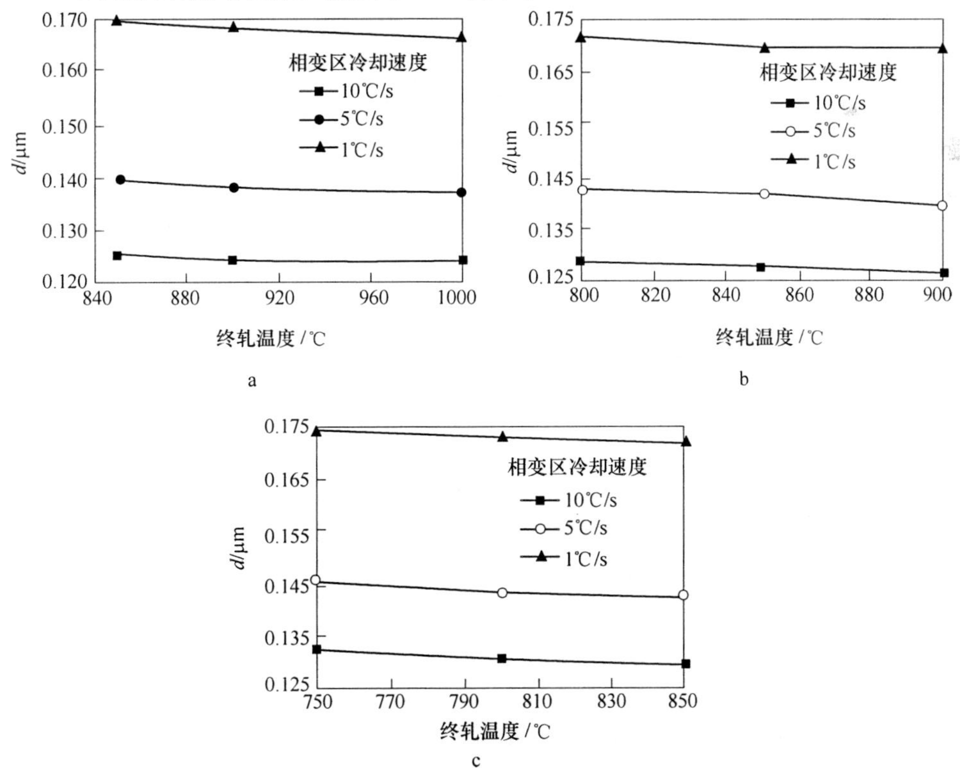

图 4-26 终轧温度对珠光体片层间距的影响[10]

吐丝温度：a—850℃；b—800℃；c—750℃

变形对奥氏体向珠光体转变动力学的影响，比较一致的结果是变形使珠光体转变加速，并且变形参数对珠光体转变温度的影响大体与变形参数对铁素体转变温度的影响有相同的规律。但是，也有变形使珠光体转变温度下降的个例。

对低碳钢来说，变形造成的奥氏体晶界面积和晶体缺陷的增加，只增加了铁素体相变的形核率，而对珠光体的形核却没有直接的影响。但变形增加了珠光体的分散度，从而改善了珠光体的分布，这种作用随着变形温度的升高和冷却速度的降低而减弱。

A_{r1}温度的高低不仅受到变形奥氏体变形工艺参数的影响，而且还受到先共析铁素体数量及铁素体晶粒尺寸的影响。对0.18%C-0.52%Si-1.26%Mn低碳钢，在750～850℃压缩变形50%后以1.7℃/s冷速冷却后A_{r1}温度的变化如图4-27所示。变形温度大于800℃时，随变形温度的升高A_{r1}降低，在750℃以下随变形温度降低，A_{r1}降低。可以发现，变形条件对奥氏体向珠光体转变温度A_{r1}的影响规律与奥氏体向铁素体转变A_{r3}有相似之处。其原因与变形条件下非均匀形核有关，变形储能越高，形核越容易，这样不仅影响先共析铁素体转变，也会影响珠光体转变。高温变形引起奥氏体再结晶和变形储能降低，A_{r3}和A_{r1}温度也降低。在铁素体动态析出温度范围内，变形温度即是A_{d3}（A_{r3}），虽然相对800℃相变温度有所降低，但是相对静态相变温度A_{r3}仍然提高。连续冷却条件下，对于扩散型相变，变形温度越低，相变扩散时间越短，对于铁素体细化有促进作用，但是也抑制了奥氏体碳浓度的增加，以及珠光体相变形核，导致A_{r1}温度降低。

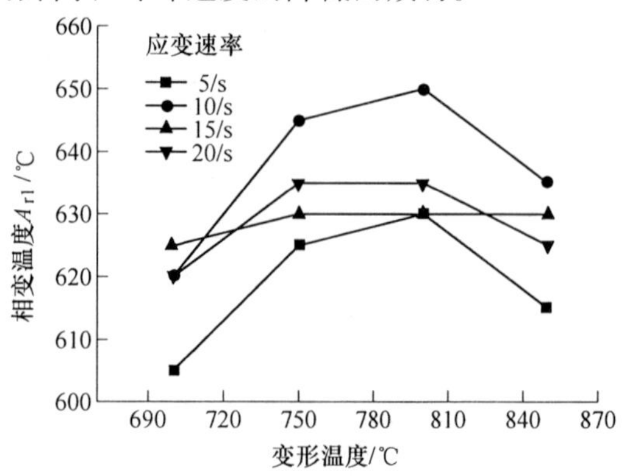

图4-27　变形条件对低碳钢A_{r1}的影响

4.4　变形奥氏体的贝氏体相变

钢在珠光体转变温度以下、马氏体转变温度以上的广阔温度范围内，过冷奥氏体将发生贝氏体转变，又称为中温转变。贝氏体转变具有珠光体转变和马氏体转变共同的特点，又有某些区别于它们的独特之处。同珠光体转变相似，贝氏体也是由铁素体和碳化物组成的复合物，在转变过程中发生碳在铁素体中的扩散。但贝氏体转变特征和组织形态又和珠光体不同。和马氏体转变一样，贝氏体转变具有类似切变马氏体的板条结构。新相铁素体和母相奥氏体保持一定的位向关系。但贝氏体是两相组织，通过碳原子扩散，可以发生碳化物沉淀。因此，贝氏体转变是有扩散、有共格的转变[14]。近年来对贝氏体相变又有了一些新的认识[15,16]。由于奥氏体中碳含量、合金元素以及转变温度不同，钢中贝氏体组织形态有很大差异，依其组织形态不同可分为上贝氏体、下贝氏体、粒状贝氏体、块状贝氏体、柱状贝氏体、无碳化物贝氏体等。

早在20世纪60年代，Irwin和Pickering发现钢中碳的质量分数接近零时，钢的连续冷却转变曲线中的贝氏体鼻子就会左移以至在很宽范围的冷却速度下形成贝氏体组织，而且在该条件下马氏体和贝氏体组织两者之间的强度差异达到可以忽略的程度[17]。Coldren[18]等人给出贝氏体开始转变温度与强度的线性关系。由于缺少碳的强化作用，可以通过固溶强化获得超过690MPa的高屈服强度[19]。Leslie[20]等人报道去掉间隙元素能消除材料夏比V形缺口冲击转变温度对晶粒尺寸的依赖性。80年代以后，超低碳贝氏体(ULCB)钢有了更大发展。ULCB钢最初用于严酷条件下的大口径高压管线，随后广泛用于工程机械、大型构件等领域，近几年美国、英国、澳大利亚等国已将ULCB钢用于海洋设施、造船及海军舰艇上。

4.4.1 贝氏体结构及形核

贝氏体铁素体的多层次亚结构即贝氏体的精细结构逐渐受到重视。一般认为贝氏体铁素体片条或板条是由大量亚板条组成的，每一亚板条又由大量亚单元组成，亚单元是贝氏体相变的基本单元。利用高分辨率扫描隧道显微镜（STM）观测发现，贝氏体亚单元实际上是由更小超亚单元构成的。贝氏体组织发现迄今已有近一个世纪，目前对贝氏体铁素体长大机制的认识仍然存在分歧，主要为切变机制和台阶扩散长大机制。方鸿生等人后来提出贝氏体激发形核-台阶生长的形成机制。理论核心为：激发形核即为在母相和新相成分差别较大的情况下，后析出的新相借助于析出物新相的界面形核；台阶生长机制是指以台阶侧向迁移增厚长大。激发形核和台阶迁移在相变过程中相互竞争，交替重复进行，贯穿于整个贝氏体相变过程，从而本贝氏体得以长大并形成复杂的精细结构；由于激发形核方式和台阶生长过程的不同，导致由板条状上贝氏体逐渐过渡到片状下贝氏体；其间无突变过程。

4.4.1.1 奥氏体晶界形核

经过铌钛微合金处理的0.047%C-0.26%Si-1.38%Mn-0.45%Mo-0.005%B钢，经过再结晶区和未再结晶区控制轧制和25℃/s的控制冷却，其室温为粒状贝氏体+板条状贝氏体的混合组织，如图4-28a所示。可以看出，贝氏体形核均在未再结晶奥氏体的晶界处，贝氏体板条与奥氏体晶界存在比较固定的角度。

对于0.07%C-0.25%Si-1.52%Mn-0.21%Mo-0.06%Nb-0.05%V-0.013%Ti钢，在1100℃的再结晶区和820℃的未再结晶区变形后，按25℃/s快速冷却至635℃，再淬火至室温。其组织为原奥氏体晶界上形核生长的针状铁素体（或称为无碳化物贝氏体，或贝氏体铁素体）和在针状铁素体基体上形核的下贝氏体，如图4-28b所示。因此，无论针状铁素体还是下贝氏体相变，晶界和变形带都是典型的形核位置。

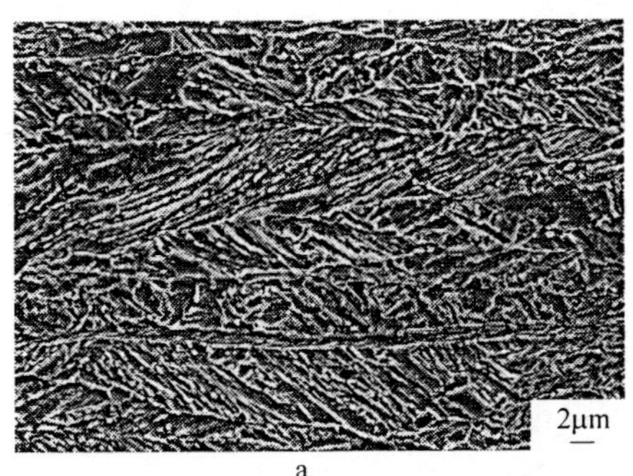

a

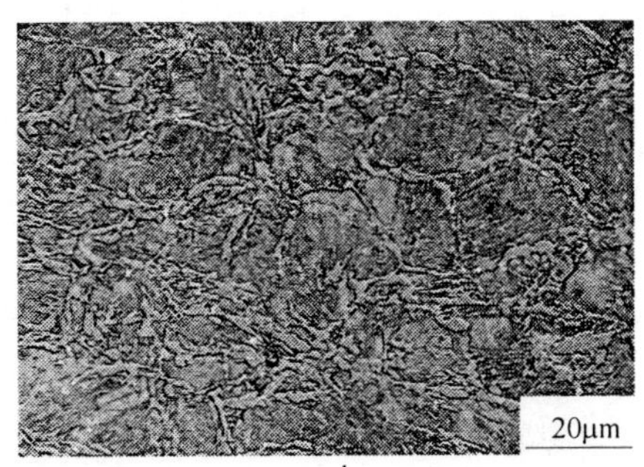

b

图4-28 贝氏体钢的相变形核位置

针状铁素体晶粒有少数晶内形核的，绝大多数以多边形铁素体晶界为界面或核心向晶粒内部成长。同时，由试样进行面扫描的结果可以看出，在晶界及变形带上析出物较多。

4.4.1.2 晶内形核

为了提高针状铁素体钢的韧性和焊接性能，国内外对针状铁素体的晶内形核机制展开了广泛的研究。关于奥氏体晶内的铁素体形核、长大的机理也有多种理论[21~23]：

（1）应力-应变能机理[21]。该机理认为钢中非金属夹杂物的线膨胀系数比奥氏体小，冷却过程中在非金属夹杂物周围形成较大的应力-应变场。晶内铁素体在非金属夹杂物周围形核、长大，降低非金属夹杂物周围的应力-应变能。在300~800℃，MnS的线膨胀系数为18.1×10^{-6}/℃，钢的线膨胀系数为23.0×10^{-6}/℃，两者相差并不大，MnS附件的应力-应变能并不高，但许多研究结果表明：纯MnS是诱导晶内铁素体形核的重要非金属夹杂物之一。此外，应力-应变能机理说明非金属夹杂物整体共同作用诱导晶内铁素体形核。

（2）最小错配度机理。该机理认为非金属夹杂物与铁素体有较小的错配度时，晶内铁素体在非金属夹杂物上形核所需的能量较小，易于在非金属夹杂物上形核、长大。然而，Madariaga等的研究结果表明[24]，虽然Ti_2O_3与铁素体的错配度高达26.8，但Ti_2O_3仍是晶内铁素体形核的重要非金属夹杂物之一。此外，最小错配度机理说明非金属夹杂物表面物质在晶内铁素体形核、长大过程中起主导作用。

（3）局部成分变化机理。该机理认为非金属夹杂物（如Ti_2O_3等）能吸收奥氏体附近的合金元素Mn，造成奥氏体出现贫Mn区，降低奥氏体稳定性，诱导晶内铁素体在非金属夹杂物上形核、长大。但从界面能的角度考虑，VN在B1类碳化物和氮化物中具有较大的铁素体行程能力，且它和针状铁素体之间形成界面能很低的Baker－Nutting位向关系，VN的较高铁素体形成能力已为试验所证明[25~27]。

（4）惰性界面能机理。该机理认为非金属夹杂物作为惰性介质表面能成为晶内铁素体的形核核心，从而能降低形核的能垒。根据这种理论，晶内铁素体更容易在奥氏体晶界上形核、长大。但事实上，晶内铁素体是在奥氏体晶粒内的非金属夹杂物上形核、长大的。

研究发现：诱导晶内铁素体形核的非金属夹杂物直径为0.2~2.0μm，且均匀分布[28]。微合金元素的碳氮化合物尺寸多在1~300nm，因此，大尺寸的析出物界面是可以发生晶内铁素体形核的。有人认为[29]：晶内成核也是奥氏体晶界和夹杂物界面成核相互竞争的结果，当奥氏体晶粒尺寸大于80μm时，夹杂物界面是占优势的形核位置，当奥氏体晶粒尺寸小于50μm时，则奥氏体晶界形核是主要的，形成从晶界生产出平行的铁素体板条束。所以控轧钢材中不可能形成晶内成核针状铁素体。

在对X70管线钢控轧控冷工艺研究中发现[30]，有极少量针状铁素体形核发生在晶内大尺寸析出物界面，但与晶界形核有数量级别上的差异，也没有因为奥氏体晶粒细小或变形带的存在，消除了晶内形核现象。因此，针状铁素体的形核不是单一的晶界、变形带形核或非金属夹杂物界面的晶内形核。针状铁素体组织的形核是以晶界和变形带形核为主，大尺寸的析出物界面为辅。在应变诱导的相变过程中，晶内形核只是一种辅助的、弱的形核机制。含Nb-V-Ti低碳针状铁素体钢的晶内形核如图4-29所示。

4.4.1.3 亚晶界形核与RPC

杨善武[31]提出了弛豫-析出控制相变技术（Relaxation Precipitation Control，RPC），以

进一步细化板条状贝氏体组织。它是将钢在奥氏体未再结晶区变形后，使其具有高密度位错的组织，变形后在高温阶段适当停留进行弛豫，弛豫的位错通过运动及相互作用形成细化的位错胞状结构并发展形成了超细化组织。同时高温保持也让M(C，N) 更充分地析出，既钉扎和稳定了胞状结构和组织，也起到了析出强化的作用。弛豫适当时间后，快速冷却，以完成相变过程，最终获得超细化的板条状贝氏体组织。图4-30是这种方法的原理示意图。这类钢的典型钢种贝氏体相变温度在各种冷却速度下都在600℃左右，因此在弛豫时间内不会发生相变，并在同一块钢板的不同部位虽有不同的冷却速度却能得到比较相似的贝氏体组织。经过控制轧制和RPC处理后，含Nb-Ti低碳微合金钢最终贝氏体组织板条长度和宽度的影响如图4-31所示。这说明，弛豫后变形奥氏体的胞状结构增加了贝氏体形核的核心，促进了贝氏体组织的细化。

图4-29 含Nb-V-Ti低碳针状铁素体钢的晶内形核

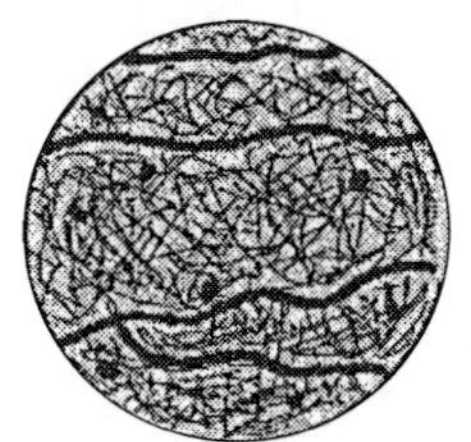
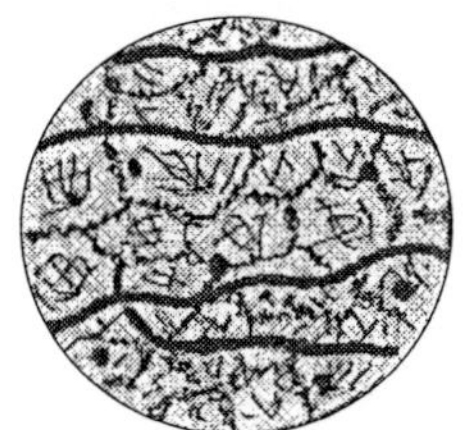
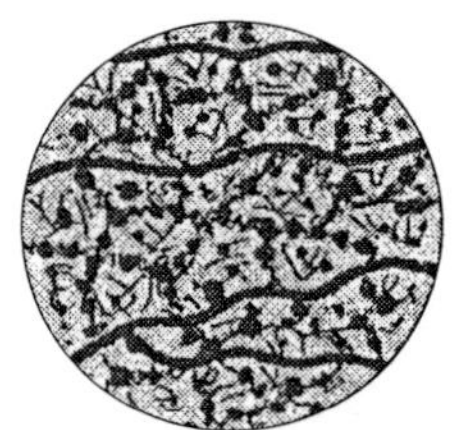
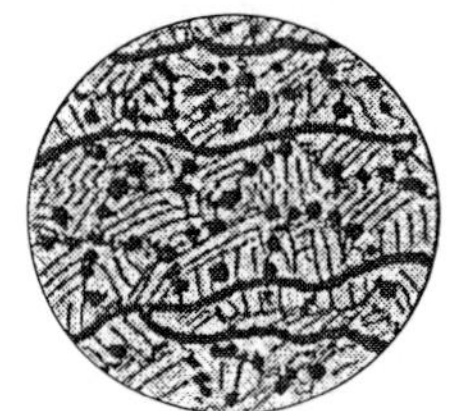

图4-30 贝氏体钢RPC方法的原理示意图

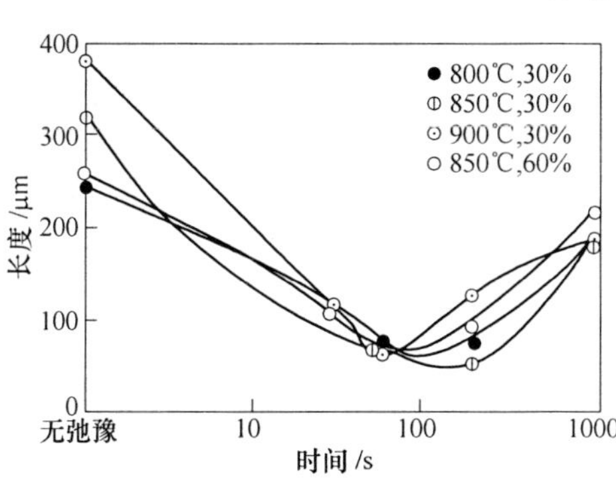

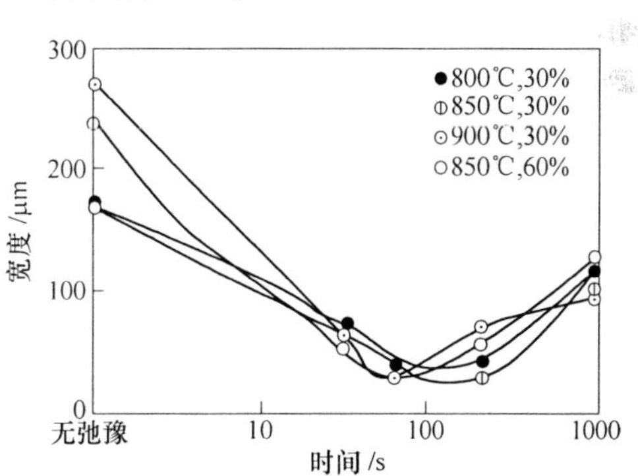

图4-31 贝氏体束长度和宽度随弛豫时间变化曲线[32]

4.4.2 贝氏体的相变动力

贝氏体相变动力不仅影响其相变速度，也影响相变后的组织形态。因此，从相变动力学角度，分析影响热加工工艺对贝氏体相变的影响，对贝氏体组织控制十分重要。

4.4.2.1 奥氏体晶粒尺寸

对中碳钢0.38%C-1.48%Si-2.30%Mn-1.3%Co在不同温度奥氏体化后的贝氏体等温转变试验，可以得到奥氏体化后贝氏体的等温转变动力学曲线，如图4-32a所示。奥氏体化温度越高，奥氏体晶粒尺寸越大（图4-32b），贝氏体等温转变的孕育期延长，转变量增加越平缓。但在7200s或更长时间的等温后，高温奥氏体化后的等温转变总量更高。可以认为，奥氏体晶粒尺寸细小能促进形核和前期转变，但对转变总量有抑制作用。

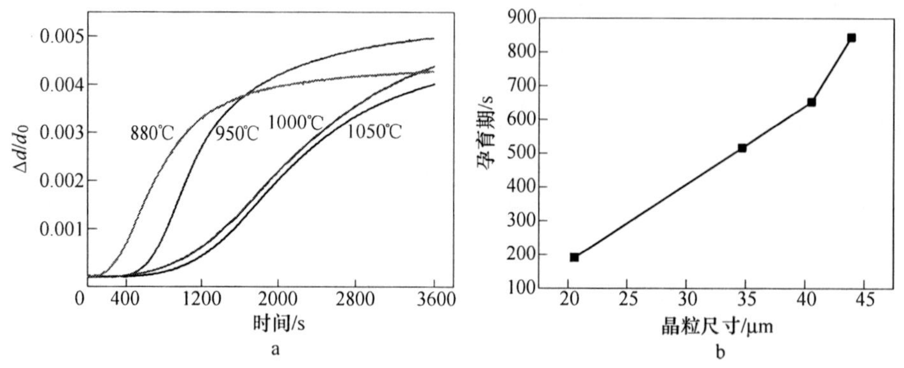

图4-32　不同奥氏体晶粒尺寸下的贝氏体等温转变特征[33]

a—对贝氏体相变动力学的影响；b—对贝氏体相变孕育期的影响

4.4.2.2　热变形的影响

对含Nb-Mo-B的低碳贝氏体钢在830℃实施0%~60%变形后，以15℃/s的冷却速度进行连续冷却，变形对贝氏体相变开始温度 B_s 的影响如图4-33a所示。在奥氏体非再结晶温度区变形后，B_s 温度降低。不同的变形量，B_s 降低的幅度不同：当变形量不超过20%时，B_s 温度基本维持在590℃；当变形量超过30%和40%时，B_s 温度变化增大，B_s 下降到560℃，随着变形继续增大至60%，B_s 温度的变化又不明显，几乎维持在560℃。在奥氏体未再结晶区增加变形量，会增加变形储能，增加奥氏体机械稳定性，抑制贝氏体转变。与铁素体、珠光体转变类似，低碳贝氏体钢的相变开始温度 B_s 随着冷速加快呈降低趋势，且冷却速度越快，B_s 降低的越多，如图4-33b所示。

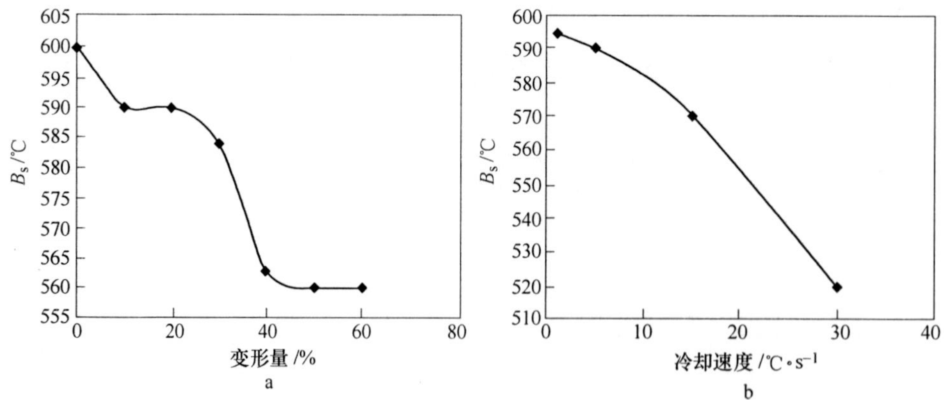

图4-33　含Nb-Mo-B的低碳贝氏体钢热变形和冷却对 B_s 的影响[34]

a—变形量对 B_s 的影响；b—冷却速度对 B_s 的影响

李星逸[35]等对Cr-Mn-Mo-B钢连续冷却（化学成分0.27% C-0.67% Si-1.49% Mn-1.29% Cr-0.23% Mo-0.024% Ti-0.0021% B-0.016% P-0.028% S-0.006% N）的研究发现，

无论在奥氏体再结晶区或未再结晶区，有效奥氏体晶界面积的增加都会降低贝氏体转变温度，如图4-34所示。因此，热变形过程中无论是否发生奥氏体再结晶，多少都会对贝氏体相变参数产生影响，只不过奥氏体未再结晶区变形作用更大。

Singh 和 Bhadeshia[36]发现：Fe-0.12% C-2.03% Si-2.96% Mn 钢中奥氏体形变先加速贝氏体相变，但最后的贝氏体体积分数减小，如图4-35所示。Shipway[37]研究发现，在奥氏体变形量不太大的情况下，贝氏体等温转变量降低，更大的变形量会大大提高贝氏体的形核率，这可能会使得贝氏体转变量回升赶上未变形奥氏体的贝氏体转变量。另外，变形温度和相变温度对奥氏体机械稳定化存在影响，高温变形，奥氏体易回复，因此机械稳定化作用较弱。

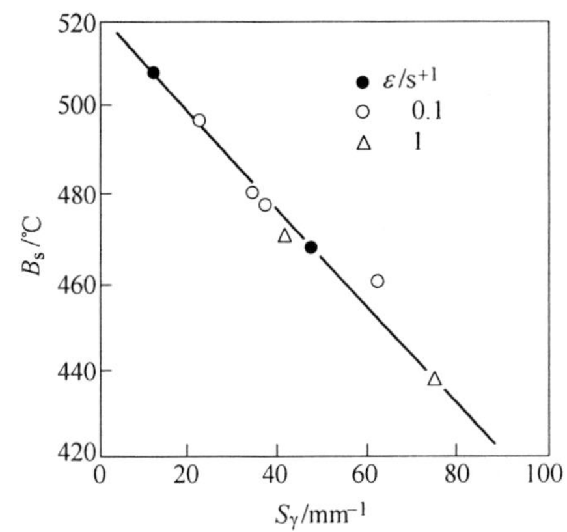

图4-34 有效奥氏体晶界面积（S_γ）对B_s的影响[35]

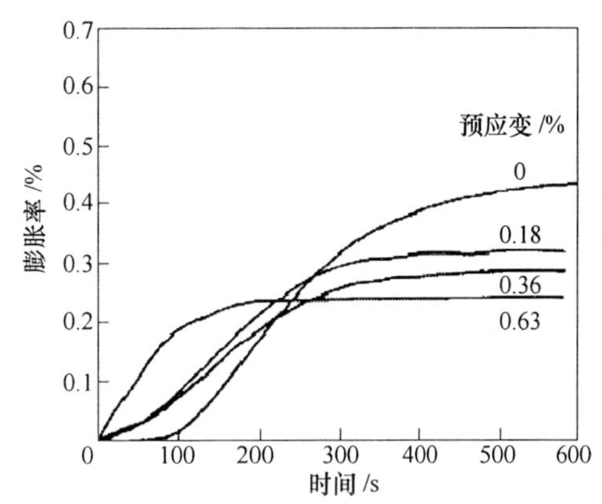

图4-35 Fe-0.12% C-2.03% Si-2.96% Mn 钢中奥氏体形变对贝氏体相变的影响[37]

对于低碳钢贝氏体相变来说，相变之前的先共析铁素体相变对贝氏体相变有影响。在变形温度较高，且在贝氏体相变之前有少量铁素体析出时，变形促进贝氏体相变，但这种促进作用随着变形温度的升高而减弱。在变形温度较低时，由于变形对铁素体相变的促进作用，冷却过程先共析铁素体析出量较大，变形对贝氏体相变起抑制作用。因此，在某一变形温度范围内，变形对贝氏体相变具有明显的促进作用，变形温度高于此范围，这种作用减弱；变形温度低于此范围，变形对贝氏体相变有抑制作用。因此，轧后冷却过程对贝氏体相变的控制，需要选择合适的终轧温度。

4.4.3 典型低碳贝氏体钢的连续冷却相变

高强度低合金钢的过冷奥氏体连续转变是一个复杂的过程。不同冷速条件下得到的组织可能包含有珠光体组织（P）、多边形铁素体（PF）、准多边形铁素体（QF）、粒状贝氏体（GB）、针状铁素体（AF）、板条状贝氏体（LB）和板条状马氏体（LM）组织等。

对含有0.06% C的Mn-Mo-Nb-Cu-B系低碳贝氏体钢的静态CCT，相变主要存在四个区（图4-36）：在0.5～3℃/s的冷速范围内，可以得到PF+QF组织，其转变开始温度在547～511℃之间；在5～8℃/s冷速下，可以得PF+GB组织；在10～30℃/s冷速下，可以得到板条状贝氏体组织，其转变温度在475～341℃之间；当冷速大于30℃/s时，组织转变为LB+LM组织。可以看出贝氏体转变温度较高，在3℃/s的冷速下就发生贝氏体转变，且发生贝氏体转变的温度区间一般在 353 ~ 550℃之间，对冷却速度的要求较低，在 3 ~ 30℃/s 的冷却速度下均可以得到贝氏体转变组织，这为现场的生产时间提供了灵活的操作控制空间。在 0.5 ~ 15℃/s 冷速范围内，随着冷速增加相变温度逐渐降低的趋势明显。

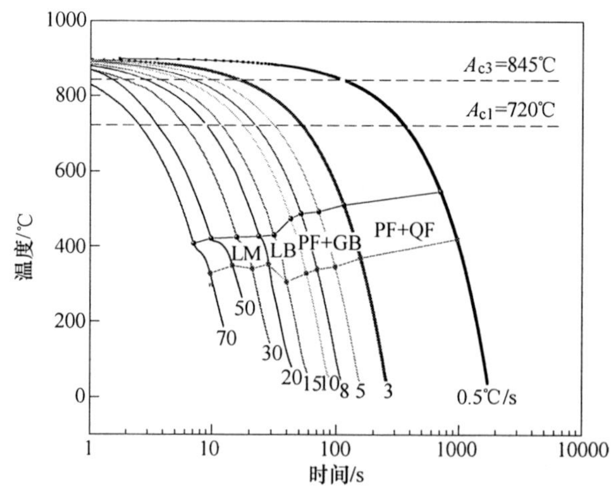

图 4-36 低碳 Mn-Mo-Nb-Cu-B 系贝氏体钢连续冷却转变曲线[38]

对于含 0.15% C 的 Mn-Ni-Mo-B 系贝氏体钢的 CCT 曲线（图 4-37），则主要分为三个相变区：GB、LB、LM，并且转变温度较低，贝氏体转变开始温度在 438 ~ 382℃之间。0.5 ~ 3℃/s 冷速范围内，转变温度随冷速增加而降低，但当冷速大于 3℃/s 时，冷速对组织开始转变温度则影响不大。

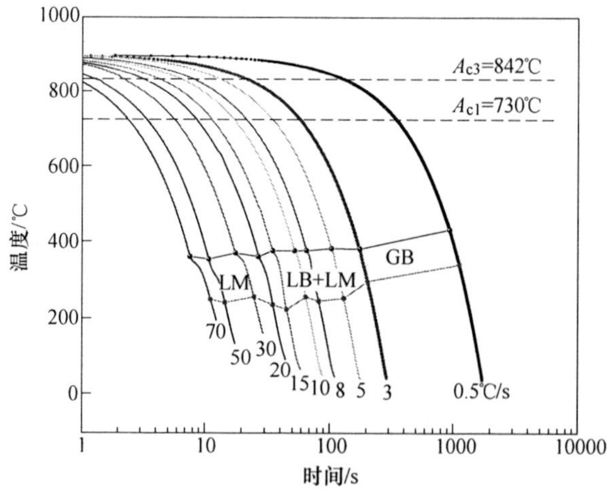

图 4-37 C-Mn-Ni-Mo-B 系贝氏体连续冷却转变曲线[38]

对比两种成分钢的 CCT 曲线可以发现：（1）两者 A_{c3} 温度基本相同，而 A_{c1} 温度则相差 10℃，其原因主要是：低碳 Mn-Mo-Nb-Cu-B 系试验钢中 Mn 含量相对较高并含有一定量的 Mo，而 Mn、Mo 具有降低钢临界转变温度的作用，因此其 A_{c1} 温度稍低；（2）两种成分钢中加入了适量的 B 以及 Mo、Cr、V、Ti 等合金元素，加入微量 B 可明显抑制铁素体在奥氏体晶界上的形核，使铁素体转变曲线明显右移，同时使贝氏体转变曲线变得扁平，从而在低碳的情况下，能在较宽冷却速度范围内得到贝氏体组织，B 也可增大 Mo 和 Nb 对钢淬透性的提高作用，Cr 能显著提高过冷奥氏体的稳定性，使转变孕育期延长，同时使珠光体转变向高温方向移动，贝氏体转变向低温方向移动，珠光体转变与贝氏体转变趋向分离；（3）含 0.15% C 的 Mn-Ni-Mo-B 钢的连续转变温度明显低于含 0.06% C 的 Mn-Mo-Nb-Cu-B 试验钢，并且其贝氏体转变温度范围比后者窄，主要是前者含有相对较高的 C、Mo、Cr 含量，降低了临界转变温度。

4.4.4 贝氏体相变与 MA 组织控制

对 Nb-V-Ti 微合金化 X70 管线钢，冷却速度低（如 3～5℃/s）时，产物主要是多边形铁素体或近多边形铁素体组织，但是组织中有少量大块的马氏体奥氏体岛（MA 岛）组织；随着冷却速度的提高，如冷速达到 15～35℃/s 时，多边形铁素体不存在了，全部为针状铁素体组织，组织细化，晶粒度级别高，得到的 MA 岛组织细小、分散。但是，冷却速度在 50℃/s 时，组织中 MA 岛的形态发生了改变，在形态上趋向圆形，MA 岛平均尺寸与冷却速度的关系如图 4-38 所示。可见，加速冷却可以细化 X70 管线钢中的针状铁素体组织和 MA 岛，这种细小组织对钢的强度和韧性是有益的。

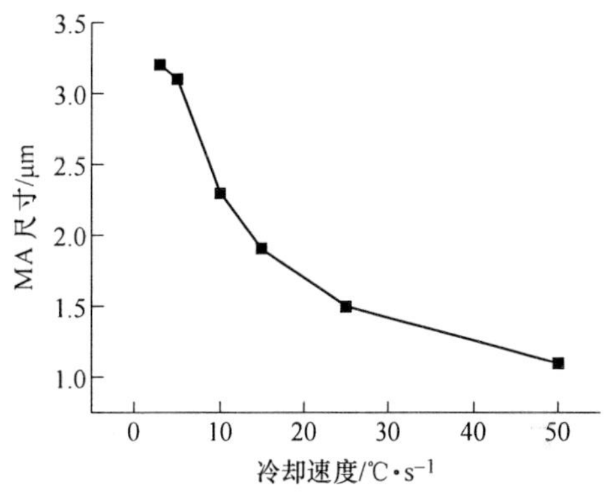

图 4-38 MA 组织尺寸与冷却速度的关系

对化学成分为 0.057% C-0.23% Si-1.85% Mn-0.05% Nb-0.015% Ti-1.25%（Cr + Ni + Mo + Cu）的低碳贝氏体钢，热轧后在不同冷却速度下快速冷却，得到的 MA 组织形态差异如图 4-39 所示。在 15℃/s 冷却速度下，MA 组织粗大，呈球状或条带状，在贝氏体板条间分布；冷却速度提高至 70℃/s，贝氏体板条和 MA 组织都显著细小，MA 组织中呈点状的数量增加，仍然在贝氏体板条间分布。

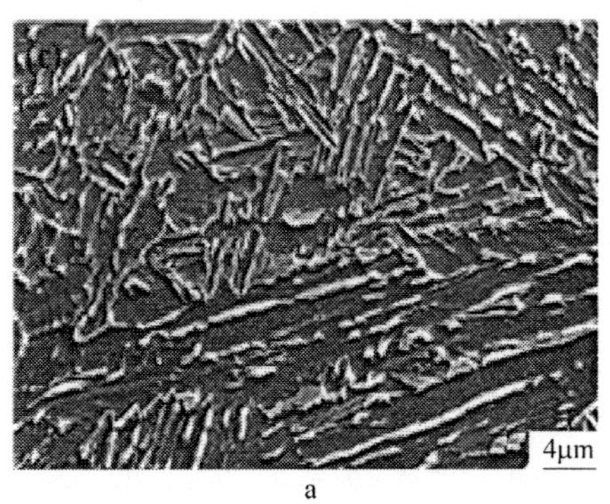

a

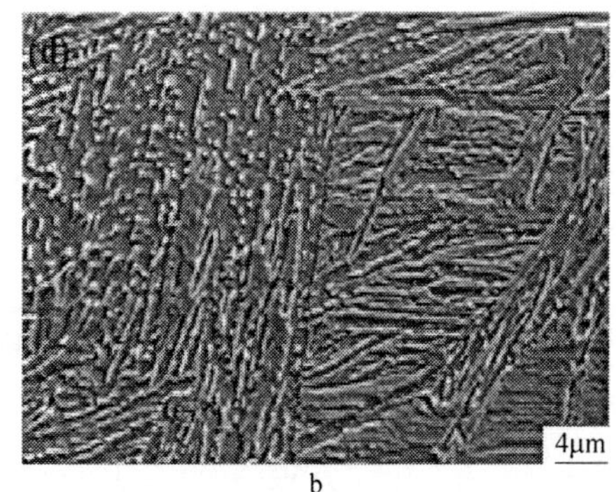

b

图 4-39 不同冷却速度下 MA 组织形态的差别

a—15℃/s；b—70℃/s

冷却速度提高对贝氏体板条和 MA 组织的影响，直接反映在钢的力学性能变化上：屈服强度和抗拉强度增加，冲击功、伸长率、屈强比均降低。冷却速度从 16℃/s 提高到

52℃/s，屈服强度提高幅度达 140MPa，抗拉强度提高 158MPa。性能参数变化如表 4-3 所示。

表 4-3　不同冷速下贝氏体钢的力学性能[40]

样品编号	冷速/℃ · s^{-1}	$R_{p0.2}$/MPa	R_m/MPa	屈强比	A/%	-20℃冲击功/J
12-1	16	672	777	0.86	17	246
12-2	24	747	843	0.89	16	210
12-3	35	743	850	0.87	16	210
12-4	52	812	935	0.87	14	203

MA 的形态和尺寸直接与贝氏体组织形态相关。因为 MA 组织是贝氏体转变过程中，过冷奥氏体高温转变不完全产物，未转变的奥氏体在贝氏体转变时因扩散富集了较高浓度的碳原子，增强了奥氏体的稳定性，在进一步冷却过程中发生部分马氏体相变，形成马氏体和残余奥氏体复合产物。因此，贝氏体板条宽度和长度直接影响 MA 岛的尺寸和形态。MA 岛是高硬度相，有利于提高钢的强度；但是如果尺寸过大，尖锐形态或数量过多，都会损害钢的塑性和韧性。另外，细小 MA 岛的存在，意味着相变形成的贝氏体铁素体中碳的过饱和度更高。

4.5　变形奥氏体的马氏体相变

在马氏体钢中，影响其力学性质的组织因素为：马氏体中的碳含量，原始奥氏体的晶粒大小，马氏体亚结构的类型（位错或孪晶），马氏体组织内析出的碳化物尺寸、分布及其与亚结构的交互作用，另外还有钢中残余奥氏体含量、分布和及其稳定性等。1960 年 Kelly 和 Nutting 通过电镜实验发现，Fe-C 马氏体的亚结构由碳含量所决定：低碳为位错型马氏体，高碳（>0.6%C）为孪晶型马氏体。因此，实际应用马氏体钢多为板条状马氏体组织。

4.5.1　马氏体相变温度的影响因素

4.5.1.1　化学成分的影响

碳是钢中最重要的合金元素，对 C 曲线的影响比较特殊。碳含量为 0.8%~1.0% 时，C 曲线处于最右侧，高于或低于这一含量时，曲线均向左移动。所以，碳素钢一般随碳含量增加其 C 曲线向右移，淬透性提高，但这种影响相对于合金元素来说是比较小的。

Cr、Mo、W、V 等强碳化物形成元素使珠光体转变温度提高，而贝氏体转变温度降低，使 C 曲线的珠光体和贝氏体转变分离。Ni 和 Mn 是扩大奥氏体区的元素，使过冷奥氏体转变向低温移动。

C 对 M_s 和 M_f 点的影响最大，碳的质量分数增加，使 M_s 和 M_f 点降低，如图 4-40 所示。Al、Co 提高 M_s 点，Si 几乎无影响，而 Cu、Ni、W、Mo、Cr、Mn 等合金元素降低 M_s 点，如图 4-41 所示。当然，在钢中同时加入几种合金元素时，对 M_s 和 M_f 点的影响更为复杂，可从有关手册中查到各种钢的 M_s 和 M_f 点。

4.5.1.2　奥氏体晶粒尺寸的影响

细小的奥氏体晶粒意味着更多的奥氏体晶界面积，这对于铁素体和珠光体形核会起到

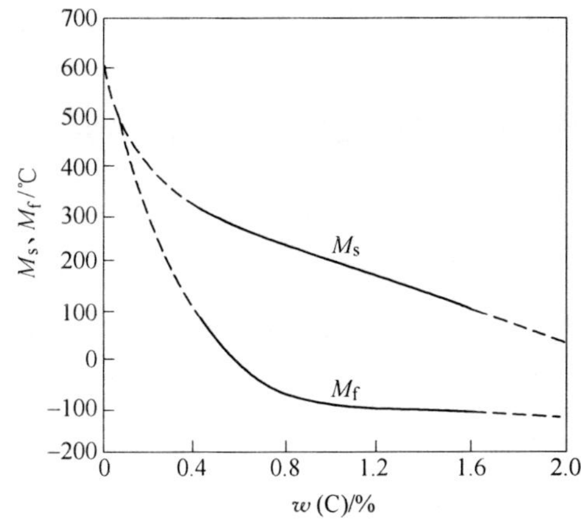

图 4-40 M_s 和 M_f 与碳质量分数的关系

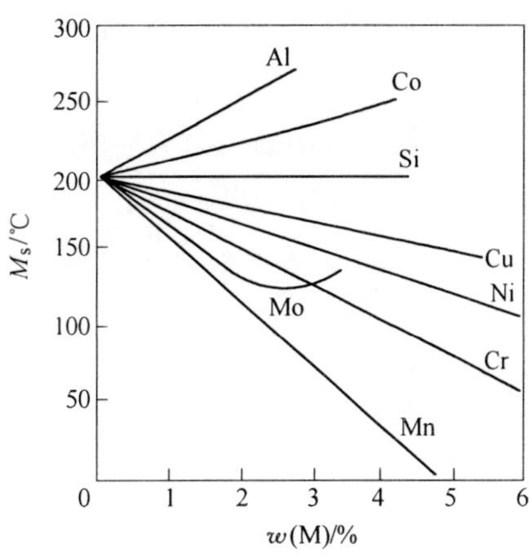

图 4-41 M_s 与合金元素质量分数的关系

促进作用，相变温度也会因此有提高。但是，对于马氏体相变，奥氏体晶粒越大表示奥氏体化温度越高，奥氏体成分越均匀，新相形核和长大过程中所需扩散时间就越长，C 曲线右移，马氏体相变温度降低。对中碳钢 0.38% C-1.48% Si-2.30% Mn-1.3% Co，奥氏体晶粒大小对马氏体相变温度的影响如图 4-42 所示。

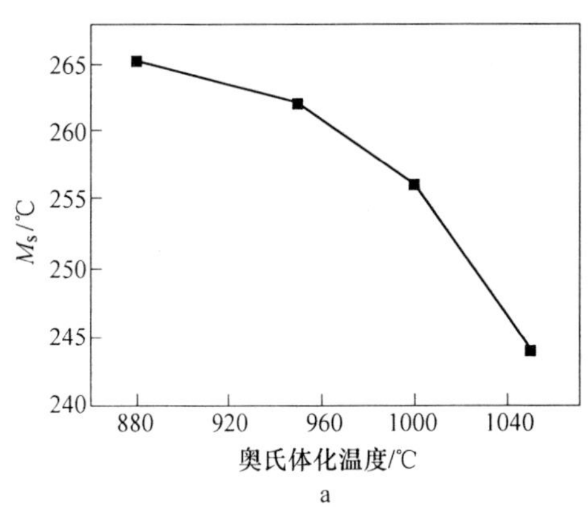

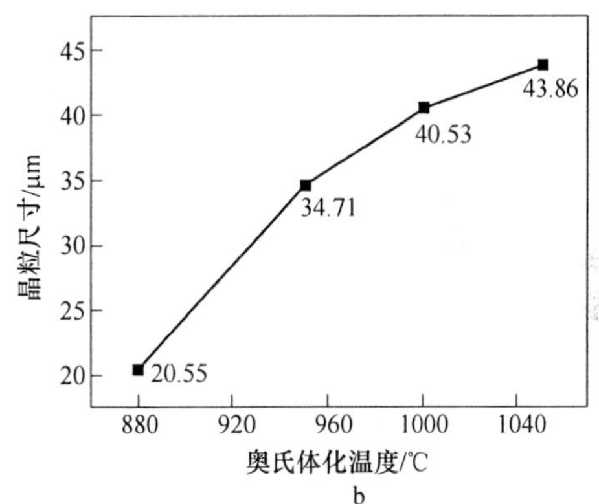

图 4-42 不同奥氏体化温度的作用

a—对 M_s 点的影响；b—对奥氏体原始晶粒尺寸的影响

4.5.1.3 变形对相变温度的影响

一般来说，变形会使奥氏体晶粒细化，或者增加亚结构，通常使 C 曲线左移。但变形的影响还与转变的类型及变形量有关。国内对 T92 钢（化学成分为 Fe-0.11C-0.37Si-0.45Mn-8.9Cr-1.53W-0.38Mo-0.2V-0.06Nb）淬火工艺的研究表明[41]，在 1050℃ 压缩变形 15%~60% 后以 3℃/s 连续冷却，变形对马氏体开始转变温度的影响如图 4-43 所示。随变形量增大，T92 钢冷却过程中的马氏体转变开始温度明显增

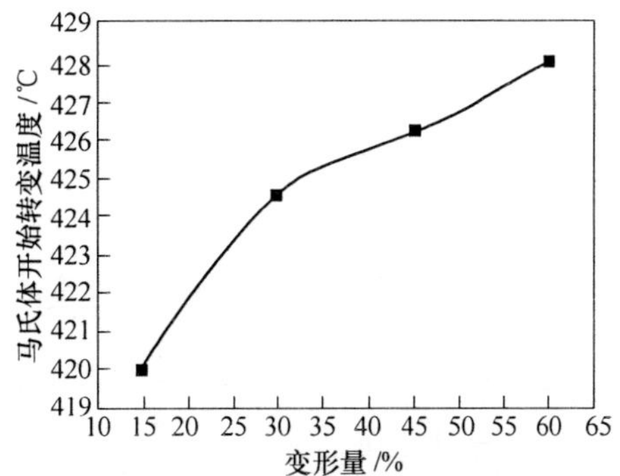

图 4-43 T92 钢在不同变形量时的 M_s

加，研究认为这是应变诱发了马氏体相变。这显然与变形对切边相变的阻碍作用不一致，变形导致 T92 钢马氏体开始转变温度提高的主要原因，可能还与变形促进 Nb、V、W 的高温析出有关，这些强碳化物形成元素的析出，极大降低了奥氏体稳定性和钢的淬透性，引发马氏体相变开始温度升高。

18Mn 钢在 750℃压缩 70% 后直接淬水，动态再结晶的奥氏体晶粒因尺寸太小及内部含有晶体缺陷而最难发生马氏体相变，其次是形变晶粒，然后是细小等轴的静态再结晶晶粒，最后是粗大的奥氏体再结晶晶粒。奥氏体形变会有效抑制马氏体转变，尤其能抑制奥氏体向 α′-M 的转变[42]。对 Fe-32% Ni 合金在 550℃，以 $2\times10^{-2}s^{-1}$ 应变速率进行变形，测量变形对 M_s 的影响，发现奥氏体的变形和再结晶抑制马氏体相变，M_s 温度降低，静态再结晶比动态再结晶的抑制作用更明显，如图 4-44 所示。

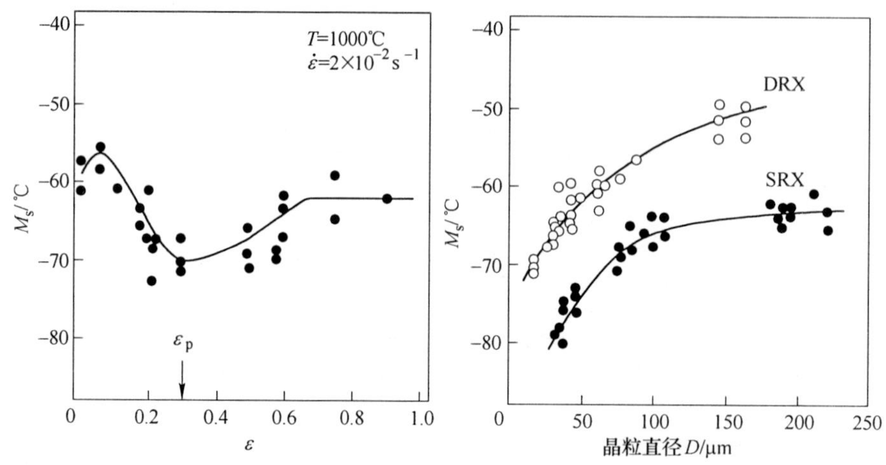

图 4-44　奥氏体变形和再结晶对 Fe-32% Ni 合金马氏体相变开始温度 M_s 的影响

4.5.2　马氏体组织形态

目前马氏体非均匀形核理论都还不能很好地解释一些实验事实。只有在特殊情况下，马氏体相变的形核才能依靠均匀形核来完成。关于马氏体相变形核的相关理论研究还在深入开展，本文不做介绍。

马氏体组织形态在一定假设条件下可以做出定性分析。根据热力学定律，通过对马氏体的均匀形核机制进行解析假定马氏体核心是个直径为 $2r_0$ 、厚度为 $2t_0$ 的圆片。考虑相变时马氏体片发生剪切应变 γ ，由热力学定律，形成马氏体晶核时，其 Gibbs 自由能变化表达式为：

$$\Delta G = -\frac{4}{3}\pi r_0^2 t_0 \Delta G_V + 2\pi r_0^2 \sigma + \frac{4}{3}\pi r_0 t_0^2 \gamma^2 \mu \tag{4-15}$$

式中，ΔG_V 为单位体积马氏体相变的化学驱动力；σ 为单位体积界面；γ 为切应变；μ 为剪切模量；$-\frac{4}{3}\pi r_0^2 t_0 \Delta G_V$ 为相变驱动力；$2\pi r_0^2 \sigma$ 为表面能；$\frac{4}{3}\pi r_0 t_0^2 \gamma^2 \mu$ 为应变能；表面能和应变能均为相变阻力。

令 $\frac{\partial \Delta G}{\partial r_0} = \frac{\partial \Delta G}{\partial t_0} = 0$ ，求解得到临界值：

$$r_0^* = \frac{4\sigma\mu\gamma^2}{(\Delta G_V)^2} \tag{4-16}$$

$$t_0^* = \frac{2\sigma}{\Delta G_V} \tag{4-17}$$

将上列两式代入式（4-15），得：

$$\Delta G^* = -\frac{32\pi\sigma^3\gamma^4\mu^2}{3\Delta G_V^4} \tag{4-18}$$

$$\frac{t_0^*}{r_0^*} = \frac{\Delta G_V}{2\mu\gamma^2} \tag{4-19}$$

将其代入式（4-18）得：

$$\Delta G^* = -\frac{8\pi\sigma^3}{3\Delta G_V^2\left(\frac{t_0^*}{r_0^*}\right)^2} \tag{4-20}$$

由此可以看出，马氏体相变临界形核功 ΔG^* 与马氏体片条的厚径比密切相关，即与厚径比的平方成反比，厚径比 t_0^* / r_0^* 越大，则形核功越小，相变越容易发生，所需过冷度较小；反之，t_0^* / r_0^* 越小，形核功越大，相变越难进行，需要过冷度越大。因此，在淬火冷却即变温马氏体相变过程中初生马氏体片条表现出 $t_0^* / r_0^* \gg 1$，最终呈现为长条状、棒状或透镜状等形态，据此可以推断贯穿原奥氏体晶粒内最长马氏体片（packet boundary）为相变过程最先形成的产物。当 $t_0^* / r_0^* > 1$ 时，马氏体表现为斜三角状、近似矩形、梯形或椭球状等。当 $t_0^* / r_0^* \approx 1$ 时，马氏体呈现为块状、近似等轴形等。当 $t_0^* / r_0^* < 1$ 时，马氏体呈现为扁形圆片状，此时马氏体克服的形核功（能垒）最高，需要过冷度最大，即为变温马氏体相变的最后产物。

据以上分析，马氏体组织形态大小各异，主要呈现为条状、三角形状和块状等。如图4-45 所示，构成马氏体组织的包括多个层次的组织机构，如图中 P 表示初生马氏体片或领域（Packet），M 为马氏体束（Block），在一个大微观板条束中还有更小的板条（Lath），用 L 表示条状（Lath），相对于条状组织，还有块状结构，用 M 表示块状（Massive），三角状结构用 T（Triangular）表示。从马氏体微观结构看，板条是主体，其次是块状结构，最少的是三角状结构。

4.5.3 马氏体形态与力学性能的关系

原始奥氏体的晶粒大小及由此决定的马氏体领域大小（Packet）和板条束大小（Block）对钢的强度和韧性有重要影响。如图 4-46[43] 所示，原始奥氏体晶粒大小直接决定马氏体领域大小。1966 年 Grange[44] 对 4310 和 4340 钢的研究得出马氏体的屈服强度和原奥氏体晶粒大小。此后，Kehoe 和 Kelly[45] 提出，钢中的马氏体领域大小决定其屈服强度。接着 Marder 和 Krauss 对 Fe-0.2C 钢，Roberts 对 Fe-Mn 钢进行的研究表明马氏体屈服强度与马氏体领域直径的 −1/2 次方呈线性 Hall-Petch 关系。2005 年 Morito[43] 等提出马氏体领域内马氏体束（block）的大小为决定板条状马氏体强度的主要因素，如图 4-36 所示。图 4-47a、b 分别表示马氏体领域大小和马氏体领域内马氏体束大小对淬火合金钢屈服强度的影响，它们都显示了马氏体钢的屈服强度和马氏体领域或马氏体领域内的马氏体

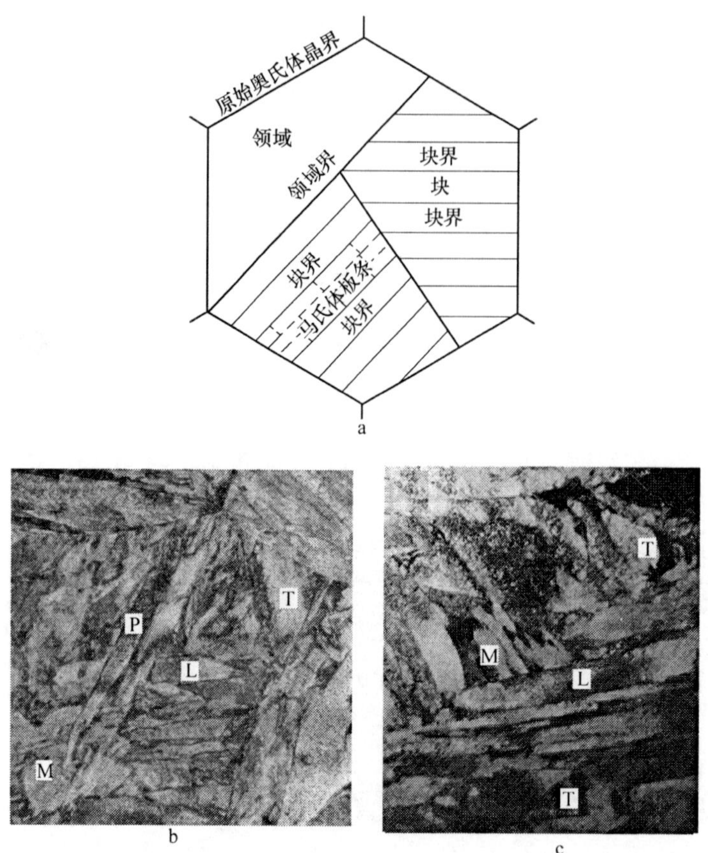

图 4-45　马氏体形态

a—示意图；b，c—不同视场下各形态马氏体的 TEM 像

束大小呈 Hall-Petch 关系。

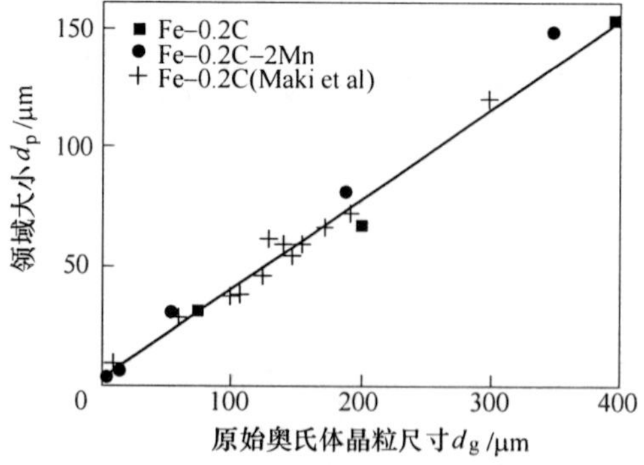

图 4-46　淬火态 Fe-0. 2C 和 Fe-0. 2C-2Mn 领域大小和原始奥氏体晶粒尺寸的关系[43]

Inoue 等人[46]提出钢中马氏体领域大小影响马氏体钢的韧性，马氏体领域越小，则马氏体的屈服强度及韧性越高，脆性转变温度降低。国内通过研究也得出：奥氏体晶粒及马氏体领域大小与马氏体强度之间符合线性 Hall-Petch 关系，同时也指出马氏体束（block）

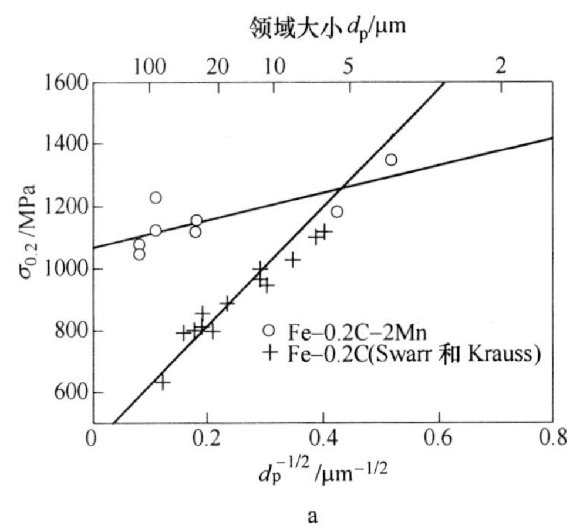

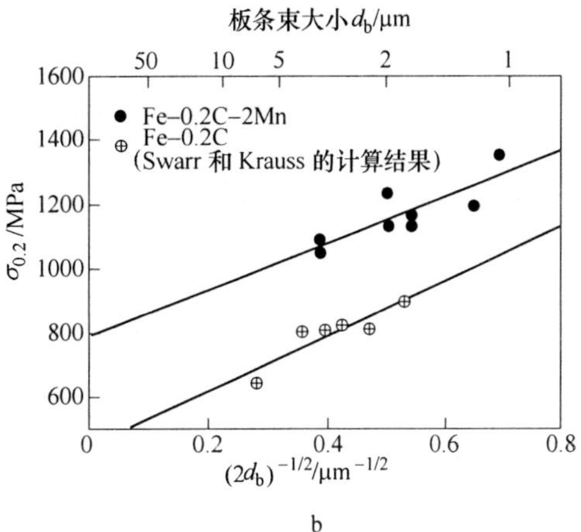

图 4-47 Fe-0.2C 和 Fe-0.2C-2Mn 合金中屈服强度和领域大小的 −1/2 次方呈线性 Hall-Petch 关系（a），屈服强度和板条束的大小也呈类似的关系（b）[43]

的宽度为钢材强度的重要控制因素[47]。对低碳马氏体钢研究后指出，原奥氏体晶粒及马氏体领域细化有利于钢材韧性的提高。此外，马氏体条（lath）的宽度也对马氏体钢的强度有影响[48,49]。Norstron[50]在 1976 年提出马氏体条的宽度也是决定其屈服强度的一个因素。徐祖耀等[51,52]认为在钢中添加稀土元素可以有效细化马氏体条的宽度，从而提高其力学性能。

关于钢在回火过程中碳化物的形成及其对力学性能的影响，G. Krauss[53]在总结了碳钢和低合金钢经淬火和低温回火后组织及力学性能的变化之后，指出随碳含量提高，经低温回火后钢的应变硬化率提高[54]。在低温回火初期，钢中往往先形成非常细小（约几个纳米）的过渡碳化物（ε 碳化物或 η 碳化物）。随钢中碳含量的增加，残余奥氏体量也增加。

参考文献

[1] 袁振明，羽宽，何泽云．声发射技术及其应用［M］．北京：机械工业出版社，1985.

[2] Shiwa M, Kist I T. The present and future of AE［J］. Ultrasonic Technology, 1992 (12): 15 ~ 18.

[3] 徐京娟．金属物理性能分析［M］．上海：上海科学技术出版社，1988：46 ~ 48.

[4] Adachi Y, Wakita M, Beladi H, Hodgson P D. Acta Materialia, 2007, 55: 4925.

[5] Hurley P J, Hodgson P D, Muddle B C. Script Materialia, 2001, 45: 25.

[6] 董瀚，孙新军，刘清友．变形诱导铁素体相变现象与理论［J］．钢铁，2003，38（10）：56 ~ 67.

[7] Matsumura Y, Yada H. Evolution of Ultrafine-grained Ferrite in Hot Successive Deformation［J］. Trans. ISIJ, 1987, 27: 492 ~ 498.

[8] 王启超，杨志刚，李昭东．A_{e3}温度以上变形对先共析铁素体相变形核影响的理论分析［J］．金属学报，2007，43（4）344 ~ 348.

[9] 陶正兴．第九讲 扩散相变（三）：珠光体转变［J］．上海钢研，1983（3）：42 ~ 48.

[10] 艾家和，赵同春，高惠菊，等．控轧控冷工艺参数对 60Si2MnA 线材中珠光体形态的影响［J］．北京科技大学学报，2002，24（5）：504 ~ 506.

[11] 吴庆辉，杨忠民，陈颖，等．奥氏体化温度对珠光体轨钢组织和性能的影响［J］. 热加工工艺，2012，41（14）：111～114.

[12] 李自刚，张王军，张鸿冰，徐祖耀．热变形对工模具钢珠光体转变的影响［J］. 轧钢，1999（专刊）：149～153.

[13] 孙艳坤．轴承钢热变形及冷却过程中珠光体相变研究［J］. 热加工工艺，2011，40（20）：157～159.

[14] 李承基. 贝氏体相变理论［M］. 北京：机械工业出版社，1995：20～56.

[15] 刘宗昌，王海燕. 贝氏体相变新机制的研究［J］. 热处理技术与装备，2009，30（5）：1～10.

[16] 赵四新，王巍，毛大立. 钢中贝氏体相变研究新进展［J］. 材料热处理学报，2006，27（4）：1～6.

[17] Iwin K J, Pickering F B. Special report [J]. Iron and Steel Inst, 1965 (93): 110～125.

[18] Sampath K, Green R S, Civis D A. Metallurgical Model Speeds Development of GMA Welding Wire for HSLA Steel [J]. Welding Joumal, 1995, 74 (12): 69～76.

[19] Haruyoshi S. Weldability of Modem Structural Steels [J]. Welding in the World, 1982, 20 (8): 121～147.

[20] Leslie W C, Sober R J, Babcok S G. Plastic Flow in Binary Substitutional Alloys of BCC Iron Effects of Strain Rate, Temperature and Alloy Content [J]. Trans ASM, 1969, 62 (3): 690～710.

[21] Shim J H, Cho Y W, et al. Nucleation of intergranular ferrite at Ti_2O_3 particale in low carbon steel [J]. Acta Mater, 1999, 47 (9): 2751.

[22] Oh Y J, Lee S Y, Byun J S, et al. Non-metallic inclusions and acicular ferrite in low carbon steel [J]. Mater Trans JIM, 2000, 41 (12): 1663.

[23] Andres G D C, Capdevila C, Martin D S, et al. Effect of the microalloying elements on nucleation of allotriomorphic ferrite in medium carbon-manganese steels [J]. J Mater Sci lett, 2000, 20 (12): 1135.

[24] Madariaga I, Gutiearrez I. Role of the particale-matric interface on the nucleation of acicular ferrite in a medium carbon microalloyed steel [J]. Acta Mater , 1999, 47 (3): 951～960.

[25] Yang Z G, Enomoto M. A discrete lattice plane analysis of coherent FCC/B1 interfacial energy [J]. Acta Mater , 1999, 47 (18): 4515～4524.

[26] Yang Z G, Enomoto M. A discrete lattice plane analysis of Baking-Nutting related B1 compound/ferrite interfacial energy [J]. Materials Science and Engineeing, 2002, A332: 184～192.

[27] Zhang S H, Hattori N, Enomoto M, Tanui T. Ferrite nucleation at ceramic / austenite interfaces [J]. ISIJ Int, 1996, 36: 1301.

[28] 余圣甫．高强度低合金钢二氧化碳气保护碱性药芯焊丝冶金过程研究［D］. 武汉：华中理工大学，1999.

[29] 李鹤林，郭生武，冯耀荣，等．高强度微合金管线钢显微组织分析与鉴别图谱［M］. 北京：石油工业出版社，2001 .

[30] 余伟．针状铁素体管线钢控轧控冷工艺及碳氮化物析出规律研究［D］. 北京：北京科技大学，2008.

[31] Yang S, Shang C, Yuan Y, et al. Thermec' 2000, North-Holland [C]. LasVagas: pergamon, 2000: 25.

[32] 王学敏，尚成嘉，杨善武，等．组织细化的控制相变技术机理研究［J］. 金属学报，2002，38（6）：661～666.

[33] 张昳. 热处理工艺对纳米贝氏体中碳锰钢组织性能的影响［D］. 北京：北京科技大学，2015.

[34] 杨涛．低碳贝氏体型钢变形奥氏体连续冷却研究［D］. 上海：上海交通大学，2007.

[35] 李星逸，刘文昌，郑炀曾．热变形条件对一种 Cr-Mn-Mo-B 钢连续冷却贝氏体转变的影响［J］. 钢铁，1998，38（4）：40～43.

[36] Singh, Bhadeshia H K D H. Quantitative Evidence for Mechanical Stabilization of Bainite [J]. Materials

Science and Technology, 1996, 12: 610 ~ 612.

[37] Shipway P H, Bahadeshia H K D H, Mechanical stabilisation of bainite [J]. Mater Science and Technology, 1995, 11: 1116 ~ 1128.

[38] 钱亚军. 热处理对1000MPa级工程机械结构用钢组织和性能的影响 [D]. 北京: 北京科技大学, 2009.

[39] 朱海宝. 含镁X100管线钢组织和焊接性能的研究 [D]. 北京: 北京科技大学, 2010.

[40] 曾明. X100管线钢的热轧工艺及组织性能研究 [D]. 北京: 北京科技大学, 2010.

[41] 陈俊豪, 宁保群, 包俊成, 等. 热变形条件对T92钢马氏体相变过程及性能的影响 [J]. 热加工工艺, 2015, 30 (20): 42 ~ 45.

[42] 王璋琦, 孙鹏, 刘文琦, 等. 高锰钢中奥氏体状态对马氏体相变的影响 [J]. 电子显微镜学报, 2011, 30 (4 ~ 5): 334 ~ 339.

[43] Morito S, Yoshida H, Maki T, et al. Effect of block size on the strength of lath martensite in low carbon steels [J]. Mater. Sci. Eng, A, 2006, 438 ~ 440: 237 ~ 240

[44] Grange R A. Strengthening steel by austenite grain refinement [J]. Trans. ASM, 1966, 59: 26 ~ 48.

[45] Kehoe M, Kelly P M. The role of carbon in the strength of ferrous martensite [J]. Scripta Metallurgica, 1970, 4 (6): 473 ~ 476.

[46] Inoue T, Matsuda S, Okamura Y, et al. The Fracture of a Low Carbon Tempered Martensite [J]. Trans. JIM., 1970, 11: 36 ~ 43.

[47] 惠卫军, 董瀚, 翁宇庆. 42CrMoVNb细晶高强度钢的力学行为 [J]. 材料热处理学报, 2005, 26: 57 ~ 61.

[48] Chunfang Wang, Maoqiu Wang, Jie Shi, et al. Effect of microstructural refinement on the toughness of low carbon martensitic steel [J]. Scritpa Mater, 2008, 58: 492 ~ 495.

[49] Chunfang Wang, Maoqiu Wang, Jie Sui, et al. Effect of Microstructure Refinement on the Strength and Toughness of Low Alloy Martensitic Steel [J]. J. Mater. Sci. Technol, 2007, 23: 659 ~ 664.

[50] Norstron, Scand J. Metall, 1976, 5: 41 ~ 45.

[51] Hsu T Y, Xu Zuyao. Effects of Rare Earth Element on Isothermal and Martensitic Transformations in Low Carbon Steels [J]. ISIJ. Inter, 1998, 38: 1153 ~ 1164.

[52] 徐祖耀, 吕伟, 王永瑞. 稀土对低碳钢马氏体相变的影响 [J]. 钢铁, 1995, 30: 52 ~ 56.

[53] Krauss G. Deformation and fracture in martensitic carbon steels tempered at low temperatures [J]. Metall. Trans. B., 2001, 32B: 205.

[54] Krauss G. Heat treated martensitic steels: microstructural systems for advanced manufacture [J]. ISIJ, Inter., 1995, 35: 349.

5 微合金元素的溶解与析出控制

微合金化是在普通 C-Mn 钢中添加微量（通常质量分数小于 0.1%，有些微合金钢研究中有适当升高微合金元素含量的趋势，但一般仍低于 0.25%）强碳、氮化物元素（如 Nb、V、Ti、Al、Zr 等）进行合金化。这些元素在元素周期表中的位置比较接近，都与碳、氮有较强的结合能力，形成碳化物、氮化物和碳氮化物。还有 Mo、W、Ta 元素等虽然也是强碳、氮化物形成元素，但是由于元素资源储量限制，应用范围受到限制，在高硬度、高温材料的组织与性能控制中，较少作为微合金元素使用。微合金元素通常具有如下特点：能在加热时部分溶解或全部溶解，具有足够的溶解度，在钢材热加工和冷却过程中又能析出，加热时能阻碍原始奥氏体晶粒长大；在轧制过程中能抑制再结晶及再结晶后的晶粒长大；在低温时能起到析出强化的作用。

微合金化可以提高强度，因此可降低钢的 C 含量，使钢更具可焊性。在加工过程中采用控制轧制和控制冷却工艺，可以使热轧钢材的组织得以细化，获得高强度、高韧性、高可焊接性、良好的成型性能等性能组合。因此，微合金化钢作为钢铁材料性能控制的重要方法，代表着钢铁工业提高钢材使用性能和降低生产成本这一主要发展方向，获得了全球性广泛研究开发和生产应用。

5.1 微合金元素化合物特征

在低合金高强度钢中，Nb、V、Ti 等几种常用的微合金化元素，一般都和碳、氮有强的相互作用，因此，微合金化钢中的析出相大都是碳、氮化物，这些化合物的晶体结构却有所不同，主要分为：

（1）具体 NaCl 型面心立方晶系，如 VC、NbC、TiC、ZrC、VN、NbN、TiN、ZrN，其中非金属原子常存在缺位，使其化学组成式中非金属元素的系数小于 1，如 VC 中 C 可在 0.7 ~ 1 之间变化，NbC 中 C 可在 0.4 ~ 1 之间变化，TiC 中 C 可在 0.5 ~ 1 之间变化，TiN 中 N 可在 0.6 ~ 1 之间变化。钢中通常存在的 VC、NbC 的化学组成式分别为 $VC_{0.875}$（V_8C_7）、$NbC_{0.875}$（Nb_8C_7）。

（2）具有 M_2N 型的简单的六方晶系，Nb_2N，点阵常数的 c/a 值接近于 1.6，属于密排六方点阵。

（3）具有 ZnS 型的密排六方点阵晶系，氮原子并不处于金属原子点阵的间隙位置，单位晶胞中包含 6 个金属原子及 6 个非金属原子，如 AlN。

另外，同一种微合金化元素的碳化物和氮化物属于同晶型体，而且它们的晶体常数极为相似，如表 5-1 所示。因此，它们可在相当宽的范围内互溶。

Nb、V、Ti 微合金元素碳、氮化物的硬度非常高，在 2500 ~ 3000HV，高的硬度有助于这些化合物的细小析出物产生高的强化能力，因为在基体内运动的位错不具有切割这些硬度极高析出物的能力，而必须绕过它们。这种钉扎作用不仅能推迟高温变形奥氏体的再

表 5-1 同一种微合金化元素的碳化物和氮化物晶体常数

元 素	晶体常数/nm		
	M_xC_y	M_xN_y	$M_x(C_yN_{1-y})$
V	0.417 ~ 0.418	0.410 ~ 0.420	0.412 ~ 0.413
Nb	0.443 ~ 0.445	0.439 ~ 0.440	
Ti	0.430 ~ 0.431	0.422 ~ 0.424	0.425 ~ 0.426

结晶过程进行，还能细化再结晶后的奥氏体晶粒，而且具有室温的沉淀强化作用。

碳氮化物在奥氏体中析出时，与奥氏体之间存在下列取向关系[1]：

$$(100)_{M(C,N)} // (100)_{\gamma},\ [010]_{M(C,N)} // [010]_{\gamma}$$

显然，在这种平行取向关系下，析出相晶格与奥氏体晶格在 3 个相互垂直方向上的错配度相等。这意味着析出相一旦在奥氏体中形核析出，其长大必然沿着各个方向或 3 个相互垂直的方向上同时均衡生长。因此，在奥氏体中析出的碳氮化物应是球形或方形。

在 α - Fe 中，析出物的位相与基体存在下列相关性：

$$[100]_{MX} // [100]_{\alpha-Fe},\ [010]_{MX} // [011]_{\alpha-Fe}$$

5.2 微合金元素的高温溶解

微合金化钢中碳氮化合物 M(C, N) 在奥氏体中的溶解度，表征了它们在奥氏体中的过饱和能力和析出驱动力。溶解度的大小直接影响着析出驱动力的大小，因而直接控制着析出后的析出相体积分数和尺寸，从而也对抑制奥氏体的再结晶、晶粒大小、控制冷却转变组织的晶粒细化和其中的沉淀强化有明显的作用。

M(C, N) 的溶解（或析出）的热力学条件，可用溶解度积关系式表明，对于化合物 AB_n，这个关系式可写为：

$$\lg[\%A][\%B]^n = P - Q/T \tag{5-1}$$

显然，该式反映了两组元 A、B 间的形成自由能和温度对溶解度的影响，对于给定析出相的一对确定的组元，P、Q 是常数，见表 5-2 和表 5-3，T 是绝对温度。从式（5-1）可看出，溶解度积 [%A] [%B]^n 既随组元本身变化，也随温度变化。根据式（5-1），各种微合金元素碳氮化物的溶解度积的主要参数如表 5-2 和表 5-3 所示。

表 5-2 常见的微合金第二相在奥氏体（γ-Fe）中的固溶度积公式[2-6]

[%A] [%B]^n	P	Q	n
[%V] [%C]	6.72	9500	1
[%V] [%N]	3.46	8330	1
[%Al] [%N]	1.03	6770	1
[%Nb] [%(C+(12/14)N)]	2.26	6770	1
[%Nb] [%C]	3.42	7900	1
[%Nb] [%C]	2.96	7510	1
[%Nb] [%N]	2.89	8500	1
[%Ti] [%C]	2.75	7000	1

续表 5-2

[%A] [%B]^n	P	Q	n
[%Ti] [%C]	4.40	9575	1
[%Ti] [%N]	0.32	8000	1
[%Ti] [%N]	4.01	13850	1

表 5-3 常见的微合金第二相在铁素体中的固溶度积公式[7~13]

[%A] [%B]^n	P	Q	n
[%Ti] [%C]	4.4	9575	1
[%V] [%C]	8.05	12265	1
[%V] [%C]	2.72	6080	1
[%V] [%C]	4.55	8300	1
[%V] [%C]^n	6.34	9975	0.875
[%V] [%N]	2.45	7830	1
[%Nb] [%C]	5.43	10960	1
[%Nb] [%C]	3.9	9930	1
[%Nb] [%C]^n	4.45	10045	0.875
[%Nb] [%C]^n	4.87	10060	0.875
[%Nb] [%N]	4.96	12230	1

由表 5-2 和表 5-3 可知，碳、氮化物在钢中难固溶的序列是 TiN > AlN > Nb(C,N) > TiC > VN > VC。难固溶的碳、氮化物，溶解后其析出温度也高。TiN 是最难溶解的，在1250℃以上仍可看到稳定而细小的粒子，温度降低 Nb 和 V 的碳氮化物才逐步析出。有资料表明：质点过高的稳定性，将在高温下发生沉淀。0.02%~0.03% Ti 将使氮化钛呈大的方块从钢液中析出，尺寸为微米级，在以后的热处理中也不溶解，对阻止晶粒粗化及沉淀强化没有作用。为减少 TiN 夹杂物对微合金钢性能的有害作用，应保证钢种 N 和 Ti 的浓度积低于钢固相线温度下的平衡浓度积。

从表 5-2 及析出物稳定序列可以看出，同种元素的氮化物比碳化物稳定。当然，互溶的 M(C, N) 中氮化物比例增大时，稳定性亦增加。在奥氏体中，氮化物比碳化物的溶解度至少小两个数量级，所以氮化物更易于在奥氏体中过饱和，从而也就更具有较大的析出驱动力。这样，氮化物就更能较弥散地析出。因此，氮化物在奥氏体、铁素体中的析出值得重视。

根据钢的化学成分，由平衡固溶度积公式（5-1）可知，Ti、Nb、V 的碳氮化物的形核就是由温度降低引起，使它从过饱和奥氏体或铁素体中析出的结果。按表 5-3 中的 NbN、NbC 平衡固溶度积公式，0.07% C-0.064% Nb-0.0049% N 钢中 NbN、NbC 在奥氏体中的溶解度曲线如图 5-1 和图 5-2 所示。

平衡固溶量及沉淀析出量的可以计算。以 MX_x 相为例，令钢中 M、X 元素的含量（质量分数）分别为［M］、［X］，当温度低于 MX_x 相全固溶温度时，由元素固溶量的乘积受固溶度积公式限定以及沉淀析出的元素质量必须满足其在第二相中的理想化学配比

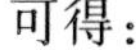
可得：

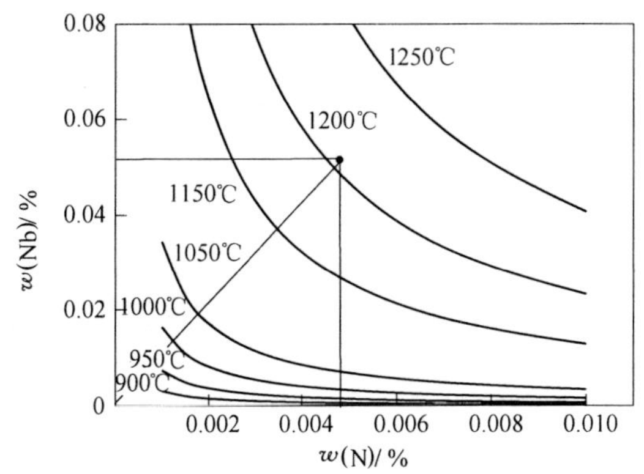

图 5-1 试验钢的 NbN 溶解度曲线

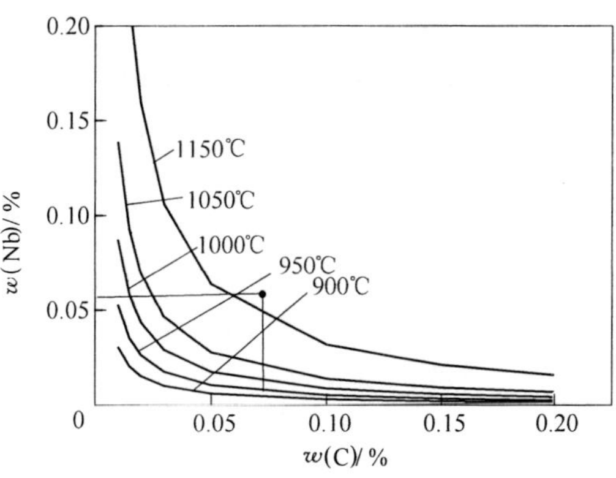

图 5-2 试验钢的 NbC 溶解度曲线

$$[M][X]^x = 10^{A-\frac{B}{T}} \tag{5-2}$$

$$\frac{w(M) - [M]}{w(X) - [X]} = \frac{A_M}{x A_X} \tag{5-3}$$

式中，A、B 是 MX_x 相在铁基体中的固溶度积公式中的常数；A_M、A_X分别为元素 M、X 的原子量。

联立求解上述两式，可得到温度 T 时元素 M、X 平衡固溶于铁基体的量［M］、［X］，而处于 MX_x相中的量则为 $w(M)-[M]$、$w(X)-[X]$，由此可计算出该温度下平衡析出的 MX_x相在钢中所占的体积分数 f 为：

$$f = (w(M) - [M] + w(X) - [X])\frac{d_{Fe}}{100\, d_{MX_x}} = (w(M) - [M])\frac{A_M + x A_X}{A_M}\frac{d_{Fe}}{100\, d_{MX_x}} \tag{5-4}$$

式中，d_{Fe}、d_{MX_x}分别为铁基体及 MX_x相的密度。

以 0.10% C、0.06% Nb 含量的微合金钢（暂不考虑钢中氮的影响）为例，可以计算在加热和轧制过程中的固溶量和析出量。1200℃均热后快冷至 950℃进行大压下量轧制，轧制后加速冷却至 650℃保温卷取。NbC 在奥氏体中和铁素体中的固溶度积公式的选用参见表 5-2 和表 5-3。

至 1200℃均热后，由：$[Nb][C] = 10^{2.96-7510/1473}$，而 $w(Nb)\ w(C) = 0.06 \times 0.10 = 0.006$，可知均热温度下 Nb 和 C 元素均完全处于固溶态。950℃大压下量轧制时，由于应变对沉淀析出相变的促进作用即应变诱导沉淀析出，NbC 的沉淀析出可接近达到平衡，此时由：

$$[Nb][C] = 10^{2.96-7510/1223} = 0.000660 \tag{5-5}$$

$$\frac{0.06 - [Nb]}{0.10 - [C]} = \frac{92.9064}{12.011} = 7.735 \tag{5-6}$$

联立求解可得：达到平衡时［Nb］= 0.007085，［C］= 0.09316；而达到平衡时沉淀析出的 NbC 的体积分数 $f = (0.06 - 0.007085) \times (92.9064 + 12.011) \div 92.9064 \times 7.875 \div 7.803 \div 100 = 0.0603\%$。

5.3 微合金元素的析出及控制

5.3.1 微合金元素的析出动力学

第二相粒子的沉淀析出是通过形核长大过程完成的，而形核的自由能变化主要由四个部分组成：相变自由能、弹性应变能、界面能、畸变能。

相变自由能是相变的驱动能，只有当相变自由能为负值，相变才可能发生，而且负值越大相变越容易进行。相变过程的自由能源于微合金元素第二相在基体中的过饱和程度，即由微合金元素第二相的固溶度积公式对其在基体中的平衡固溶度进行计算，然后由实际固溶度与平衡固溶度进行比较。每摩尔第二相沉淀析出反应的自由能为[14]：

$$\Delta G_{\mathrm{M}} = -19.1446B + 19.1446T[A - \lg(\Pi[\mathrm{M}]^{\nu_i})] \tag{5-7}$$

式中 [M]——固溶态的析出相各元素的质量分数,%；

ν_i——相应元素在不同温度下的计量系数。

相变体积自由能为摩尔自由能除以第二相的摩尔体积，其中复合析出相的摩尔体积可由各单相的点阵常数和线膨胀系数，采用线性内插法求得。

弹性应变能对沉淀析出产生阻碍作用，即弹性应变能是正值，与相变自由能结合会使其数值减小，从而增大了相变过冷度。然而根据弹性应变能的作用相对变小机制，对于钢中化学稳定性很高的第二相粒子的沉淀析出相变而言，其相变动力学计算中一般可以不考虑弹性应变能的问题。

界面能是继弹性应变能以外另一个沉淀析出时需要额外提供能量的部分，也会对沉淀析出产生阻碍作用，两者是相互联系又相互制约的，在固态相变中到底是界面能还是弹性应变能起主导作用取决于具体条件。对于微合金钢第二相粒子的沉淀析出而言，单位体积新相的界面面积很大，此时界面能将起主导作用。其复合析出相的比界面能可由各分相的比界面能线性内插求得。

畸变能是在晶界、亚晶界、位错、相界等各种晶体缺陷处由于周围的基体点阵发生了不同程度的晶格畸变，因而产生的能量，畸变能促进了第二相的沉淀析出。根据畸变能的情况，将第二相粒子的形核位置分为均匀形核、非均匀形核。其中，非均匀形核分为界面上形核、位错线上形核。

微合金元素第二相粒子在基体中均匀形核时，令单位体积的相变自由能为 ΔG_{V}，新相形成时造成的单位体积弹性应变能为 ΔG_{EV}，第二相与基体界面的比界面能为 σ，则形成一个直径为 d 的球形核胚的自由能变化 ΔG 为：

$$\Delta G = \frac{1}{6}\pi d^3 \Delta G_{\mathrm{V}} + \frac{1}{6}\pi d^3 \Delta G_{\mathrm{EV}} + \pi d^2 \sigma \tag{5-8}$$

当 $\frac{\partial \Delta G}{\partial d} = 0$ 时，可得到新相的临界核心尺寸 d^* 为：

$$d^* = -\frac{4\sigma}{\Delta G_{\mathrm{V}} + \Delta G_{\mathrm{EV}}} \tag{5-9}$$

这个时候也可以得到临界形核功 ΔG^* 为：

$$\Delta G^* = \frac{16\pi\sigma^3}{3(\Delta G_{\mathrm{V}} + \Delta G_{\mathrm{EV}})^2} \tag{5-10}$$

而形核率 I 为：

$$I = Kd^{*2}\exp\left(-\frac{\Delta G^{*} + Q}{kT}\right) \tag{5-11}$$

式中 K——与温度无关的常数；

k——玻耳兹曼常数，J/K；

Q——控制性原子迁移激活能，J。

第二相粒子析出的开始时间 $\lg t_{0.05}/t_0$ 为：

$$\lg t_{0.05}/t_0 = \frac{1}{n}\left(-1.28994 - 2\lg d^{*} + \frac{1}{\ln 10} \times \frac{\Delta G^{*} + 2.5Q}{kT}\right) \tag{5-12}$$

式中 n——形核率变化系数，当形核率恒定时 $n = 2.5$，当形核率迅速衰减为零时 $n = 1.5$。

当第二相粒子在晶界上形核时，临界形核功 ΔG_{g}^{*} 将明显降低，其与均匀临界形核功之比值为：

$$A_1 = \frac{\Delta G_{g}^{*}}{\Delta G^{*}} = \frac{1}{2}(2 - 3\cos\theta + \cos^3\theta) \tag{5-13}$$

$$\cos\theta = \frac{1}{2} \times \frac{\sigma_B}{\sigma}$$

式中 σ_B——基体晶界的比界面能；

σ——第二相粒子与基体的比界面能。

形核率 I_g 为：

$$I_g = \frac{\delta}{L}Kd^{*2}\exp\left(-\frac{\Delta G_{g}^{*} + \frac{1}{2}Q}{kT}\right) \tag{5-14}$$

式中 δ——晶界厚度；

L——晶粒平均直径。

第二相粒子析出的开始时间 $\lg t_{0.05g}/t_{0g}$ 为：

$$\lg t_{0.05g}/t_{0g} = \frac{1}{n}\left(-1.28994 - 2\lg d^{*} + \frac{1}{\ln 10} \times \frac{\Delta G_{g}^{*} + Q}{kT}\right) \tag{5-15}$$

形核率恒定时 $n = 1.5$，当形核率迅速衰减为零时 $n = 0.5$。

当第二相粒子在位错线上形核时，其自由能变化 ΔG_d 为：

$$\Delta G_d = \frac{1}{6}\pi d^3 \Delta G_V + \pi d^2 \sigma - Ad \tag{5-16}$$

式中 A——单位长度位错能量，根据位错类型不同分别定义为 $A = Gb^2/[4\pi(1-\nu)]$（刃型位错）和 $A = Gb^2/(4\pi)$（螺型位错）；

ν——柏松比；

b——位错柏格斯矢量。

当 $\frac{\partial \Delta G_d}{\partial d} = 0$ 时，可得到新相的临界核心尺寸 d_d^{*} 为：

$$d_d^{*} = -\frac{2\sigma}{\Delta G_V}[1 + (1 + \beta)^{1/2}] \tag{5-17}$$

式中，$\beta = \frac{A\Delta G_V}{2\pi\sigma^2}$。这个时候，也可以得到临界形核功 ΔG_d^{*}：

$$\Delta G_{d}^{*} = (1+\beta)^{3/2}\Delta G^{*} \tag{5-18}$$

形核率 I_d 为:

$$I_{d} = \pi\rho b^{2}Kd_{d}^{*2}\exp\left(-\frac{\Delta G_{d}^{*}+\frac{2}{3}Q}{kT}\right) \tag{5-19}$$

式中 ρ——位错密度。

第二相粒子析出的开始时间 $\lg t_{0.05d}/t_{0d}$ 为:

$$\lg t_{0.05d}/t_{0d} = \frac{1}{n}\left(-1.28994-2\lg d_{d}^{*}+\frac{1}{\ln 10}\times\frac{\Delta G_{d}^{*}+\frac{5}{3}Q}{kT}\right) \tag{5-20}$$

形核率恒定时 $n=2$，当形核率迅速衰减为零时 $n=1$。

以上公式都是基于第二相粒子的形状是球形，随着第二相粒子形状的不同，相应的形核机制也有所不同，而在实际的加工过程中，变形所产生的形变储能也可以为第二相粒子的形核提供能量，因此研究第二相粒子的形核时还需要考虑变形对其的影响。

5.3.1.1 析出量-时间-温度（PTT）曲线

降低奥氏体温度，M(C，N）在奥氏体内的溶解度将下降，则奥氏体成为非稳态的过饱和固溶体，溶质将具有从中以化合物形式析出的趋势，且逐步长大，直到达到热力学上的稳态。M(C，N）在奥氏体中的析出也遵循典型的C曲线规律。每种钢都有其M(C，N）的析出动力学曲线，表征了析出量-时间-温度的关系，简称PTT曲线。

将应力松弛法应用于钢中微合金元素的碳氮化物析出过程的监测，根据温度、析出开始时间和终止时间，可以得到C曲线。对于某一特定成分含有特定M(C，N）的微合金化钢，仅在某一特定温度下才具有最大的形核率和沉淀速率。从低碳含Nb钢PTT曲线可以看出，高温奥氏体的形变会对碳氮化物产生诱导析出，奥氏体预变形加速沉淀析出过程的进行，使PTT曲线向左上方偏移；而在未经形变的奥氏体中，这种析出进行得相当缓慢，如图5-3所示。因此，要合理地利用M(C，N）在奥氏体中的沉淀就一定要依据其C曲线，合理制定轧制工艺。而对于C-Mn-Nb-Ti-B系列钢，由于合金化方法差异，其PTT曲线向下和左方移动，也就促进了微合金元素的析出，析出的鼻尖温度下降，开始析出时间缩短，如图5-4所示。

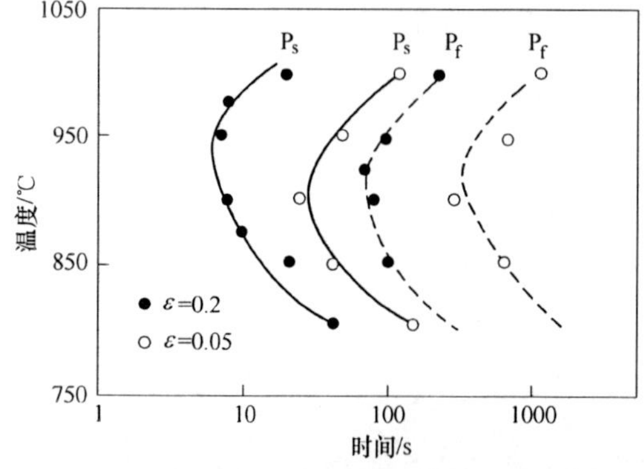

图5-3 0.036% Nb钢（0.05% C）PTT曲线

○—动态析出；●—预变形5%再时效，$\dot{\varepsilon}=1.4\times10\ s^{-1}$；

P_s—沉淀开始；P_f—沉淀结束

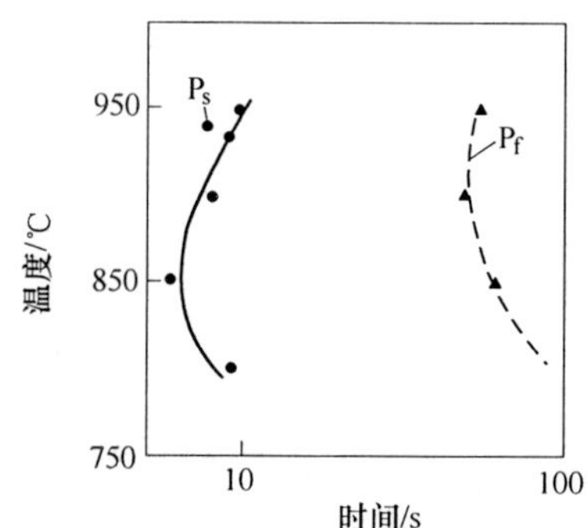

图5-4 C-Mn-Nb-Ti-B钢的PPT曲线

5.3.1.2 形核位置

对于碳、氮化物在奥氏体中的形核析出位置，多数观点认为：微合金碳、氮化物在奥氏体中沉淀可能有基体内均匀形核、晶界形核和位错形核三种方式。大多数形核理论都认为在晶体缺陷处，析出物容易在晶界形核，这已经被众多的实验所证实[4]。析出物在晶界和位错线上的非均匀形核具有更重要的意义。在应变诱导沉淀的条件下，位错线在基体中的分布相对于晶界来说要高得多，这时的位错形核沉淀应该是更主要的方式。

研究表明[6]，应变对析出相粒子有诱导析出、加速粗化的作用。当储能释放与形核过程同步时，则形变促使形核，加速析出过程；当与粗化过程同步时，则加速粗化。

5.3.1.3 析出物形态

奥氏体中的析出相有以下三种：（1）直接从液相中析出的初次相，如粗大的 TiN；（2）再加热时未固溶的析出相；（3）轧制变形或道次之间，由于温度降低和形变诱导的析出相。再加热时未固溶相在加热过程中可能位于奥氏体晶粒内；而高温变形过程或变形道次之间析出相，多处于奥氏体晶界，并呈链状分布；在精轧未再结晶阶段轧制，由于位错密度增加和变形带的作用，析出物会在晶内呈弥散状态。另外，尤其是析出温度高时，析出颗粒尺寸大，如图 5-5 所示。

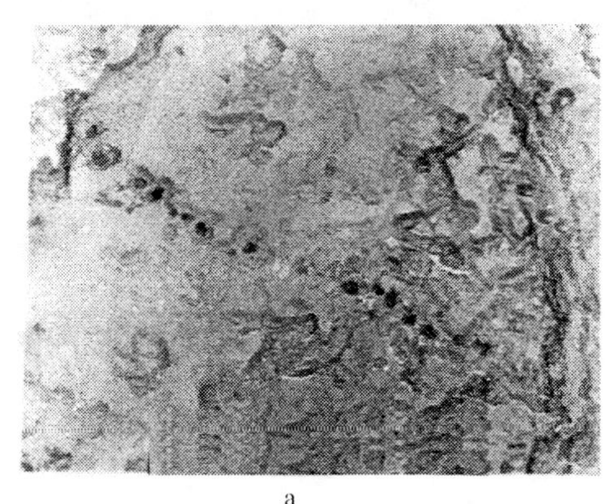

a

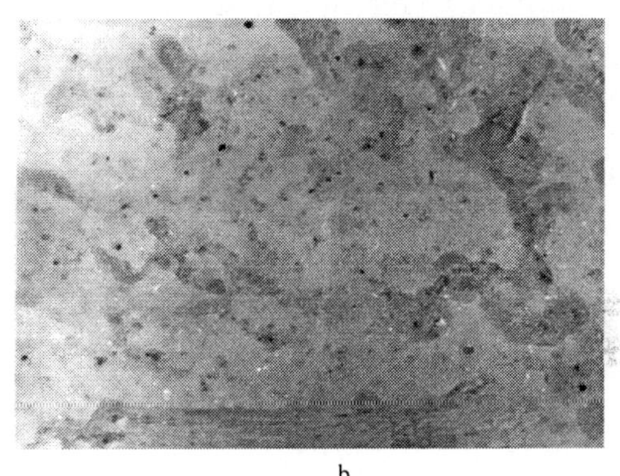

b

图 5-5 0.16% C-1.35% Mn-0.027% Nb-0.013% V 钢奥氏体内析出物[15]

a—粗轧阶段析出物；b—精轧阶段析出物

当微合金钢中发生奥氏体向铁素体相变时或相变后，发生碳氮化物沉淀，又叫后续析出，形成的组织形态与典型珠光体不同。按沉淀相的形成过程，大致分为两类：（1）相界面沉淀；（2）过饱和铁素体沉淀，如图 5-6 所示。

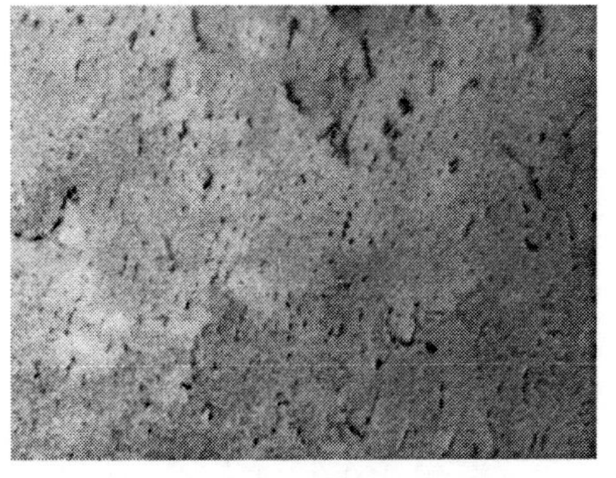

图 5-6 γ-Fe/α-Fe 相界面 Nb 的析出物形态

在 Nb-V 微合金化钢中，尺寸为 7 ~ 200nm 的析出颗粒都不是单个元素 Nb 或 V 的碳氮化物，而均含有 Nb 和 V，其浓度之比值（C_{Nb}/C_V）是随着颗粒的减小而递减的，因为不同微合金元素碳氮化物完全固溶的温度是不同的，如 NbC 为 1106℃，NbN 为 1099℃，Nb（C，N）为

1220℃，VC 为 784℃，VN 为 977℃。对 Nb、V 微合金化钢，在高温奥氏体区（980℃以上）只有 Nb 析出，而在 980℃以下的奥氏体区至相变后的铁素体区，Nb、V 可同时析出，但大颗粒核心可能仍旧是 Nb 和 V 的碳氮化物固溶体，只不过是 Nb 多些，V 少些罢了[7]。对 Ti-V 或 Nb-V-Ti 复合微合金化钢的研究也有类似的结果[16,17]。因此当钢中有两种或两种以上合金元素时，通常在低温下析出的碳化物和氮化物，在高温时会在某种合金元素形成的碳氮化物上析出，而且还有应变诱导析出的作用。从而认为，这些析出相是具有不同碳氮含量的 $M(C_xN_y)$ 是合理的。M(CN) 中碳、氮的含量既取决于钢中的 N/(C + N) 的比值，也取决于析出温度和析出动力学条件。

5.3.2　轧制过程中的析出

在变形中析出微合金元素 M 的碳氮化物 M(C，N) 的过程是动态析出过程。只有当变形速率很低的情况下，才能产生这种析出相。另外在变形过程中析出的碳化物也难以和变形后快速冷却下析出的碳化物区分开。变形后停留时间里的析出为静态析出过程。根据析出热力学，到一定温度后会过渡到该温度下的溶解度积或平衡浓度，不能固溶的即产生析出。但从析出动力学角度看，析出需要经过形核和长大，这一过程受固溶元素的扩散激活能、温度和时间控制，因而在实际生产中很难达到平衡沉淀，在热轧短时间内微合金 M(C，N) 析出量是不大的。但是如延长轧后停留时间，例如轧后将试样冷却到相变温度前并淬水，此时试样中的 Nb(C，N) 析出量很多。这是由于完成析出反应需要时间，而生产的道次间隔时间不能满足这个要求。

含 Nb 钢在未变形奥氏体中的析出行为如 R. Simoneau[18] 的结果所示，他讨论了两种钢中 Nb(C，N) 在未变形奥氏体中的析出行为，得出如图 5-7 所示的曲线，可见析出动力学曲线呈“S”形状，需长时间等温才能保证钢中过饱和的 Nb 可以完全析出。

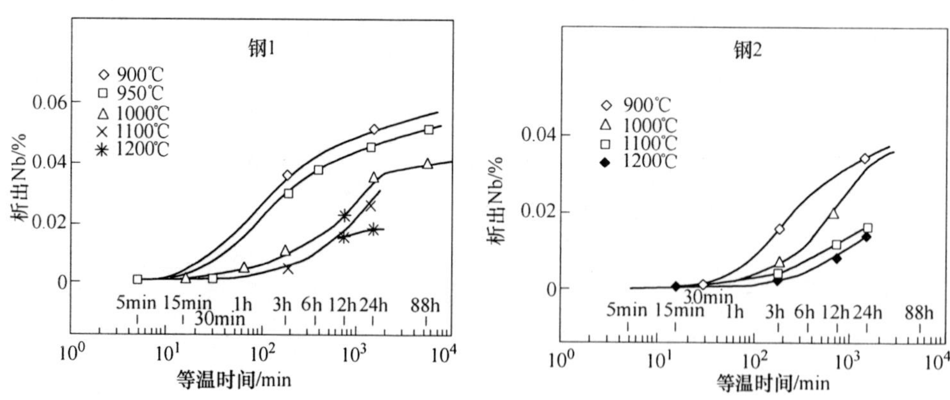

图 5-7　Nb 在未变形奥氏体中的等温析出曲线

Nb 在第二相奥氏体中变形会产生形变诱导析出，其析出量一般会超过根据平衡固溶度积公式所测量和计算的值，如图 5-8[19] 所示。可见，Nb 在变形奥氏体中的应变诱导析出动力学曲线也呈“S”形状，但完全析出时间较未变形奥氏体中大为缩短。

高温轧制后（再结晶区轧制，如 1050°C），Nb(C，N) 颗粒的析出部位是沿奥氏体晶界析出，而在晶内很少析出，颗粒直径在 20nm 左右。低温轧制后（未再结晶区轧制，如 900 ~ 800°C），由于奥氏体未发生再结晶，具有较高畸变能，位错密度高，因而加速了

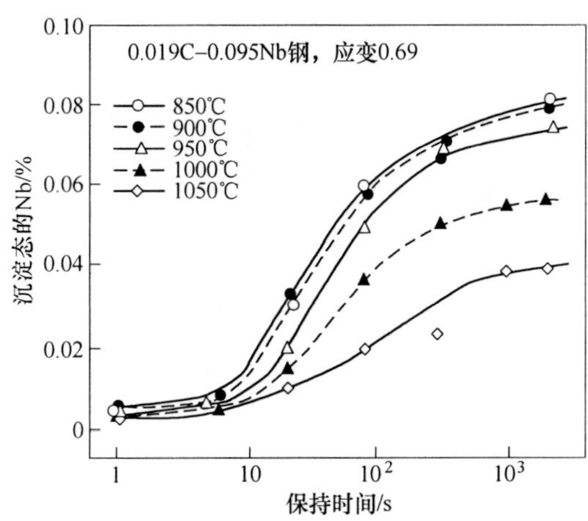

图 5-8 Nb 在变形奥氏体中的形变诱导析出曲线

碳和铌的扩散速度，Nb(C, N) 颗粒的析出部位既在晶界上也在晶内和亚晶界上，故颗粒细小，直径在 5 ~ 10nm。

X70 管线钢精轧区变形量对析出的影响分析如下：

为了对 X70 管线钢不同的精轧区变形量对析出物数量、大小和分布情况的影响进行分析，特将工艺 A 和工艺 B 的析出相进行测定，得出 MC 相中各元素占合金的质量分数、MC 相组成结构式，其控轧控冷工艺参数见表 5-4。

表 5-4 控轧控冷工艺参数

试样名称	开轧温度 /℃	精轧区变形量 /%	终轧温度 /℃	冷却方式	冷却速度 /℃ · s^{-1}	终冷温度 /℃
工艺 A	1100	30	870	水冷	23	540
工艺 B	1100	70	814	水冷	25	547

由表 5-5 可以看出，在其他控轧控冷参数基本相同时，其 MC 相中各微量元素析出量差异较大，精轧区的变形量从 30% 提高到 70%，其 MC 相中各微量元素析出量提高的相对幅度为 7.4%。因此，精轧区累积变形量大可以增加微合金碳氮化物的析出量，但是不显著。从各个元素的析出量来看，Nb 的析出提高的相对幅度为 13.4%，而 Ti 和 V 的析出量几乎不变。可以认为，增加精轧区的变形量，可以促进铌的碳氮化物析出。同时对采用不同精轧区变形量两个试样中的析出相粒子大小进行了粒度分析（图 5-9），由图中的对比情况可以看到，精轧区变形量为 30% 时，其平均析出粒子直径为 74.5nm，明显大于精

表 5-5 MC 相中各元素占合金的质量分数

试样编号	MC 相中各元素占合金的质量分数/%						
	Nb	Ti	V	Mo	C	N	总和
工艺 A	0.0216	0.0129	0.0029	0.0021	0.0015	0.0064	0.0474
工艺 B	0.0245	0.0130	0.0030	0.0020	0.0011	0.0073	0.0509
冶炼成分	0.064	0.015	0.054	0.21	0.07	0.0062	

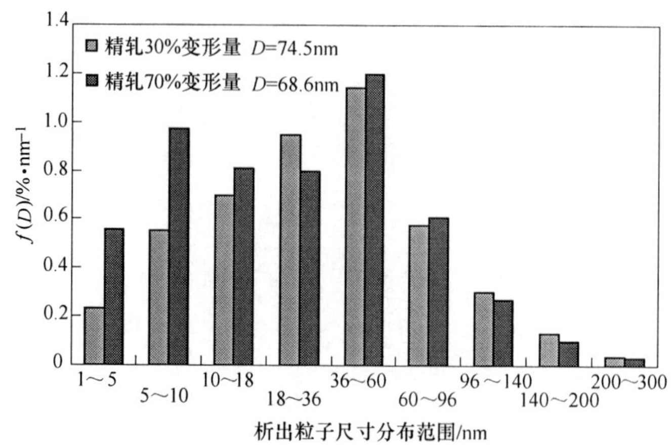

图 5-9 精轧区变形量不同析出粒子分布情况的差别

轧区变形量为70%时的平均析出粒子尺寸 68.6nm，并且在 1 ~5nm 和 5 ~ 10nm 的最细粒子范围内，大变形条件下的析出量明显增多，这说明精轧区的变形量增大有利于析出粒子的细化，增加细小粒子数量。

尽管在奥氏体中 M(C，N）的形变诱导析出对抑制奥氏体再结晶和晶粒长大有重要的作用，但除了达到该目的所需要的必要析出量外，并不希望 M(C，N）相在奥氏体区域的大量析出。由于高温下形变诱导析出相的尺寸比铁素体中析出相大，并与最终组织中的铁素体基体也无共格关系，所以对钢的强度无直接贡献。在奥氏体化温度一定时，奥氏体中析出和后续析出互为消长，该特点在生产中极为有用，是一个影响最终组织和强度的重要因素。

5.3.3 冷却过程中的析出

Ti、Nb、V 等元素的碳氮化物在 γ-Fe 中比 α-Fe 中固溶度大得多，且在 α-Fe 中的固溶度随温度下降急骤降低。因此，当钢中发生 γ→α 相变时，将有 Ti、Nb、V 等元素的碳氮化物析出。在等温条件下，钒的碳氮化物在铁素体中析出温度范围在 500 ~ 800℃之间，最快析出温度为 700℃，析出的碳氮化物为圆片状细小颗粒。在铁素体中析出，由于形成的温度很低，与相间沉淀相比，这类质点更小，有很强的沉淀强化作用[6]。

当冷却速度过快时（如控轧后加速冷却或热处理淬火时），由于碳氮化物析出过程受到抑制，则在铁素体中达不到平衡转变时的析出量，因此控轧控冷时一般均空冷至 600℃左右停止冷却，然后缓冷甚至保温。

在铁素体中析出的微合金碳氮化物尺寸明显小于奥氏体中析出的相应碳氮化物尺寸，而且尺寸的均匀性也较好，分布也较均匀。在一般加工条件下，在铁素体内析出的 Nb(C，N）和 Ti(C，N）的质点平均尺寸为1.5 ~5nm，V(CN）为5 ~ 10nm。按照沉淀强化理论，第二相质点对位错的阻碍分为绕过（又名奥罗万）和切变两种机制。前者强化作用大致反比于质点尺寸，即质点越小，强化效果越大。当切变机制起作用时，强化作用大致正比于质点尺寸的 1/2 次方，即质点越大，强化效果越大。

铁素体中析出的微合金碳氮化物实际尺寸除 VN 外，一般均大于临界尺寸，故质点越小，强化作用越大。VN 实际质点大小更易接近其临界尺寸，且析出温度低，多在铁素体中析出，故能产生较大的沉淀强化效果。

5.3.3.1 X70 钢轧后冷却对析出的影响

为了对不同的冷却速度对析出物的数量、大小和分布情况的影响进行分析，特将加热和轧制制度相同的工艺 1（空冷）和工艺 2（水冷）中的析出相进行测定，其控轧控冷参数如表 5-6 所示，得出 MC 相中各元素占合金的质量分数见表 5-7。

表 5-6 控轧控冷工艺参数

试样名称	开轧温度/℃	精轧区变形量/%	终轧温度/℃	冷却方式	冷却速度/℃·s^{-1}	终冷温度/℃
工艺 1	1150	70	806	空冷	1～2	—
工艺 2	1100	70	814	水冷	25	547

表 5-7 MC 相中各元素占合金的质量分数

试样编号	MC 相中各元素占合金的质量分数/%						
	Nb	Ti	V	Mo	C	N	总和
工艺 1	0.0394	0.0123	0.0113	0.0084	0.0049	0.0082	0.0845
工艺 2	0.0245	0.0130	0.0030	0.0020	0.0011	0.0073	0.0509
冶炼成分	0.064	0.015	0.054	0.21	0.07	0.0062	

由表 5-7 可以看出，空冷工艺 1 和水冷工艺 2，其 MC 相中各微量元素析出量的总和分别为 0.0845% 和 0.0509%，采用提高冷却速度的方法会抑制微合金碳氮化物的析出量。从各个元素的析出量来看，提高冷却速度对 Nb 和 V 的析出有抑制作用，而 Ti 的析出量几乎不变。由此可以推断，大的冷却速度会抑制微合金元素尤其是 Nb 和 V 的碳氮化物的析出。

对采用不同冷却速度的两个试样中的析出相大小进行了粒度分析，如图 5-10 所示。对比可以看出，冷却速度较小的工艺 1 所得的平均析出粒子直径为 66.6nm，小于冷却速度较大的工艺 2 所得的平均析出粒子尺寸为 68.6nm，并且在 1～5nm 和 5～10nm 的最细粒子范围内，空冷的析出量明显比水冷的多，这说明增大冷却速度不利于析出粒子的细化，会减少细小粒子数量。由试样的透射电镜照片我们也可以观察到在空冷的情况下，析出物的数量较多，析出的粒子明显更加细小。

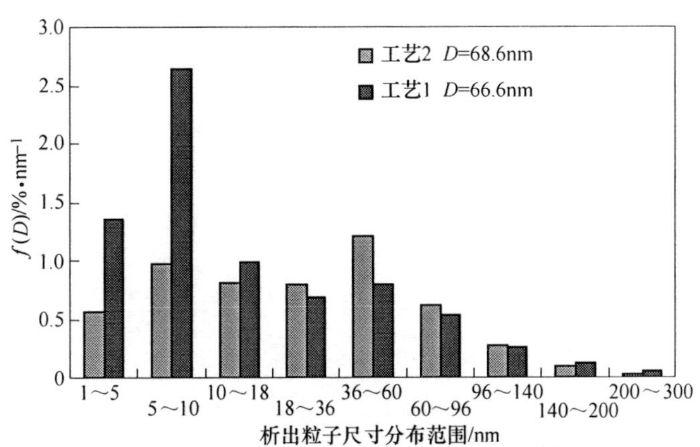

图 5-10 冷却方式不同析出粒子分布情况的差别

5.3.3.2　低碳 Ti-Mo 钢轧后冷却对析出的影响

对 0.046% C-1.53% Mn-0.07% Ti-0.20% Mo 钢，采用热轧空冷和轧后水冷方式，均可以看到相变过程 α/γ 界面的格栅状析出物，如图 5-11 所示。轧后空冷时的析出相格栅间距平均约 72nm，轧后经过水冷的析出相平均格栅间距约 25nm。比较两种析出相的尺寸可以看出，空冷条件下析出物尺寸明显偏大。对于规则的相间析出，格栅间距受到冷速的影响，随着冷却速度从 5℃/s 增加到 20℃/s，相间析出格栅之间的间距从 72nm 减小到 25nm。冷却速度提高后，析出颗粒多在 5nm 以下，单位面积中析出颗粒数量显著增加。

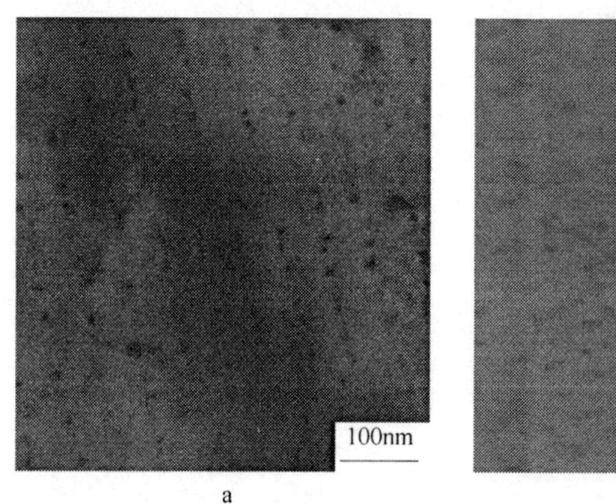

a

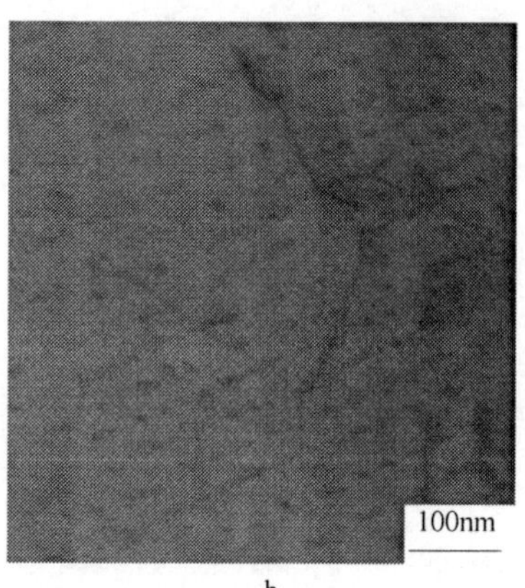

b

图 5-11　不同冷却速度下格栅状析出物金相组织

a—空冷，冷却速度 5℃/s；b—水冷，冷却速度 20℃/s

5.3.4　时效过程中的析出

为了对不同回火热处理工艺对析出物数量、大小和分布情况的影响进行分析，特将回火前、570℃和 630℃回火的 X70 钢中的析出相进行测定，得出 MC 相中各元素占合金的质量分数如表 5-8 所示。可以看出，回火前微合金元素析出量的总和为 0.0320%，采用 570℃回火以后微合金元素的析出量的总和为 0.0408%，增幅为 27.5%；采用 630℃回火以后微合金元素的析出量的总和为 0.0759%，增幅为 137.2%。回火有利于微合金元素的进一步析出。

表 5-8　MC 相中各元素占合金的质量分数

试样编号	MC 相中各元素占合金的质量分数/%						
	Nb	Ti	V	Mo	C	N	总和
回火前	0.0148	0.0101	0.0013	0.0004	0.0015	0.0039	0.0320
570℃ +30min 回火	0.0218	0.0094	0.0025	0.0007	0.0026	0.0038	0.0408
630℃ +30min 回火	0.0395	0.0095	0.0089	0.0070	0.0073	0.0037	0.0759
冶炼成分	0.052	0.013	0.037	0.233	0.048	0.0049	

图 5-12 给出了回火前以及 570℃和 630℃分别回火 30min 后的 Nb、V、Ti 碳氮化物析出物定量分析结果。由回火前后析出物的定量分析结果可以看到回火以后各元素都有不同程度的析出发生，在 570℃回火时 Nb 的析出量为 0.0218%，相对于回火前的 0.0148%，

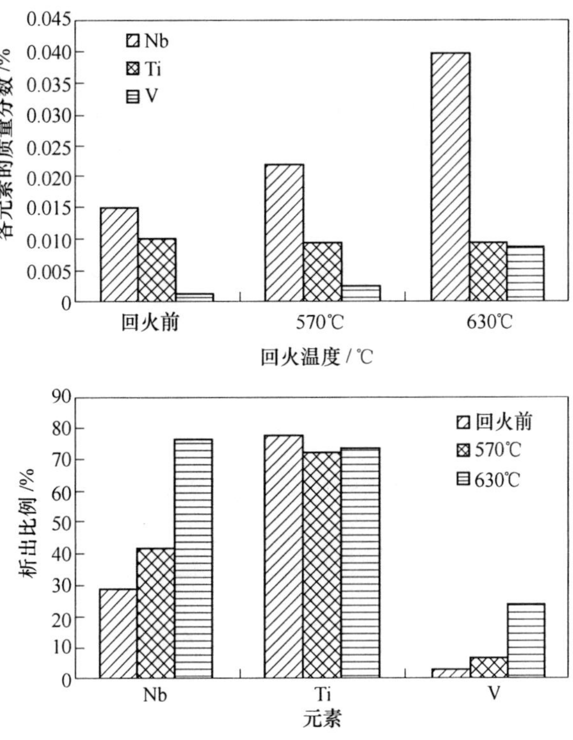

图 5-12 Nb、V、Ti 碳氮化物析出与回火温度的关系

增幅为 47.3%，630℃回火时析出量为 0.0395%，增幅为 166.9%；Ti 的析出在回火前后保持平衡；V 在 570℃ 时的析出量为 0.0025%，相对于回火前的 0.0012%，增幅为 92.3%，630℃时的析出量为 0.0089%，比回火前提高幅度为 584.6%。

同时，对采用不同温度进行回火热处理的试样中的析出相大小进行了粒度分析，结果如图 5-13 所示。由图中可以看到，回火以前试样中的析出物其平均析出粒子直径为 73.5nm，大于 570℃回火以后试样中析出物的平均析出粒子尺寸 66.6nm，也略大于 630℃回火以后试样中析出物的平均析出粒子尺寸 72.4nm。由此可见，回火热处理工艺可以细化析出粒子的尺寸，但随着回火温度的提高，析出粒子有长大的趋势。

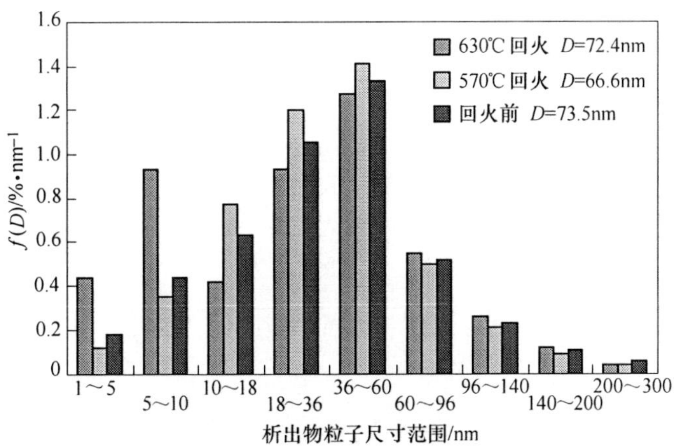

图 5-13 不同温度回火以后析出物粒子尺寸的分布情况

但是，回火以后，小尺寸的粒子数量增加，尤其是在630℃回火以后，1～10nm的粒子比例明显增多，其中在1～5nm范围内630℃回火以后的粒子分布频度为0.44%，而回火以前仅为0.18%；在5～10nm的范围内630℃回火以后的粒子分布频度为0.93%，而回火以前为0.44%，说明小尺寸粒子数量增加2～3倍。这说明回火可以细化析出粒子的平均尺寸，增加小尺寸析出粒子的数量。

低碳（0.04%C）的Ti0.2-Mo0.2钢的第二相粒子随着时效时间的延长尺寸逐渐长大，而低碳的Ti0.2钢的第二相粒子平均尺寸却呈现减小现象，两个时效温度都相同，如表5-9所示。同时，时效温度为650℃时的第二相粒子尺寸比550℃时效的要大，其中Ti0.2-Mo0.2钢的增大了约1.38倍，Ti0.2钢的析出粒子尺寸增大了约1.57倍。在650℃时效，Ti0.2钢的平均尺寸半径达到了6nm以上，而Ti 0.2-Mo 0.2钢还保持在4nm左右，时效了55h后才粗化到5nm。对比可见，Mo可以降低第二相粒子对于时效温度的敏感性，可以抑制析出物长大。

表5-9　钢中纳米级粒子在再加热阶段时效不同时间后的平均半径

钢　种	平均半径/nm				温度/℃
	2×10^4s	3×10^4s	1×10^5s	2×10^5s	
Ti0.2-Mo0.2	3.41	3.86	4.91	5.09	650
Ti0.2	6.21	6.93	6.30	6.37	
Ti0.2-Mo0.2	2.67	2.74	3.29	3.80	550
Ti0.2	3.94	4.43	3.87	4.20	

上述两种钢650℃时效时，在时效初期Ti0.2-Mo0.2钢中第二相粒子密度增加，但随着时效时间延长，粒子密度（单位面积内第二相粒子数）会随时效时间延长而降低，如图5-14所示。这是由于小于临界尺寸的小粒子在时效过程中逐渐溶解造成的。

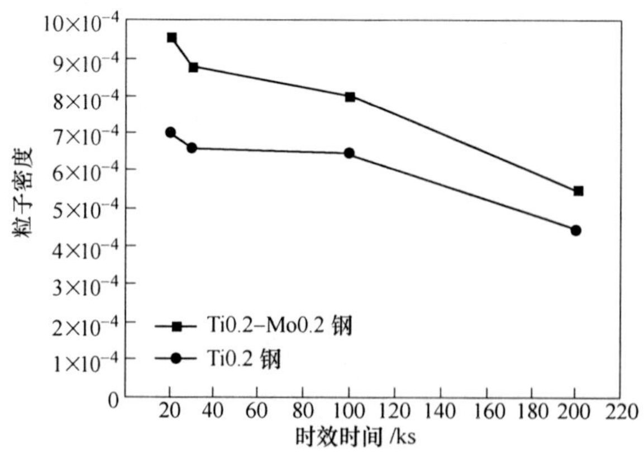

图5-14　两种钢650℃时效时粒子密度随时间的变化

根据热轧生产和热处理过程，将Nb(C，N)的析出物形核位置、析出动力和析出物尺寸等过程简要概括如表5-10所示。因此，微合金元素的作用还需要结合其析出特点才能充分利用。

表 5-10 Nb(C, N) 析出特点

析出时机	析出物特点	质点大小/nm
加热后	固溶于 A 后的剩余化合物	>100
轧制前	析出数量很少，析出部位在晶界	30～100
在 γ 区中变形时	形变诱导析出，高位错密度处析出，数量少	5～7
在变形后停留时	形变诱导析出，析出量大，主要析出在晶界、亚晶界、变形带、位错处	约 20（γ 再结晶区）；5～10（γ 未再结晶区）
γ→α 相变中	在 A/F 相界面上或 F 相内成列状和无规则沉淀	5～10
α 相区	位错上，F 相内	<5

5.4 析出物的长大

固态脱溶相变实质上是由溶质元素的扩散所控制的过程，扩散速度对脱溶的总体动力学起着重要作用。NbC 的形核和长大均是由碳原子的扩散造成的。实际上很难将二者分开，它们总是同时存在的。这里分两种情况讨论 NbC 粒子长大的机制。

众所周知，析出相的数量、尺寸及尺寸分布，除受钢的化学成分、析出温度、保温时间、析出相的溶解度、形核及长大速率等因素的影响之外，还受 Ostwald 熟化（粗化）过程的影响。根据 Ostwald 熟化理论，析出相在基体中的溶解度与其半径之间的关系式为[20]：

$$C(r) = C(\infty)\exp\left(\frac{2\sigma V}{RT_r}\right) \tag{5-21}$$

式中，$C(r)$ 为半径为 r 析出相的溶解度；$C(\infty)$ 为半径为无限大（相界面为平面）析出相的溶解度；σ 为析出相与基体间的界面能；V 为析出相的克分子体积；R 为气体常数；T_r 为绝对温度。

由式（5-21）可知，析出相的半径越小，其在基体中的溶解度就越大，这将使颗粒小的析出相不断溶解收缩而消失，颗粒大的析出相则将不断长大，最终导致析出相的数量减少并粗化。研究表明：奥氏体中碳氮化物的熟化过程是受原子扩散控制的熟化过程，所以析出相的熟化作用在较高温度下才十分显著。因此，当析出温度较高时，由于 Ostwald 熟化过程，碳氮化物析出相的平均尺寸急剧增加，其数量明显减少。

第二相核心尺寸长大规律一般为[21]：

$$R = \lambda\,(Dt)^{\frac{1}{2}} \tag{5-22}$$

式中，R 为析出相尺寸；D 为扩散系数；t 为析出时间；λ 为常数。

λ 按下式计算：

$$\lambda = \left[\frac{2(c_0 - c_M)}{c_N - c_M}\right]^{1/2} \tag{5-23}$$

式中，c_0 为基体中溶质原子的平均浓度；c_M 为相界面处基体中溶质原子的浓度；c_N 为相界面处第二相粒子中溶质原子的浓度。对于钢铁材料，大多数情况下的 λ 值在 0.001～0.2 的范围内。

扩散系数 D 通常以 Arrhenius 形式的关系式给出：

$$D = D_0 \exp\left(-\frac{Q}{RT}\right) \tag{5-24}$$

式中，D_0 为数值常数，cm^2/s；R 为理想气体常数；Q 为扩散激活能，J/mol；T 为绝对温度，K。可见，析出温度越低，扩散激活能越低，因此析出物的尺寸越细小。

5.5 微合金元素及其在钢中的作用

5.5.1 阻止加热时奥氏体晶粒长大

对钢材进行再加热，加热温度越高，奥氏体晶粒长大倾向越大。奥氏体的原始晶粒度影响控轧后晶粒大小，因此需要控制奥氏体晶粒长大。利用第二相可以阻止加热时奥氏体晶粒长大，其作用与第二相颗粒大小和数量有关。加热温度升高，第二相颗粒逐渐溶解变小，数量减少，这时奥氏体晶粒尺寸会迅速长大，如图 5-15 所示。下列关系式表达了第二相粒子对晶粒长大的影响：

$$G_m = \frac{3f\sigma'}{2r} \tag{5-25}$$

式中，G_m 为第二相颗粒对晶界移动的阻力；r 为粒子半径；f 为单位体积中粒子数；σ' 为奥氏体界面能。由此看出，r 越小或 f 越大，阻止晶界移动的阻力越大。微合金元素所形成的强碳氮化物熔点高、稳定性好，不宜集聚长大，弥散分布在奥氏体晶界上，故能有效地阻止高温下奥氏体晶粒的长大。

研究表明[22,23]：加热时，晶粒开始急剧粗化的温度比第二相粒子完全固溶温度要低。这意味着，此时钢中的第二相粒子并未完全固溶，只是粒子尺寸超过了一定值（此值可叫做“临界粒子尺寸”）。Gladman 根据能量平衡原理，考虑到大晶粒吞噬小晶粒以及晶界挣脱第二相粒子的运动行为，给出了限制晶粒长大的最大粒子尺寸 r_c 的表述式，即[24]：

$$r_c = 6R_0 f(3/2 - 2/Z)^{-1} \tag{5-26}$$

式中，R_0 为基体平均晶粒半径；f 为第二相粒子体积分数；Z 为晶粒不均匀性因子。

由此式可看出，基体平均晶粒半径保持一定值时，第二相粒子的体积分数与粒子半径总存在一个能抑制晶粒粗化的组合范围，参见图 5-16。

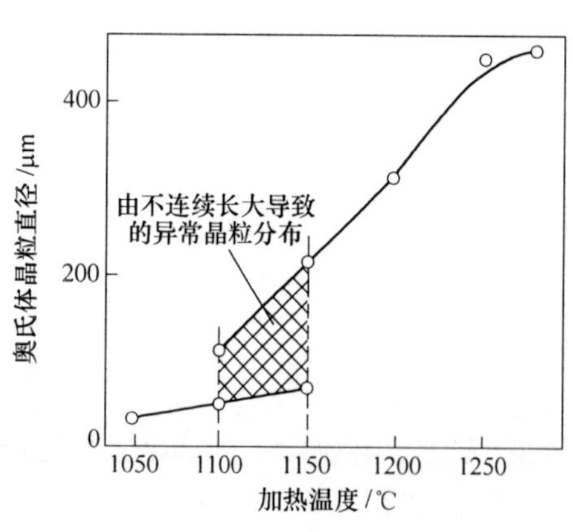

图 5-15 奥氏体晶粒尺寸随加热温度的变化[25]

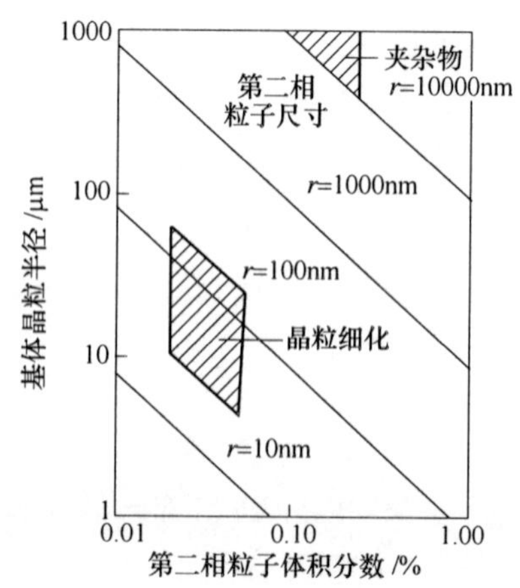

图 5-16 第二相粒子对晶粒长大的影响[26]

考虑钢的再加热温度，以及有效地利用微合金元素，往往采用复合微合金化方法，如复合加入V-Nb、V-Ti等，形成NbC或TiN，阻止再加热时奥氏体长大，溶解度较大的VC作为强化相从铁素体中析出。

随着加热温度的提高及保温时间的延长，奥氏体晶粒变得粗大。而粗大的奥氏体原始晶粒增加了轧制细化奥氏体晶粒的困难，对钢材最终的力学性能不利。加入铌、钒、钛等元素可以阻止奥氏体晶粒长大，即提高了钢的粗化温度，如图5-17所示。

由于微量元素形成高度弥散的碳氮化物小颗粒，可以对奥氏体晶界起固定作用，从而阻止奥氏体晶界迁移，阻止奥氏体晶粒长大。从图5-17看到，当铌、钛含量在0.10%以下时，可以提高奥氏体粗化温度到1050~1100°C，作用明显，而且钛的效果大于铌的效果。钒含量小于0.10%时，阻止晶粒长大的作用不大，在950°C左右奥氏体晶粒就开始粗化了。当铌和钒含量大于0.10%时，随合金含量的增加，粗化温度继续提高，当含量达到0.16%时则趋于稳定，粗化温度不再提高。此时含铌钢的粗化温度为1180°C，含钒钢为1050°C。如在钢中同时加入铌和钒则可进一步提高钢的粗化温度。

钢中含铝使奥氏体晶粒粗化温度保持在900~950℃，当铝含量超过0.04%时反而会使奥氏体粗化温度降低。这是由于钢中氮含量有限，当铝含量过多时，没有足够的氮与铝形成氮化铝，过剩的铝溶入奥氏体中，这种以原子状态存在的铝反而对奥氏体晶粒长大起促进作用。

图5-18是在加热过程中，各类微合金化钢奥氏体晶粒的长大倾向。由图可见，钛有最强的阻止加热奥氏体晶粒长大的作用，铌次之。

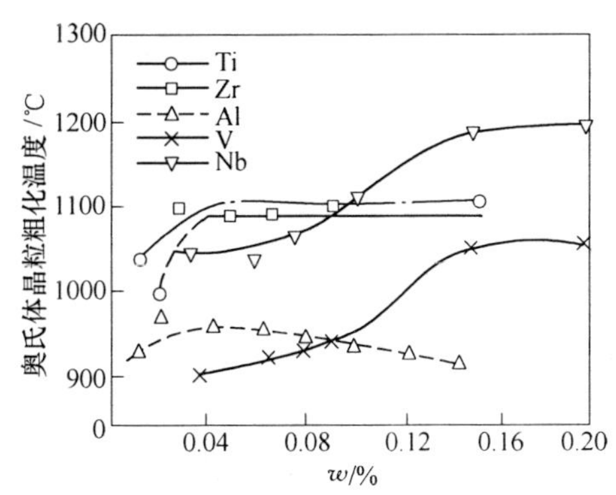

图5-17 碳化物及氮化物形成元素的含量对奥氏体晶粒粗化的影响

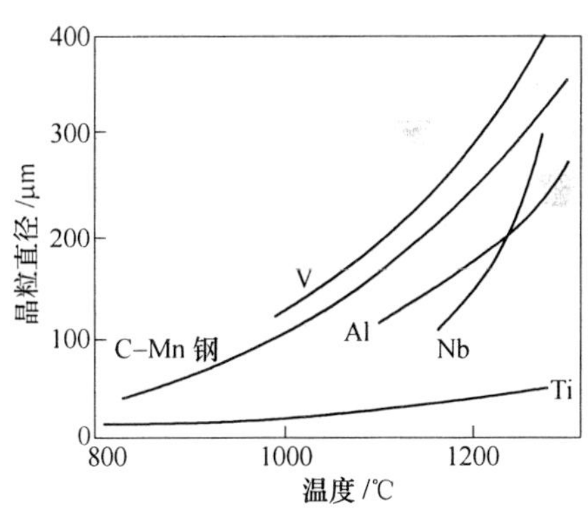

图5-18 加热过程中各类微合金化钢奥氏体晶粒长大倾向

5.5.2 抑制形变奥氏体的再结晶

控制轧制能够细化晶粒，首先是通过反复的高温形变再结晶充分细化奥氏体晶粒。按钉扎理论，在热加工中通过应变诱导析出的Ti、V、Nb的碳氮化物粒子优先沉淀在奥氏体的晶界、亚晶界和位错线上，从而能有效地组织晶界、亚晶界的移动和位错的运动，其作用不仅能推迟再结晶过程的开始，而且还能延缓再结晶过程的进行。通过粒子钉扎抑制再结晶的效应，其结果一方面提高了再结晶温度，使再结晶过程在高温区进行；另一方面加大了未再结晶区的温度范围，有条件在相变前对奥氏体晶粒进行多道次的变形积累，为通过形变和相变充分细化铁素体晶粒创造条件。

奥氏体中的析出物可分为三种形式：（1）在再加热过程中不能溶解的；（2）在变形中动态析出的；（3）在变形后由于应变诱导析出的。不能再溶解的析出物对再结晶不产生影响，这是因为这些析出物比较粗大。但是后两种析出物则对再结晶起阻碍作用[6]。

通过再结晶-析出物-温度曲线可以对再结晶和析出物间的相互作用进行分析，如图 5-19 所示[16]。从图中可以看到，在沉淀 C 曲线出现鼻子的温度形变时将引起再结晶的最显著推迟。图中 R_s 和 R_f 分别为再结晶开始曲线和结束曲线，P_s^D 为形变诱导析出的开始曲线，P_s 为无形变诱导的析出开始曲线。图中所标示的三个温度区间内再结晶与沉淀有不同的交互作用。在区间Ⅰ内，再结晶先于沉淀结束，沉淀在再结晶基体上缓慢析出，与再结晶没有交互作用；区间Ⅱ内，再结晶开始先于沉淀，沉淀反应在再结晶结束前开始，因此再结晶结束被推迟了；区间Ⅲ内，沉淀反应先于再结晶，再结晶与沉淀有最大的交互作用，再结晶被显著推迟。

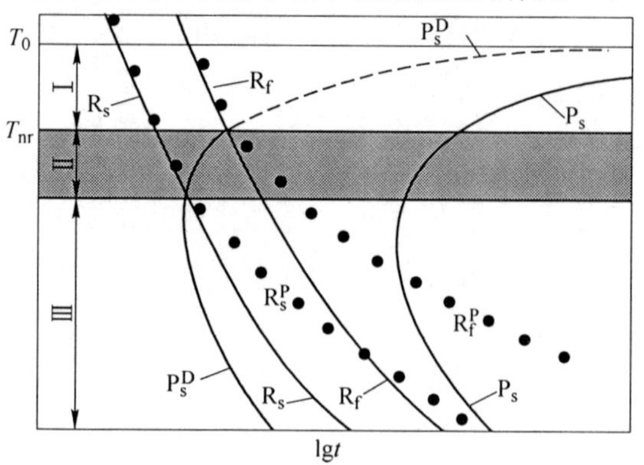

图 5-19 再结晶-析出物-温度曲线

原则上讲，微合金元素溶质原子对再结晶的形核和随后的长大都会有影响。实验观察认为：溶质原子主要影响再结晶晶粒的生长，溶质原子与晶界的弹性交互作用能以外的其他交互作用能可以忽略。未发生溶解或在形变时从固溶体中诱导析出的弥散细小的碳氮化物颗粒，同时也钉扎了亚晶界或晶界，阻止了形变奥氏体中细小亚晶的合并或迁移，使再结晶核心长大受阻。这些作用都有效地阻碍了再结晶奥氏体晶粒的长大，为控制细小奥氏体晶粒发挥了主要作用。

5.5.3 强韧化作用

钢中加入微量合金元素后，在一般的热轧条件下，可以提高钢的强度，但却使韧性变坏。只有在采用控制轧制工艺后，才能使钢材的强度和韧性都得到改善。从表 5-11 中看到，不含铌和钒的碳锰钢经控制轧制后，屈服强度 σ_s 由 313.9MPa 提高到 372.7MPa，FATT 由 +10℃ 降到 -10℃；而加入铌并采用一般常规轧制工艺后，屈服强度 σ_s 可达 392.4MPa，而 FATT 上升到 +50℃。如采用控轧工艺，含铌钢可使屈服强度 σ_s 达到 441.3MPa，FATT 下降到 -50℃。加钒或铌钒同时加入也有类似的趋势。这也表明，添加微量合金元素的钢材需要采用控轧工艺，而控轧工艺也需要微量合金元素。

表 5-11 常规轧制与控制轧制性能比较

钢的成分/%	常规轧制		控制轧制	
	σ_s/MPa	FATT/℃	σ_s/MPa	FATT/℃
0.14C + 1.3Mn	313.9	+10	372.7	-10
0.14C + 0.03Nb	392.4	+50	441.3	-50
0.14C + 0.08V	421.8	+40	451.1	-25
0.14C + 0.04Nb + 0.06V			490.3	-70

微合金元素在控制轧制中的各种作用最终都应反映在钢的强韧性能的改善上。其最重要的组织特征是晶粒细化、沉淀析出强化。铌、钒、钛的加入能同时影响晶粒大小和沉淀状态这两个因素。但由于它们的碳氮化合物的溶解、析出特性是不相同的，因此在这两方面的影响大小和特点又是不尽相同的。图 5-20 给出了合金含量、晶粒细化、沉淀硬化、屈服强度和脆性转化温度之间的关系。

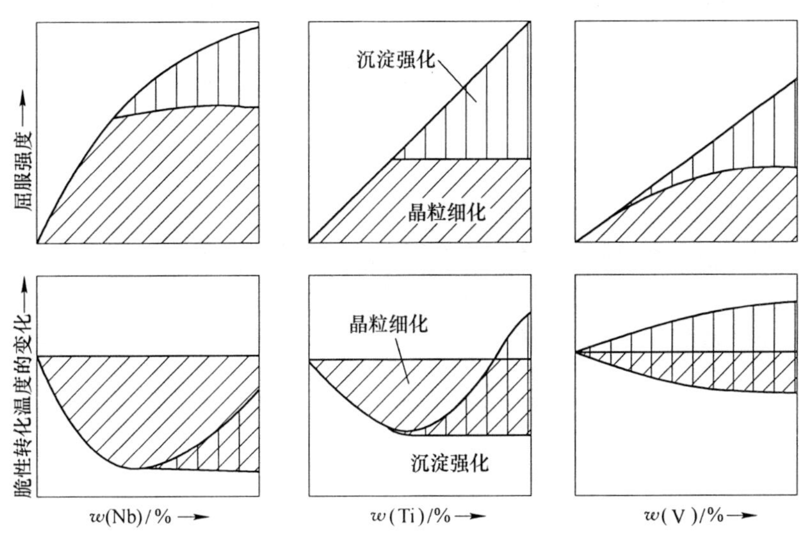

图 5-20　在热轧低碳钢带中，产生晶粒细化和沉淀强化的合金含量与强度增量、脆性转化温度的变化之间的相互关系示意图

5.5.3.1　铌的影响

在控制轧制时，铌产生显著的晶粒细化和中等的沉淀强化。铌的最突出作用是抑制高温变形过程的再结晶，扩大了奥氏体未再结晶区的范围，非常有利于实施控制轧制工艺，因此细铁素体的效果最明显。铌含量小至万分之几就很有效，铌添加量（质量分数）超过 0.04% 后，铁素体的晶粒尺寸基本不变，但由于析出强化的增大，强度有明显的增大。

高含量的铌（其质量分数提高到 0.10% 左右）在加热过程中可阻止奥氏体晶粒的粗化，延迟其再结晶过程，可以显著提高形变奥氏体的再结晶温度，扩大了奥氏体未再结晶温度区域，因而可以在相对较高的轧制温度下进行多道次、大累积变形量的奥氏体未再结晶区轧制，达到通常要在低温轧制才能得到的细化晶粒的效果。采用这种高含铌钢成分体系的生产工艺，形成了管线钢的高温轧制技术（HTP），生产出 X80 管线钢。

5.5.3.2　钛的影响

TiN 和 TiC 的溶度积相差很大，TiN 的溶度积很小，即使加热到 1400°C 时，也仍然存在非常细小的微粒（<20nm），显示出强的抑制奥氏体晶粒长大的作用，而且在后续的过程相当稳定。而 TiC 有与 Nb（C，N）相当的溶度积，起着与 Nb(C，N）相似的控制奥氏体再结晶和析出强化的作用。因此，钛可同时具有加热时阻止奥氏体晶粒长大、控制奥氏体再结晶和析出强化的作用。但只有在 Ti、C、N 各元素含量的比例合适时才能同时满足各方面的要求。Ti 的作用受钢中 Ti 和 N 元素含量共同作用。Ti 和 N 的理想质量配比为 3.4 左右，超出这个比例时，钢中 TiN 的粒子显著粗化，晶粒细化作用减弱，多余的钛会

与碳结合形成 TiC，随着钛含量的增加，TiC 在低温下形成细小而弥散的颗粒析出，起到强烈的沉淀强化效果，因而提高产品的强度，但是晶粒细化却是中等的。当钢中的氮含量超过钛氮的理想化学配比时，钉扎作用最有效，增氮使 TiN 的稳定性提高，未溶解的 TiN 阻碍奥氏体晶粒长大，细化 γ 晶粒，相变后铁素体晶粒也细小。

合金元素 Mo 的加入使含 Ti 微合金钢中的析出粒子得到了细化。对比了 Ti 钢、Ti-Nb 钢、Ti-Mo 钢第二相粒子的尺寸，见图 5-21[26]，从图上可以看出，Mo 对含 Ti 钢析出物尺寸细化有很多促进作用，主要原因是 Mo 降低了 C 和 N 的活度，从而抑制了相关第二相粒子的析出。

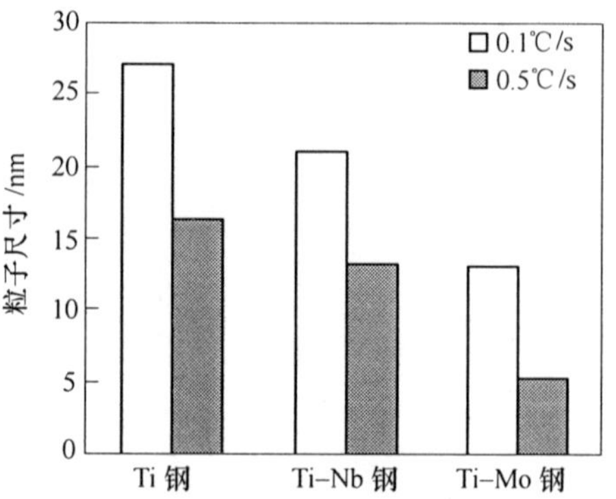

图 5-21　三种微合金钢在不同冷速下第二相粒子的平均尺寸

此外，如果加入钛的百分比足够高，钢中的钛还能与硫形成塑性比 MnS 低得多的硫化钛，从而降低 MnS 的有害作用，改善钢的纵横性能差。和等级相同的铌钢相比，钛钢的热轧或退火产品的抗脆性能力较低。对于厚规格的常化板，钛和镍结合是最有利的。但钛是化学性质很活泼的元素，如果［O］较高，钛的收得率很不稳定，合金化效果很难控制。

5.5.3.3　钒的影响

氮含量对含钒钢的影响很大。低氮的情况下，析出相以碳化物为主，随着氮含量增加，析出相逐渐转变成以氮化物为主。当氮含量高达约 0.02% 时，在整个析出温度范围内就会全部析出 VN 或富氮的 V(C，N)。VC 或 V(C，N) 在 900°C 以上，可以完全溶于 γ 中，因此它的主要作用是在转变过程中的相间析出和在铁素体中的析出强化。相间析出的温度比较高时，析出部位首先是在晶界上，随着温度降低，析出相变细，并可在铁素体基体内形核。而 VN 或富氮的 V(C，N) 可以起到抑制 γ 再结晶和阻止 γ 晶粒长大的作用，从而使铁素体得到了细化。还可以在铁素体内析出，起到析出强化的作用。

总之，钒能产生中等程度的沉淀强化和比较弱的晶粒细化，而且是与它的质量分数成比例的，氮加强了钒的效果。可将钒的沉淀强化和铌的晶粒细化结合使用。

此外，当钒单独加入钢中时，钒能促进珠光体的形成，还能细化铁素体板条，因此钒能用来增加重轨的强度和汽车用锻件的强度。碳化钒也能在珠光体的铁素体板条内析出沉淀，从而进一步提高了材料的硬度和强度。

综上所述，由于铌、钒、钛的碳氮化物的溶解、析出情况各不相同，因而对晶粒的细化、奥氏体的再结晶、析出强化等的作用强弱是不同的。钛的氮化物是在较高温度下形成的，并且实际上不溶入奥氏体，故这种化合物只是在高温下起控制晶粒长大作用。钒的氮化物和碳化物在奥氏体区内几乎完全溶解，因此对控制奥氏体晶粒不起作用，钒的化合物仅在 γ→α 转变过程中或之后产生析出强化。钛的碳化物和铌的碳化物、氮化物既可在奥氏体较高温度区内溶解，也可在低温下重新析出，因此既可以抑制奥氏体再结晶以细化铁素体晶粒，又可起析出强化作用。

5.5.3.4　微合金元素的复合作用

铌、钒、钛是控制轧制、控制冷却中最常用的微合金元素，其中尤以铌为首选的元素。但这些元素单独添加时，有时不能满足生产使用的要求，而这些元素复合添加时，却能收到很好的效果。

图5-22表示铌和钒复合加入的作用。它综述了铌和钒对多边形铁素体为基的钢板强度和冲击韧性转变温度的综合影响。随着碳含量的变化，曲线位置会有些变化。从图中看到，当钢中无钒时，随着铌含量增加，$\Delta\sigma_s$增加，而韧-脆性转变温度FATT下降。加入钒后，$\Delta\sigma_s$增加，但FATT提高，即韧性变坏。但加入少量钒时，可使FATT基本不变，而$\Delta\sigma_s$得到提高。因此可根据对钢材的性能要求采用不同的铌、钒含量组合。

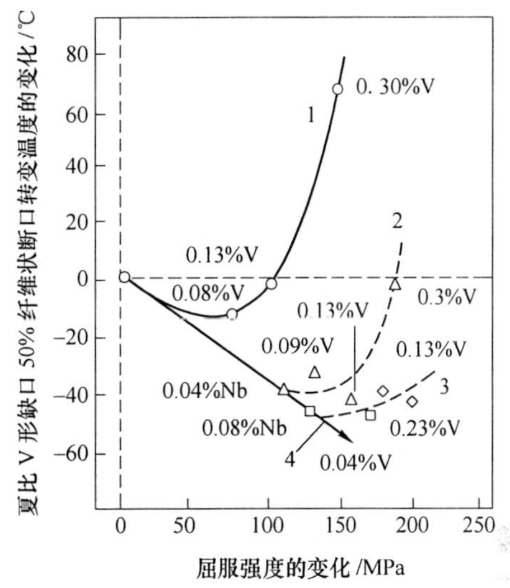

图5-22 铌和钒对20mm厚的控制轧制钢板屈服强度和缺口韧性的影响
（用夏比V形缺口、50%纤维状断口转变温度来测量）
1—无Nb；2—0.04%Nb；3—0.08%Nb；4—无V

还应指出，微合金元素的强化效果还与它的元素种类、含量和冷却速度有关。在一定的元素成分下，有一个能最有效发挥沉淀强化的最佳冷却速度。

在讨论微合金元素对奥氏体再结晶的抑制作用和析出强化作用的时候，有一点要注意，当一个钢的成分确定、奥氏体化温度和加热时间确定后，合金碳氮化物的固溶量就确定了。因此，在奥氏体变形时的析出量大，抑制再结晶的作用大，那么剩余到相变时和相变后析出的量就少，析出强化的作用就小，反之亦然。而微合金碳氮化物在两个不同阶段的析出比例取决于变形的工艺制度，即变形温度、变形量、道次间隙时间等。由于铌在抑制奥氏体再结晶和析出强化两方面都有比较强的作用，因此含铌微合金化钢的再结晶-析出交互作用的问题以及第二相的析出比例问题就显得比较重要。

5.5.3.5 Nb强化作用计算

现在计算终冷温度为550℃时Nb固溶强化所产生的屈服强度增量：

$$\Delta\sigma_{sM} = K_M[M] \tag{5-27}$$

式中，[M]为处于固溶态的M元素的质量分数；K_M为比例系数，即每1%质量分数的固溶元素在铁素体中产生的屈服强度增量。对于Nb，K_M =1960。表5-12所示为两种低碳微合金钢成分。

表5-12 两种低碳微合金钢成分 （%）

钢种	C	Si	Mn	Ni	Mo	Ti	V	Nb	N
钢种1	0.07	0.25	1.52	0.24	0.21	0.015	0.054	0.064	0.0062
钢种2	0.048	0.171	1.595	0.184	0.233	0.013	0.037	0.052	0.0049

按照上述化学成分和控轧控冷钢板实际Nb析出量，可以计算出Nb固溶量和Nb固溶强化的强度增量为：

钢种1的Nb固溶量=0.064%－0.0245%=0.0395%，强度增量$\Delta\sigma_{sM}$ = 77.42MPa；

钢种 2 的 Nb 固溶量 = 0.052% - 0.0148% = 0.0374%，强度增量 $\Delta\sigma_{sM}$ = 73.1MPa 。

NbC 和 NbN 在钢中的平衡固溶度的公式为：

$$\lg\{[Nb][C]\}_{\gamma} = 2.96 - 7510/T \tag{5-28}$$

$$\lg\{[Nb][C]\}_{\alpha} = 3.90 - 9930/T \tag{5-29}$$

$$\lg\{[Nb][N]\}_{\gamma} = 3.70 - 10800/T \tag{5-30}$$

$$\lg\{[Nb][N]\}_{\alpha} = 4.96 - 12230/T \tag{5-31}$$

上述钢种 1 和钢种 2 的均热温度在 1200℃，开轧温度为 1100℃，轧制后终冷温度为 550℃，以此计算 NbC 所产生的第二相沉淀强化增量。

1200℃均热后，由式（5-28）可得：$[Nb][C] = 10^{2.96-7510/1473} = 0.00727$，而钢的 $w(Nb)w(C) = 0.062 \times 0.07 = 0.00434$。所以，在 1200℃均热温度下 Nb 和 C 元素均处于完全固溶态。

从开轧到 950℃之间经过大压下量轧制和待温，由于应变对沉淀析出相变的促进作用，NbC 的沉淀析出可以接近达到平衡，此时所考虑的温度低于第二相的全固溶温度，由元素固溶量的乘积受固溶度积公式限定以及沉淀析出的元素质量必须满足其在第二相中的理想化学配比可以得到：

$$[Nb][C] = 10^{2.96-7510/1223} = 0.000659 \tag{5-32}$$

$$\frac{0.064 - [Nb]}{0.07 - [C]} = \frac{92.9064}{12.011} = 7.735 \tag{5-33}$$

联立求解可以得到：达到平衡时 [C] = 0.06308，[Nb] = 0.01045；而达到平衡时沉淀析出的 NbC 的体积分数，由式（4-16）可以得到：

$$f = (w(M) - [M])\frac{A_M + xA_X}{A_M} \times \frac{d_{Fe}}{100d_{MX_x}} \tag{5-34}$$

式中，$w(M)$ 为钢中 M 元素的质量分数；A_M、A_X 分别为元素 M 和 X 的原子量；d_{Fe}、d_{MX_x} 分别为 Fe、MX_x 的密度。

通过式（5-34），可得到平衡时沉淀析出的 NbC 的体积分数：

$$\begin{aligned} f &= (0.064 - 0.01045) \times (92.9064 + 12.011) \div 92.9064 \times 7.875 \div 7.083 \div 100 \\ &= 0.0006722\% \end{aligned}$$

应变诱导沉淀析出的 NbC 颗粒的平均尺寸一般可以控制在 10nm 左右[27]，第二相沉淀强化增量的计算式为[14]：

$$\Delta\sigma_{sp} = 8.995 \times 10^3 \frac{f^{0.5}}{d}\ln(2.417d) \tag{5-35}$$

可以得到由应变诱导析出的 NbC 所产生的强度增量为：

$$\begin{aligned} \Delta\sigma_{sp} &= 8.995 \times 10^3 \frac{f^{0.5}}{d}\ln(2.417d) \\ &= 8.995 \times 10^3 \times \frac{0.0006722^{0.5}}{10}\ln(2.417 \times 10) \\ &= 47.4\text{MPa} \end{aligned}$$

从而可以得到终冷温度 550℃由应变诱导析出的 NbC 所产生的强度增量为：

$$\Delta\sigma_{sp550} = 47.4\text{MPa}$$

当水冷至 550℃时，由于此时铁素体中的 Nb、C 元素的含量分别为 0.01045% 和

0.06308%，相应的计算式为：

$$[Nb][C] = 10^{3.90-9930/823} = 6.829 \times 10^{-9} \tag{5-36}$$

$$\frac{0.01045 - [Nb]}{0.06308 - [C]} = \frac{92.9064}{12.011} = 7.735 \tag{5-37}$$

达到平衡时 NbC 在铁素体中的固溶度积已经非常小了，完全可以认为 950℃时仍固溶于奥氏体中的 Nb 在 550℃保温时将完全沉淀析出为 NbC，所以达到平衡时沉淀析出的 NbC 的体积分数为：

$$f = 0.01045 \times (92.9064 + 12.011) \div 92.9064 \times 7.875 \div 7.083 \div 100 = 0.0001326\%$$

铁素体中析出的 NbC 的平均尺寸大约为 3nm，可产生的强度增量为：

$$\begin{aligned}\Delta\sigma_{sp} &= 8.995 \times 10^3 \frac{f^{0.5}}{d}\ln(2.417d) \\ &= 8.995 \times 10^3 \times \frac{0.0001326^{0.5}}{3}\ln(2.417 \times 3) \\ &= 33.47\text{MPa}\end{aligned}$$

不同尺寸的 NbC 粒子所产生的总的沉淀强化增量应采用均方根叠加，即为：

$$\Delta\sigma_{sp} = (47.4^2 + 33.47^2)^{0.5} = 58.0\text{MPa}$$

由上面已经知道当终冷温度为 550℃时，950℃时仍固溶于奥氏体中的 Nb 在 550℃保温时将完全沉淀析出为 Nb。所以 NbC 所产生的第二相沉淀强化增量为：

$$\Delta\sigma_{sp550} = 58.0\text{MPa}$$

综合理论计算的铌固溶强化和沉淀强化作用，铌对试验钢的强度贡献约为 130MPa。

参考文献

[1] 小指军夫．制御圧延、制御冷却［M］．东京：地人书馆，1997.

[2] 雍歧龙，马鸣图，吴宝榕，等，微合金钢—物理和力学冶金［M］. 北京：机械工业出版社，1989：441.

[3] 张晓钢，夏殿佩，敖列哥，等．低碳锰钢中铌钛复合加入对沉淀及再结晶的影响［J］. 钢铁钒钛，1991（1）：11～17.

[4] 宗贵升，徐温崇，孙福玉．铌钒微合金钢中应变诱导析出及强化机理研究［J］. 钢铁钒钛，1988（1）：15～22.

[5] 徐温崇．控轧过程中 Nb、V、Ti 碳氮化物的应变诱导等温析出［J］. 金属学报，1988（6）：A392～397.

[6] 王英姝，郗秀荣，贾丽萍．控轧控冷钛处理 16Mn 钢中 Ti（CN）的析出行为及其作用［J］. 钢铁研究学报，1988（2）：13～18.

[7] Tailor K A. Solubility product for titanium, vanadium niobium-carbides in ferrite [J]. Scripta Metall Mater, 1995 (32): 7～12.

[8] Koyama S, Ishii T, Narita K. Solubility of vanadium carbide and nitride in ferric iron [J]. J Jpn inst Metals, 1973, (37): 191～196.

[9] Todd J A, Li P. Microstructure-mechanical property relationships in isothermally transformed vanadium steels [J]. Metallurgical and Materials Transaction A, 1986 (17A): 1191～1202.

[10] Hudd R C, Joanes A, Kale M N. A method for calculating the solubitity and composition of carbonitride pre-

cipitation in steel with particular reference to niobium carbonitride [J]. JISI, 1971 (209): 121 ~ 125.

[11] Matsuda S, Okumura N. Effect of distribution of TiN precipitation particle on the austenite grain size of low carbon lou alloy steel [J]. Trans ISIJ, 1978 (18): 198 ~ 205.

[12] Sharma R C, Lakashmanan V K, Kirkaldy J S. Solubility of nibium carbide and niobium and niobium carbonitride in alloyed austenite and ferrite [J]. Metallurgical and Materials Transaction A, 1984, 15 (3): 545 ~ 553.

[13] 郑鲁，雍岐龙，孙珍宝．碳化铌在微合金钢中的溶解 [J]. 金属学报，1987 (23): B277 ~ 281.

[14] 雍岐龙．钢铁材料中的第二相 [M]. 北京：冶金工业出版社，2006.

[15] 蔡庆伍．直轧工艺中 Q345 及 X65 钢碳氮化物析出规律及对组织性能影响研究 [D]. 北京：北京科技大学，2002.

[16] He K J, Baker T N. The Effects of Small Ti Additions on the Mechanical Properties and the Microstructures of Controlled Niobium-Bearing HSLA Plate [J]. Mater Sci Eng., 1993 (A169): 53 ~ 65.

[17] 东涛，孟繁茂，王祖滨，等．神奇的铌在钢铁中的应用 [Z]. 北京：中信美国钢铁公司，1999.

[18] Simoneau R, Begin G, Marquis A H. Progress of NbCN precipitation in HSLA Steel as Determined by Electrical Resistivity Measurements [J]. Metal Science, 1978, 12 (8): 381 ~ 386.

[19] Wagner C. Theories fer Alterung von Niederschlagen durch Umloson (Ostwald-Reifung) [J]. Zeit Electrochemie, 1961 (65): 581 ~ 591.

[20] 刘国勋．金属学原理 [M]. 北京：冶金工业出版社，1980.

[21] 安会龙．强化元素在直轧条件下的固溶及析出机理研究 [D]. 北京：北京科技大学，1999.

[22] 黄泽文．微合金化钢的碳氮化物在奥氏体中的行为 [J]. 四川冶金，1988 (2): 34 ~ 39.

[23] Sun J, Boyd J D. Effect of thermomechanical processing on anisotropy of cleavage fracturestress in microalloyed linepipe steel [J]. Int J Pressure Vessels Piping, 2000 (77): 369.

[24] 赵明纯，单以银，杨振国，等．热加工对管线用低碳钢性能的影响 [J]. 材料研究学报，2001，15 (6): 669 ~ 674.

[25] Koshiro Tsukada, Yoshitaka Yamazaki, Kazuaki Matsumoto. Development of Class 50kg/mm^2 Steel for the Arctic Offshore Structure-Development of OLAC [J]. 日本钢管技报，1983 (99): 34 ~ 35.

[26] Chen C Y, Yen H W, Kao F H, et al. Precipitation hardening of high-strength low-alloy steels by nanometer-sized carbides [J]. Materials Science and Engineering A, 2009 (499): 162 ~ 166.

[27] 邓索怀．Nb 的析出对变形诱导铁素体相变的影响 [J]. 钢铁，2005.

[28] 雍岐龙，吴宝榕，白埃民，等．铌微合金钢中碳氮化铌化学组成的计算与分析 [J]. 钢铁研究学报，1990，2 (2): 37 ~ 42.

6 轧制过程传热学与冷却控制

热轧后对钢材进行控制冷却的重要目的是控制钢材最终的组织状态，提高钢材性能，即在不降低钢材韧性的前提下提高其强度。此外，控制冷却还能缩短热轧钢材在控轧过程中和轧后的冷却时间，提高轧机生产能力。根据前面章节的基础理论可以知道，控制冷却不仅能抑制奥氏体晶粒长大，从而细化铁素体晶粒，而且对过共析钢还能减少网状碳化物的析出量，降低其级别，或保持碳的固溶状态，以达到固溶强化的目的；另外，还能减小珠光体球团尺寸，改善珠光体形貌和片层间距，从而改善钢材性能。通过调整控制冷却的冷却速度、冷却温度等工艺参数还可以使钢材获得除铁素体-珠光体组织以外的其他组织，如粒状贝氏体、马氏体等，以满足用户对钢材的不同性能要求。

轧后控制冷却使用的冷却介质可以是气体、液体以及它们的混合物。其中以水最为常用。具体的冷却方法因产品品种、轧后冷却目的不同而异。

6.1 传热过程物理现象

6.1.1 冷却传热现象

研究导热问题时，主要是从宏观的角度出发，以从现象中总结出来的基本定律为基础建立描述温度分布的数学模型，并进行理论分析。导热基本定律又称傅里叶（Fourier）定律。

传热的三种基本形式包括：导热、对流、热辐射。

6.1.1.1 导热

导热是指物体内部不发生相对位移，而依靠分子、原子和自由电子等微观粒子的热运动而产生的热量传递。通过对大量实际导热问题的经验提炼，导热现象的规律已经总结为傅里叶定律。傅里叶定律是根据稳态导热实验得到的纯属现象学的一个定律，它是将从实验现象中得到的热流密度与温度梯度之间的本构关系，经过数学上的处理推广得到的规律性总结。

对于各向同性的均匀介质，具有普遍意义的傅里叶定律的一般数学表达式为：

$$\Phi = -\lambda A \mathrm{grad} T \tag{6-1}$$

或

$$q = -\lambda \mathrm{grad} T \tag{6-2}$$

式中，Φ 为导热热流量，W；A 为垂直于热流方向的截面面积，m^2；$\mathrm{grad}T$ 为温度梯度，W/m；q 为热流密度，W/m^2；λ 为导热系数，W/(m · ℃)，是一种物性参数，与材料和其温度、密度、湿度有关。

6.1.1.2 对流

对流是指由于流体的宏观运动而引起的流体各部分之间的相对位移，冷、热流体相互掺混所引起的热量传递方式。对流只能发生在流体中，它是流体的流动和导热联合作用的结果，工程上应用最多的热量传热方式是对流换热。流体流过与之不同温度的固体表面时，与表面之间发生的热量传递过程，称为对流换热，以区别一般意义的对流。

1701 年，英国科学家牛顿（Isaac Newton）提出了对流传热的基本计算公式，称为牛顿冷却公式，即：

$$\Phi = hA\Delta t \tag{6-3}$$

或

$$q = h\Delta t \tag{6-4}$$

式中，h 为对流换热系数，或称为表面传热系数，简称换热系数，W/(m^2 · ℃)；Δt 为壁面与流体的温差,℃，恒取正值。

换热系数大小反映对流传热的强弱，它不仅取决于流体的物性、流动状态、换热面的几何形状、尺寸，还与固体有无相变等因素有关，并与换热过程中的许多因素有关。用理论分析或实验方法获得各种情况下 h 的计算关系式是研究对流传热的基本任务。

6.1.1.3 热辐射

物体通过电磁波传递能量的方式称为辐射。物体会因各种原因发出辐射能，其中由于热的原因，物体的内能转化成电磁波的能量而进行的辐射过程称为热辐射。辐射传热过程中不仅产生能量的转移，而且还伴随着能量形式的转换，即发射时从热能转化成辐射能，而被吸收时又从辐射能转换为热能。辐射与吸收过程的综合结果就形成了以辐射方式进行物体间的热量传递——辐射换热。

实验表明，物体的辐射能力与温度有关，同一温度下的不同物体的辐射与吸收本领也不一样。为此引入一种称为黑体的理想物体的概念，黑体的吸收和辐射本领在同温度的物体中是最大的。

黑体在单位时间内发出的热量可由斯蒂芬-玻耳兹曼（Stefan-Boltzmann）定律揭示：

$$\Phi = A\sigma T^4 \tag{6-5}$$

式中，T 为黑体的热力学温度，K；σ 为黑体辐射常数，其值为 5.67×10^{-8} W/(m^2 · K)；A 为辐射的表面积，m^2。

一切实际物体的辐射能力都小于同温度下黑体的辐射能力。实际物体的辐射能力与同温度下黑体辐射能力的比值称为黑度，用 ε 表示，其值总是小于 1，它与物体的种类及表面状态有关。实际物体辐射能力的计算可以采用斯蒂芬-玻耳兹曼定律的经验修正形式，即：

$$\Phi = \varepsilon A\sigma T^4 \tag{6-6}$$

热辐射与导热、对流这两种热量传递方式的区别是热辐射可以在真空中传播，而导热和对流都必须在物质存在的条件下才能实现。

6.1.2 水冷时的换热现象

高温钢板与冷却水接触后会发生沸腾现象，根据钢板温度的不同，有 3 种不同的沸腾冷却方式：在高温阶段发生膜沸腾（高于 500℃），即钢板和冷却水之间存在一层蒸汽膜，这层蒸汽膜造成的热阻大大降低了钢板和冷却水之间的热交换，所以膜沸腾条件下冷却水的冷却效率很低；在低温阶段（100～300℃）发生核沸腾，钢板和水之间不存在蒸汽膜，直接发生热交换，所以冷却效率高，冷却速度快；在膜沸腾和核沸腾之间存在一个过渡沸腾阶段（300～500℃），在这一阶段，钢板表面不同的部位，可以并存两种冷却速度不同的沸腾冷却方式。在过渡沸腾情况下，板面上有的部位钢板和冷却水之间处于膜沸腾状态，冷却速度较低；有的部位处于核沸腾状态，冷却速度较高。结果由于钢板的不同部位处于不同的冷却状态，发生极为不均匀的冷却，极易造成钢板的翘曲，形成表观的或者潜在的板形缺陷。所以，在钢板冷却过程中避免出现膜沸腾和过渡沸腾，尽力实现核沸腾。

6.1.3 汽水混合冷却

喷雾冷却是利用高压使水雾化或者用加压空气使水雾化，雾状高速气流喷射到钢板表面上进行冷却，是最好的强迫流动冷却方式。喷雾冷却分为水雾冷却和水-气喷雾冷却。水雾冷却，将加压水从具有特殊结构的喷嘴喷出，在超过连续喷流的流速时水流发生破碎，形成的液滴群冲击钢板表面进行冷却。该冷却方式冷却面积大、冷却较均匀、冷却能力较强，水的消耗量适中，但是可以控制的冷却范围较窄，雾化液滴范围为 200～600μm。其缺点是水压要求较高、水质要求较严。

气雾冷却装置的具体工作原理是在喷嘴腔内导入压缩空气，使空气流与水流充分混合，形成良好的雾化状态，实现均匀而柔和的热交换。该喷嘴具有水压小、雾化水粒细小均匀、水量调节范围宽、喷射范围大、节水等特点。

气雾冷却的特点是：

（1）实现“面”式的均布式冷却，比管层流的“点”式和水幕的“线”式冷却均匀性好。

（2）钢板冷却过程均匀，防止钢板表面产生过冷组织。热交换过程充分，根据钢板厚度调整上喷头与下喷头的间距，实现薄规格钢板的充分冷却。

（3）冷却速度调节范围宽，通过调整压缩空气的压力以及水量，可以实现不同的冷却速度，利于薄规格钢板性能以及钢板板形的保证。

（4）喷射的水滴颗粒可以控制的比较小，所以可以实现大冷却能力的气化式冷却。

6.1.4 相变与相变潜热

通常将那些能够引起化学成分和结构类型变化的转变称为相变，不同类型的相变，尽管有这样或那样的差别，但其基本过程都是相似的，都是通过生核和成长两个元过程而进行的。

相变分为三大类[1]：

第一类是扩散型的相变。在这类相变过程中，新相的生核和成长主要依靠原子长距离的扩散而进行。或者说，相变是依靠相界面的扩散移动而进行的。

第二类是非扩散型的相变或切变型的相变。在这类相变过程中，新相的成长不是通过扩散，而是通过类似塑性形变过程中的滑移和孪生那样产生切变和转动而进行的。

第三类是介于上述两类相变之间的一种过渡型相变。已发现的属于这类相变的有两种：一种称为块形转变，它接近于扩散型相变，相界面是不共格的，相界面的移动也是通过原子逐个扩散而进行的，但在这里扩散只局限于原子横跨界面而进行的短距离扩散，而没有长距离的扩散；另一种称为贝氏体型转变，接近于马氏体转变，在这类转变过程中，若产生两个新相，则其中一相依靠扩散成长，另一相依靠切变成长，若只产生一个新相，则其中只有一个组元进行扩散，另一个组元不发生扩散。

1mol 物质从一个相转变为另一个相，伴随着放出或吸收的热量称为相变潜热；金属熔化时从固相转变为液相要吸收的热量称为熔化潜热；结晶时从液相转变成固相放出的热量称为结晶潜热。当液态金属的温度达到结晶温度时，由于结晶潜热的释放，补偿了散失到周围环境的热量，所以在冷却曲线上出现了平台，平台延续的时间就是结晶过程所需要的时间。[2]

6.2　对流换热系数及测量方法

对流换热是指由于流体的宏观流动，各部分之间发生相对位移，冷热流体相互掺混所引起的热量传递过程。由于流体中的分子同时在进行着不规则的热运动，故对流一定伴随着导热现象。工程上感兴趣的是流体流经固体表面时，流体与固体表面之间的热量传递现象。

计算对流换热热量 Q 的基本计算公式是牛顿冷却公式。通过面积为 A 的接触面换热量数学表达式为：

$$Q = hA\Delta t \tag{6-7}$$

对于单位面积的单位热流密度为：

$$q = h\Delta t \tag{6-8}$$

式中，Δt 为固体表面与流体的温差；h 为对流换热系数。

对流换热系数的大小与换热过程中的诸多因素有关，不仅取决于流体的物性（比热容、导热系数、密度等），还与换热表面的形状、大小，特别是流动的速度、形态有密切的关系。牛顿冷却公式只是在知道表面换热系数后如何进行对流换热的热量计算，并没有揭示如何获得表面换热系数，以及影响表面换热的诸多复杂因素的关系式，仅仅给出了表面换热系数的定义。因此，研究对流换热的根本任务是应用理论和实验的方法求得各种情况下的表面换热系数，最终计算出对流换热热量。

对流换热系数值的确定是研究对流换热时非常重要的一环，也是非常复杂的问题。确定对流换热系数的方法主要有三种，即分析方法、实验方法和数值解法。

6.2.1　分析方法

同导热问题一样，用分析方法求解对流换热问题的实质是获得流体内的温度分布和速度分布，尤其是近壁处流体内的温度分布和速度分布。并且，分析求解的前提是列出对对流换热现象的正确的数学描述。在已知流体内的温度分布后，即可按如下的换热微分方程获得壁面局部的表面换热系数：

$$h_x = -\frac{\lambda}{\Delta t}\frac{\partial t}{\partial y}\bigg|_{x,y=0} \tag{6-9}$$

由上式可有 $h_x\Delta t = -\lambda\frac{\partial t}{\partial y}\Big|_{x,y=0}$，此式与导热问题的第三类边界条件是有区别的，其中 λ 为流体的导热系数，$\frac{\partial t}{\partial y}$ 为近壁流体的温度梯度；而在第三类边界条件下的 λ 为导热

固体的导热系数，$\frac{\partial t}{\partial y}$为近壁固体的温度梯度。

分析方法求解对流换热问题的关键是获得正确的流体内温度分布，然后求出局部的对流换热系数，进而进一步求得平均表面换热系数。而求得流体内正确温度分布的前提是获得正确的速度场。这可从能量方程中的对流项中含有速度这一点看出。由于对流换热问题的分析求解常常要求解包括连续性方程、动量微分方程和能量微分方程在内的一系列方程，因而求解起来比导热问题要困难得多，因而用数值解法往往更为有效。

6.2.2 实验方法

从理论上讲，只要列出对流换热问题的微分方程组以及边界条件便可由分析解法或数值计算方法求出速度场、温度场分布以及对流换热系数等。但工程中遇到的大量对流换热问题，其定解条件往往非常复杂。

实验方法是根据描述对流换热现象的物理模型，用相似理论找到判别一组相似的对流现象所具有的必要和充分条件，应用大量的实验数据整理出适用于某一实验范围内求对流换热系数的无因次方程的经验公式或准则方程。本书将采用实验法对不同冷却条件下的实验数据整理成准则方程的形式。

6.2.3 数值解法

一般温度场的计算，是给定初始温度分布与相应的边界条件后，就可以计算出钢板上各点任意时刻的温度。实际上，层流冷却过程中各冷却区的对流换热系数不同，且未知。反向热传导法（Inverse Heat Conduction，IHC）提供了一种求解淬火过程对流换热系数或热流密度的方法，它是根据已知试样内部位置处的温度曲线来预测传热边界条件。

反向热传导法（又称温度场反算法），是相当于一般温度场计算的逆运算。一般温度场的计算，是当给定了初始温度分布及相应的边界条件后，去计算出钢板上任一位置任一时刻的温度。而此方法，其计算过程恰与之相反，是在已知各时刻的钢板温度分布与相应的边界条件后，去预测传热边界条件。

换热系数或热流密度的计算一般需要两个步骤：首先，给定一个初始换热系数或热流密度值，利用有限差分法（或有限元法）直接求解热传导问题，可求得任意时刻温度分布；其次，比较温度的实测值和计算值，视其差别调整换热系数或热流密度值，重新计算、比较。如此反复，直至温度的计算值和实测值在一定误差范围内为止。此时的换热系数值，就是根据实测的钢板温降曲线计算得到的平均换热系数值。

对流换热系数的数值解法实质上是利用数值方法求解温度场问题。数值解法相对于其他解法来说，计算比较准确，能够反映真实的换热情况，故本书采用温度场反算方法来确定不同冷却条件下的钢板表面换热系数。

6.3 不同冷却方式与对流换热系数

6.3.1 气雾冷却

刘峰[3]利用奥氏体不锈钢试样，采用数值方法对喷雾冷却条件下高温钢板表面对流换热系数进行了实验研究（在理论计算时，只考虑了钢板厚度方向的传热），采用温度场反算方法求出了实验条件下对流换热系数与钢板表面温度、水流密度的关系：

（1）钢板表面温度 θ_s 在 200～260℃区间，传热系数 α 有极大值。

（2）钢板表面温度 θ_s 在 100～250℃区间，随表面温度 θ_s 上升，α 单调增加；表面温度 θ_s 在 250～850℃区间，随表面温度 θ_s 上升，α 减小。在整个实验温度区间，α 未出现极小值。图 6-1 为喷雾冷却过程中，不同水流密度 W 下对流换热系数与钢板温度的关系曲线。

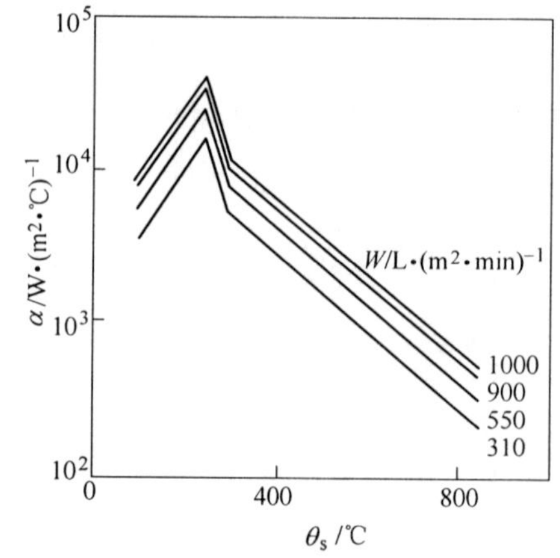

图 6-1　喷雾过程不同水流密度下对流换热系数与钢板温度的关系图

王有铭对不同冷却方式的冲击沸腾传热进行了研究，用回归法得到了对流换热系数 α 有关的计算式[4]。

（3）雾化冷却能力计算回归式：

$$\lg\alpha = 3.33 - 0.857\lg\theta_s + 0.662\lg W + 0.308\lg v_a \tag{6-10}$$

$$\lg\alpha = 1.4 - 0.136\lg\theta_s + 0.629\lg W + 0.273\lg v_a \tag{6-11}$$

式中，v_a 为雾滴在钢板上冲击点的气流速度。

式（6-10）和式（6-11）的相关系数分别为 0.971 和 0.967。式（6-10）的温度适用范围为 450～600℃，不包含辐射；式（6-11）的温度适用范围为大于 600℃，不包含辐射。

6.3.2　层流冷却

目前热轧带钢普通层流冷却系统广为使用的管层流，是使冷却水在高位水箱产生的压力作用下自然流出，形成连续水流。由于普通层流冷却设备纵向集管间距较大，冷却水落到热钢板表面上以后，在实际冷却过程中，造成膜态沸腾换热区远大于射流冲击换热区。汽膜换热系数范围为 150～350W/(m² · ℃)。综合考虑整个加速冷却过程，普通层流冷却过程中射流冲击换热约占总热量的 30%，膜态沸腾换热约占总热量的 50%。因此造成层流冷却系统综合冷却能力较低。

加密层流冷却装置通过减小出水口孔径、增加出水口数量、增加水压来保证小流量的水流也能有足够的能量和冲击力，能够大面积地冲破汽膜。根据其特点，加密层流冷却装置通过流体（水）直接冲击高温钢板表面，使流动边界层和热边界层大大减薄，从而提高了热/质传热效率，因此其具有射流冲击换热的特性。从换热机理上来看，是通过扩大单相强制对流区的面积，减小膜沸腾换热区域，来提高整个冷却装置的换热强度，从而实现热轧钢板快速冷却的目的。

6.3.2.1　*层流冷却的对流换热系数*

关于加密层流冷却器的研究[5]，采用两种不同的材料，在实验车间对加密层流冷却过程试样温度场进行了测量。采用奥氏体不锈钢（AISI 304L）试样，主要是为了减少氧化铁皮和相变潜热的影响。由于在试验中，试样要经过多次反复加热，采用不锈钢试样，实验中会很少产生氧化铁皮，不存在相变，使测量结果和冷却效果的计算比较精确。另外，为了接近生产实际，还采用了一般钢种 Q345B 钢板试样进行冷却实验。

图 6-2 为加密层流冷却下单排冷却水冲击高温钢板表面时不同时刻钢板（AISI 304L）温度场分布。从射流冲击换热过程中的可视化图像中可以看出：冷却水射流冲击到高温钢板表面后，在水流正下方的高温钢板表面形成黑色（低温区）和灰色（高温区）两个区域，并在表面形成湿润区与未湿润区分界线。随着表面温度的降低，冷却水沿径向流动，湿润高温表面。最后，表面温度较低时，冷却水快速穿过钢板表面的未湿润区，或从钢板的边缘处流下，黑色区域覆盖整个实验钢板。当水流量（15L/min）较小时，在钢板表面上的分界线附近产生大量的饱和气泡，发生泡核沸腾。由于剧烈汽化产生大量的水蒸气，阻止了冷却水沿径向稳定地流动。随着表面温度的降低，并在新冷却水推动下，缓慢地穿过钢板表面的未湿润区，并在未湿润区聚集大量的不连续的小液态，最终小液态冷却水被汽化或从钢板的边缘处流下；当水流量较大时，在钢板表面的分界线附近发生膜沸腾，聚集的小液态冷却水快速地穿过未湿润区表面，或从钢板的边缘处流下。

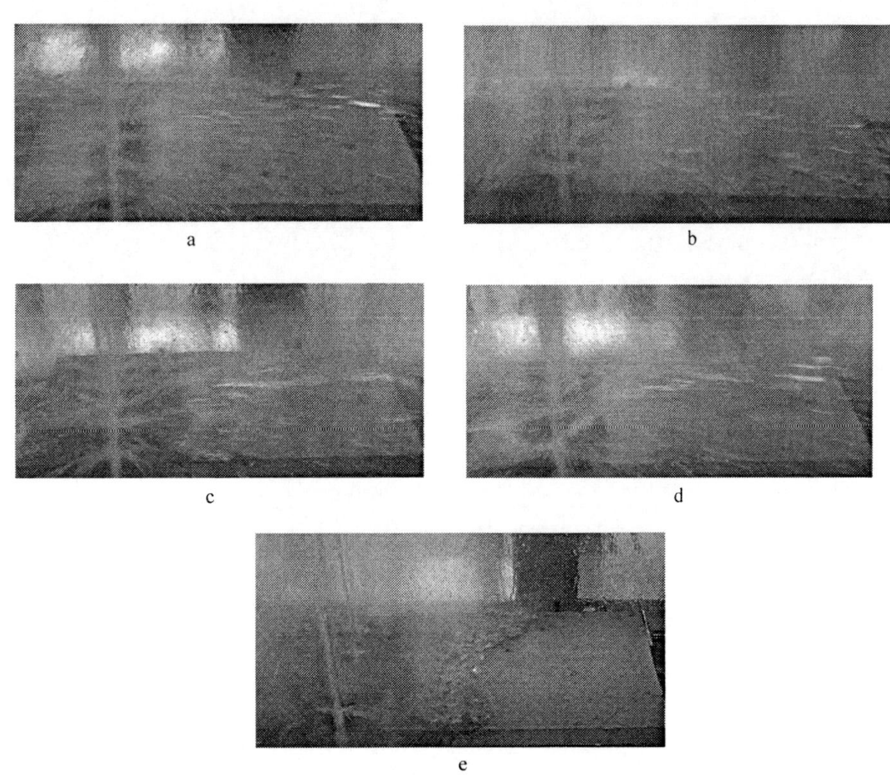

图 6-2 不同水流量下不同时刻钢板（AISI 304L）温度场分布图

a—35L/min，1s；b—35L/min，5s；c—35L/min，10s；d—27L/min，5s；e—15L/min，15s

根据温度采集模块收集的温度随时间变化数据，绘制了不同水流量下高温钢板温降曲线。图 6-3 为实测加密层流冷却器下单排冷却水冲击高温钢板过程中的钢板（AISI 304L）内部温降曲线，冷却水温为 20℃，测温点为距离射流冲击上表面 3.5mm 位置处。冷却水流正下方为射流冲击驻点，图 6-3 中 0mm、70mm、140mm、210mm 分别表示远离射流冲击驻点的距离。由于冷却实验过程中热电偶容易折断，需重新实验，导致初始冷却温度不同，但其他条件相同（水量、水温及材料等）。从图6-3中曲线可以看出，在冲击驻点处钢板温度下降缓慢，其传热主要以辐射和对流为主，为射流冲击冷却实验前阶段。冷却水冲击钢板表面后，钢板温度先迅速下降，然后缓慢下降。这说明冷却水在高温表面产生的蒸汽膜即时被垂直冲击下来的射流迅速破坏，使钢板表面一直与冷却水保持良好接触，热量被迅速带走，温度迅速下降，这种换热形式实质上是核态沸腾换热。当钢板表面温度降低至水的沸点以下时，换热形式变为强制对流换热。

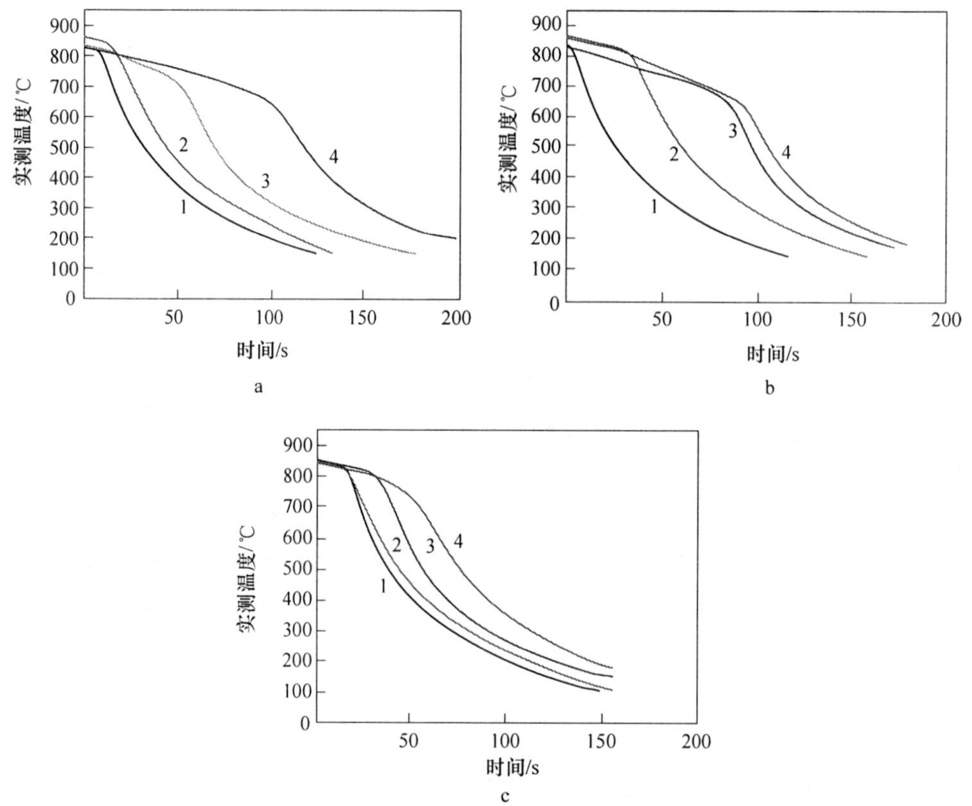

图6-3　实测不同冷却水量下钢板（AISI 304L）温降曲线

a—15L/min；b—27L/min；c—35L/min

1—0mm；2—70mm；3—140mm；4—210mm

图6-4为加密层流冷却器下冷却水（一组）冲击高温钢板过程中不同时刻的钢板（Q345B）温度分布。冷却水温为20℃，水流量为150L/min。测温点0为冷却器冲击水流正下方的中心位置，加密层流冷却器冷却区有效宽度（沿钢板长度方向）为120mm。

图6-5为实测加密层流冷却器下冷却水（一组）冲击高温钢板过程中的钢板（Q345B）内部温降曲线，冷却水温为20℃，测温点为距离射流冲击上表面2.5mm位置处。从图6-5中曲线可以看出，冷却实验前，试样温度为800～850℃，钢板试样温度缓慢下降，其传热主要以辐射和对流为主。冷却水冲击高温钢板表面后，钢板温度迅速下降。从图6-5a中可以看出，冷却水冲击高温钢板表面后，水流冲击驻点处的冷却曲线斜率大于驻点外的曲线斜率，这说明冲击驻点处的冷却速度最大。冷却水流冲击高温钢板表面

a

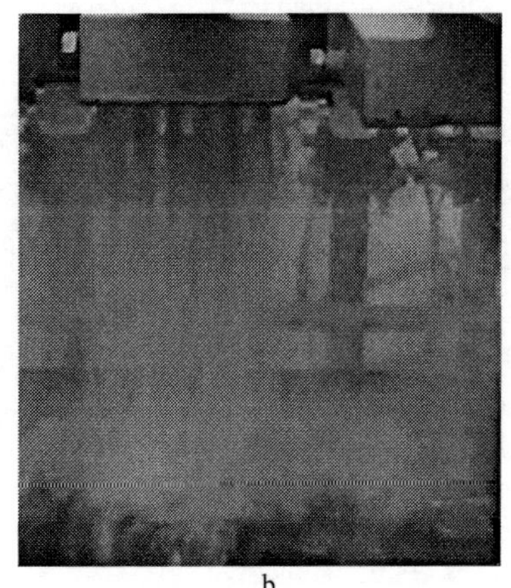
b

图 6-4 不同时刻的钢板（Q345B）温度分布

a—冲击时；b—冲击 3s 后

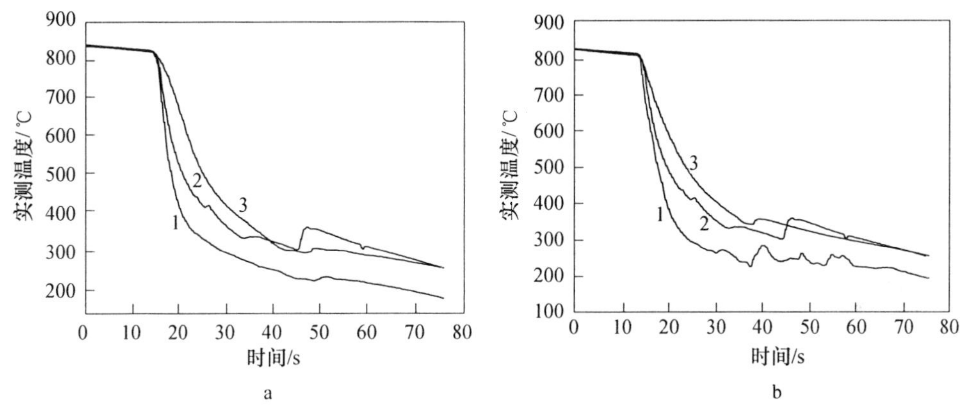

图 6-5 实测不同冷却水量下钢板 Q345B 温降曲线

a—95L/min；b—150L/min

1—0mm；2—70mm；3—140mm

时，冲击驻点处形成具有层流流动特性的单相强制对流区域，该区域由于冷却水直接冲击换热表面，使流动边界层和热边界层减薄，从而提高了热/质传递效率，因此，热量损失较大，温度下降较快。随着冷却水向外扩张，流体逐渐由层流向湍流过渡，流动边界层厚度增加，同时接近平板的冷却水由于被加热而开始沸腾，形成范围较窄的核态沸腾和过渡沸腾区域。根据实测的远离冲击驻点 70mm 位置处的温降曲线，认为该测温区域为核态沸腾和过渡沸腾区域。随着加热面上稳定蒸汽膜的形成，钢板表面出现薄膜沸腾强制对流区域，该区域由于热量传递必须经过热阻较大的汽膜导热，而不是液膜，因此其热量的损失远小于冲击驻点处的热量。

基于实测数据绘出的冷却条件下高温钢板的温降曲线，结合建立的差分方程，采用温度场反算法，可计算得到实验条件下钢板表面对流换热系数及其对应的表面温度。

图 6-6 为水流量为 35L/min 时冲击驻点处钢板（AISI 304L）温降曲线。从图中看出，冷却水冲击高温钢板表面时，表面温度立即下降，而钢板内部温度变化相对缓慢，这说明钢板厚度方向存在高度非线性温度分布。

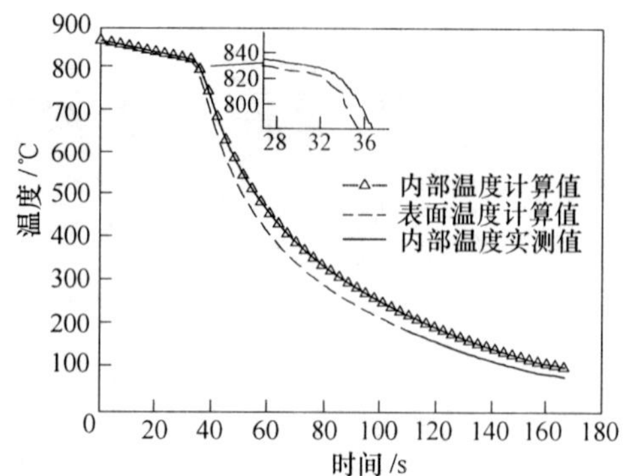

图 6-6　实测和计算的钢板（AISI 304L）温降曲线

基于实测数据绘制出的加密（单排）层流冷却条件下钢板（AISI 304L）温降曲线，结合冷却过程的导热微分方程，采用温度场反算方法，计算得到了实验条件下不同水流量下的钢板表面对流换热系数及对应的表面温度，如图 6-7 所示。冷却水冲击钢板表面后，随着钢板表面温度的下降，对流换热系数值逐渐增加。这一结果与韦光等人研究结果基本一致。Leocadio 等人也得出类似的结论。在距离驻点外 70mm、140mm、210mm 位置处，对流换热系数随表面温度的变化规律与驻点处的规律基本相同，其值不同。随着距离冲击区驻点的距离增加，对流换热系数随表面温度变化曲线下移。这说明层流冷却过程中，对流换热系数不仅与表面温度有关，而且与冷却位置有关。

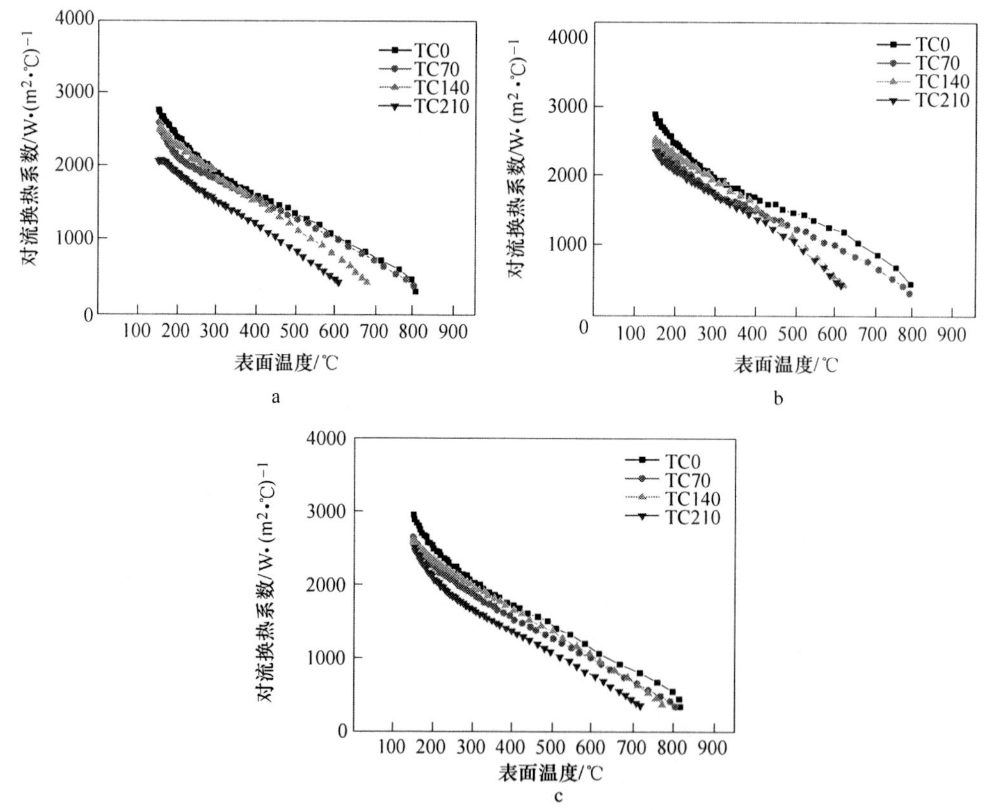

图 6-7　不同冷却位置处表面温度与换热系数关系

a—15L/min；b—27L/min；c—35L/min

基于实测数据绘制出的加密层流冷却条件下 Q345B 钢板温降曲线，结合冷却过程的导热微分方程，采用温度场反算方法，计算得到了实验条件下不同水流量下的钢板表面对流换热系数及对应的表面温度，如图 6-8 所示。从图中看出，冷却水冲击高温钢板表面后，冲击驻点处的对流换热系数随钢板表面温度下降而增加。不同位置处钢板表面温度从高温降至300℃时，对流换热系数值从一个较小的值逐渐增大至4500W/(m^2·℃)；表面温度低于300℃时，随着表面温度的下降，对流换热系数值急剧增加。从上述分析可知，测温点70mm位置处，以核态沸腾和过渡沸腾形式传热，其换热强度远小于冲击驻点处的换热强度。因此，钢板表面对流换热系数小于冲击驻点处的对流换热系数。

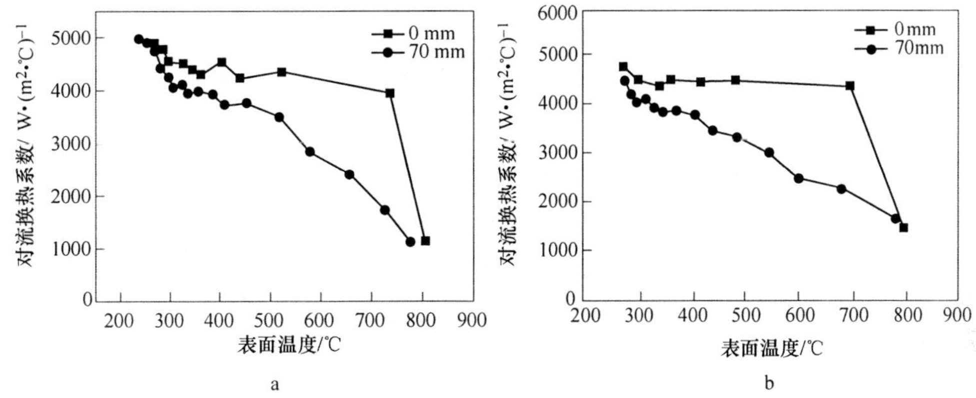

图6-8 不同水流量下表面温度与换热系数关系

a—95L/min；b—150L/min

图6-9为距离冲击驻点不同位置处水流量对换热系数的影响。实验材料为奥氏体不锈钢（AISI 304L）。从图6-9a中可以看出，在冲击驻点处，换热系数随高温钢板表面温度降低而增加。不同水流量下，换热系数随表面温度变化规律基本一致，这说明水流量对冲击驻点处换热系数变化规律没有影响。随着钢板表面温度降低，热流从较小值逐渐增加到最大值，然后下降。根据池内饱和沸腾曲线，热流随壁面过热度降低而降低的膜态沸腾区在图中没出现。最小热流值（Leidenfrost temperature）也没发现。这结果与池内饱和沸腾曲线不一致，因为该温度范围内，传热形式主要以强制对流换热为主，而不是辐射传热。表面温度从800℃下降到450℃时，热流逐渐增大，达到其最大值（临界热流）。冷却水冲击表面时，由于钢板表面温度很高，表面气泡数量随表面温度下降而增加，传热形式以过渡沸腾换热为主。表面温度小于450℃时，热流逐渐降低，传热方式为核沸腾。

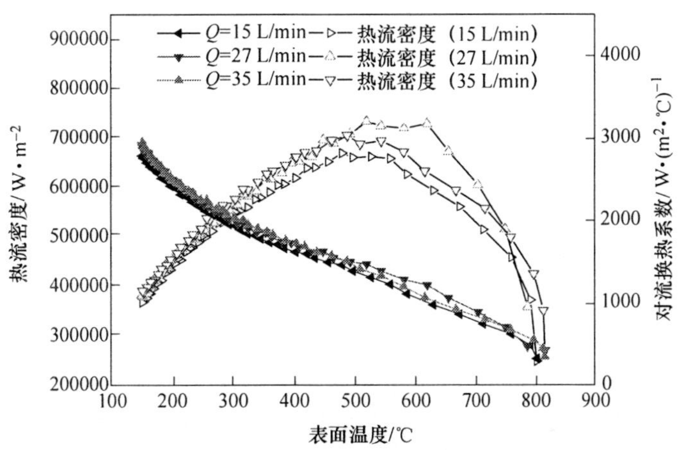

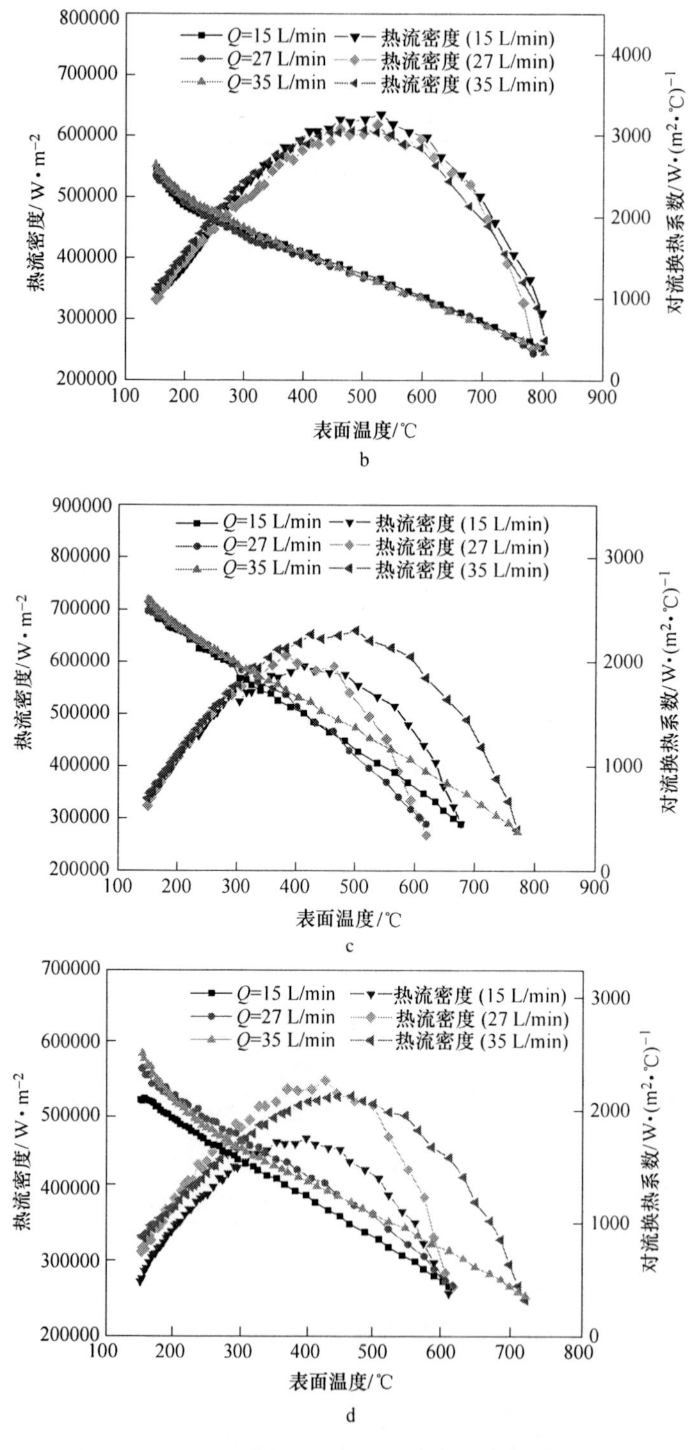

图 6-9　不同位置处水流量对换热系数的影响

a—d = 0mm；b—d = 70mm；c—d = 140mm；d—d = 210mm

从图 6-9b 中可以看出，在距离冲击驻点 70mm 处，换热系数随表面温度变化规律与冲击驻点处相同。随着表面温度下降，换热系数逐渐增加。在该位置处，水流量对换热系数随表面温度变化规律没有影响。但从图6-9c、d所示曲线中可以看出，在距离冲击驻点140mm、210mm位置处，不同水流量下换热系数随表面温度变化趋势有点差异。距离冲击驻点70mm位置处，不同水流量下，表面温度大于450℃时，对流换热系数随表面温度降低而升高，但表面温度对应的换热系数值不同；表面温度低于450℃时，换热系数随表面温度变化规律趋于一致。值得指出是，水流量为35L/min，冷却水穿过该位置时表面温度最高（800℃）；而水流量为15L/min，冷却水穿过该位置时表面温度较低（600℃左右）。从图6-9d所示曲线中也发现相同现象：表面温度大于450℃时，初始表面温度越低，其对应的换热系数越小；表面温度低于450℃时，换热系数随表面温度变化规律基本一致。

从图6-9中所示热流曲线可以看出，在冲击驻点处，热流随表面温度下降而增大，表面温度为450℃时，热流密度达到最大值，又称临界热流密度；表面温度低于450℃时，热流随表面温度降低而减小。在距离冲击驻点不同位置处，热流密度随表面温度变化规律相同，这说明冷却过程中，冷却区不同位置处都经历相同的沸腾形式。

为了进一步验证初始入口温度（开始冷却时钢板温度）对换热系数与表面温度变化规律的影响，选取两种不同初始入口温度进行冷却实验。初始冷却冷却温度（750℃、800℃）不同，其他测试条件相同。实验材料为奥氏体不锈钢（AISI 304L），冷却水流量为35L/min。图6-10为不同初始温度条件下，冲击驻点处表面温度与换热系数的关系。从图6-10中可以看出，表面温度低于450℃左右时，换热系数随表面温度变化趋势基本一致；表面温度大于450℃时，入口温度越高，其表面温度对应的换热系数值越大。

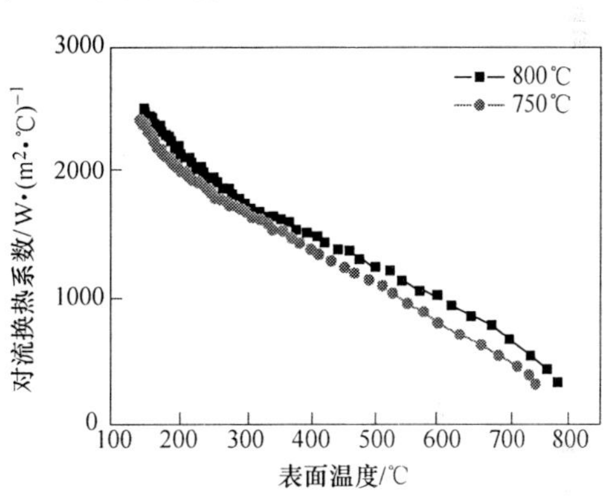

图6-10 不同入口温度时驻点处表面温度与换热系数的关系

图6-11为不同位置处水流量对换热系数比的影响。研究分析表明，在距离冲击驻点70mm位置处，水流量对换热系数与表面温度变化规律没影响，这说明该位置处，水流量对换热系数比随表面温度变化规律没影响，其换热系数比为0.8～0.92，如图6-11a所示。从图6-11中可以看出，表面温度低于450℃时，水流量对对流换热系数比影响不大，其换热系数比值为0.8～0.9。表面温度高于450℃时，换热系数比随表面温度降低而增大，水流量越大，换热系数比越大。

在获取了大量的实验条件下换热系数数据的情况下，如果能够建立一个合适、合理的数学模型，并对其进行回归分析或曲线拟合，从而建立起换热系数与诸多影响因素之间的关系式，那么对水冷器设备的设计和实际生产中参数的控制都有非常重要的意义。

模型选择要包含一组具体的自变量是非常重要的。经过分析论证得知，若将所有耦合因素都考虑在内，那么将会导致回归所得的数学模型精确性下降，有时甚至会导致回归的数学模型根本就是错误的，与实际情况不符。为了避免出现这样的问题，在构造、回归分析数学模型前，首先要对换热系数的影响因素进行分析选择。

北京科技大学的王有铭教授等人对不同的钢板冷却方式进行了较系统的研究，并用回

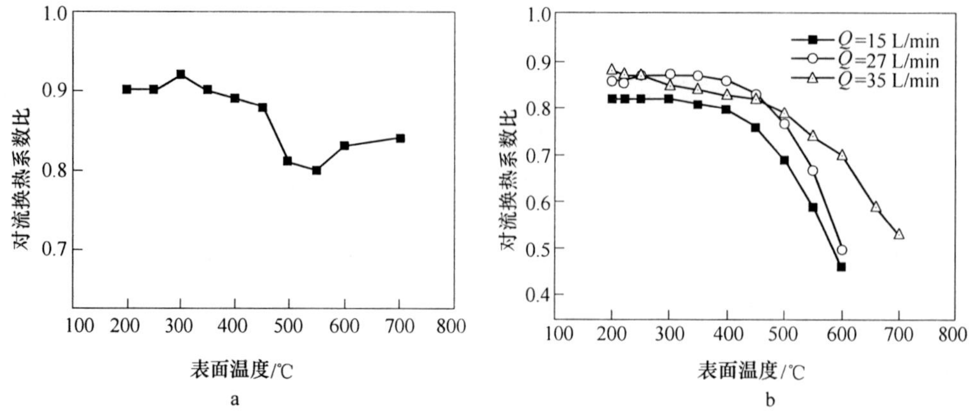

图 6-11　不同位置处水流量对换热系数比的影响

a—$d=70$mm；b—$d=210$mm

归分析的方法回归出了不同冷却条件下换热系数的经验计算公式。本书也应用这种途径将各种水冷却器下实验所得的换热系数进行回归分析。

对加密层流水冷器冷却下高温钢板表面温度与对流换热系数关系进行了分析研究。结果表明，水流量对冲击驻点处的钢板表面对流换热系数变化规律没有影响；对于同一厚度钢板，表面换热系数随钢板表面温度下降呈非线性变化。根据表面换热系数随表面温度变化曲线趋势，确定所采用的回归模型为多元线性回归模型。因此，利用多元线性回归方法对实验数据进行回归分析，得出的冲击区驻点处的钢板（AISI 304L）表面换热系数模型为（相关系数 γ 为 0.998）：

$$h(T) = 14379.98 - 99.74823T + 0.397T^2 - 0.84\left(\frac{T}{10}\right)^3 + 89.904\left(\frac{T}{100}\right)^4 \tag{6-12}$$

研究还表明，钢板表面换热系数不仅与表面温度有关，还与冷却位置有关。驻点外的表面换热系数随表面温度变化也呈非线性变化。根据驻点外的换热系数比值可知，驻点外的表面换热系数小于驻点处的换热系数值。

利用回归方法对实验数据进行回归分析，得到了高温钢板水冷过程中与钢板表面温度、冷却位置有关的对流换热系数模型为（相关系数 γ 为 0.906）：

$$\ln h(T,d) = 9.476984 - 0.004116T - 0.0008d \tag{6-13}$$

式中，T 为表面温度，℃；d 为远离冲击区驻点处的距离，mm。

6.3.2.2　对流换热的准则方程式

为了使实验结果能够推广应用到所有与此相似的现象中，将各种换热过程的实验数据整理成准则方程的形式。

对于流体流过平板壁面的强迫对流换热，不含准数 Gr 项，故采用对流换热的准则方程为：

$$Nu = cRe^m Pr^n \tag{6-14}$$

为了确定上式的具体表达式，需要确定上式中系数 c、m、n。

在计算相似准则的数值前，需要对定性温度 t_m、定型尺寸及特征速度进行确定。

定性温度 t_m 为流体温度与壁面的平均温度，即：

$$t_m = \frac{t_f + t_s}{2} \tag{6-15}$$

式中，t_f 为流体（水）温度，℃；t_s 为壁面温度，℃。

钢板长度视为无限长，取板厚为定型尺寸。特征速度取来流速度 u_∞。

通过改变流体（冷却水）的速度，使流体的雷诺数、普朗特数发生变化，从而使努塞尔数相应地发生变化，即实验过程中的每一个努塞尔数都对应着一个雷诺数和一个普朗特数。当多次改变流体速度时，就可以获得许多组这样的数据。利用这些实验数据，便可确定相似准则之间的关系。

以 Pr 数为自变量，Nu 数为因变量，将所有的实验点描绘在双对数坐标纸上，则实验点的分布如图 6-12 所示。为了建立准则方程，需把这些散落成带状的实验点连成一条直线。在确定这条直线的位置时，应该使尽可能多的实验点落在这条直线上，同时还应使散落在直线两侧的实验点的数目大体相同。将方程式（6-14）改写成下列形式：

$$Nu = c_1 Pr^n \tag{6-16}$$

式中，$c_1 = cRe^m$。将式（6-16）两边取对数，得：

$$\lg Nu = \lg c_1 + n\lg Pr \tag{6-17}$$

令

$$y = \lg Nu, a = \lg c_1, x = \lg Pr \tag{6-18}$$

于是式（6-18）变为：

$$y = a + nx$$

此外，还可以对图 6-12 中的实验结果直接进行回归，得到方程式为：

$$\lg Nu = 1.708 + 0.635\lg Pr \tag{6-19}$$

根据这条直线，可以确定准则方程中 Pr 数的指数 n，即：

$$n = 0.635 \tag{6-20}$$

$$c_1 = \frac{Nu}{Pr^n} = cRe^m \tag{6-21}$$

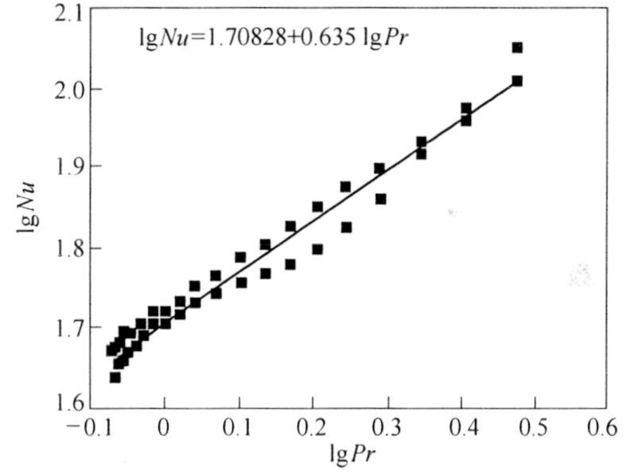

图 6-12 对流换热时的 $Nu = f(Pr)$

由于图 6-12 中隐含着雷诺数 Re 对努塞尔数 Nu 的影响，为了从这些实验数据中找出 Re 数对 Nu 数的影响，可将实验数据整理成 Nu/Pr^n 与 Re 数的对应关系，并将这些数据组也绘制在双对数坐标图上，就可得到图 6-13。

将图 6-13 中实验结果直接进行回归，得到方程式为：

$$\lg \frac{Nu}{Pr^n} = -0.154 + 0.342\lg Re \tag{6-22}$$

将方程式（6-21）两边取对数，得：

$$\lg \frac{Nu}{Pr^n} = \lg c + m\lg Re \tag{6-23}$$

根据式（6-22）和式（6-23），可以确定准则方程中 Re 数的指数 m，即：

$$c = 0.707 \tag{6-24}$$

$$m = 0.342 \tag{6-25}$$

因此，加密层流冷却条件下的换热系数的准则方程为：

$$Nu = 0.707Re^{0.342}Pr^{0.635} \tag{6-26}$$

为了验证加密层流冷却条件下实验所得的换热系数的可靠性，采用实验所得的换热系数作为温度场计算边界条件，对不同冷却条件下钢板温度场进行数值模拟计算。图 6-14 为某厂中厚板 ACC 系统。此系统由 20 组加密层流冷却器组成，两组间距为 1000mm。

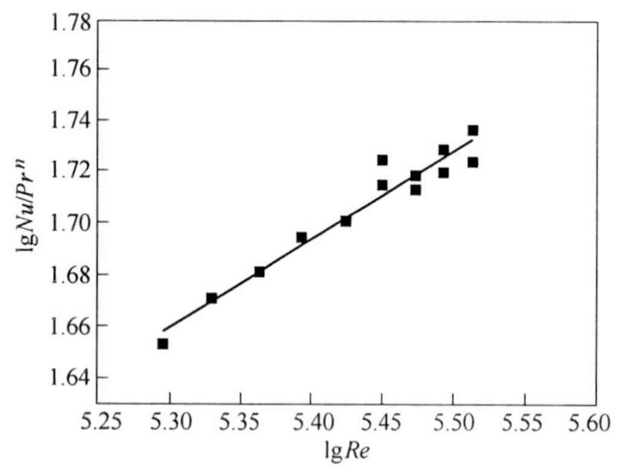

图 6-13　对流换热时的 $Nu/Pr^n = f(Re)$

图 6-14　中厚板 ACC 系统

为了减小计算时间和存储空间，选取钢板 Q345B 几何尺寸为：25mm（厚度）×2000mm（宽度）×3000mm（长度）。为了获得更精确的计算结果，在厚度方向采用较细的单元网格。假设钢板上下表面传热相同，初始温度均匀分布。采用实验所得的换热系数作为温度场计算的边界条件。

表 6-1 为某厂中厚板 ACC 部分生产记录。分别选取 2 号、3 号、4 号、15 号和 16 号冷却方式对钢板 Q345B 进行温度场有限元数值模拟计算。其中 2 号冷却方式开启了 6 组冷却水；3 号、4 号、16 号冷却方式开启了 7 组冷却水；15 号冷却方式开启了 8 组冷却水。表中“1”表示该位置集管开启，“0”表示该位置集管关闭。

图 6-15 和图 6-16 分别为 3 号冷却方式下不同时刻的温度场分布。

表 6-1　中厚板 ACC 部分生产记录

编号	辊道速度/m · s^{-1}	开冷温度/℃	返红温度/℃	目标温度/℃	开水组数
1	1.23	823	657	650	10101010101010000000
2	1.20	802	664	650	10101010101000000000
3	1.29	820	643	650	10101010101010000000
4	1.26	818	651	650	10101010101000000010
5	1.22	820	642	650	10101010101010000000
6	1.27	803	664	650	10101010101000000000
7	1.22	822	652	650	10101010101010000000
8	1.24	810	671	650	10101010101000000000
9	1.28	828	647	650	10101010101000000010
10	1.27	813	659	650	10101010101000000000

续表 6-1

编号	辊道速度/m · s^{-1}	开冷温度/℃	返红温度/℃	目标温度/℃	开水组数
11	1.28	822	639	650	10101010101010100000
12	1.20	817	635	650	10101010101010000000
13	1.25	822	642	650	10101010101010100000
14	1.26	798	648	650	10101010101010000000
15	1.17	811	619	650	10101010101010000001
16	1.27	812	652	650	10101010101000000001
17	1.28	787	659	650	10101010101000000000
18	1.33	791	643	650	10101010101000000000
19	1.36	809	601	650	10101010101010000000
20	1.33	779	658	650	10101010100000000000

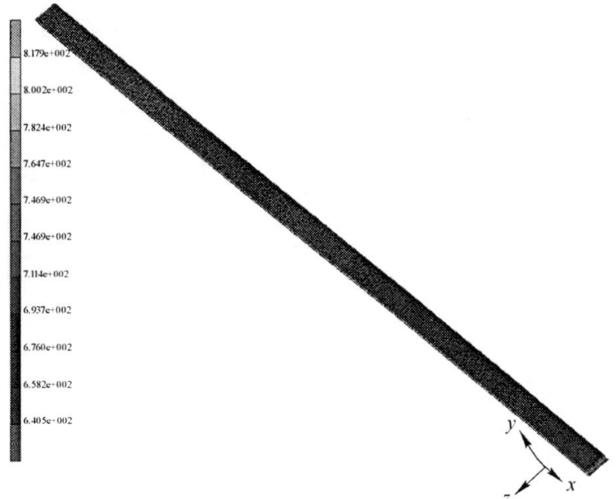

图 6-15　钢板进入冷却区 5s 后温度场分布

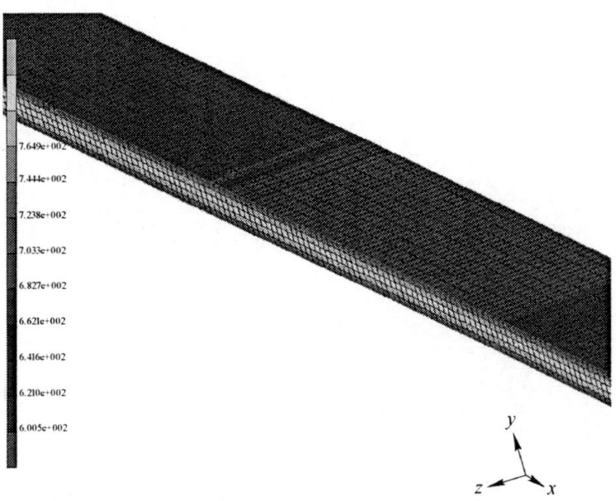

图 6-16　钢板进入冷却区 8s 后温度场分布

图6-17为不同冷却方式下钢板表面温降曲线。从图6-17与表6-1中可以看出，利用有限元数值计算的结果与现场实测的温度相差不大，误差在30℃以内。这说明通过实验得到的换热系数是可靠的，这为钢板温度预测与控制提供了有效手段。

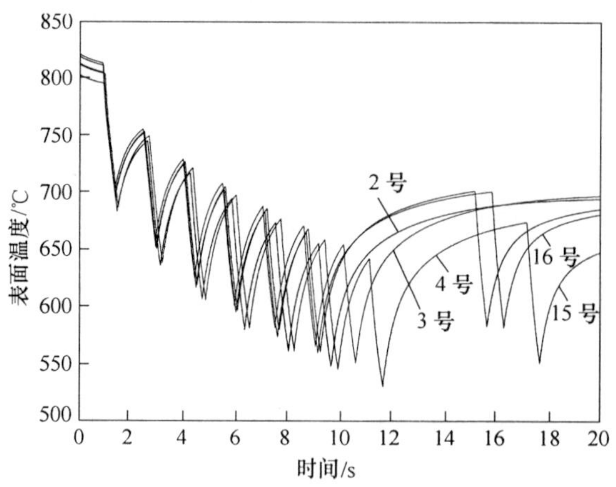

图6-17 不同冷却方式下钢板表面温降曲线

6.3.3 缝隙喷射冷却

高压缝隙冷却器是北京科技大学高效轧制国家工程研究中心自主研发的冷却设备之一，其压力范围为0.3～0.7MPa，其缝隙开口度可调。水流量和水流开口度可根据具体需求情况进行控制。一是出口缝隙开口度保持不变，利用改变水的压力使流量变化；二是保持水压不变，改变出水口的开口度，有利于形成稳定的冲击射流。

6.3.3.1 缝隙喷射冷却的对流换热系数

图6-18为高压缝隙冷却下冷却水冲击高温钢板表面时不同时刻的温度场分布。实验材料为奥氏体不锈钢（AISI 304L），冷却水流量为240L/min，冷却水温为20℃，水压为0.65MPa。从射流冲击换热过程中的可视化图像中可以看出：冷却水射流冲击到高温钢板表面后，钢板形成黑（低温）和红（高温）两个区域，并在表面形成湿润区与未湿润区

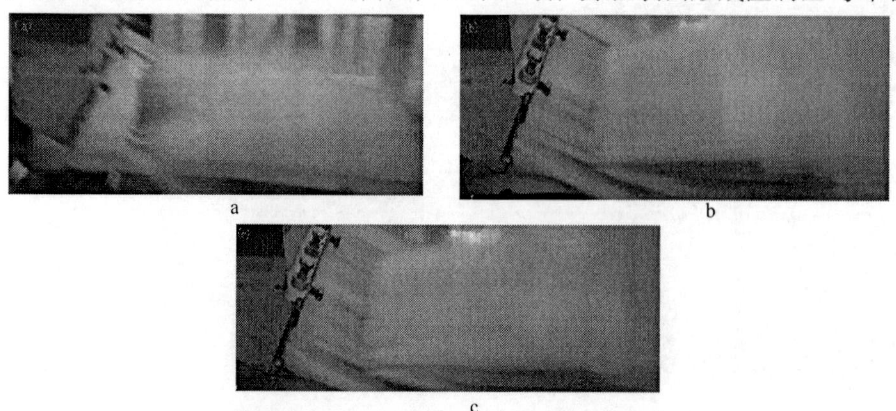

图6-18 高压缝隙冷却下冷却水冲击钢板表面时不同时刻的温度场分布

a—冲击时，0s；b—冲击后，10s；c—冲击后，15s

分界线。由于冷却水喷射不均匀，在钢板表面形成的黑红分界线并不是直线。随着钢板表面温度降低，冷却水沿纵向流动，湿润高温表面。由于水的压力较大，部分冷却水在钢板表面上方形成水幕从冲击驻点处飞溅出去。

图 6-19 为实测高压缝隙冷却下冷却水冲击高温钢板过程中的温降曲线。实验材料为奥氏体不锈钢（AISI 304L），水压为 0.65MPa。从图 6-19a 所示冷却曲线中可以看出：冷却水冲击高温钢板表面时，冲击驻点处，钢板温度迅速下降；随着冷却时间增加，距离冲击驻点 70mm、140mm 位置处钢板温度依次迅速下降。从冷却曲线斜率来看，距离冲击驻点 70mm 位置处的曲线斜率与冲击驻点处的斜率大致相同。这说明高压缝隙冷却下，距离冲击驻点 0～70mm 范围内，钢板冷却速度相同。

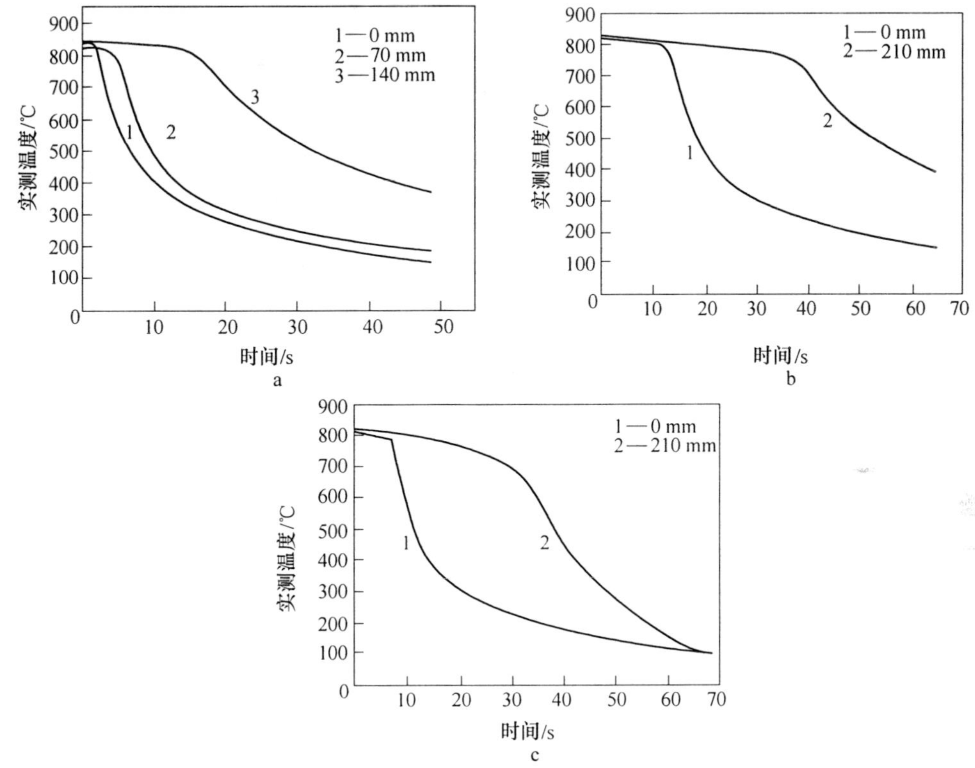

图 6-19 实测高压缝隙冷却下钢板（AISI 304L）的温降曲线

a—$Q=218$L/min；b—$Q=240$L/min；c—$Q=300$L/min

图 6-20 为实测高压缝隙冷却下钢板（Q345B）的温降曲线。从图中冷却曲线看出，冷却水冲击高温钢板表面时，驻点处温度立即下降；距离驻点 35mm 位置处钢板温度先迅速下降，后缓慢下降，再迅速下降。水流量越小，冷却曲线越明显。水流量为 300L/min 时，距离冲击驻点 0～35mm 范围内，冷却曲线基本一致。

基于实测数据绘制出的高压缝隙冷却下钢板（AISI 304L）温降曲线，结合冷却过程的导热微分方程，采用温度场反算方法，计算得到了实验条件下钢板表面对流换热系数及对应的表面温度，如图 6-21 所示。实验材料为奥氏体不锈钢（AISI 304L），水压为 0.65MPa。

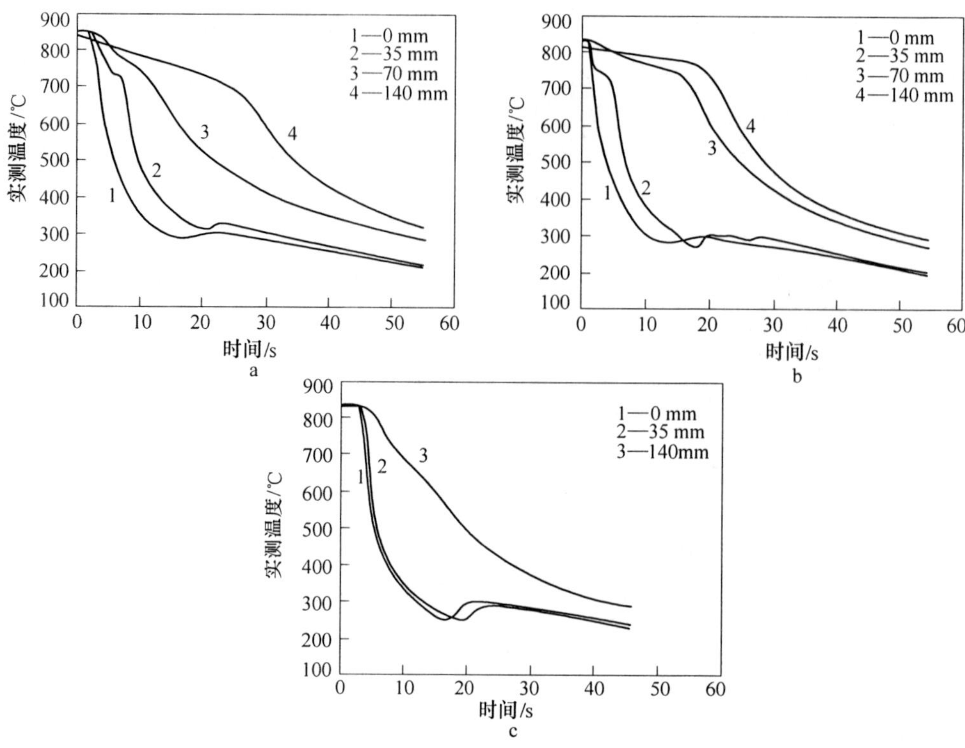

图 6-20 实测高压缝隙冷却下钢板（Q345B）的温降曲线

a —Q = 100L/min；b—Q = 150L/min；c—Q = 300L/min

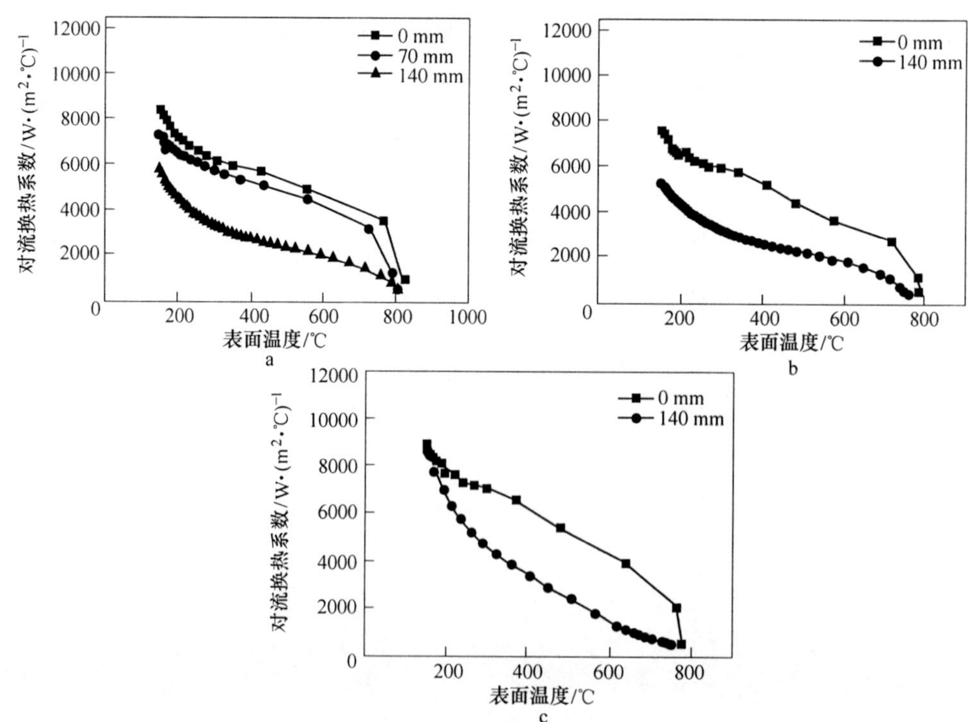

图 6-21 高压缝隙冷却下钢板 AISI 304L 表面温度与换热系数的关系

a—Q = 218L/min；b—Q = 240L/min；c—Q = 300L/min

图 6-21a 中表明，高压缝隙冷却下，水流量为 218L/min 时，距离冲击驻点 0～70mm 范围内，换热系数随表面温度变化规律基本一致。钢板表面温度从高温下降至 300℃时，对流换热系数从一个较小的值逐渐增大至 6000W/(m^2·℃)；表面温度低于 300℃时，随着表面温度的下降，对流换热系数急剧增加。距离冲击驻点 140mm 位置处，对流换热系数随表面温度变化规律与冲击驻点处相同，但其换热系数值偏小，表面温度下降至 300℃时，换热系数值为 3500W/(m^2·℃)。这说明高压缝隙冷却下，冷却位置对换热系数有影响。

图 6-22 为高压缝隙冷却下，3 种不同水流量下钢板 Q345B 表面温度与换热系数的关系。考虑到中厚板在输出辊道上的实际有效冷却区间为 500℃以上，采用温度场反算方法，只计算了有效温度区间的换热系数与表面温度关系。从图中可看出，在冲击驻点处，钢板表面温度从高温下降至 500℃时，对流换热系数从一个较小的值逐渐增大至 8500W/(m^2·℃) 左右。根据绘制出的冷却曲线（图 6-22c）可看出，水流量为 300L/min，在距离冲击驻点 0～35mm 范围内，冷却曲线基本一致，由此可知，在该冷却位置区间不同位置处的钢板表面冷却速度、热流密度及换热系数相同。

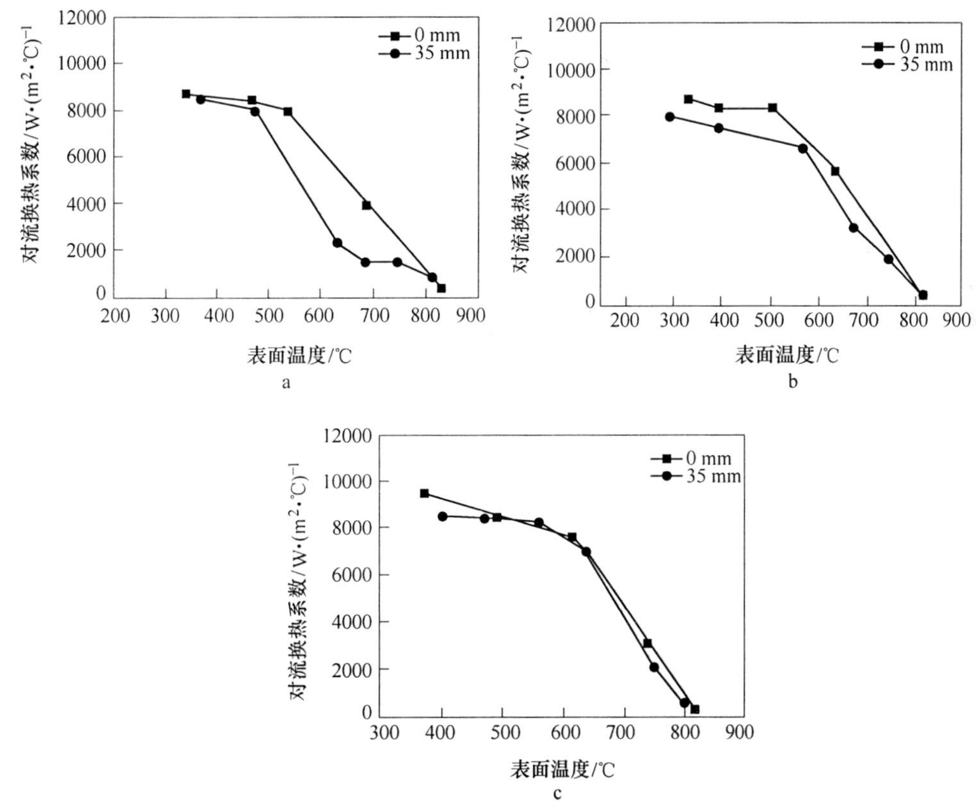

图 6-22 高压缝隙冷却下钢板 Q345B 表面对流换热系数与表面温度的关系

a—Q = 100L/min；b—Q = 150L/min；c—Q = 300L/min

图 6-23 为实测高压缝隙冷却下，不同水流量下冲击驻点处钢板 AISI 304L 的冷却曲线。根据实测的冷却曲线，采用温度场反算法，计算出并绘制了钢板表面对流换热系数随

表面温度变化曲线，如图 6-24 所示。冷却水冲击高温钢板表面前，钢板温度为 830℃左右。从冷却曲线看出，钢板温度高于 500℃时，不同水流量下冲击驻点处温降曲线基本一致。由此可以推出，水流量对冲击驻点处的对流换热系数随表面温度变化规律没有影响。这一结论，从图 6-24 中可以得到验证。

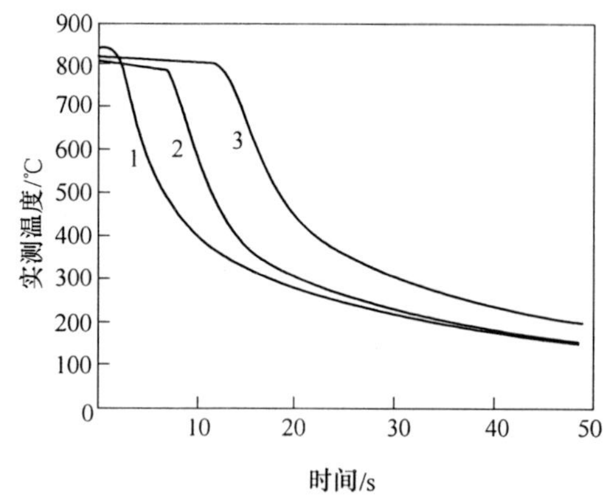

图 6-23　冲击驻点处 AISI 304L 钢板温降曲线
1—218L/min；2—240L/min；3—300L/min

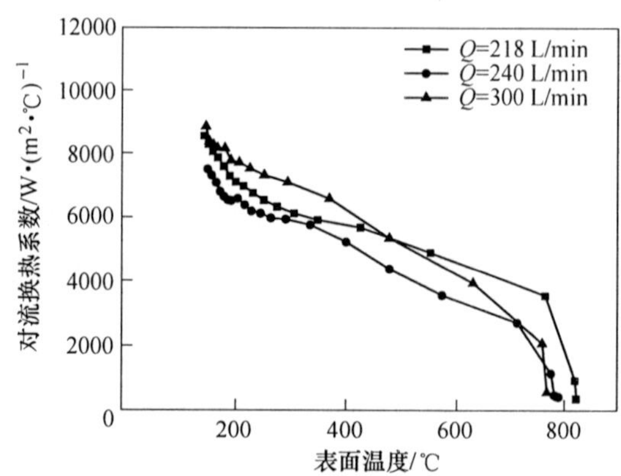

图 6-24　冲击驻点处 AISI 304L 钢板表面对换热系数与表面温度的关系

图 6-25 为实测高压缝隙冷却下，不同水流量下冲击驻点处钢板 Q345B 的冷却曲线。根据实测的冷却曲线，采用温度场反算法，计算出并绘制了钢板表面对流换热系数随表面温度变化曲线，如图 6-26 所示。冷却水冲击高温钢板表面前，钢板温度为 850℃左右。从图 6-25 和图 6-26 看出，水流量对冲击驻点处的对流换热系数随表面温度变化规律没有影响。随表面温度下降至 500℃，钢板表面对流换热系数增加到 8500W/(m^2·℃）左右。

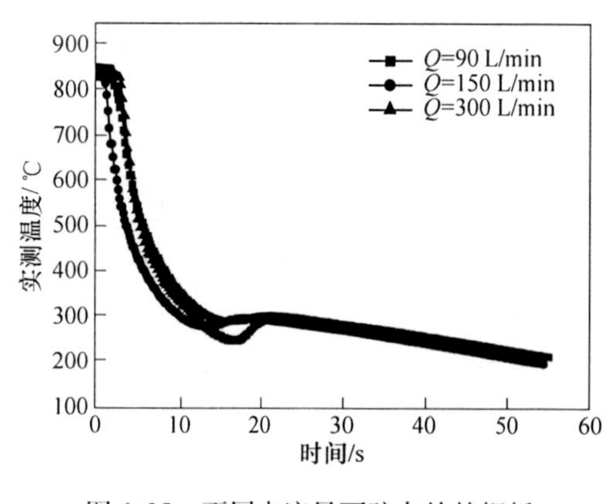

图 6-25　不同水流量下驻点处的钢板 Q345B 温降曲线

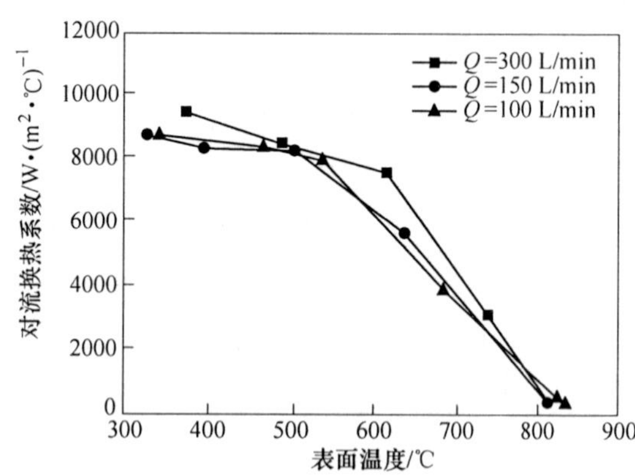

图 6-26　钢板 Q345B 表面对流换热系数与表面温度的关系

对高压缝隙冷却条件下高温钢板表面温度与对流换热系数关系进行了分析研究。结果表明：表面换热系数随钢板表面温度下降呈非线性变化；水流量对冲击驻点处的钢板表面对流换热系数变化规律没有影响。

因此，利用多元线性回归方法对实验数据进行回归分析，得出的冲击驻点处的换热系数模型为（相关系数 γ 为 0.982）：

$$h(T) = 45468.4 - 586.3T + 3.258T^2 - 8.25\left(\frac{T}{10}\right)^3 + 954.89\left(\frac{T}{100}\right)^4 \tag{6-27}$$

6.3.3.2 缝隙喷射对流换热的准则方程式

以 Pr 数为自变量，Nu 数为因变量，将所有的实验点描绘在双对数坐标纸上，则实验点的分布如图 6-27 所示。

对图 6-27 中实验结果直接进行回归，得到方程式为：

$$\lg Nu = 3.207 + 0.573\lg Pr \tag{6-28}$$

将对流换热的准则方程改写成下列形式：

$$Nu = c_1 Pr^n \tag{6-29}$$

式中，$c_1 = cRe^m$。将式（6-29）两边取对数，得：

$$\lg Nu = \lg c_1 + n\lg Pr \tag{6-30}$$

根据式（6-28）和式（6-30）可以确定准则方程中 Pr 数的指数 n，即：

$$n = 0.573 \tag{6-31}$$

$$c_1 = \frac{Nu}{Pr^n} = cRe^m \tag{6-32}$$

将实验数据整理成 Nu/Pr^n 与 Re 数的对应关系，并将这些数据组也绘制在双对数坐标图上，就可得到图 6-28。

对图 6-28 中实验结果直接进行回归，得到方程式为：

$$\lg\frac{Nu}{Pr^n} = -0.068 + 0.47\lg Re \tag{6-33}$$

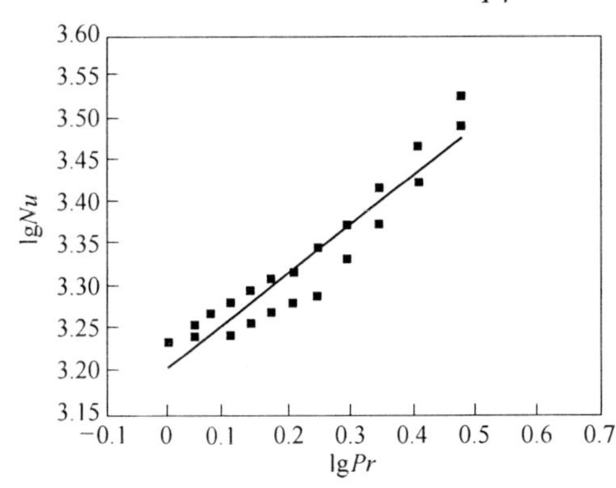

图 6-27 对流换热时的 $Nu = f(Pr)$

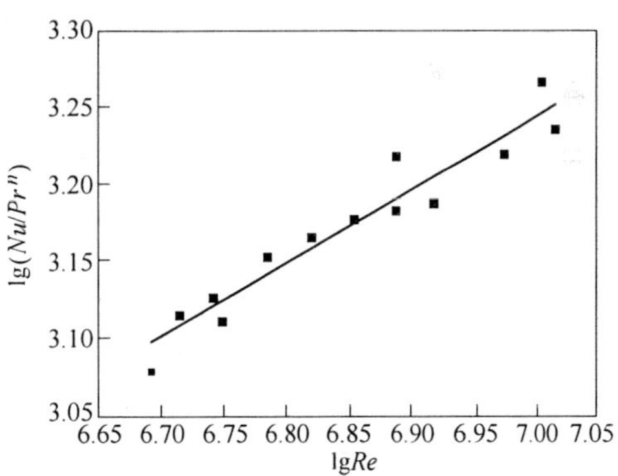

图 6-28 对流换热时的 $Nu/Pr^n = f(Re)$

将方程式（6-32）两边取对数，得：

$$\lg\frac{Nu}{Pr^n} = \lg c + m\lg Re \tag{6-34}$$

由式（6-33）和式（6-34）可得：

$$m = 0.47 \tag{6-35}$$

$$c = 0.855 \tag{6-36}$$

因此，高压缝隙冷却下换热系数的准则方程为：

$$Nu = 0.855Re^{0.47}Pr^{0.573} \tag{6-37}$$

6.3.4　柱状流喷射冷却

6.3.4.1　柱状流喷射冷却的对流换热系数

高压倾斜喷射冷却器是北京科技大学高效轧制国家工程研究中心自主研发的冷却设备之一，目前已配备在实验车间控制冷却系统上使用。高压倾斜喷射冷却器由两排圆形喷嘴组成，其压力范围为 0.3 ~0.7MPa。

图 6-29 为高压倾斜喷射下冷却水冲击高温钢板表面时不同时刻的温度场分布。实验材料为奥氏体不锈钢（AISI 304L），冷却水流量为 170L/min，冷却水温为 20℃，水压为 0.65MPa。从射流冲击换热过程中的可视化图像中可以看出：冷却水射流冲击到高温钢板表面时，在钢板表面形成椭圆形黑色区域；随冷却时间增加，黑色区域逐渐扩大，在表面形成湿润区与未湿润区分界线，表面冷却均匀。随着钢板表面温度降低，冷却水沿纵向流动，湿润高温表面。由于水的压力较大，部分冷却水从钢板表面冲击驻点处飞溅出去。

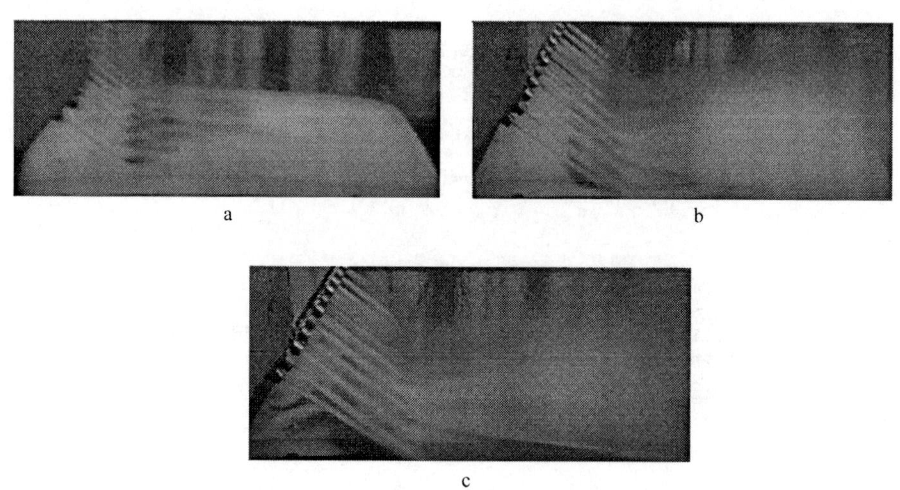

图 6-29　水流量为 170L/min 高压倾斜喷射下不同时刻的钢板温度分布

a—冲击时；b—冲击后，2s；c—冲击后，20s

图 6-30 为实测高压缝隙冷却下冷却水冲击高温钢板过程中的温降曲线。实验材料为奥氏体不锈钢（AISI 304L），水压为 0.65MPa。从图 6-30a 所示冷却曲线中可以看出：冷却水冲击高温钢板表面时，冲击驻点处钢板温度迅速下降；随着冷却时间增加，距离冲击驻点 70mm、140mm 位置处钢板温度依次迅速下降。

基于实测数据绘制出的高压倾斜喷射冷却下钢板（AISI 304L）温降曲线，结合冷却过程的导热微分方程，采用温度场反算方法，计算得到实验条件下不同水流量下的钢板表面对流换热系数及对应的表面温度，如图 6-31 所示。实验材料为奥氏体不锈钢（AISI 304L），水压为 0.65MPa。

根据实测的冷却曲线，采用温度场反算法，计算出并绘制了钢板表面对流换热系数随表面温度变化曲线，如图 6-32 所示。从图 6-32 中看出，不同水流量下，钢板表面对流换热系数随表面温度变化规律相同。随表面温度下降至 500℃，钢板表面对流换热系数增加到 7500W/(m^2 · ℃) 左右。

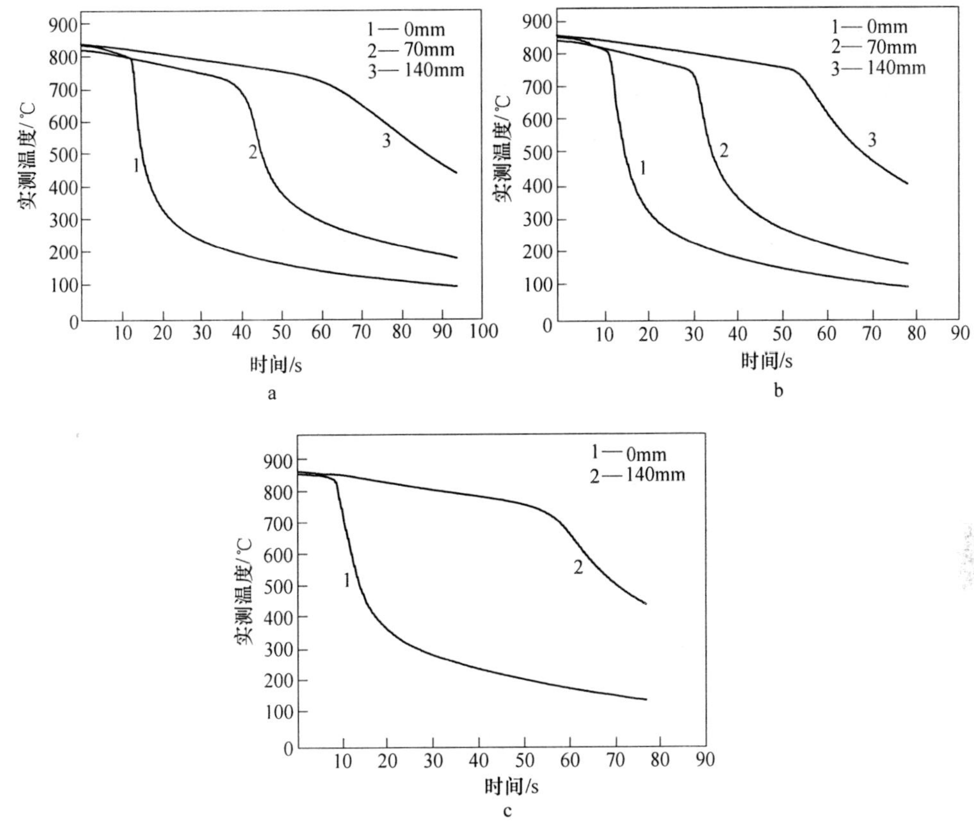

图 6-30 实测高压倾斜喷射冷却过程中 AISI 304L 的温降曲线

a—Q = 90L/min；b—Q = 128L/min；c—Q = 170L/min

对高压倾斜喷射冷却条件下高温钢板表面温度与对流换热系数关系进行了分析研究。结果表明，表面换热系数随钢板表面温度下降呈非线性变化；水流量对冲击驻点处的钢板表面对流换热系数变化规律没有影响。

因此，利用多元线性回归方法对实验数据进行回归分析，得出的冲击驻点处的换热系数模型为（相关系数 γ 为 0.992）：

$$h(T) = 20259.03 - 163.71T + 0.936T^2 - 2.59\left(\frac{T}{10}\right)^3 + 332.85\left(\frac{T}{100}\right)^4 \tag{6-38}$$

6.3.4.2 柱状流喷射对流换热的准则方程式

以 Pr 数为自变量，Nu 数为因变量，将所有的实验点描绘在双对数坐标纸上，则实验点的分布如图 6-33 所示。

将图 6-33 中实验结果直接进行回归，得到方程式为：

$$\lg Nu = 3.38 + 0.281\lg Pr \tag{6-39}$$

$$Nu = c_1 Pr^n \tag{6-40}$$

式中，$c_1 = cRe^m$。将式（6-40）两边取对数，得：

$$\lg Nu = \lg c_1 + n\lg Pr \tag{6-41}$$

根据式（6-39）和式（6-41）可以确定准则方程中 Pr 数的指数 n，即：

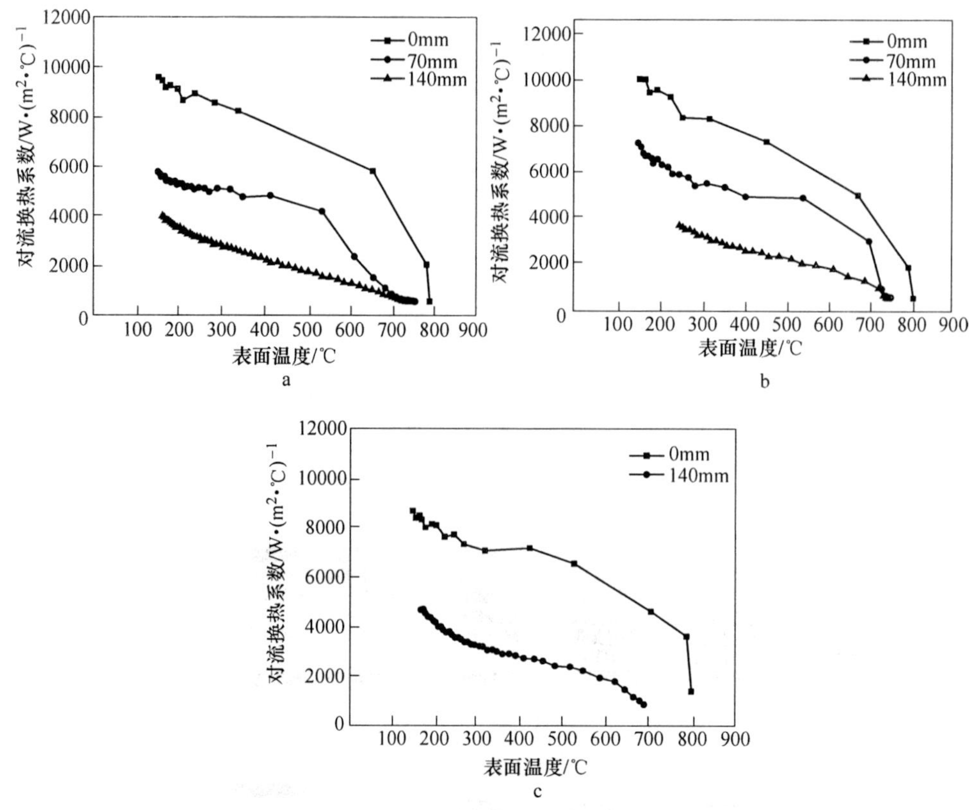

图 6-31　不同水流量下钢板（AISI 304L）表面对流换热系数与表面温度的关系

a—Q = 90L/min；b—Q = 128L/min；c—Q = 170L/min

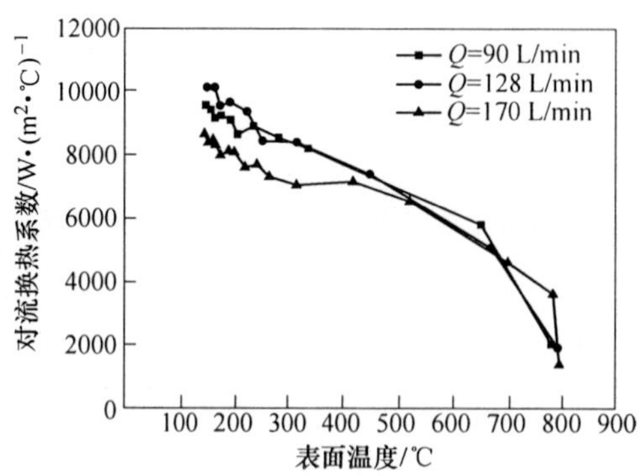

图 6-32　不同水流量下钢板 Q345B 表面对流换热系数与表面温度的关系

$$n = 0.281 \tag{6-42}$$

$$c_1 = \frac{Nu}{Pr^n} = cRe^m \tag{6-43}$$

图 6-33 中隐含着雷诺数 Re 对努塞尔数 Nu 的影响，为了从这些实验数据中找出 Re 数对 Nu 数的影响，可将原始实验数据整理成 Nu/Pr^n 与 Re 数的对应关系，并将这些数据组也绘制在双对数坐标图上，就可得到图 6-34。

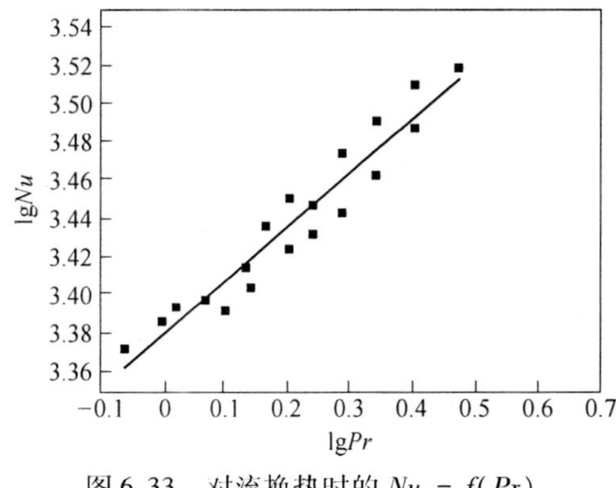

图 6-33 对流换热时的 $Nu=f(Pr)$

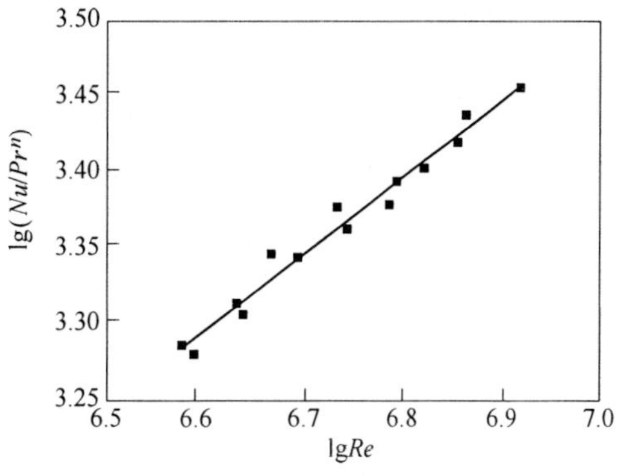

图 6-34 对流换热时的 $Nu/Pr^n=f(Re)$

将图 6-34 中实验结果直接进行回归，得到方程式为：

$$\lg\frac{Nu}{Pr^n}=-0.034+0.504\lg Re \tag{6-44}$$

将方程式（6-43）两边取对数，得：

$$\lg\frac{Nu}{Pr^n}=\lg c+m\lg Re \tag{6-45}$$

由式（6-44）和式（6-45）可得：

$$m=0.504 \tag{6-46}$$

$$c=0.924 \tag{6-47}$$

因此，高压倾斜喷射冷却条件下换热系数的准则方程为：

$$Nu=0.924Re^{0.504}Pr^{0.281} \tag{6-48}$$

6.4 不均匀冷却与残余应力

6.4.1 残余应力的测量

6.4.1.1 传统的残余应力测量方法

目前传统的残余应力测量方法可分为机械释放测量法和无损测量法两种[6]。机械释放测量法是将具有残余应力的部件从构件中分离或切割出来使应力释放，由测量其应变的变化求出残余应力。该方法会对工件造成一定的损伤或者破坏，但其测量精度较高、理论完善、技术成熟，目前仍广泛应用。主要包括钻孔法、环芯法、分割切条法等，其中尤以浅盲孔法的破坏性最小。无损测量法即物理检测法，主要有 X 射线法、X 射线衍射法、中子衍射法、扫描电子显微镜法、电子散斑干涉法、超声法和磁性法等。其对被测件无损害，但是成本较高，所需设备昂贵，其中 X 射线法和超声法发展较为成熟。

6.4.1.2 几种新型残余应力测量方法

裂纹柔度法：裂纹柔度法是基于线弹性断裂力学原理，在被测物体表面引入一条深度逐渐增加的裂纹来释放残余应力，通过测量对应不同裂纹深度指定点的应变释放量来测定相应的应变、位移等量值，进而分析和计算残余应力。

共振频率法：固支梁可有效地用于应力测试，若该结构中存在残余拉应力，选择弯曲测试方法；而存在残余压应力时，选择临界挠曲法。但是上述方法缺少独立测试的能力，测试过程需要配合应力性质的测试方法才能完成。针对此，徐临燕等提出了共振频率法，该方法基于显微激光多普勒技术，其基本原理是：基于横向弯曲振动理论建立轴向力作用下固支梁的振动偏微分方程，由轴向力的拉压性质求解方程的唯一解形式；再根据梁的应力状况确定选择最优化方法还是数值迭代方法计算残余应力值。其用该方法测量了PECVD 方法加工制备的 SiC-W 双层固支梁谐振器的残余应力，并结合有限元模态分析方法验证计算结果的正确性，最后采用 MicroLD 测振系统测试谐振器的幅频响应特性。

纳米压痕法：随着微电子技术和微系统的发展，材料的微观力学性能研究随之发展起来，纳米压痕技术应运而生。通过压痕实验可连续测定材料的载荷-位移曲线。

6.4.2　温度-相变-应力的耦合

6.4.2.1　带钢冷却过程的温度场

对管线钢 X70 层流冷却过程[7]，主要从带钢厚度和宽度两方面来考虑温度和相变的变化与分布情况。层流冷却和加密层冷的设备参数见表 6-2，两者采用相同的有限元模型，只是缩小了集管在垂直轧向上的分布。

表 6-2　层流冷却和加密层冷设备参数

冷却类型		D（喷嘴直径）/m	P_i（沿轧向）/m	P_c（垂直轧向）/m
层流冷却	上集管	0.022	0.51	0.041
加密层冷	上集管	0.018	0.51	0.025
层流冷却	下集管	0.017	0.76	0.051
加密层冷	下集管	0.017	0.76	0.025

有限元单元示意图如图 6-35 所示。

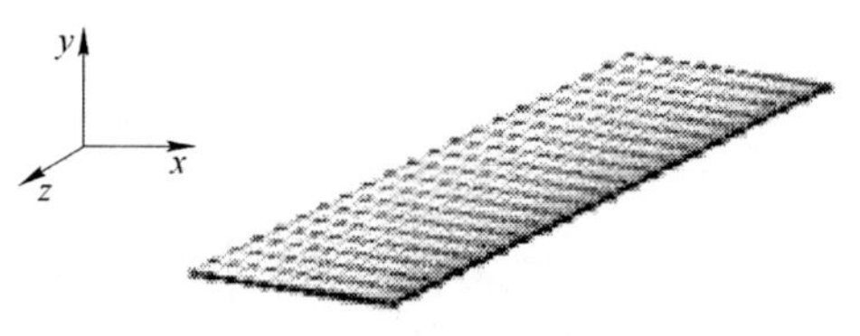

图 6-35　带钢有限元示意图

采用有限元计算方法得到：在厚度上带钢的温度变化和相变分布如图 6-36 和图 6-37 所示。从两图可以看出，最初的空冷阶段带钢上下表面和中心面的冷却速度基本一致，进入水冷阶段后，上表面直接接触冷却水，温度降得比较迅速，在 25s 时发生贝氏体相变，下表面和中心面在 28s 时才开始发生贝氏体相变。水冷结束时带钢上下表面温差达到 28℃，即水冷时上下表面的温差是导致贝氏体含量出现差异的主要原因。层冷结束后，由于相变释放相变潜热使得温度升高，从而延迟了温度场的温降速度，最终温度趋于一致。

所以，对 C-Mn-Nb-Mo 合金化的 X70 钢，冷却过程中相变同时伴随体积膨胀，转变温度越低的相，其线膨胀系数越高。据此可以判断的是：水冷过程中，带钢上表面会先发生相变，横向 C 形弯在冷却过程后段会减轻或消除。但是，横向 C 形弯形成后，会在带钢中心造成严重积水，水冷只会进一步加剧厚度方向的温度不均。

带钢宽度方向上的温度分布和相变分布如图 6-38 和图 6-39 所示。结合两图，可以看出在初始时，带钢宽度上已经存在温度分布不均。冷却过程中，宽度上的温度分布不均加强。空冷时由于边部直接接触空气，热传导的方式是边部向中部进行，所以边部温降快，先发生贝氏体相变，而中部紧接着发生相变。随着水冷进行，两者温差越来越大，在 23s 左右温差达到最大值，主要是在带钢宽度上中间冷却水会向边部流动导致边部产生二次冷却，使边部对流换热系数进一步增大而加快边部冷却速度。冷却过程中发生的贝氏体相变释放相变潜热造成温升，此时边部和中部的温差慢慢缩小。带钢宽度方向冷却的不均匀性和组织分布不均，严重时会导致带钢产生翘曲，这种翘曲也是冷缩和相变作用的结果。

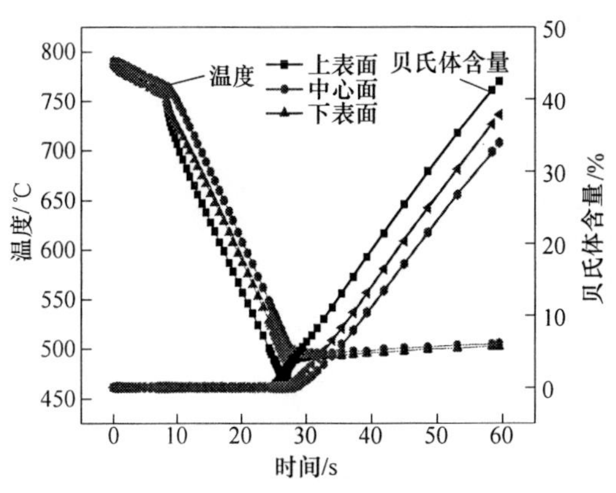

图 6-36 带钢厚度上温度和相变分布

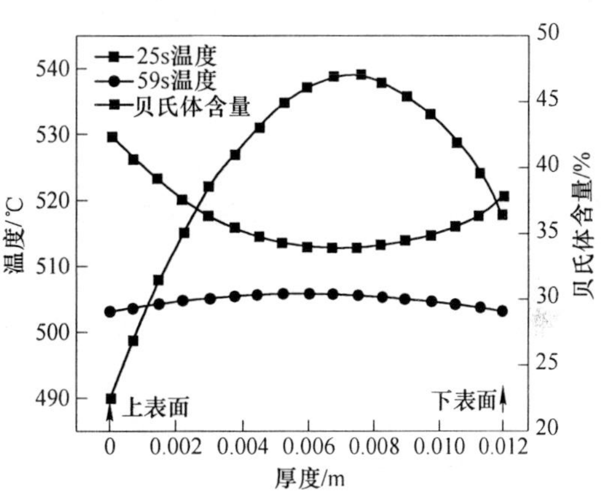

图 6-37 带钢终冷时厚度上温度和相变分布

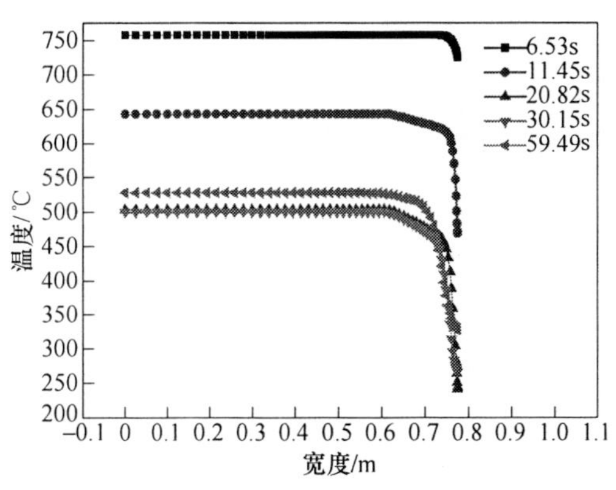

图 6-38 带钢上表面沿宽向温度分布

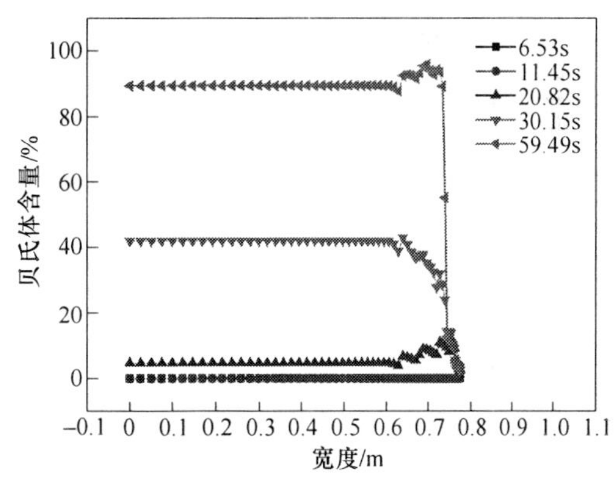

图 6-39 带钢上表面沿宽向贝氏体含量分布

6.4.2.2 带钢冷却过程中带钢的相变

图 6-40 是总冷却时间均为 59.5s 时，加密层冷和层流冷却带钢厚度上的温度变化。从图中可以看出，带钢经过层冷 18.66s 的水冷阶段后，上表面温降达到 274℃，而经过加密层冷相同水冷时间后上表面温降达 433℃，带钢水冷阶段的冷速由层流冷却的 14.68℃/s 提高到加密层冷的 23.19℃/s。

在厚度上，加密层冷和层流冷却后带钢的温差和贝氏体含量的比较见图 6-41 和图 6-42。可以看出，加密层冷下带钢厚度上的温差比层流冷却下大，加密层冷下带钢过冷度增大促使贝氏体相变的驱动力增大，先发生贝氏体相变。在冷却结束时，贝氏体在厚度上的转变量趋于一致且远远大于层流冷却下的转变量。说明加密层冷下带钢厚度上贝氏体的转变比层流冷却下的完全，厚度上的组织分布更为均匀，但是厚度上的温差可能会加剧带钢 C 形弯。

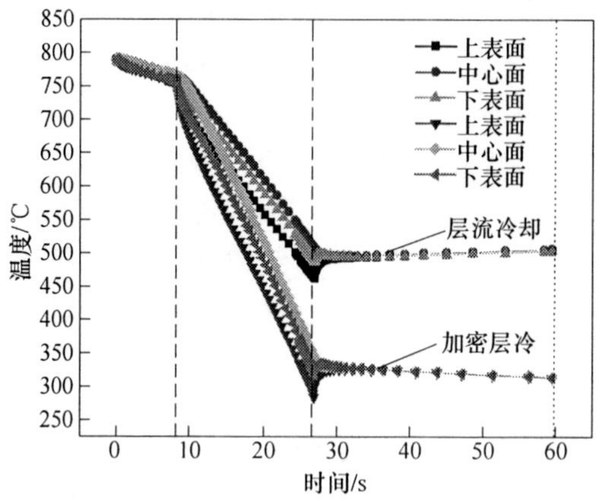

图 6-40　带钢厚度上的温度变化

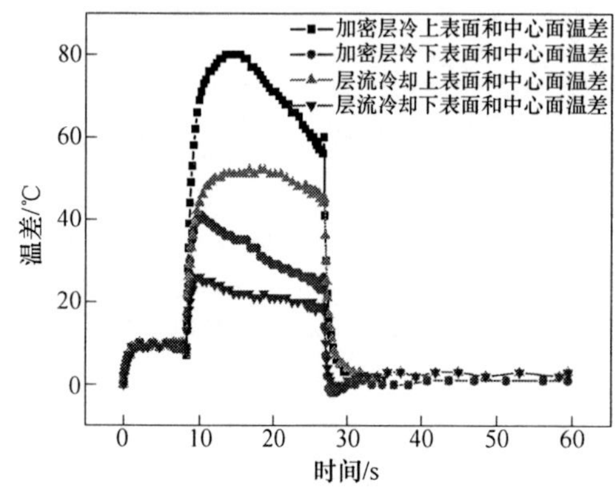

图 6-41　厚度上的温差随时间的变化

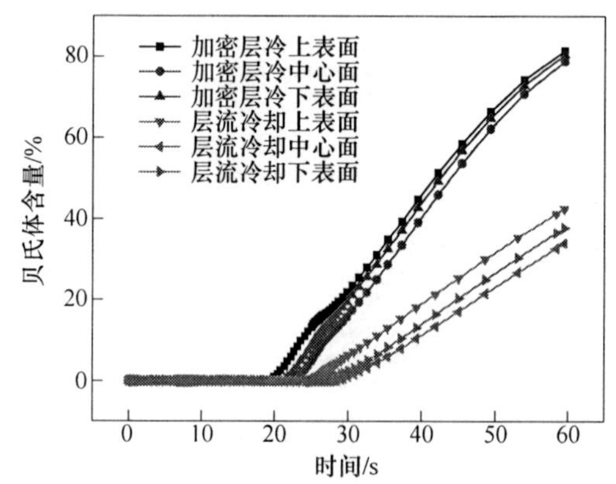

图 6-42　带钢中部厚度上的贝氏体含量

在宽度上，加密层冷和层流冷却的温度和贝氏体分布如图 6-43 和图 6-44 所示（0mm 处为带钢宽度方向横截面中部，775mm 为带钢边部）。初始时，两者的温度分布都比较均匀，靠近边部的地方即 750 ~ 775mm 之间存在过冷度过大现象，初始温差为 25℃。在水冷过程中，温度的不均匀分布沿宽度方向上的范围进一步加大，终冷时增加到 159mm 左右。而靠近边部的地方过冷度进一步加大，终冷时其温差层冷时达到 106℃，加密层冷时达到 139℃，说明加密层冷加剧了带钢横向上的冷却不均。

从图 6-44 可以看出，在不同冷却模式下，终冷时贝氏体含量及分布规律基本相同，宽度上带钢边部贝氏体含量比中部的低，但是层冷下的贝氏体转变量要高于加密层冷下的转变量。初始时两者的中边部温差一样，随着冷却的进行，加密层冷下的带钢一部分奥氏体来不及转化为贝氏体，在终冷时呈现出加密层冷下贝氏体的转化量低于层冷下的情况。

将加密层冷中水冷集管由 9 组缩减为 5 组，且水冷集管间距缩小，带钢冷却过程为先空冷 6.53s，水冷 10.37s 后再空冷 42.59s。从图 6-45 可以看出，在冷却时间相同的条件下，加密层冷的水冷阶段比层冷的水冷阶段时间缩短了大概 8s，但是依然可以保证带钢卷取温度为500℃，而且水冷集管从层冷的9组缩减为5组，加密层冷在一定程度上降低了成本。

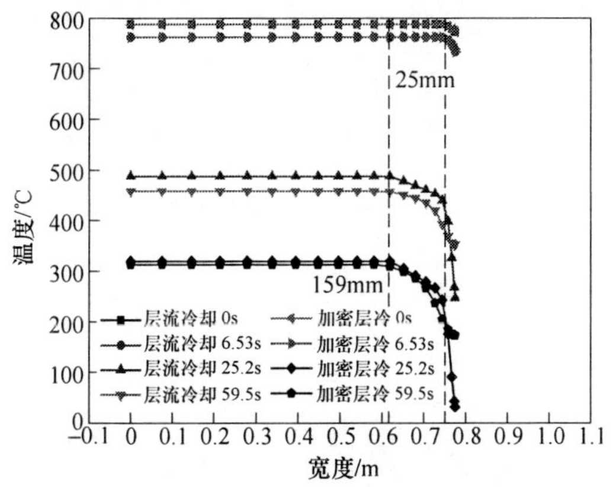

图6-43 带钢上表面温度沿宽度上的分布

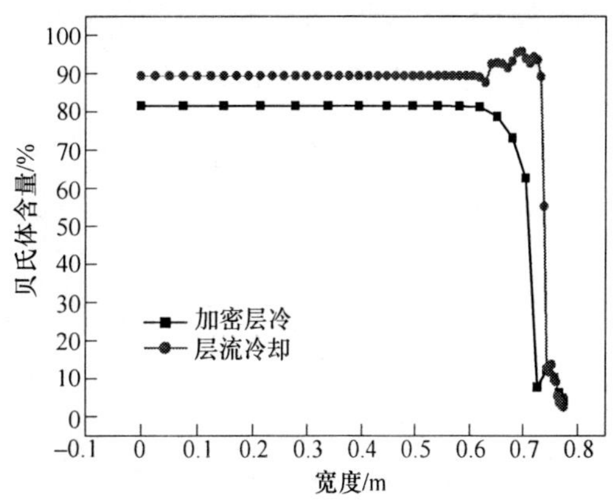

图6-44 终冷时宽度上贝氏体分布

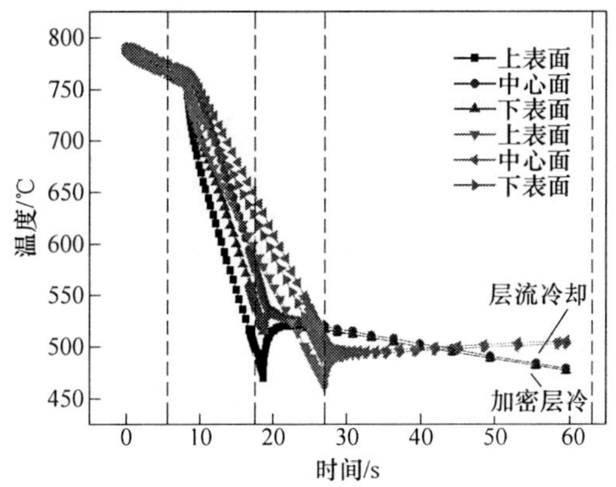

图6-45 带钢厚度上温度随时间变化曲线

A 温度场计算结果的验证

对于层流冷却过程的温度场计算结果进行验证，实测了首钢2160mm生产线热轧终轧出口处带钢宽度方向上中点的温度和带钢卷取时的温度。测温工具为红外热像仪，将红外热像仪存储的图像导入到计算机中，如图6-46和图6-47所示。提取温度沿带钢宽度分布图像，用FLIRQUICK Report软件对图像进行处理，绘制出宽度-温度的分布曲线，如图6-48所示。

从图6-47中可以看出，带钢终轧温度沿宽度分布呈现出中间高、边部低的趋势，温度范围为775～800℃。由于测温仪器和测温位置等客观因素的影响是不可避免的，总体上来说沿宽度上的温度分布实测值还是比较接近带钢初始温度条件设定值的。带钢卷取温度的实测值在477～505℃之间，而根据实际现场的冷却工艺计算所得的卷取前带钢温度分布范围为475～505℃之间。对比可知，计算值和实测值两者的温度相对误差不大于10℃，说明层流冷却温度场模型计算具有很高的精度。

B 相变计算结果的验证

结合CCT曲线可知组织转变均是高温低冷速时发生铁素体转变，中温增大冷速发生

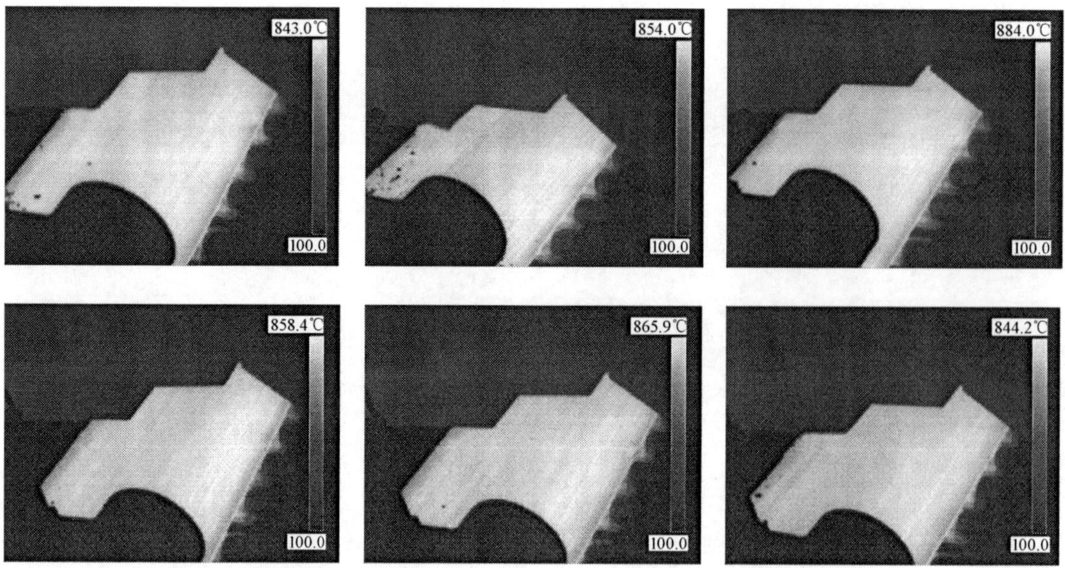

图 6-46 X70 热轧带钢精轧出口处的热像图（规格：12.7mm×1550mm）

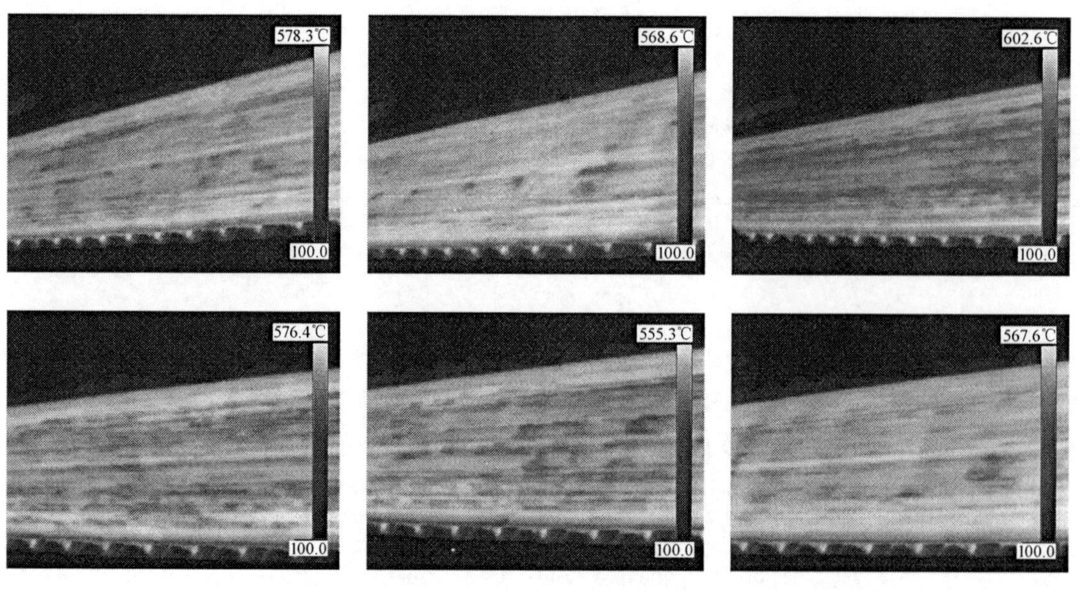

图 6-47 X70 热轧带钢卷取时的热像图（规格：12.7mm×1550mm）

贝氏体转变。结合 X70 热轧后冷却工艺：层流冷却阶段，带钢从 800℃冷却到 500℃，冷速为 15℃/s，整个过程耗时 60s。根据相变子程序计算得出的组织与 X70 实际层流冷却后的组织（见图 6-49）一致均为贝氏体，证明了相变模型的准确性。

6.4.2.3 热轧钢卷冷却过程径向导热和层间压力

以钢卷左半部为研究对象，原点为钢卷中部。图 6-50 表示钢卷模型中的节点位置，数字表示节点编号。在轴向上每 4 点为一组，共分为 7 组，轴向可用 1～7 列来描述。径向上每 8 点为一组，共分为 8 组，径向可用 1～8 层来描述。

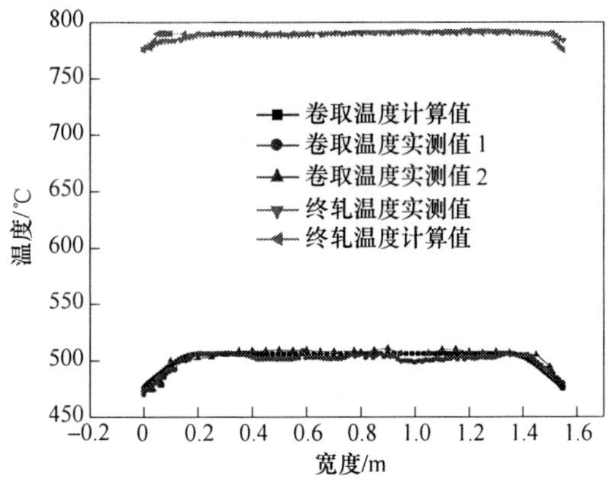

图 6-48 带钢终轧温度和卷取温度计算值和实测值的对比

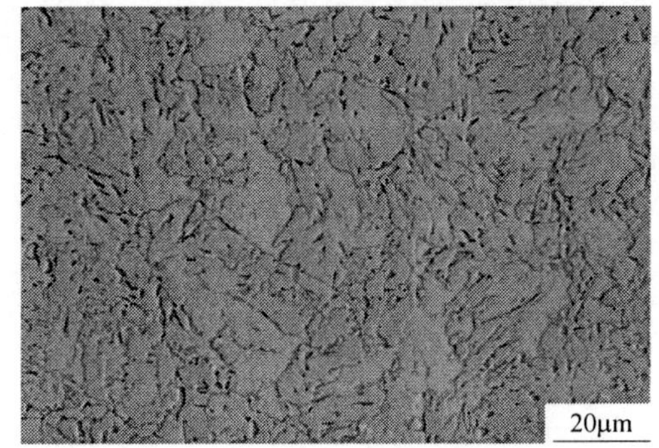

图 6-49 X70 带钢冷却后的组织图

径向

1 列	2 列	3 列	4 列	5 列	6 列	7 列
185	368	511	734	917	1100	1282
177	360	543	726	909	1092	1274
169	352	535	718	901	1084	1266
161	344	527	710	893	1076	1258
153	336	519	702	885	1068	1250
145	328	511	694	877	1060	1242
137	320	503	686	869	1052	1234
129	312	495	678	861	1044	1226

轴向 0

图 6-50 钢卷节点位置示意图

图 6-51 是钢卷不同列径向导热系数和层间压力随时间变化的曲线。图 6-52 是钢卷沿宽度方向径向导热系数和层间压力随时间变化的曲线。从图 6-51a 和图 6-52a 可以看出，随着时间的延长，沿钢卷径向上，从钢卷外壁到内壁钢卷径向导热系数的变化趋势是先增

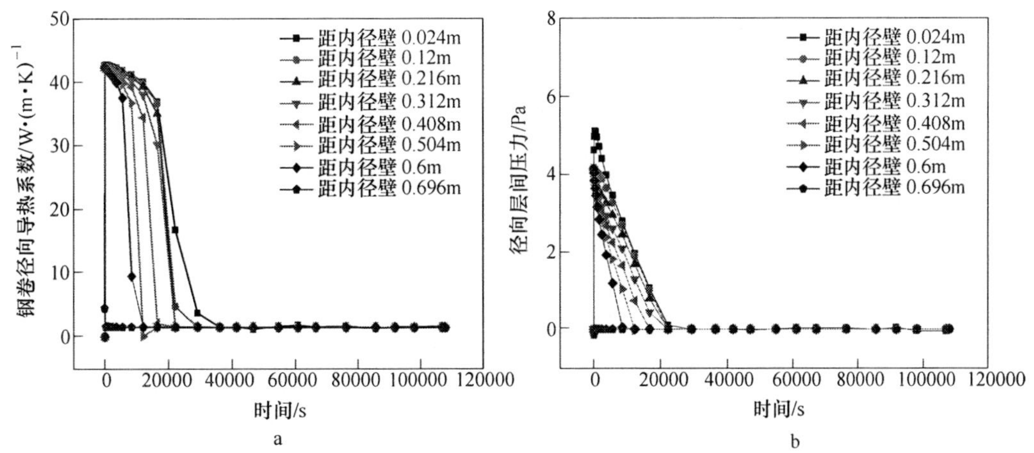

第 1 列

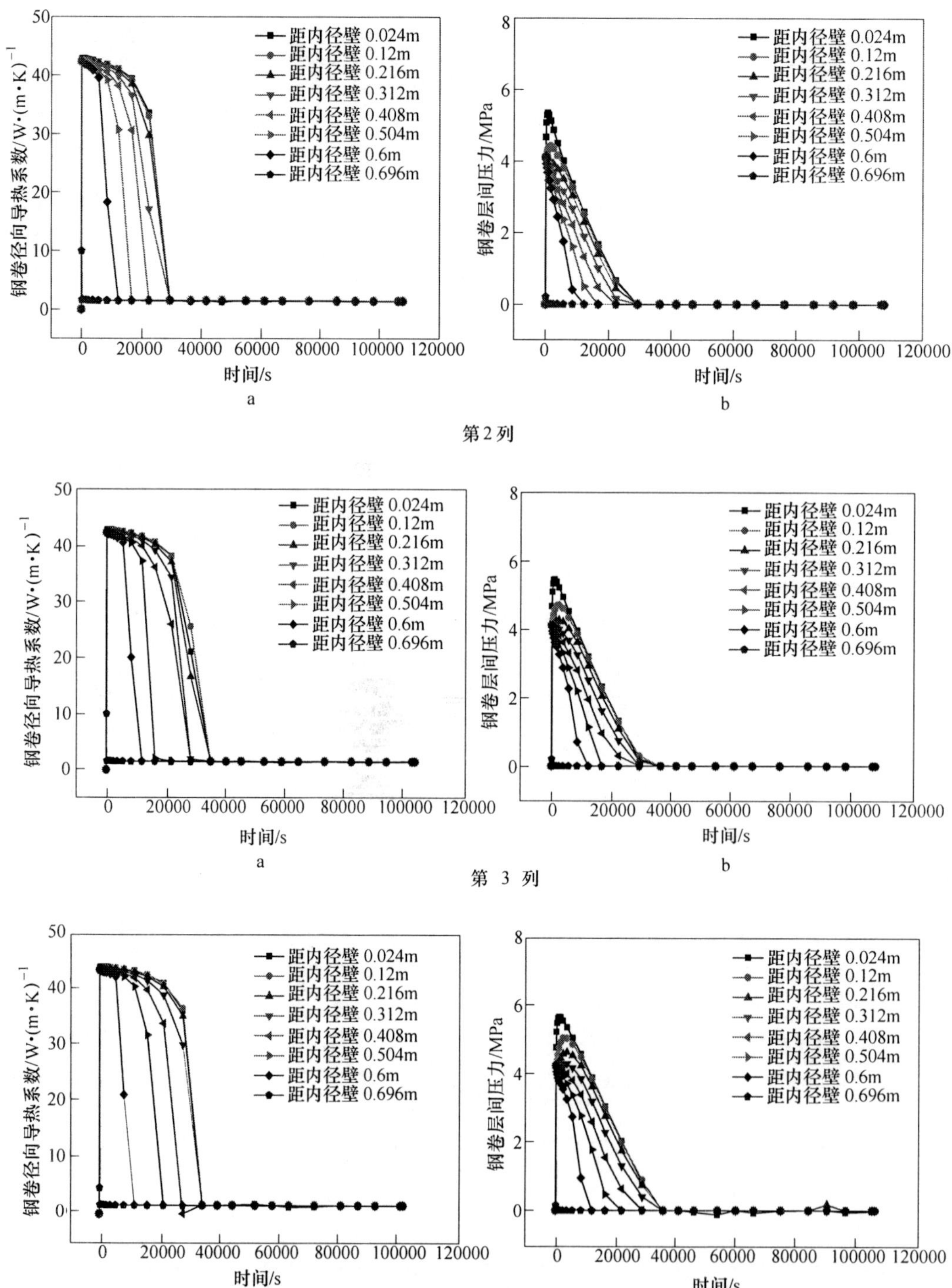
钢卷径向导热系数/W·(m·K)^-1
时间/s
钢卷层间压力/MPa
距内径壁 0.024m
距内径壁 0.12m
距内径壁 0.216m
距内径壁 0.312m
距内径壁 0.408m
距内径壁 0.504m
距内径壁 0.6m
距内径壁 0.696m
a
b

第 2 列

第 3 列

第 4 列

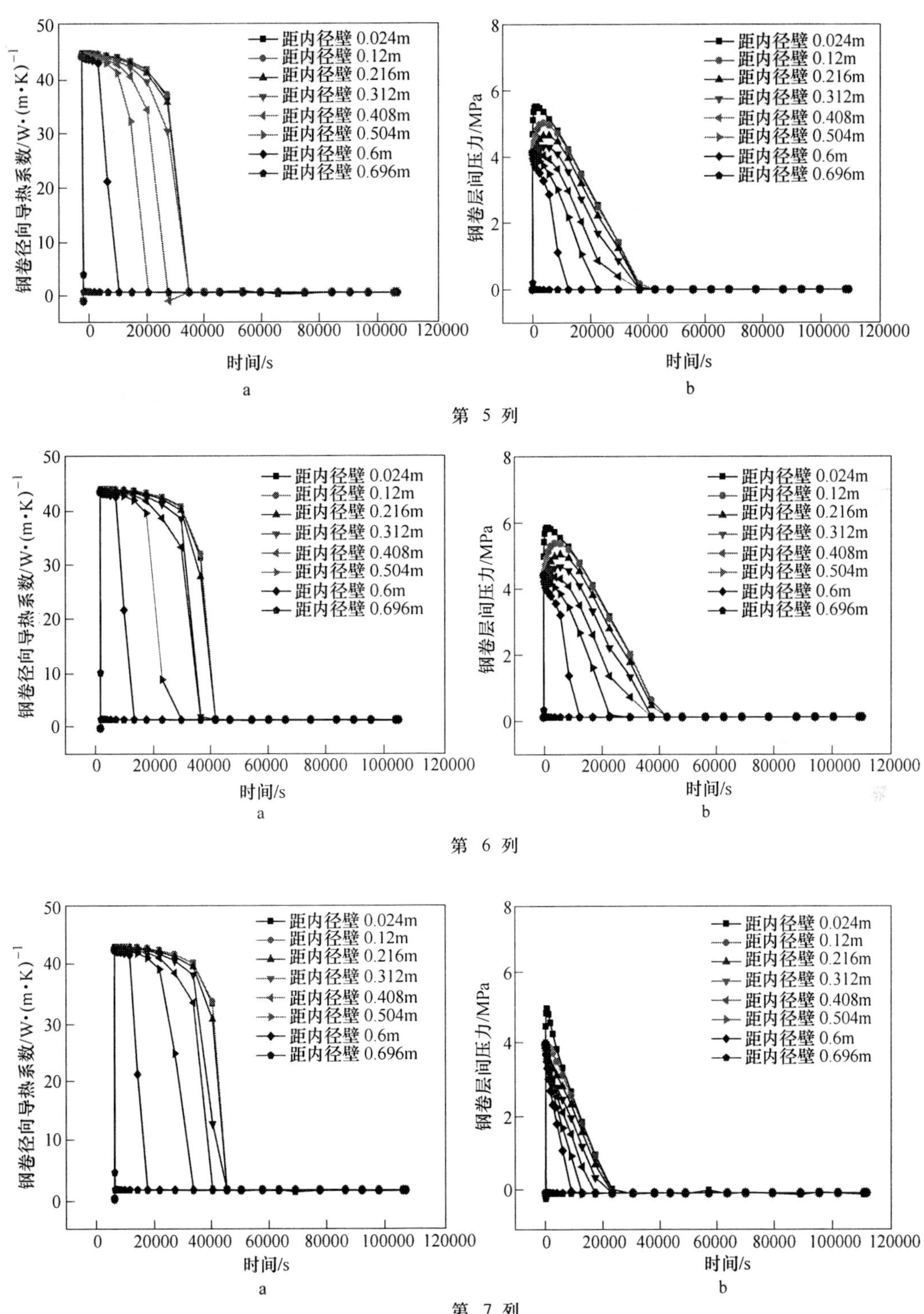

图 6-51 钢卷不同列径向导热系数和层间压力随时间变化曲线

a—径向导热系数；b—层间压力

加到最大值，其最大值为 42.9W/(m · K)，然后慢慢减小至零。沿钢卷轴向上，端面处径向导热系数小，中心部位径向导热系数相对较大。靠近端面处径向导热系数变化梯度大，钢卷中心相对较小。

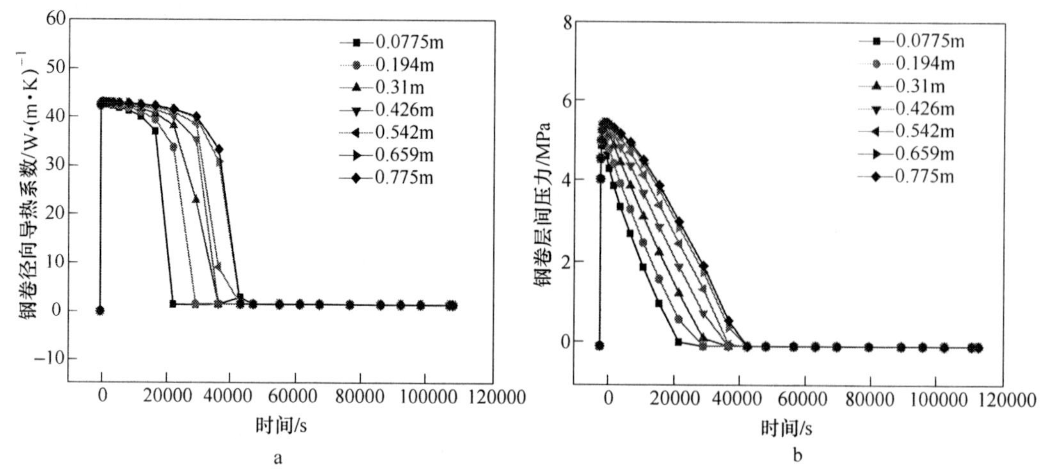

图 6-52 钢卷沿宽度方向径向导热系数和层间压力随时间变化曲线

a—径向导热系数；b—层间压力

沿径向上，钢卷层间压力分布如图 6-51b 所示。从图中可以看出距钢卷内径壁越近，层间压力越大。这是因为，随着钢卷层数的增多，以及高温时钢卷的快速冷却，外层钢卷向内层压紧使得内层压力增加。由于径向上钢卷靠近内径壁的位置层间压力最大，所以以钢卷内径壁为对象来研究沿轴向上的钢卷层间压力分布，如图 6-52b 所示。从图中可以看出，对钢卷内径壁而言，越靠近中心，带钢层间压力越大。钢卷内径壁沿钢卷轴向，即沿带钢宽度方向，边部处的径向压力最大值最小，为 5.09MPa。靠近中心处增大到 5.51MPa。在卷取后冷却过程中，层间压力先是快速增大到最大值，然后慢慢减小到零。综合两图，可以看出钢卷层间压力的变化趋势是：在径向上，距离钢卷内径壁越近，层间压力越大；在轴向上，距离钢卷中部越近，层间压力越大。所以，层间压力最终趋势是，靠近钢卷中部内径壁的地方层间压力最大，最大值可达 5.51MPa。

研究表明在小于 1MPa 的低正压力范围内，热传递主要通过空隙中的热辐射进行，正压力大于 1MPa 时热传递主要通过接触点的热传导进行。钢卷外层由于压应力小，其界面层接触点热传导热阻最大，热传递主要通过空隙中的热辐射进行，导致外层等效导热系数小。此时，界面层对于整个钢卷的热传递发挥着重要的作用。之后越靠近内径壁，由于界面层热阻随着压应力的增加而迅速降低，等效导热系数增加很快。压应力高于 8MPa 时，金属层热阻最大，但是此时金属层和氧化层的热阻与压应力无关，所以在靠近钢卷内径壁处等效导热系数变化不大。

6.4.2.4 热轧钢卷冷却过程的温度场和相变耦合分析

A 不同导热系数对钢卷冷却过程中温度的影响

采用恒定径向导热系数计算的钢卷温度变化，以及根据层间压力计算等效导热系数得到的钢卷温度变化如图 6-53 所示。可以知道：冷却初始阶段，钢卷内径壁和外径壁的冷

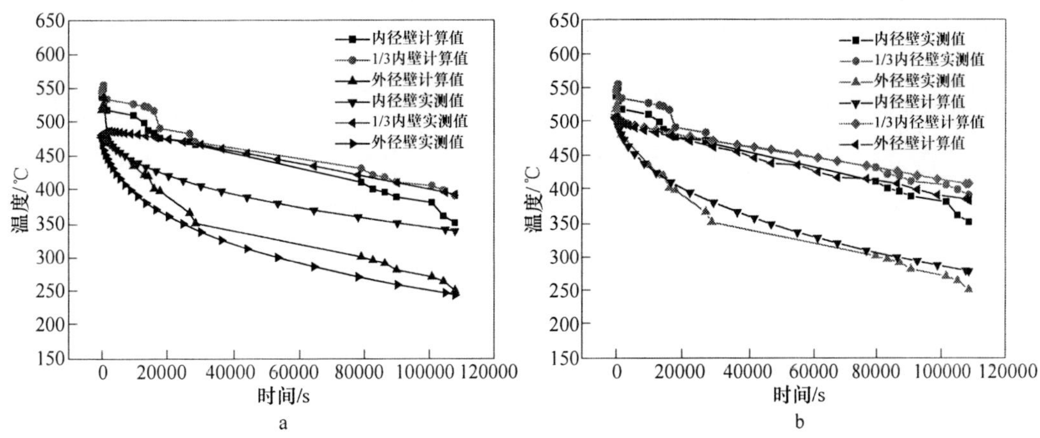

图 6-53 冷却 30h 后钢卷端部各层的温度分布

a—恒定径向导热系数；b—等效导热系数；

却速度相差不多，而随着冷却的进行，内径壁冷却速度越来越慢，距离内径壁 1/3 处冷却的最慢。从 Marc 模拟的钢卷温度场的动态显示来看，冷到最后，冷却最慢点由中心移向离内径壁 1/3 处，这是由于钢卷内径孔壁相互辐射使孔内辐射散热被削弱，且孔内的空气对流相对而言也不太通畅造成的。也可以看出采用恒定的径向导热系数计算出来的温度高于采用等效径向导热系数的结果，主要原因是随着带钢不断卷取，钢卷层间压力随着半径增大而改变，等效径向导热系数与钢卷的层间压力相关，也是一个不断变化的数值。现场的测温结果表明，后者的计算结果和实际情况更吻合。

图 6-54 和图 6-55 表示 500℃卷取后钢卷 0h、2.5h、5.7h、10.2h、21.7h、30h 不同时间段钢卷轴向和径向的温度分布。轴向上，钢卷温度分布呈现对称状态，钢卷边部散热快温降大，中心部位温降小，边部和中心存在 30℃的温差。径向上，虽然初始时温度相等，但由于外壁的散热快，在 10.2h 时，内径壁温度为 404℃，中心为 481℃，外径壁为 337℃，外径壁和中心的温差达到 144℃。并且随着冷却的进行，由于内径壁散热慢，温降小，最高温度点逐渐由中心向靠近内径 1/3 处移动。此图也正好说明了钢卷传热各向异性，轴向等效于金属导热，而径向呈层叠状散热慢温降小是阻碍热流扩散的主要方向。

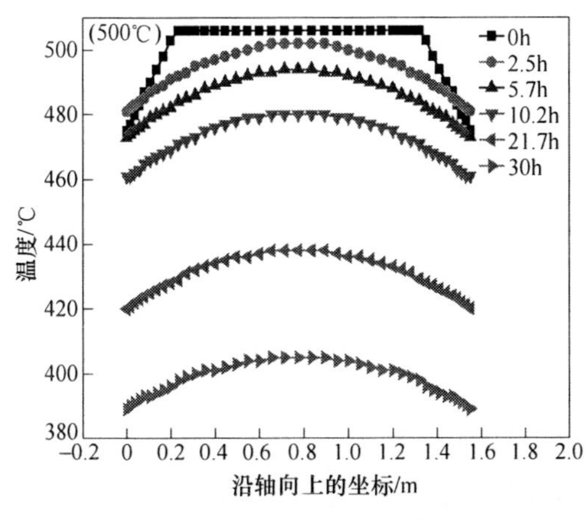

图 6-54 钢卷外径壁轴向温度的分布

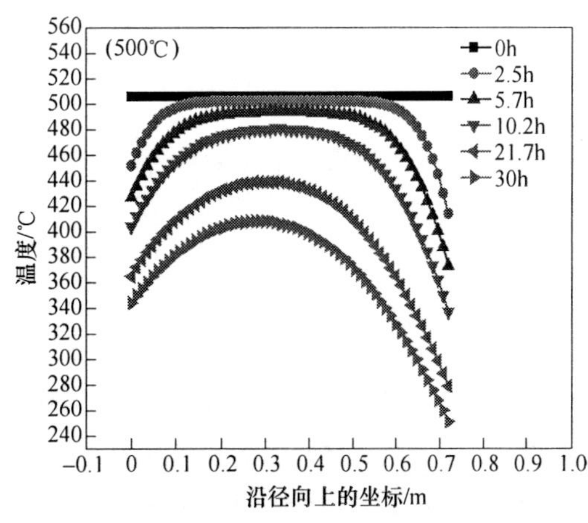

图 6-55 钢卷中部沿径向温度的变化

对实际生产中管线钢 X70 出卷取机后冷却过程中温度变化进行实测，分析以上计算结果的准确性。测温分两个部分：

（1）测量钢卷端面的温度分布，由于钢卷的对称性，这里取三个点：SPO1：钢卷内圈温度；SPO2：距钢卷内圈 1/3 处温度；SPO3：钢卷外圈温度。

（2）测量钢卷侧面的温度分布，取三个点：SPO4：边部0；SPO5：距边部1/4 处；SPO6：中部，如图 6-56 所示。时间分别取 0.05h、0.5h、2.75h、3.7h、4h、4.5h、5h、7.5h、8h、22h、23h、24h、25h、30h。

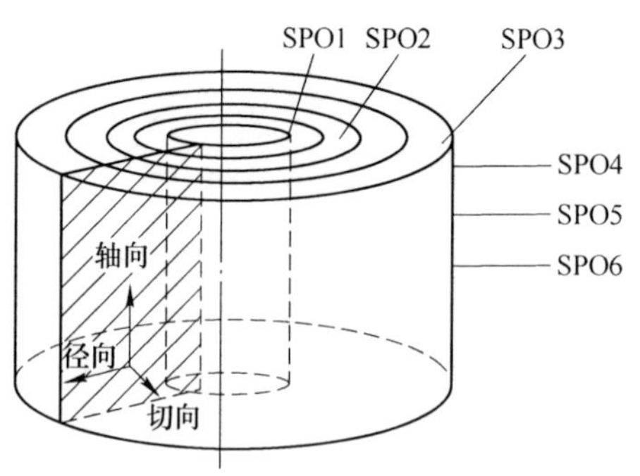

图 6-56　测温点示意图

测温工具为红外热像仪，将红外热像仪存储的图像导入到计算机中提取各个时间的图像，如图 6-57 所示。用 FLIR Quick Report 软件对图像进行处理，分别取 SPO1、SPO2、SPO3、SPO4、SPO5、SPO6 点绘制时间与温度变化曲线，如图 6-58 所示。

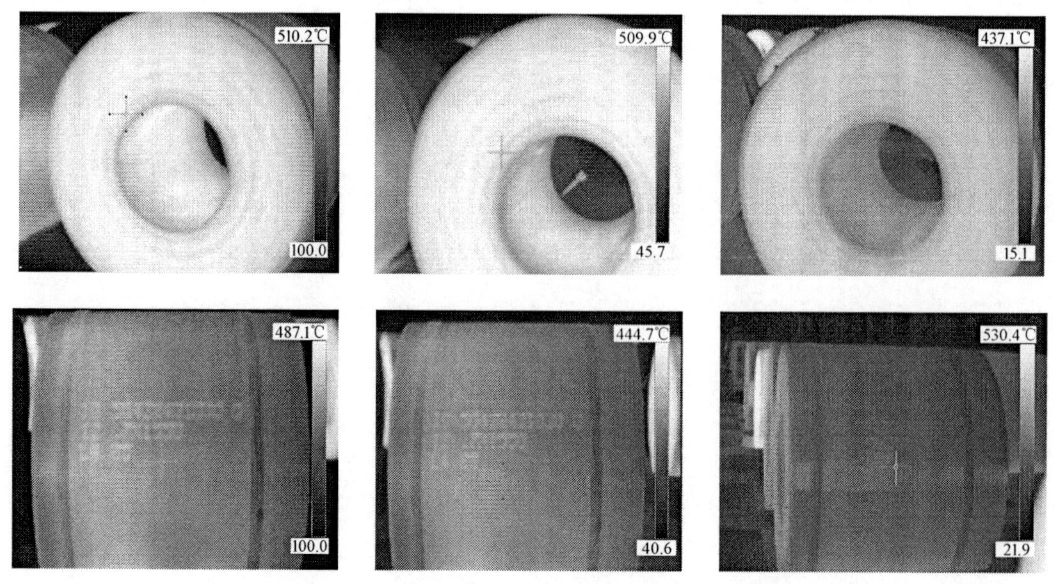

图 6-57　X70 钢卷在冷却过程中的热像图（规格 1550mm × 12mm）

通过对实测钢卷热像数据的处理和分析，从图 6-53b 和图 6-58 中可知：由于外界环境、天气情况、测温位置和人为操作等因素带来的误差是不可避免的，所以实测的温度相对于计算值要稍微低一点，但是温度的相对误差不大于 20℃。计算所得的温度分布与实测的温度分布走势大致相同，说明该模型在温度场计算方面精度还可以满足要求。

B　不同卷取温度对钢卷冷却过程中温度和相分布的影响

图 6-59 是钢卷内径壁 1/3 处在不同时刻该层温度、相变的变化规律。可以看出，随着冷却的进行，卷取温度 550℃时的钢卷中部和边部最大温差要比卷取温度为 500℃时的高出 30℃，对于温度分布不均引起的热应力是不可忽视的。而贝氏体转变量，由于边部温降大于中部，所以边部先发生相变。在冷却 300s 后，500℃对应的贝氏体转变量中部和

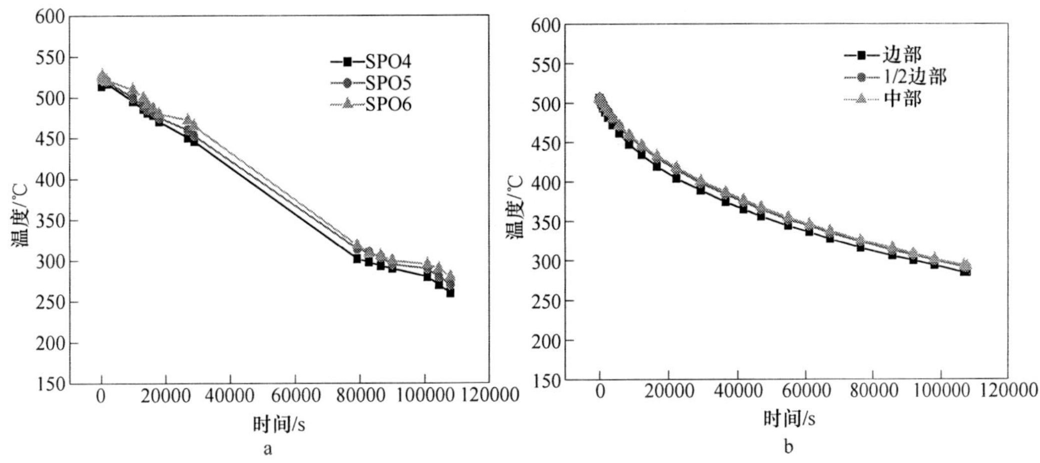

图 6-58 钢卷侧面宽向温度随时间变化实测值和计算值的比较

a—实测值；b—计算值

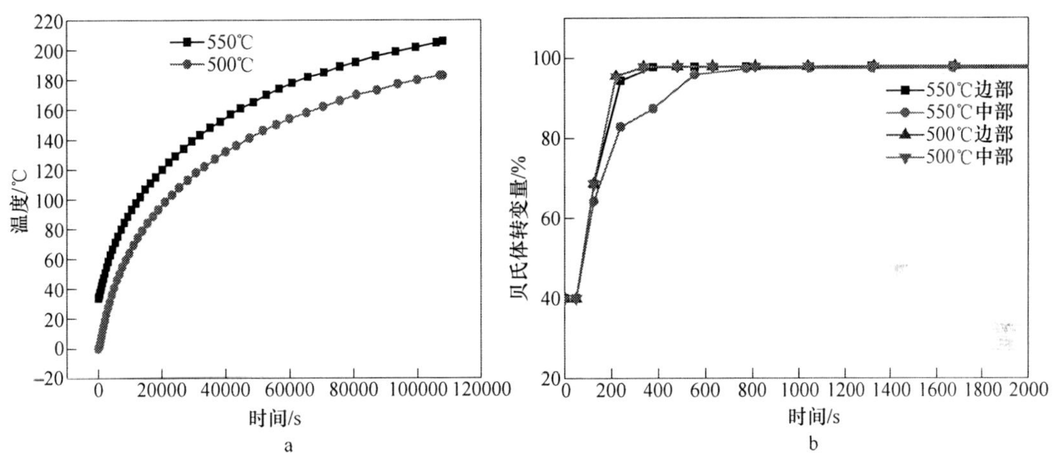

图 6-59 钢卷边部和中部温差（a）与贝氏体转变量（b）随时间的变化

边部均达到最大值，而 550℃对应的贝氏体转变量边部也达到最大值，但是中部经过 800s 后才达到最大值。两个卷取温度下钢卷边部最大值均为 98.6%，550℃时钢卷中部最大值为 97.4%，稍低于 500℃时的 97.9%。所以，卷取温度为 500℃时，钢卷冷却过程中温度分布稍均匀，组织转变稍完全。

6.4.2.5 热轧带钢层冷过程中的应力分析

以层流冷却过程的 X70 热轧带钢为研究对象，应力场模型分别以带钢和钢卷的温度和相变耦合模型后处理结果作为初始条件，在原有模型的基础上加载应力边界条件。

由于带钢内部横向应力与带钢垂直方向上的应力都比较小，对带钢板形造成影响的主要因素是沿带钢长度方向上的应力。又由于厚度很小且应力变化小，厚度方向的应力分布均匀，所以本文研究的是沿带钢长度上的应力沿宽向的分布对带钢板形的影响。

分别对比带钢边部和中部沿长度方向上的内应力与带钢中边部的温差和相变关系，如图 6-60 和图 6-61 所示。从图中可以看出，带钢边部位置，16s 之前相变没有发生，这时

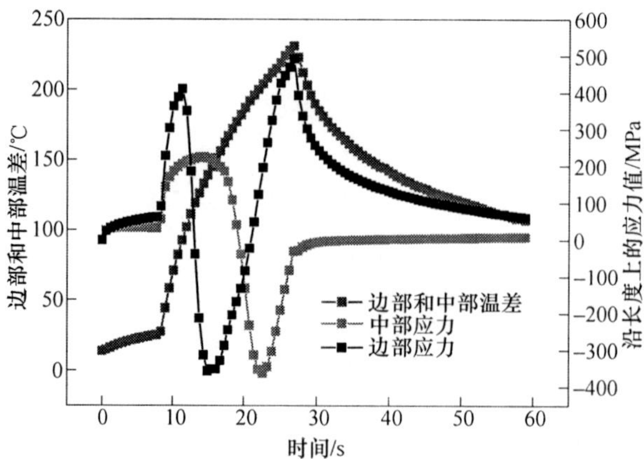

图 6-60　带钢中部和边部上表面的温差和应力关系

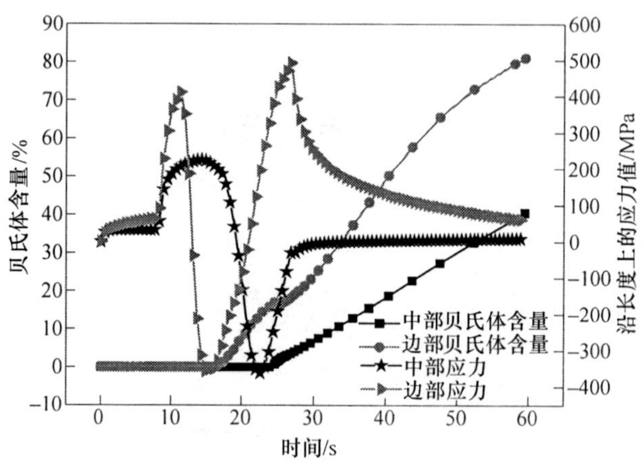

图 6-61　带钢中部和边部上表面的相变和应力关系

带钢内部的应力主要受温降影响产生热应力。在水冷结束时（即 25s 时）边部和中部温差达到 219℃，此时带钢边部受拉应力 426MPa，中部受压应力 -192MPa。随着孕育期的增长，带钢发生相变产生组织应力，而组织应力与热应力相反。边部比中部先发生相变，随着相变的进行组织应力增大，从而使带钢内部的综合应力减小，边部和中部应力差距慢慢缩小。到冷却结束时，带钢的边部受到 60.4MPa 的拉应力，中部受到 7.83MPa 的拉应力。通过分析，带钢冷却过程中会产生很大的内部应力，一旦该应力超过了带钢该温度下的屈服强度时会造成带钢的塑性变形而引起板形缺陷。

卷取张力对带钢内应力的影响如图 6-62 所示。从图中可以看出，未加载卷取张力时水冷阶段内应力迅速增加，水冷结束时应力呈现出中部受压边部受拉的应力状态，最大应力计算值分别可达 -192MPa 和 476MPa。若此时应力超过了带钢该温度下的屈服强度，带钢发生塑性变形，那么板形有向中浪发展的趋势。当加载了沿着带钢宽度上的卷取张力后，带钢应力分布几乎和之前一样，应力值大小有一点改变，中部应力值比之前的大 1 ~ 5MPa，边部应力值比之前的大 8 ~ 10MPa。由此可知带钢卷取张力对带钢应力的影响很小。

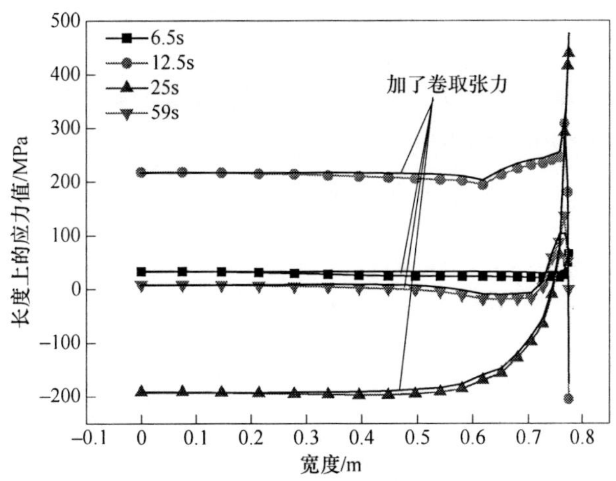

图 6-62 带钢上表面长度上的应力沿宽度上的分布

宽度方向上由于中边部冷却不均导致的相变差异和高残余应力是影响带钢板形的主要因素。而缓解带钢横向温度不均的方法主要有：（1）上部集管采用横向不均匀的水流量分布；（2）采用边部遮蔽方式；（3）选择合适的卷取温度，减小带钢边部和中部的温差，从而实现组织的均匀分布，降低残余应力。根据第（3）种改善方案，对带钢层流冷却后不同卷取温度下的相变和应力分布做了计算。

带钢温度、相变沿带钢宽度分布如图 6-63 和图 6-64 所示。从图中可以看出，带钢横向温度的分布不均导致相变行为在带钢横向存在着差异。原因是在层流冷却过程中，带钢边部温降比较大，先发生相变，而中部温降小，后发生相变。X70 管线钢不同的卷取温度下，最终的相变比例也存在着差异。卷取温度为 600℃时，只是边部有 5% 的贝氏体转变。550℃时，边部贝氏体最大转变量可达 55%，而此时中部还未发生相变。500℃时，边部贝氏体最大转变量可达 80%，中部贝氏体转变量可达 40%，较之于前者，500℃时沿带钢宽度贝氏体组织转变量高。以前学者研究的是铁素体-珠光体钢，X70 是中温转变相类型钢，降低卷取温度最终组织中铁素体含量减少，贝氏体含量增多，组织分布更均匀。

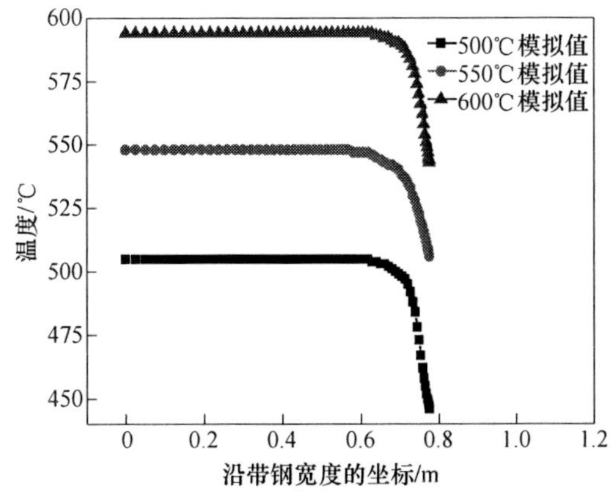

图 6-63 带钢上表面温度沿宽度的分布

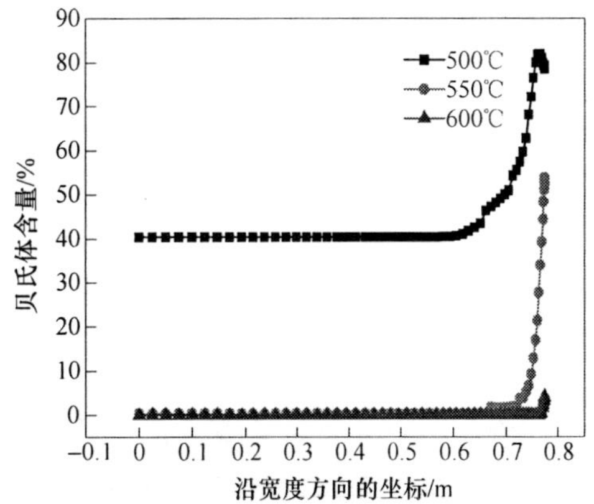

图 6-64 带钢上表面贝氏体含量沿宽度的分布

在宽度方向上，如图6-65和图6-66所示，水冷开始（即6.53s）时，卷取温度为500℃和550℃时应力分布和大小几乎没有差异，中部和边部温差为20℃，此时相变均未发生，带钢中部和边部均受拉应力，最大值分别为32.8MPa和74.8MPa。水冷结束（即25s）时，卷取温度500℃的带钢中部和边部的温差达到极大值188℃，由于带钢边部首先发生贝氏体相变，其相变速率大于带钢中部的相变速率，产生了与热应力方向相反的组织应力。此时带钢中部受到压应力-192MPa，边部受到拉应力476MPa。而550℃的卷取温度，带钢中部受拉应力最大值为13.9MPa，边部受压应力最大值为-381MPa。随着相变进行释放相变潜热使温度升高，边部和中部温差减小。最终，卷取温度为500℃时，带钢边部和中部的温差为60℃，边部相变含量达到80%，中部相变含量达到40%，中部应力趋于0，边部存在很小的拉应力；卷取温度为550℃时，带钢边部相变量达到40%，中部相变未开始，中部和边部均受压应力，最大值分别为-34MPa和-170MPa。

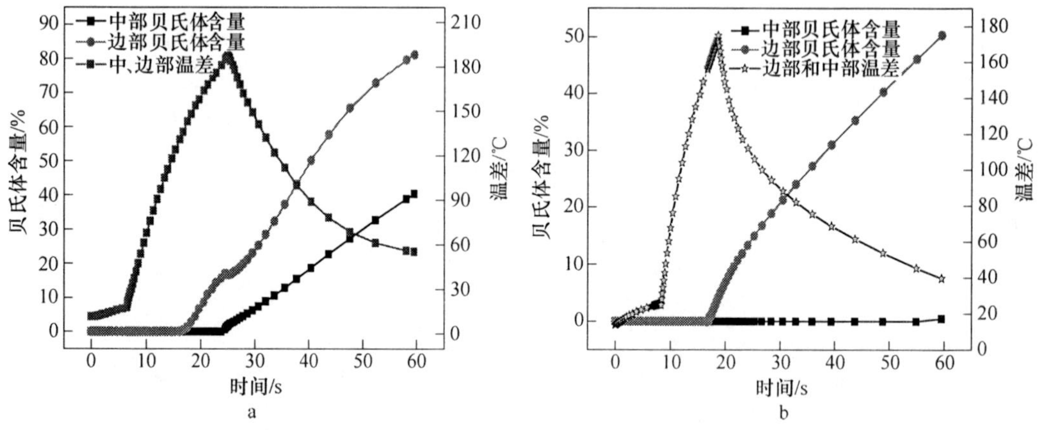

图6-65　带钢中部和边部上表面的温差和贝氏体转变

a—500℃；b—550℃

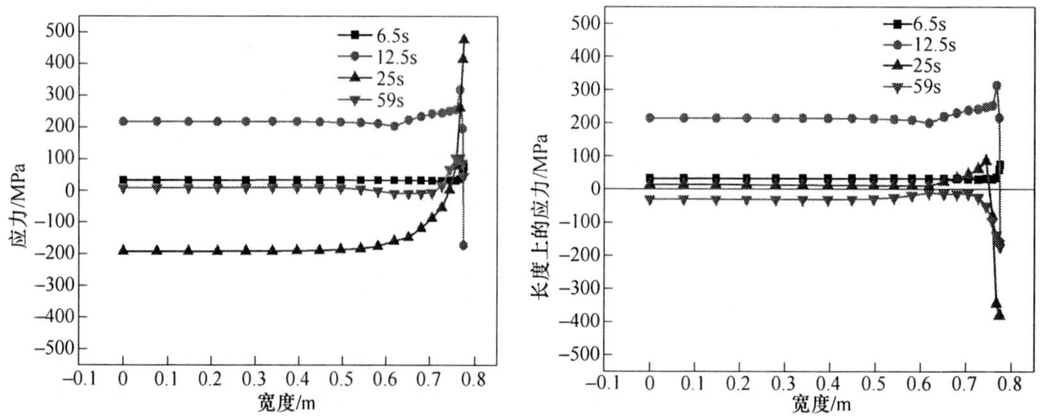

图6-66　带钢冷却过程中宽度上的应力分布

a—500℃；b—550℃

从图6-67和图6-68可以看出，整个水冷过程中带钢中部的应力均未超过带钢该温度

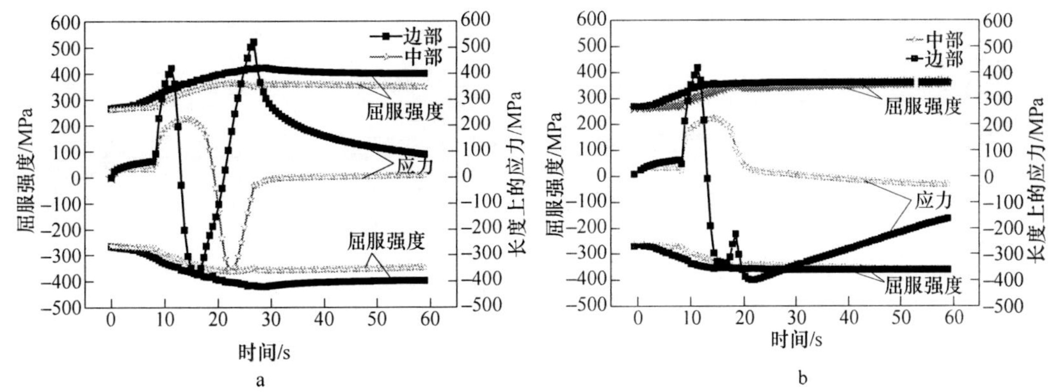

图 6-67 带钢中部和边部的上表面应力与屈服强度变化历史

a—500℃；b—550℃

下的屈服强度，中部未发生塑性变形。但是带钢边部在冷却过程中变化较大。水冷开始时，带钢边部受到的拉应力未超过该温度下的屈服强度，也没有塑性变形。随着水冷的进行，在水冷 11s 时，带钢边部的拉应力计算值达到 420MPa，超过了该温度下的屈服强度 306MPa，此时存在塑性变形，而中部受拉应力。随着冷却进行，在水冷 16s 时带钢中部受拉应力，边部压应力超过该温度下的屈服强度，带钢板形向着边浪发展。水冷结束时，带钢中部受压应力；边部的拉应力计算值为 520MPa，再次超过了该温度下带钢的屈服强度 351MPa，此时带钢边部发生了 2.1×10^{-4} 的塑性变形，带钢板形向着中浪发展。目标卷取温度为 500℃时，水冷前期 16s 时的应力分布得到的板形向边浪发展，但水冷结束时的应力分布得到的板形向中浪发展。

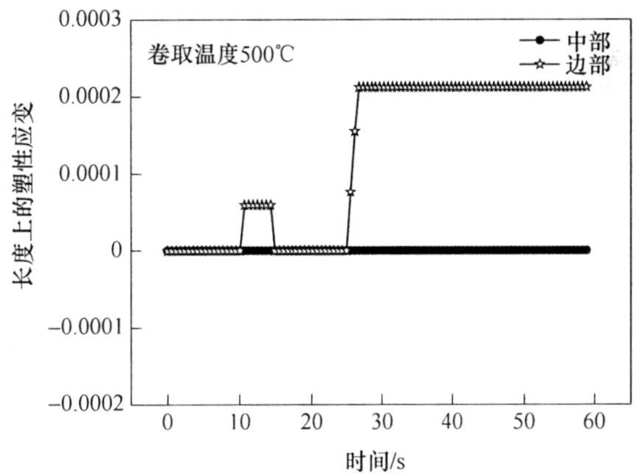

图 6-68 带钢中部和边部的上表面应变随时间变化

较之于卷取温度 500℃，卷取温度 550℃时带钢中部未出现压应力，因为中部无相变。在水冷前期和水冷结束时，带钢边部应力均超过了该温度下的屈服强度。最终的残余应力为 −165MPa 的压应力，比 500℃卷取温度的最终残余应力大 77MPa。从控制 X70 管线钢层流冷却残余应力的角度讲，卷取温度越低，相变越充分，组织分布越均匀，最终带钢残余应力越小。

图 6-69 和图 6-70 分别是卷取温度为 550℃时，层流冷却和加密层冷下带钢上表面不同时刻温度和板形 y 向上偏移量的分布。从图中可以看出，6.5s 时带钢进入水冷区没有变形，两者温差接近。随着水冷的进行，翘曲变形逐渐增大，层流冷却到 12.5s 时，中边部温差达 75℃，翘曲偏移量达 11.5mm，加密层冷到 11.3s 时温差达 219℃，翘曲偏移量达 16mm，带钢板形出现中间凹、边部上翘的 C 形弯。因此，如果厚度和宽度上的温度冷却不均程度更大，只会加剧带钢的 C 形弯。冷却到 25s 时，带钢翘曲变形逐渐有所减缓。

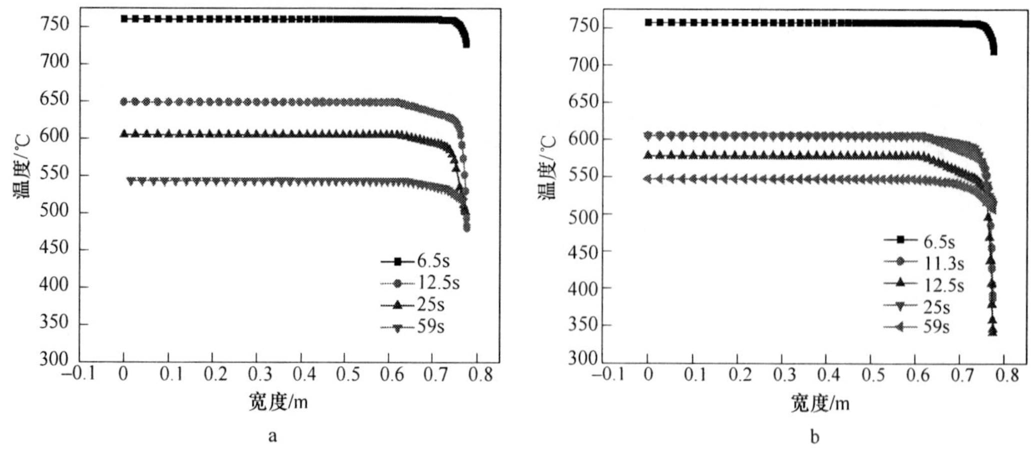

图 6-69 带钢上表面不同时刻温度沿板宽方向的分布

a—层流冷却；b—加密层冷

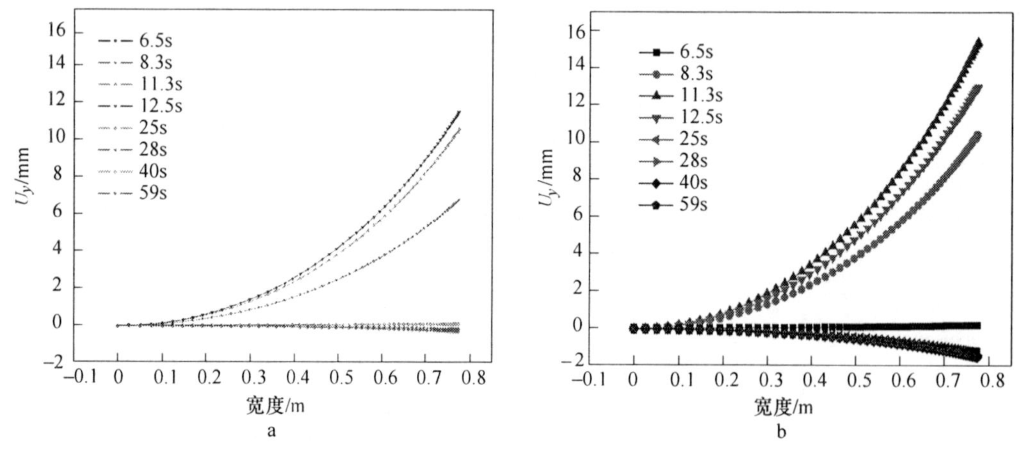

图 6-70 带钢上表面不同时刻 U_y 沿板宽方向分布

a—层流冷却；b—加密层冷

这是由于发生了相变，使带钢塑性变形有所减缓和改善。25s 以后，带钢板形翘曲方向发生反向，中间凸起，边部向下翘，加密层冷时的下弯翘曲量也比层流冷却时的大。直到 59s 冷却结束时，两者的残余翘曲的变形仍然存在，加密层冷下的带钢表现更严重。

6.4.2.6 热轧钢卷冷却过程中的应力分析

层流冷却过程中的残余应力影响着带钢板形，而带钢最终板形与卷取过程中及卷取后的残余应力也有很大关系。分别取半径 $r_1=0.408\text{m}$、$r_2=0.504\text{m}$、$r_3=0.6\text{m}$ 三个钢卷层分别可近似对应带钢头部、中部和尾部，进而分析钢卷的应力分布。

在目标卷取温度分别为 500℃和 550℃条件下，分析影响钢卷开卷后带钢板形的因素主要是钢卷切向上的应力。图 6-71 表示卷取温度分别为 550℃和 500℃时，距钢卷内径壁 1/3 处不同时刻沿宽度切应力的分布。可以看出，在冷却 30h 的过程中，钢卷边部受拉应力，中部受压应力。对于卸卷后的带钢，这种应力分布状态有造成中浪板形缺

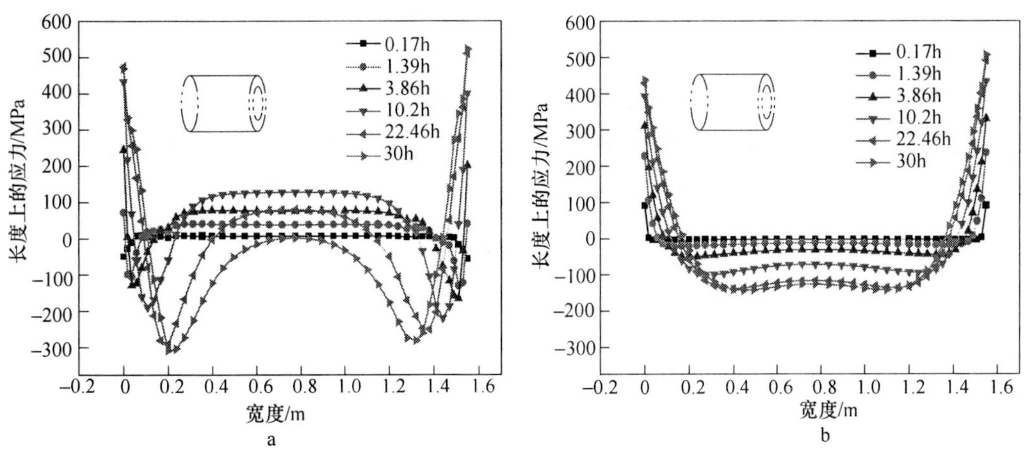

图 6-71 距钢卷内径壁 1/3 处不同时刻沿宽度切应力的分布

a—550℃；b—500℃

陷的趋势。结合图 6-59a 可知边部温降比中部大，温度不均引起热应力；同时温度分布不均引起贝氏体分布不均，贝氏体相变引起了组织应力，最终引起的板形缺陷是两者共同作用的结果。

从图 6-71 可知，钢卷边部应力比中部大，所以图 6-72 是距钢卷内径壁 1/3 处对应钢卷层，将边部应力和该温度下的屈服强度作比较。

卷取温度为 550℃时（见图 6-72），距钢卷边部 20mm 以内位置的拉应力计算值均超过了该温度下的屈服强度，最大压应力计算值未超过屈服强度；500℃时卷取，钢卷边部拉应力和压应力计算值均未超过该温度下的屈服强度。考虑卷取温度对钢卷切应力的影响，结合图 6-72，550℃卷取时，随着距钢卷边部距离的增大，应力出现了先上升后下降的变化，而 500℃卷取时该应力一直呈现下降趋势。

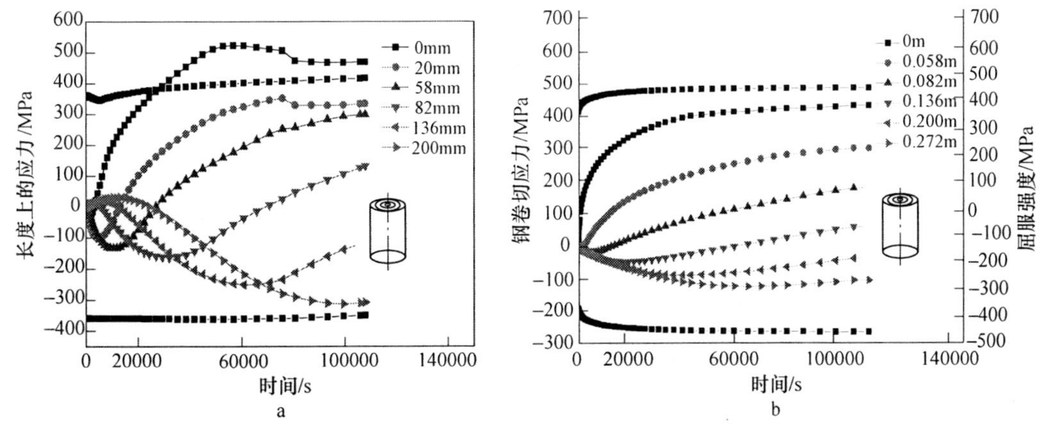

图 6-72 距钢卷边部不同位置处的切应力与该温度下屈服强度的比较

a—550℃；b—500℃

结合钢卷冷却过程的温度变化（图 6-53 ~ 图 6-55），500℃时卷取的钢卷中部和边部温差比 550℃时卷取的钢卷在整个冷却过程中一直都低 30℃。温度可能不是主要原因，但是贝氏体的转变量却有很大差别，在冷却 300s 后，500℃对应的贝氏体转变量中部和边部均达到最大值，而550℃对应的贝氏体转变量边部也达到最大值，但是中部经过800s 后才达到最大值。在极短的时间内贝氏体转变量陡增和 550℃时卷取对应的贝氏体转变延迟可能是导致应力出现差异的原因。500℃时卷取的钢卷边部最大拉应力明显比 550℃时卷取降低了 88MPa，中部最大压应力降低了 194MPa。综合以上分析可以认为：适当地降低卷取温度，有利于降低钢卷内部的残余应力。

层流冷却过程中带钢板形缺陷是水冷前期向边浪发展，水冷结束后向中浪发展。此时，如果考虑初始板形的影响，从图 6-73 中可以看出卷取后钢卷冷却过程中沿宽向分布的力呈现中部受压、边部受拉的应力分布，与带钢水冷结束时一致，但是应力分布和大小没有明显的变化。

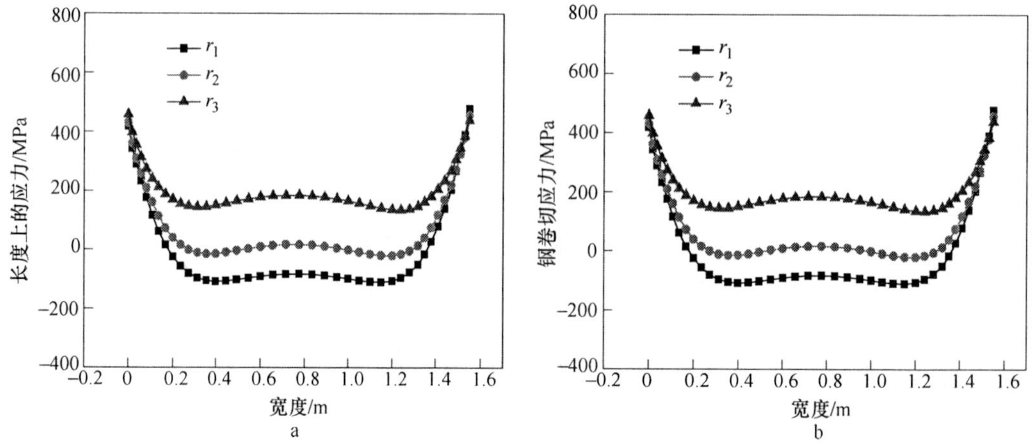

图 6-73　钢卷冷却 30h 后对应带钢各长度处宽向上应力分布

a—500℃未加初始应力；b—500℃加初始应力

图 6-74 是卷取温度为 550℃时，带钢沿宽度分布的应力和屈服强度的比较。从图中可以看出，距钢卷边部 16mm 范围之内的拉应力计算值超过了该温度下的屈服强度。

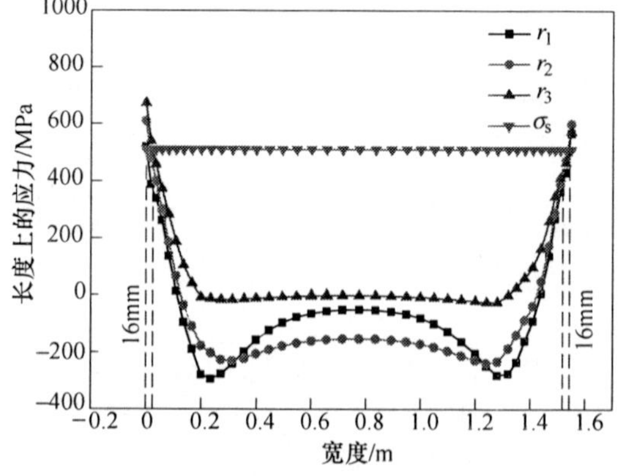

图 6-74　带钢沿宽度分布的应力和屈服强度的比较

图 6-75 是钢卷成品卸卷后的板形以及矫直后的板形，从图中可以看出，钢卷卸卷后带钢平坦度呈现出凹线型即层冷过程中带钢出现的 C 形弯，这和图 6-71 中计算显示的带钢板形缺陷一致，而这种板形缺陷可以通过矫直得到改善。结合图 6-70 和图 6-75，卷取温度为 550℃时，钢卷边部是出现最大应力的地方，距钢卷边部 16mm 处的应力超过了室温下的屈服强度，一旦发生塑性变形可引起钢卷卸卷后的带钢板形缺陷，这与实际观察到的卸卷后带钢边部出现了一定的微浪是相吻合的。

a

b

c

图 6-75 钢卷卸卷后的带钢板形
a—钢卷成品；b—开卷后的带钢板形；c—矫直后的带钢板形

6.4.3 热轧残余应力的控制

热轧过程中板带钢残余应力控制涉及加热、轧制、冷却、矫直、卷取等各个环节，残余应力问题不是一个单工序问题，需要突破工序界限，从全工序角度入手进行相关综合技术研究，研究高强板带钢热轧生产全工序的综合协调控制技术，分析出各个工序装备、工艺、控制对残余应力的影响规律及各工序的残余应力控制能力，并制定各工序之间的协调控制策略，是保证降低残余应力、获得良好成品板形、取得最佳综合效益的有效途径。对降低热轧板带钢残余应力的控制方法简要归纳如下：

（1）均匀化加热技术。钢坯在加热过程中三维方向的温度均匀性是生产低/无残余应力高强钢的重要前提条件，开发适于高强钢坯加热时间并且调整优化加热炉各段温度、炉内气氛及加热速度等一系列工艺参数技术及装备可以大大提高钢坯加热时的温度均匀性。

（2）轧制技术。应力洁净型高强钢是指高强钢的残余应力含量较低，不足以对板形造成影响的高强钢，这种轧制技术是指对热轧高强钢板带作残余应力的分析，对最终成品形状影响因素进行相关性分析研究，掌握高强度钢板轧制板形与残余应力之间的对应关系，通过对轧制道次压下量、咬入速度、轧件跑偏量、轧制速度以及轧辊凸度等工艺参数的检测与优化，消除轧件在横向、纵向以及厚度方向的不均匀延伸等残余应力产生的诱导因素，最终制造出板形良好的应力洁净型高强钢。

（3）冷热矫直技术。研究表明，矫直能够消除带钢长度方向上的曲率使钢板平直，而且如果方法得当可以在一边减少曲率一边进行反复弯曲后，带钢表面的残余应力得到相当大的松弛乃至重新分布并均匀化，平直的钢板纵切后切条可以不发生或者基本不发生翘曲。进行矫直工艺参数对残余应力产生及分布影响的研究，这些参数包括辊式矫直机各辊的压弯挠度与压弯量、辊缝值、各矫直辊矫直力、不同弯辊凸度值等。通过分析冷热态高强钢板的变形抗力及组织性能演变规律利用有限元软件模拟高强钢的冷热矫直过程，最终开发出用于极低残余应力含量的应力洁净型高强钢矫直过程的技术及装备。

（4）轧件温度精确高效控制技术。在轧制过程以及轧后输送辊道上通过板带钢厚度方向、宽度方向以及纵向的高精度均匀对称冷却达到最大限度地限制冷却过程高强钢内部相变应力及残余应力产生的目的，通过这种技术可以生产出极低残余应力含量、组织性能极度均匀板形优良的优质高强热轧板带。轧件温度精确高效控制技术包含以下研究工作：重力场中不同冷却水状态在钢板表面换热规律的研究，超快速超均匀冷却器的研制与开发，冷却器横向水量分段大幅度、高精度控制技术，板带头尾冷却强度的高精度控制技术等。

（5）带钢卷取过程残余应力控制技术。通过模拟软件和热成像仪等工具对带钢卷取过程的温度场、相变过程以及应力场等变化规律进行分析研究，得出带钢卷取过程钢卷轴向与径向带钢层温度变化及力学相互作用等规律，得出带钢卷取过程的相变以及残余应力产生机理及规律，为卷取前的轧制及冷却过程，后续开卷矫平过程带钢残余应力及板形缺陷的产生进行机理分析，最终得出优化的轧制、冷却卷取等工艺参数。

6.5 各种冷却装置及其应用

热轧带钢冷却技术的发展经历了不断的技术更新。从控制冷却技术的发展来看，主要集中在提高冷却速度（冷却效率）、温度均匀性、设备可靠性、组织均匀性、控冷板形平直度等几个方面做出努力，如图 6-76 所示。按照冷却技术特点可以将板带的冷却技术划分为以下几个时期：

（1）20 世纪 80 年代：以喷淋冷却为代表的冷却技术，冷却水流密度小于 300L/(min · m^2)，喷水压力以 0.20 ~ 0.50MPa 为主，倾斜喷射或垂直喷射。

（2）20 世纪 90 年代 ~ 21 世纪初：出现了层流喷射（Laminar Jet）冷却技术，如日本住友金属 DAC（Dynamic Accelerated Cooling）采用水幕冷却，日本 JFE 的 OLAC（On-Line Accelerated Cooling）采用柱状层流。其冷却水流密度在 380 ~ 700L/(min · m^2)，冷却水压力不高，但是动量较大，可以击破钢板表面残水膜，获得较强的冷却效果。这个时期，以改进型层流喷射（Modified laminar Jet）冷却技术为主。气-水混合冷却（气雾冷却）也是这一时期的产物，如 CLECIM 公司的 ADCO（Adjustable Dynamic Cooling）技术。目前在热轧带钢生产线上尚未有气雾冷却装备应用的报道。

（3）21 世纪初至今：强化冷却（Intensive Cooling）技术逐步得到开发与应用。具有代表性的是欧洲开发的 UFC（Ultra Fast Cooling），VAI 的 MULPIC 技术，JFE 公司的 Super-OLAC，NSC 开发的 IC（Intensive Cooling）技术，POSCO 开发的 HDC（High Density Cooling）。特征是：提高供水压力、流速、水流密度，来抑制冷却过程中的过渡沸腾和膜沸腾，尽可能实现核沸腾，提高换热效率，水流密度多在 1800 ~ 3400L/(min · m^2)。这种冷却方式多用在加速冷却装置的前部（或称 DQ 段或 UFC 段），很少单独使用。对照国内外几种 DQ 设备，发现冷却速度相近，接近冷却速度物理极限，如图 6-77 所示。

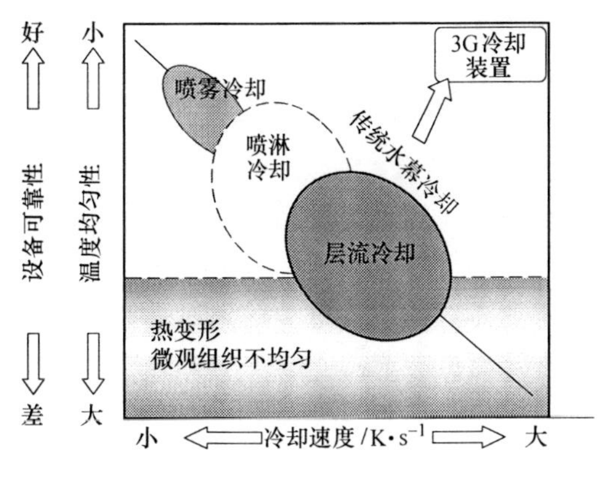

图 6-76 控制冷却技术发展趋势

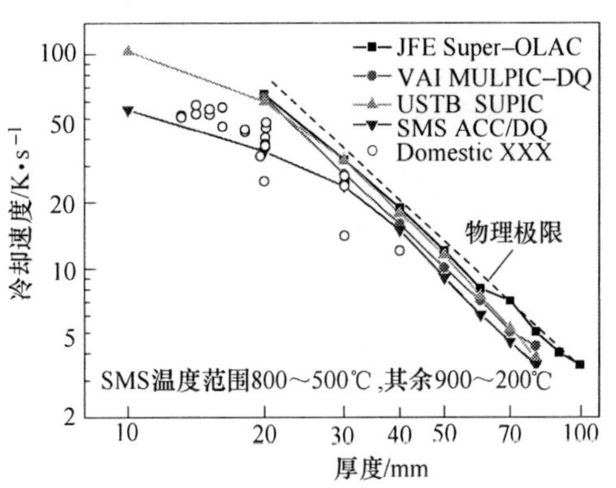

图 6-77 几种加速冷却的冷却速度

6.5.1 先进冷却装置的技术特征

6.5.1.1 多功能特征

传统冷却装置的缺点表现在冷却速率低、冷却速度调节范围窄、冷却策略缺乏、工艺适应性不强、可轧制钢种的规格受到限制等问题，已经严重制约了新热轧带钢品种的开发。新型冷却装置的配置按照冷却能力和可实现的工艺功能划分，冷却区可以划分为多个冷却段，包括一个或两个强冷段、一个粗冷段和一个精冷段，如图 6-78 所示。

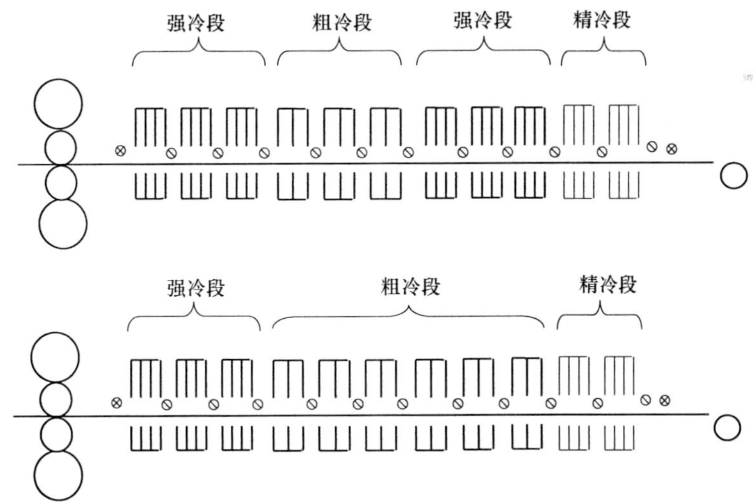

图 6-78 新型冷却装置的配置

新型冷却装置在适应普碳钢、低碳钢生产的同时，还能满足生产热轧双相钢、TRIP 钢、贝氏体钢、马氏体钢、复相钢等高强度钢控冷工艺的需要；在工艺上适应了连续快冷、连续快冷 + 适中冷却、两段冷却、后段快冷等要求，能实现加速冷却 AC（Accelerated Cooling）、间断淬火 IDQ（Interrupt Direct Quenching）、分段冷却 DC（Dual Stage Cooling）、直接淬火 DQ（Direct Quenching）、直接淬火碳分配 DQP（Direct Quenching & Partitioning）等功能，满足了高强度钢冷却过程中冷却速度控制和路径控制的要求。

如图 6-79 所示。铁素体-珠光体（F + P）钢采用 IAC 工艺，冷却速度较低，终冷温度多在 600℃ 以上，典型钢种有低合金钢、EH36 以下船用钢板、X60 以下管线钢；而针状铁素体 AF 或贝氏体钢（B）采用 IDQ 工艺，冷却速度较高、终冷温度多在 320 ~ 570℃之间，典型钢种有 X65 ~ X120 管线钢、Q460 ~ Q785 级别高强度工程机械用钢、高强度容器板等；对于马氏体钢（M）或回火马氏体钢（M′）采用 DQ 工艺，以最高的冷却速度冷却到 M_f 温度以下，典型钢种有耐磨钢、Q785 级以上高强/超高强度钢等。

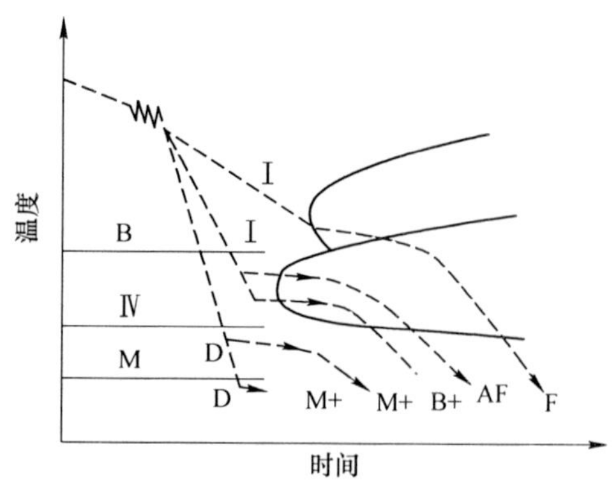

图 6-79　新型冷却装置的不同功能

6.5.1.2　宽范围冷却速度特征

控制冷却技术的发展历史，就是冷却装置不断提高冷却速度的历史。随着冷却技术的发展，提高冷却速度的方法也是各式各样、多姿多彩。归根结底，提高冷却速度还是需要不断提高冷却过程的换热效率，提高或改善影响换热效率的重要参数，包括水流密度、水流流速（或动能）、水流分布、钢板表面状态等。常用的方法包括：

（1）增加水流密度。提高水流量是提高冷却速度的重要方法。增加冷却喷嘴的流量，即提高冷却区的水流密度能够提高钢板冷却过程的对流换热系数，使钢板的冷却速度进一步提高。

（2）增加喷水压力。根据对射流冲击换热的研究，当流体冲击换热钢板表面时，射流冲击区钢板表面流动边界层和热边界层大为减薄，大大提高了热质传递效率。其换热能力与射流速度以及冲击压力密切相关。换热表面上压力值的大小，表征了传热能力的强弱。

（3）改变水流分布。北京科技大学的传热理论研究和试验研究表明：水喷射的驻点附近是核沸腾冷却区，但是壁面射流温度沿径向变化曲线在上集管和下集管喷射下作用距离有限，即有效冲击区或核沸腾区的宽度有限，上集管约为距驻点 75mm，下集管约为距驻点 45mm，超过范围，壁面的水温会提升至 100℃左右，如图 6-80 所示；超出此范围，

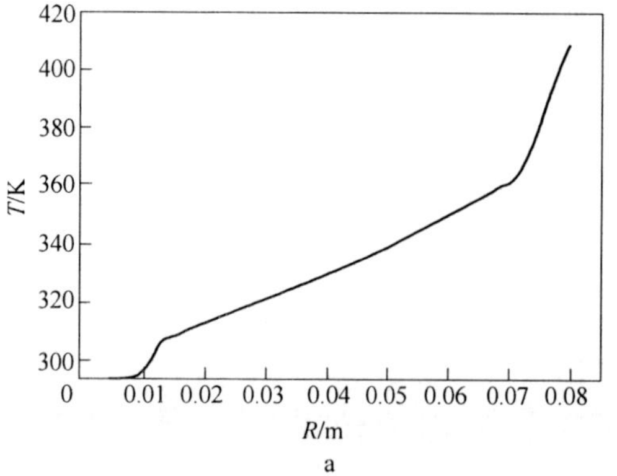

a

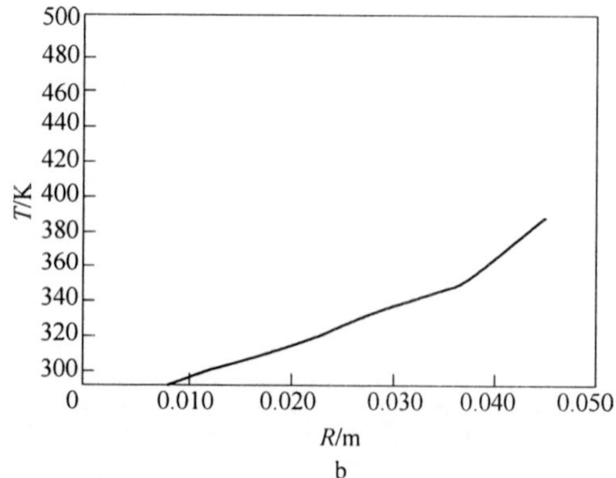

b

图 6-80　壁面射流温度沿径向变化曲线

a—上集管；b—下集管

其冷却能力会随距离增加迅速下降，进入混合沸腾区或膜沸腾区。

因此，根据上述研究结果可以推测：设计合理的冷却冲击区布置方式，控制喷射间距可以有效增加核沸腾区域，从而减少过渡冷却区和沸腾冷却区面积，可以提高换热效率。从水幕冷却、高密度层流冷却，再到超密度冷却，遵循了这一基本规律，如图 6-81 所示，其冷却效率也不断提高。如比利时的 Carlam 超快冷设备、奥钢联的 MULPIC 等采用该方法。

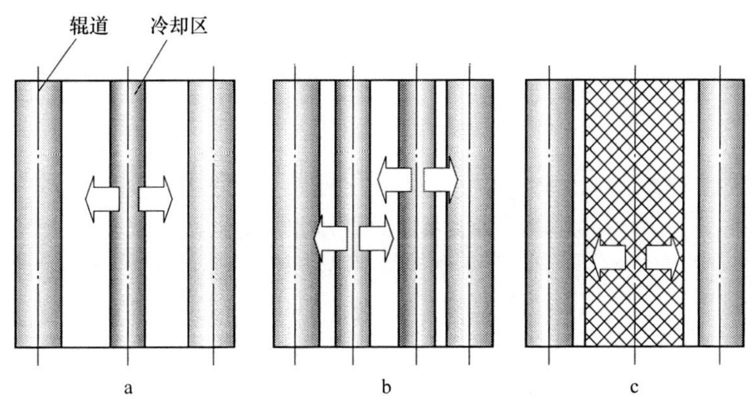

图 6-81 不同冷却方式下的水流分布状况

a—水幕层流 CL；b—加密层流 MPL；c—超密喷射 SUPIC

当然，适当提高冷却水压力或射流速度也能在一定范围内扩大有效冲击区，提高冷却效率，但是其提高的幅度与压力不是正比关系，而是抛物线关系。因此，轧后冷却中采用的最高冷却水供水压力都限制在 0.50MPa 以内，最低压力为 0.06MPa，这是出于在达到工艺目标前提下，综合考虑冷却系统运行成本和冷却能力的结果。

（4）改变流动状态。有人认为将高流量水以一定的角度喷射到板面，依靠帖服钢板表面高速水流冲刷，抑制蒸汽膜的形成和驻留，有效增加核沸腾冷却区面积，以期提高冷却速度。相关试验研究表明：这种射流在钢板表面会产生强烈的飞溅，影响冷却能力；钢板下表面冷却能力受到辊间距的极大影响，在钢板对称冷却的限制下，上表面的冷却能力也不能有效发挥。

理论研究表明：有多种方法可以提高对流换热系数，但冷却速度则不完全取决于外界冷却条件，还受到材料的导热特性——导热系数的影响。因此，应根据产品的厚度规格选择采用何种冷却方式，来提高冷却水的利用率，节能降耗，提高效益，如图 6-82 所示。冷却过程中，当钢板壁面温度始终与介质温度一致时，即会达到极限冷却速度，这时传热由钢导热系数决定。根据现有各种冷却器的冷却能力分析，不同厚度钢板的极限平均冷却速度如图 6-83 所示。

另外，实际生产中也不能把冷却速度作为工艺追求目标，对传统的铁素体-珠光体类型钢，过高的冷却速度容易导致钢板表面淬火马氏体组织的产生，如图 6-84 所示，钢板越厚、碳当量越高，其表面淬火倾向就会越严重，淬火层也会越厚。表面淬火组织一旦产生，仅仅依靠返红过程的短时间自回火也无法消除。这种组织会危及后续深加工及长期服役性能。因此，冷却速度的选择需要根据钢种的化学成分、厚度规格、组织性能要求等综合确定。这一点也逐渐为热轧带钢生产企业所认识。

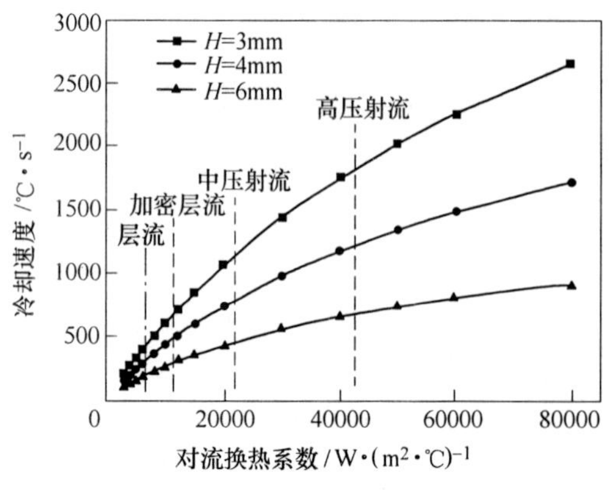

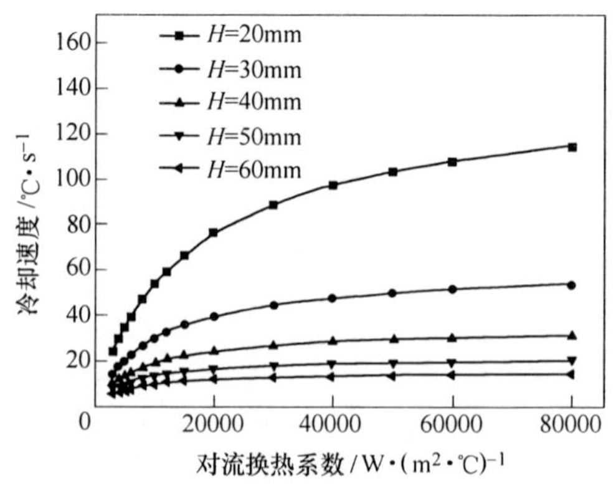

图 6-82　冷却速度与对流换热系数的关系

a—薄板；b—中、厚板

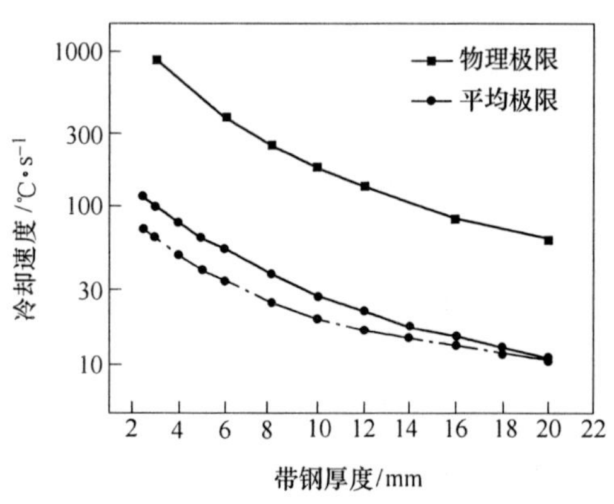

图 6-83　热轧带钢及中厚板的极限冷却速度

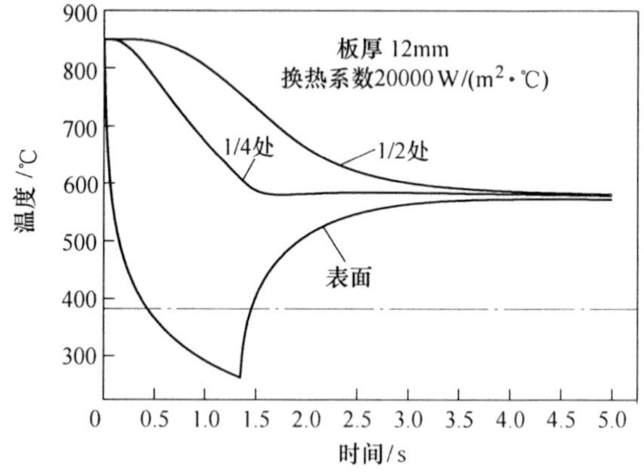

图 6-84　冷却速度对 Q345 钢淬火层厚度的影响

6.5.1.3　均匀冷却及板形控制特征

热轧带钢在控制冷却过程中很突出的一个问题就是宽度方向冷却不均匀。除了水从喷嘴直接喷出与热钢板发生对流换热外，还有钢板上表面滞留水层横向流动产生的二次冷却，造成钢板横向端部水流速度急剧增大，增强了边部冷却效果。此外，少量下部冷却水回落到钢板的两边，加重了边部冷却不均。钢板边部过冷区，不仅会导致钢板宽度方向的组织性能不均匀，还可能导致潜在的板形不良。由于残余应力的存在，钢板切条后会产生弯曲现象；当过冷度达到一定程度后，钢板还会出现边浪。为了克服这类问题，在新型控制冷却装备中配置有以下控制方法：

（1）边部遮蔽控制。采用边部遮蔽装置，遮挡热轧带钢边部冷却水，可以按照钢板平直度和组织性能的需要，控制钢板宽度方向温度分布，达到控制钢板横向板形的目的。遮蔽技术在带钢层流冷却中得到越来越多的应用。该技术在带钢建立张力后可以稳定使用，但是带头和带尾在轧制过程中的横向位置稳定性问题，使得边部遮蔽效果大打折扣。如果热轧带钢板在轧后输送过程中跑偏严重，也会使边部遮蔽技术失效。

（2）头尾避让控制。在热轧带钢生产过程中，为保证厚规格和低温卷取钢板的顺利卷取，在轧后控制冷却过程中采用高精度钢板位置跟踪技术，对钢板的头尾进行精确跟踪，可实现温度的精确控制，对带钢头尾一定长度进行特殊的处理：头部不冷（或微冷）；尾部不冷（或微冷）；头尾不冷（或微冷）。另外，为防止头尾温度过高或过低，也可通过设置头尾微冷功能实现，即指定头尾一定长度的目标卷取温度与本体温度相差 dT。

（3）对称冷却控制。热轧带钢上、下表面的冷却条件不同。上表面积水的排出需要一定的时间，积水和钢板的热交换又与沸腾状态有关；下表面水喷射到热轧带钢表面后会离开钢板而散落下来。因此，为了达到相同的冷却效果，往往需要在热轧带钢的下表面采用更大的冷却水量。北京科技大学的研究和工程实践表明：上、下表面冷却水比例是控制热轧带钢平直度十分重要的参数，这一参数需要根据冷却水压力、温度、钢板厚度等进行调节。

（4）约束分水控制。如果采用层流冷却，通常采用的约束分水（分流）技术包括：中压水侧喷法、中压水反喷法。这两种方法都可以将水约束在限定的区域内，效果略有区别。如果采用高压水实现加速冷却，还需要考虑采用约束分水（分流）技术，通过螺旋辊或平辊来部分或全部阻挡水，增强排水效果，实现上下表面的对称冷却和热轧带钢宽度方向的均匀冷却。

6.5.1.4 低运行成本特征

在以前的很多关于控制冷却工艺及装备的研究中，更多注重的是提高冷却效率和均匀性，以及控制冷却工艺产生的经济效益，认为“水是最廉价的合金”，甚至要“将水变成黄金”；而对冷却系统运行成本和维护成本问题的相关分析与研究很少，对控冷系统的真正运行成本少有问津。

根据国内少数几个热轧带钢生产企业的生产成本统计与分析，目前集管层流冷却的运行成本比较可观。成本构成细分为补充新水的成本及排污成本，更主要的是水循环处理（冷却、过滤、提升）、冷却水增压等运行时的电力成本，冷却前后吹扫的空气压缩的电力成本。其中水处理和增压的成本占总成本的80%左右。不同的冷却形式，其运行的能耗成本差异很大。

6.5.2 钢材高效控冷技术的应用

（1）UFC冷却技术：比利时CRM研究设计了一种新型的冷却装置UFC（Ultra Fast Cooling），其要点是：减小每个管状冷却出水管口的孔径，加密出水口，增加水的压力，保证小流量的水流也能有足够的能量和冲击力，能够大面积地击破汽膜。这样，在单位时间内就有更多的新水直接作用于钢板表面，大幅度提高换热效率（图6-85）。

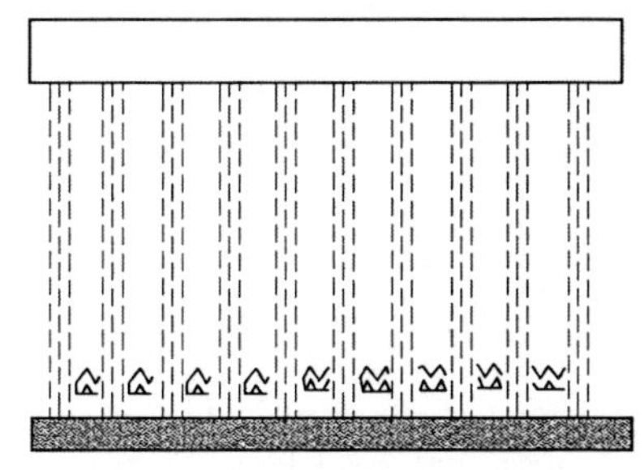

图6-85 UFC密集水流击破汽膜示意图及工作状态

(2) Super-OLAC 冷却技术：日本JFE公司开发的Super-OLAC冷却技术能够在整个板带冷却过程中实现核沸腾冷却。冷却水从离轧制线很低的集管顺着轧制方向以一定的压力喷射到板面，将水与钢板表面之间形成的蒸汽膜和板面残存水吹扫掉，在钢带表面形成“水枕冷却”（水枕冷却是指高密集的冷却集管，用高水压增加水流量，在钢板表面产生一个湍流拌水层的冷却方式），从而达到钢板和冷却水之间的完全接触，避开了过渡沸腾和膜态沸腾，实现了全面的核态沸腾，提高了钢板与冷却水之间的热交换，达到较高的冷却能力，而且提高了钢板冷却的均匀性。JFE的冷却装置如图6-86所示。图6-87和图6-88是在各个冷却温度阶段Super-OLAC冷却技术实现了核态沸腾和常规水冷条件时其换热能力的比较。显然前者有更高的冷却能力。

图6-86 JFE公司开发的Super-OLAC冷却装置

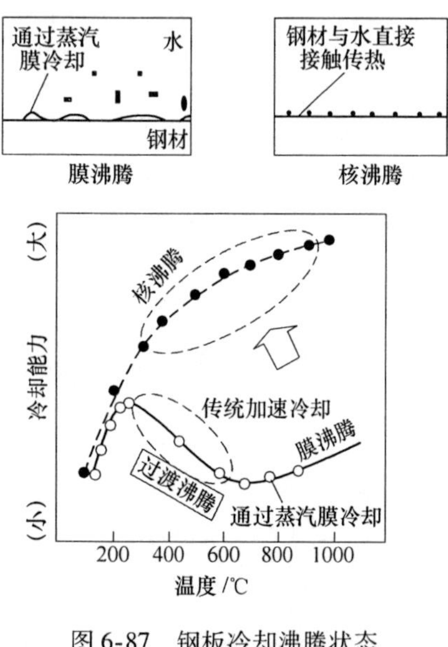

图6-87 钢板冷却沸腾状态

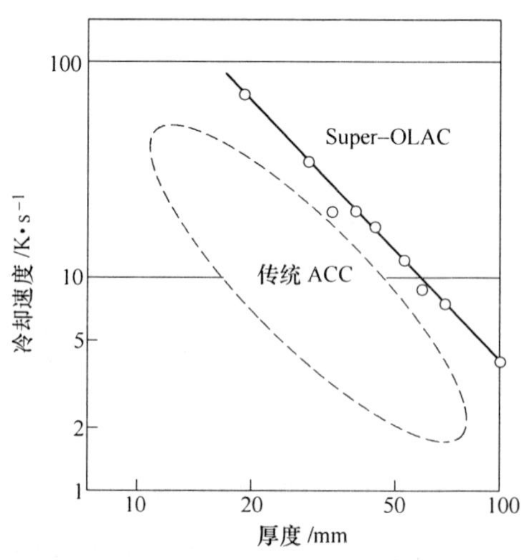

图6-88 Super-OLAC的冷却速度极限[8]

(3) 超密度冲击射流冷却技术（SUPIC）：北京科技大学研制的超密度强化喷射冷却技术（SUPIC-Super Intensive Impinging Cooling）是通过大幅度增加冲击射流出水点密度、增加冷却冲击区（核沸腾区）的面积以及适当增加水流速度来实现高效率冷却的方法。根据供水压力，分0.10~0.15MPa的低压力型冷却装置SUPIC-L，对20mm钢板的最高平均冷却速度可达45℃/s；0.30~0.50MPa的高压力型冷却装置SUPIC-H，对20mm钢板的最高平均冷却速度可达62℃/s。图6-89是SUPIC-L和SUPIC-H冷却器的喷水效果图，图6-90是SUPIC-L和SUPIC-H冷却器在中厚板轧后冷却和离线淬火中的应用实例，该技术还应用到多条热轧带钢的轧后冷却中。

(4) 多功能冷却MULPIC技术：奥钢联公司（VAI）开发的多功能冷却MULPIC技术是另一种高效冷却技术。在ACC状态最大供水压力为0.25MPa，在DQ工作状态时供水

图 6-89 SUPIC-L 和 SUPIC-H 冷却器的试水状态

a b

图 6-90 SUPIC 冷却器的不同用途[9,10]

a—中厚板轧后控制冷却；b—中厚板辊式淬火机

压力最大为 1.0MPa，其最大流量密度在 ACC 时为 15L/(s · m²)，DQ 时为 33L/(s · m²)。在正常 ACC 模式下，系统压力为 0.25MPa，最大冷却速度针对 10mm 厚的钢板可以达到 55℃/s；在 DQ 模式下，快速冷却 A 区域的压力为 0.5MPa，最大冷却速度针对 20mm 厚的钢板可以达到 60℃/s。MULPIC 装置的物理极限如图 6-91 所示。该技术主要应用于中厚板生产中的轧后冷却和直接淬火。

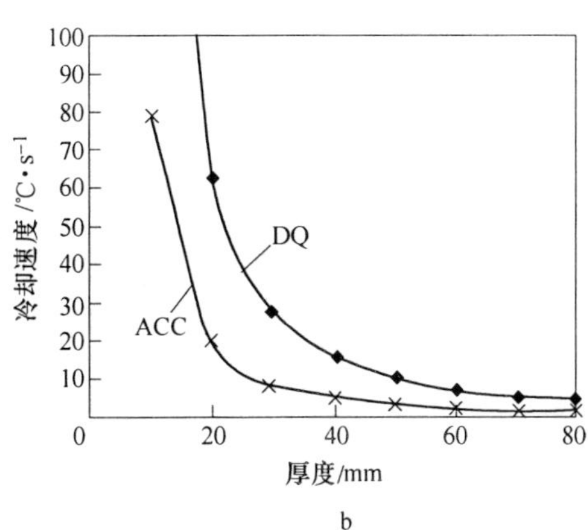

a b

图 6-91 MULPIC 冷却器的工作状态及冷却速度极限[11]

a—轧后冷却状态；b—冷却速度极限

（5）高密度冷却 HDC：韩国 POSCO 开发的 HDC（High Density Cooling）系统，如图 6-92 所示，通过优化喷嘴形状以增加冲击压力，增强冷却能力。与加密集管冷却装置相比，冷却能力增加 0.3 ~4 倍。其冷却时的热流密度可达 3 ~5MW/m^2。该装置用于带钢的高速冷却和钢带的组织细化控制。

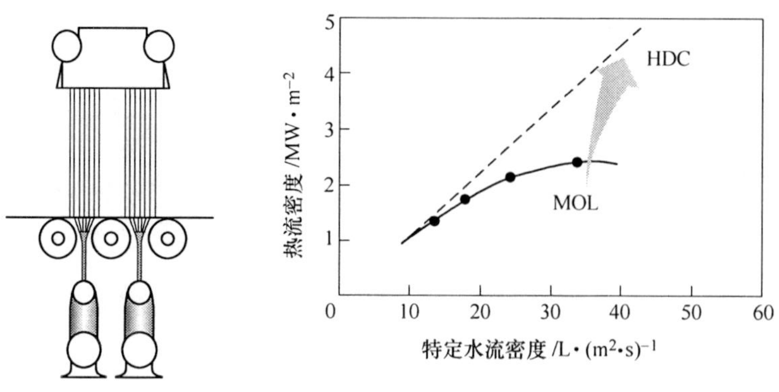

图 6-92　韩国 POSCO 开发的 HDC 装置示意图及冷却能力[12]

（6）ADCOS 超快冷技术：东北大学开发的用于中厚板冷却的 ADCOS-PM（Advanced Cooling System for Plate Mill）技术，采用缝隙射流和高密度柱状射流组合可以实现中厚板的高速冷却，通过提高水压和水流密度来提高冷却效率。该技术在国内钢铁企业的中厚板生产线上已有应用，设备外形图和喷射状态如图 6-93 所示。

图 6-93　东北大学开发的 ADCOS 超快冷装置及喷水状态[13]

（7）棒材快冷技术：一种棒材快冷技术称为湍流冷却技术。湍流管又称为文氏管，水通过喷嘴进入一连串的湍流管，棒材通过湍流管进行冷却。湍流管作为高效冷却器，在棒材轧后控冷技术中成为关键的在线装备已被许多棒材厂采用。图 6-94 为棒材湍流管式冷却器结构示意图。另一种棒材快冷技术为套管式冷却，水通过缝隙或柱状流进入管内，棒材通过充满水的套管进行冷却，如图 6-95 所示。这两种冷却器，前者在冷却后棒材的圆周方向温度更均匀；后者在喷水压力达到 1.8MPa 以上、棒材规格较小时也能实现周向的均匀冷却。因此后者更多见于小规格棒材的控制冷却。

综上所述，为了提高效率，目前采用的最主要的途径是：（1）提高供水和喷水压力；（2）增加水流密度或冷却水量；（3）改善水量分布状态，实现核沸腾区域扩大；（4）改善水流方向，扩大有效冷却区；（5）合理的疏水措施排除温度升高的残水。从这几点看，

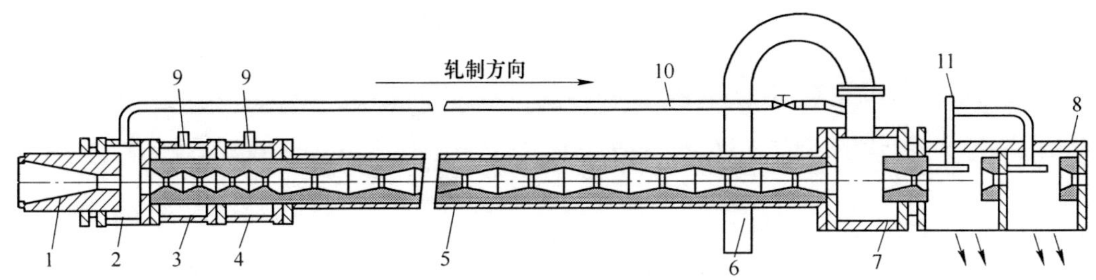

图 6-94 湍流管式棒材冷却器结构示意图

1—入口嘴；2—带空气剥离器的预冷箱；3—第一组喷头；4—第二组喷头；5—文氏管；6—无压回水；7—回水箱；8—偏转箱；9—供高压水；10—平衡管；11—压缩空气管

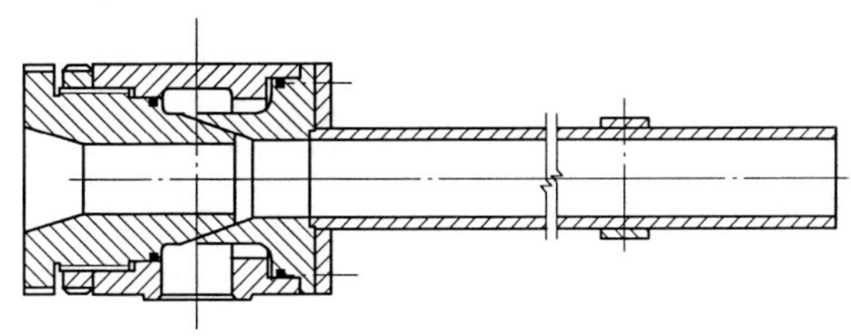

图 6-95 套管式棒线材冷却器结构示意图

上述各种冷却方式在增强冷却能力的核心原理上是相近的，只是在工艺细节、装备结构上各有特色。

参考文献

[1] 宋维锡. 金属学 [M]. 北京：冶金工业出版社，2010.

[2] 崔忠圻，刘北兴. 金属学与热处理原理 [M]. 哈尔滨：哈尔滨工业大学出版社，1998.

[3] 刘峰. 高温钢板喷雾冷却时的冷却特性和传热系数 [J]. 钢铁研究学报. 1990 (2)：31 ~ 36.

[4] 王有铭，李曼云，韦光. 钢材的控制轧制和控制冷却 [M]. 北京：冶金工业出版社，1999.

[5] 汪贺模. 不同冷却条件下热轧钢板表面换热系数及应用研究 [D]. 北京：北京科技大学，2012：56 ~ 96.

[6] 刘倩倩，刘兆山，宋森，等. 残余应力测量研究现状综述 [J]. 机床与液压，2011，39 (11)：135 ~ 138.

[7] 卢小节. 热轧管线钢轧后快冷中温度场、相变和应力场的研究 [D]. 北京：北京科技大学，2008：46 ~ 76.

[8] Akio F，Kazuo O. JFE Steel's Advanced Manufacturing Technologies for High Performance Steel Plates [R]. JFE Technical Report，2005 (5)：10 ~ 15.

[9] 北京科技大学中厚板超密度快速冷却技术总结报告 [R]. 2010.

[10] 北京科技大学中厚板辊式淬火机技术总结报告 [R]. 2013.

[11] 田锡亮，余伟，宋庆吉. MULPIC 冷却装置在品种钢研发中的生产实践 [J]. 钢铁，2009，44 (5)：88 ~ 91.

[12] Choo Wung Yong. New Innovative Rolling Technologies for High Value-Added Products in POSCO [C]. Proceedings of the 10th International Conference On Steel Rolling. Beijing China，2010：15 ~ 17.

[13] 王国栋. 厚板与超厚板生产技术创新 [C]. 2013 年中厚板生产技术交流会暨 CSM 中厚板学术委员会 6 届 2 次学术年会，杭州，2013.

7 金属塑性变形抗力的研究

金属的变形抗力是指金属抵抗塑性变形的能力，是制定合理的压力加工工艺的前提。在现代轧制领域中，用于工业生产的很多轧机都采用了计算机的在线控制，开发建立能正确反映金属材料力学性能和热变形工艺参数之间关系的变形抗力数学模型，对提高轧制过程的控制能力，改善产品质量，具有非常重要的意义。

7.1 金属变形抗力研究概况

7.1.1 变形抗力的概念与一般行为

众所周知，金属塑性变形是大量金属原子在外力作用下，从一些稳定平衡位置向另一些稳定平衡位置非同步移动的过程。这一过程必须在一定的应力场下，克服掉金属原子力图回到原来稳定平衡位置的弹性力而完成。度量物体这种保持其原有形状而抵抗变形能力的指标，称为金属塑性变形抗力，常用 $\sigma(\sigma_s)$ 来表示。

金属的变形抗力是表征金属压力加工性能的一个基本量，正确确定不同变形条件下材料的变形抗力，是制定合理的工艺规程必不可少的条件。在轧制过程中，金属在轧辊间承受轧制压力的作用而发生塑性变形。由于金属塑性变形过程中体积不变，因此变形区的金属在垂直方向产生压缩，在轧制方向产生延伸，在横向产生宽展。而延伸和宽展受到接触面摩擦力的限制，变形区中的金属呈三向压应力状态。

在一定的变形温度、变形速率和变形程度下，常以单向压缩（或拉伸）时的屈服应力 σ_s 的大小来度量其变形抗力。但是金属塑性加工过程都是复杂的应力状态，对于同一种金属材料来说，其变形抗力值一般要比单向应力状态时大得多。因此，实际测得的变形抗力值，除了金属真实抵抗变形的抗力外，还包括一个附加的抗力值。

对于一定化学成分和组织状态的金属材料来说，变形温度、变形速率、变形程度以及变形时间等因素构成综合变形条件。材料的变形抗力可由下式表示：

$$k_f = f(\varepsilon, \dot{\varepsilon}, T, t) \tag{7-1}$$

式中，ε 为变形程度（应变）；$\dot{\varepsilon}$ 为变形速率（应变速率）；T 为变形温度；t 为变形时间。

对于实际轧制过程来说变形抗力还受应力状态条件的影响。

变形时间对材料的加工硬化和再结晶软化现象有影响，在变形速率中已有体现，故此因素可以不考虑，则式（7-1）变为：

$$k_f = f(\varepsilon, \dot{\varepsilon}, T) \tag{7-2}$$

7.1.2 金属塑性变形抗力的影响因素

影响变形抗力的主要因素有化学成分和组织结构（内因）、变形温度、变形速率和变形程度（外因）。

7.1.2.1 化学成分的影响

各种纯金属，因原子间相互作用的特性不同，故具有不同的变形抗力。同一金属，其纯度越高，变形抗力越小。不同牌号的合金，组织状态不同，其变形抗力也不同。如退火后的纯铝，在一定条件下，其变形抗力 σ_s 为 30MPa 左右。而 LY12 硬铝合金，在退火状态下，其 σ_s 为 100MPa 左右；在淬火时效后，σ_s 可达 300MPa 以上。

合金元素对变形抗力的影响，主要取决于溶剂原子与溶质原子间相互作用的特性、原子体积大小，以及溶质原子在溶剂基体中的分布情况。要阐明化学成分与变形抗力之间的关系是比较困难的。据研究，二元合金的化学成分与变形抗力之间的关系同二元状态图的形式也有某些规律性。

除合金组元的影响外，金属的变形抗力在很大程度上取决于杂质的含量，如钢中 C、N、Si、Mn、S、P 等杂质元素增多都会使抗力显著增加。图 7-1 是高温条件下变形抗力与碳含量的关系。又如，当青铜中的 As 含量为 0.05% 时，强度极限为 190MPa，而当 As 含量提高到 0.145% 时，强度极限反而降到 140MPa。可见，少量的杂质就能使金属的变形抗力发生明显变化。杂质对变形抗力的影响与杂质的本性及其在基体中的分布特性有关。杂质原子与基体组元形成固溶时会引起基体组元点阵畸变。进入基体点阵中的杂质原子所引起的点阵畸变越大，则变形抗力提高得越多。另外，金属中有些杂质形成化合物（如钢中的 C、N 形成碳化物、氮化物），阻碍金属的变形，也使抗力增高。

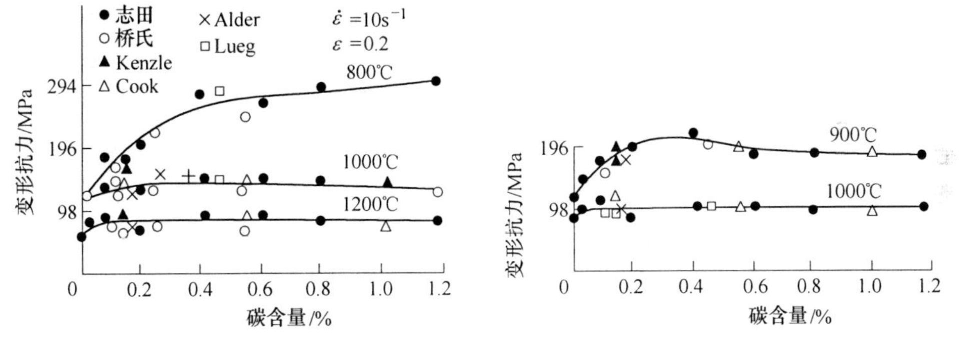

图 7-1 变形抗力与碳含量的关系

7.1.2.2 组织结构的影响

金属与合金的性质取决于组织结构，即取决于原子间的结合和原子在空间的排列情况。当原子的排列方式发生变化时（当合金发生相变时）所产生的力学性能和物理性能的突变，就是一个例证，如图 7-2 所示。

图 7-2a 是 α-Fe 和 γ-Fe 在相变（910℃）时变形抗力随温度变化的图示。如果不发生相变，则 α-Fe 的曲线是平滑下降的；反之，若只存在 γ-Fe，曲线也是平滑延伸的。由于发生相变，变形抗力在转变温度区间成为复杂曲线。产生这种结果的原因，正是发生同素异构转变的结果，图 7-2b 是碳钢（0.04% C、0.2% C、0.8% C）在相变点处的变形抗力变化曲线。依碳含量不同，α→γ 转变点也不同，故变形抗力的波动点各异。

合金组织，特别是晶粒大小对金属材料的变形抗力也有很大影响。通常，多晶体的晶粒大小为 1.0 ~ 0.01mm，超细晶粒可以达到 1μm 以下。一般情况下，细一些的晶粒可使变形抗力增高。在许多金属中（主要是体心立方金属，包括钢、铁、钼、铌、钽、铬、

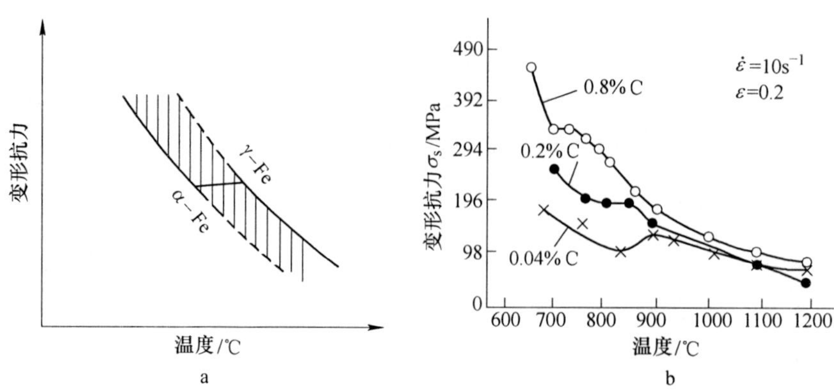

图 7-2　α-Fe 及 γ-Fe 在相变时的变形抗力

钒等以及一些铜合金)，实验证明了屈服点和晶粒大小的关系满足下式：

$$\sigma_y = \sigma_i + k_y d^{-1/2} \tag{7-3}$$

式中，σ_i 、k_y 为与材料有关的常数；d 为晶粒直径。

这个公式被称为霍尔-佩奇（Hall-Petch）公式。由这个公式可以说明晶粒度与变形抗力的一般关系。变形抗力随晶粒尺寸的减小而增加的原因可以从表面张力和周围晶粒的作用力、晶体滑移阻力（晶界作用）等方面考虑。

在超塑性变形时，其流动应力与晶粒直径的关系基本上也符合这一规律。但因它是特定条件下的一种塑性的异常现象，其流动规律及客观上的力学表现是有特殊性的。

7.1.2.3　变形温度的影响

由于温度的升高，降低了金属原子间的结合力，因此几乎所有金属与合金的变形抗力都随变形温度的升高而降低，如图 7-3 所示。对于那些随着温度变化产生物理-化学变化或相变的金属与合金，则存在着例外的情况。比如有蓝脆和热脆现象的钢、在温度变化区间有相变的合金材料，其变形抗力随温度的变化将有起伏，图 7-4 是碳钢的屈服应力与温度的关系。一般规律是随着温度的升高，硬化强度减小，而且以一定的温度开始，硬化曲线几乎成为一平行线。这表明当温度升高到一定程度时，已没有硬化了，即以软化作用为主。

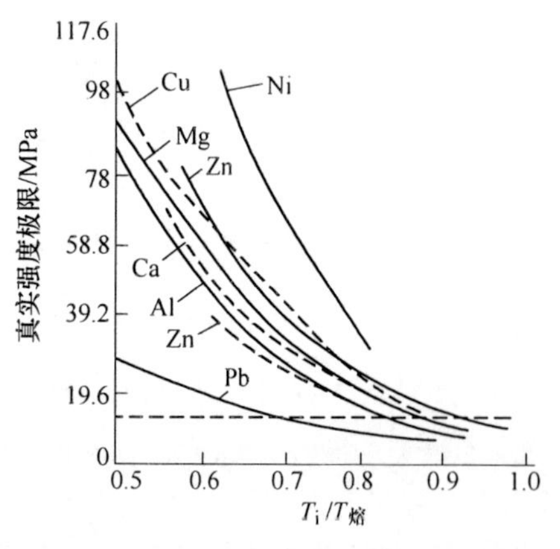

图 7-3　各种金属的真实强度极限与温度的关系

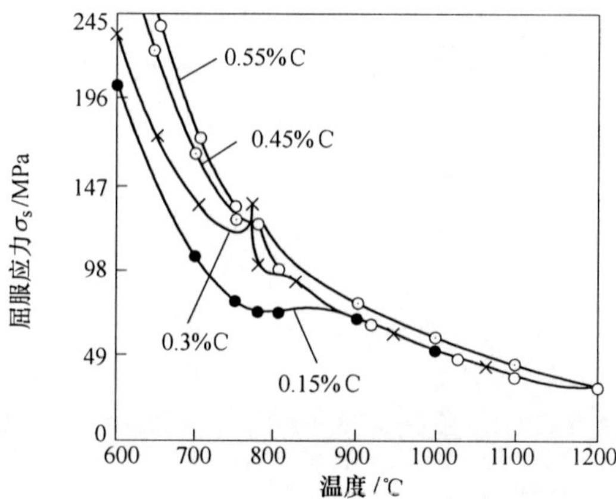

图 7-4　碳素钢的屈服应力与温度的关系

长期以来，许多学者都在寻求用计算式来确定温度与抗力的关系，但因金属与合金的种类繁多，且温度影响又与变形时的热效应有不可分割的联系，所以至今未能得出一个可用的计算式，还只能依赖于大量实验结果的数据积累。这个问题是有待解决的，因为热变形时的温度控制及产品精度控制，都要求有一个比较可靠的温度影响的数学模型。

7.1.2.4 变形速率的影响

变形速率对变形抗力的影响，主要取决于在塑性变形过程中，金属内部所发生的硬化与软化这一矛盾过程的结果。因为再结晶过程不但同晶格的畸变及温度的高低有关，而且与过程的时间（孕育及成核长大时间）有关，所以变形速率的提高，对软化的作用具有二重性，因单位时间发热率的增加有利于软化的发生与发展；又因其过程时间的缩短而不利于软化的迅速完成。变形速率的增加缩短了变形时间，从而使塑性变形时位错运动的发生与发展的时间不充足，使变形抗力升高，在高温下的表现尤为显著。

塑性变形是金属流动，从以往的流体力学概念出发，可以认为变形抗力受应变速率的影响最大，对于这方面的研究已有很多。对于应变速率范围在 $\dot{\varepsilon}=10^{-4}\sim10^{-3}\mathrm{s}^{-1}$内，可应用下面的实验公式：

$$k_{\mathrm{f}} = \alpha\dot{\varepsilon}^{m} \tag{7-4}$$

式中，α 为系数；$\dot{\varepsilon}$ 为应变速率，s^{-1}；m 为应变速率敏感性指数。

根据池岛、井上的研究，试验温度为 900～1200℃时，低碳钢的 m 值是 0.10～0.15，沸腾钢和镇静钢的 m 值为 0.12～0.18，高速钢的 m 值为 0.15～0.22。一般是随着温度下降，m 值减小。同时也说明温度越高，应变速率的影响越大，在低温或常温情况下，应变速率的影响较小。

在各种温度范围内，应变速率对变形抗力提高的影响可归纳为图 7-5。从图中曲线可以看出，在冷变形温度范围内应变速率的影响较小。在热变形温度范围内，应变速率的影响较大，最明显的是由不完全热变形到热变形的温度范围。产生上述现象的原因是，在常温条件下，金属材料原来的抗力就比较大，变形热效应也显著，因此应变速率提高所引起的抗力相对增加量要小；相反，在高温变形时，因为原来金属变形抗力比较小，应变速率增加使变形抗力增加的相对值就显得大得多。又因为在高温下变形热效应的作用也相对变小，而且由于速率的提高使变形时间缩短，软化过程来不及充分发展，所以此时应变速率的作用是不可忽视的。当温度更高时，软化速率将大大提高，以致速率的影响又有所降低。

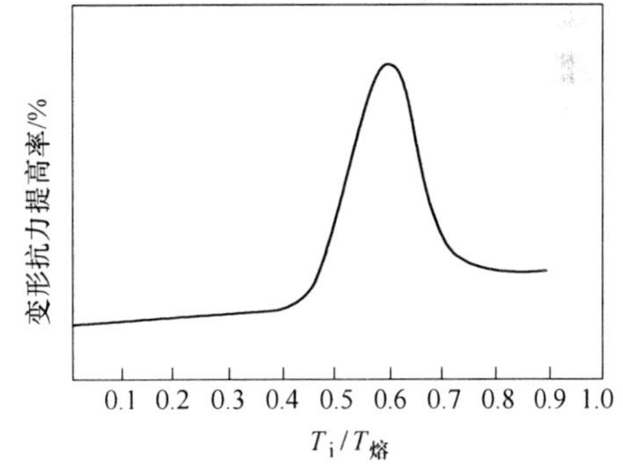

图 7-5 在各种温度范围内应变速率对变形抗力提高的影响

7.1.2.5 变形程度的影响

无论在室温或较高温度条件下，只要回复和再结晶过程来不及进行，则随着变形程度的增加必然产生加工硬化，使变形抗力增加。通常，变形程度在 30% 以下时，变形抗力增加得比较显著，当变形程度较高时，随着变形程度的增加，变形抗力的增加变得比较缓慢，这是由于变形程度的进一步增加，使晶格畸变能增加，促进了回复与再结晶过程的发生与发展以及变形热效应的作用，使变形温度提高所致。

对于同一金属与合金，在室温下进行冷变形时，影响变形抗力的最主要因素是变形程度。因此，代表性的静态冷变形抗力公式如下：

$$k = K\bar{\varepsilon}^n \tag{7-5}$$

$$k = A(B + \bar{\varepsilon})^n \tag{7-6}$$

或

$$k = k_0 + C\bar{\varepsilon}^n \tag{7-7}$$

式中，K、A、B、C 为常数；n 为应变硬化指数；$\bar{\varepsilon}$ 为累计等效应变；k_0 为材料在完全退火状态下的屈服极限。

7.1.2.6　应力状态的影响

实际变形抗力要受应力状态的影响，一般情况下，三向压应力状态使变形抗力提高。这实质上就是应力球张量的作用，因为静水压力增加了金属原子间的结合力，消除了晶体点阵中的部分缺陷，使位错运动难以进行，所以大大增加了滑移阻力，使变形抗力提高。

在塑性变形过程中，当变形体内有相变发生时，流体静压力可使第二相的数量增多或减少，从而改变其变形抗力的数值。如硬铝合金在流体静压力下拉伸时，第二相的数量增多，而且真实应力曲线比没有附加流体静压力的拉伸稍高一些。

7.1.2.7　其他因素的影响

多晶体金属在受到反复交变的载荷作用时，出现变形抗力降低的现象，这称为包辛格效应。图 7-6 是显示包辛格效应时所得到的应力-应变曲线的例子。拉伸时材料的原始屈服应力在 A 点，若对此材料进行压缩时，其屈服应力也与它相近（在点线的 B 点）。以同样的试样，使其受载超过 A 点至 C 点，卸载后将沿 CD 线返回至 D，若在此时对它施以压缩负荷，则开始塑性变形将在 E 点，E 点的应力明显比原来受压缩材料在 B 点的屈服应力低。这个效应是可逆的，若原试样经塑性压缩，再拉伸时同样发生屈服应力降低的现象。实际上，当连续变形是以异号应力交替进行时，可降低金属的变形抗力；用同一符号的应力有间隙地连续变形时，则变形抗力连续地增加。包辛格效应仅在塑性变形不大时才出现（如黄铜在 $\varepsilon < 4\%$ 时，硬铝在 $\varepsilon = 0.7\%$ 时）。

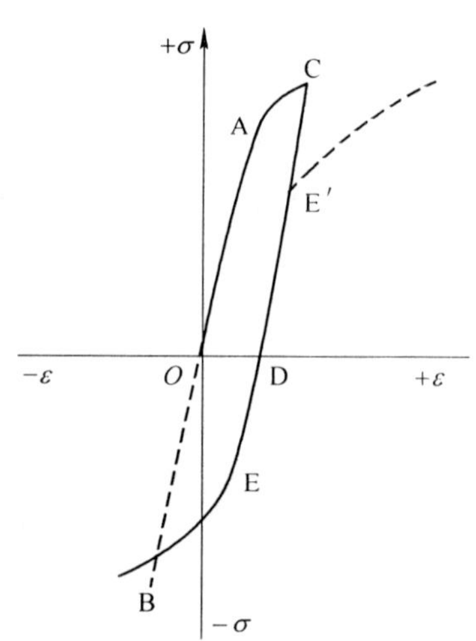

图 7-6　包辛格效应

周围介质对金属的变形抗力也有影响。当金属表面吸附了活性物质时，能促进金属的变形，降低变形抗力。这是因为吸附的介质降低了金属的表面能，故在较低的应力下即可使金属产生屈服。

7.1.3　金属塑性变形抗力研究概况

随着金属压力加工生产的发展，对金属塑性变形抗力的研究也逐渐发展与完善起来。

归纳起来，其发展经历了四个阶段：

(1) 20 世纪 40 年代以前，是金属塑性变形抗力的萌芽阶段。在这个阶段中，由于金属压力加工生产广泛开展，要求正确确定金属压力加工过程的力能参数，随之开展了对金属塑性变形抗力的研究。由于当时生产水平和实验设备的限制，很多学者只是直观地认识到钢种和变形温度对变形抗力的影响，所以在当时对变形抗力研究中，只是研究不同钢种在不同变形温度条件下，强度极限与变形温度的关系。用函数式表示：

$$\sigma_b = f(x\%, t) \tag{7-8}$$

式中，$x\%$ 为钢种化学成分；t 为变形温度。

上式用强度极限代替了塑性变形抗力，并忽略了变形速率和变形程度对变形抗力的影响。后来的实验表明，变形速率对变形抗力的影响很大，在较高变形速率下的变形抗力，比准静态试验时大 5～10 倍，忽略它的影响会导致相当大的误差。另外强度极限与变形抗力，不仅两者在概念上不一样，而且在数值上也截然不同。

(2) 从 20 世纪 40～50 年代开始，对变形抗力的研究有了很大的发展，不少学者同时考虑了变形温率和变形速率对变形抗力的影响，使得对变形抗力的研究从只考虑变形温度一个因素的影响，增加了考虑变形速率对变形抗力的影响，可用下面函数表示：

$$\sigma = f(x\%, t, \dot{\varepsilon}) \tag{7-9}$$

式中，$\dot{\varepsilon}$ 为变形速率。

以上的函数关系中，仍然未考虑例如变形程度等因素对变形抗力的影响，认为高变形温度下塑性变形的金属不存在强化。然而，以后的大量试验研究表明，在高变形温度和高变形速率下，塑性变形的金属同样存在着强化。

(3) 从 20 世纪 50 年代到 70 年代，在各个金属压力加工部门，以轧钢生产为代表，新设备、新技术大量采用，世界各国钢材产量猛增，轧钢生产速度迅速提高，特别是电子计算机在轧钢生产中投入在线控制生产。因此，塑性变形的力学模型——轧制压力数学模型成为电子计算机控制轧钢生产的关键之一。在此情况下，迫切要求研究塑性变形理论和塑性变形抗力，提高变形抗力数学模型精度。为此，各种实验设备应运而生，测试技术不断提高，对变形抗力的研究更加趋于完善。许多学者广泛开展了变形温度、变形速率和变形程度对变形抗力影响的研究，其研究结果可用下列函数表示：

$$\sigma = (x\%, t, \dot{\varepsilon}, \varepsilon) \tag{7-10}$$

式中，ε 为变形程度（一般用对数变形表示）。

在此阶段中，变形抗力的研究是卓有成效的，发表了大量的研究成果和文献资料，促进了轧钢生产的发展。比较著名的研究有英国的 J. E. Alder、P. M. CooK，日本的有志田茂、井上、美坂等，美国、德国和加拿大等国的研究人员也做了大量研究工作。我国的张作梅、周纪华和管克智对热轧变形抗力作了大量的实验研究，为金属压力加工的生产提供了各种钢种的变形抗力数学模型。

在这个阶段中，还有一个显著特点是：从 20 世纪 60 年代开始，随着电子计算机的普及，许多学者所发表的变形抗力研究成果，再不像 50 年代以前那样仅采用曲线图表形式，而是采用了不同结构的公式，去拟合实验数据，从而得到相应的回归系数。这种以经验公式为主体的表达式，不仅为计算变形抗力提供了方便，而且为采用电子计算机控制轧钢生产，提供了在线控制用的变形抗力数学模型。

（4）20 世纪 70 年代以后，在轧钢生产中发生了与轧制工艺有关的许多重大的技术革命，其中最重要的一项是钢的微合金化及控制轧制。在包含铌、钛、钒等合金元素的低合金钢的轧制中，由于铌、钛、钒元素有碍于再结晶进行和控制轧制中处于两相区轧制，使得在多道次轧制中，前面道次的加工硬化不能完全消除，而有全部或部分地保存下来，这样在不同程度上影响着后续道次的变形抗力，称为残余应变率的影响。因此在变形抗力研究中，很多学者又转向研究多道次轧制中，残余应变率对变形抗力的影响，其变形抗力的函数表达式为：

$$\sigma = f(x\%, t, \dot{\varepsilon}, \varepsilon, \lambda) \tag{7-11}$$

式中，λ 为残余应变率的影响，其值取决于材料的化学成分、组织、变形温度和道次间隔时间[2,3]。

7.1.4 现有的金属变形抗力数学模型

在 20 世纪 60 年代以前，各国学者对热轧金属塑性变形抗力的研究成果，大多用试验曲线的形式表示。但由于热轧金属塑性变形抗力的影响因素较多，很难在一个曲线图中完全表达清楚，往往需要一组曲线图形才能给予表述。

在 20 世纪 60 年代以后，尤其是 70 年代以来，由于电子计算机的普及，电子计算机广泛应用于控制轧钢生产过程，促使轧钢生产向自动化、高速化和优质化方向发展，有力地推动了轧钢生产的发展。电子计算机在线控制轧钢生产过程，不仅仅只是电子计算机本身的硬件和软件的作用，更重要的是控制系统和各种各样的数学模型。正因为有适合轧钢生产的各种数学模型，才有可能实现电子计算机对整个轧钢生产各个环节的控制，获得高精度的产品。

电子计算机控制轧钢生产的诸数学模型中，轧制力数学模型更为重要，它是确定轧钢设备负荷、合理制定轧制工艺规程、提高轧材尺寸精度的依据之一。轧制压力的计算精度，直接影响着轧钢生产过程的连续性和稳定性。在轧制压力数学模型中，金属塑性变形抗力数学模型更具有举足轻重的作用。下面列举的是现有的几种可查询的金属塑性变形抗力数学模型：

（1）井上腾郎的数学模型。井上腾郎采用落锤式高速拉伸实验机，试验研究了 15 个钢种的热轧条件下的变形抗力，得到了相应的变形抗力数学模型的综合式：

$$\sigma = A\gamma^{n}u^{m}\exp(B/T) \tag{7-12}$$

式中，A、B、m、n 为取决于钢种和变形条件的系数；γ 为变形程度；u 为变形速率；T 为变形温度。

（2）池岛俊雄的数学模型。池岛俊雄采用落锤式高速压缩试验机，对低碳钢在高温、高变形速率下测定了变形抗力，得出变形抗力数学模型为：

$$\sigma = A\exp\left(\frac{B}{T}\right)u^{m}(1 + C\gamma^{n}) \tag{7-13}$$

式中，A、B、C、m、n 为取决于钢种的系数，并且 m 值随变形温度的变化有所不同。

（3）美坂-吉本的数学模型。美坂佳助和吉本友吉采用落锤式试验的方法，测定了碳钢（碳含量为 0.05%~1.16%）的变形抗力，其试验条件为：试验温度 750 ~ 1200℃；变形速率 30 ~ 200s^{-1}；变形程度 0.10 ~ 0.50。

分析研究变形抗力与碳含量、变形温度、变形速率和变形程度关系的基础上，得到如下碳钢变形抗力的综合数学模型：

$$\sigma = \exp\left(0.126 - 1.75w(\mathrm{C}) + 0.594w(\mathrm{C})^2 + \frac{2851 + 2968w(\mathrm{C}) - 1120w(\mathrm{C})^2}{T_\mathrm{k}}\right)u^{0.12}\gamma^{0.21} \tag{7-14}$$

式中，$w(\mathrm{C})$ 为碳含量，%；T_k 为绝对温度，$T_\mathrm{k} = t + 273$，t 为变形温度。

（4）新日铁的数学模型。新日铁所提供的变形抗力数学模型为：

$$\sigma = \sigma_\mathrm{f} f g_\mathrm{u} \tag{7-15}$$

$$\sigma_\mathrm{f} = a_1\exp\left(\frac{a_2}{T} - \frac{a_4}{w(\mathrm{C})_1 + a_3}\right) \tag{7-16}$$

$$f = \frac{a_5}{n+1}\left(\frac{\gamma}{a_6}\right)^n - a_7\left(\frac{\gamma}{a_6}\right) \tag{7-17}$$

$$g_\mathrm{u} = \left(\frac{u}{a_8}\right)^m \tag{7-18}$$

$$m = (a_9 w(\mathrm{C})_1 + a_{10})T + (a_{11}w(\mathrm{C})_1 + a_{12}) \tag{7-19}$$

$$n = a_{13} + a_{14}w(\mathrm{C})_1 \tag{7-20}$$

$$w(\mathrm{C})_1 = w(\mathrm{C}) + \frac{1}{6}w(\mathrm{Mn}) \tag{7-21}$$

式中，$w(\mathrm{C})_1$ 为碳含量，%；$w(\mathrm{Mn})$ 为锰含量，%。

（5）管克智的数学模型。管克智等人采用凸轮式高速形变试验机，在广泛的变形温度、变形速率和变形程度范围内，测定了各种碳钢、低合金钢和合金钢等的变形抗力，在详细地分析了变形温度、变形速率和变形程度对变形抗力影响关系的基础上，以钢种为单元，拟定了几个以下变形抗力数学模型：

$$\sigma = \sigma_0\exp(a_1T + a_2)\left(\frac{u}{10}\right)^{a_3T+a_4}\left[a_6\left(\frac{\gamma}{0.4}\right)^{a_5} - (a_6 - 1)\frac{\gamma}{0.4}\right] \tag{7-22}$$

$$\sigma = \sigma_0\exp\left(\frac{a_1}{T} + a_2\right)\left(\frac{u}{10}\right)^{a_3T+a_4}\left[a_6\left(\frac{\gamma}{0.4}\right)^{a_5} - (a_6 - 1)\frac{\gamma}{0.4}\right] \tag{7-23}$$

$$\sigma = \exp(a_1T + a_2)\left(\frac{u}{10}\right)^{a_3T+a_4}\gamma^n \tag{7-24}$$

$$\sigma = \exp\left(\frac{a_1}{T} + a_2\right)\left(\frac{u}{10}\right)^{a_3T+a_4}K_\gamma \tag{7-25}$$

$$K_\gamma = b_0 + b_1\gamma + b_2\gamma^2 + b_3\gamma^3 \tag{7-26}$$

式中，$T = (t + 273)/1000$，K；σ_0 为基准变形抗力，即 $t = 1000$℃、$\varepsilon = 0.4$ 和 $\dot{\varepsilon} = 10\mathrm{s}^{-1}$ 时的变形抗力；$a_1 \sim a_6$、$b_0 \sim b_3$、n 为回归系数，其值取决于钢种。

7.2 金属塑性变形抗力的研究方法

金属塑性变形抗力是通过实测力和试件变形的相互依赖关系，推算得到变形抗力与变形程度（应力-应变）关系的曲线。在实验过程中，最重要的是满足整个实验自始至终保持试件处于单向应力状态，基于这一条件，各国学者从不同角度出发，采用了各种不同的实验方法研究变形抗力与各种变形条件（变形温度、变形速率和变形程度）的关系。

7.2.1　实验方法

金属塑性变形抗力的实验方法主要有：拉伸、压缩、扭转、轧制、轧制与压缩或拉伸组合法等。

7.2.1.1　拉伸试验法

在单向拉伸时，由记录器直接记录外力 P 和试件的绝对伸长 ΔL 的关系。若试件原长为 L_0、原截面面积为 A_0，各变形瞬间的长度为 L、截面面积为 A，用 $\sigma_j = P/A_0$ 表示每一变形瞬间的应力，用 $\delta = (L - L_0)/L_0 \times 100\%$ 表示变形，则得到 $\sigma_j = f(\delta)$ 曲线如图 7-7 所示。

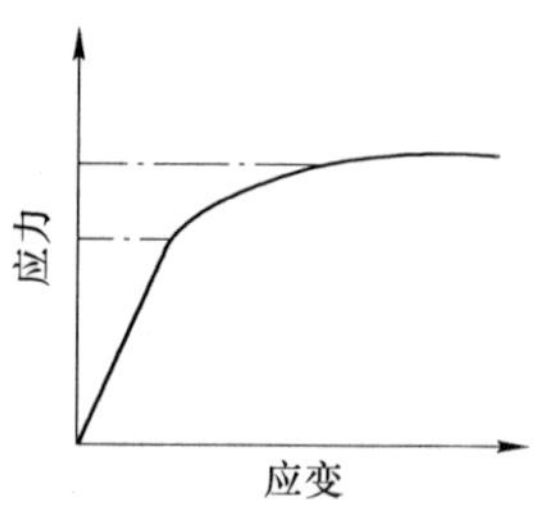

图 7-7　拉伸曲线

拉伸试验是单向应力状态，消除了使变形抗力“失真”（体应力状态）的所有影响因素，而且试验方法简单方便，便于安装加热装置以及变形力的测定。一般来说，在均匀变形区内，变形程度不大于 20%~25% 时，得到的变形抗力是可信的；当变形程度超过 20%~25% 后，尤其是拉伸试件出现“颈缩”时，在“颈缩”区域，体应力状态的影响很难估计，限制了用拉伸方法建立变形抗力曲线的实际价值。

7.2.1.2　压缩试验法

利用压缩试验法可以获得各种金属压力加工条件与塑性变形所需要的变形抗力的关系，因此，压缩试验法是进行变形抗力研究最广泛的方法。压缩试验法可分为两种，即镦粗压缩试验和平面应变压缩试验。

用镦粗压缩试验法对变形抗力进行研究，是目前所采用的最广泛的方法，它采用镦粗压缩圆柱形试件得到变形抗力曲线。这种方法的优点在于：可以得到很大变形程度时的变形抗力，克服了拉伸试验法的不足。但是，采用镦粗压缩法，由于试件与工具接触表面上存在着摩擦，导致了试件内部产生三向压应力状态和变形的不均匀，此时测得的不是变形抗力，而是平均单位压力。因此，采用镦粗压缩法，必须要将存在于试件表面的摩擦力的影响作妥善处理，以消除摩擦力对所测变形抗力的影响。当被试验金属材料可以加工成为圆柱体试件时，采用上述镦粗压缩试验是简便可行的。当试验的材料是板材的时候，可采用平面应变试验法，将板状试件放在两个平行的压板间进行压缩，由于压板宽度比试件宽度小得多，因此试件无宽展，而形成平面应变状态。

7.2.1.3　扭转试验法

由于塑性扭转时，剪切应力在轴的半径方向的分布是不均匀的，塑性扭转的方法在相当长的一段时间内，没有得到广泛的应用。为避免试件半径方向剪切应力分布不均的影响，可采用薄壁管试件。

薄壁管扭转试验是基于纯剪切的载荷方法，有较大的优越性。但是仍存在着较大的不足：对试件的制造精度要求高，并要求有一定尺寸的管子，制造成本高；扭转试验时，有附加应力和不均匀变形，从而影响实验的结果；现今的热塑性扭转实验机尚不能在高速下进行实验，难以满足高速轧制对变形应力的要求。

近年来，在多道次累积加工中，随着对多道次累积加工硬化对变形抗力影响的要求日益增加，热塑性扭转试验机显示了具有实现多道次扭转和可实现大变形量的优点，已得到了大力推广和运用。

7.2.1.4 轧制法

轧制法又称基本单位压力法，它在轧制时，采用标准的轧制条件（轧件宽 b 远大于轧件平均厚度 h_m，轧件和轧辊的接触弧长 L 与轧件平均厚度之比 $L/h_m = 1$），使影响应力状态的系数值 $n_0 \approx 1$。由测得的轧制时的平均单位压力 P_m，推算而得到变形抗力，其表达式为：

$$\sigma = P_m/1.15 \tag{7-27}$$

采用轧制法有以下两个不足：（1）在标准轧制条件下所得到的变形抗力，是整个变形区的平均值，不能反映变形区内变形程度、变形速率单独对变形抗力的影响关系；（2）需要有高水平的万能轧机模拟各种轧制条件，来进行广泛范围的实验。

7.2.1.5 轧制与压缩或拉伸组合法

对冷变形进行变形抗力实验研究时，可采用先以不同的变形程度进行轧制，使材料加工硬化，然后分别从经过不同冷轧变形过的轧件上，取得作压缩或拉伸用的试件，进行压缩或拉伸实验，测得压缩或拉伸时的屈服极限。将轧制-拉伸法与拉伸法相比，当相对变形程度 $\varepsilon \leqslant 15\%$ 时，两者的实验结果一致；当 $\varepsilon > 15\%$ 时，拉伸法的实验结果偏高，因此轧制-拉伸法具有避免试件“颈缩”对变形抗力实测值影响及消除外区、外摩擦等因素的干扰，测得精度较高等优点，而且实验方法简单，是测得冷轧塑性变形抗力较好的方法[12,13]。

7.2.2 试验设备和试验方案

7.2.2.1 实验设备

如上所述，变形抗力与变形温度、变形程度和变形速率密切相关，近些年来，大都采用 Gleeble 热模拟机。美国 DSI 公司生产的 Gleeble 系列试验机是目前世界上最先进的动态热力学模拟试验机，是一台可同时对温度、应力、应变参数进行精确控制的电阻加热式全模拟装置。该装置主要由加热系统、加力系统以及计算机系统 3 大部分组成。

Gleeble-3500 热模拟机，其主要的性能指标有：（1）最大加热速度 10000℃/s；（2）最大冷却速度 140℃/s；（3）最大淬火冷却速度 2000℃/s；（4）活塞最大移动速度 1m/s，最大移动位移 100mm（±50mm）；（5）最大静载荷可达 100kN，动态载荷可达 50kN；（6）ϕ10mm×15mm 试样轴向均温区温度差为 ±5℃。

7.2.2.2 试验方案

金属的变形抗力值对于确定轧机负荷和制定合理的轧制工艺规程是不可缺少的。可将试样加热到一定温度保温，冷却到一定温度保温，然后冷却到变形温度，保温后进行变形。分别以不同的变形条件，即变形程度、应变速率和变形温度到室温，记录应力-应变曲线，回归出变形抗力模型，可研究变形程度、变形温度和变形速率对变形抗力的影响。

A 单道次压缩实验

根据具体轧制设备与工艺状况，可进行单道次和多道次方案。即在高温下变形量大，变形速率相对较慢；在变形温度较低时，即可采用单道次方案。单道次应力-应变曲线在两种不同情况下的测定：（1）相同应变速率不同温度下的应力-应变曲线；（2）相同温度不同应变速率下的应力-应变曲线。检测钢在不同温度下进行不同应变速率的应力-应变曲线。首先，可选定变形速率，对不同变形温度的单道次压缩实验进行分析，可分析流变应力随着变形温度的变化，以及动态再结晶过程，还可分析应力峰值对应的应变随变形温度的变化等。其次，可选定温度，以不同的应变速率下单道次压缩的应力-应变曲线进行分析。可分析流变应力随着变形速率的变化，以及发生动态再结晶的临界应变的变化和动态再结晶过程，还可分析流变应力随变形量的变化以及加工硬化过程。

B 多道次压缩实验

多道次压缩试验比较广泛地应用于连轧的模拟，其中每一次均为恒应变速率压缩，最多允许 10 道次变形。多道次压缩实验用于模拟热连轧的力能参数，每道次都设计为恒应变速率变形过程。与单道次压缩实验相比，除了变形参数的设定不一样外，其他都相同。多道次连轧、双道次压缩、道次间隔模拟和动态再结晶动力学实验可通过多道次压缩实验来实现。

采用热模拟多道次变形方法模拟试样在各温度下变形，可通过制定不同工艺参数分析不同温度、不同变形量和不同变形速率下应力-应变曲线，结合金相组织，可分析轧制温度、变形量、变形速率、保温时间和轧制道次等工艺参数对材料组织性能的影响；也可通过应力-应变曲线，研究变形中动态再结晶过程。

7.2.3 静态软化率的研究

7.2.3.1 静态软化行为

在实际轧制的过程中，由于各轧机之间存在一定的距离，比如精轧阶段各机架之间的距离为 5.5m，因此，在金属的热变形过程中，经常存在变形道次间的停歇问题，也就是道次间隔时间问题。在此间隔时间内，金属内部的组织和性能将发生明显的变化，从而在随后的变形中表现出不同的力学行为，这种力学行为的变化通常表现为变形抗力下降，即变形金属发生软化现象。这种软化通常是亚动态再结晶、静态再结晶及静态回复共同作用的结果，对变形材料的性能具有直接的影响，是工艺控制中必须考虑的问题。此外，利用多道次热变形加工后的回复机制产生合适的变形抗力和延展性，需要了解其与各控制参数包括动态变形温度、应变和应变速率，以及各道次间的静态温度与时间的关系，在建立多道次热变形抗力数学模型的时候，应充分考虑变形过程中动态软化和道次间的静态软化，因此，在 Gleeble-3500 热力模拟机上做了多道次实验，来进一步完善前面所建立的变形抗力数学模型，使之可用于实际生产时候的多道次轧制过程。

7.2.3.2 静态软化率的测定方法

为了求解多道次变形过程中的残余应变，可以先通过分析多道次变形过程中的真应力-真应变曲线，求出道次间隔时间内的软化率，然后根据残余应变率与软化率的关系而得到残余应变。

测定软化率的方法主要有补偿法和后插法两种，当用后插法计算软化率时，其公式可用下式表示：

$$x_{rhl} = \frac{\sigma_m - \sigma_r}{\sigma_m - \sigma_0} \tag{7-28}$$

式中，σ_m 为第一道次变形后的最大变形抗力；σ_0 和 σ_r 分别为第一道次和第二道次变形的屈服应力。

当 $x_{rhl}=1$ 时，表示在第一道次和第二道次热变形的间隔时间内，加工硬化被完全消除，材料回到变形前的力学状态，这是完全再结晶的结果；当 $x_{rhl}=0$ 时，表示在此两道次热变形间隔时间内没有发生任何程度的软化现象；当 $0<x_{rhl}<1$ 时，表示在两道次热变形的间隔时间内，发生了一定的回复和再结晶，材料获得一定程度的软化。

7.3 典型钢种变形抗力研究案例

7.3.1 X80 管线钢

随着输气管道输送压力的不断提高，输送钢管也相应地迅速向高性能方向发展，高性能钢管的使用保证了高压输送的安全性，使管道建设的成本显著降低，同时也使管道运营的经济效益更加良好。

近年来，高强钢的发展十分迅猛，国内对高强度管线钢的研究开发和工程应用也取得了一系列重大的突破；但由于我国对管材的研究起步较晚，技术相对落后，因此，进一步研究 X80 钢的热变形行为就显得非常迫切。本节通过热模拟实验研究了不同变形条件对 X80 钢热变形抗力的影响。

7.3.1.1 实验设备及材料

实验设备是从美国 DSI 公司引进的 Gleeble-3500 热模拟机，GLEEBLE-3500 试验机是一台可同时对温度、应力、应变参数进行精确控制的电阻加热式全模拟装置。该装置主要由加热系统、加力系统以及计算机系统 3 大部分组成[6]。

实验用料为某钢厂生产的 X80 钢连铸坯料，其化学成分如表 7-1 所示。按实验要求，将坯料切割后加工成圆柱形试样，尺寸为 ϕ10mm×15mm。

表 7-1 试验钢的化学成分（质量分数） （%）

C	Si	Mn	P	S	Nb	Ti
0.06	0.34	1.73	0.019	0.0025	0.05	0.023
Mo	Ni	Cu	V	Al	Cr	
0.31	0.24	0.24	≤0.06	≤0.06	≤0.35	

7.3.1.2 实验工艺参数

为了建立能够较为准确地描述变形抗力的数学模型，应充分考虑到变形量、变形速率、变形温度等因素的交互作用，故本实验在参考该钢厂部分实际生产工艺参数的基础上，拟按图 7-8 所示工艺进行变形模拟实验。

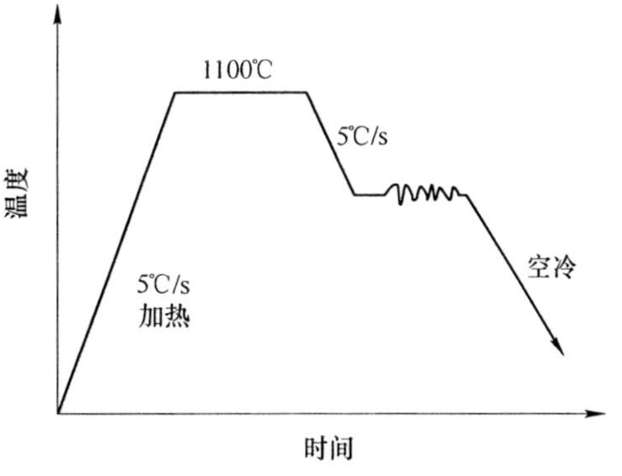

图 7-8 热压缩变形实验工艺

试样以 5℃/s 的加热速度加热到 1100℃，保温 180s 后，以 5℃/s 的冷却速度冷却到变形温度 t，然后保温 10s 以消除试样内部的温度梯度，分别在 $t=1100$℃、1050℃、1000℃、

950℃、900℃、850℃和 800℃等温度下变形，其中，压下率为 70%，变形速率分别为 $1s^{-1}$、$3s^{-1}$、$5s^{-1}$、$7s^{-1}$、$10s^{-1}$、$15s^{-1}$、$25s^{-1}$、$40s^{-1}$和 $50s^{-1}$，变形后进行空冷。

在变形过程中，为防止氧化采用氩气保护；同时，压缩前在试样两端与压头接触的面垫上钽片，并在试样两端涂上润滑剂（75%石墨 +20%的 46 号机油 +5%硝酸三甲苯脂，质量分数），使试样在加热和压缩过程中温度均匀，并减少试样与压头之间的摩擦，使试样变形均匀。

根据 X80 钢的实验方案，按照组合排列的原则，实验共需 63 个样，按 1 号 ~63 号对其进行排列完成实验。

7.3.1.3　实验结果分析

A　变形程度对变形抗力的影响

图 7-9 所示为在不同变形温度、相同变形速率下，变形程度对变形抗力的影响；图 7-10 所示为在两种不同的变形条件下，强化强度与变形程度的变化关系。

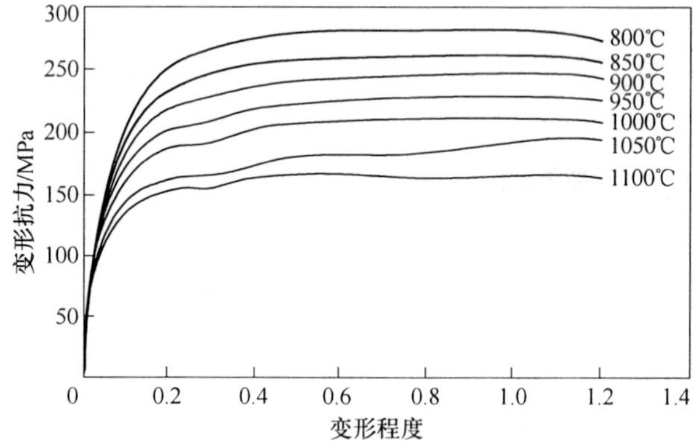

图 7-9　变形程度与变形抗力的关系（变形速率 $\dot{\varepsilon}=25s^{-1}$）

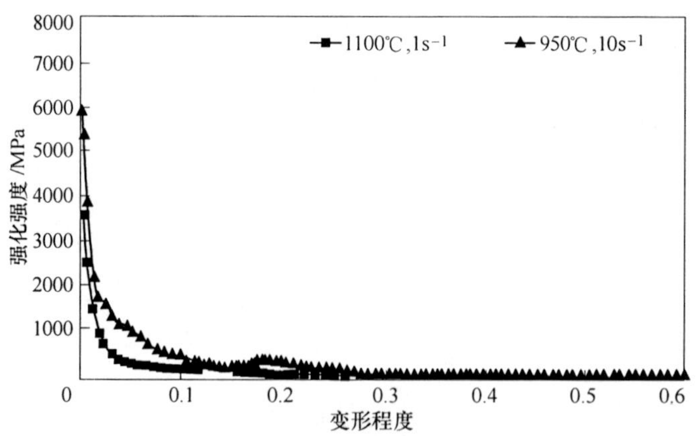

图 7-10　变形程度与强化强度的关系

综合图 7-9 和图 7-10 可以看出，含 Mo 的 X80 钢在高温下的变形抗力与变形程度的关系为：当变形程度小于 0.2 时，变形抗力随着变形程度的增加而急剧增大，这是由于在该过程中，加工硬化起着主导作用；而当变形程度达到 0.2 ~0.4 时，变形抗力变化趋于缓慢，此时动态回复作用逐渐增强；而当变形程度大于 0.4 以后，变形抗力逐渐趋于稳定，这是由于此时加工硬化与动态软化基本达到平衡。从实验中的数据可以看出，对于含 Mo 合金的 X80 钢，在实验的变形条件下，没有出现动态再结晶的现象，这是因为所添加的 Mo 元素阻止了动态再结晶的发生。

变形抗力随变形程度增加而增大的速率，即强化强度会随着变形程度的增加而降低，而当变形程度增加到一定程度后，强化强度逐渐趋于稳定。

B 变形速率对变形抗力的影响

图 7-11 所示为变形速率对变形抗力的影响曲线图形，由图可以看出，随变形速率的增加，变形抗力并不是单调地增加或是减少。在变形温度相对较高，如 1000～1100℃之间，在变形速率较小时候，变形抗力随变形速率的增加而增大，而当变形速率增大到一定程度以后，变形抗力趋于稳定，部分甚至出现降低的现象。

而当变形温度相对较低，如 850～950℃之间，在小变形时，变形抗力先是随着变形速率的增大而增大，但是当变形速率继续增大时，变形抗力却出现一定程度的降低，然后继续增大变形速率，变形抗力再次缓慢增大直到趋于稳定为止。

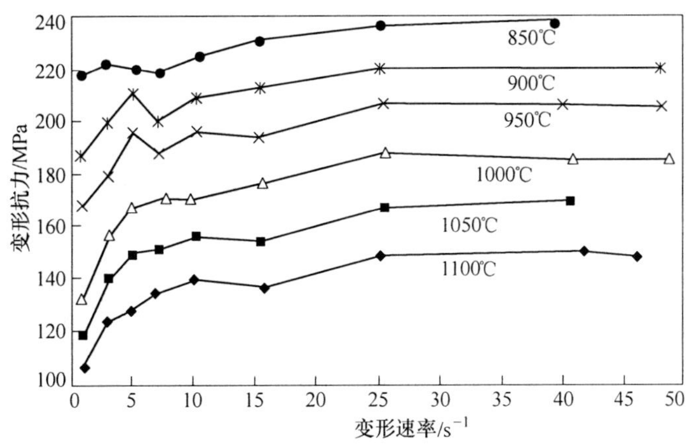

图 7-11 变形速率与变形抗力的关系曲线（应变 $\varepsilon=1.2$）

出现上面几种现象的原因主要是变形速率对变形抗力影响的复杂性。一方面，变形速率增大，导致位错移动的速度增加，但是，变形速率的增大会使软化来不及进行，因而加剧了加工硬化；另一方面，变形速率增大，单位时间内的变形功就增加，从而转化为热能，使热效应增加，金属的温度上升，反而降低了金属的变形抗力。因此，变形抗力最终值的大小取决于两者的综合作用。

C 变形温度对变形抗力的影响

图 7-12 是表示在不同变形速率下，变形抗力随变形温度而变化的情况。从图中可以看出，在相同的变形速率以及变形程度下，变形抗力随变形温度的增加却显著降低，如在变形速率为 $1s^{-1}$ 的情况下，在 1100℃下变形的变形抗力为 107MPa，而在 810℃情况下变形时的变形抗力却增加到 239MPa，变形抗力的值增加了一倍有余。因此，可以说变形温度是影响变形抗力诸多因素中最显著、最直观的因素。

变形温度对变形抗力的影响如此之大，主要是由于随着变形温度的升高，金属原子的热振动加剧，为最有效的塑性变形机理同时作用创造了条件；同时温度的升高，位错的滑移和攀移变得更加容易，消除了部分由于变形而导致的位错积聚，在高温下发生动态回复，减轻了因塑性变形所产生的加工硬化，从而使变形抗力降低。

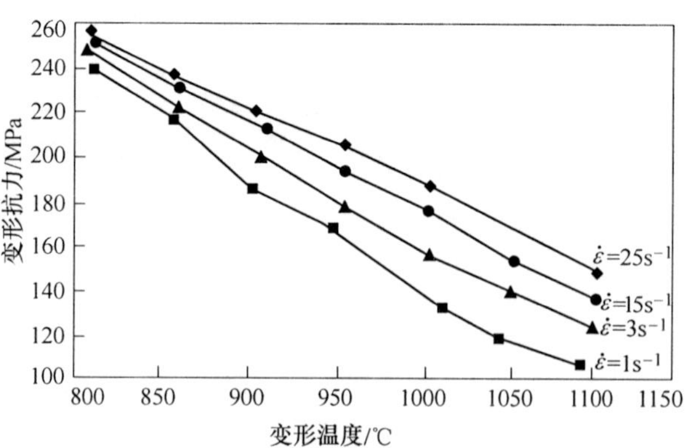

图 7-12 变形温度与变形抗力的关系（ε =1.2）

温度较低时，由于金属发生回复比较困难，软化作用随变形速率的降低增加不明显；温度较高时，金属易发生动态回复，当变形速率较低时，有充分的时间软化，因而变形抗力值较小。

因此，在实际轧制的时候，若从降低轧制力、降低能耗的角度考虑，可以通过适当的提高板坯的轧制温度，使钢坯保持在相对较高的温度下进行轧制，这样可以使轧制过程相对更加顺利。

D 变形抗力数学模型的建立

材料变形抗力的大小，对于设备的安全运行、合理制定加工工艺都起着关键的作用。因此，研究钢的变形抗力规律对实际生产中各种轧制工艺参数的确定有直接的指导作用。为了更好地描述变形抗力的影响，国内外学者对变形抗力进行了大量的研究，并提出不同的数学模型[1]。

为了建立适合 X80 钢的简单实用的变形抗力数学模型，选择了现今可查询的几种变形抗力模型，然后分别对这些模型进行回归分析，通过对其相关系数以及残差等的分析比较，最终确定以管克智等人所建立的变形抗力数学模型的拟合度最佳。

其变形抗力数学模型为：

$$\sigma = \sigma_0 \exp(a_1 T + a_2)\left(\frac{\dot{\varepsilon}}{10}\right)^{a_3 T + a_4} \times \left[a_6\left(\frac{\varepsilon}{0.4}\right)^{a_5} - (a_6 - 1)\frac{\varepsilon}{0.4}\right] \tag{7-29}$$

式中，$T=(t+273)/1000$，K；σ_0 为基准变形抗力，即 $t=1000$℃、$\varepsilon=0.4$ 和 $\dot{\varepsilon}=10\mathrm{s}^{-1}$时的变形抗力，MPa；$T$ 为变形温度，K；$\dot{\varepsilon}$ 为变形速率，s^{-1}；ε 为变形程度（对数应变）；a_1、…、a_6 为回归系数，其值取决于钢种。

以实验数据为基础，通过 Matlab 编程，回归得到式（7-29）中的各参数如表 7-2 所示。

表 7-2 模型中的回归系数

σ_0 /MPa	a_1	a_2	a_3	a_4	a_5	a_6
182	-2.0523	2.3534	0.1941	-0.1783	0.8354	3.5723

由此得出变形抗力数学模型如式（7-30）所示：

$$\sigma = 182\exp(-2.0523T + 2.3534)\left(\frac{\dot{\varepsilon}}{10}\right)^{0.1941T-0.1783} \times \left[3.5723\left(\frac{\varepsilon}{0.4}\right)^{0.8354} - (3.5723 - 1)\frac{\varepsilon}{0.4}\right] \tag{7-30}$$

为验证模型的准确度，以回归所得的变形抗力数学模型去计算相应的变形抗力数值，然后，将它与实验所得数据进行比较，从图7-13可看出，对所得数据进行线性回归以后，所得斜率比较接近于1，而相关系数 $R^2=0.9736$，说明计算值与实验值比较接近，该模型具有较高的精度。

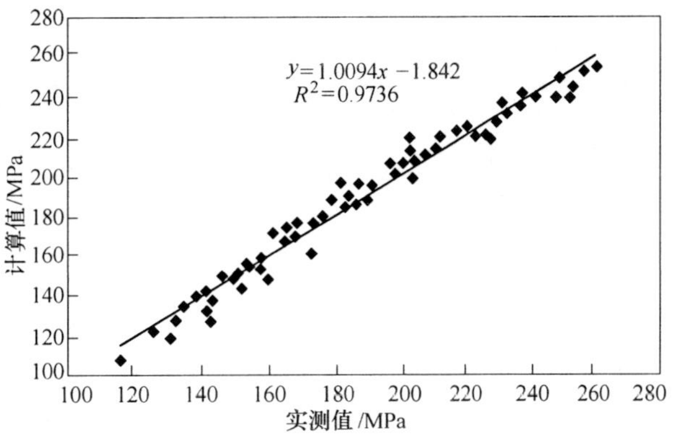

图7-13 变形抗力的计算值与实测值的比较

7.3.2 X120 管线钢

7.3.2.1 实验材料、方案

实验用钢的化学成分见表7-3，将实验用钢通过线切割切成20mm(宽)×100mm(长)×7mm(厚)，实验试样切割后表面用磨床打磨光滑。

表7-3 X120实验用钢的化学成分（质量分数） (%)

编号	C	Si	Mn	Ni	Cu	Mo	Nb	Ti	B	P	S	N
2	0.056	0.029	2.25	0.48	0.44	0.31	0.063	0.016	0.0034	0.0072	0.0082	0.0049

实验在Gleeble1500热模拟实验机上采用热膨胀法按图7-14所示的工艺方案进行变形和控制冷却，同时采集温度、膨胀量数据。

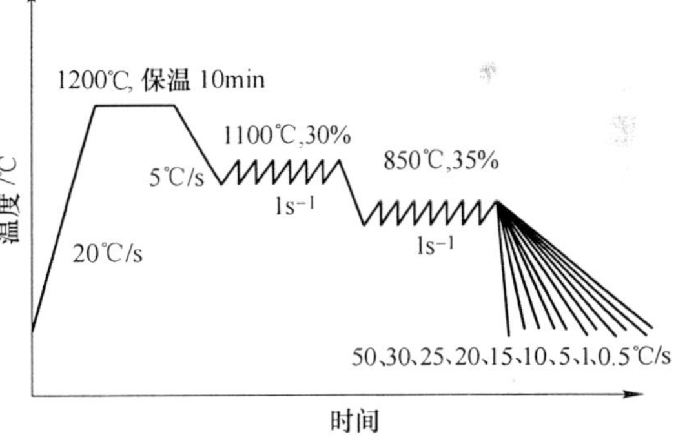

图7-14 动态CCT测量工艺

7.3.2.2 变形参数对变形抗力的影响

A 变形程度和变形温度对变形抗力的影响

变形速率分别为 $30s^{-1}$、$1s^{-1}$、$0.1s^{-1}$ 时，变形程度和变形温度对实验X120管线钢变形抗力的影响如图7-15所示。从图中可以看出，变形速率为 $30s^{-1}$ 条件下，当变形量较小时，各个变形温度下的变形抗力均随着变形量的增加而增加，直到达到最大值，降低变形温度，会使峰值应力应变值相应提高。在变形温度为700℃条件下，随着变形量的增加，应力值增加，当应变值为0.4时，应力达到340MPa；当应变值超过0.4后，应力值基本保持不变，直到应变值为0.8时，应力仍维持在340MPa左右。在热加工过程中，将发生加工硬化和回复软化两种过程，在变形的开始阶段，金属发生塑性变形，位错密度不断增加，并随着变形量的增大位错密度继续增加，造成材料的加工硬化。金属的加工硬化除了受应变速率因素的影响以外，还与形变亚晶、位错以及其他缺陷的产生都有不同程度的间接和直接关系，但位错密度的增加则起着决定性的作用。这是因为亚晶实际上是由位错发团的凝聚而构成的，而空位和间隙原子等缺陷的产生也和位错在运动中相互交

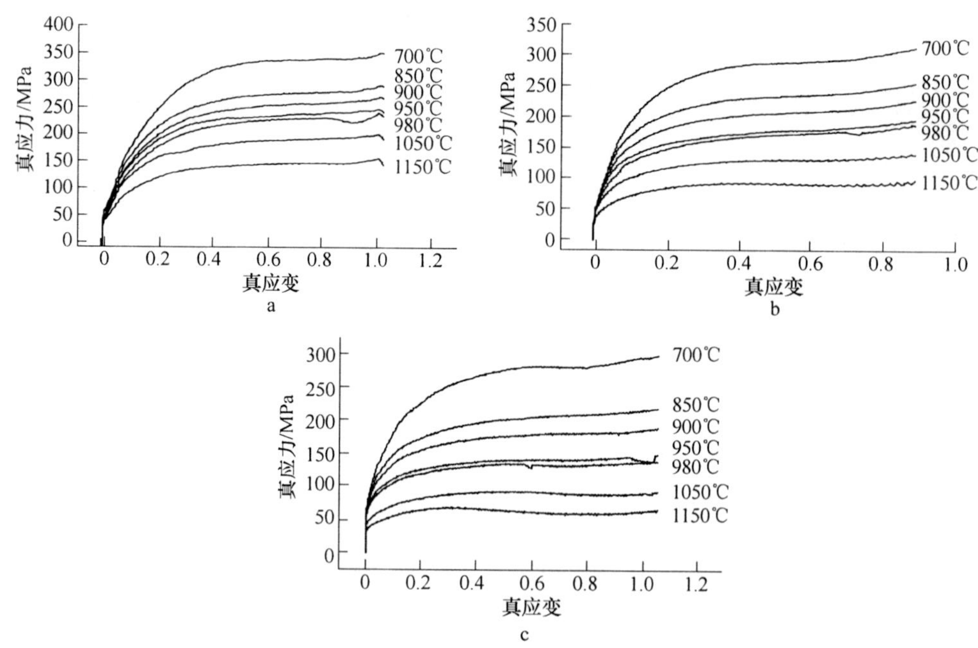

图 7-15　变形温度对实验 X120 管线钢变形抗力的影响

a—变形速率 $30s^{-1}$；b—变形速率 $1s^{-1}$；c—变形速率 $0.1s^{-1}$

割分不开。随着变形量的不断增大，位错密度不断增加，位错在运动中相互交割的机会就越多，相互间的阻力也就越大，因而变形抗力也就越大。同时，变形抗力的增加表明位错运动阻力的增加，则位错易于在晶体中塞积，从而位错密度的增加也因之加快。这两者的相互作用促使了硬度和强度的迅速增加。同时，由于材料在高温下变形，位错能够通过交滑移和攀移等方式运动，使部分位错消失，部分重新排列，减少由于位错应力场造成的畸变能，使材料得到动态回复。当位错重新排列到一定程度时会发生动态多边形化。奥氏体的动态回复和动态多边形化均会使材料软化，当变形量逐渐增大时，位错密度及位错消失的速度都有增大，加工硬化速度减弱。变形温度为 700℃时，软化过程基本能抵消加工硬化。当变形温度为 850℃时，应变值超过 0.4 左右后，随变形量的增加，变形抗力基本不再增加，保持在 270MPa 左右，一直到应变值达到 0.8 后，变形抗力又有所增加，说明在此温度下，应变值超过 0.4 后，动态软化与加工硬化基本能达到一个平衡。

对于此钢来说，变形温度为 1150℃，在应变值为 0.4 左右时，应力峰值最低，约为 130MPa。动态再结晶是在变形过程中发展的，在动态再结晶形核长大的同时持续进行变形，这样由再结晶形成的新晶粒又发生了新的变形，产生了新的加工硬化，富集了新的位错，并且开始了新的软化过程。就整个奥氏体来说，动态再结晶并不能完全消除全部加工硬化。

图 7-15b、c 分别为变形速率为 $1s^{-1}$ 和 $0.1s^{-1}$ 时，变形程度及变形温度对实验 TRIP 钢变形抗力的影响。可以看出在此变形速率下，变形抗力随变形程度和变形温度的变化关系与变形速率为 $30s^{-1}$ 时的情况相似。

从图 7-15 还可以看出，随着变形温度的升高，变形抗力明显下降，以图 7-15b 为例作出说明。当变形温度为 700℃时，应变值达到 0.4，应力峰值为 275MPa；而当变形温度为 850℃时，应力值为 225MPa；当变形温度为 900℃时，应力值为 185MPa；当变形温度为 950℃时，应力值为 160MPa；当变形温度为 1050℃时，应力值为 125MPa；当变形温度为 1150℃时，应力值为 80 MPa。变形抗力随着变形温度的升高而减小，主要是由于温度的升高，降低了金属原子间的结合力，使临界切应力降低，位错滑移和原子扩散容易进行，有利于金属的回复和再结晶，同时在高温下还可能出现新的滑移系，均会使得变形抗力随变形温度的升高而降低。

B 变形速率对变形抗力的影响

变形速率对 X120 实验钢变形抗力的影响如图 7-16 所示。当变形温度为 1150℃、应变值为 0.4、变形速率为 $30s^{-1}$ 时，应力值为 140MPa；变形速率为 $1s^{-1}$ 时，应力值为 90MPa；变形速率为 $0.1s^{-1}$ 时，应力值为 70MPa，变形速率从 $30s^{-1}$ 下降至 $0.1s^{-1}$，应力

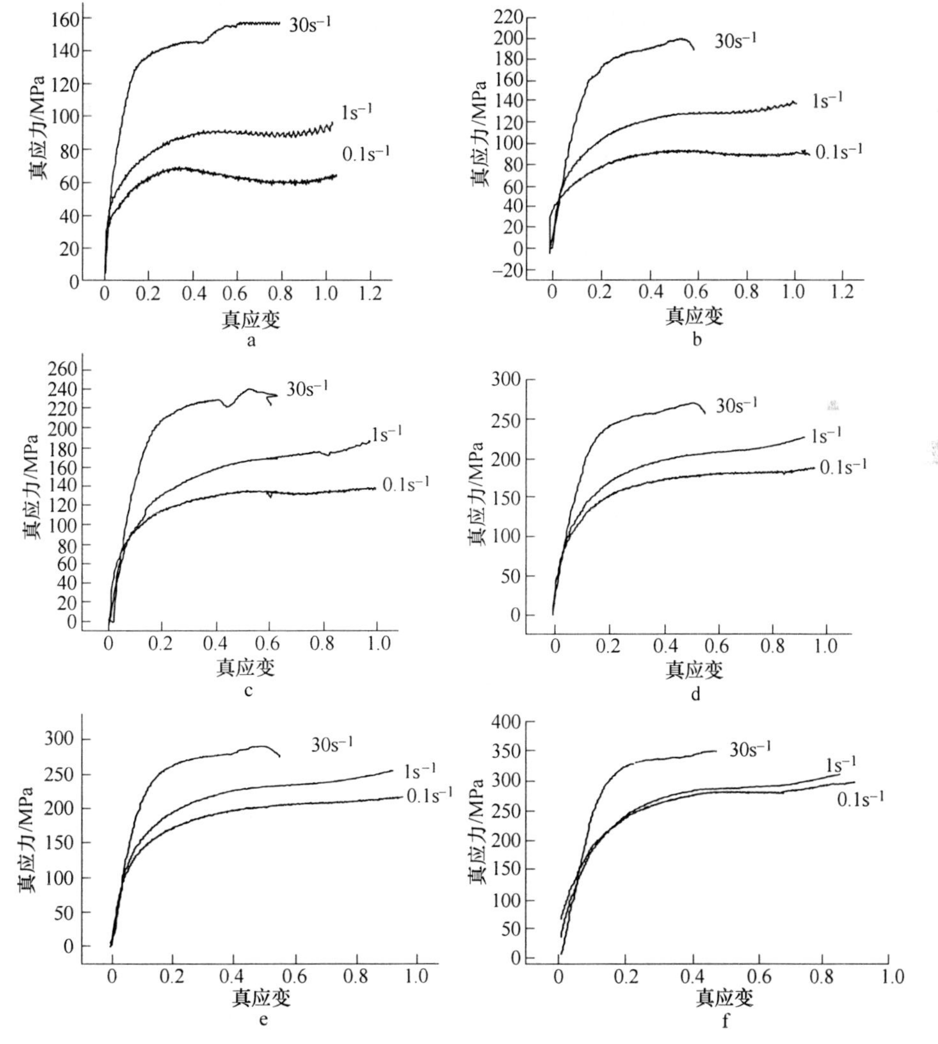

图 7-16 变形速率对实验 X120 管线钢变形抗力的影响

a—变形温度 1150℃；b—变形温度 1050℃；c—变形温度 980℃；d—变形温度 900℃；
e—变形温度 850℃；f—变形温度 700℃

值减小了70MPa。当变形温度为700℃、应变值为0.4、变形速率为30s^{-1}时，应力值为325MPa；变形速率为1s^{-1}时，应力值为275MPa，减小了45MPa；变形速率为0.1s^{-1}时，应力值为260MPa，比30s^{-1}时减小了60MPa。由此可以看出，随着变形速率的增加，金属的变形抗力会增大，但增大的程度却有所不同，与变形温度有密切的关系。

变形抗力随变形速率的增加而增大，主要是由于变形速率的增加，就意味着位错移动速度加快，需要更大的切应力，使变形抗力增大。另外，从塑性变形过程中硬化和软化这一对矛盾过程来说，变形速率增加，由于没有足够的时间来完成塑性变形，缩短了金属回复和再结晶软化的时间，使其进行得不充分，因而会加剧加工硬化，使金属的变形抗力增大。考虑变形速率对变形抗力影响，还必须考虑热效应，塑性变形时物体所吸收的能量，将转化为弹性变形位能和塑性变形热能，这种塑性变形过程中变形能转化为热能的现象即为热效应。当变形速率大时，有时由于热效应显著，使金属温度升高，对变形抗力也有影响。另外，变形速率还可能改变摩擦系数，而对金属的变形抗力产生影响。这些因素的共同作用，使得变形抗力随着变形速率的增加而增大，但在不同的温度范围内，变形抗力的增加程度会有明显的不同。

7.3.2.3　X120 变形抗力模型研究

钢在不同变形条件下变形抗力对实际轧制工艺过程及设备有十分重要的影响，材料变形抗力的大小，是导致设备安全运行、合理制定变形工艺的关键，因此，研究钢的变形抗力规律对实际生产中各种轧制工艺参数的确定有直接的指导作用。为了更好地描述各因素对变形抗力的影响，国内外学者对金属变形抗力进行了大量的实验研究，并提出了各种不同的数学模型。根据实验钢种的特点，对所研究钢种的变形抗力进行了回归分析，得出了这些钢种的变形抗力数学模型。

A　变形抗力数学模型的选定

通过比较和筛选，实验钢采用SPSS（Statistical Product and Service Solution）分析统计系统对实验数据进行回归分析，最终得出X120微合金低碳贝氏体高强度钢的简单实用的变形抗力数学模型：

$$\sigma = A\varepsilon^{a}\dot{\varepsilon}^{b}\exp[-(cT + d\varepsilon)] \tag{7-31}$$

式中，σ为变形抗力，MPa；$T = t + 273$，为变形绝对温度，t为变形摄氏温度，℃；$\varepsilon = \ln(h_0/h_1)$，为真应变，$h_0$和$h_1$分别为轧件变形前和变形后的厚度；$\dot{\varepsilon}$为变形速率，$s^{-1}$；$A$、$a$、$b$、$c$、$d$为与材料有关的数据。

该数学模型回归问题是一个多元非线性回归问题，分析处理过程非常繁琐复杂，将模型等式两边取对数可将该多元非线性回归问题转化为多元线性回归问题，大大降低了分析处理难度。转化后的多元线性回归问题可表示为：

$$\ln\sigma = w + a\ln\varepsilon + b\ln\dot{\varepsilon} - cT - d\varepsilon \tag{7-32}$$

其中，$w = \ln A$。

B　数学模型的回归与检验

经过在SPSS统计分析系统多次反复调试，最终得出了变形抗力数学模型的各个常数值，并对该数学模型进行显著性检验和回归精度分析发现，相关度系数$R = 0.98$，模型计算结果与实测数据符合较好。X120管线钢数学模型表达式如式（7-33）所示：

$$\sigma = e^{8.807}\varepsilon^{0.742}\dot{\varepsilon}^{0.065}\exp(-2\times10^{-3}T-1.225\varepsilon) \tag{7-33}$$

图 7-17 给出了几组 X120 变形抗力回归曲线与实测数据曲线，通过比较可以看出，X120 管线钢数学模型回归曲线与实测数据吻合良好，尤其在变形程度较小时，模拟计算值和实测值更为接近，误差较小。如图 7-17a 所示，在应变小于 0.4 时实测值与模拟计算值的最大差值为 5MPa；如图 7-17b 所示，在应变小于 0.4 时实测值与模拟计算值的最大差值为 8MPa；如图 7-17c 所示，在应变小于 0.4 时实测值与模拟计算值的最大差值为 9MPa。

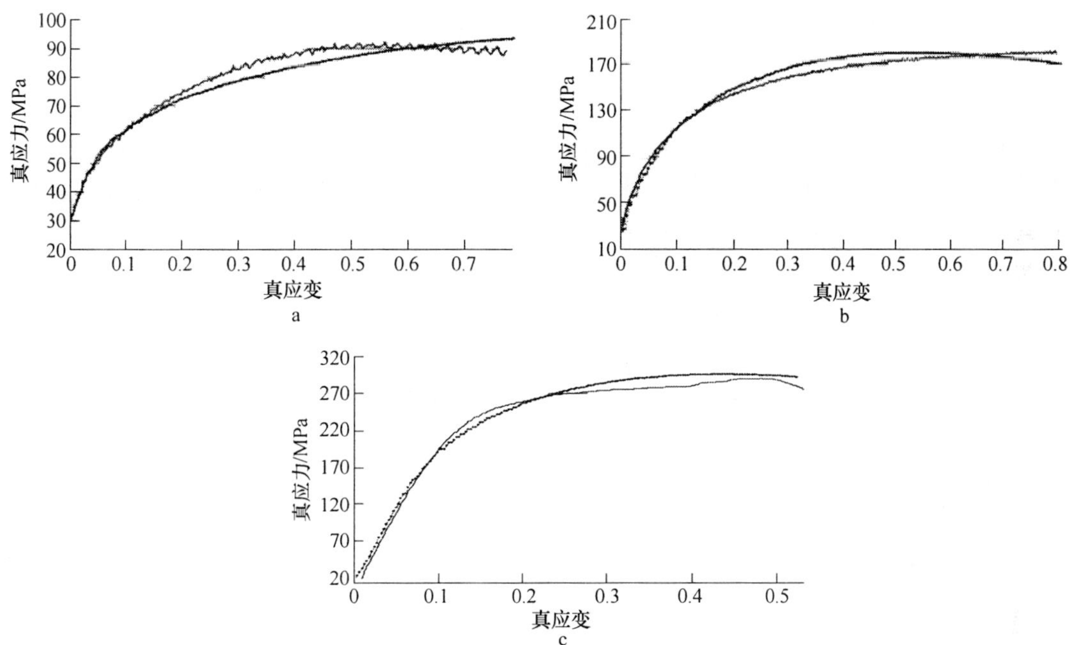

图 7-17 不同变形条件下变形抗力模型回归结果与实验值比较

a—温度 1150℃，速率 $1s^{-1}$；b—温度 900℃，速率 $0.1s^{-1}$；c—温度 850℃，速率 $30s^{-1}$

7.3.3 SPHC 热轧带钢

SPHC 钢作为一般热轧商业用钢，是现今热轧生产较多的产品之一，研究 SPHC 钢在不同条件下的热变形行为，并且建立精度更高的数学模型，为材料成型提供理论依据，同时也为指导 SPHC 钢的工业生产提供参考。

7.3.3.1 实验材料及方法

实验设备采用 Gleeble-3500 热模拟机，该装置主要由加热系统、加力系统以及计算机系统 3 大部分组成[6]。

实验材料为某钢厂生产的 SPHC 连铸坯料，其化学成分如表 7-4 所示。

表 7-4 SPHC 实验用钢的化学成分（质量分数） （%）

C	Mn	Si	P	S
0.008	0.31	0.28	0.021	0.035

按实验要求，将坯料切割后加工成圆柱形试样，尺寸为 ϕ10mm × 15mm。

为了建立能够较为准确地描述变形抗力的数学模型，应充分考虑到变形量、变形速率、变形温度等因素的交互作用，故本实验在参考该钢厂部分实际生产工艺参数的基础上，拟按以下工艺进行变形模拟实验。

试样以 5℃/s 的加热速度加热到 1100℃，保温 180s 后以 5℃/s 的冷却速度冷却到变形温度 T，然后保温 10s 以消除试样内部的温度梯度，分别在 1100℃、1050℃、1000℃、950℃、900℃、850℃和 800℃等温度下变形，其中，压下率为 70%，变形速率分别为 $1s^{-1}$、$3s^{-1}$、$5s^{-1}$、$7s^{-1}$、$10s^{-1}$、$15s^{-1}$、$25s^{-1}$、$40s^{-1}$和 $50s^{-1}$，变形后空冷。

7.3.3.2　实验结果分析

A　SPHC 钢真应力-真应变曲线

图 7-18 所示为在不同变形温度、不同变形速率下的真应力-真应变曲线，它们是从实验数据分析得到的部分真应力-真应变曲线图形。由图可以非常直观地看出，变形速率、变形程度以及变形温度三因素对变形抗力的影响。

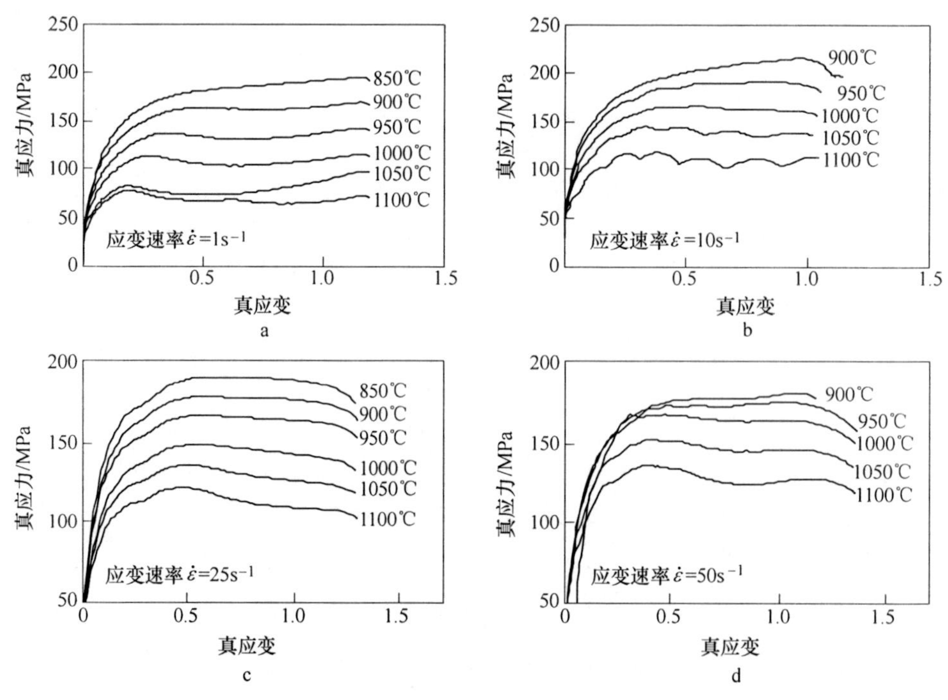

图 7-18　不同变形条件下的真应力-真应变曲线

通过对图形的分析可看出：首先，各曲线基本都没有出现明显的屈服平台；其次，当变形温度较高而变形速率较小时，试样压缩时更容易出现动态再结晶现象；而当变形温度相对较低、变形速率较大时，真应力-真应变曲线是典型的动态回复型。

B　变形速率对变形抗力的影响

图 7-19 所示为变形速率对变形抗力影响曲线图形，由图可以看出，随变形速率的增加，变形抗力并不是单调地增加或是减少，而是存在一个临界的变形速率，在此临界变形速率以下时，变形抗力随变形速率的增加而增加，而当大于此临界变形速率时，变形抗力

随变形速率的增加而减少，当变形速率达到一定值以后，变形抗力曲线逐渐趋于平缓。图中，当试件在 $\dot{\varepsilon}=0\sim20\mathrm{s}^{-1}$ 的应变速率之间变形时，变形抗力存在一个峰值，因此，在实际轧制中，在制定轧制规程的时候，应该尽量避免在这个产生峰值抗力的应变速率范围内进行轧制。

C 变形温度对变形抗力的影响

图 7-20 是表示在不同变形速率下，变形抗力随变化温度而变化的情况。由图可以看出，在变形温度大于 850℃时，变形抗力随变形温度的升高而减小，对于不同的变形速率来说，这一规律基本都适用。而且从图中可以看出，变形温度对变形抗力的影响是非常巨大的，例如在变形速率为 $3\mathrm{s}^{-1}$ 时，在变形温度为 1100℃时候变形抗力值为 96MPa；而在变形温度为 850℃时候，变形抗力却增大到 225MPa。

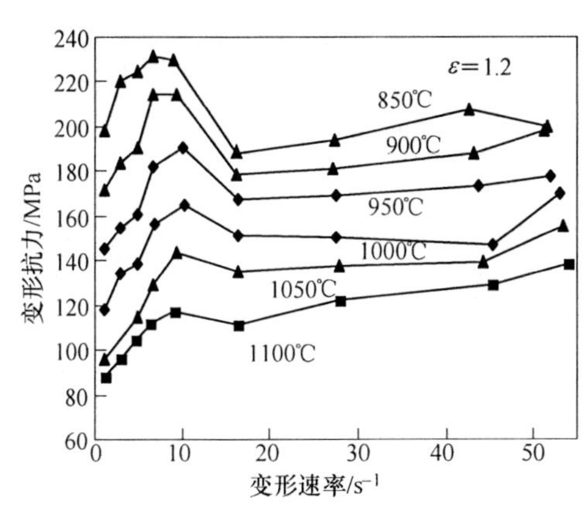

图 7-19 变形速率与变形抗力的关系

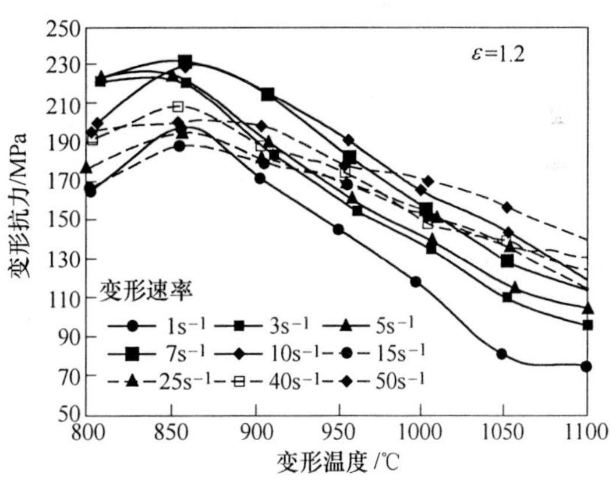

图 7-20 变形温度与变形抗力的关系

分析图中不同变形速率下的变形温度-变形抗力曲线可以看出，在变形速率低于 $10\mathrm{s}^{-1}$ 时，其变形温度对变形抗力的影响程度较大，也即此时曲线的倾斜度大于在变形速率高于 $10\mathrm{s}^{-1}$ 时候的变形抗力曲线，这就说明，变形温度对变形抗力的影响在低变形速率的情况下更加剧烈。

因此，在实际轧制的时候，可以通过适当地提高板坯的轧制温度，使钢坯的温度保持在容易再结晶的范围内变形，这样有利于再结晶的发生，使钢材内部组织晶粒细化，消除加工硬化组织，提高钢的塑性和韧性。

D 变形程度对变形抗力的影响

图 7-21 和图 7-22 表示的是变形程度对变形抗力的影响关系曲线。

在高温低速时，随着变形程度的增加，应力值先是上升，达到一个峰值后缓慢下降，降到一定值后趋于平稳。这是由于变形程度增加时，晶格歪曲增加，畸变增大，使变形抗力增加，随着变形程度的增加，变形功增加，变形功中转为变形热的能量增加，软化效果增加，在高温低速的情况下，发生了动态再结晶，使变形抗力达到峰值后呈下降现象。

在较低温度、较高速率时，由于温度较低，变形速率又比较快，硬化作用大于软化作用，变形过程中来不及发生回复和再结晶，使变形抗力随变形程度增加而增加，曲线呈加工硬化型。

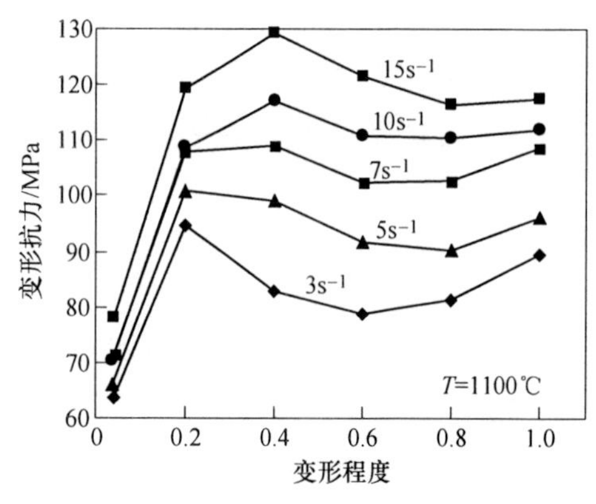

图 7-21　变形程度与变形抗力的关系

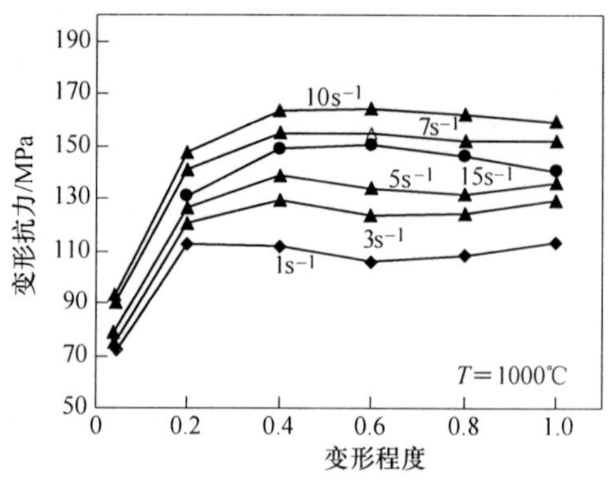

图 7-22　变形程度与变形抗力的关系

在实际生产中，可以适当增加道次压下量，加大变形程度，促进动态再结晶的发生，亦可使钢材内部组织晶粒细化，消除加工硬化组织，提高钢的塑性和韧性。

7.3.3.3　热变形过程中 SPHC 钢的动态再结晶

热塑性加工变形过程是加工硬化和回复、再结晶软化过程的矛盾统一。在高温奥氏体区变形的钢，随着变形量的增大，加工硬化过程和高温动态软化过程（动态回复和动态再结晶）同时进行，根据这两个过程的平衡状况来决定材料的变形应力。

通过对实验数据的分析整理可以看出，在变形温度较高、变形速率较低的情况下，SPHC 钢出现动态再结晶现象。而且从图 7-18 中表示的几个不同变形条件下的真应力-真应变曲线图形还可以看出，SPHC 钢在高温低速下所表现出来的动态再结晶现象，既有连续动态再结晶，亦有断续动态再结晶，如变形温度为 1100℃、变形速率为 $3s^{-1}$时出现连续动态再结晶；变形温度为 1100℃、变形速率为 $10s^{-1}$时表现为断续动态再结晶特征。

图 7-23 表示了奥氏体热加工时的真应力-真应变曲线，如图所示，它们是从众多变形实验方案中选择部分发生了动态再结晶的曲线图形。对于出现动态再结晶特征的曲线，如图 7-23 中所描述的几条真应力-真应变曲线，其大致可以分为三个阶段：

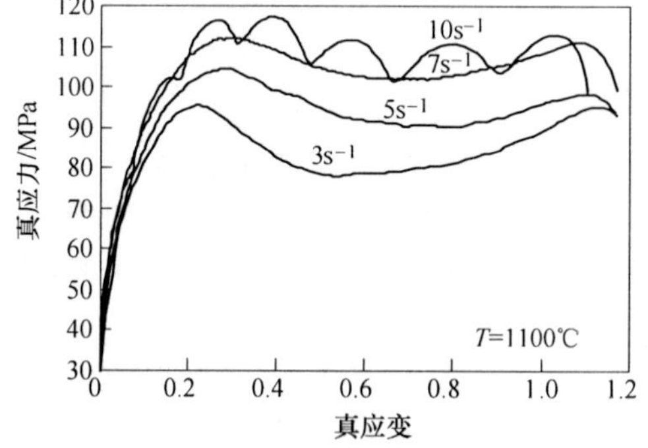

图 7-23　不同变形速率下的真应力-真应变曲线

第一阶段：当塑性变形比较小时，随着变形量增加变形抗力增加，直到达到最大值，即峰值应力。在这一阶段，金属发生塑性变形，奥氏体位错密度不断增加。之后随着变形量增大位错密度继续增加，这属于材料的加工硬化阶段，正是由于加工硬化，造成变形应力不断增加达到峰值，这是热加工过程奥氏体结构发生变化的一个方面。另一方面，由于材料在高温下变形，变形中产生的位错能够在热加工过程中通过滑移和攀移等方式运动，使部分位错消失，部分重新排列，造成奥氏体的回复。当位错重新排列发展到一定程度时形成清晰的亚晶面，称为动态多边形化。奥氏体的动态回复和动态多边形化都使材料软化，这就是奥氏体高温小变形时奥氏体结构发生变化的两个方面。由于位错的增殖速度相对来说与变形量无关，而位错的消失速度则与位错密度绝对值有关，因此当变形量增大时位错密度和位错消失速度也随之增大。反映在真应力-真应变曲线上随着变形量增加加工硬化速率减弱，但是总的趋势是在第一阶段加工硬化超过动态软化，因此随变形量的增加变形应力是不断增加的。

第二阶段：在第一阶段动态软化不能完全抵消加工硬化，随着变形量的增加金属内部畸变能不断提高，畸变能达到一定程度以后在奥氏体中将发生另一转变，即动态再结晶。动态再结晶的发生与发展使更多的位错消失，材料的变形应力很快下降。随着变形的继续进行，在热加工过程中不断形成再结晶核心并继续长大直到完成一轮再结晶，变形应力降到最低值。从动态再结晶开始，变形应力开始下降，直到一轮再结晶全部完成并与加工硬化相平衡，变形应力不再下降，形成了真应力-真应变曲线的第二阶段。发生动态再结晶所必需的最低变形量称为动态再结晶的临界变形量，以 γ_c 表示，γ_c 几乎与真应力-真应变曲线上应力峰值所对应的应变量 γ_p 相等，一般取 $\gamma_c = 0.83\gamma_p$ [1,7]。当变形温度越低、变形速率越大时，动态再结晶开始的变形量 γ_c 和动态再结晶完成的变形量也越大，这就是说需要一个较大的变形量才能发生再结晶。

动态再结晶是在热变形过程中发展的，即在动态再结晶形核长大的同时金属是持续进行变形的，这样由再结晶形成的新晶粒又发生了变形，生成了加工硬化，富集了新的位错，并且开始了新的软化过程（动态回复甚至动态再结晶）。因此就整个奥氏体来说任一时刻在金属内部总存在着变形量由零到 γ_c 的一系列晶粒，也就是说动态再结晶的发生就奥氏体来说并不能完全消除全部的加工硬化。反映在真应力-真应变曲线上，就是在发生了动态再结晶后金属材料的变形应力仍然高于原始状态（即退火状态）的变形应力。

第三阶段：当第一轮动态再结晶完成以后，在真应力-真应变曲线上出现两种情况：一种情况是应力达到稳定值，变形量虽然不断增加而应力基本不变呈稳态变形，这种情况称为连续动态再结晶；另一种情况是应力出现波浪式变化呈非稳态变形，这种情况称为间断动态再结晶，此两种情况都如图 7-23 所示。出现这两种动态再结晶的原因分析如下：

设发生动态再结晶的临界变形程度为 γ_c，当 $\gamma > \gamma_c$ 后，动态再结晶开始。若继续变形，未再结晶的部分晶粒继续发生动态再结晶，已发生再结晶的部分晶粒则继续受到变形，增加加工硬化。由动态再结晶开始到全部完成第一轮动态再结晶所需要的变形程度为 γ_x，即当金属全部完成了第一轮再结晶时，已再结晶的晶粒中重新累积的最大变形程度为 γ_x，如 $\gamma_x < \gamma_c$，尚达不到动态再结晶临界变形程度，不能发生第二轮再结晶。如再继续变形 $\Delta\gamma$，使金属中位错密度增大，并由此所产生的畸变能继续增高，当 $\Delta\gamma + \gamma_x$ 达到 γ_c 时，将开始第二轮再结晶。再继续变形 $\Delta\gamma$ 的过程中，由于仅发生动态恢复，这时应力值不断增高。当第二轮再结晶开始时，变形抗力又突然下降，因此，真应力-真应变曲线出现了第二个应力峰。如此重复，出现了一系列的动态再结晶，表现在真应力-真应变曲线上就是出现一系列的峰值。

当 $\gamma > \gamma_c$ 时，即当金属完成第一轮动态再结晶以前，已在动态再结晶的晶粒中，重新累积的最大变形量 γ_x 已超过发生动态再结晶临界变形程度 γ_c，在某些部位，就可以开始第二轮动态再结晶。变形使应力增高，不断的动态再结晶使应力下降。最终结果，使应力处于稳定，不再出现应力峰。

7.3.3.4 变形抗力数学模型的建立

材料变形抗力的大小，对于设备的安全运行、合理制定加工工艺都有着关键的作用。因此，研究钢的变形抗力规律对实际生产中各种轧制工艺参数的确定有直接的指导作用。为了更好地描述变形抗力的影响，国内外学者对变形抗力进行了大量的研究，并提出不同的数学模型[1]。

为了建立适合 SPHC 钢的简单实用的变形抗力数学模型，选择了现今可查询的几种变形抗力模型，然后分别对这些模型进行回归分析，通过对其相关系数以及残差等的分析比较，最终确定以管克智等人所建立的变形抗力数学模型的拟合度最佳。

其变形抗力数学模型为：

$$\sigma = \sigma_0 \exp(a_1 T + a_2)\left(\frac{\dot{\varepsilon}}{10}\right)^{a_3 T + a_4} \times \left[a_6\left(\frac{\gamma}{0.4}\right)^{a_5} - (a_6 - 1)\frac{\gamma}{0.4}\right] \tag{7-34}$$

式中，$T=(t+273)/1000$，K；σ_0 为基准变形抗力，即 $t=1000$℃、$\varepsilon=0.4$ 和 $\dot{\varepsilon}=10\text{s}^{-1}$时的变形抗力，MPa；$T$ 为变形温度，℃；$\dot{\varepsilon}$ 为变形速率，s^{-1}；γ 为变形程度（对数应变）；a_1、…、a_6 为回归系数，其值取决于钢种，见表 7-5。

表 7-5 变形抗力模型系数表

σ_0 /MPa	a_1	a_2	a_3	a_4	a_5	a_6
163	-2.4768	3.0267	0.4751	-0.4984	0.2132	1.1397

由此得出变形抗力数学模型如式（7-35）所示：

$$\sigma = 163\exp(-2.4768T + 3.0267)\left(\frac{\dot{\varepsilon}}{10}\right)^{0.4751T-0.4984} \times \left[1.1397\left(\frac{\gamma}{0.4}\right)^{0.2132} - (1.1397 - 1)\frac{\gamma}{0.4}\right] \tag{7-35}$$

图 7-24 为通过变形抗力数学模型所计算出来的数值，与实验中取出的 252 组数据进行的比较，由图可看出，对所得数据进行线性回归以后，所得斜率比较接近于 1，而相关系数达 $R^2=0.9338$，说明计算值与实验值比较接近，该模型具有较高的精度。

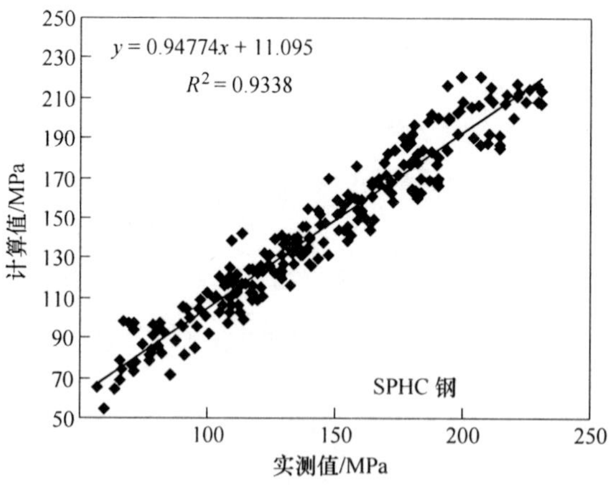

图 7-24 变形抗力的计算值与实测值的比较

7.3.4 95CrMo 工具钢

95CrMo 钢是制造钎杆和钎具的常用钢材，广泛应用于凿岩、钻探、隧道掘进、矿山开采及石方工程，长期工作在高负荷、强振动的恶劣环境中，要求具有较好的强韧性，较高的疲劳强度，较强的消振性和较小的缺口敏感度。

95CrMo 钢的高温变形抗力对其最终力学性能及组织有重要影响，建立 95CrMo 钢精确的变形抗力模型，不仅能为企业生产该钢种轧制工艺优化和设备能力校核提供基础数据，还对改善其成型后的组织性能具有重要意义。然而，金属高温塑性变形过程中，变形温度、应变速率、应变量、化学成分及它们之间的相互作用都会对其流变应力行为造成影响，精确的预测模型难以建立。

近年来，国内外学者对金属的变形抗力模型进行了研究，但大部分研究局限于金属的稳态应变模型，即没有考虑各变形因素对金属变形机制的影响，得到的变形抗力模型只是对现有实验数据简单的拟合而没有推广性，故一般具有较大的误差和局限性。为此，本节通过单向热压缩试验研究了95CrMo钢的高温流变应力行为，分析各变形因素对金属高温变形机制的影响，建立能同时考虑变形温度补偿、应变速率补偿和应变量补偿的95CrMo钢高温变形抗力模型。

7.3.4.1 实验材料与方法

实验材料95CrMo为工业生产的轧制坯料，其化学成分如表7-6所示。坯料经线切割加工成ϕ10mm×15mm的圆柱体试样。

表7-6 95CrMo钢的化学成分（质量分数） （%）

C	Si	Mn	Cr	Mo	Cu	Fe
0.90~1.00	0.15~0.40	0.15~0.40	0.15~0.40	0.15~0.30	<0.25	Bal.

试验采用Gleeble-3500热模拟试验机。试验过程为：将试样以20℃/s的加热速度加热到1100℃，保温2min后再以10℃/s的冷却速度冷却至变形温度，保温20s使试样温度均匀，然后分别在1050℃、1000℃、950℃、900℃、850℃、800℃和750℃进行单向压缩变形，最大真应变$\varepsilon \geq 0.60$，变形速率分别为$0.1s^{-1}$、$1s^{-1}$和$10s^{-1}$，压缩后冷却到室温。实验工艺流程如图7-25所示。

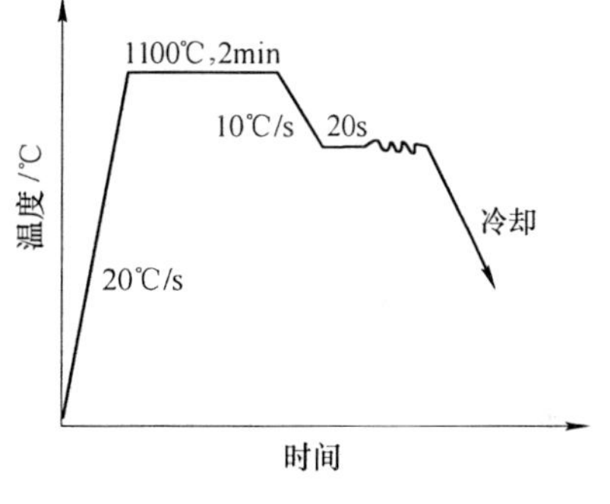

图7-25 单道次压缩试验工艺曲线

7.3.4.2 结果与分析

A 应变量对流变应力的影响

应变速率为$0.1s^{-1}$、$1s^{-1}$和$10s^{-1}$时，95CrMo钢在不同变形温度下的应力-应变曲线如图7-26所示。当变形温度和应变速率一定时，随应变量增加，变形前期流变应力增加趋势减缓；另外，当应变速率为$0.1s^{-1}$和变形温度大于950℃，以及应变速率为$10s^{-1}$和变形温度为750℃时，流变应力达到峰值后随应变增加而降低，如图7-26a、c所示。

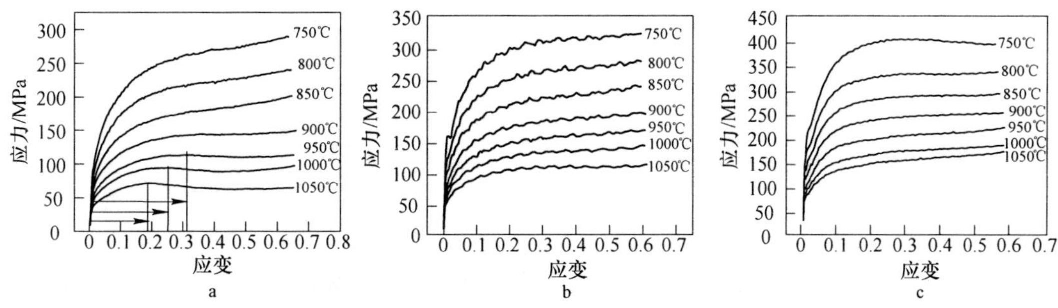

图7-26 95CrMo钢不同应变速率下流变应力曲线

a—$0.1s^{-1}$；b—$1s^{-1}$；c—$10s^{-1}$

流变应力变化与热加工过程的动态硬化与软化有关。当应变较小时，软化过程以动态回复为主，部分抵消加工硬化，但难以发生动态再结晶，急剧加工硬化导致流变应力快速上升；随变形程度增大，动态回复导致的软化增大，流变应力上升速度减慢；变形程度继续增大，材料内部形变存储能逐渐增大，最终诱发部分再结晶，软化作用与加工硬化作用达到平衡，流变应力达到峰值并逐渐趋于平缓；在应变速率较小、变形温度较高情况下，变形程度达到峰值应变后，动态再结晶产生的软化作用大于加工硬化作用，流变应力随应变增大反而减小[2]。而应变速率为 $10s^{-1}$ 和变形温度为 750℃ 时，流变应力在峰值后出现下降与变形诱导 95CrMo 钢中二次渗碳体的动态析出有关。

B　变形温度对流变应力的影响

当应变值为 0.3 和 0.6 时和不同应变速率下，95CrMo 钢的流变应力与变形温度关系曲线如图 7-27 所示。当应变速率和应变量一定时，随变形温度升高，流变应力值呈近似直线降低。此外，由图 7-26 可知，应变速率一定时，变形温度越高，流变应力峰值越低，峰值应力对应的应变也越小。

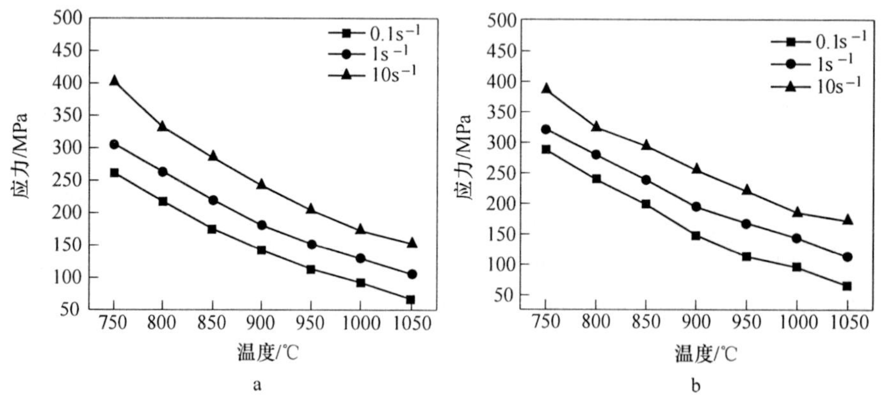

图 7-27　95CrMo 钢流变应力与变形温度的关系曲线

a—0.3；b—0.6

变形温度升高降低了金属原子间的结合力，增大了原子热振动振幅，使得空位扩散和位错的攀移、交滑移驱动力增加；同时，金属在高温下还可能出现新的滑移系，这些都有利于克服位错运动的阻力，使流变应力降低。另外，位错运动阻力减小也使得奥氏体动态回复和动态再结晶更容易发生，其软化作用消除了变形产生的加工硬化作用。因此，在其他因素不变条件下，随变形温度增加，流变应力明显下降，流变应力峰值也明显降低。另外，峰值应力是金属塑性变形过程中加工硬化作用与动态软化作用达到平衡的体现，而大变形量和高变形温度都有利于动态回复，即在较高变形温度下，软化作用所需变形量较小，使得峰值应力对应的真应变值，即动态再结晶临界应变量，也随变形温度升高而减小[4]。

C　应变速率对流变应力的影响

在变形温度为 950℃ 和 800℃ 时和不同应变速率下，95CrMo 钢的应力-应变曲线如图 7-28 所示。当变形温度与应变量一定时，流变应力随应变速率增大而显著增加。随变形温度升高，应力的增大幅度减弱。

从金属塑性变形机制考虑，增大应变速率会增大位错密度，从而提高动态再结晶的驱动力，但在大的变形速率下，位错的快速运动会因位错密度增加而受阻，导致加工硬化占主导地位，流变应力必然增加。此外，动态再结晶需要孕育形核。在高应变速率下，受再结晶形核时间限制，导致发生再结晶软化时实加给钢的应变量更大，因此位错密度更高，流变应力增大。在较高的变形温度下，动态软化过程相对同等条件下更易进行，因此，流变应力随应变速率增加的幅度也相对较小[3]。

由此可见，应变量、变形温度和应变速率对95CrMo钢流变应力的影响是通过动态回复和动态再结晶软化机制直接造成的，而这种软化机制是应变量、变形温度和应变速率三者共同作用的结果。

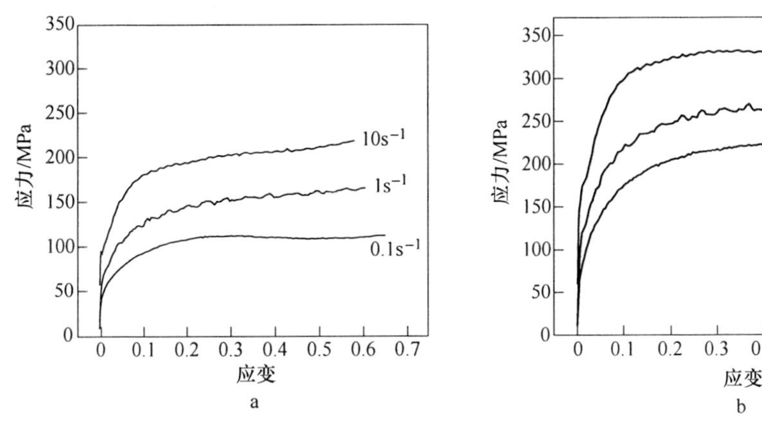

图 7-28 95CrMo 钢流变应力与应变速率的关系曲线

a—950℃；b—800℃

7.3.4.3 变形抗力模型的建立与验证

95CrMo 钢的高温流变行为主要受控于加工硬化和动态回复、动态再结晶软化这两种变形机制，而应变量、变形温度和应变速率是影响这两种变形机制的直接因素。钢在大变形量、高温、低应变速率条件下变形时，变形机制以动态回复和动态再结晶为主，流变应力主要受原子扩散过程控制；金属在小变形量、低温、高应变速率条件下变形时，变形机制以加工硬化为主，流变应力主要受位错滑移控制。因此，钢的高温流变应力行为不可用单一的稳态模型来描述，而应从变形机制出发，在本构方程中考虑应变量补偿、变形温度补偿和应变速率补偿对模型的影响。

A 变形抗力模型的建立

根据金属变形抗力数学模型建立的原则，在高温塑性变形条件下，考虑到变形温度补偿和应变速率补偿对流变应力的影响，可用本构方程式（7-36）来描述金属在高温低应变率条件下的流变应力状态，用本构方程式（7-37）来描述金属在低温高应变率条件下的流变应力状态。结合式（7-36）和式（7-37），金属在所有应变条件下的流变应力状态可用本构方程式（7-38）来描述。

$$\varepsilon \exp[Q/(RT)] = A'\sigma^{n'} \tag{7-36}$$

$$\varepsilon \exp[Q/(RT)] = A''\exp(\beta\sigma) \tag{7-37}$$

$$\varepsilon \exp[Q/(RT)] = A[\sinh(\alpha\sigma)]^{n} \tag{7-38}$$

式中，$\dot{\varepsilon}$ 为应变速率，s^{-1}；σ 为流变应力，MPa；Q 为变形激活能，它反映高温塑性变形时加工硬化与动态软化之间的平衡关系，kJ/mol；$R=8.314\mathrm{J/(mol\cdot K)}$ 为普适气体常数；T 为热力学温度，K；A、A'、A''、n、n'、β 和 $\alpha=\beta/n'$ 为受应变量影响的热变形系数，体现了应变量补偿对流变应力的影响。

由式（7-38）可得 95CrMo 钢高温流变应力本构方程式（7-39）：

$$\sigma=\frac{1}{\alpha}\ln\left\{\left(\frac{\dot{\varepsilon}\exp[Q/(RT)]}{A}\right)^{\frac{1}{n}}+\left[\left(\frac{\dot{\varepsilon}\exp[Q/(RT)]}{A}\right)^{\frac{2}{n}}+1\right]^{\frac{1}{2}}\right\} \tag{7-39}$$

将式（7-36）～式（7-38）两边作对数运算并展开，然后将式（7-36）两边对 $\ln\sigma$ 求偏导并化简得式（7-40），将式（7-37）两边对 σ 求偏导并化简得式（7-41），将式（7-38）两边对 $\ln[\sinh(\alpha\sigma)]$、$1/T$、$[\sinh(\alpha\sigma)]^n$ 求偏导并化简分别得式（7-42）～式（7-44）。可见，为得到所求本构方程（7-39）的热变形常数 α、n、Q、A，需用大量实验数据对式（7-40）～式（7-44）进行回归处理。

$$n'=\left.\frac{\partial(\ln\dot{\varepsilon})}{\partial(\ln\sigma)}\right|_T \tag{7-40}$$

$$\beta=\left.\frac{\partial(\ln\dot{\varepsilon})}{\partial(\sigma)}\right|_T \tag{7-41}$$

$$n=\left.\frac{\partial(\ln\dot{\varepsilon})}{\partial\{\ln[\sinh(\alpha\sigma)]\}}\right|_T \tag{7-42}$$

$$Q=Rn\left[\frac{\partial\{\ln[\sinh(\alpha\sigma)]\}}{\partial(1/T)}\right]\bigg|_{\dot{\varepsilon}} \tag{7-43}$$

$$\ln A=\ln\left.\frac{\partial\{\dot{\varepsilon}\exp[Q/(RT)]\}}{\partial\{[\sinh(\alpha\sigma)]^n\}}\right|_T \tag{7-44}$$

根据实验数据，绘制出 $\varepsilon=0.3$ 时，不同温度下 $\ln\dot{\varepsilon}$-$\ln\sigma$、$\ln\dot{\varepsilon}$-σ、$\ln\dot{\varepsilon}$-$\ln[\sinh(\alpha\sigma)]$ 和 $\dot{\varepsilon}\exp\left(\frac{Q}{RT}\right)$-$[\sinh(\alpha\sigma)]^n$ 的关系曲线，并进行一元线性拟合，如图 7-29a～c 和 e 所示；利用 $\varepsilon=0.3$ 时不同应变速率下的实验数据，绘制出 $\ln[\sinh(\alpha\sigma)]$-$1/T$ 的关系曲线，并进行一元线性拟合，如图 7-29d 所示。

根据回归结果，可得热变形常数 n'、β、n、$\ln A$ 随变形温度的变化值如表 7-7 所示。变形激活能 Q 随应变速率 $\dot{\varepsilon}$ 的变化值如表 7-8 所示。鉴于 n' 是高温低应变速率条件下的

表 7-7　热变形常数随温度变化值

温度/℃	1050	1000	950	900	850	800	750
n'	5.5438	7.3722	7.8673	8.6617	9.4646	10.8885	10.4437
β	0.0535	0.0575	0.0507	0.0455	0.0416	0.0399	0.0313
n	4.9722	6.2916	6.3095	6.3558	6.2954	6.4262	5.2856
$\ln A$	34.4186	34.7693	34.7780	34.7116	34.7124	34.7828	34.217

表 7-8　变形激活能 Q 随应变速率变化值

$\dot{\varepsilon}/s^{-1}$	0.1	1	10
$Q/\mathrm{kJ\cdot mol^{-1}}$	368.9156	328.5350	357.3068

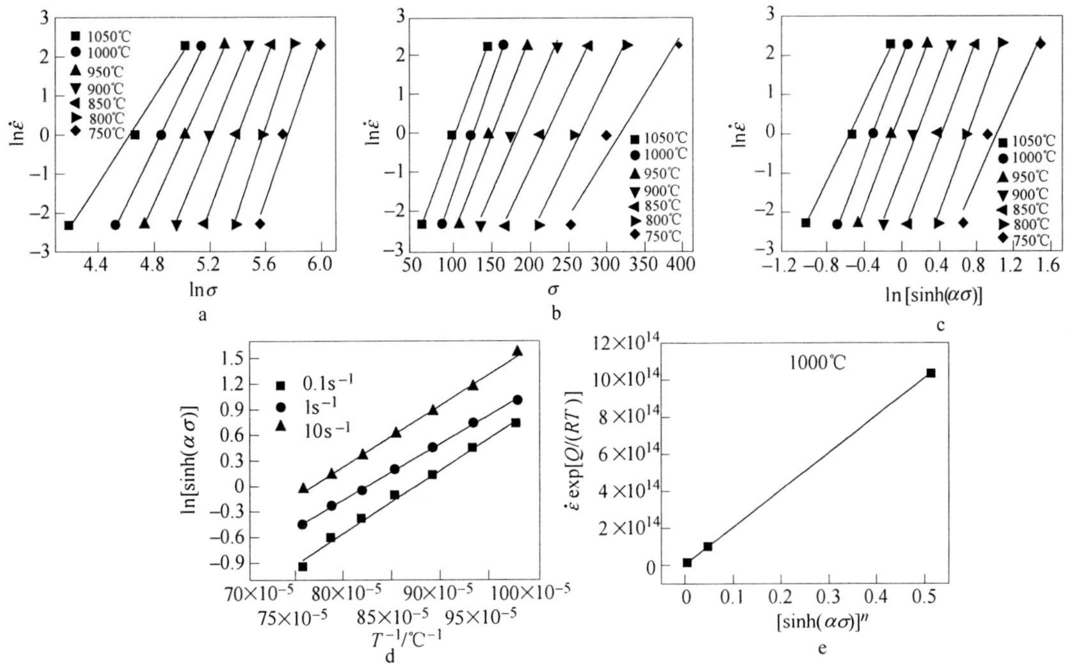

图 7-29 本构方程热变形常数的线性拟合

a—n'；b—β；c—n；d—Q；e—ln$A$

热变形常数，β 是低温高应变速率条件下的热变形常数，故图 7-29a 中 n' 的值取 1050℃时拟合直线 $\ln\dot{\varepsilon}$-$\ln\sigma$ 的斜率，图 7-29b 中 β 的值取 750℃时拟合直线 $\ln\dot{\varepsilon}$-σ 的斜率。n、Q、ln$A$ 分别取图 7-29c、d、e 中拟合直线斜率的平均值。得 $n'=5.5438$、$\beta=0.0313$、$\alpha=0.0057$、$n=5.9909$、$\ln A=34.6271$、$Q=351.5854$kJ/mol。

考虑应变量补偿对流变应力本构方程的影响，对应变值以 0.05 为间隔在 0.05~0.6 范围内取值，用以上方法分别计算出各应变值所对应本构方程（7-42）的热变形常数 n'、β、α、n、Q、ln$A$，用四次多项式对各热变形常数与应变量的关系曲线进行拟合，如图 7-30 所示。拟合结果如式（7-45）所示。

$$\begin{cases} n' = 4.4322 + 3.1323\varepsilon - 191.4921\varepsilon^2 + 356.2039\varepsilon^3 - 222.5972\varepsilon^4 \\ \beta = 0.0428 - 0.2149\varepsilon + 1.1212\varepsilon^2 - 2.2424\varepsilon^3 + 1.6389\varepsilon^4 \\ \alpha = 0.0085 - 0.0642\varepsilon + 0.3357\varepsilon^2 - 0.6330\varepsilon^3 + 0.4299\varepsilon^4 \\ n = 4.3556 + 31.0630\varepsilon - 144.0450\varepsilon^2 + 234.0249\varepsilon^3 - 133.0412\varepsilon^4 \\ Q = 237.1681 + 865.0351\varepsilon - 2118.9808\varepsilon^2 + 1625.3729\varepsilon^3 + 232.4015\varepsilon^4 \\ \ln A = 23.0083 + 143.0499\varepsilon - 571.6087\varepsilon^2 + 884.3386\varepsilon^3 - 472.5867\varepsilon^4 \end{cases} \tag{7-45}$$

综上，可得同时考虑应变量补偿、变形温度补偿和应变速率补偿的 95CrMo 钢高温流变应力本构关系模型，如式（7-39）和式（7-45）所示。用该模型计算的流变应力预测值与实验值对比如图 7-31 所示。图中各预测值点对应的应变值以 0.05 为间隔在 0.05~0.6 范围内取值。

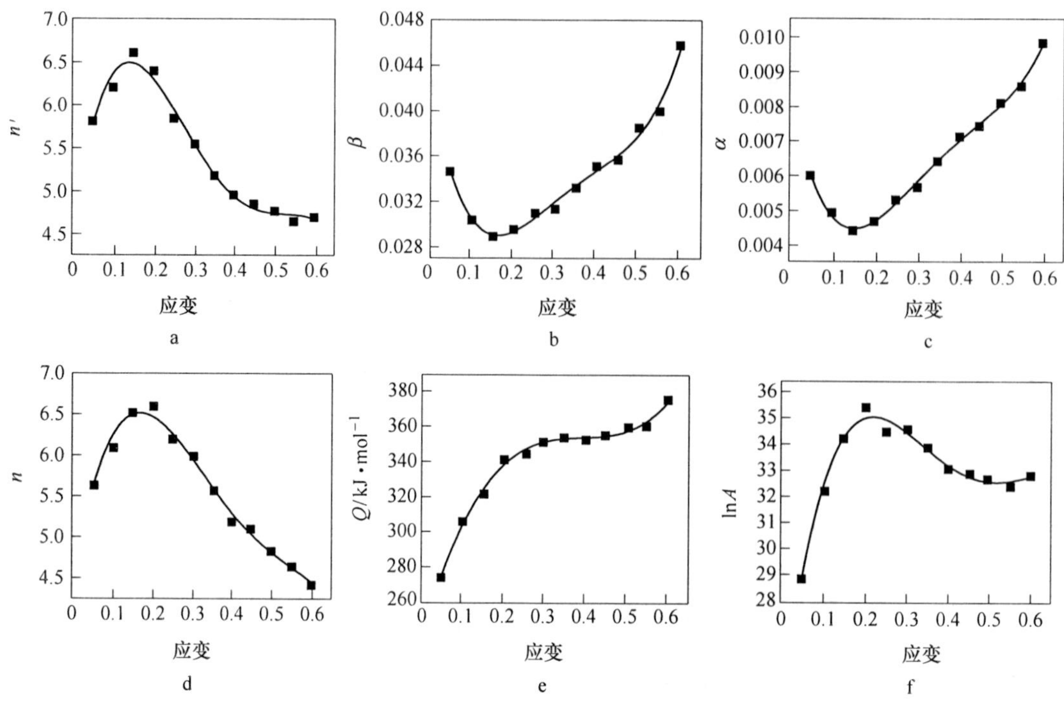

图 7-30 热变形常数与应变量关系曲线

a— n' ; b— β ; c— α ; d— n ; e— Q ; f— $\ln A$

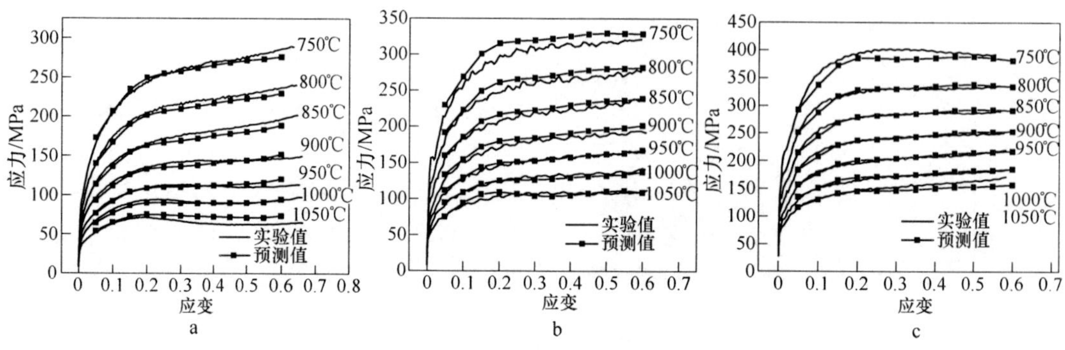

图 7-31 本构关系模型的预测值和实验值对比

a—$0.1s^{-1}$; b—$1s^{-1}$; c—$10s^{-1}$

B 模型的对比验证

周纪华-管克智模型是模拟计算变形抗力的常用稳态模型，如式（7-46）所示。式中 σ_0 为基准变形抗力，即 $t=1000$℃、$\varepsilon=0.4$ 和 $\dot{\varepsilon}=10s^{-1}$时的变形抗力，176.44MPa；$T$ 为变形温度，K；ε 为真应变；σ 为变形抗力，MPa；$\dot{\varepsilon}$ 为应变速率，s^{-1}；$a_1 \sim a_6$为待定系数。

$$\sigma = \sigma_0 \exp\left(\frac{a_1 T}{1000} + a_2\right)\left(\frac{\dot{\varepsilon}}{10}\right)^{a_4 + a_3 T/1000}\left[a_6\left(\frac{\varepsilon}{0.4}\right)^{a_5} - (a_6 - 1)\frac{\varepsilon}{0.4}\right] \tag{7-46}$$

$$\sigma = 176.44\exp\left(\frac{-3.179T}{1000} + 4.077\right)\left(\frac{\dot{\varepsilon}}{10}\right)^{-0.106 + 0.193T/1000} \times$$

$$\left[1.321\left(\frac{\varepsilon}{0.4}\right)^{0.277}-(1.321-1)\frac{\varepsilon}{0.4}\right] \tag{7-47}$$

采用周纪华-管克智模型对实验数据进行拟合，拟合结果如式（7-47）所示。用该模型得到的流变应力预测值与实验值对比如图 7-32 所示。图中各预测值点对应的应变值同图 7-31。

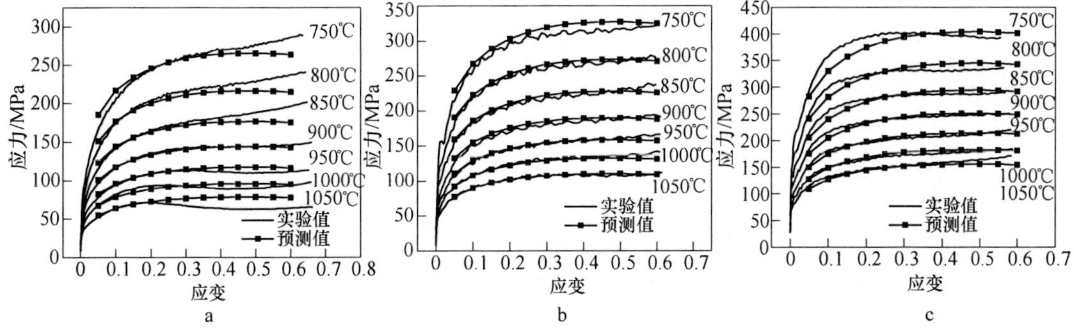

图 7-32　周纪华-管克智模型的预测值和实验值对比

a—$0.1s^{-1}$；b—$1s^{-1}$；c—$10s^{-1}$

对比图 7-31 和图 7-32 可知，本构关系模型与周纪华-管克智模型的预测值均较准确，但当变形温度较低、应变速率较慢、变形量较大时，前者计算的流变应力预测值相对后者更接近实验数据。为更准确地对比两种模型的精度和可靠性，采用平均相对误差、标准偏差和相关性系数对两种模型的模拟结果进行分析。分析结果如表 7-9 所示。

表 7-9　两种模型的验算结果对比

模　型	平均相对误差/%	标准偏差/%	相关性系数
本构关系模型	2.85	2.63	0.997
周纪华-管克智模型	3.29	3.87	0.995

图 7-33 中 a 和 b 分别为本构关系模型和周纪华-管克智模型所得流变应力预测值与实验值的相关性散点图和置信度水平为 95% 的置信椭圆。

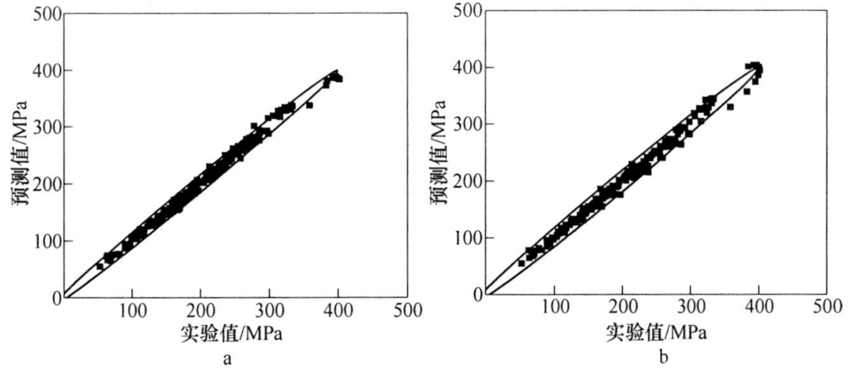

图 7-33　预测值和实验值相关性散点图

a—本构关系模型；b—周纪华-管克智模型

计算结果表明，考虑多因素补偿后得到的流变应力本构关系模型的预测值与实验值的相关性系数、平均相对误差和标准偏差均优于周纪华-管克智模型，该本构关系模型在数值仿真应用中更有优势。但基于模型结构、模型精度、建模复杂程度综合对比，周纪华-管克智模型更适合工程应用，其特点是模型结构和模型系数回归相对简单，虽然模型预报的误差略大，但完全能满足工程应用要求。

参考文献

[1] 周纪华，管克智．金属塑性变形阻力［M］．北京：机械工业出版社，1989．

[2] Sun Jiquan, Zhang Jinwang, Wang Yongchun. Research on mathematical model of thermal deformation resistance of X80 pipeline steel［J］. Materials & Design, 2011, 32（3）.

[3] 王路兵．高级别管线钢 X120 的开发［D］．北京：北京科技大学，2007：3.

[4] 孙蓟泉，张金旺，王永春．SPHC 钢热变形行为的研究［J］．钢铁，2008，43（9）．

[5] 徐彦，赵金城．Q235 钢在不同应力、温度路径下材料性能的试验研究和本构关系［J］．上海交通大学学报，2004，38（6）：967～971.

8 中厚板生产中的组织与性能控制

对于钢材来说，在大多数情况下其力学性能是最基本、最重要的，其中强度性能又居首位。但对钢材不仅只要求强度，往往还要求一定的韧性和可焊接性能，而这方面的指标又是和强度性能指标相牵连的，甚至是相互矛盾的，很难使其中某项性能单方面发生变化。结构钢材的最新发展方向就是要求材料的强度、韧性和可焊接性能诸方面有比较好的匹配。控制轧制和控制冷却工艺正是能满足这种要求的一种比较合适的工艺。为了能够合理地利用各种强化机制来制定控轧控冷工艺，有必要对钢的强化机制及其对钢材强度和韧性的影响有粗略的了解。

8.1 中厚板生产工艺流程

8.1.1 一般中厚板工艺流程

通常的中厚板工艺流程如图 8-1 所示，图 8-2 为典型的中厚板车间平面布置图。

8.1.2 特殊中厚板工艺流程

图 8-3 所示为某宽厚板厂所采用的特殊中厚板生产工艺流程。图 8-4 为某 5000mm 宽厚板生产线车间平面布置简图。

8.1.3 中厚板生产常用工序功能

（1）板坯准备及加热：板坯加热可采用连铸坯热装或冷装工艺。合格倍尺连铸板坯用起重机吊运堆放。需要切割的倍尺板坯由起重机吊至火焰切割台架上，用火焰切割机切成定尺，再由起重机吊到上料辊道上，然后经称量装置称重后运至入炉辊道，再装入加热炉内加热。根据轧制工艺和轧制节奏的要求，将板坯加热到 1100～1250℃后推出加热炉，或用出钢机移出加热炉，放置在炉前输送辊道上。

（2）高压水除鳞：板坯由出炉辊道送至除鳞辊道，打开高压水除鳞箱喷嘴，将板坯上、下表面的氧化铁皮清除。然后进入轧机前输入辊道。根据坯料厚度的不同，除鳞箱上喷嘴的高度可调。

（3）轧制：根据轧制计划，按不同钢种和用途，采用常规轧制和控制轧制两种轧制方式。采用转向 90°横向 + 纵向轧制方式。在轧制过程中要实现钢板的宽度、厚度和长度的控制，以达到标准或用户的尺寸精度要求；还需进行平面形状的控制，以提高钢板的成材率；再者，组织性能要求高的钢板还要进行温度和变形量的控制，实现控制轧制。

（4）轧后控制冷却：根据钢板的组织性能要求和轧制钢板的规格和品种，将轧后钢板直接或待温到制定温度后，送入轧后冷却装置进行速度可控的冷却，直至冷却到预定温度（或再空冷后的返红温度），实现对钢板组织与性能的控制，然后再送至热矫直机矫直。

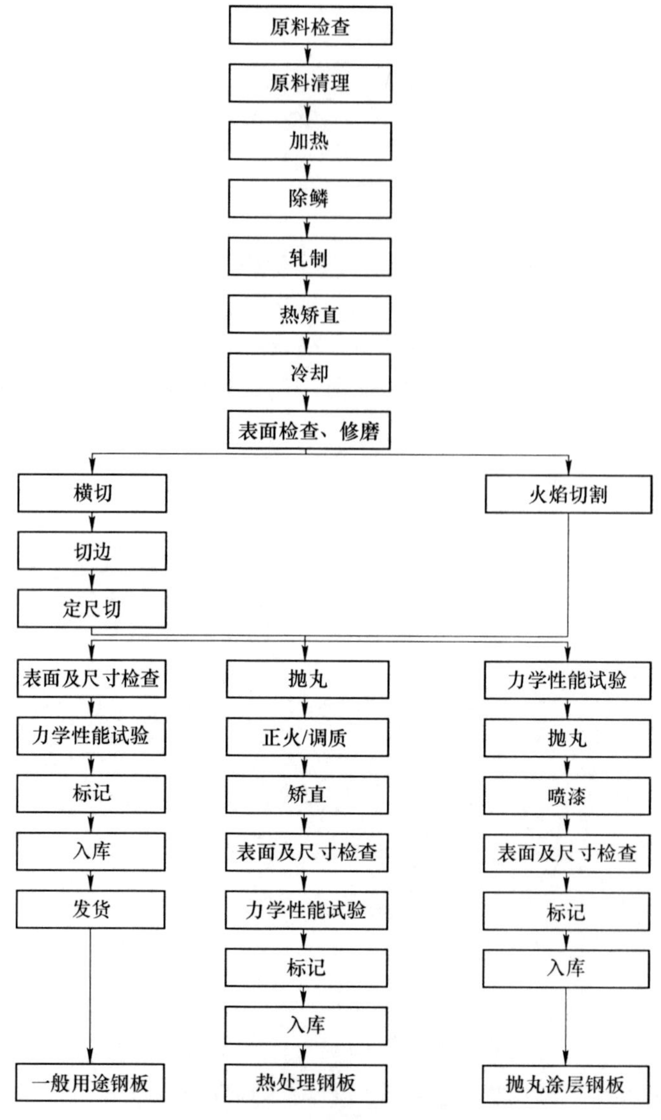

图 8-1　一般中厚板工艺流程

（5）热矫直机矫直：钢板由热矫直机输入辊道送至热矫直机上矫直，钢板热矫直温度一般在 600 ~ 800℃。确定压下量时还要考虑钢板厚度的影响，厚度较薄的钢板压下量大，较厚者压下量小。

钢板的矫直道次一般为一次。对于那些经过控制轧制的钢板可能产生更大程度的不平直度，为了达到标准允许的范围内，还需要进行 1 ~ 2 次的补矫。补矫时可抬起矫直机，辊道反转，使钢板通过矫直机退回输入辊道，再重新调整矫直机辊缝进行补矫；也可直接将辊道反转进入矫直机补矫。

（6）冷床冷却：热矫直后的钢板一般在 600 ~ 800℃进入冷床。钢板在冷床上逐块排放，通过链条和辊盘，在无相对摩擦、不受划伤的情况下移送，待温度下降至 150℃左右时离开冷床。

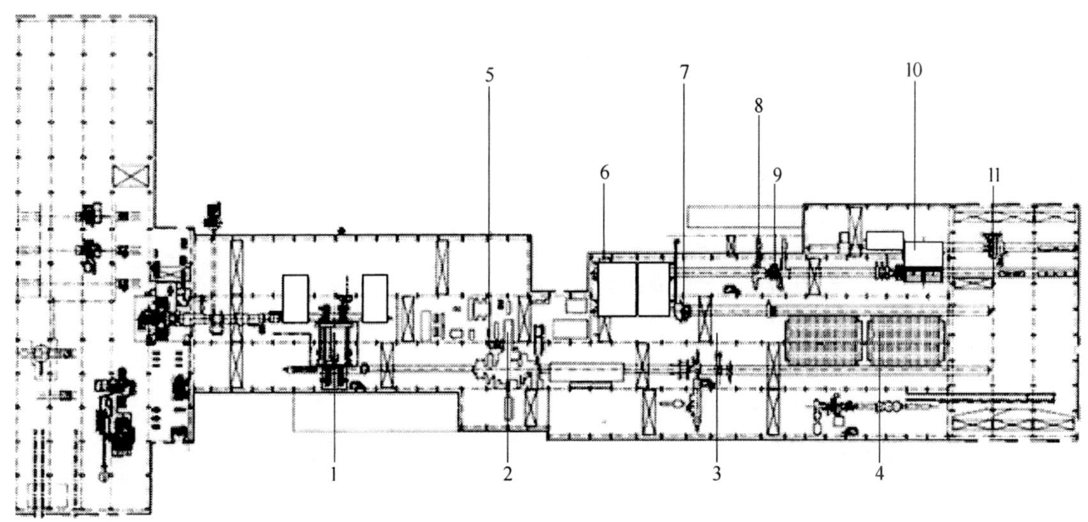

图 8-2　典型中厚板车间平面布置图

1—加热炉；2—轧边机；3—可逆轧机；4—热矫直机；5—盘式冷床；6—回转切边剪；7—翻板机；8—分切剪；9—定尺剪；10—钢板堆垛；11—冷矫直

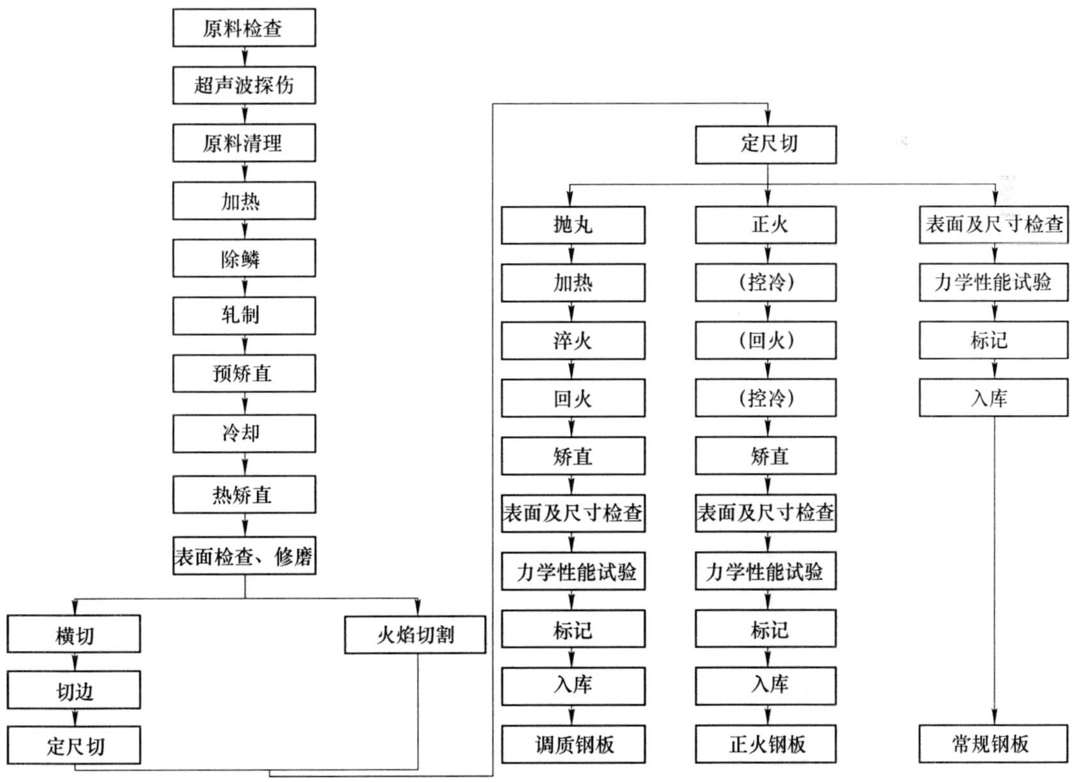

图 8-3　特殊中厚板生产工艺流程

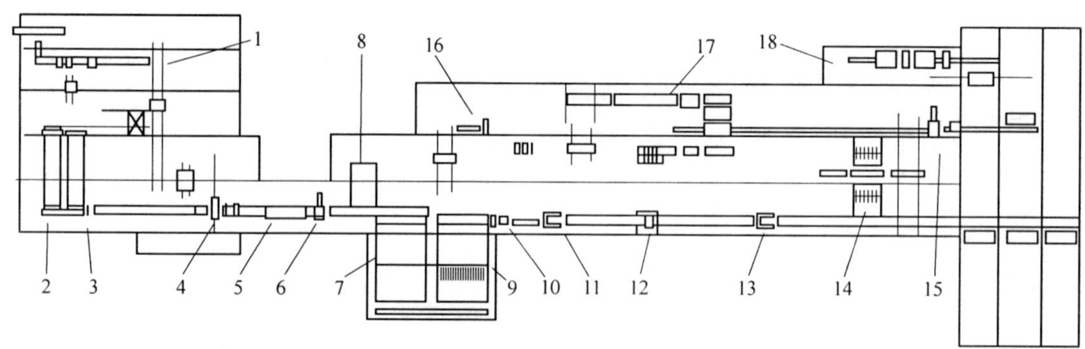

图 8-4　某 5000mm 宽厚板生产线车间平面布置图

1—板坯二次切割线；2—连续式加热炉；3—高压水除鳞箱；4—精轧机；5—加速冷却装置；6—热矫直机；7—宽冷床；8—特厚板冷床；9—检查修磨台架；10—超声波探伤装置；11—切头剪；12—双边剪和剖分剪；13—定尺剪；14—横移修磨台架；15—冷矫直机；16—压力矫直机；17—热处理线；18—涂漆线

（7）表面检查与修磨：钢板冷却后，由冷床输出辊道输送至修磨台架辊道处检查钢板上表面，对检查出的缺陷由人工用手推小车砂轮机或手提砂轮机进行修磨。修磨后将钢板送至剪切线。对由反光检查装置检查出下表面有缺陷的钢板由翻板机将钢板翻到修磨台架上，再由人工用手推小车砂轮机或手提砂轮机进行修磨，然后由翻板机将钢板翻到修磨台架辊道上输送至圆盘剪输入辊道。

（8）圆盘剪切边：钢板由修磨台架辊道运送至圆盘剪输入辊道，经磁力对中装置按激光划线装置显示的位置对中，使钢板两边的切边量对称和平行。再开动圆盘剪输入辊道、圆盘剪（包括碎边剪）、圆盘剪后输出辊道，以同一种速度运送，圆盘剪将钢板两边切除。与此同时，由圆盘剪剪切下来的切边，经碎断剪碎断。碎边从剪机下的溜槽滑落到运输机，并运送到切头箱内。

（9）定尺剪切头尾，切定尺：经切边的钢板，由辊道运送至定尺剪输入辊道前，经对正后按要求切去头部，再根据合同要求剪切成不同长度的钢板，最后切去尾部。

（10）定尺剪取样：需要取样时，按要求剪切样品，由人工送往检化验室检验。

（11）钢板收集：成品钢板输送到成品收集辊道处，磁盘吊车按钢板规格，把钢板逐张从辊道上吊起，码放在收集台架上成垛。

（12）钢板标记：定尺钢板由辊道输送至成品收集辊道，然后用磁盘下料装置或夹钳下料装置将钢板吊至成品收集处由人工喷漆设备标记，主要标明公司标志、钢种、规格、生产日期等。

对经行业协会认可生产的专用钢板，如船用钢板等，必要时标印会员标志等。

（13）钢板入库：经收集后的钢板垛，用吊车运至成品堆放区堆存、入库、待发。

8.1.4　组织与性能控制关键工序

（1）加热：钢坯加热的目的是重新奥氏体化，获得均匀和较细小的原始奥氏体组织；保证钢坯的温度均匀性，保证后续轧制等工序处理后钢板的组织和力学性能均匀；此外，对于微合金化钢还需要让微合金元素适度固溶和阻止原始奥氏体晶粒长大，为后续微合金元素析出及奥氏体晶粒细化、强化效果沉淀做好准备。

(2) 控制轧制：造船板、低碳微合金化高强度结构板等采用控制轧制工艺生产。根据生产钢种、规格及产品性能等要求，可采用两阶段控制轧制或三阶段控制轧制。前者为在再结晶区和未再结晶区轧制；后者为在再结晶区、未再结晶区及（$\alpha+\gamma$）两相区轧制。当采用控制轧制时，因为需要从再结晶区过渡到未再结晶区，往往需要中间坯料在输送辊道上降温，降温幅度在100~150℃。为了提高生产效率，往往轧机轧制时将中间坯放辊道上空冷待温，这就是所谓的交叉轧钢方式。根据需要轧制钢板的厚度，待温钢板的数量在1~5块，交叉轧制数量在2~6块。轧件在辊道上空冷待温，辊道应前后不停地摆动，避免由于辊子吸热在轧件表面上产生横向黑印，并保护辊子不受损坏。

轧制过程中还需要对道次变形量进行控制，尤其是再结晶区最后三道次的变形量，以及未再结晶区最后道次的变形量。前者尤其钢板变形后能发生完全再结晶，后者变形后不能发生奥氏体晶粒异常长大。表8-1为中厚板轧制规程的应用实例。

表8-1 中厚板轧制规程的应用实例

道次	厚度/mm	压下量/mm	压下比/%	宽度/mm	长度/mm	温度/℃	累积压下比/%	变形抗力/N·mm^{-2}	轧制力/kN	扭矩/kN·m
0	250			220	350	1080				
1	230	20.0	8.0	220	380	1050		120~130	2215	106
2	195	35.0	15.2	380	295	1030		130~140	3310	339
3	155	40.0	20.5	380	326	1020		140~150	4163	456
4	123	32	20.6	380	410	1010		150~160	5213	511
5	93	30	24.4	410	544	1000		160~170	6612	627
6	75	18	19.4	410	675	980	70/70	170~180	5423	399
待温										
7	66	9	12.0	410	767	800		340~360	7670	399
8	54	12	18.2	410	937			360~380	9348	561
9	42	12	22.2	410	1204			380~400	9840	590
10	33	9	21.4	410	1533			410~430	9160	476
11	27	6	18.2	410	1874			440~460	8002	339
12	25	2	7.0	410	2024	725	67/90	470~490	4921	121
13	15			410	3373	725	80/94			

(3) 控制冷却及TMCP：控制冷却是对钢板的相变进行控制的关键工序。根据钢板的组织性能要求、规格和品种，将轧后钢板直接或待温到制定温度后，对钢板的冷却速度、终冷温度进行控制，得到细小均匀的室温组织；同时控制冷却过程中或之后的析出，实现组织和力学性能的综合控制。控制冷却的控制参数包括：开冷温度、冷却速度、中间停留温度及时间、终冷温度。因此，中厚板控制冷却也称为冷却路径控制。

将控制轧制与控制冷却相结合的工艺，日本最早在20世纪80年代开始应用，并称为TMCP，即热机控制工艺，也就是从轧制到冷却过程的全过程控制，满足相同成分钢材不同组织性能的需求。

(4) 热处理：中厚板常用热处理工艺包括：调质、正火、正火+回火、回火等。对不同用途和性能要求的钢板采用的热处理工艺不同。热处理是对钢板组织性能控制最原始的方法。为了适应中厚板更高性能的需求，新的热处理工艺也层出不穷，在后续章节会详细说明。

8.2 典型中厚板品种的组织与性能控制

8.2.1 高强度管线钢中厚板

8.2.1.1 高强度管线钢的性能要求及特点

管线运输是长距离输送石油、天然气最经济合理的运输方式。管线钢正在出现一个蓬勃发展的趋势，高压输送和提高钢级是发达国家建设管道的首选措施，并逐渐向大口径、高压、输送气体的方向发展。目前发达国家天然气管道输送压力一般都在 10MPa 以上，输油气主干线的管线钢级别在 X65、X70、X80 级，在支线网上采用级别较低的如 X60 ~ X42 级管线钢。

A 组织与性能要求

石油管线工作环境比较恶劣。管线钢为了满足高输送压力和制管加工要求，需要具有高强度和延伸性能，还需要具备发生事故时抗裂纹扩展性——止裂性能，防止输油气管线爆裂导致的灾难性事故，因此必须具有极好的低温韧性。另外，管线钢能满足野外环缝焊接要求，因此要求优异的焊接性能。API 5L 标准规定了管线钢的拉伸力学性能要求，见表 8-2。

表 8-2 不同级别管线钢的力学性能要求

级 别	屈服强度/MPa	抗拉强度/MPa	延伸性能/%
X65	≥449	≥530	$e = 1944\dfrac{A^{0.2}}{U^{0.9}}$ e—标距，50.8mm；A—拉伸试样横截面面积；U—规定抗拉强度最小值
X70	≥483	≥565	
X80	≥552	≥621	
X100	≥690	≥759	

除上述拉伸性能要求外，还有 -10℃夏比 V 型缺口冲击功和低温落锤（DWTT）性能要求。以 X70 管线钢为例，国内采购标准要求 -10℃的 CVN 冲击功≥120J，DWTT 试验的断裂面上的剪切面积百分数要求≥85%。

有的特殊用途管线钢还要求有一定的抗 H_2S 应力腐蚀和土壤腐蚀的耐腐蚀性能。如抗氢致诱发裂纹（Hydrogen Induced Crack，HIC）、抗硫化氢应力腐蚀（Sulfide Stress Corrosion，SSC）、抗应力腐蚀开裂（Stress Corrosion Crack，SCC）。地震带使用的管线钢、抗大变形和低温环境使用的管线钢，还有其他特殊的性能检测要求。

为了满足各强度级别管线钢的力学性能和焊接性能要求，以及低的碳当量 C_{eq}或焊接裂纹敏感性指数 P_{cm}的焊接性能要求，各级别管线钢所具备的显微组织也各不相同。按照组织可将目前的管线钢分为三类：

（1）少珠光体钢：以 X60、X65 为代表，包括早期的 X70 管线钢。碳含量一般小于 0.1%，铌、钒、钛的总含量小于 0.1%，如 C-Mn-Nb-V(-Ti) 系列。这类钢采用微合金化和控制轧制工艺生产，强韧化方式是以晶粒细化和沉淀强化为主。一般认为，在保证高韧性和良好焊接条件下，少珠光体钢强度的极限水平为 500～550MPa。

（2）针状铁素体钢：典型成分是 C-Mn-Nb-Mo 或 C-Mn-Nb-B，一般碳含量小于 0.06%。针状铁素体转变是在高于上贝氏体转变温度，通过切变和扩散的混合方式获得具有高密度位错的非等轴贝氏体铁素体组织，并伴有少量 MA 组织，因此可以看成是低碳贝氏体钢的延伸。因为碳含量和碳当量低，获得针状铁素体需要有高的冷却速度。通过控轧控冷工艺，综合利用晶粒细化、析出强化、位错强化等多种机制，可以使针状铁素体钢的屈服强度达到 650MPa，－60℃的冲击韧性可达 80J。

（3）超低碳贝氏体钢：成分设计上选择了 C-Mn-Nb-Mo-B-Ti 系列，在此基础上会增加 Ni、Cr 和 Cu 等元素，提高钢的淬透性，从而在更低的温度和较宽的冷却速度范围内都能形成贝氏体组织，组织中还会有少量弥散分布的残余奥氏体或 MA 组织。在保证优良的低温韧性和焊接性的前提下，超低碳贝氏体钢的屈服强度可达到 700～800MPa。

B 成分设计

管线钢的最佳性能是通过合金成分的合理设计和最佳控轧控冷工艺参量的选择，利用轧制过程中的晶粒细化、相变和位错强化、固溶强化、沉淀强化、亚晶强化等机制，按预期要求的方向发展而获得的。

伴随着控轧控冷工艺和微合金化技术的日趋成熟，管线钢中的碳含量逐渐降低。经过 30 多年的发展，碳含量从 API-5L 中 X52 的 0.26% 降低到 X80 的 0.02%～0.07%，如图 8-5 所示。

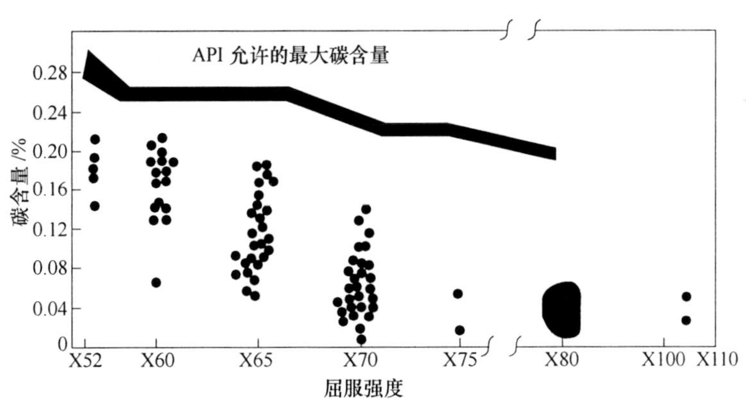

图 8-5 不同级别管线钢的碳含量统计[1]

（25 个厂家生产的 89 种钢统计数据）

第一代 X70 管线钢，碳含量达到 0.08%～0.12%，属于少珠光体型钢或铁素体＋针状铁素体型钢。对于新一代针状铁素体管线钢，碳作为对韧性等性能有害的元素，通常在成分设计中最大不超过 0.06%。为改善焊接热影响区的硬化问题，X80、X100 的碳含量应在 0.06% 以下为宜。

锰（Mn）能提高奥氏体稳定性，降低相变温度 A_{r3}，锰含量增加 1.5%，A_{r3} 下降约 100℃，从而使加工温度范围扩大，增大奥氏体变形区的压下道次和变形量，充分细化奥氏体晶粒，从而细化 F 晶粒。但是，锰含量过大就会加速控轧钢板的中心偏析，引起钢材力学性能的各向异性，且导致抗 HIC 性能的降低，在高钢级管线钢中，锰的含量应保持在一个合理的范围内（1.2%~2.0%）。

钼（Mo）能提高奥氏体稳定性，降低相变温度，促进针状铁素体的转变，细化晶粒，并能提高 Nb(C，N）的沉淀强化效果，高锰和钼会增加 C_{eq} 并使 P_{cm} 偏高，降低管线钢的焊接性能。锰和钼主要起细化晶粒、固溶强化、提高强度、改善韧性的作用。

部分管线钢中还添加少量铬 Cr、Ni、Cu，起到固溶强化作用，提高强度、改善韧性或焊接性能。

微合金元素铌、钒、钛元素，在管线钢中发挥细化晶粒、沉淀强化作用，铌和钒还会起到固溶强化和相变强化作用。钛的添加及 TiN 的形成，会改善钢的焊接性能。

C 强韧化方法

如图 8-6 所示，不同强度级别的管线钢所对应的强化方式是不同的。强度级别越高，强化方式越多样，如 X100 和 X120 级管线钢，其强化方式主要是沉淀强化、位错强化、第二相强化（MA 组织）以及合金元素（Si、Mn、Mo、Cr、Cu 等）的固溶强化和细晶强化（更低温度转变贝氏体）。

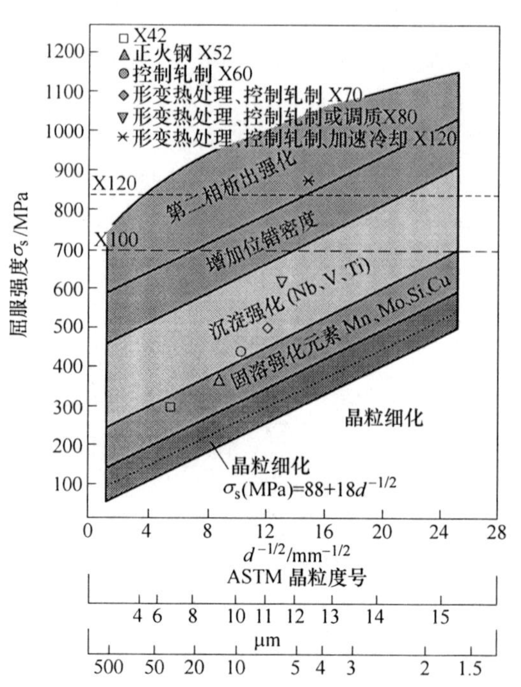

图 8-6 高钢级管线钢的强韧化机制

8.2.1.2 典型品种的控制轧制与控制冷却工艺

对化学成分为 0.07% C-1.53% Mn-0.23% Mo-0.064% Nb-0.057% V 的 X70 管线钢，在 850℃变形后连续冷却转变组织如图 8-7 所示。在 10 ~ 25℃冷却速度范围内，组织均为针状铁素体、MA 和少量多边形铁素体组织，冷却速度越高，各种相越细小。

A 冷却速度对钢板力学性能的影响

X70 管线钢在加热温度为 1220℃时采用两阶段控制轧制：奥氏体再结晶区，开轧温度 1140 ~ 1150℃，累计变形量 40%，道次变形量 10%~15%，终轧温度 1040℃；奥氏体未再结晶区，开轧温度 950℃，终轧温度 825 ~ 805℃，累计变形量 50%、70%。轧后采用空冷（冷却速度 1 ~ 2℃/s）和水冷（不同的冷却速度 25 ~ 44℃/s）方式。轧后的钢板力学性能见图 8-8。

空冷时，组织为典型的多边形先共析铁素体组织 + 少量 MA；轧后水冷，获得的是典型的针状铁素体组织 + 细小的 MA 岛组织，冷却速度提高使晶粒尺寸或有效晶粒尺寸得到有效的细化；轧后的快速冷却会抑制微合金元素碳氮化物的析出，并使得析出粒子平均尺寸增大，在 1 ~ 5nm 和 5 ~ 10nm 范围内的最细粒子比例小，沉淀强化作用降低，但 Nb 和 V 的固溶，也保证了相变组织为针状铁素体组织。从图 8-8 可以看出：加快冷却速度使钢的强度提高，伸长率下降，冲击功提高，这是因为冷却速度加快以后，显微组织变得更加细小。

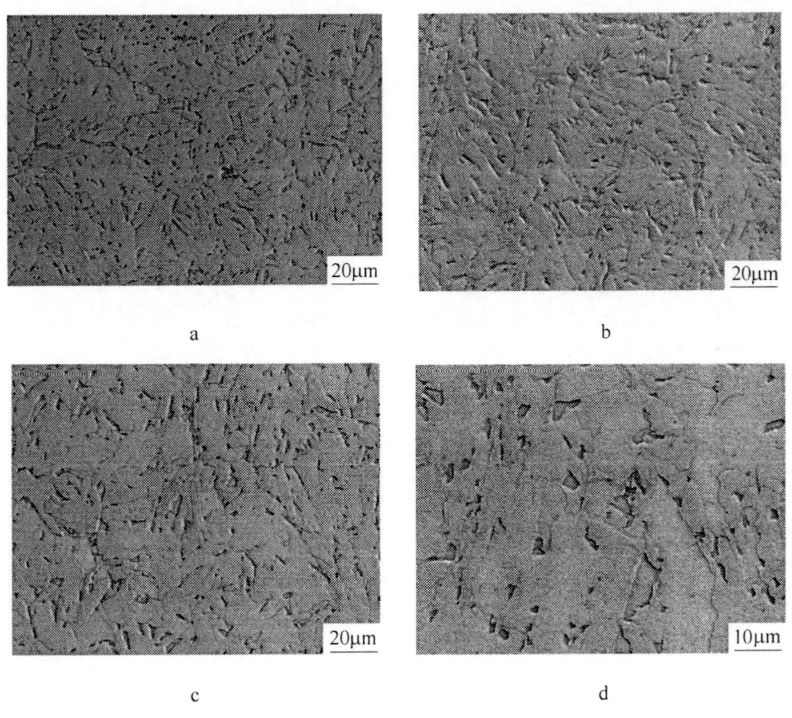

图 8-7 不同冷却速度下 X70 管线钢的组织

a—25℃/s；b—15℃/s；c—10℃/s；d—5℃/s

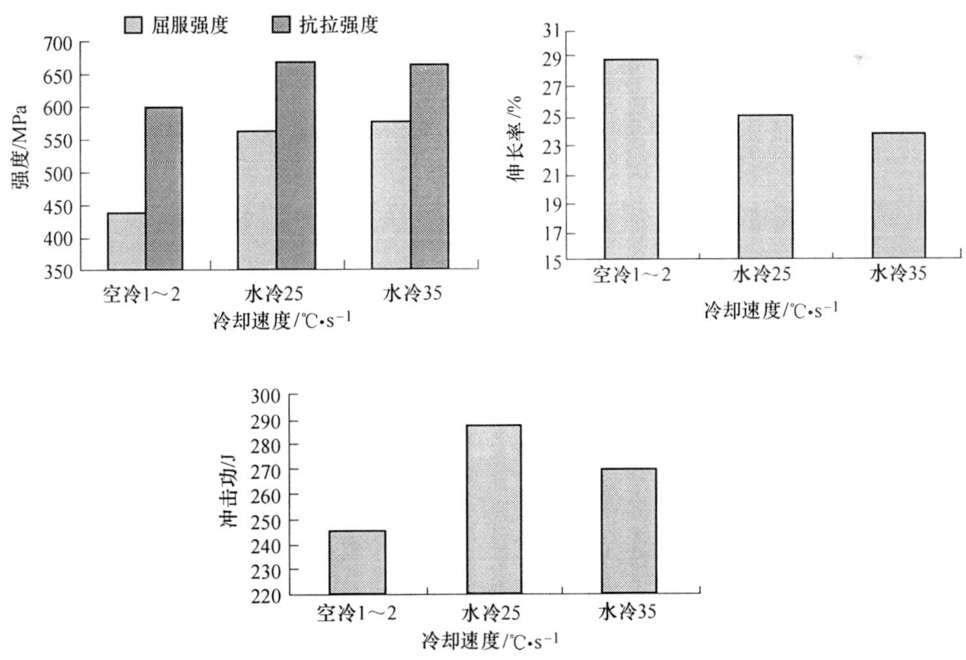

图 8-8 精轧累计变形量 70% 时冷却方式对力学性能的影响

B 不同未再结晶区变形量对力学性能的影响

上述其他条件相同，但是未再结晶区变形量分别为 30%、50% 和 70%。精轧区变形量对力学性能的影响如图 8-9 所示。

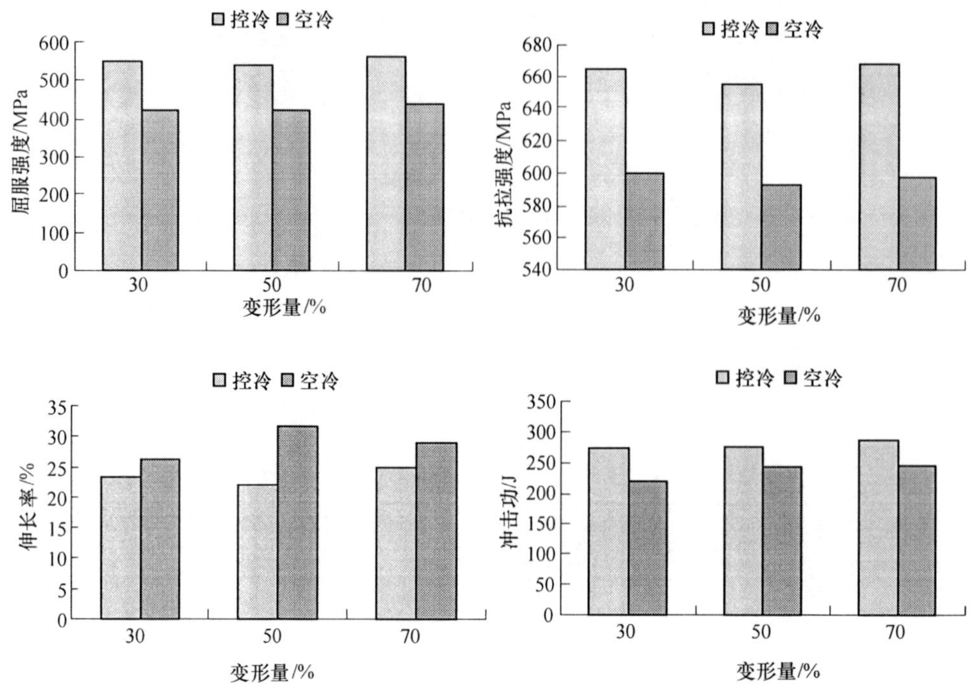

图 8-9 未再结晶区变形量对 X70 钢力学性能的影响

除了轧后空冷的试样外，经控轧控冷后的 X70 管线钢的力学性能均符合 API 标准。空冷时室温组织粗大且不均匀，为粗大的铁素体加较细小再结晶铁素体混晶组织，对冲击和延伸性能会产生不利影响；采用水冷时，室温组织为针状铁素体 + 少量多边形铁素体，未再结晶区的累计变形量越大，晶粒越均匀细小。另外，未再结晶区的累计变形量越来越大，也促进了析出相粒子的增多和细化，从而使钢材的性能得到提高。在变形量相同的情况下，冷却速度高，钢的强度提高，塑性降低。精轧区的变形量对屈服强度、抗拉强度影响不大。精轧区的累计变形量越高，伸长率和 -20℃ 冲击功越高，但增加幅度有限。

综合上述相变试验、轧制试验以及相关的试验结果，基本确定 X70 管线钢的控轧控冷工艺制度：钢坯加热温度 1200℃；粗轧累计变形在 40% 以上，粗轧终轧温度不低于 1040℃；在 950℃ 以下的未再结晶区轧制时，道次变形量不小于 15%，总压下率不小于 50%，终轧温度（810 ± 20)℃，开冷温度不低于 760℃，冷却速度大于 15℃/s，终冷温度 550 ~ 520℃。工业化试制后，调整后的工艺方案如下：

加热温度：1250℃，均热温度：1230℃（炉温），总加热时间：210min；

一阶段开轧温度：1120 ~ 1150℃，一阶段总压下率：65% 左右；

二阶段开轧温度：920 ~ 950℃，终轧温度：800 ~ 820℃；

二阶段总压下率：70% 左右；

入水温度：780 ~ 800℃，返红温度：540 ~ 560℃；

冷却速度：规格 14.6 ~ 26mm 为 25 ~ 15℃/s。

轧制钢板力学性能统计结果如表 8-3 所示。所轧钢板进行卷管试验，经检测成型后钢管的力学性能，包括拉伸、导向弯曲、断裂韧性中 DWTT、夏比冲击功、硬度等性能均符合 X70 使用规范的技术条件。可以看出，钢板的拉伸性能较 X70 管线钢标准要求有较大的富裕，可以在此基础上进一步优化钢的化学成分，如降低 C，以及 Mo 或 V 等元素含量，降低合金成本；进一步优化热轧工艺，如优化终轧温度、提高冷却速度和终冷温度，来提高钢板的冲击功，降低屈强比。

表 8-3 实际生产钢板的力学性能结果

序号	σ_s/MPa	σ_b/MPa	σ_s/σ_b	δ/%	−20℃ A_{KV}/J			SA（DWTT）/%		
1	540	650	0.831	36	257	288	284	100	100	100
2	550	655	0.884	35	258	258	256	100	100	100
3	555	640	0.867	35	202	240	235	100	100	100
4	555	640	0.867	34	224	186	224	100	100	100
5	575	670	0.858	34	284	294	290	100	100	100
6	575	665	0.865	34	292	272	280	100	100	100

8.2.2 桥梁用中厚钢板

8.2.2.1 桥梁钢的性能要求及组织特点

随着钢桥向大跨度和全焊接结构方向发展，对桥梁结构的安全可靠性及使用寿命的要求越来越严格，由此对钢板质量提出了更高的要求，即不仅要求其具有高强度以满足结构轻量化要求，而且还应具有优良的低温韧性、焊接性和耐蚀性等，以满足钢结构的安全可靠、长寿等要求。

高强度：目前，我国使用桥梁钢的屈服强度级别为 235MPa、345MPa、370MPa、420MPa 和 500MPa，低温韧性级别多在 D 或 E。20 世纪中期开始，屈服强度为 345MPa、500MPa、600MPa、700MPa 和 800MPa 级的高强钢逐渐在世界各地钢桥的制造中得到应用，采用高强度桥梁用钢累计建造了数百座桥。美国桥梁用结构钢标准（ASTM A709/A709M-04）中，共有 4 个强度等级，其屈服强度分别为 250MPa、345MPa、485MPa 和 690MPa。

高韧性：在寒冷的工作条件下，钢板的冲击韧度对结构的安全性非常重要。为了在寒冷地区修建钢桥，要求桥梁用钢在最低环境温度的条件下能够保证较好的冲击韧度。如桥梁用钢 HPS-70W 的韧脆转变温度约为 −70℃。应用实践表明，与传统的桥梁用钢相比，使用 HPS 系列高性能钢可以达到桥梁制造成本降低约 18%、重量减轻约 28% 的效果[2]。

Z 向性能：桥梁钢也会用到特厚钢板，如松花江大桥钢梁采用的 Q390E 和 Q420E 钢板的最大厚度分别为 60mm 和 80mm，因此，也考虑到了厚度方向的性能。目前，高性能桥梁用钢的 S 含量减小到 0.006% 以下，以改善钢的抗层状撕裂性。

加工性能：降低碳当量和 P_{cm} 值，改善焊接性能是其一。采用合理的化学成分设计，美国的高性能桥梁钢 HPS-70W 的碳含量较传统的 70W 钢大为降低，P_{cm} 小于 0.18%，可在低于 50℃的预热温度下进行焊接，并且使钢的耐蚀性大幅提高，可无涂装使用。采用了 TMCP 工艺，使其焊接性能大为改善[3]。一般情况下，随着钢材强度的提高及钢板厚度的增大，低合金钢焊接接头产生焊接冷裂纹的倾向越大，对焊接性能要求越严格。应变时效性能是加工性能的另一面，需要控制 C 和 N 间隙原子在变形时效过程中对钢板韧性的损害。

耐候性能：桥梁在各种气候下长期服役，需要考虑耐大气腐蚀性能。普通的耐候钢在非沿海地区不涂装防腐蚀涂料就可以使用。日本川崎钢铁公司开发出一种桥梁用新产品，即耐盐特性优良的耐大气腐蚀厚钢板，这种钢板不经涂层就可以在海滨地区使用。这种桥梁用钢板是超低碳贝氏体型厚钢板，具有良好的焊接性能，同时 Ni 含量增加到 2.5%，提高了耐盐特性，抗拉强度包括 400MPa、490MPa 和 570MPa 三个级别，板厚最大为 50mm。JFE 公司开发了具有高耐腐蚀性的 JFE-ACL 系列钢板，它主要添加 Ni 和 Mo，其中 Ni 含量为 1%~3%，Mo 含量为 0.2%~0.6%，同时，保证了良好的强度和可焊性，主要包括 JFE-ACL400、FJE-ACL490、JFE-ACL570 等系列，这种钢板在沿海地区也可以不涂装[4]。

8.2.2.2 高强度桥梁钢板 Q500qE 的热加工工艺

高强度桥梁板除保证强度和韧性外，还要保证焊接性能、疲劳性能、耐候性和厚度方向组织均匀性。在成分设计上，选择低碳微合金，将碳含量控制在 0.05% 之内，这样变形奥氏体在较高冷却速度时不再发生奥氏体向铁素体和渗碳体的两相分解，直接转变为铁素体和少量富碳的残余奥氏体，保证韧性的同时，还具有良好的可焊接性能。低碳含量还可减少钢板心部偏析及其引起的性能恶化，在轧制过程中对冷速不再敏感，在很宽的冷速范围区间内都能得到相同组织，使钢板在厚度方向组织均匀，各项性能沿厚度方向保持稳定。为了保证钢的强度，还应该适量添加其他微合金元素如 Nb、V、Ti、Cu 等，发挥沉淀强化的作用，弥补钢由于低碳而损失的强度，形成的细小析出物对疲劳裂纹的扩展有阻碍作用，可以改善钢的疲劳性能；Mo 和 Ni 综合作用扩大贝氏体转变相区，稳定钢的低温韧性和冲击韧性；Cu、Ni 及稀土元素综合改善钢的耐候性能。

因此，设计化学成分为不大于 0.05% C 的 C-Mn-Mo-Cr-Ni-Cu-Nb-Ti-B 系列超低碳贝氏体钢。其静态 CCT 曲线如图 8-10 所示。

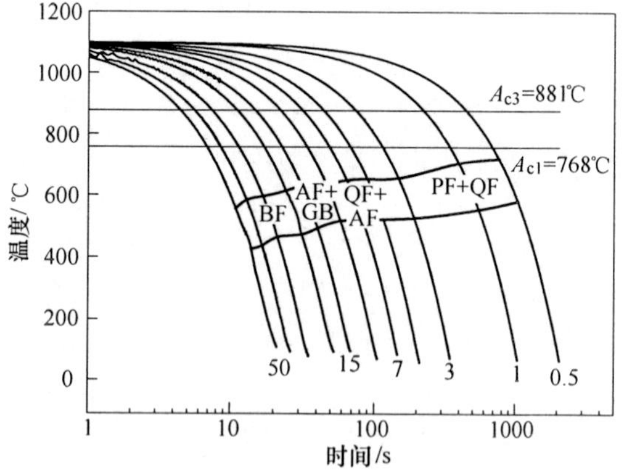

图 8-10 Q500qE 级桥梁钢的静态 CCT 曲线

根据钢的化学成分设计、含 Nb、Ti 钢的再结晶区域图、钢的 CCT 曲线，制定的 TMCP 工艺为：

加热保温温度 1250℃，保温 2h；

粗轧开轧温度 1180℃，终轧温度 1000℃以上，进行再结晶区域轧制，累积变形 50%，轧后待温；

精轧开轧温度 880℃，终轧温度 810℃（未再结晶区轧制）；

轧后弛豫时间 20s，空冷待温；

弛豫后水冷至 350~550℃，最后空冷至室温。

经 TMCP 后，生产 Q500qE 桥梁钢板的力学性能见表 8-4。低温冲击试验显示，钢板在 -40℃ 冲击功在 300J 以上，与使用要求相比有足够的富裕度，韧脆转变温度在 -110℃

左右，具有优良的低温冲击性能。

表 8-4 TMCP 工艺生产 Q500qE 级桥梁钢的力学性能

板厚/mm	屈服强度/MPa	抗拉强度/MPa	伸长率/%	-40℃冲击功/J
25	535	625	27	355
50	545	655	23	288

TMCP 钢板的表层，组织为针状铁素体和少量 MA 岛，针状铁素体晶粒尺寸在 5～10μm 之间，弥散分布有大量细小析出物和 MA 岛；钢板四分之一厚度处，晶粒尺寸与表层无太大变化，只是针状铁素体比例增加，MA 岛尺寸明显增大，达到 1～2μm；在钢板心部，有准多边形铁素体出现，晶粒尺寸达到 10～20μm，较外层的粗大。厚度方向的组织变化主要是由于冷速和变形量的不同。经透射电镜观察，钢的针状铁素体内部结构为板条束，板条宽度大约为 200nm。另外，轧制过程产生的位错在板条内部分保留下来，形成位错网，与析出物相互作用。

TMCP 工艺生产的钢板经过不同温度回火，力学性能的变化规律见图 8-11。回火温度在 400～500℃时，无论是强度还是 -60℃ 的冲击韧性 A_{KV} 均无明显变化；回火温度在 500℃以上，钢的强度快速上升，在 650℃ 达到峰值，同时伴随着冲击韧性略有降低的趋势；回火温度超过 650℃时，强度和韧性均表现出明显的下降趋势；回火温度达到 750℃时，屈服强度和冲击韧性陡然降低，而抗拉强度仍然保持较高水平。由此，Q500qE 桥梁钢的最佳回火温度为 650℃，钢的力学性能为：屈服强度为 603MPa，抗拉强度为 674MPa，伸长率为 27%，-60℃冲击功为 214J。

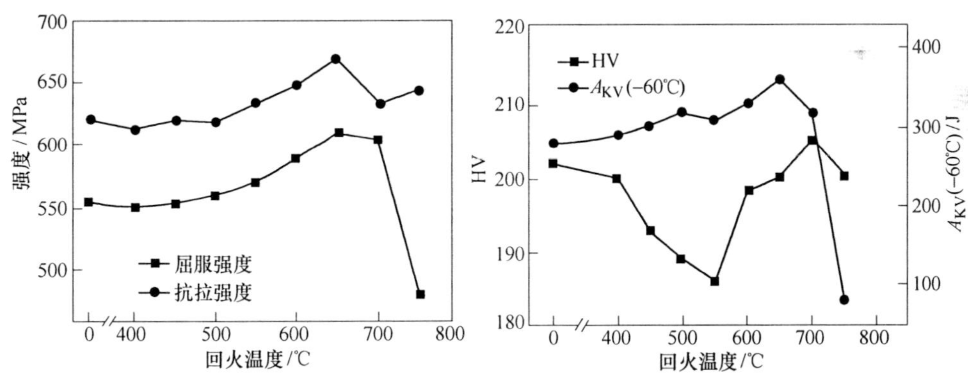

图 8-11 回火温度对 Q500qE 桥梁钢力学性能的影响

经 TMCP 的桥梁钢板，组织主要为针状铁素体和少量 MA 岛，针状铁素体板条特征明显；500℃回火后，组织未见明显变化；650℃回火后，部分铁素体呈多边形化现象，板条长度变短为 1.5～2.5μm，板条宽度扩展为约 1.2μm；750℃回火后，大多数铁素体出现多边形化，多边形晶粒直径多数在 1.5～4μm。另外，TMCP 状态钢的基体上未见到明显的析出物；经 650℃回火，铁素体基体上出现尺寸为 20～30nm 的 Nb(C，N)，还存在大量弥散分布的尺度为 5～6nm 的析出相，热力学分析可能为 Mo_2C 粒子。在经 750℃回火后，铁素体的基体上 Nb(C，N) 尺寸为 20～40nm，显著粗化。对照图 8-12，可见回火 Q500qE 钢的屈服强度变化与 Nb(C，N) 析出量密切相关。

经过上述分析，考虑组织性能均匀性，Q500qE 级桥梁钢的工艺为 TMCP + 回火。

8.2.3 高层建筑用钢

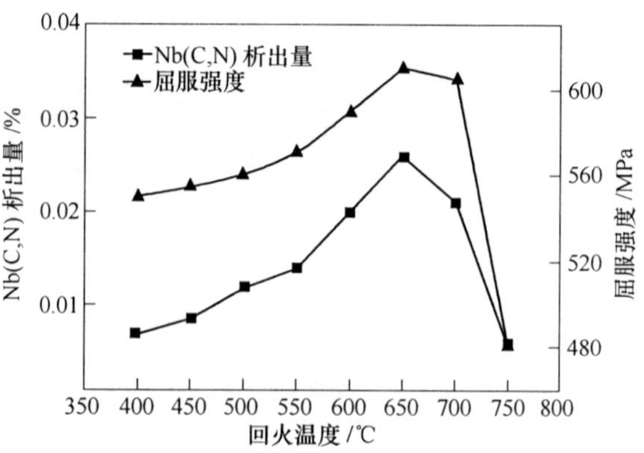

图 8-12 第二相粒子析出量随回火温度的变化

8.2.3.1 高层建筑结构用钢性能要求及组织特点

高层建筑用钢板具有不同于一般或其他专用结构用钢板的特殊性。高层建筑具有高层化、大空间、防震抗震、防火要求，以及建筑成本低和施工高效率等要求。为保证高层建筑用钢的应用安全性和施工要求，建筑用钢必须具有高强度、低屈强比、窄屈服点、抗层状撕裂和良好的焊接性等特点，这就是建筑用钢所要求的基本性能。同时，还要求具有耐火性能（耐火钢）和抗震性能（超低屈服强度钢），这就是建筑用钢所要求的各种特性。

高强度：GB 19879—2005《建筑结构用钢板》将 Q235GJ（400MPa）、Q345GJ（490MPa）、Q390GJ（490MPa）、Q420GJ（510MPa）、Q460GJ（550MPa）已经纳入；国外的建筑用钢形成了抗拉强度 490MPa、590MPa 和 780MPa 级的系列。韩国浦项公司开发的超高层建筑用超高强度钢 HSA800，采用 TMCP 工艺制成，其抗拉强度为 800～950MPa，屈服强度为 650～770MPa；与 570MPa 级相比，最低抗拉强度提高了 40% 以上。

抗层状撕裂性能：高层建筑用钢板的厚度范围在 6～110mm，当钢板在高度约束状态下焊接时，沿钢板厚度方向可能产生较大的应变从而导致层状撕裂，如梁翼缘板与柱翼缘板间直接焊接时，柱板可能发生层状撕裂，钢板越厚，越容易发生层状撕裂。因此，高层建筑用钢应具有优良的抗层状撕裂能力。常采用板厚方向拉伸试验得到的断面收缩率 ψ_z 来评价钢板层状撕裂能力，这类钢又称为 Z 向钢。如 Z15、Z25、Z35 分别代表厚度方向断面收缩率为 15%、25% 和 35%。形成层状撕裂的根本原因是在轧制的母材中存在大量条带状分布的夹杂物特别是 MnS 夹杂，要防止层状撕裂的产生，主要从减轻钢板的各向异性、减轻夹杂物和带状组织等方面采取措施，如降低钢中硫含量、减少硅酸盐类夹杂、改善夹杂物形态等。

低屈强比：为提高钢材的塑性变形能力，最重要的是控制钢的屈强比。屈强比越低，在发生地震时钢结构产生的应力集中和应力梯度使构件能在很宽的范围内产生塑性变形，吸收较多的地震能。低屈服软相（多边形铁素体或残余奥氏体）的存在及比例是控制低屈强比的关键。实际生产中，为使钢获得低屈强比通常采用的方法有：

（1）QLT 工艺，即离线淬火 + 两相区淬火 + 回火；

（2）DQLT 工艺，即轧后利用余热，直接淬火 + 两相区淬火 + 回火；

（3）DL 工艺，即轧后空冷至两相区后，在两相区直接淬火 + 回火；

（4）DQ + T 工艺，即两段冷却（ACC + DQ）+ 回火[5]；

（5）HOP 工艺，直接淬火至 $B_s \sim B_f$ 温度区间，再等温转变或短时间升温处理；

（6）NCC + T 工艺，在两相区正火、快冷，然后回火。

关于两相区淬火（DL）、HOP 和 DQ 等工艺参见本书的 8.2.4 节和 8.3 节，对此做了较细致的说明。

窄屈服点：当屈服强度有较大波动时，框架材料之间屈服强度的匹配就与设计要求值不符，就会产生框架的局部脆性破坏，因此，对抗震设计来说，要求采用窄屈服点的钢材是很有必要的。降低屈服强度波动，提高性能的稳定性，一般通过提高控制工艺参数的稳定性来实现。在冶炼阶段，减少化学成分的波动范围；在轧钢阶段，对影响产品性能较为显著的工艺参数进行严格控制。

焊接性能：提高焊接性，首先要降低碳当量 C_{eq} 和焊接裂纹敏感性指数 P_{cm}，因此，优化成分设计，需要考虑成分设计与热轧或热处理工艺的结合，在保证焊接性能的同时，保证钢材的力学性能。除此之外，还有奥氏体晶粒细化、奥氏体晶内组织控制、化学成分及生产工艺最优控制和焊缝金属元素扩散控制等，可以改善钢的焊接性能。

耐火性能：在发生火灾时，由于高温的影响，钢材的强度将迅速降低，不能保持建筑结构所要求的强度。390～490MPa 的一般耐火钢、耐候耐火钢系列，其主要特点是：在600℃高温下，其高温屈服强度为常温标准值的 2/3 以上。影响钢材高温持久强度的主要因素是钢中析出物的热稳定性、析出物长大粗化倾向性小。钼是提高钢的高温强度最为有效的合金元素，铌、钒、钛与钼复合添加具有更好的高温强化效果。含铌钢主要是通过 NbC 在铁素体中的析出强化来提高钢的高温强度，含钼钢主要靠钼的固溶强化以及 Mo_2C 和钼富集区的沉淀强化增加高温强度，Nb-Mo 复合添加，除了具有单独添加铌、钼的强化作用外，钼还能在 NbC/基体界面上偏聚，阻止了 NbC 颗粒的粗化，从而大大提高了钢的高温强度[6]。

耐候性能：耐候钢与一般含 Cu 钢的区别在于除含 Cu 外，还含有 P、Ni、Cr、Ti 等合金元素。国外主要为 Cu-P-Ni-Cr 系或 Cu-P-Ti 系，后者较经济，我国主要为 Cu-P-Ti-RE 系[7]。

高层建筑用钢的热加工工艺包括：热轧、正火轧制、正火、正火 + 回火，以及 TMCP、调质（含上述所列的各种组合调质方式，如 QLT、DQLT、DL 等）。

8.2.3.2 建筑用超低屈服钢板热轧工艺

在钢结构的建筑物中通常都要安装抗震装置，借助于防震装置提高建筑物的抗震性能，吸收地震产生的能量。这项技术发展很快，最近在钢结构建筑物中，吸收能量型的防震技术特别引人注目。这种技术的核心就是利用低屈服强度钢和超低屈服强度钢，在服役过程中，能吸收较多的能量。吸收能量型的防震技术，是把超低屈服强度的钢作为一种防震的减震器安装在建筑物中，在地震时减震器要先屈服，建筑物的主要构件如梁和柱后屈服，这样就可以吸收大量的地震能，充分发挥减震器的减震效果。若想使减震器先屈服，那么除了考虑减震器的形状和使用方法外，还必须使减震器用钢的屈服强度足够低，才能达到防震的目的。GB/T 28905—2012《建筑用低屈服强度钢板》对钢的化学成分和力学性能做了规范，详见表 8-5 和表 8-6。

表 8-5 建筑用低屈服强度钢的化学成分规定（质量分数） （%）

牌 号	C	Si	Mn	N	P	S
LY235	≤0.10	≤0.10	≤0.60	≤0.006	≤0.025	≤0.015
LY160	≤0.05	≤0.10	≤0.50	≤0.006	≤0.025	≤0.015
LY100	≤0.03	≤0.10	≤0.40	≤0.006	≤0.025	≤0.015

表 8-6 建筑用低屈服强度钢的力学性能规定

牌　号	σ_s/MPa	σ_b/MPa	A_{50}/%	屈强比	0℃V 形缺口冲击功/J
LY235	215 ~ 245	300 ~ 400	≥40	≤0.80	≥27
LY160	140 ~ 180	220 ~ 320	≥45	≤0.80	≥27
LY100	90 ~ 130	200 ~ 300	≥50	≤0.60	≥27

以下就 LY100 低屈服强度建筑用钢的热加工工艺及组织性能控制进行简要讨论。采用两种成分设计进行热加工工艺试验，冶炼化学成分及相变温度如表 8-7 所示。A 为超低碳钢（IF 钢），其 A_{c3} 温度为 910℃；B 钢为含钛的超低碳钢（Ti- IF 钢），A_{c3} 温度为 942℃。

表 8-7 低屈服点钢的冶炼化学成分及相变温度

钢种	成分/%							A_{c3}/℃	A_{c1}/℃
	C	Si	Mn	P	S	N	Ti		
A	0.0026	0.02	0.13	0.01	0.004	0.008	—	910	874
B	0.003	0.01	0.12	0.007	0.007	0.0024	0.063	942	911

A 钢经过热轧或热轧后退火，铁素体晶粒尺寸及力学性能如表 8-8 所示。可见热轧和退火工艺可以控制铁素体晶粒尺寸来降低屈服强度，但效果不明显，但即使加热温度在 1150℃退火，铁素体晶粒尺寸在 300μm 以上，钢的屈服强度仍高达 127MPa，而且伸长率偏低。为了保证冲击韧性，控制铁素体晶粒尺寸仍然必要。根据钢的强化理论，晶粒尺寸控制屈服强度只是方法之一，还有固溶元素尤其是间隙原子 C、N 的作用需要控制。

表 8-8 A 钢退火前后的力学性能变化

退火温度/℃	d_f/μm	σ_s/MPa	σ_b/MPa	A_{50}/%	屈强比
轧态	54.9	174	290	41	0.60
750	58.9	169	278	41	0.61
900	70.6	162	282	45	0.54
950	77.3	157	283	47	0.56
1150	≥300	127	263	39	0.48

B 钢适量微合金元素 Ti 固定 C、N、S 原子，降低其固溶强化作用，让间隙原子形成析出物 TiN、$Ti_4S_2C_2$ 和 Ti(C，N)，在控制析出物尺寸条件下，降低沉淀强化作用。B 钢热轧后的屈服强度较热轧 A 钢有大幅度下降。终轧温度和轧后冷却方式对铁素体晶粒尺寸有影响，钢中的析出相尺寸较大，晶内析出为主，其中 $Ti_4S_2C_2$ 粒子最多，弥散分布在铁素体基体中，尺寸在 1 ~ 2μm；Ti(C，N）粒子尺寸较小，平均尺寸在 200 ~ 500nm。由于钢中间隙原子的析出及析出物的长大，在轧后缓慢冷却下，钢板的屈服强度最低为 124MPa，伸长率和屈强比分别为 55% 和 0.48，均满足目标要求，如表 8-9 所示。

表 8-9 不同轧制工艺及 B 钢的力学性能

加热温度/℃	终轧温度/℃	冷却制度	d_f/μm	$\sigma_{0.2}$/MPa	σ_b/MPa	A_{50}/%	屈强比
1150	945	空冷	49	140	262	57	0.53
1150	950	慢冷	56	133	257	51	0.52
1150	952	先空冷＋炉冷	76	133	253	57	0.53
1200	980	先空冷＋炉冷	74	124	257	55	0.48

将上述钢板在800℃、900℃和950℃退火保温1h。退火后钢板的力学性能如表8-10所示。可以看出，经过退火后，钢的屈服强度和抗拉强度进一步下降，800℃和900℃退火钢板的屈服强度分别为124MPa和116MPa，横向冲击功59J以上。950℃退火可以使铁素体晶粒长大，但是粗大晶粒导致横向冲击功只有16J。可见，高于A_{c3}温度后退火会导致铁素体晶粒粗大和韧性恶化。

表 8-10 退火后 B 钢的力学性能

退火温度/℃	d_f/μm	σ_s/MPa	σ_b/MPa	A/%	屈强比	0℃冲击功A_{KV}/J
轧态	49	140	262	57	0.53	—
800	58	124	257	54	0.48	65
900	86	116	250	52	0.50	59
950	156	110	244	57	0.46	16

综上所述，屈服强度和冲击韧性的控制需要结合铁素体晶粒尺寸控制和析出物尺寸控制，高的冲击韧性需要细化晶粒、粗化析出物，低的强度需要粗化晶粒、粗化析出物和控制析出比例，因此，降低沉淀强化作用，适度控制晶粒细化的韧化效果，才能达到低屈服和高韧性的要求。

8.2.3.3 高强度建筑钢板及其生产工艺

高层建筑防火能力成为了近年来考量高层建筑用钢性能的一项重要指标。为了提高普通钢结构抵抗火灾的能力，需要采取相应的防护措施，目前大多数是喷涂耐火涂层。但喷涂工作费工费时，危害操作人员的身体健康，又增加了建筑结构的质量，减少了室内空间，增加了建造成本。采用耐火建筑用钢可以很好地解决防护、建造成本和建筑空间的矛盾。

Q460耐火高建钢屈服强度为460MPa，抗拉强度在580MPa以上，在600℃高温下，其高温屈服强度为常温标准值的2/3以上。化学成分为C-Mn-Mo-Nb-Ti系或C-Mn-Mo-Nb-Ti-V系高层建筑用钢在Mo和Nb的含量上进行控制，其中Mo含量多控制在0.30%~0.60%。中碳C-Mn-Mo-Nb-Ti系钢的静态CCT曲线如图8-13所示。

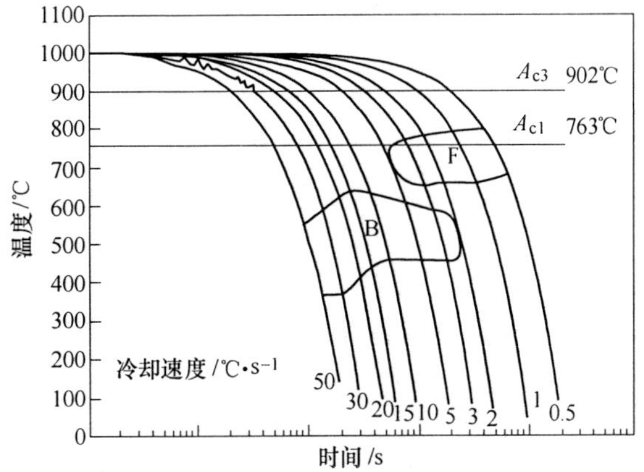

图 8-13 中碳 C-Mn-Mo-Nb-Ti 系高层建筑用钢的 CCT 曲线

中碳 C-Mn-Mo-Nb-Ti 系 Q460 级高层建筑用钢的控轧或 TMCP 工艺为：

加热温度：1200～1250℃；

开轧温度（未再结晶区开轧温度）：1120～1150℃；

精轧开轧温度（未再结晶区开轧温度）：930～960℃；

精轧终轧温度：810～860℃；

轧后冷却方式：（1）空冷；（2）水冷，冷却速度 10～20℃/s。

耐火 Q460 级高层建筑用钢的室温力学性能和 600℃ 保温 30min 时的高温拉伸性能如表 8-11 所示。

表 8-11　耐火 Q460 级高层建筑用钢的力学性能

状态	室温性能					600℃高温性能		
工艺-终冷温度	屈服强度/MPa	抗拉强度/MPa	屈强比	伸长率/%	0℃冲击功/J	屈服强度/MPa	抗拉强度/MPa	屈强比
CR-AC	373	690	0.54	26	64.7	240	290	0.64
TMCP-650℃	473	763	0.62	24	128	430	475	0.91
TMCP-520℃	537	784	0.72	22.8	103	475	520	0.88

随终冷温度的降低，组织有由多边形铁素体＋粒状贝氏体向准多边形铁素体＋针状铁素体＋MA 转变的趋势，同时晶粒尺寸也发生了变化。控轧后空气冷却时，组织主要为多边形铁素体，有少量粒状贝氏体和极少量珠光体组织。采用 TMCP 工艺，在 600℃ 终冷时，组织主要为多边形铁素体＋准多边形铁素体＋针状铁素体和少量 MA 组织；520℃ 终冷时，组织为准多边形铁素体＋针状铁素体，有少量 MA 组织。较 600℃ 终冷时铁素体晶粒尺寸明显变细小，MA 组织增多。各工艺下钢板的显微组织如图 8-14 所示。

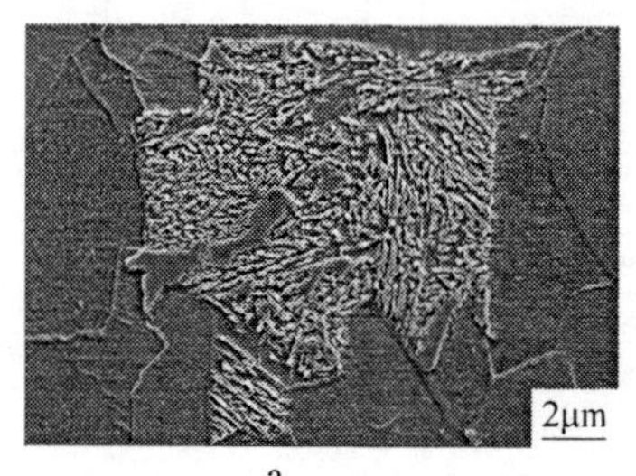

a

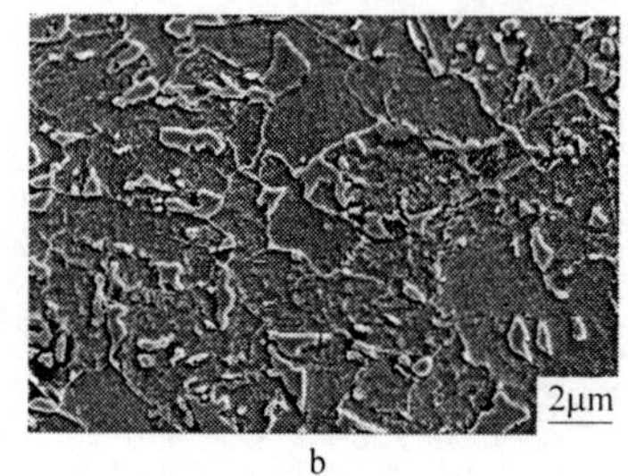

b

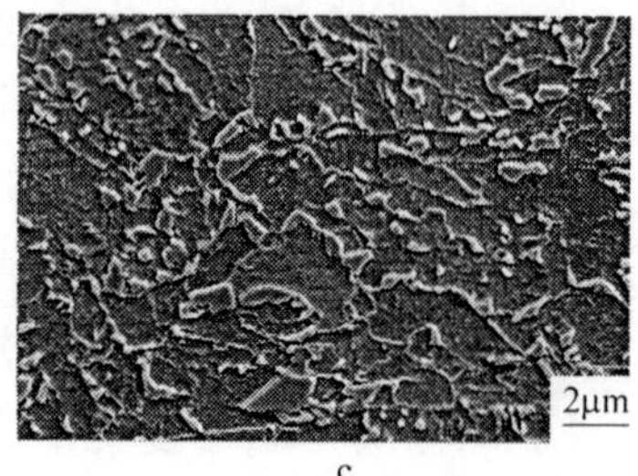

c

图 8-14　不同终冷温度下 Q460 高层建筑用钢的显微组织

a—800℃；b—600℃；c—520℃

控制轧制钢板空冷后组织为粗大的多边形铁素体晶粒、粒状贝氏体，缓慢冷却时析出比例和析出物粗大，导致强度和冲击性能低；高温过程中粒状贝氏体会分解，多边形铁素体晶界缺乏细小析出钉扎，易长大，除温度因素外，高温组织变化的特点导致屈服强度大幅度下降，耐火性能低。

TMCP 钢板通过控制冷却组织以针状铁素体为主，晶粒细小和位错密度高，终冷温度越低，相变组织越细小，轧后快速冷却也抑制了微合金碳氮化物和 Mo_2C 的析出，因此钢板的室温力学性能较控轧的高；在高温条件下，虽然针状铁素体晶粒会长大（板条合并），硬质相 MA 组织分解，两者都会使强度降低，但是高温过程却可以促进微合金碳氮

化物和 Mo_2C 的析出，产生沉淀强化作用使高温强度提高，析出物产生也进一步抑制铁素体晶粒长大，迟缓强度的降低；最终高温下屈服强度只下降 43 ~ 62MPa，下降幅度为 8%~12%，耐火性能得以保障。

因此，耐火钢板所注重的耐火性能更多考虑的是在高温时显微组织的稳定性、高温时相变所产生的强化因素及其形成的强度增量。

8.2.4 船舶及海洋工程用钢

8.2.4.1 船舶及海洋工程用钢的性能要求及特点

造船用宽厚钢板钢种包括一般强度船板（A ~ E）、高强度船板（AH32 ~ FH40）、超高强度船板（AH42 ~ FH69）、船用锅炉板、造船及海洋平台用 Z 向钢板等。在军用舰船领域，超高强度船板更为普遍，美国 1958 年开始使用屈服强度为 550MPa 级的 HY-80 钢，1961 年开始使用屈服强度为 690MPa 级的 HY-100 钢，目前美国已经生产出屈服强度为 900MPa 的 HY-130 钢、1240MPa 的 HY-180 钢和 1380MPa 级的 HY-200 钢。日本舰艇用超高强度钢板级别为 Ns46、Ns63、Ns80、Ns90、Ns110 等 460 ~ 1100MPa 级。从高强度船板的发展历史可以看出，高性能、长寿命和低成本制造是船板钢发展的主线。表 8-12 为我国船板和海洋工程用钢板的强度和韧性要求，部分超高强度钢板还未列入中国船级社规范。

表 8-12 我国使用的高强度船板强度和韧性级别

强度级别	屈服强度/MPa	韧性级别			
		A（0℃）	D（-20℃）	E（-40℃）	F（-60℃）
32	≥320	AH32	DH32	EH32	FH32
36	≥360	AH36	DH36	EH36	FH36
40	≥420	AH32	DH42	EH42	FH42
46	≥460	AH46	DH46	EH46	FH46
55	≥550	AH550	DH550	EH550	FH550
69	≥690	AH690	DH690	EH690	FH690
785	≥785	AH785	DH785	EH785	FH785

船板在运输货物过程中受海浪冲击、海水浸蚀及环境温度影响，保证船舶的安全航行和使用的可靠性，从强度、韧性、疲劳性能、焊接性以及耐腐蚀性能方面，也对船用钢提出了更高的要求。

为了满足高效焊接的要求，适应大线能量焊接（热输入大于 100kJ/cm）的船板不仅需要控制碳当量上限，还要控制 Ca、S、O 含量，或 Ti 和 Zr 的微合金化，或 Mg、Ti、B 的微合金化，或 Ti/N 比，实现焊接热输入 400 ~ 500kJ/cm[8]。

高强度船板常用合金元素除 Si、Mn、Al 外，还有 Cr、Mo、Ni、Cu、B，以及微合金化元素 Nb、V、Ti、Zr 等。采用合金化（Cu、Cr、Ni、Sn、Sb、W 等）、微合金化、冶炼工艺控制及船板的室温组织控制，提高其耐海水腐蚀及装载介质浸蚀的能力，可有效增加船只的使用寿命。例如，采用特殊合金化的货油舱用船板，其耐点腐蚀能力可以较常规船板提高 5 倍。

提高钢材止裂特性普遍采用的方法是晶粒细化，然而在厚板领域，这种方法的效果不明显，板厚达到 80mm 时，则难以确保钢材的止裂特性。通过 TMCP 工艺或调质工艺，可以在更大范围内增加韧性，如 -40℃夏比冲击功 A_{KV}可超过 340J，远大于标准规定值 34J，其断口韧脆转变温度 50% FATT 低于 -90℃；还有通过 TMCP 工艺控制阻止裂纹发展方向的织构比例的特有的织构，可以使 -10℃时钢板的止裂韧性 K_{ca}值大于 6000N/$mm^{1.5}$。[9]

船板钢组织控制方面，最初的船板钢使用铁素体-珠光体的碳锰低合金钢；后来使用控制轧制工艺（CR）、控轧控冷工艺（CRCC 或 TMCP）、常化或常化控冷（NCC）技术生产少珠光体、针状铁素体和贝氏体组织类型的微合金化的低合金高强度船板钢；超高强度的船板钢使用调质热处理的以镍铬钼系合金元素为主的船板钢，生产工艺包括 TMCP、调质、临界淬火 + 回火型调质等。

钢质纯净度对高强度船板的韧性特别是低温韧性的重要影响因素包括夹杂物总量和尺寸、低熔点元素含量等。

8.2.4.2　EH46 船用钢板及生产工艺

EH460 船用钢板采用如表 8-13 所示的试验化学成分。热加工工艺为：加热至 1150 ~ 1200℃，进行两阶段轧制，第一阶段开轧温度为 1100℃，终了温度在 1000℃以上，钢板再结晶区累积变形量达 50%，通过多轧制和反复再结晶充分细化奥氏体组织；之后进行待温，当试样冷却到 930 ~ 950℃时进行未再结晶区轧制，终轧温度 850℃左右，未再结晶区累积变形量要求达到 60% 以上，通过未再结晶区内变形增加晶内的滑移带和位错，增大了有效晶界面积，使相变时的形核位置增加，相变后铁素体晶粒细化；轧后采取控制冷却工艺，冷却速度在 14 ~ 22℃/s，终冷温度分别为 650℃和 400℃。

表 8-13　EH460 船板钢的化学成分（质量分数）　（%）

钢号	C	Si	Mn	S	P	Nb	V	Ti	Al	Mo + Ni + Cu	B	N
S1	0.12	0.34	1.43	0.009	0.016	0.037	—	0.020	0.014	≤0.10	—	0.0042
S2	0.05	0.22	1.56	0.004	0.015	0.055	0.054	0.013	0.034	≤0.80	0.0009	0.0082
NV	≤ 0.20	0.10 ~ 0.55	≤1.7	≤0.03	≤0.03	0.02 ~ 0.05	0.04 ~ 0.10	≤0.02	0.02 ~ 0.08	—	≤0.005	≤0.020

试验钢在 TMCP 工艺下的力学性能如表 8-14 所示。采用 Mn-Mo-Ni-Nb-B 成分设计的低碳贝氏体钢，强度远远高于 EH46 级船板要求，达到 EH55 级别（如表中 S2-01 和 S2-02）。采用低合金成分设计 C-Mn-Nb 系钢（S1 的化学成分），采用合适的 TMCP 工艺后各项力学性能均达到 NV 船级社标准要求。工艺参数对性能的影响如下：钢压下量越大，其屈服强度和抗拉强度值越大，伸长率的值有下降趋势，但 -40℃夏比 V 形缺口冲击功越高。终冷温度越低，其屈服强度和抗拉强度值越大，但伸长率的值有下降趋势；冷速越大，强度值越大，伸长率有所下降，冲击功值提高。

表 8-14　EH460 船板钢力学性能与 TCMP 工艺参数的关系

工艺编号	精轧压下量/%	开冷温度/℃	终冷温度/℃	冷却速度/℃·s^{-1}	屈服强度/MPa	抗拉强度/MPa	伸长率/%	冲击功/J
S1-11	40	862	653	15.3	490	591	26	69
S1-12	40	855	650	15.4	485	588	26.3	58

续表 8-14

工艺编号	精轧压下量 /%	开冷温度 /℃	终冷温度 /℃	冷却速度 /℃·s^{-1}	屈服强度 /MPa	抗拉强度 /MPa	伸长率 /%	冲击功 /J
S1-21	40	853	648	22	493	595	27.2	163
S1-22	40	859	649	20.6	485	592	27.5	190
S1-31	40	863	405	14.3	541	645	24.8	110
S1-32	40	862	400	14.6	520	644	24	129
S2-01	60	854	648	15.6	600	700	22	177
S2-02	60	858	648	15.8	630	735	18.37	193

经过 TMCP，EH46 船板钢的显微组织为针状铁素体和少量 MA 组织，或细小多边形铁素体和针状铁素体，晶粒细小。由图 8-15 可以看出，增加未再结晶区变形量，有利于多边形铁素体和针状铁素体的形成。

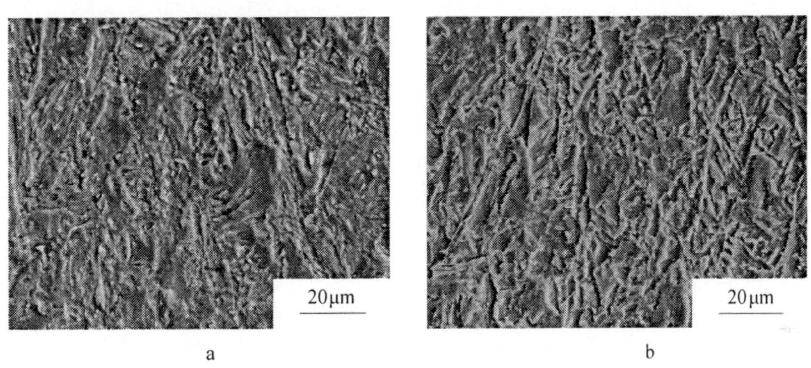

图 8-15　不同压下量条件下 EH46 船板的轧态组织

a—变形 40%，冷速 14.6℃/s，终冷 648℃；b—变形 60%，冷速 15.6℃/s，终冷 648℃

TMCP 工艺参数的改变，还直接影响微合金元素的析出。对 S1 成分的 EH46 船板，未再结晶区总变形量（RD）越大，热轧船板中 $M(C_xN_y)$ 析出相的质量分数也越大。提高轧后冷速（V），粒度 5～10nm 的析出物分布频度略有增加，36～60nm 析出物的略有减少，平均粒径分别为 93nm 和 79nm，析出物更细小，析出强化增量高。终冷温度（FT）由 650℃降低至 400℃，析出物粒度小于 5～10nm 的析出物分布频度有一定幅度的减少，而大于 36～60nm 的析出物分布频度有增加，说明降低终冷温度能抑制析出，使得控轧阶段析出所占比例增加。其他条件相同，终冷温度 650℃和 400℃时，析出平均粒径分别为 93nm 和 73nm，析出比例减少。钢板强度，不仅取决于热轧过程析出物的沉淀强化，还受变形奥氏体形态和相变组织尺寸及相比例影响，因此，有时析出减少，但是能促进钢的低温转变，细晶强化和相变强化作用可能更明显。试验钢 S1 各工艺试样中析出相粒度分布如图 8-16 所示。

根据以上实验室结果，进行工业应用试验。采用 250mm×1800mm 连铸板坯，经 3800mm 四辊轧机轧成 40mm 成品船板，化学成分为 0.12% C、0.24% Si、1.43% Mn、0.005% S、0.018% P、0.03% Al、0.035% Nb、0.012% Ti。生产试制的热轧工艺如下：

加热温度：1250℃，均热温度：1220℃（炉温），总加热时间：210min；

一阶段开轧温度：1150℃，一阶段总压下率：56%左右；

二阶段开轧温度：880℃，终轧温度：800～820℃；

二阶段总压下率：64%左右；

入水温度：780～800℃，返红温度：≤650℃；

冷却速度：2～10℃/s。

在成品板上取样进行拉力、冷弯和－40℃冲击试验，其结果见表8-15。

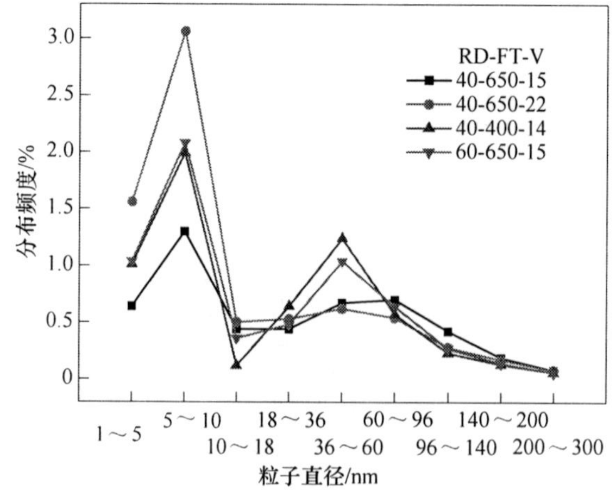

图8-16　试验钢S1各工艺试样中析出相粒度分布图

表8-15　生产试制E460船板钢的力学性能

板序	R_{eL}/MPa	R_m/MPa	A/%	宽冷弯	－40℃ A_{KV}/J					
					纵向			横向		
1	495	625	22.0	合格	162	174	164	90	105	95
2	500	625	22.5	合格	196	204	193	108	98	100
3	490	615	22.5	合格	164	165	160	122	140	143
4	505	620	22.0	合格	177	166	167	91	94	109
DNV船规要求	≥420	530～680	≥18	合格	≥42			≥28		

8.2.4.3　FH550船用钢板及生产工艺

对于厚度在60mm以下的FH550级船板，可以采用控制轧制和控制冷却工艺或TMCP工艺生产。但是对于更大厚度的FH550级或以上级别的高强度船板，调质是常采用的生产方式。调质工艺对船板力学性能，尤其是低温冲击性能影响十分显著。

对化学成分为0.06%～0.1% C、0.18% Si、1.5% Mn、0.001% S、0.008% P、0.3% Cr，0.2%～0.5% Mo、0.2%～0.8% Ni、0.2%～0.8% Cu、0.024% Nb、0.05% V、0.012% Ti、Fe余量的船板钢，其相变临界点 A_{c1} 和 A_{c3} 分别为690℃和860℃。以下讨论在730～910℃的温度范围内淬火然后600℃回火调质工艺中淬火温度对FH550级船板组织性能的影响。

不同温度淬火并在600℃回火后FH550级船板钢力学性能的变化规律如图8-17所示。在奥氏体和铁素体两相加热的亚温区（730～850℃）淬火，钢的强度在790℃出现拐点，低于790℃，强度随温度升高而降低，屈服强度降低速度快于抗拉强度，屈强比随温度升高而降低；高于790℃，强度随温度升高显著增加，屈服强度增加速度快于抗拉强度，淬火温度由820℃提高到850℃，屈强比明显提高。在完全奥氏体化淬火区（880～910℃），随淬火温度升高，钢的强度和屈强比增加，但均明显高于亚温淬火。－80℃夏比V形缺口冲击功随淬火温度的变化呈现波动，伸长率则呈整体下降趋势。在亚温淬火区，淬火温度为760℃时冲击性能最差，为74J；在790～850℃测得的冲击性能优良，在850℃具有峰值，为216J。淬火温度提高到880℃和910℃的完全奥氏体化区，冲击功下降，低于180J。亚温淬火区的伸长率都很高，仅在850℃时出现最低值。在完全奥氏体化区淬火钢的伸长率均低于其在亚温区淬火。

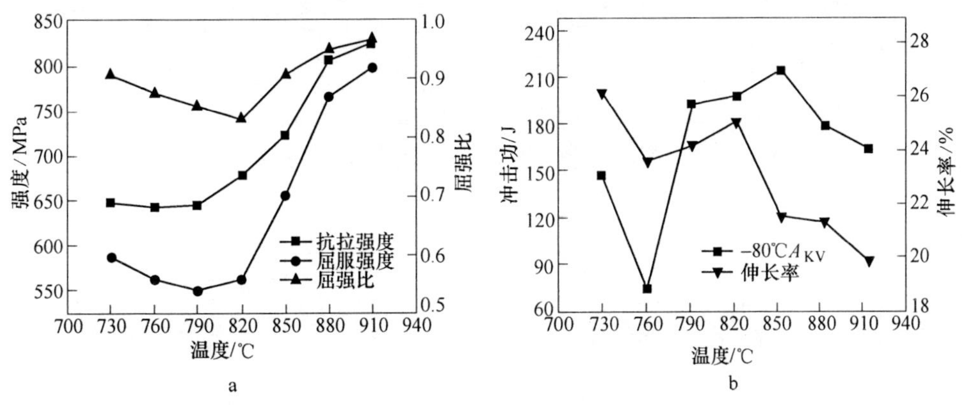

图8-17 淬火温度对调质FH550钢力学性能的影响

a—强度；b—-80℃冲击功和伸长率

对不同温度淬火后钢的组织精细分析，其中奥氏体相和铁素体相的比例统计如图8-18所示。淬火温度越高，铁素体含量越低。在730℃淬火，组织中铁素体体积分数非常高，超过75%；790℃淬火，铁素体体积分数下降到40%；在880℃淬火，组织中铁素体消失，已经完全奥氏体化。

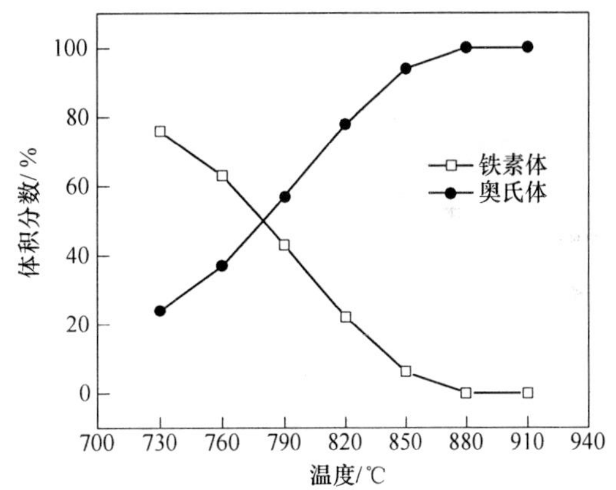

图8-18 不同淬火温度下FH550钢中各相的比例

730℃淬火后回火的组织，由多边形铁素体组成，少量的MA（martensite austenite）组元分布在晶界和晶内，尺寸细小，如图8-19所示[10]。淬火温度提高到760℃，回火后组织主要为多边形铁素体，在铁素体中存在宽度不等的板条，组织内部位错密度很低，在板条边界可观察到呈链状分布的MA，尺寸较大（图8-19a）。820℃淬火后回火的组织照片中，多边形铁素体与贝氏体交错在一起。铁素体尺寸不超过2μm，内部几乎观察不到位错线，而贝氏体内部的高密度位错清晰可见，局部区域位错缠结成位错团（图8-19b）。亚温850℃淬火后回火的组织照片中，多边形铁素体的数量减少，尺寸更小，贝氏体内部位错密度更高，形成的位错亚结构更均匀，在板条间可观察到膜状残余奥氏体（图8-19c）。完全奥氏体区910℃淬火后回火组织为平行排列的细长板条，长宽比大，板条的边界不太平直，内部存在大量高密度的位错，位错密度不均匀，起到分割板条作用（图8-19d）。淬火温度越高，铁素体含量越少，组织越细。910℃淬火后回火的组织为贝氏体板条束，无多边形铁素体。

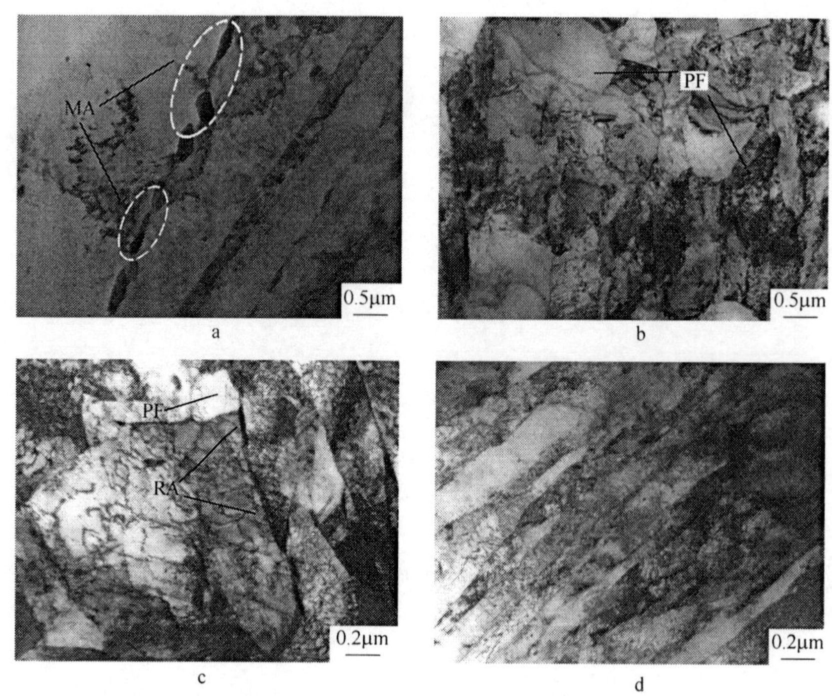

图 8-19　不同温度淬火 600℃回火组织

a—760℃；b—820℃；c—850℃；d—910℃

在亚温淬火区，760℃淬火后，回火组织为粗大的多边形铁素体，MA 组元断续分布在铁素体晶界上，这种组织特点对钢的强度和冲击功是不利的，但会改善伸长率及屈强比。当加热温度处于亚温较高温度区间（790～850℃）时，奥氏体体积分数超过 55%，形核点增多，新生奥氏体长大时受到未溶铁素体的阻碍，晶粒细小；而奥氏体的 C 含量降低，淬火后组织为细小贝氏体。由于贝氏体体积分数很多，随之形成的 MA 组织在回火过程中不会完全分解。随亚温淬火温度提高，贝氏体体积分数增多，同时铁素体尺寸减小和数量减少。850℃淬火组织中铁素体体积分数为 8%，这种晶粒细小（≤2μm）且弥散分布的铁素体不断改变裂纹的扩展路径，从而减缓裂纹的扩展，提高了材料的低温冲击韧性。在亚温区淬火后回火组织中 MA 岛较少，多呈圆点状或者条状，且均匀弥散地分布在基体组织上，尺寸都在 0.1～0.4μm 之间，这种细小弥散分布的 MA 岛不易激起脆性断裂的裂纹，它的尺寸也小于裂纹失稳扩展的临界尺寸，这种细小的 MA 岛对裂纹有强烈的阻碍作用[11]。亚温区淬火获得的超细铁素体、板条状贝氏体和细小分散的 MA 组织，细晶导致的强化和韧化使得回火后的 FH550 钢具有良好的低温冲击韧性和适中的强度及伸长率。

当加热温度处于完全奥氏体化区（880～910℃）时，碳以及其他合金元素的固溶增加和扩散速度加快，提高了钢的淬透性。完全奥氏体化淬火后钢的回火组织为平行排列的窄宽度贝氏体板条，没有多边形铁素体。完全淬火回火后，MA 岛的体积分数增加，大于 2μm 的 MA 岛数量也明显增多，这些较大的 MA 岛多为块状，有些还具有尖角状，且在晶间聚集分布或与贝氏体板条平行呈点列状分布，大尺寸 MA 岛与基体结合面间容易产生微裂纹，成为裂纹开启源，导致韧性恶化。因此强度和屈强比都很高，伸长率和韧性低。完全奥氏体化区淬火钢的屈强比高。对比亚温淬火，完全淬火后多边形铁素体的消失并未使低温韧性急剧降低，是由于淬火组织细小，回火后板条内形成位错胞状结构，部分抵消了缺少细小多边形铁素体对韧性的不利影响。

综上所述，对高强度船板要通过热加工过程改善性能，可以通过不同的工艺方法，如采用 TMCP 工艺或热处理工艺，还可以通过调整热处理工艺参数来进一步改善性能。亚温淬火船板能获得好的低温冲击韧性，但是会牺牲钢的强度。在选择合理工艺时需要结合成分设计考虑，才能保证钢的性能、生产成本和使用成本。

8.2.5 锅炉容器钢板

8.2.5.1 锅炉容器用钢板的性能要求及组织特点

A 压力容器钢

压力容器（Pressure Vessel）是指盛装气体或者液体，承载一定压力的密闭设备。石油化工业气体的液化、分离、储运及应用促进了低温技术和设备开发，也促进了低温压力容器用钢的发展。各国定义低温压力容器的温度基本是 0 ~ －20℃。中国标准定义设计温度低于或等于－20℃的压力容器为低温压力容器。随着 Ni 含量的增加，使用的温度可更低。但是，Ni 合金价格较高，同时钢中 Ni 含量增加也会使钢材的某些性能，如焊接性、表面质量等变差。因此，随着冶炼、轧制和热处理等工艺及设备的发展，在保证足够的低温韧性前提下，尽可能降低钢中的 Ni 含量，如－60 ~ －70℃以上范围使用的低温钢 Ni 含量从 0.5%~2.3%。根据焊接性能要求，需要控制容器钢中的碳含量及碳当量；为了改善压力容器钢的低温冲击韧性，需要控制钢中的 P、S 含量，如 06Ni9DR 钢的 $w(C) \leqslant 0.06\%$，$w(P) \leqslant 0.015\%$，$w(S) \leqslant 0.005\%$。

表 8-16 是常温与低温压力容器钢生产工艺及存储介质简介。可以看出，容器钢在经过控制轧制或控制冷却后，往往需要正火、正火＋回火、双正火＋回火、调质处理或淬火＋两相区淬火＋回火等工艺，需要离线淬火的容器板，也可采用直接淬火（DQ）工艺替代。直接淬火替代离线淬火，钢板经过回火后获得的逆转变奥氏体的含量更高、分布更分散、力学稳定性更高，对于提高低温压力容器的冲击韧性和延伸性能是非常有益的。对于屈服强度不小于 490MPa 的压力容器，多采用调质处理，或淬火＋两相区淬火＋回火等工艺，或直接淬火＋高温回火的调质处理方式。

表 8-16 常温与低温压力容器钢生产工艺及存储介质

温度范围/℃	典型钢种	热处理工艺	存储介质及沸点
20 ~ －45	20℃：15CrMoR，14Cr1MoR，12Cr1MoVR，12Cr1Mo1VR，07Cr2Al1MoR	N/NT	－33.4℃液氨 －41.2℃丙烷
	0℃：Q245R，Q345R，18MnMoNbR，13MnNiMoR	N/NT	
	－20℃：Q370R，Q420，12MnNiVR，12Cr2Mo1R，07MnMoVR	N/NT，QT	
	－30℃：16MnDR（≥60mm）	N/NT	
	－40℃：16MnDR（≤60mm），07MnNiVDR	N/NT，QT	

续表 8-16

温度范围/℃	典 型 钢 种	热处理工艺	存储介质及沸点
-45 ~ -60	-45℃：15MnNiDR	NT	-47.7℃丙烯
	-50℃：15MnNiNbDR，07MnNiMoDR（07MnNiMoVDR），2.25Ni	NT，QT，NT/QT	
-60 ~ -101	-70℃：09MnNiDR	QT	-61℃硫化氢 -65℃氡 -78.5℃二氧化碳 -84℃乙炔 -88.6℃乙烷
	-100℃：08Ni3DR，3.25Ni		
-101 ~ -196	-170℃：5Ni，5.5Ni	NT/QT/QLT/DQT/DQLT	-103.8℃乙烯 -108℃氙 -161.5℃甲烷 -183℃氧 -185.8℃氩 -195.8℃氮气
	-196℃：7.5NiMo，06Ni9DR	NT/QT/QLT/DQT/DQLT	
-196 ~ -273	奥氏体不锈钢，Invar 合金（36% Ni-Fe）	QT	-252.8℃氢 -268.9℃氦

B 锅炉用钢

锅炉是利用燃料燃烧时产生的热能或其他能源的热能，把工质加热到一定的温度和压力的热能转换设备。锅炉在使用时要承受一定的压力和一定温度，所以从广义上讲，锅炉也是压力容器。在 -20℃或更高温度下使用，因此它又不同于常规压力容器，而单独有自己的一套安全监督管理、技术标准、规范和检验规程。锅炉按压力 p 等级分：有低压锅炉 $p \leqslant 2.45$MPa，中压锅炉 3.8MPa $\leqslant p < 5.4$MPa，次高压锅炉 5.4MPa $\leqslant p < 9.8$MPa，高压锅炉 9.8MPa $\leqslant p < 13.7$MPa，超高压锅炉 13.7MPa $\leqslant p < 16.7$MPa，亚临界锅炉 16.7MPa $\leqslant p < 22.1$MPa，超临界锅炉 22.1MPa $\leqslant p < 27$MPa，超超临界锅炉 $p \geqslant 27$MPa；按照规定使用温度又可以分为：-10 ~ 350℃、350 ~ 450℃、450 ~ 500℃、500 ~ 550℃、550 ~ 600℃、600℃以上。各种温度级别下使用锅炉钢板的钢种如表 8-17 所示。

表 8-17 高温锅炉用钢的设计服役温度

设计温度/℃	主 要 钢 种	热处理工艺
-10 ~ 350	低碳钢、Si-Mn 系列（Q345R） 490MPa 级高强度钢（Q345R） 590MPa 级高强度钢（16MnV） Mn-Mo-Ni 钢	TMCP/N N/NT TMCP + T NT
350 ~ 450	镇静钢（Q245R）、Mn-Mo 钢、Mn-Mo-Ni 钢	NT、QT
450 ~ 500	C-Mo 钢（16Mo）、20MnMo、2.25Cr1Mo	NCC + T、QT
500 ~ 550	12CrMo、15CrMo、12Cr1MoV、1.25Cr0.5Mo 2.25Cr1Mo、12Cr2Mo1R	NCC + T、QT NCC + T、QT、S
550 ~ 600	2.25Cr1Mo、12Cr2MoWVTiB、12Cr3MoVSiTiB 奥氏体不锈钢	NCC + T、QT S

续表 8-17

设计温度/℃	主要钢种	热处理工艺
600 以上	奥氏体不锈钢（1Cr18Ni9、1Cr19Ni11Nb、0Cr18Ni12Mo2Ti、SUPER304H（XA704））	S
	马氏体不锈钢（T91、T92、TP911（9Cr1Mo1WVNb）、TP347H、TP347HFG、HR3C（NF709）、10Cr25Ni20NbN、Cr12MoW2CuVNb）	A + N + T

注：N—正火；NCC—正火 + 控冷；NT—正火 + 回火；QT—淬火 + 高温回火；S—固溶处理；A—退火；TMCP—控轧控冷；T—回火；/—或的关系；+—和的关系。

锅炉钢板应该具备以下性能特点：

（1）具备足够的强度，即有较高的屈服极限和强度极限，以保证安全性和经济性；

（2）具有良好的韧性，以保证在承受外加载荷时不发生脆性破坏；

（3）良好的加工工艺性能，包括冷热加工成型性能和焊接性能；

（4）良好的低倍组织和表面质量，不允许有裂纹和白点；

（5）高温使用的钢应具有良好的高温性能，包括足够的蠕变强度、持久强度和持久塑性，有良好的高温组织稳定性和高温抗氧化性；

（6）与腐蚀介质接触的材料应具有优良的抗腐蚀性能，如水蒸气腐蚀、热烟气腐蚀等。

考虑锅炉用钢的各项性能特点，在化学成分设计上，考虑如下因素：

Cr 是奥氏体形成元素，材料抗烟气腐蚀的能力随着 Cr 含量的增加而增大。试验表明，当 Cr 含量超过 30% 时，材料的抗烟气腐蚀性能达到饱和，腐蚀速度变化不大（见图 8-20）。

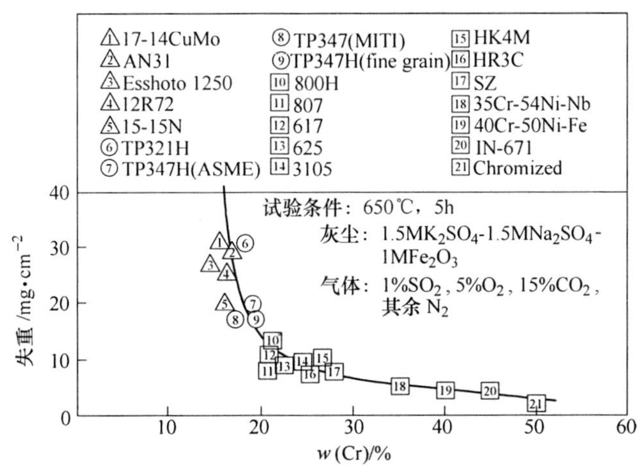

图 8-20 各种合金热腐蚀失重与铬含量之间的关系[12]

Si、Mn 的作用似乎相反，但研究表明，对于 9%~12% Cr 钢，降低 Mn 含量可提高蠕变强度，降低 Si 含量可提高韧性。Mn 可降低转变温度而损害组织的高温稳定性，Si 可促进 Laves 相的析出而损害韧性。

Mo 是奥氏体形成元素，也是碳化物形成元素；在奥氏体钢中，钼含量增加的同时，奥氏体形成元素（镍、氮及锰等）的含量也要相应提高，以保持钢中铁素体与奥氏体形成元素之间的平衡。Mo 可有效抑制渗碳体在 450 ~ 600℃下的聚集，促进 Mo 的 M_2C、MC 型碳化物的析出，前者在铁素体中的固溶温度为 600℃，后者为 800℃，因而提高铁素体的蠕变抗力，成为提高钢的热强性最有效的合金元素。Mo-P 元素交互作用可以大大减少 P 在奥氏体晶界的偏聚，当 Mo 以碳化物析出后，Mo-P 交互作用消失。Mo 能促进钢抗高温蒸汽、抗氢侵蚀和不锈钢抗 Cl^- 离子点蚀。Mo 的主要不良作用是能使合金钢中碳发生石墨化的倾向；促进奥氏体不锈钢中金属间相，如 σ 相、κ 相和 Laves 相等的析出，导致高温塑性和室温韧性下降。

W 是碳化物形成元素，形成的碳化物（WC、W_2C）在铁素体中的固溶度低，析出物在回火时阻碍软化，与 Mo 一样可提高钢的持久强度及高温硬度；钢中固溶的 W 能形成强烈的固溶强化作用。在超临界或超超临界锅炉钢板中，经常会考虑 Mo、W 单独合金化或复合合金化。

Cu、Ni、Co 是奥氏体形成元素，如果作为合金元素添加，它们会通过降低铬当量而阻止 δ 铁素体的形成，但同时也降低了转变温度。添加 Cu 和 Co 降低转变温度的作用不如 Ni。因此，如果添加了 Cu 和 Co，可以阻止 δ 铁素体的形成，就可以少加或不加 Ni，从而使高温回火提高蠕变强度成为可能。

C、N 也是奥氏体形成元素，抑制 δ 铁素体析出。它们的含量应根据碳化物、氮化物或碳氮化物形成元素的类型和含量来优化。细小的碳化物、氮化物和碳氮化物的析出起沉淀强化作用。N 被认为是提高 9% Cr 钢蠕变强度的首要元素，N 的添加量通常约为 0.05%。

B 提高硬度和增强晶界强度，可大幅度提高蠕变强度。近来的研究表明它通过渗入使碳化物稳定，从而提高高温下组织的长期稳定性。

低熔点元素 Sn、As、Sb 和 P 易在奥氏体晶界偏聚，提高钢的第二类回火脆性，即在 450 ~ 650℃回火时有冲击功或塑性下降的现象。高性能锅炉钢板的脆化现象采用不同的指标来衡量，主要有合金元素含量、合金元素与低熔点元素的加权含量或脆化温度变化等，如表 8-18 所示。

表 8-18 2.25Cr1Mo 钢的脆化系数

序 号	脆 化 系 数	发布人
1	$w(Si + Mn) \times w(P + Sn) \times 10^4$	宫野、足立
2	$w(Mn + Si) + 20w(Sn)$	LOW
3	$[10w(P) + 5w(Sb) + 4w(Sn) + w(As)] \times 10^{-2}$ 和 $w(Mn + Si)$	Bruscato
4	$10w(Sb) + 8w(P) + 4w(Sn) + w(As)$	SOCAL
5	不冷却工况： $\Delta_v T_{r60}(℃) = 46.3w(Si)\ln x - 97.7w(Mn) + 88.9w(Mo) - 58.3$ 482℃ ×5000h 的工况： $\Delta_v T_{r60}(℃) = 55.0w(Si)\ln x + 146.1w(Mo) - 208.3$	Emmer

为了改善锅炉钢板的高温性能，生产中通常在轧制（常规轧制、控制轧制或控轧控冷）后进行热处理，主要热处理方法包括：高温回火、正火、正火 + 回火、正火控冷 +

回火、调质，对奥氏体不锈钢采取固溶处理（S），对马氏体不锈钢采用退火 + 正火 + 回火。采用回火均为高温回火，以获得高稳定性的组织，满足锅炉高温服役性能要求。

8.2.5.2 典型品种 12Cr1MoV 生产工艺

12Cr1MoV 钢的相变温度为：$A_{c1}=720℃$，$A_{c3}=860℃$。对未变形奥氏体连续冷却，冷却速度在 0.27～8.4℃/s 之间时快冷组织主要为贝氏体；小于 0.27℃/s 时，组织主要为贝氏体 + 铁素体 + 珠光体；大于 8.4℃/s 时，得到的组织为马氏体 + 贝氏体。对变形奥氏体连续冷却转变，冷却速度在 5～20℃/s 时，组织为贝氏体；小于 5℃/s 时，组织为铁素体 + 珠光体 + 贝氏体；大于 20℃/s 时，得到的组织为马氏体 + 贝氏体。其静态与动态 CCT 曲线如图 8-21 所示。

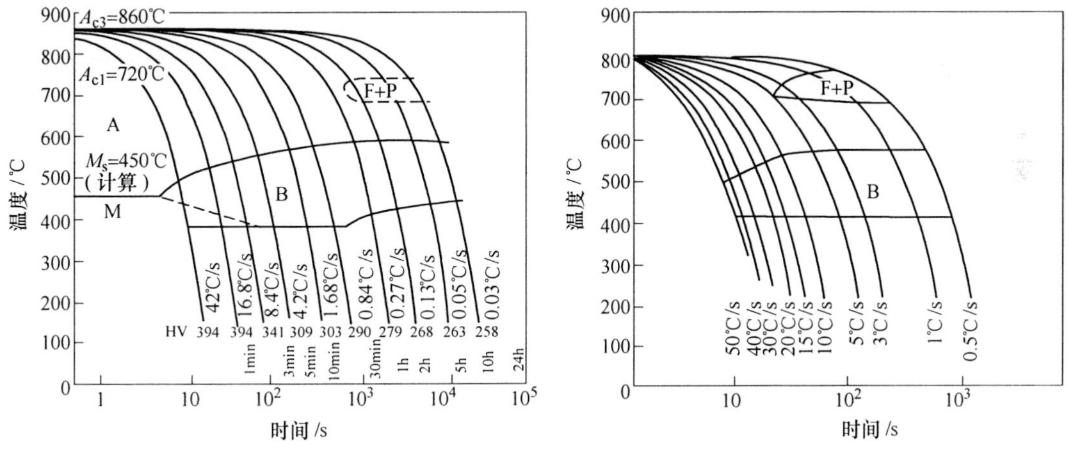

图 8-21 12Cr1MoV 钢静态与动态 CCT 曲线

12Cr1MoV 钢坯加热到 1200℃ 保温 2h 使其充分奥氏体化，工艺 1 采用控轧控冷（TMCP）工艺：粗轧温度在 1180～1000℃之间，之后控冷至 940℃进行第二阶段轧制，终轧温度控制在 880℃以下，终轧后水冷至 580℃，冷却速度 3～5℃/s，之后空冷。工艺 2 采用再结晶控制轧制（RCR），终轧温度 1035℃。对比控轧和常规轧制条件下，不同热处理工艺对其组织和性能的影响，如表 8-19 所示。在控轧条件下，经过不同热处理工艺，正火（950℃）+回火、调质（950℃淬火 + 回火）以及在线淬火 + 回火后的力学性能看，12Cr1MoV 钢的抗拉强度差异不大，常温冲击功差异较大，其中以控轧控冷 + 调质处理（QT）后的冲击功最好，控轧控冷 + 在线淬火 + 回火（DQT）次之，而控轧控冷 + 正火 + 回火韧性最差。可见控轧控冷工艺也会直接影响热处理后钢板的力学性能。

表 8-19 控轧控冷后不同热处理后 12Cr1MoV 钢的力学性能

热处理工艺	回火温度/℃	R_m/MPa	$R_{p0.2}$/MPa	A/%	冲击吸收功 A_{KV}/J		
					工艺 1	工艺 2	平均值
TMCP + N + T	730	715	605	22	20	24	22
	760	645	505	22	9	14	11.5
TMCP + QT	730	730	620	20	96	66	81
	760	655	345	22	117	128	122.5

续表 8-19

热处理工艺	回火温度/℃	R_m/MPa	$R_{p0.2}$/MPa	A/%	冲击吸收功 A_{KV}/J		
					工艺 1	工艺 2	平均值
RCR + DQT	730	785	735	17	54	68	61
	760	705	635	20	71	88	79.5

再结晶控轧后，经过在线淬火 + 回火及正火（950℃） + 回火后 12Cr1MoV 钢的力学性能值如表 8-20 所示。控轧 + 在线淬火 + 回火后的韧性远高于控轧 + 正火快冷 + 回火后的韧性。对比两种工艺下金相组织如图 8-22 所示，在线淬火 + 760℃ 回火组织为板条状贝氏体，板条较直且界限清晰，板条间有细小的碳化物析出；而 950℃ 正火 + 760℃ 回火组织为多边形铁素体。在铁素体晶界上有大量粒状碳化物析出，铁素体内弥散分布着大量细小的析出物，析出物为 Cr，或 Cr、Mo，或 V 的碳化物。V 在晶内析出且极为弥散；而 Cr、Mo 在晶界析出，且相对较为粗大。可见，再结晶控轧 + 在线淬火 + 回火工艺能获得更细小的铁素体组织和更细小的析出物，是其高韧性的根本原因。

表 8-20　再结晶控轧后不同热处理后 12Cr1MoV 钢的力学性能

热处理工艺	回火温度/℃	$R_{p0.2}$/MPa	R_m/MPa	A/%	冲击吸收功 A_{KV}/J		
					工艺 1	工艺 2	平均值
在线淬火 + 回火	760	645	710	19.5	124	78	101
	780	580	660	20	122	130	126
	800	465	695	20	66	68	67
正火快冷 + 回火	760	545	650	21	21	24	22.5
	780	495	620	20.5	33	37	35
	800	405	665	20.5	24	27	25.5

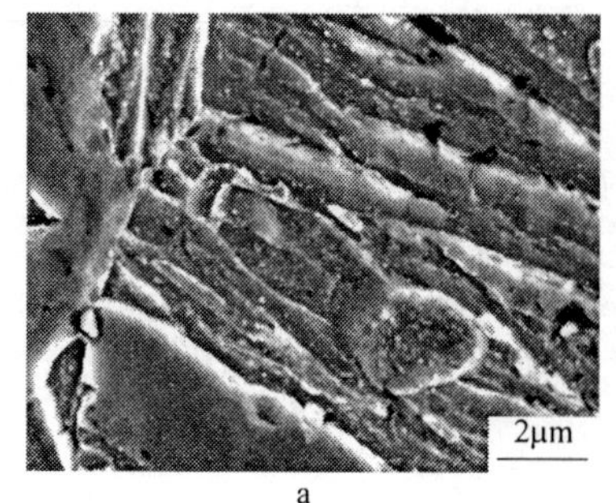

a

b

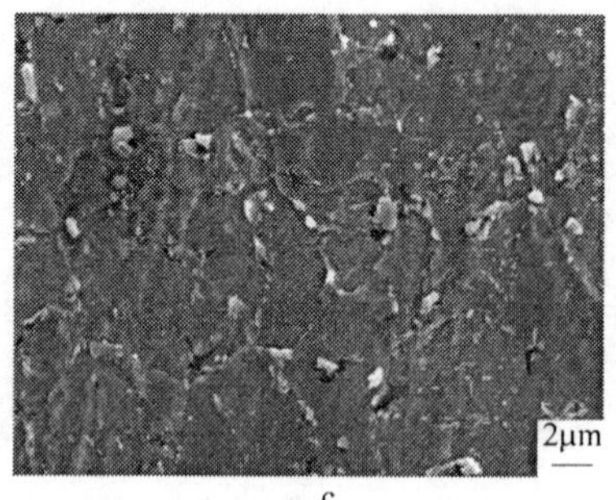

c

图 8-22　热处理后 12Cr1MoV 钢的显微组织

a，b—在线淬火 + 760℃ 回火；c—950℃ 正火 + 760℃ 回火

12Cr1MoV 钢高温抗拉强度及屈服强度如图 8-23 所示。可以看出，在 600℃ 以上，钢的高温强度急剧下降，在 600℃ 以下综合性能良好，能满足 500 ~ 550℃ 工况的锅炉使用。

综上所述，12Cr1MoV 钢可以在再结晶区控制轧制后，采用在线淬火 + 760℃ 回火方式生产，也可以采用常规的 950℃ 正火 + 760℃ 回火工艺生产。前者生产的钢板力学性能更好，因为碳化物析出更加弥散，有利于提高其高温蠕变强度和持久性能。

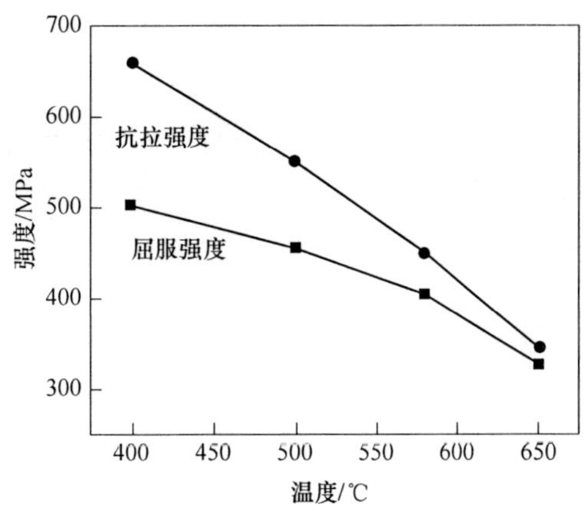

图 8-23 直接淬火 +760℃回火 12Cr1MoV 钢的高温强度[13]

8.3 中厚板的组织性能控制新工艺

8.3.1 中间冷却（IC）与高效控制轧制

从目前国内控制轧制应用的情况来看，最广泛和最典型的控制轧制是两阶段轧制，即再结晶区轧制和未再结晶区轧制。控制轧制的两阶段中需要避开部分再结晶区，粗轧完的中间坯空冷待温就是适应工艺要求采取的措施。待温措施如图 8-24 所示，包括：中间辊道待温（图 8-24a）、旁通辊道待温（图 8-24b）和加速冷却（图 8-24c）。由于中间坯在粗轧阶段（再结晶区轧制）和精轧阶段（未再结晶区轧制）间辊道待温时间过长影响了产量或待温操作复杂，在交叉轧制时，中间待温的钢坯数多达 4 块，如果轧线的坯料自动跟踪系统不正常，就会给生产带来很大难度。

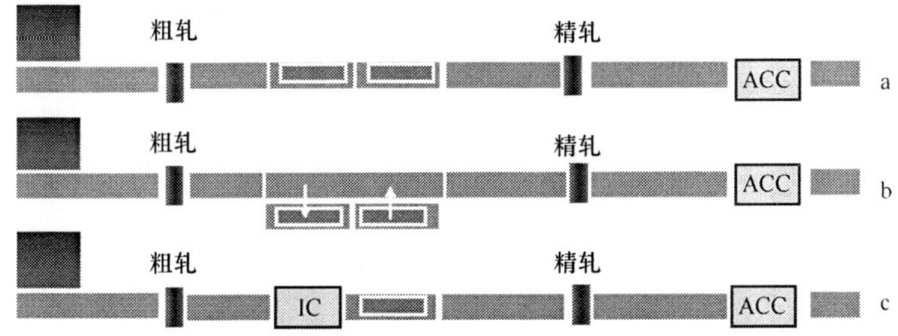

图 8-24 中间待温及中间冷却的布置示意图

传统控制轧制工艺方法的问题显而易见：中间坯待温时间过长和传搁时间，降低了控制轧制生产效率，增加了待温操作复杂性。另外，经过再结晶控制轧制后，奥氏体再结晶晶粒有长大的趋势，会削弱控制轧制细化奥氏体晶粒的效果，损害钢板的韧性。因此，提高中间坯冷却效率、减少待温时间和传搁时间的工艺方法和设备，将是提高中厚板控制轧制生产效率、改善钢板力学性能的重要手段。

2003 年，控轧用中间冷却（Intermediate Cooling，IC）装置首次在国内 2800mm 中板厂得到使用，改进型的控轧冷却装置在国内多家钢铁公司中厚板生产线也得到采用，如图 8-25 所示。值得注意的是，控轧中间装置和轧后冷却装置有很大不同，主要表现在：厚坯的温度均匀性、微合金的析出时间变化、未再结晶区温度的变化在冷却和控轧生产中都和常规控制轧制有所不同。

a

b

图 8-25 生产中应用的中厚板 IC 装置
a—2003 年投产的武汉钢铁公司轧板厂 IC 装置；b—2009 年投产的三明钢铁公司中板厂 IC 装置

8.3.1.1 奥氏体晶粒长大的抑制

用有限元软件 Marc 分析采用中间冷却后中间坯的温度场、过程温降和奥氏体晶粒长大。以 Q345 钢板的 63mm 厚度中间坯轧制为例，粗轧终止温度为 1030℃时，在中间冷却装置经过喷水强制冷却后，在辊道上空冷 40～60s，使中间坯内外温度趋于均匀，厚度方向最大温差小于 50℃，其温度分布如图 8-26 所示。中间坯经过中间冷却后的温度均匀性与空冷待温的效果基本相同。

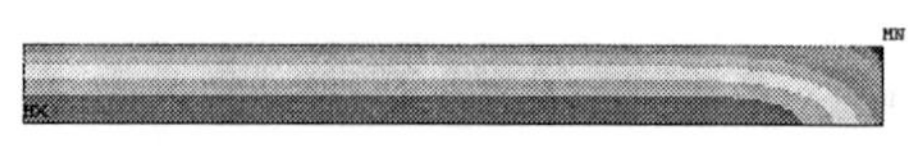

图 8-26 中间冷却后中间坯的温度分布

冷却方式不同，中间坯冷却及待温时间可以进一步缩短。63mm 厚度的中间坯，采用一次慢速通过式中间冷却，可将完全空冷待温时间约 160s 缩短到约 80s；如果采用摆动式中间冷却，则待温时间可缩短到不足 70s，如图 8-27 所示。因此，对不同厚度中间坯可以

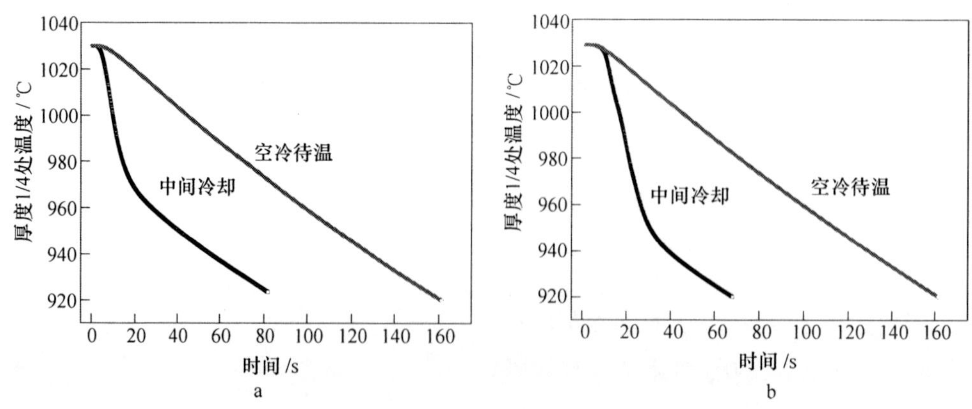

图 8-27 中间冷却与空冷待温 63mm 中间坯的温度曲线
a—通过式冷却；b—摆动式冷却

采取不同的冷却策略来达到预期工艺效果。

另外，中间冷却过程还会影响高温奥氏体晶粒长大。热轧后的再结晶奥氏体晶粒在冷却或等温过程中会进一步长大，并最终影响钢材的室温组织及力学性能。奥氏体晶粒长大规律可表示为：

$$D^n = D_0^n + At\exp\left(-\frac{Q}{RT}\right) \tag{8-1}$$

式中，T 为等温温度；D_0 为初始晶粒尺寸；t 为等温时间；Q 为晶粒长大热激活能；D 为最终晶粒直径；n、A 为实验常数；R 为气体常数。对于不同的钢种以及不同的组织变化阶段，式中的系数 n、A 以及 Q 都具有不同的值。中间冷却条件不同、钢种不同，待温过程中对奥氏体晶粒长大影响也将有显著差异。图 8-28a 和图 8-28b 是 Q345B 钢和含 Nb-Ti 钢在不同控制轧制工艺条件下的奥氏体晶粒尺寸变化规律。

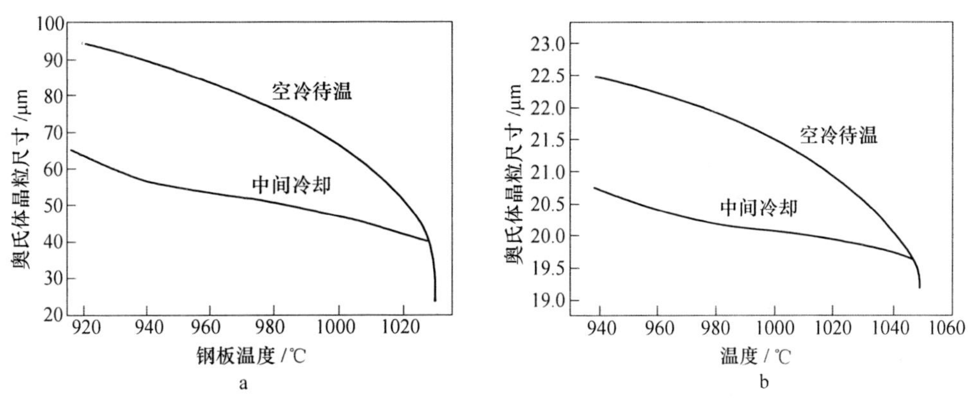

图 8-28 不同工艺条件下的奥氏体晶粒尺寸变化

a—Q345B 钢；b—含 Nb-Ti 钢

8.3.1.2 中间坯冷却的应用

A 合金减量化

对比分析了 Q345B 和高强度船板钢在采用超密度中间冷却装备后在减少合金及微合金元素上的效果。高强船板钢降铌和 Q345B1 替代 Q345B2 轧制试验，采用工艺参数包括：加热以保证开轧温度在 1050～1200℃，粗轧阶段采用大压下制度，需保证有连续两道次压下率不小于 15%，适当降低二次开轧温度和返红温度，要求二次开轧温度控制在 900℃以下，轧后迅速送控冷区控冷，冷速 5～15℃/s，返红温度控制在 650～680℃。

铌是高强船板钢中加入的一种重要的微合金元素，能有效提高板材成品的强度和韧性。但铌的价格昂贵，钢中铌含量高会导致合金成本较高。采用中间冷却、优化坯料成分及轧制工艺参数，使高强船板在保证性能合格稳定的前提下，Nb 含量由原来的平均 0.02% 逐步降到约 0.012%，达到了降本增效的目的。高强度船板钢在优化前后的化学成分见表 8-21。

从实际生产的结果看，Nb 含量均值为 0.01194%，主要集中在 0.011%～0.012%，Nb 含量降低了 0.0074%。优化前后坯料中的 Nb 含量分布、钢板的屈服强度、伸长率分布见图 8-29～图 8-31。

表 8-21 高强度船板钢化学成分要求

工艺对照	钢级	化学成分（质量分数）/%									
		C	Mn	Si	S	P	Nb	V	Ti	残余元素	Als
优化前	AH32、DH32 AH36、DH36	0.05 ~ 0.18	0.90 ~ 1.60	0.20 ~ 0.50	≤0.030	≤0.030	0.02 ~ 0.03	0.005 ~ 0.07	—	Cu≤0.30 Cr≤0.20 Ni≤0.40 Mo≤0.08	≥0.015
优化后	AH32、DH32 AH36、DH36	0.05 ~ 0.18	0.90 ~ 1.60	0.20 ~ 0.50	≤0.030	≤0.030	0.01 ~ 0.016	0.005 ~ 0.07	—	Cu≤0.30 Cr≤0.20 Ni≤0.40 Mo≤0.08	≥0.015

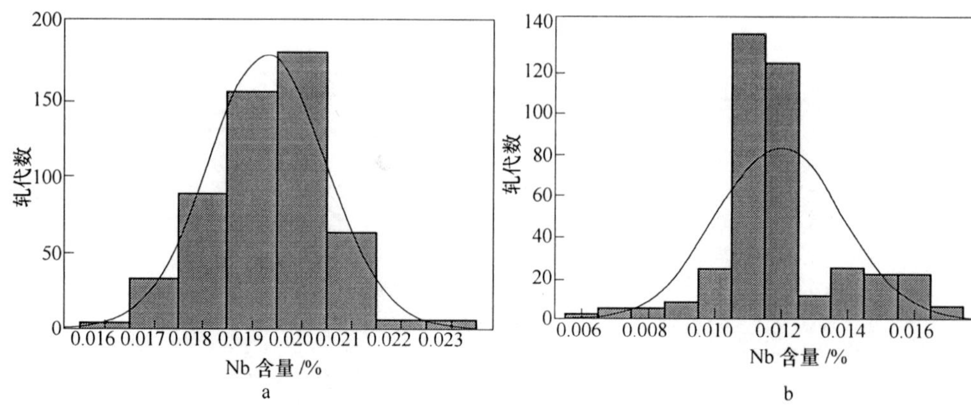

图 8-29 优化前后 Nb 含量统计直方图
a—高 Nb，常规控轧；b—低 Nb，中间冷却后控轧

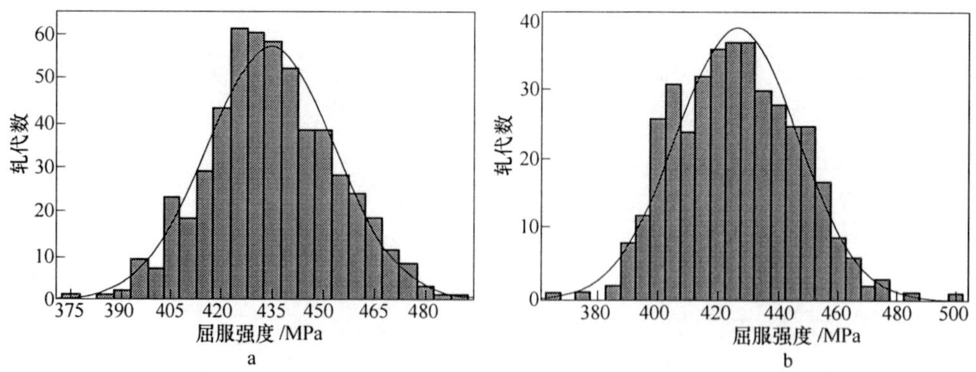

图 8-30 优化前后钢板屈服强度统计直方图
a—高 Nb，常规控轧；b—低 Nb，中间冷却后控轧

B 钢板组织和力学性能

采用中间冷却生产的 Q345B 钢室温组织如图 8-32 所示。钢板表面组织和中心处均为铁素体 + 珠光体，组织细小，钢板 1/4 厚度处铁素体晶粒度级别为 10.4 ~ 10.6 级，中心

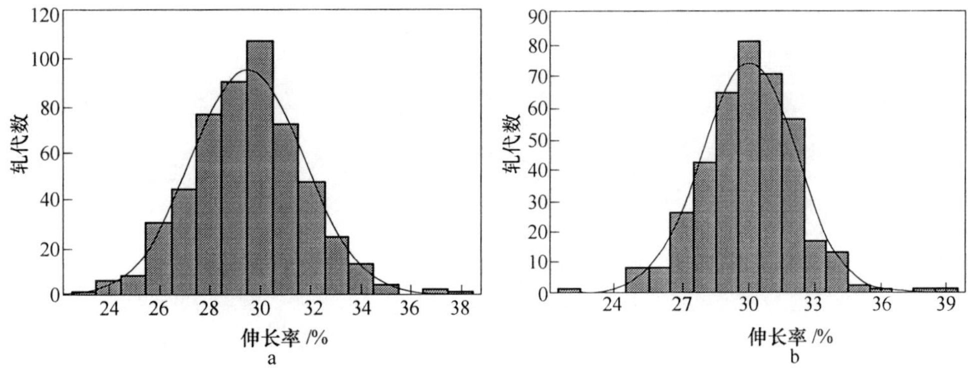

图 8-31　优化前后钢板伸长率统计直方图

a—高 Nb，常规控轧；b—低 Nb，中间冷却后控轧

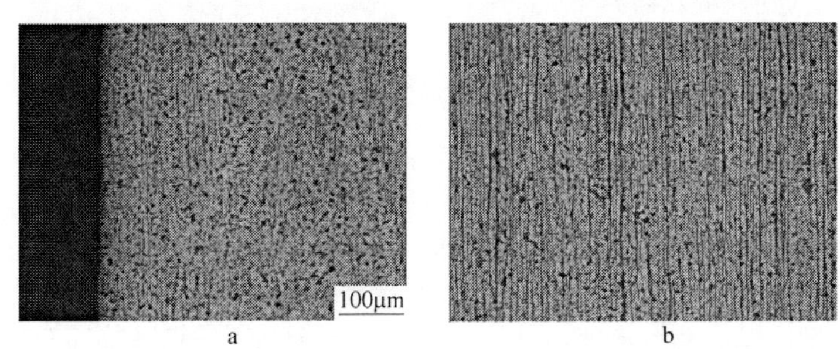

图 8-32　中间冷却条件下 TMCP 工艺生产 Q345B 钢组织

a—表面组织；b—心部组织

有带状组织。而采用常规 TMCP 工艺生产的 Q345B 钢，厚度 1/4 处铁素体晶粒度只有 8.6～9.1 级。

采用两种工艺后 16mm 厚度 Q345B 钢板力学性能如表 8-22 所示。中间冷却有效抑制了再结晶晶粒的长大，细化了奥氏体晶粒，屈服强度提高 15～30MPa，伸长率没有明显改变，冲击功提高。

表 8-22　常规控轧与中间冷却条件下钢板力学性能对比

序号	钢种	厚度/mm	屈服强度/MPa	抗拉强度/MPa	伸长率/%	冷弯	冲击功/J			待温方式
1	Q345B	16	375	555	28	完好	147	128	113	IC
2	Q345B	16	385	540	29	完好	151	164	146	IC
3	Q345B	16	390	545	30	完好	159	134	173	IC
4	Q345B	16	360	535	25	完好	131	110	134	IC
5	Q345B	16	345	535	29	完好	102	72	72	空冷
6	Q345B	16	350	525	32	完好	119	92	92	空冷

C　控制轧制生产实际效率

采用中间冷却后，单坯料控轧生产效率的提高幅度在 23%～87%之间，多坯交叉轧制的提高幅度在 14.5%~49.1% 之间，生产效率提高的理论值和实际测试结果如图 8-33 所示。生产测试结果表明：对 63mm 中间坯单坯轧制 25mm 厚钢板，中间冷却提高生产效率幅度高达 79.13%，多块轧制时为 22.65%，对 79mm 中间坯单块坯轧制 46mm 厚钢板，提高生产效率幅度为 30.36%，多块轧制时为 12.67%。

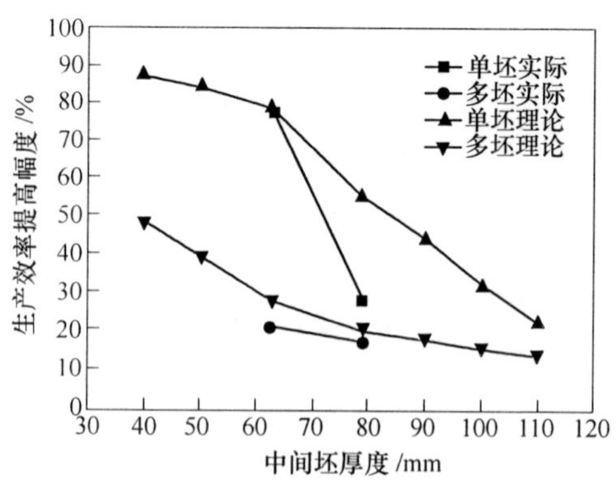

图 8-33 中间冷却提高生产效率的实际值与理论值对比

控制轧制采用的中间冷却装置在国内多家钢厂的中厚板厂得到应用。

结合中间冷却的控制轧制和轧后控冷，还可以用于生产表面超细晶粒钢（Surface Ultra Fine Steel，SUF）[14]，或者叫三明治钢，这种钢因为有一定厚度的超细晶粒层，因此具有很高的止裂性能。

8.3.2 温度梯度轧制（GTR）

特厚板广泛应用于桥梁、造船、海洋平台、压力容器等的结构建设和关键部位的承重件，对性能也提出了更高的要求。但由于特厚板坯料和成品厚度大，受轧制压缩比的限制，通常要用大型铸锭或特厚连铸坯轧制。大型铸锭和特厚连铸坯质量保证难度大，轧制时变形也难以渗透到心部，微裂纹难以压合；另外再结晶不充分，心部和表面晶粒度差距较大，这些原因使得传统再结晶型控轧难以进一步提高特厚板性能。

金属变形的难易程度取决于材料尺寸、高温力学性能、变形时的应力状态。在中厚板或其他热轧钢材生产中，为了保证性能均匀性，尽可能保证坯料或轧件的温度均匀，可以说常规轧制就是一种均匀温度轧制（Uniform Temperature Rolling，UTR）。但是在中厚板采用中间冷却进行高效控制轧制时，发现一个有趣的现象：采用中间冷却和在中间坯内外温差较大时轧制后，钢板中心区域的显微组织比表层更加细小，其效果如图 8-34 所示。这说明在有较大温度梯度条件下，中心区域更容易变形，奥氏体组织更加细小（或累积变形更大）。根据上述现象，提出了中厚板的温度梯度轧制（Gradient Temperature Rolling，GTR）或差温轧制工艺（Differential Temperature Rolling，DTR），这是另一种控制奥氏体

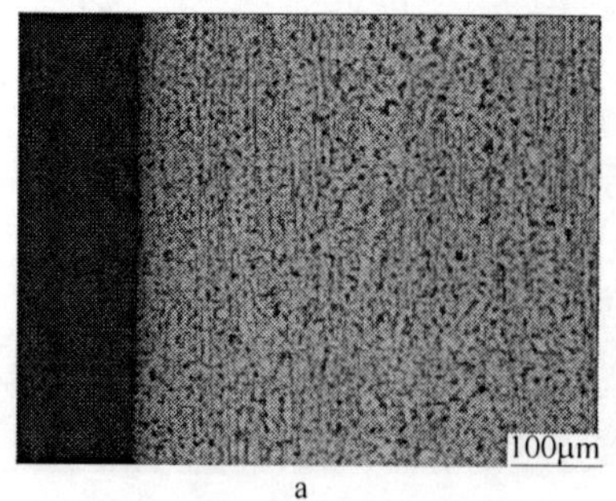

a

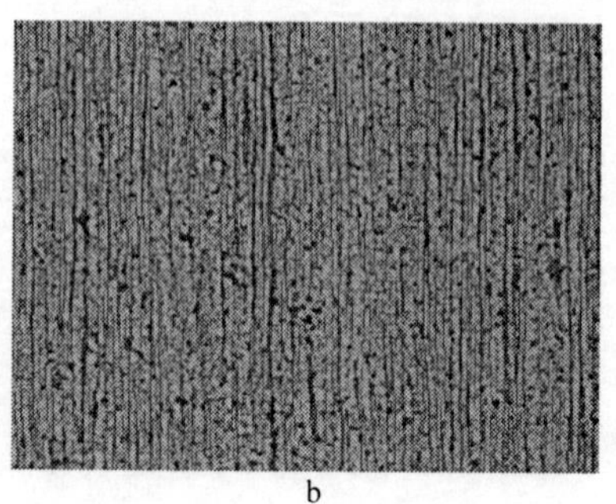

b

图 8-34 中间冷却条件下 TMCP 工艺生产 Q345B 钢组织

a—表层组织；b—中心组织[15]

组织的工艺方法。可以利用这一现象进一步开发温度梯度轧制。

8.3.2.1 基本原理

根据轧制理论，轧制变形按照应力状态可分为摩擦导致黏滞区（图 8-35a 中的Ⅰ区）、压缩变形区（图 8-35a 中的Ⅱ区）和拉伸变形区（图 8-35a 中的Ⅲ区）。在传统轧制过程中，坯料或轧件在厚度方向的温度分布近乎均匀，如图 8-35c 中的 T_n，受轧辊和轧件相对尺寸的影响，在轧制压下方向应力分布不均匀（图 8-35b）。轧件的表层变形区（厚度 h_c），其厚度方向压应力 σ_t 和轧制方向压应力 σ_r 的等效应力超过材料的约束屈服应力 σ_s，轧件的表层变形区（厚度 h_c）易于发生变形，中心区域再难以变形。结果导致轧件表层的应变大，中心的应变小。如果在轧制过程中，根据变形的需要，实时改变和控制轧件厚度方向的温度分布 T_s（图 8-35c），材料的屈服应力也随温度发生改变（图 8-35d），表层屈服应力（变形抗力）增加，从而增加轧件中心区域变形，进而可以按照常规控制轧制理论，改善钢材中心区域的组织和力学性能。

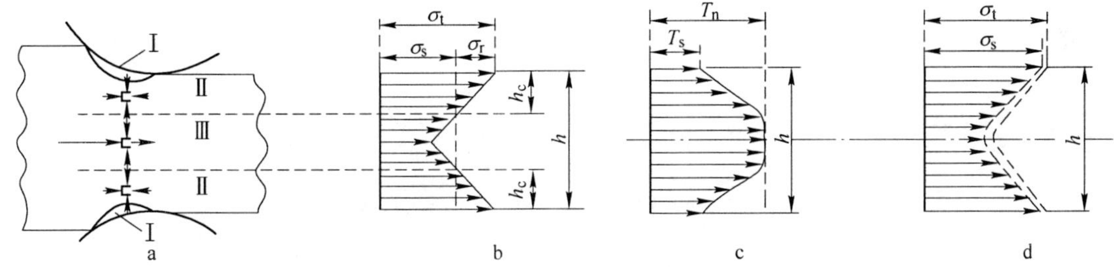

图 8-35 温度梯度轧制原理图

a—轧制变形区；b—常规轧制应力分布；c—常规轧制与温度梯度轧制温度分布；d—屈服应力与实际应力分布

8.3.2.2 温度梯度轧制与组织细化

使用 Marc 有限元软件对温度梯度轧制和传统再结晶轧制两种工艺进行模拟。温度梯度轧制是在每道次轧制前，将轧件表面温度降低至约 800℃，心部温度在 1100℃，中心和表面温差 200～300℃，道次间隔时间为 10s。常规轧制时，出炉温度 1200℃，开轧温度 1100℃，道次间隔时间为 10s。在网格划分上，轧件 Q345B 钢坯采用热力耦合单元，单元大小 2.5mm×2.5mm；轧辊直径 1110mm。模拟轧制的板坯厚度 250mm，轧制规程为：250mm→200mm→155mm→125mm，终轧厚度 125mm。采用热力耦合边界条件，考虑了轧制过程中的轧件辐射传热、板坯和轧辊的热传导、变形热、摩擦热等。

模拟计算后，在轧制第 4 和第 7 道次时轧件在变形区厚度方向上等效应变分布见图 8-36。常规控制轧制（UTR）时，等效应变从表面到中心逐渐降低，变形难以渗透到轧件心部，但在临近轧件表层存在一个应变峰值区，厚度在 3～5mm；对于温度梯度轧制（GTR），等效应变从表面到心部逐步增加，然后降低，其等效应变峰值更接近轧件中心，其中心区域的等效应变较常规控制轧制工艺的要高，有效地增加了各道次轧件的中心区域变形。这是由于温度梯度轧制时，轧件表层温度低、中心温度高，其变形抗力则相反，使得轧件心部变形增加。

从数值模拟的结果看，经过常规控制轧制后轧件的宏观外形因表面应变高，轧件轧制方向的端部中心区域会出现内陷现象。而经过温度梯度轧制的轧件，由于中心区域应变增加，其对应的端部形状为外凸，如图 8-37 所示，这也间接说明温度梯度轧制在增加中心区域变形的作用和效果。

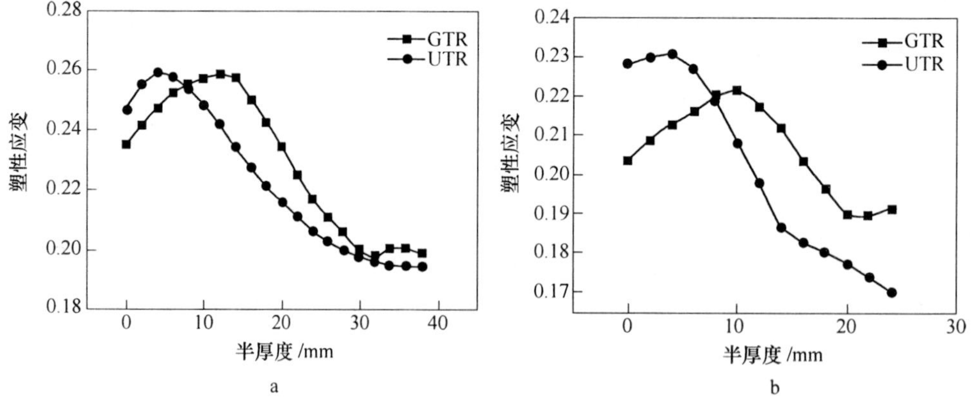

图 8-36　厚度方向上等效应变分布

a—第 4 道次；b—第 7 道次

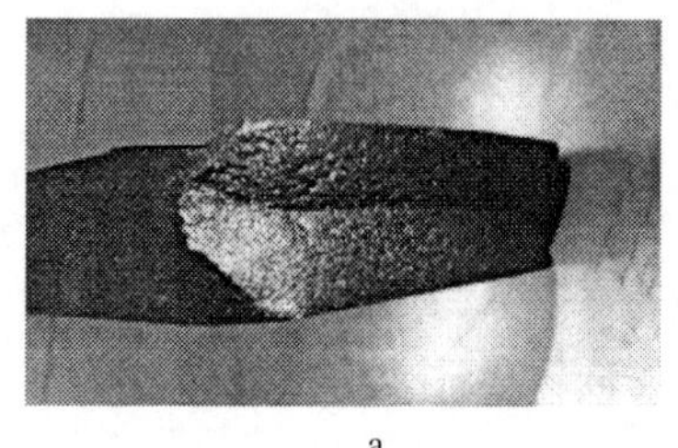

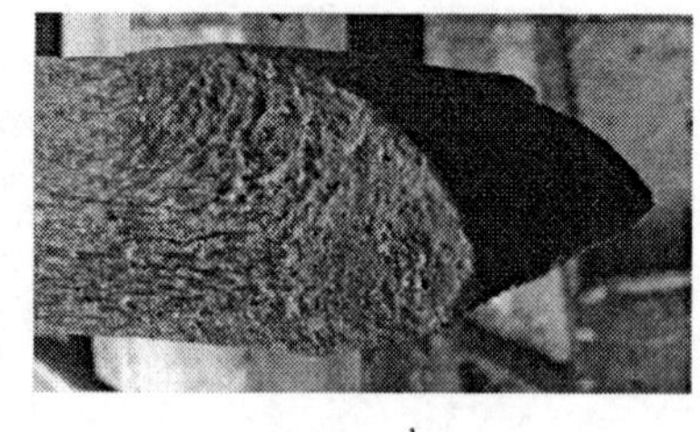

a　　b

图 8-37　轧件在轧制方向的端部形状

a—常规控制轧制；b—温度梯度轧制

对比分析两种工况下，计算轧件的温度场、应变场和各节点应变速率，根据各节点数据可以利用奥氏体再结晶百分数模型、再结晶平均晶粒尺寸模型、奥氏体再结晶晶粒长大模型，进一步计算变形后的再结晶百分数、奥氏体晶粒尺寸及其随时间与温度的变化，或从试样表面到心部的晶粒尺寸分布。计算得到，Q345C 钢在两种工艺下从钢板表面到心部的晶粒尺寸，如图 8-38 所示。

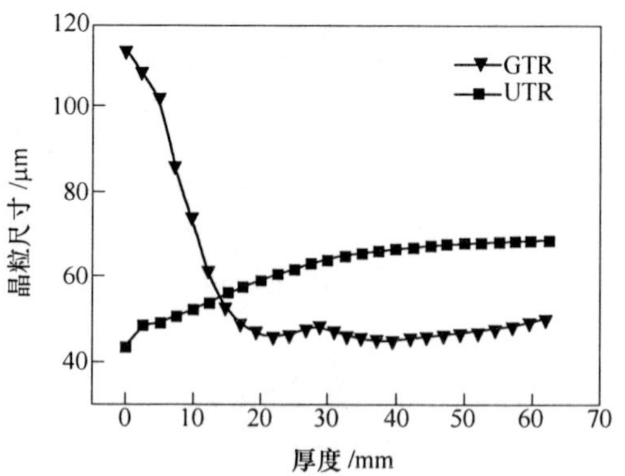

图 8-38　两种工艺下的奥氏体晶粒尺寸随厚度变化

从图 8-38 可以看出：采用温度梯度轧制，轧件表面温度低于奥氏体未再结晶区温度，没有再结晶发生，晶粒尺寸粗大；越临近轧件中心区域温度越高，等效应力增加，奥氏体再结晶充分，奥氏体平均晶粒尺寸减小。而常规轧制时，轧件表面变形严重，中心变形不足，因此表层的奥氏体晶粒尺寸小，但中心区域的尺寸大。在数值仿真条件下，采用温度梯度轧制工艺，轧件心部的晶粒将较常规工艺细小约 1.5 级。采用含 Nb 的 Q345 钢进行对比轧制试验，也得到了类似的结果。如需要消除表层粗晶，还可以进一步优化温度梯度轧制工艺，使得某些道次轧件的表层处于再结晶状态。

对含 Nb 的 Q345 钢，在实验室热轧机上进行温度梯度轧制和均温轧制的对比试验。坯料厚度 120mm，轧制规程均为 120mm→110mm→101mm→89mm→76mm→65mm→55mm→48mm，温度梯度轧制工艺采用水冷方式将轧件表面冷却至 800℃，均在心部温度达到 1100℃时开始轧制，道次间隔时间 10s，压缩完后直接水淬，分析奥氏体平均晶粒直径在钢板厚度方向的差异。两种工艺下，从钢板表层到中心部位的原始奥氏体晶粒尺寸见表 8-23。轧制试验和数值模拟的结果十分接近，也再一次验证了温度梯度轧制在细化中心区域奥氏体晶粒方面的作用。

表 8-23 Q345 钢在两种轧制工艺下奥氏体晶粒尺寸的试验和模拟结果对比

位　置		表　面	1/4 厚度处	中心部位
模拟结果晶粒尺寸 /μm	温度梯度轧制	91.12	46.64	48.55
	均温轧制	48.77	63.99	68.56
实验结果晶粒尺寸 /μm	温度梯度轧制	82.18	48.98	50.95
	均温轧制	49.43	66.63	75.16

对于铁素体为主的铁素体-珠光体钢，其性能取决于先共析铁素体的比例、分布和晶粒大小。根据第 4 章的相变理论，铁素体晶粒大小与奥氏体晶界数量、变形带数量相关。在再结晶区，奥氏体晶粒越细小，则铁素体形核密度越大，相变后铁素体晶粒越细小；在奥氏体未再结晶区，奥氏体内部保留了变形时产生的形变带以及位错亚结构，相变时铁素体在奥氏体内部的变形带和奥氏体晶界处形核，产生变形带细化的作用。因此在温度梯度轧制中两种细化机理相互配合可以得到更为细小均匀的先共析铁素体，提高产品性能。

8.3.2.3 温度梯度轧制与缺陷愈合

在特厚板的生产过程中通常采用大型铸坯，但是大型铸坯凝固时的收缩会在中心存在裂纹、疏松或空洞等缺陷，需要在轧制过程中累积一定的变形才能压合。传统再结晶控轧生产特厚板时，由于道次压下量小，坯料的厚度大，轧件的中心拉应力提高，不利于中心缺陷的消除；而提高道次压下率又会增加轧制咬入的难度。因此，温度梯度轧制可为轧件中心提供更大的变形，为钢板中心缺陷愈合提供了条件。

采用刚塑性有限元分析温度梯度轧制条件下铸坯中心缺陷压合的过程。为简化计算，根据对称性采用 1/2 结构建模。在板坯中心设置 10mm 长、半高 0.46mm 的矩形空洞，网格划分情况见图 8-39。节点 201 ~206 位于空洞的上表面。空洞周围单元逐步向四周扩展，尺寸逐渐变大，空洞区域外采用相同的 2.5mm×2.5mm 的单元进行网格划分。同样对温度梯度轧制和均

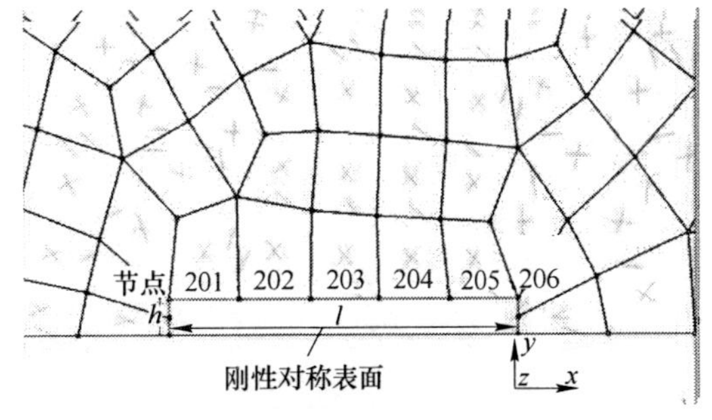

图 8-39 预置空洞与几何模型的网格划分

温轧制过程进行对比，工艺参数见表 8-24。

表 8-24　120mm 坯料的轧制工艺和参数

轧前厚度 h/mm	120	110	101	89	76	65	55
轧后厚度 h'/mm	110	101	89	76	65	55	48
压下量 Δh/mm	10	9	12	12	11	10	7
压下率 r/%	8.3	8.2	11.9	13.5	14.5	15.4	12.7

首先，计算在温度梯度轧制和均温轧制两种工艺下，单道次压下量与空洞压合的关系。在钢板初始厚度 120mm 的条件下，模拟了单道次压下率为 8%、9%、10%、11%、12%、13%、14%和 15%时，空洞愈合情形。然后，在两种温度分布条件下模拟了完整的轧制过程，以研究钢板心部应力应变和中心裂纹在轧制过程中的演变规律。

图 8-40 是空洞对于节点的 y 向位移。在相同压下量 8%条件下，温度梯度轧制过程中板坯裂纹上表面节点的 y 向位移增加了 26.4%。这说明温度梯度轧制过程中中心层变形明显增加。当所有节点的 y 向位移达到 0.46mm 时，说明中心空洞处于被完全压合状态，可见在 8%条件下，部分节点呈愈合状态。图 8-41 是对称面和空洞上表面的 Von-Misses 等效应力分布图。温度梯度轧制工艺中，对称面和空洞上表面的应力都要高于传统工艺轧制的结果。当等效应力高于材料屈服应力时，说明空洞处于完全压合状态。因此，温度梯度轧制也更易于实现中心缺陷的愈合。

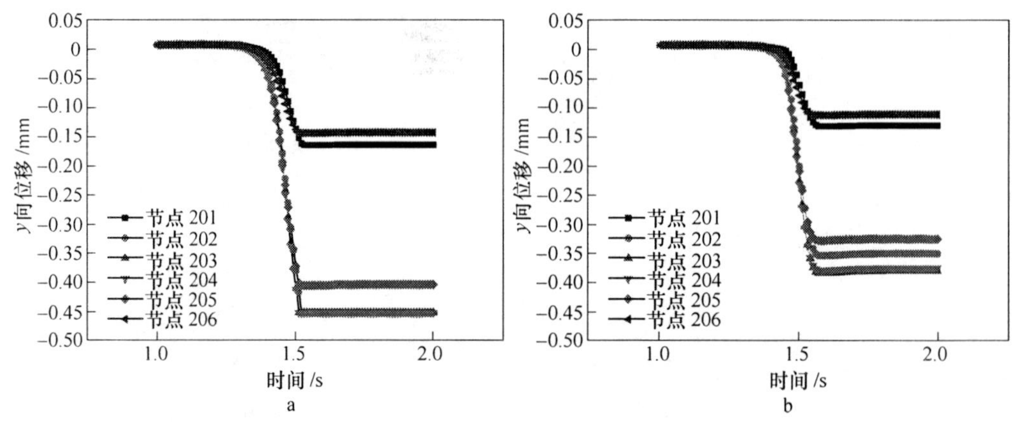

图 8-40　8%压下量下矩形裂纹上表面节点 y 向位移

a—温度梯度轧制；b—均温轧制

对多道次轧制模拟，空洞上表面平均 y 向位移的累积量如图 8-42 所示，其表示在不同温度分布下中心空洞在哪一道次完全压合。温度梯度轧制工艺中，中心空洞在第二道次被完全压合，而均温轧制工艺中，裂纹在第三道次才被完全压合。这说明温度梯度轧制是可以更为有效的压合中心缺陷的热轧工艺。

在实验室采取在两块表面清理钢板预制缺陷后组坯、复合轧制方法，验证了温度梯度轧制工艺及均温轧制工艺对钢板中心缺陷的愈合能力，结果与数值模拟一致。研究表明，温度梯度轧制不仅可以细化钢板的奥氏体晶粒，还能进一步改善宏观组织，综合改善钢板的力学性能。这点对于特厚板轧制或小压缩比生产特厚板具有重要的意义。

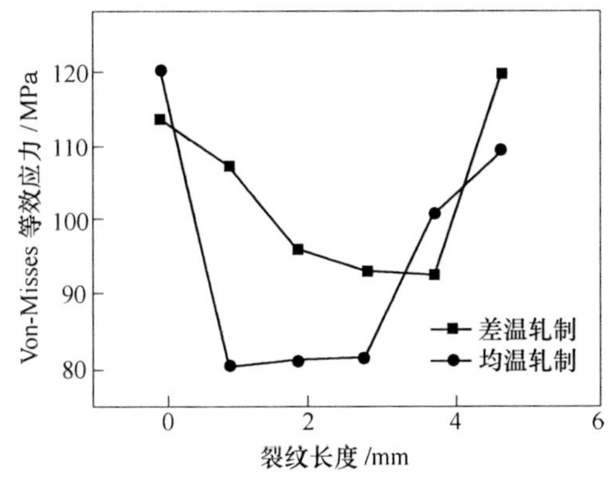

图 8-41 8% 压下量下板坯中心空洞上表面的 Von-Misses 应力

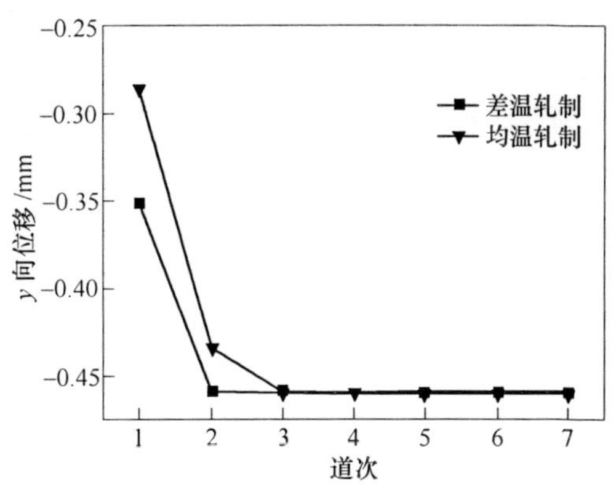

图 8-42 多道次轧制过程中节点的 y 向位移

8.3.2.4 工业试制与应用

采用温度梯度轧制生产 120mm 特厚板的工业试制是在 3800mm 宽厚板轧机生产线上实施的。轧机的工作辊直径为 1050mm。连铸坯厚度为 260mm，成品厚度为 120mm，坯料钢质为 Q345A。板坯出钢温度 1180℃，粗轧阶段使用除鳞箱除鳞，试验采用全纵轧轧制。采用高效控轧时，使用轧机的高压除鳞水控制轧件表面温度，表面温度为 900℃以下，轧后不控冷。常规轧制工艺，除鳞箱除鳞后，在后续轧制过程中除必要的钢板表面除鳞外，不对轧件实施温度控制。两种工艺轧制后钢板的室温显微组织如图 8-43 所示。显然，经过温度梯度轧制后钢板的铁素体晶粒尺寸更细小。

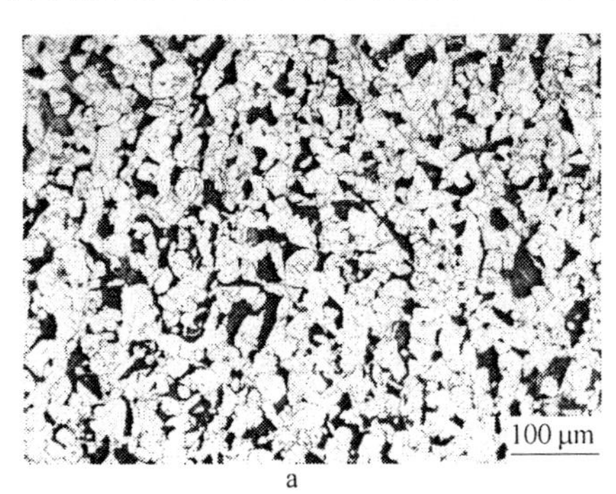

a

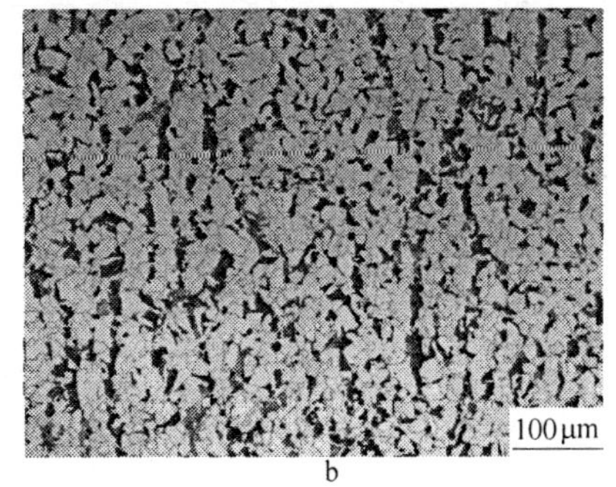

b

图 8-43 不同轧制工艺生产 Q345A 钢板 1/4 厚度处组织
a—常规轧制；b—温度梯度轧制

经过温度梯度轧制工艺后，Q345A 钢板的力学性能为屈服强度 282 ~ 294MPa，抗拉强度 496 ~ 513MPa，断后伸长率 30% ~ 33%，与常规轧制工艺生产钢板的拉伸性能接近，都满足特厚板 Q345 钢板的力学性能要求。而钢板中心和钢板 1/4 厚度处的 0℃ 冲击功如图 8-44 所示。从图中可以看出，采用常规轧制工艺，钢板 1/4 厚度和中心处的冲击功分散，分别为 21 ~ 97J 和 21 ~ 111J；采用温度梯度轧制工艺后，钢板 1/4 厚度和中心处的冲击功分别为 144 ~ 152J 和 120 ~ 144J，冲击值稳定。说明温度梯度轧制工艺，使奥氏体晶粒以及相变后铁素体晶粒得到细化，有效地提高了钢板的冲击韧性。

在中厚板生产中，用于控制钢板组织性能的冷却方式包括：精轧机 FM 之后的加速冷却（ACC）和粗轧机 RM 与精轧机 FM 之间或单机架前设置的中间冷却（IC）。其中，中间冷却主要用于缩短控轧待温时间，抑制再结晶奥氏体晶粒的长大；而轧后的加速冷却主要用于控制奥氏体向低温组织的转变、析出相的控制等。为了实现特厚板的温度梯度轧制和组织定向控制技术，需要对进入轧机前的厚板坯进行冷却，并保持厚度方向的温度梯度，为此不能在冷却后进入轧机前长时间停留。

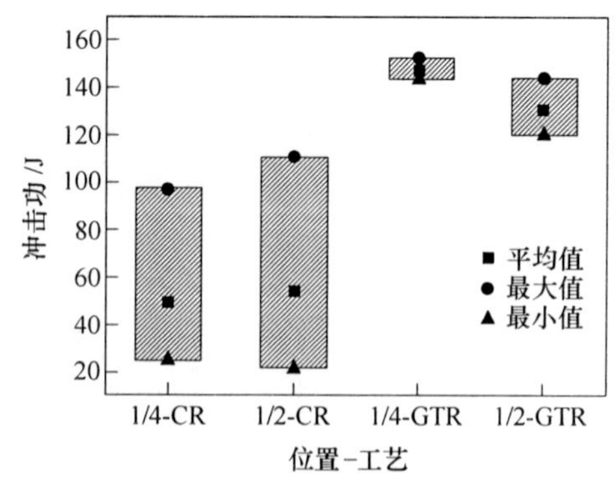

图 8-44　高效控轧对钢板韧性的影响

CR—常规轧制工艺；GTR—温度梯度轧制工艺

现有的轧后冷却装置，在常规中厚板生产线的位置一般距轧机 30～50m，长时间输送将无法保证温度梯度轧制所需的温度，也会增加轧制周期的传搁时间。中间冷却装置一般距轧机 15～20m，武钢 2800mm 中板生产线精轧机后配置 1 机旁中间冷却装置，距轧机中心 12.81m[16]。如果安装空间允许，在轧机机架上紧密布置冷却装置，即机旁冷却（Standby Cooling）装置的效果更好。图 8-45 为不同中厚板生产线实施温度梯度轧制可能的冷却器布置。

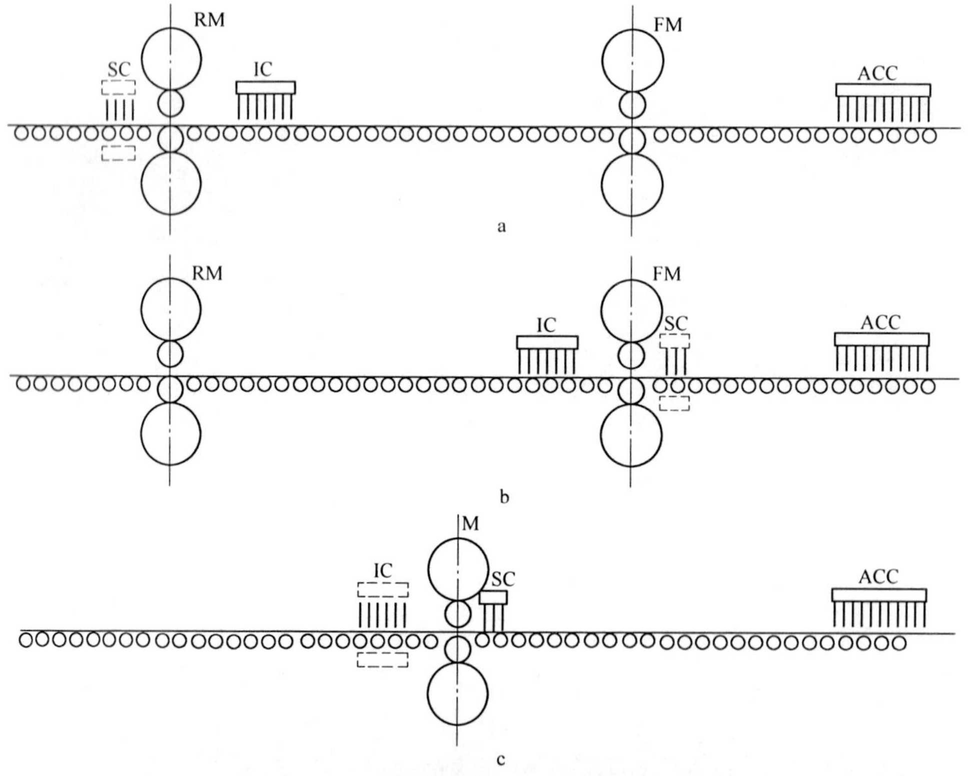

图 8-45　中厚板生产线温度梯度轧制冷却器布置示意图

a—粗轧实施 GTR；b—精轧实施 GTR；c—单机架实施 GTR

JFE 在 2009 年投产了超级控制轧制（Super-CR）。其冷却装置不是单独设置的，而是附属设置在轧钢机架上，可以在任何需要的轧制道次，在轧制钢材的同时进行钢材的快速冷却。所以该装置不需要特殊的安装空间和额外的冷却时间，提高了控制轧制的冷却效率和空间利用率。同时，由于冷却过程分配到各个道次上，所以可以与轧制过程的进行相配合，对轧制过程的温度制度进行主动控制。JFE 的超级控制轧制设备布置如图 8-46 所示。

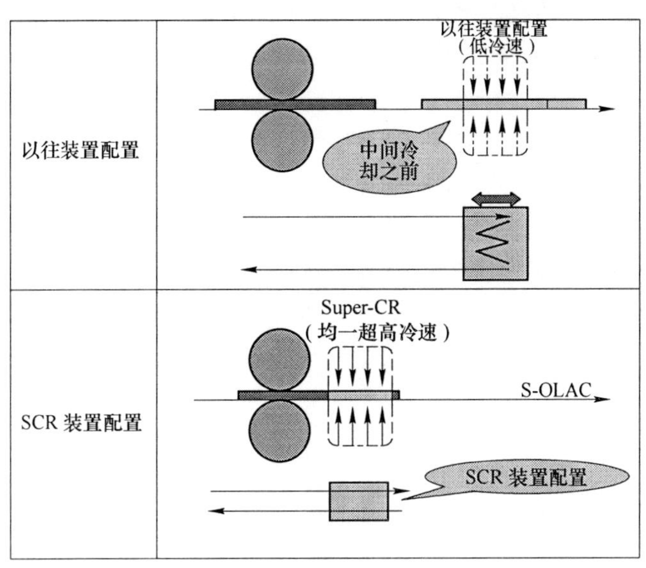

图 8-46 JFE 的超级控制轧制（Super-CR）的设备布置[17]

据 JFE 报道，由于采用这一措施，轧机的生产效率提高 20% 左右，且提高了命中目标温度的精度，减少了钢板的温度波动，提高了控制的稳定性。钢材生产的质量、产量和交货期均有明显的改善。进一步，超级控轧与原有的超级控冷相配合，可以实现轧制-冷却全程的冷却路径控制，轧制过程和冷却过程的柔性大幅度提高，促进了变形性能优良的建筑用 TMCP 高强钢开发和钢材表面氧化铁皮的控制。截止到 2011 年 7 月，已经累计生产钢材 80 万吨。

8.3.3 直接淬火（DQ）

直接淬火是一种代替二次加热淬火的工艺技术。它是在热轧终了，钢材组织处于完全奥氏体状态时，经过急冷处理（快速冷却）使钢板产生马氏体相变，即奥氏体全部转变为马氏体的工艺过程。直接淬火后的钢板为了消除残余应力，改善钢的韧性和塑性必须进行回火处理。与离线调质工艺比较，直接淬火-回火工艺具有降低生产和资金成本并有利于板材性能提高的优点，已成为国内外钢铁企业开发高强度中厚板产品广为关注的重要技术领域。

与传统的再加热淬火工艺相比，在线淬火的奥氏体经过热机械处理（TMT），配合相应回火处理，已经成为了高强及超高强结构钢等首选热处理工艺，主要基于以下优势：

（1）增加钢的淬透性。这是因为在正常热轧条件下，奥氏体完成了再结晶过程，晶粒细化，同时，合金元素尤其是碳氮化物生成元素等在奥氏体中均匀固溶，有助于提高淬透性。

（2）平衡钢的强韧性。由于利用轧后余热进行淬火，且没有足够的淬火保温时间，避免了奥氏体晶粒长大，细化晶粒的效果不仅增加了强度，也提高了韧性。因为不依靠增加合金含量而提高钢的强度和韧性，提供了有限轧制条件下开发新产品的途径。

（3）降低能耗。相比再加热淬火，直接淬火工艺只将工件加热一次，由于省去钢板冷却、重新加热过程，有效地减少了产生裂纹的倾向，同时减少了合金元素引起的硬化现象。

（4）由于省去了重新加热工序，提高了产品交付能力，也减少了钢板传输时间。

（5）直接淬火不容易出现网状碳化物，形成上贝氏体组织的倾向非常小。

表 8-25 为 AC 和 DQ 工艺在钢板生产中的应用及其相应的强度级别。

表 8-25　AC 和 DQ 工艺在钢板生产中的应用及其相应的强度级别

用　途	强度等级/MPa				
	490	590	690	780	980
船用钢	AC	DQ-T	—	—	—
近海油田结构钢	AC，AC-T	AC，AC-T	—	—	—
北极海洋平台用钢	AC，AC-T	AC-T	—	—	—
管线钢	AC	AC，AC-T	AC，AC-T	—	—
建筑用钢	AC，AC-T	DQ-T	DQ-T	CR-DQ-T	—
桥梁用钢	AC，AC-T	DQ-T	DQ-T	DQ-T	—
压力钢管	AC，AC-T	DQ-T	DQ-T	DQ-T	CR-DQ-T
压力容器	AC，AC-T	DQ-T，CR-DQ-T	—	—	—
储存罐（低温）	AC	DQ-T，CR-DQ-T	—	—	—
储存罐（冷冻）	AC-T①	—	DQ-T②		
挖掘设备	AC，AC-T	DQ-T	DQ-T	DQ-T	DQ-T
一般用途	AC，AC-T	AC，AC-T，DQ-T	DQ-T	DQ-T	

注：AC：采用加速冷却技术；DQ：采用直接淬火技术，T：回火处理。

① 低 Ni；② 9% Ni。

8.3.3.1　直接淬火工艺对强韧性的影响

淬火前的加热、变形、冷却等工艺参数对淬火效果有直接影响，影响淬火组织类型、组织细化程度、内部微观形貌，并最终影响钢材的力学性能。

A　加热温度的影响

轧前加热钢内发生两个过程：碳化物的固溶和奥氏体晶粒的长大。奥氏体晶粒长大与碳化物残余颗粒固溶的程度有关，当碳化物质点全部固溶到奥氏体之后，奥氏体晶粒开始剧烈长大。轧前加热温度主要影响着奥氏体晶粒的尺寸和合金元素的固溶程度，奥氏体晶粒尺寸的增加和合金元素的均匀固溶可提高钢的淬透性，从而增加直接淬火钢的强度。

M. F. Mekkawy[18]等研究了终轧温度为 800℃ 和不同加热温度（1000～1250℃）对钒钢和钛钢力学性能的影响，如图 8-47 所示。一般来说，随着加热温度从 1000℃ 上升到 1250℃，钢的屈服强度提高。Shkianai[19]等研究了加热温度分别为 1050℃ 和 1200℃，轧后直接淬火和 620℃ 回火，0. 13C-0. 23Si-1. 38Mn-0. 025Nb 钢的力学性能随着加热温度的升高强度增加，但是高温加热产生的晶粒粗化并未使韧性降低，而是基本保持不变，这是由于淬透性的增加使淬火组织产生了细化，从而抵消了粗大晶粒对韧性的不利影响。

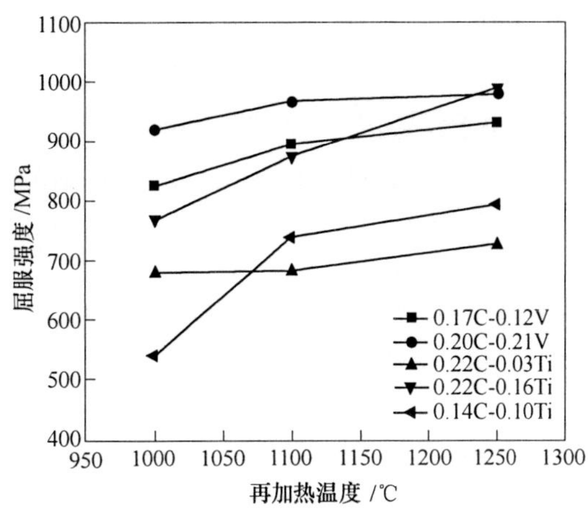

图 8-47 再加热温度对钒钢和钛钢屈服强度的影响

在完全奥氏体温度下，钢中的合金元素大都固溶到奥氏体中，提高钢的淬透性，在冷却相变组织中硬化相含量增加，在回火过程中，固溶的合金元素的碳氮化合物弥散析出，产生二次硬化，同时细化了回火后组织，从而改善钢的强韧配比。

B 终轧温度的影响

Kula[20]等对淬透性高的 AISI 4340 钢（0.4C-Ni-Cr-Mo）在奥氏体未再结晶区轧制后直接淬火，分别检测了淬火态和回火态的力学性能，结果表明直接淬火材与再加热淬火材相比，强度高且低温韧性也好。原因是由变形奥氏体转变的马氏体组织得到了细化，马氏体继承了形变奥氏体亚结构，位错密度也得到了增加；另外，直接淬火钢在随后的回火过程中，由于析出质点增加，碳化物的析出更加弥散均匀，而重新加热淬火钢回火后碳化物优先在边界上析出而使韧性恶化。这就是形变热处理（ausforming）效果。

Woong-Seong Changt 研究了冷速为 30℃/s 时，780MPa 级 1Ni-0.5Cr-0.5Mo-0.05V-B 钢在不同终轧温度下力学性能的变化。发现随着终轧温度的降低，钢的强度增加，在 800℃时为最大值，同时低温韧性也得到了较大的改善，如图 8-48 所示。这主要是因为低温终轧使扁平奥氏体晶粒的平均厚度降低，马氏体或贝氏体板条束尺寸减小；同时低温终轧后直接淬火，马氏体转变前奥氏体部分发生了贝氏体转变，晶粒被分为几部分，从而使整体微观组织产生细化，改善了低温韧性。

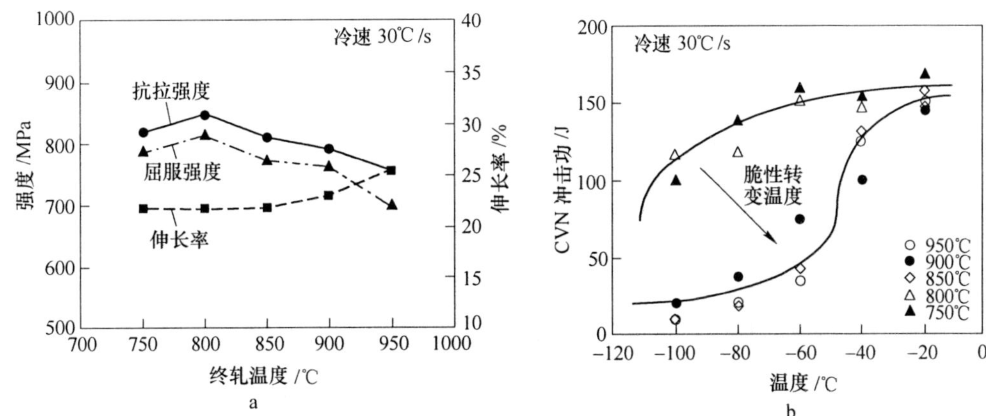

图 8-48 终轧温度对 DQ&T 钢的影响

a—抗拉强度；b—冲击性能

对低淬透性钢如果进行奥氏体未再结晶区轧制，奥氏体未再结晶区控制轧制促进了铁素体在变形奥氏体的晶界和晶内变形带处析出，这会降低钢材的潜在淬透性，但未转变奥氏体的淬透性会升高；与高温轧制相比，钢的强度保持不变或略微降低，但韧性却明显改善[21]。对于轧后相变为均匀贝氏体的钢种，如果在控制轧制后直接淬火，则会相变成细晶铁素体＋贝氏体＋马氏体组织。虽然与高温轧制相比，钢的强度有所降低，但是韧性得到改善。细晶粒铁素体的出现，阻碍了贝氏体的生长，使贝氏体得以细化，对韧性的改善起了很大的作用。在低淬透性钢的直接淬火过程中，固溶的 Nb、Ti 会提高淬透性[22]，增加铁素体-贝氏体混合组织中贝氏体的百分含量，从而提高强度，并且在回火中由于 Nb、Ti 碳化物的析出效果，使强度得到进一步提高。

因此，轧制温度在直接淬火工艺中是决定淬火前奥氏体状态的重要因素，应根据实际情况确定相应的轧制工艺，力求得到最佳的强韧配比。

C 形变量的影响

直接淬火钢为了得到较好的强韧性配比，在未再结晶奥氏体区的形变量是很重要的。Shuji Okacuchi[23]等研究了未再结晶奥氏体区形变对直接淬火 0.06C-1.5Mn-Nb-V 钢力学性能的影响，如图 8-49 所示。随着在奥氏体未再结晶区压下量的增大，强度略微降低，但是以冷脆转变温度（50% FATT）表示的低温韧性却得到了明显的改善。一般来说，低碳低合金钢直接淬火组织为少量多边形铁素体＋马氏体[24]，但是在奥氏体未再结晶区的大变形轧制，一方面，随着奥氏体变形量的增大，变形储能增加，促进了铁素体的析出，铁素体的存在阻碍了贝氏体生长；另一方面，奥氏体在未再结晶区经大变形后，晶粒边界和晶粒内部存在位错胞，这将成为贝氏体可能的形核点并阻碍贝氏体长大，从而使组织细化。

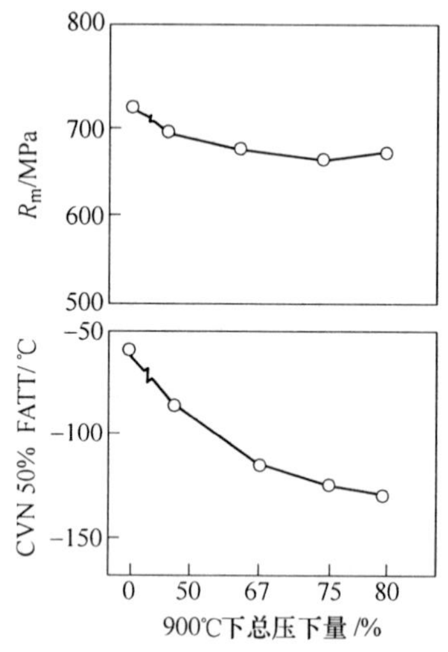

图 8-49 奥氏体未再结晶区压下量对直接淬火 0.06C-1.5Mn-Nb-V 钢力学性能的影响

Antti J. Kaijalainena[25]等的研究也表明，对于低合金钢通过增加未再结晶区压下量可以有效提高强度、韧性，同时轧制钢板的各向异性也得到了改善，而伸长率没有明显降低；再结晶区的轧制可以细化原始奥氏体晶粒，同样可以提高强度和韧性，但相比非再结晶区的轧制，效果要差。这是由于增加未再结晶区压下量可以有效细化板条束，细化了有效晶粒尺寸，而且组织由马氏体演变为下贝氏体和回火马氏体，组织类型的变化和晶粒细化提高了强度和韧性，各向异性也降低。

控制马氏体强韧性最基本的组织单元是晶包（pocket）和板条束（block），细化晶包和板条束能够使板条状马氏体的力学性能得到改善。随着变形量的增加，在一个原奥氏体晶粒范围内，马氏体束的宽度减小并逐渐分割细化，当形变量较大时，马氏体板条还发生了弯曲[26]。马氏体板条束及晶包尺寸随压下量的变化如图 8-50 所示。

另外，随着在奥氏体未再结晶区形变量的增加，马氏体转变开始温度（M_s）降低。这主要是因为低温轧制在奥氏体中形成的应力场与新生马氏体所产生的应力场相互作用抑制了马氏体相变[27]，这就需要添加额外的驱动力，从而使马氏体相变温度降低，M_s 的降低对于细化马氏体组织是有益的。

D 冷却条件的影响

直接淬火之后的显微组织一般是马氏体或马氏体与贝氏体的混合组织。为了获得所要求的钢板的力学性能，必须通过提高奥氏体的淬透性来抑制铁素体相变，因此优化终轧温度及冷却条件是获得强度和韧性匹配优良的淬火组织的重要因素。

a 冷却开始温度的影响

一般来说，冷却开始温度与终轧温度有关。在实际生产线中，轧后进行直接淬火不可能在几秒钟内就进行，因此钢板从终轧到直接淬火之间就有一段处于空冷状态，冷却始温降低。一般来讲，为了得到高的淬透性，冷却开始温度应高于铁素体相变温度 A_{r3}。图 8-51 为冷却开始温度与 A_{r3}（计算）之差 ΔT 和强度增量 ΔR_m 之间的关系，在 $\Delta T=0$℃左右（A_{r3}附近）开始冷却，对于低淬透性的 C-Mn 钢来说，由于促进了铁素体相变，强度增量急剧降低，而对于高淬透性 Cu-Cr 及 Cu-Cr-Mo 钢，却能保持稳定的高强度。

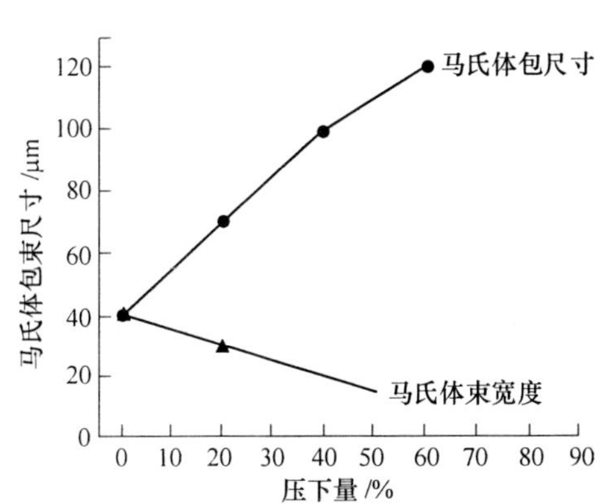

图 8-50 未再结晶区奥氏体压下量对马氏体板条束及马氏体包尺寸的影响

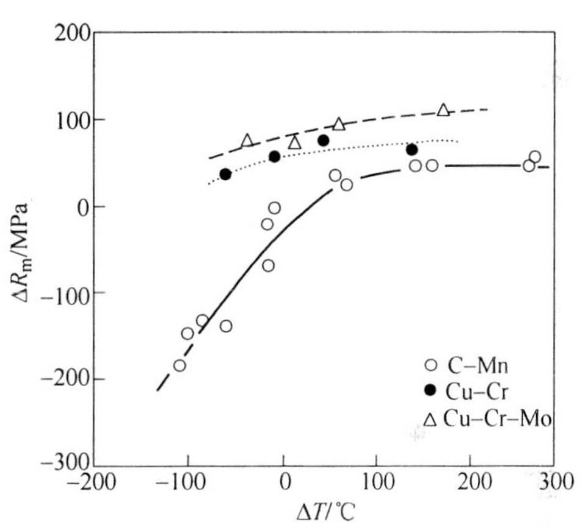

图 8-51 冷却始温对强度增量的影响

（$\Delta R_m=R_m$(DQ&T) − R_m(RQ&T)）

b 冷却终止温度的影响

冷却终止温度对强度的影响与马氏体转变终止温度（M_f）有关。当冷却终止温度低于 M_f 时，强度基本保持不变，而当冷却终止温度高于 M_f 时，强度随着冷却终止温度的增加而降低。因此，对于直接淬火工艺来说，为了得到较高的强度，将冷却终止温度降到 M_f 点以下是必要的。

8.3.3.2 直接淬火冷却设备

随着日本以 JFE 为代表的钢铁公司近年来开发成功中厚板新型高强度冷却设备，以及应用该冷却设备成功开发出一系列具有优异性能的高强度中厚板产品，高强度均匀化冷却技术已成为当前高强度中厚板开发技术领域的研究热点[28]。

中厚板直接淬火技术的核心也是均匀化、高速率冷却技术。中厚板的控制冷却技术发展了三十多年，技术逐步发展。早期，水幕层流冷却、加密管层流冷却技术也具备直接淬火的能力，只是随着钢种合金设计发展及对板形日趋严格的要求，对冷却速度和均匀性提出了更高的要求。

以传统的层流冷却为核心的中厚板直接淬火设备，因受冷却速度、温度均匀性、冷却板形等因素制约，限制了其大规模应用。国内外开发出许多冷却速度高、温度更均匀的高效冷却器，如日本 JFE 的 Super-OLAC、西门子-奥钢联的 MULPIC、西马克的喷射 + 高密度集管冷却装置、日本住友的气雾冷却等。这些冷却装置涉及的冷却机理包括：板湍流冷却、混合介质紊流均布冷却、超密度喷射紊流冷却、超密度层流冷却等，它们在冷却强度和冷却均匀性上较传统的层流冷却有了很大的提高。

尽管冷却方式不同，但是从图 8-52 和图 8-53 可以看出，都可以达到相当高的冷却效率。这种冷却效率已经和离线辊压式淬火机的冷却效率接近。

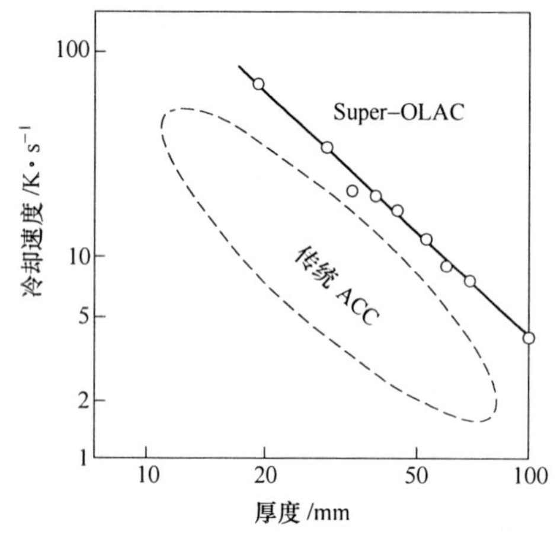

图 8-52　JFE 的 Super-OLAC 装置极限冷却速度[29]

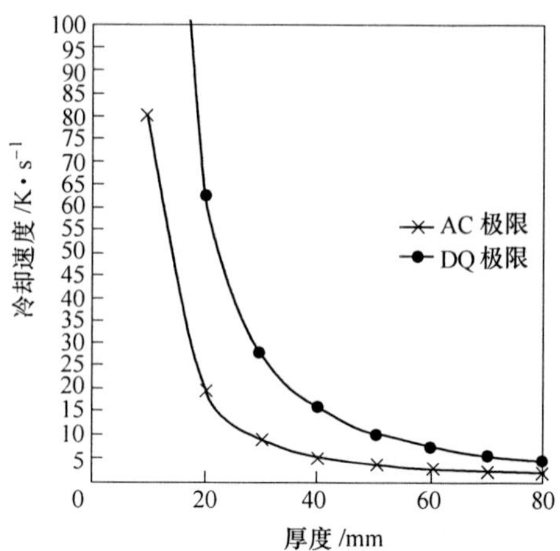

图 8-53　VAI 的 MULPIC 装置极限冷却速度[30]

综合国内外直接淬火冷却器的形式，它们有以下特点：

(1) 多采用无约束冷却方式，这有别于离线的辊压式淬火（带约束）；

(2) 保证横向冷却均匀性需具备更多的调节手段；

(3) 中压水（或水 + 气混合）喷射冷却 + 层流冷却的组合方式。

这些特点取决于轧线直接淬火的设备和工艺特点，这也是它有别于离线的各种辊压式淬火机的原因，也是离线淬火机不能简单应用于在线淬火的原因。结合国内的设备现状和生产产品实际，采取中压喷射冷却 + 层流冷却装置的配置是实现直接淬火工艺最为经济的技术方案。

关于直接淬火极限厚度，不同的冷却器、不同的钢种碳当量、不同冷却装置的直接淬火钢板的极限厚度各不相同。南京钢铁公司和北京科技大学合作，在南钢 3500mm 中厚卷板厂采用高密度管层流实现厚度规格 32 ~ 40mm 钢板的直接淬火；国内其他企业也曾尝试采用 MULPIC 冷却装置开发厚度 30mm 直接淬火 + 离线回火的 Q960 级钢板[30]。但是，对于薄板（厚度不大于 10mm），直接淬火表现的问题较多，主要包括：淬火后钢板冷却后易瓢曲，淬火钢板的长度方向性能均匀性差。

关于直接淬火板形，也是直接淬火工艺成败的关键。直接淬火时，轧制板形和冷却板形同等重要。由于轧制板形问题，导致冷却均匀性降低，板形问题突出，钢板性能均匀性下降。因此，保证淬火前的轧制板形对直接淬火来说至关重要。从稳定生产的角度看，采用预矫直后再淬火，或预矫直和淬火同步的生产工艺，能有效保证淬火板形。目前对于 Q690 级别以下的钢板的直接淬火，由于终冷温度相对较高，采用强力热矫直也能保证钢板的交货板形。

8.3.4 间断直接淬火（IDQ）与直接淬火分配（DQP）

间断直接淬火（IDQ）是快速淬火到预定的贝氏体或马氏体相变开始温度 B_s 或 M_s 以下、终止转变温度 B_f 或 M_f 以上，然后空冷或缓冷，实现贝氏体或马氏体组织转变，并完成残余奥氏体控制的工艺。与传统的 DQ 工艺相比，IDQ 的特点是需要对终冷温度进行严格控制，而不是直接淬火到 M_s 或 B_s 点以下。采用不同的 IDQ 工艺参数对钢的组织与性能会产生明显影响。

直接淬火分配（DQP）是将 IDQ 工艺与 Q&P 工艺相结合的一种工艺，也就是将 Q&P 工艺在线，提高钢材性能、降低生产能耗和提高生产效率的一种工艺。热加工钢材淬火到预定的贝氏体或马氏体相变开始温度 B_s 或 M_s 以下、终止转变温度 B_f 或 M_f 以上，适当停顿后快速加热到 B_s 或 M_s 以上，或者等温相变，实现残余奥氏体和析出物的控制。DQ、IDQ 和 DQP 的区别如图 8-54 所示。

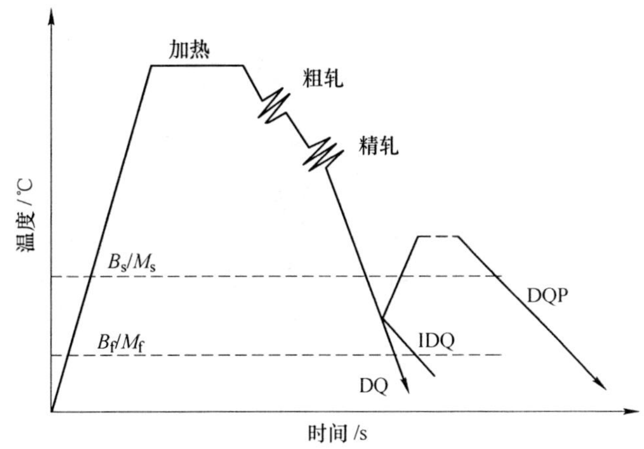

图 8-54 DQ、IDQ 和 DQP 三种工艺的区别

对中碳 Si-Mn-Mo-Nb-B 系马氏体钢（化学成分如表 8-26 所示）[31]，其 M_s 点在 370 ~ 374℃，M_f 点在 159 ~ 170℃。采用两阶段控制轧制，再结晶开轧温度为 1150℃，终轧温度高于 1050℃，再结晶区轧制总压下量为 50%，中间坯待温；未再结晶区开轧温度 930℃，终轧温度为 870℃，未再结晶区压下量为 60%。之后采取间断淬火 + 回火（IDQ + T）处理和直接淬火分配（DQP）工艺。IDQ + T 工艺为：轧制变形后快冷到 320℃、260℃、160℃然后空冷到室温，在 300℃进行回火，回火时间为 30min。DQP 工艺为：轧制变形后快冷到 260℃，然后放入 300℃加热炉中保温 30min，空冷到室温。

表 8-26 试验用钢的化学成分 (%)

钢号	C	Mn	Si	Cr	Ni	Mo	Nb	Ti	B
2 号	0.23	1.80	1.6	1.2	0.4	0.25	0.04	0.01	0.001

如图 8-55 所示，不同冷却工艺试验钢残余奥氏体含量相差较大。对于 IDQ 工艺，终冷温度为 320℃的残余奥氏体含量达到 6%，终冷温度降到 260℃，残余奥氏体含量略有降低，而终冷温度进一步降低到 160℃，回火后残余奥氏体含量最低，仅为 3.8%。DQP

工艺残余奥氏体含量最高，达到了9%。

IDQ + T处理后残余奥氏体主要在板条束界分布，马氏体板条间的分布很少，残余奥氏体多呈块状形态存在（图8-56a）；而DQP工艺残余奥氏体不但出现在马氏体板条束界，而且在马氏体板条间的数量明显增加，多呈长条状（图8-56b）。这说明DQP工艺处理促进残余奥氏体在马氏体板条间形成，这也使得残余奥氏体的分布更加弥散、均匀。

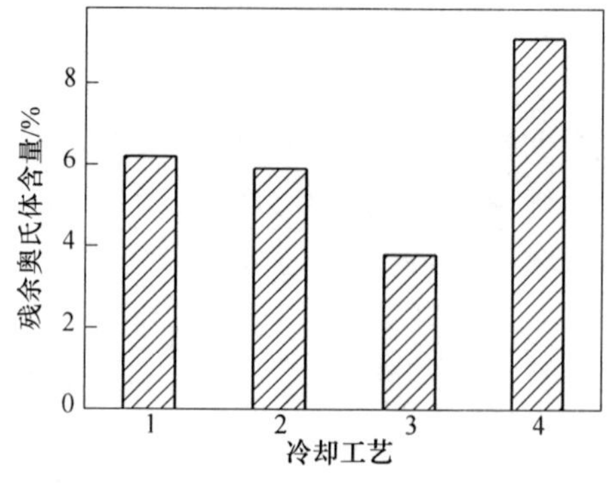

图8-55 不同冷却工艺下残余奥氏体含量

而对于DQP工艺，终冷温度处于马氏体区，仍有一部分奥氏体未转变为马氏体，在300℃等温碳扩散时间更长，未转变奥氏体中获得了更多碳原子，稳定性增加，室温得到的残余奥氏体含量更高。这也说明DQP能够有效提高残余奥氏体含量。不同冷却工艺对力学性能的影响见表8-27。

a

b

图8-56 残余奥氏体分布图

a—IDQ320℃ +300℃；b—DQP

表8-27 不同冷却工艺对力学性能的影响

序 号	工 艺	R_m/MPa	$R_{p0.2}$/MPa	$R_{p0.2}/R_m$	A/%	CVN/J
1	IDQ 320℃ +300℃回火	1600	1210	0.76	14.80	22.6
2	IDQ 260℃ +300℃回火	1650	1290	0.78	14.50	23
3	IDQ 160℃ +300℃回火	1721	1367	0.80	14.14	19.2
4	DQP 260 ~ 300℃	1553	1057	0.68	16.19	26.8

DQP工艺得到的残余奥氏体含量最高，因此其伸长率和冲击功均提高，然而残余奥氏体量增加同时会降低钢的强度，对屈服强度的影响最明显，屈强比降低。IDQ工艺，终冷温度320℃和260℃试样的回火韧性不与残余奥氏体含量成正比，这说明仍存在其他因素的影响。观察两种钢的组织，发现320℃终冷后的回火组织内出现粗大马氏体板条，粗大板条组织对韧性不利，这应该是导致韧性低的原因。

采用上述钢和热轧工艺，然后采用DQP工艺进行处理，分别为：（1）淬火至300℃、220℃等温处理时间15min；（2）260℃等温3min、15min、30min、45min、60min的不同时间。在220℃、260℃、300℃等温15min后的钢强度变化如图8-57a所示。随等温温度升高，钢的抗拉强度从1630MPa逐渐下降到1540MPa，下降趋势明显。屈服强度随等温温度升高表现为先降低后升高。260℃等温处理屈服强度具有最小值。不同等温处理后，钢冲击功和伸长率的变化如图8-57b所示。-20℃冲击功随等温温度升高，表现为先升高后降低，在260℃等温处理均获得了较好的韧性。伸长率呈上升趋势。

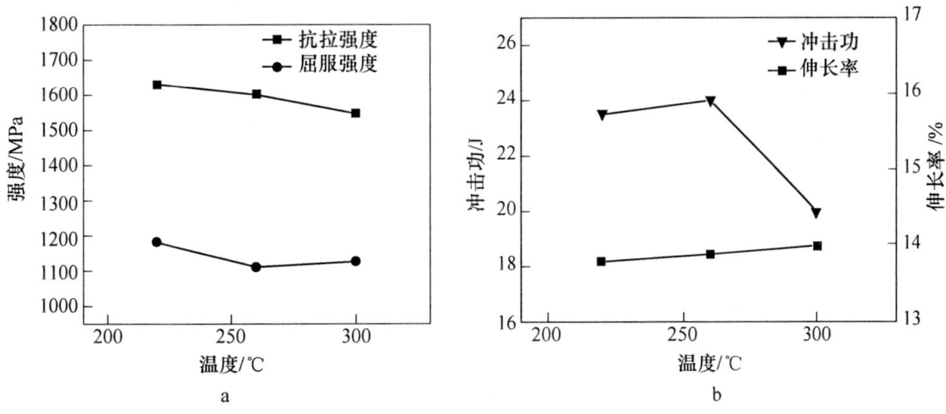

图8-57 等温温度对钢的强度（a）、冲击功和伸长率（b）的影响

利用XRD技术测得不同等温处理后试验钢的残余奥氏体含量如图8-58所示。260℃等温处理的残余奥氏体含量有最大值，超过了9%，而在220℃和300℃等温处理残余奥氏体含量较低，其变化取决于碳的扩散速率和残余奥氏体热稳定性。可以认为，残余奥氏体含量及其稳定性是DQP工艺后钢板冲击功的重要影响因素。

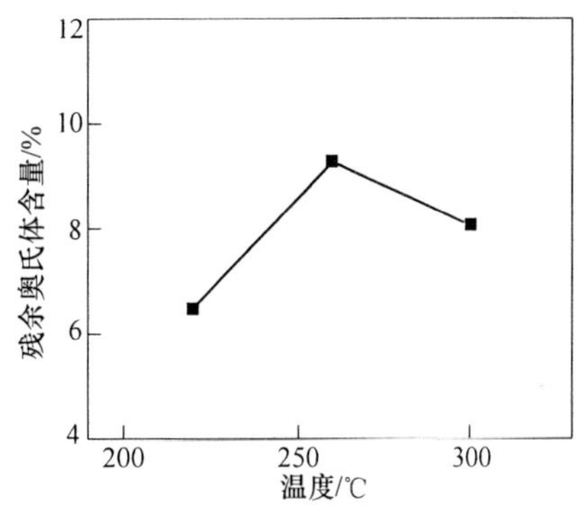

图8-58 淬火温度对残余奥氏体含量的影响

随着DQP的配分时间增加，钢的抗拉强度降低，屈服强度升高。图8-59为配分时间对冲击功和伸长率的影响规律。可以看出，-20℃冲击功和伸长率随等温时间增加而升高。配分等温时间60min的冲击功最高，为27.5J。配分等温时间小于30min，随等温时间增加伸长率增加明显，

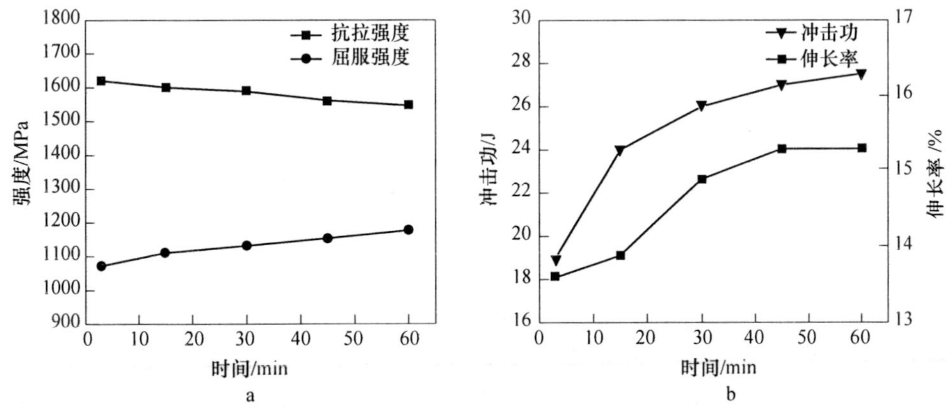

图8-59 等温时间对强度（a）、冲击功和伸长率（b）的影响

随后较为稳定。不同等温时间下，残余奥氏体含量如图 8-60 所示。随等温时间的延长，残余奥氏体的含量不断增加；时间超过 30min，增加速率下降。钢的冲击韧性和伸长率增加得益于过饱和马氏体中铁素体的碳含量降低，以及残余奥氏体体积分数的增加；屈服强度提高是马氏体中碳化物析出产生的沉淀强化作用。

根据上述的研究数据，可以推测 DQP 工艺的核心是控制残余奥氏体的体积分数、力学稳定性，以及贝氏体或马氏体的基体组织过饱和度、析出物尺寸与数量。目前，DQP 工艺在部分企业应用，采用的等温方式为堆垛冷却。

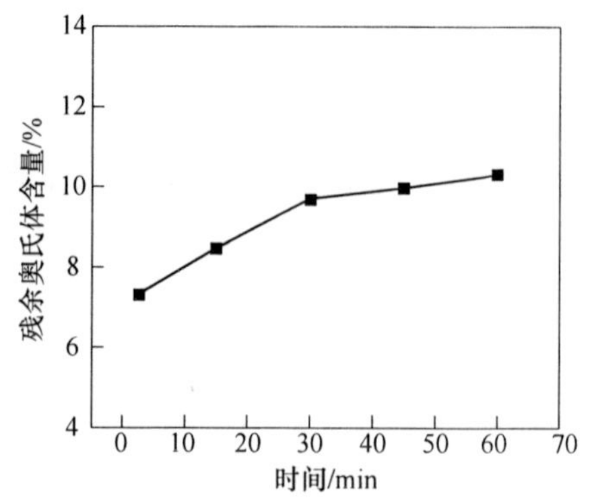

图 8-60　残余奥氏体含量随等温时间变化

8.3.5　在线热处理（HOP）

日本首先研发出了在线热处理工艺（heat-treatment on-line process，HOP），并已在 JFE 西日本制铁所福山投入生产线，其工艺布局如图 8-61 所示。该工艺特点是在矫直机之后安装了在线感应加热设备，经过超快速冷却（Super-OLAC）的钢板通过该设备时，利用高效的感应加热装置进行快速升温，可以对碳化物的分布和尺寸进行控制，使其非常均匀、细小地分散于基体之上，从而实现钢的高强度和高韧性。基于碳化物的微细、分散、均匀控制，通过最优组织设计，可以大幅度地提高材料的性能，生产的抗拉强度 600～1100MPa 级调质钢具有良好的低温韧性和焊接性能等[32,33]。

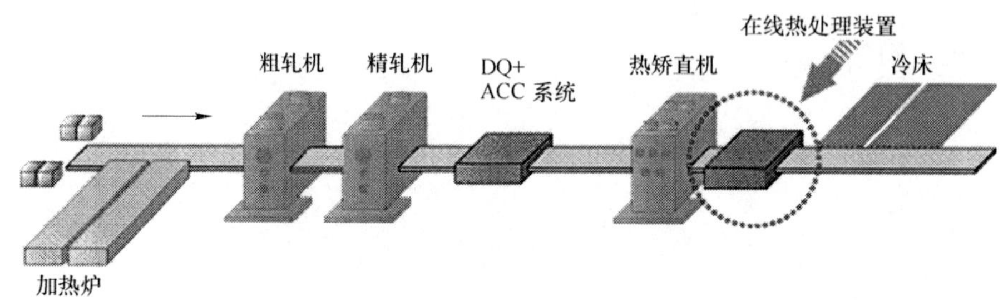

图 8-61　JFE 的 HOP 生产工艺示意图

8.3.5.1　HOP 的基本原理

HOP 工艺的原理之一是：低碳贝氏体钢通过两阶段控制轧制，奥氏体晶粒细化和亚结构形成，经过快速冷却后再快速加热，使钢中未转变奥氏体和已转变的贝氏体之间形成碳扩散，在感应加热过程中贝氏体经过高温短时间回火得到回火贝氏体，贝氏体中过饱和的碳向未转变奥氏体扩散，奥氏体中碳浓度增加，稳定性增强，最后形成细小弥散分布和呈圆形的 MA 岛。其组织演变原理示意如图 8-62 所示。这种 MA 组织可降低裂纹尖端应力，能阻碍裂纹扩展，或使裂纹发生转折，消耗部分扩展功，从而提高变形能力。

HOP 工艺的原理之二是：通过短时间高温回火，控制碳化物形态。Soon Tae Ahn 等[34]研究表明，在线回火过程中，当感应加热温度在 600℃左右时，渗碳体粒子开始从针状向棒状转变，即粒子开始长大并逐渐球化，如图 8-63 所示。Nagao Akihide 等[35]研究了不同的轧制工艺和感应加热速度对贝氏体中碳化物析出形态、位置的影响，如图 8-64 所示。结果表明：采用快速感应加热回火，使得位错密度明显高于加热速度相对较慢时的位错密度；另外，在未再结晶区进行轧制，有效地细化了晶粒，为碳化物的析出提供了更多的形核位置，使得碳化物不仅在板条状贝氏体的晶界处析出，也在板条状贝氏体基体上弥散地析出，从而使其强韧性匹配极佳。

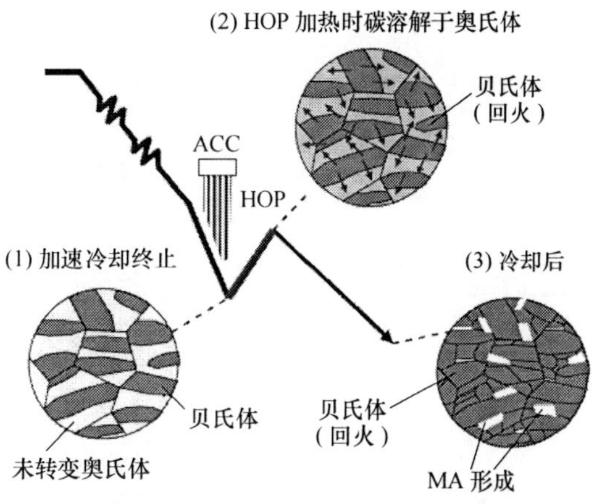

图 8-62 低碳贝氏体钢经 HOP 处理时 MA 组织的形成

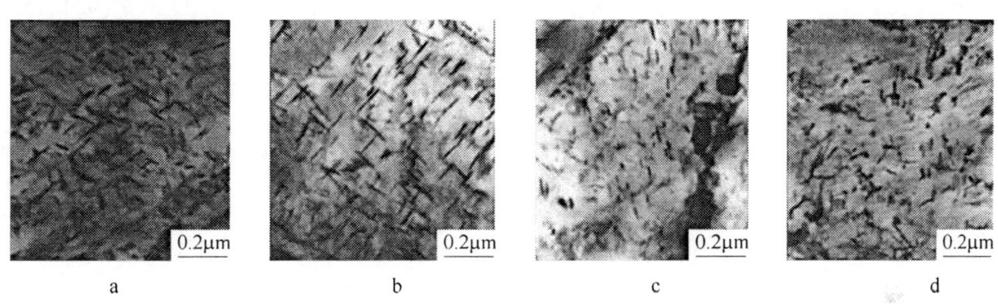

图 8-63 回火过程中碳化物的析出 TEM 形貌

a—感应加热温度 400℃；b—感应加热温度 500℃；c—感应加热温度 600℃；d—感应加热温度 700℃

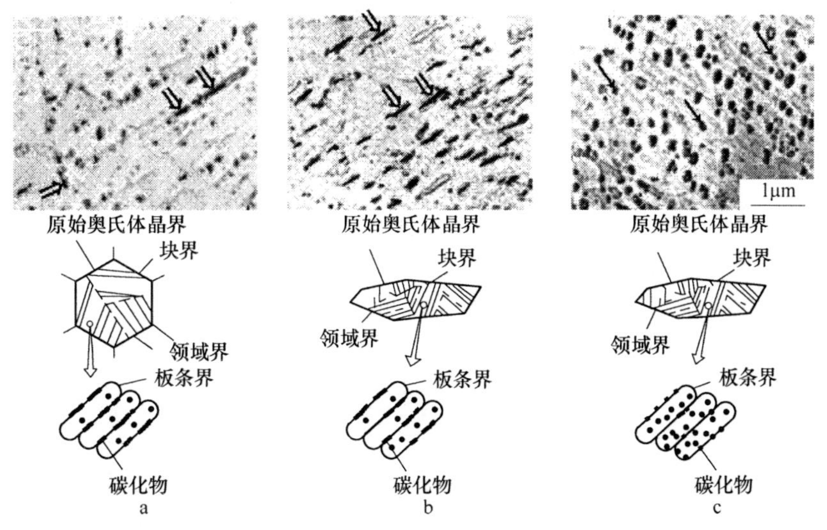

图 8-64 HYD1100LE 快速加热回火中碳化物的扩散、分布

a—再结晶区轧制；b，c—未再结晶区轧制；a，b—加热速度 0.3℃/s；c—加热速度 20℃/s

8.3.5.2 HOP参数对低碳贝氏体钢性能的影响

张杰[36]采用表8-28所列化学成分的Mn-Mo-Nb-Ti-B系低碳贝氏体钢，研究了HOP工艺中在线回火温度和加热速度对组织和性能的影响。

表8-28 试验钢的化学成分（质量分数） （%）

C	Si	Mn	Nb	S	P	Ti	B	Cr + Mo + Ni + Cu	Als
0.038	0.27	1.60	0.049	0.004	0.015	0.016	0.0019	2.6	0.023

经过805℃终轧的控制轧制后，钢经过快速冷却至300℃，再以30℃/s的加热速度分别升温至550～700℃保温15min或空冷至室温，各项力学性能的变化规律如图8-65所示。经过快速回火后钢的强度同淬火态相比有所降低。随着在线回火温度的升高，屈服强度和抗拉强度呈现波动，分别在600℃和700℃出现两个强度峰值点。经过对显微组织分析发现，性能波动与析出物的数量增多和MA的尺寸变小有关系。从-40℃夏比V形缺口冲击功看，钢板的纵向冲击功高出横向冲击功50～70J。回火温度对于冲击功的影响与对强度的影响相反。强度降低时，冲击韧性提高。Mn-Mo-Nb-Ti-B系低碳贝氏体钢在550℃、660℃在线回火时的冲击功高，550℃横向冲击功最大达150J。

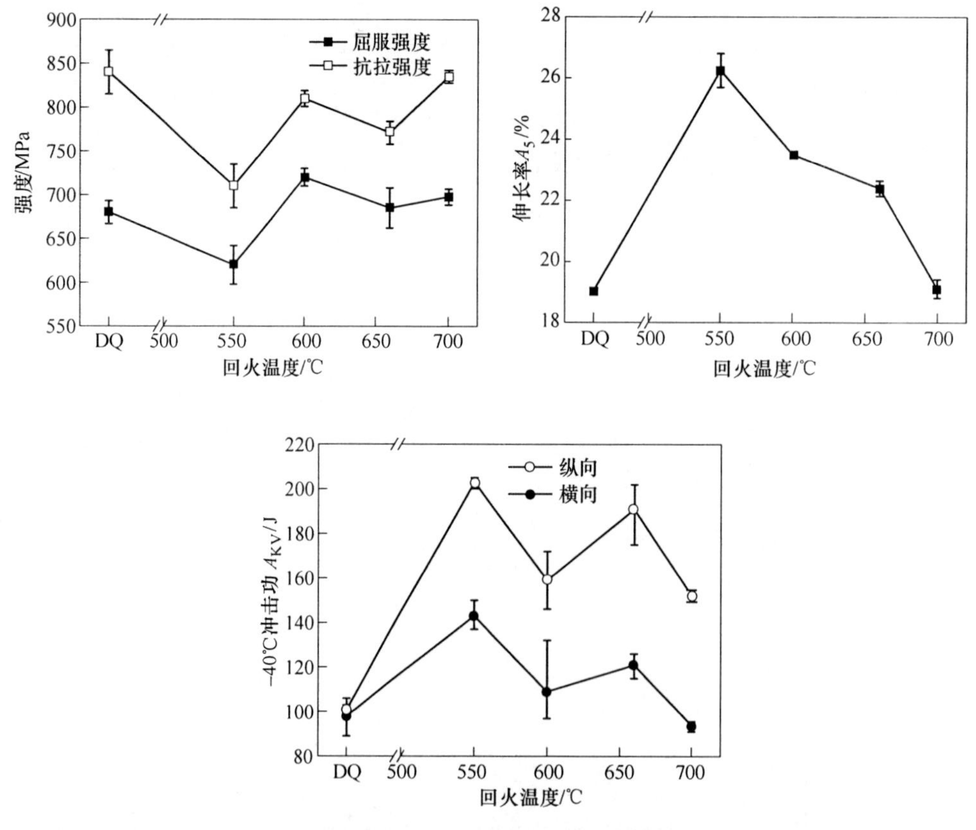

图8-65 在线回火温度对钢板力学性能的影响

上述Mn-Mo-Nb-Ti-B系低碳贝氏体钢控轧控冷后快速回火工艺中，加热速度对性能也会产生明显影响。试验钢经过805℃终轧和控冷至300℃后，经10～40℃/s的加热速度快速升温到600℃，保温15min。在10～30℃/s的加热速度范围内，随着加热速度的提高，钢的屈服强度与抗拉强度增加，但是两者差值缩小，屈强比升高，见图8-66。这种强化效应主要是析出强，还有MA组织的体积分数增加。钢的伸长率随着加热速度的上升呈现下降趋势。提高加热速度可增加钢的横向冲击功，对纵向冲击功作用不明显，这种变化与加热速度对MA岛体积分数和形态的影响相关。这方面的影响规律在第3章中已有说明。

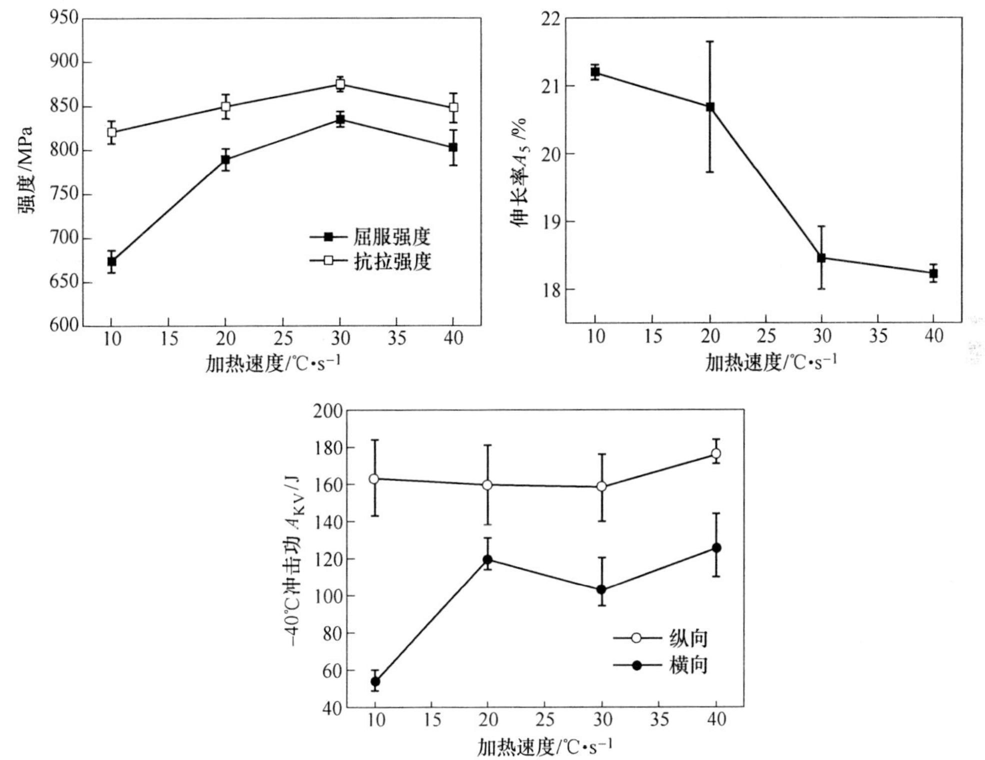

图8-66 在线加热速度对钢力学性能的影响[36]

在线热处理的回火时间及温度也会对Mn-Mo-Nb-Ti-B系低碳贝氏体钢的组织与性能产生显著作用，体现在在线回火时间和温度对于：（1）铌碳氮化物析出粒子直径和析出数量的影响，以及析出粒子的长大过程；（2）直接淬火过程的相变特点及对MA组织形态的影响，碳扩散过程中在MA组织的碳富集，以及MA组织的高温稳定性。在450～700℃的回火温度区间和0～60min保温时间内，加热参数对处理后钢的维氏硬度的影响如图8-67所示。450～500℃时硬度峰值对应的回火时间为30min；600℃回火时，硬度峰值对应的回火时间为10min；650～700℃回火时，硬度峰值对应的回火时间为5min。可见，在线回火温度越高，硬度峰值的出现时间越短。从硬度峰值的

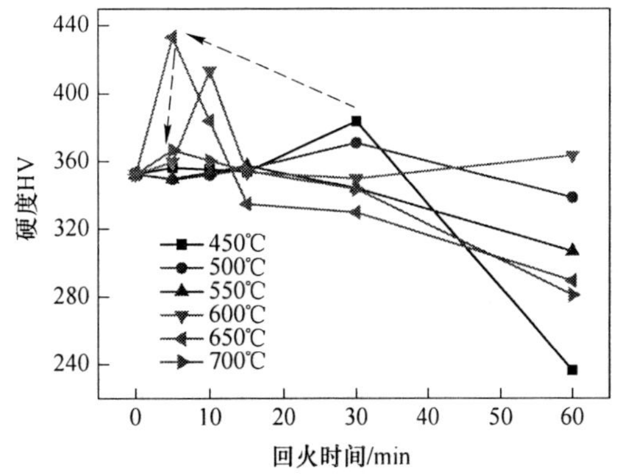

图8-67 450～700℃不同保温时间的试样的显微硬度变化曲线

变化看，600℃和650℃回火时，硬度峰值最高，对应用钢的抗力强度增量最高，说明在此温度范围强化效果明显。

综合上述在线热处理工艺对低碳贝氏体钢组织性能的影响规律可以看出，在线回火可以在很大范围内调整钢的组织与性能。为了获得低的屈强比、高的伸长率，应该采取短时间、较低温度的快速加热回火。但是，根据大多数中厚板生产企业的生产节奏，在生产线完成在线热处理 HOP 工艺，主要受短时间对大单重钢板加热所需的高加热功率要求限制。

8.3.5.3 HOP 工艺的应用

日本 JFE 公司通过 DQ 和 HOP 工艺生产的高强度钢性能如表 8-29 所示。

表 8-29 开发钢种的力学性能（板厚 32mm）[37]

级 别	屈服强度/MPa	抗拉强度/MPa	伸长率/%	-40℃夏比冲击功/J	备 注
HYD960LE	1061	1123	31	191	DQ + HOP
HYD1100LE	1173	1277	23	61	

8.3.6 弛豫析出控制（RPC）

RPC（Relaxation-Precipitation-Control）即弛豫-析出-控制相变工艺技术[38]。其工艺示意见图 8-68。该工艺的特点是：在常规的三阶段控制的 TMCP 工艺中加入一个弛豫阶段，形成四阶段控制。弛豫阶段在终轧后到加速冷却前。它除了要控制变形量、终轧温度外，还要控制弛豫时间、控制冷却工艺开冷温度及终冷温度等参量，达到不同组织及不同细化温度。RPC 工艺实际上并不复杂，以前的中厚板实际生产都是四阶段，只是弛豫阶段没有明确要实施控制。

RPC 的基本原理是，弛豫过程钢的亚结构发出巨大变化，并影响钢的相变。变化过程包括：高位错密度变形奥氏体在弛豫过程中，逐渐形成 3 ~ 5μm 大小的胞状亚结构，相当于增加了晶界；微合金化合物在亚结构的界面上析出；随后的相变在亚结构内部发生，由于亚晶界的作用，相变组织更加细小。在低碳贝氏体高强度钢的生产中发现，采用这种工艺可以获得板条束更短、板条更窄的贝氏体，钢的韧性和强度都得到提高。弛豫时间对含铌钛的低碳贝氏体钢的板条束宽度和长度的影响如图 8-69 所示，在弛豫时间为 200s 时，

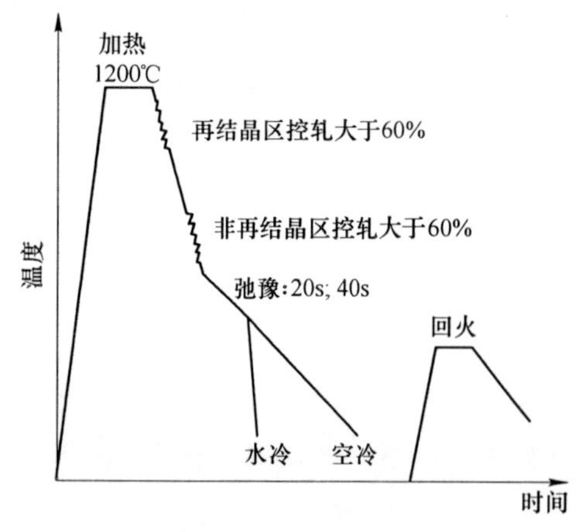

图 8-68 RPC 工艺示意图

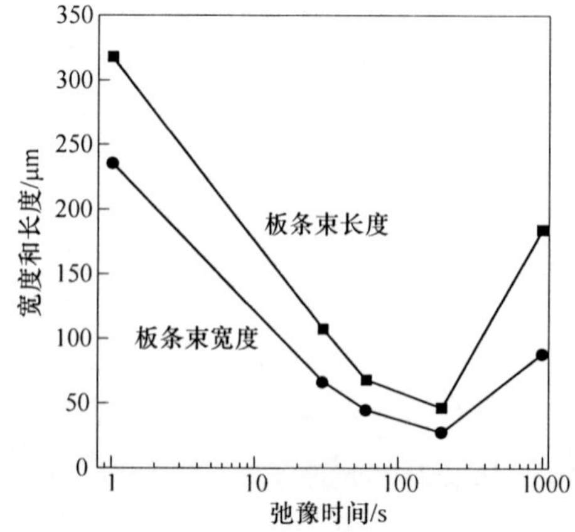

图 8-69 RPC 工艺后的贝氏体板条宽度和长度[38]

可以获得最细小的贝氏体组织。当然，在实际生产中，终轧完成到开始控制冷却的弛豫时间还要受到钢板温降的限制。钢板越薄，允许弛豫的时间就越短，但是对于20mm厚度以上的钢板，弛豫30～40s还是可行的。

Mn-Mo-Nb-B系低碳贝氏体钢经过控制轧制和850℃终轧，不同弛豫时间对钢板力学性能影响如表8-30所示，目前，RPC工艺已经在国内大钢铁公司的中厚板生产线用于开发屈服强度550～800MPa的低碳贝氏体钢板。

表8-30 不同弛豫时间Mn-Mo-Nb-B系低碳贝氏体钢钢板性能

弛豫时间/s	屈服强度 R_{eL} /MPa	抗拉强度 R_m /MPa	伸长率 A_5/%	冲击功 A_{KV}/J	
				20℃	-20℃
10	805	823	18	91	67
20	843	883	19	92	63
40	825	835	19	144	61

8.3.7 常化控制冷却（NCC）

8.3.7.1 常化的作用及问题

常化，也称为正火（Normalizing）是提高钢板组织均匀性、韧性的重要工艺手段。常规的常化处理通常是加热到钢的奥氏体化温度（A_{r3}以上30～50℃）后采用空气冷却。从钢的连续冷却相变特性可知，低冷却速度会导致相变温度提高，室温组织晶粒相对粗大。微合金化钢常化后因微合金元素的碳氮化物析出和长大，其沉淀强化效果降低。重新奥氏体化和相变特点都会导致正火后钢板屈服强度降低，对控轧钢强度降低幅度可能在20～50MPa，对控轧控冷（TMCP）钢板，强度降低幅度可达80～120MPa。中厚板厂生产经验表明：在高温天气时，生产铌微合金化和厚规格（厚度大于25mm）常化钢板，经常会因屈服强度不达标形成不合格品。为了克服这些问题，常常需要加钒或其他合金元素来保证强度。

当然，常化处理希望得到接近平衡态组织。从日常经验知道，常化处理对于不同规格产品，其空冷的速度差异很大，如8mm和40mm厚度钢板，其空冷速度相差数倍。因此，在保证钢板厚度方向组织性能均匀的前提下，通过控制相变，可以有效控制不同规格常化钢板的性能一致性，或改善其性能。冷却过程中，钢板厚度方向相变过程是可以通过冷却工艺加以控制的。

8.3.7.2 常化控制冷却工艺及装备

2005年国内成功开发了常化控制冷却（Normalizing Controlled Cooling，NCC）工艺和装备技术，并成功应用于生产[39,40]。目前国内已经有常化控冷线10条。常化控制冷却技术的原理是：常化后通过控制冷却速度和终冷温度来控制钢板的相变温度，并抑制微合金元素碳氮化物的长大，细化晶粒和析出物，提高钢板强度，而韧性和塑性基本不变。

为了适应不同强度级别、不同厚度钢种的生产需要，常化后的控制冷却方式多样化，可以层流冷却，或压力喷射冷却，或喷射冷却与层流冷却结合，或气雾冷却-层流冷却结合，以实现不同温度阶段的冷却速度组合控制，满足组织与性能的控制要求。目前，上述各种形式的常化冷却方式在国内中厚板厂皆有应用。图 8-70 所示为新一代的常化控制冷却装置。

图 8-70　新一代中厚板常化控制冷却装置

8.3.7.3　常化控冷对钢板组织性能的作用

A　对船板钢显微组织的影响

分别采用 DH32、EH36、FH32 船板钢，分析常化冷却对钢的显微组织、偏析、微合金元素析出及力学性能的影响。试验钢的化学成分如表 8-31 所示。

表 8-31　试验用船板钢化学成分（质量分数）　（%）

钢　种	C	Mn	Si	S	P	Nb	V	Ti	Ni	Als
DH32	0.15	1.55	0.27	0.010	0.015					0.035
EH36	0.11	1.63	0.25	0.002	0.008	0.029	0.025	0.014		0.042
FH32[3]	0.08 ~ 0.10	1.40 ~ 1.50	0.20 ~ 0.30	0.005	0.010	微量			适量	0.060

50mm 厚度的 DH32 船板钢采用常化后控冷和常化后空冷两种工艺，获得的组织如图 8-71 所示。可以看出，未经快冷的常规常化钢板，虽然表层和心部组织都是铁素体和珠光体，其中心的铁素体晶粒尺寸约为 20μm，钢板中心的带状组织经过常化后并未消除；

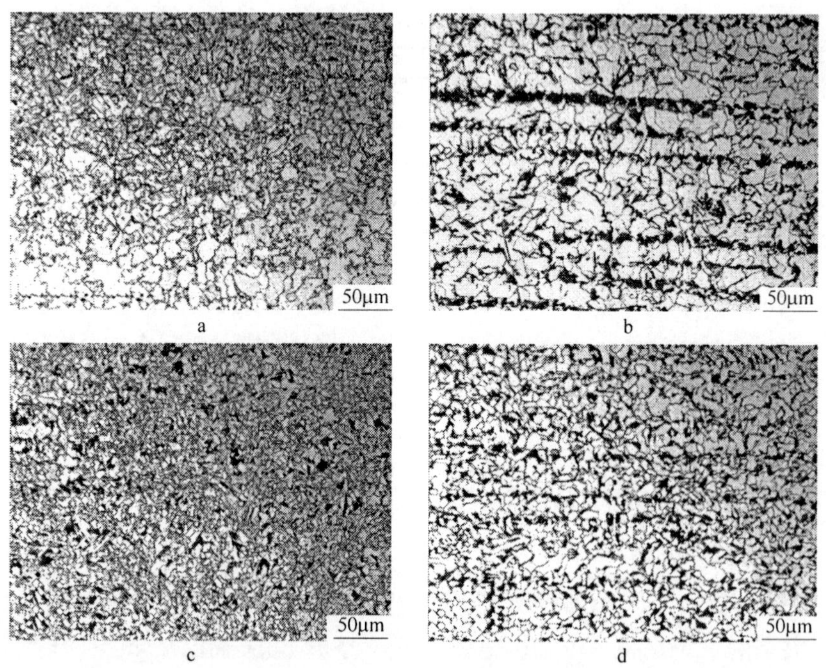

图 8-71　常化-空冷与常化-控冷后 50mm 厚度 DH32 船板钢组织对比
a—常化-空冷，表层；b—常化-空冷，中心；c—常化-控冷，表层；d—常化-控冷，中心

经过常化后控冷的钢板，其表层和心部组织也为铁素体和珠光体组织，表层未见到快速冷却形成的异常组织（如回火贝氏体和回火马氏体），表层的铁素体晶粒尺寸细小约 5μm，心部的铁素体平均晶粒尺寸约 10μm。常化控冷后晶粒细化，船板的屈服强度和抗拉强度分别提高 30MPa 和 25MPa，-20℃条件下夏比缺口冲击功基本保持为 190J，伸长率略有下降，分别为 29% 和 27%。

将 EH36 钢坯加热到 1200℃保温 2h 后进行两阶段轧制，最终轧成 12mm 厚的钢板。再结晶区轧制的开轧温度为 1150℃，累积压下率为 40%；未再结晶区精轧开轧温度为 880℃，累积压下率为 33%。轧后控制冷却至 680℃，然后空冷至室温。常化冷却工艺为，加热温度 910℃保温 15min，常化后采用不同的冷却方式，空冷、气雾冷却，气雾冷却的终止温度为 500℃和 600℃，然后空冷。对比分析，常化和常化控制冷却工艺条件析出的影响规律。从图 8-72 可以看出，TMCP 工艺生产的钢板析出物尺寸分布在 5～40nm 范围，平均尺寸在 22nm；常化雾冷至 500℃钢板的析出物尺寸分布在 5～35nm，平均尺寸在 9nm；常化冷却至 600℃钢板的析出物尺寸分布在 1～30nm，其中尺寸 5～15nm 的析出比例近 60%，平均尺寸约 13nm。可见，常化控制冷却可以有效地控制析出物的尺寸。

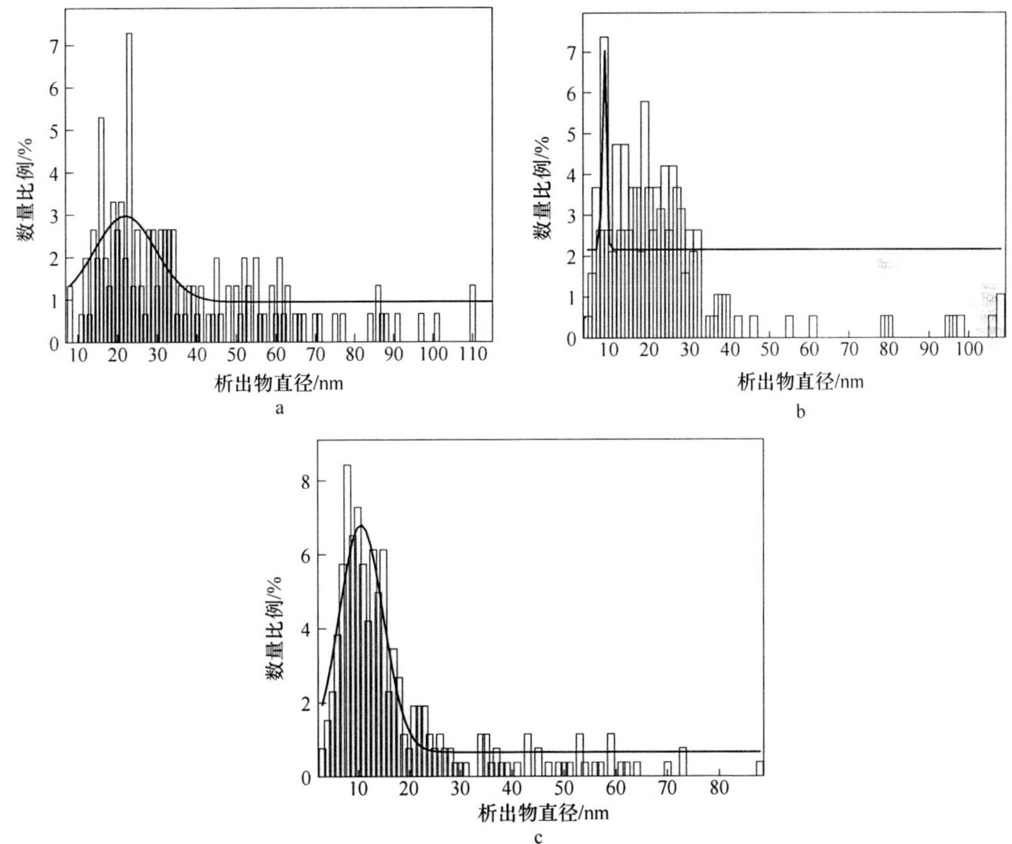

图 8-72 不同工艺获得试样中析出物尺寸分布[41]

a—TMCP；b—常化雾冷至 500℃；c—常化雾冷至 600℃

采用常化控制冷却工艺试制的 110mm 厚 FH32 钢板的力学性能如表 8-32 所示[42]，从表中可以看出，该钢板屈服强度在 345 ~ 365MPa，抗拉强度在 475 ~ 500MPa，－60℃纵冲击功均达到 180J 以上，低温冲击韧性良好；试验值常化控冷试验，FH32 钢板 Z 向拉伸断面收缩率大于 58%，抗层状撕裂性能优良，达到 Z35 要求，各项性能均满足各船级社标准中对大厚度船板的要求，并有较大富余量。

表 8-32　110mm 厚 FH32 钢板力学性能

批号	R_{eH}/MPa	R_m/MPa	A/%	R_e/R_m	－60℃纵向 A_{KV}/J		
CHA905281	365	490	34.0	0.74	300	210	190
CHA905282	360	495	33.0	0.73	251	267	244
CHA906014	350	490	33.5	0.71	300	266	300
CHA906015	350	490	34.0	0.71	277	285	267
CHA906016	375	495	33.0	0.76	300	200	300
CHA906017	385	500	34.0	0.77	300	295	235
CHA906144	345	475	37.0	0.73	236	253	275
CHA906145	345	475	37.0	0.73	254	300	252
CHA906146	355	500	32.0	0.71	215	300	300
CHA906147	355	500	30.5	0.71	300	276	300
CHA906148	355	480	35.5	0.74	270	300	203
CHA906149	350	475	34.5	0.74	182	249	269

B　对临氢类压力容器钢的影响

2.25Cr-1Mo 主要作为临氢热壁反应器的中温压力容器用，其 A_{c3} 为 850℃左右，热处理工艺为常化-高温回火，一般常化工艺为 920℃保温 1h 后空冷，回火热处理的温度 720℃左右，出炉后空冷。为了分析常化控冷工艺对 2.25Cr-1Mo 钢的组织和性能的影响，采用冷常化、常化-回火、常化控冷（雾冷或水冷至不同温度）-回火，甚至常化-回火控冷工艺进行对比试验。水冷的平均速度约为 30℃/s，雾冷平均速度约为 5℃/s。钢的化学成分如表 8-33 所示。

表 8-33　2.25Cr-1Mo 钢化学成分（质量分数）　　（%）

C	Si	Mn	Cr	Mo	Ni	Ti	S	P	N	Als
0.11	0.14	0.44	2.13	1.03	0.15	0.012	0.002	0.007	0.0007	0.031

从不同热处理工艺后组织来看，2.25Cr-1Mo 钢常化组织为粒状贝氏体，MA 组织粗大，在奥氏体晶界处分布集中，形态锐化，这种组织形貌对延伸和韧性是不利的，如图 8-73a、e 所示；其常化-回火组织是贝氏体高温回火组织，常化形成的 MA 组织也成为粒状碳化物和铁素体，但是这种粒状碳化物较回火贝氏体中析出的碳化物粗大，且在原奥氏体晶界位置呈链状析出，如图 8-73b 所示，这种组织形貌会有损冲击性能和延伸性能。在常化控冷（水冷）-回火后的组织中，原奥氏体晶界处还能见到少量片状碳化物，会降低韧性，晶内碳化物更弥散、细小，有利于提高强度，如图 8-73c、f 所示。而常化控冷（雾冷）-回火后的组织中，碳化物粒度和分布相对均匀，未见原奥氏体晶界处的大颗粒

链状碳化物析出，如图 8-73d 所示。

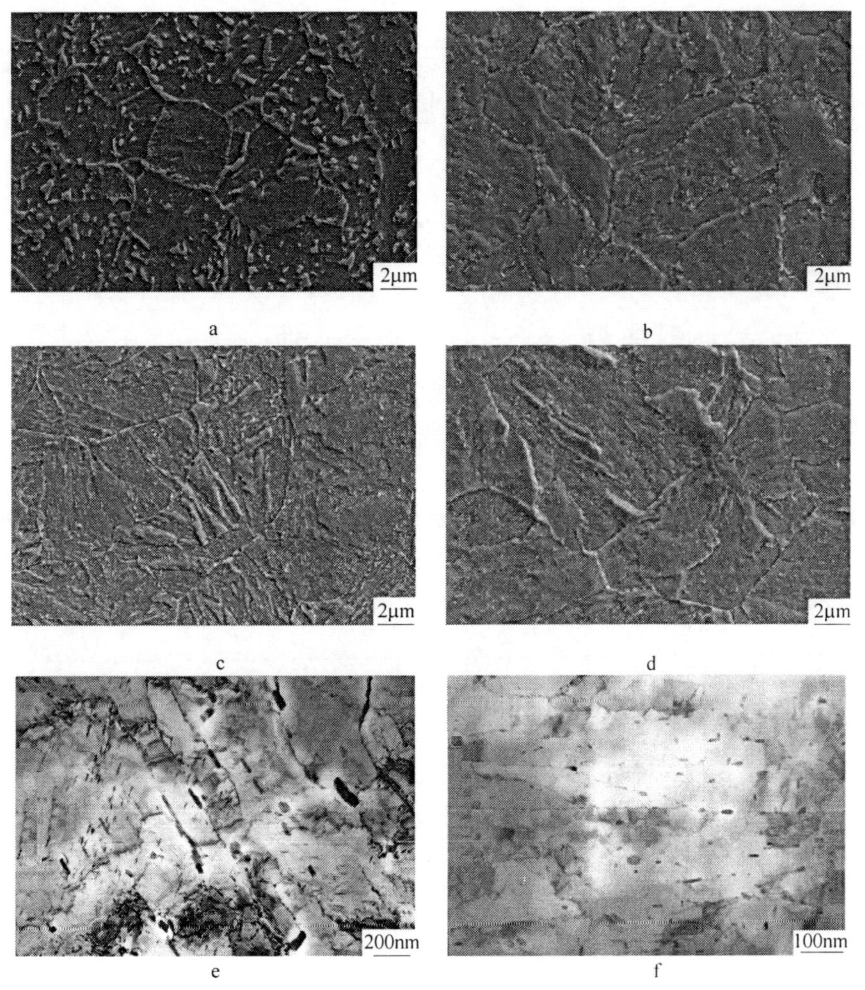

图 8-73　2.25Cr-1Mo 钢热处理后显微组织

a—常化（SEM）；b—常化 + 回火（SEM）；c—常化水冷 + 回火（SEM）；
d—常化控冷至 260℃ + 回火（SEM）；e—常化（TEM）；f—常化水冷 + 回火（TEM）

常化后的高温回火可以提高 2.25Cr-1Mo 钢的伸长率和冲击性能，源于铁素体板条的合并与长大、MA 的分解、细小碳化物的溶解和部分碳化物的长大及稳定化。常化后控冷（水冷或雾冷）都可以进一步提高 2.25Cr-1Mo 钢的伸长率，－30℃夏比 V 形缺口冲击功保持不变或略有提高。如果控制常化冷却后的终冷温度，不仅可以进一步提高伸长率，冲击性能也可以保持高值。说明常化后加速冷却有利于提高 2.25Cr-1Mo 的强度，且保持冲击功基本不变，如表 8-34 所示。

回火后加速冷却与普通回火工艺相比，屈服强度、抗拉强度和冲击功则都出现大幅度下降，但伸长率由 20% 升高至 30% 以上。其性能特点可能与回火冷却过程抑制碳化物高温析出有关。通过常化控制冷却，国内某钢铁公司宽厚板厂在国内率先生产了厚度 137mm 的临氢设备用低碳特种板 2.25Cr1Mo，改变了该类产品长期依赖进口的局面。此后该公司基于该工艺进一步开发生产了 150mm 以上厚度的临氢设备用钢板，并在国内重点工程建设中发挥了作用。

表 8-34 2.25Cr-1Mo 钢不同热处理工艺后的力学性能

热处理工艺	屈服强度/MPa	抗拉强度/MPa	伸长率/%	-30℃ CVN 冲击功/J
920℃空冷至室温	698	1030	17.6	16.6
920℃空冷至室温+720℃回火	593	698	20.9	292.4
920℃水冷至室温+720℃回火	688	775	22.1	290.0
920℃雾冷至室温+720℃回火	577	680	22.6	328.7
920℃雾冷至260℃+720℃回火	593	693	25.3	318.5
920℃雾冷至420℃+720℃回火	613	710	23.9	309.4
920℃空冷至室温+720℃回火后雾冷至室温	410	553	34.4	240.0

C 对低合金高强度钢的影响

利用常化快冷工艺，国内某钢厂中厚板厂成功开发了特厚的 Q345GJ（Z）和 Q390D（Z）、Q460E/Z35 等级别的低合金高强度钢板，常化控冷后产品的一次性能合格率高达 98.5%以上。常化控制冷却产品用于国内大型建筑工程，如奥运会的“鸟巢”和“水立方”等。例如，在碳当量不大于 0.48%的条件下，Q460E/Z35 钢板实现了 110mm 大厚度情况下，钢板的屈服强度不小于 460MPa，伸长率不小于 20%，钢板的屈强比不大于 0.83。表 8-35 为常化控冷对 45mm 和 40mm 厚 Q345C 钢板性能的影响。如其他冷却装置一样，对常化控制冷却后板形要求也非常严格。图 8-74 为 8mm 厚钢板常化冷却后的板形，不平度达到不大于 5mm/m，可不经矫直直接交货。

表 8-35 常化控冷对 Q345C 钢板性能影响

工艺对比	厚度/mm	屈服强度/MPa	屈服强度增加值/MPa	伸长率/%	伸长率增加值/%
轧制	45	320	50	28.5	3
常化控冷		370		31.5	
轧制	45	340	35	25.5	6
常化控冷		375		31.5	
轧制	40	330	20	29.5	3
常化控冷		350		32.5	

图 8-74 常化控冷工艺生产的 8mm 钢板板形平直

参考文献

[1] 焦百泉. 管线钢性能的发展 [J]. 焊管, 1999, 22 (4): 1~7.

[2] 黄维, 张志勤, 高真凤, 等. 国外高性能桥梁用钢的研发 [J]. 世界桥梁, 2011 (2): 18~21.

[3] 张志勤, 秦子然, 何立波, 等. 美国高性能桥梁用钢研发现状 [J]. 鞍钢技术, 2007 (5): 11~14.

[4] 胡晓萍, 温东辉, 李自刚. 高性能桥梁用钢的发展 [J]. 热加工工艺, 2008, 37 (22): 91~94, 110.

[5] 孙邦明, 杨才富, 张永权. 高层建筑用钢的发展 [J]. 宽厚板, 2001, 7 (3): 1~5.

[6] Uemori R, Chijiiwa R, Tamehiro H. AP-FIM Analysis of Ultrafine Carbonitrides in Fire-Resistant Steel for Building Construction [R]. Nippon Steel Technology Report, 1996, 69: 23.

[7] 王传稚, 戚正风. 耐候钢的化学成分和性能 [J]. 特殊钢, 1997, 18 (1): 13~19.

[8] 陈妍, 齐殿威, 吴美庆. 国内外高强度船板钢的研发现状和发展 [J]. 特殊钢, 2011, 32 (5): 26~30.

[9] Masahito Kaneko. Characteristics of Brittle Crack Arrest Steel Plate for Large Heatinput Welding for large Container Ships [J]. Kobelco Technology Review, 2011 (30): 66~69.

[10] 万德成, 余伟, 李晓林, 等. 淬火温度对 550MPa 级厚钢板组织和力学性能的影响 [J]. 金属学报, 2012, 48 (4): 455~460.

[11] 李晓林, 余伟, 朱爱玲, 等. 亚温调质对 F550 级船板钢低温韧性的影响 [J]. 材料热处理学报, 2012, 33 (12): 100~104.

[12] 林富生, 超超临界参数机组材料国产化对策 [J]. 动力工程, 2004 (3).

[13] 关婧. 热轧及热处理工艺对 12Cr1MoV 钢组织性能影响研究 [D]. 北京: 北京科技大学, 2009.

[14] Chiaki OUCHI. Development of Steel Plates by Intensive Use of TMCP and Direct Quenching Processes [J]. ISIJ International, 2001 (6): 542~553.

[15] 余伟, 何天仁, 张立杰, 等. 中厚板控制轧制用中间坯冷却工艺及装置的开发与应用 [C]. 2013 年第 9 届钢铁年会, 2013, 10: 22~25.

[16] 余伟, 陈雨来, 刘涛. 武钢轧板厂 2800 中板生产线控制轧制与控制冷却工艺与装置研发技术报告 [R]. 北京科技大学高效轧制国家工程研究中心, 2003.

[17] JFE Steel's Super-CR Achieves Accumulative 800000T Steel Plate Output//http://www.japanmetalbulletin.com/?p=3045.

[18] Mekkawy M F, El-Fawakhry K A, Mishreky M L. Direet Quenching of Low Manganese steels Microalloyed With Vandaium or Titanium [J]. I&SM, 1990 (10): 75~82.

[19] Shikanai N, Suga M. Influence of Direct-quenching Conditions and Alloying Elements on Mechanical Properties of HSLA Steel plates [C]. In: Confproe Physical Metallurgy of Direct- quenched steels, TMS, 1992.

[20] Kula E B, Dhosi J M. Effect of Deformmation Prior to Transformation on the Mechanical Properties of 4340 Steel [J]. Transactions of American Society for Metals, 1960 (52): 321~345.

[21] Dhua S K, Mukerjee D, Sarma D S. Influence of Thermomechanical Treaments on the Microstructure and Mechanical Properties of HSLA-100 Steel Plates [J]. Metallurgical and Materials Transactions A, 2003 (34A): 241~253.

[22] Takasugil T, Liu C T, Lee E H, Heatherly L, George E P. Effect of Quenching Temperature on Grain Boundary Chemistry and Mechanical Properties of Ni (Si, Ti) [J]. Scripta Materialia, 1998, 38 (2): 287~292.

[23] Okacuchi S, Fujiwara K, Hashimoto T. Effect of Microalloying Elements and Hot Deformation on Mi-

crostructure of Direct- quenched Steel Plates [C]. In: Confproc Physical Metallurgy of Direct- quenched Steels, TMS, 1992.

[24] Meysarni A H, Ghasemzadeh R, Seyedein S H, Aboutalebi M R, Ebrahirn R, Javidani M. Physical Simulation of Hot Deformation and Microstructural Evolution for 42CrMo4 Steel Prior to Direct Quenching [J]. Journal of Iron and Steel Research, International, 2009, 16 (6): 47 ~ 51.

[25] Kaijalainena Antti J, Suikkanenb Pasi P, Limnellb Teijo J, Karjalainena Leo P, Kömib Jukka I, Portera David A. Effect of austenite grain structure on the strength and toughness of direct- quenched martensite [J]. Journal of Alloys and Compounds, 2012.

[26] 潘大刚, 杜林秀, 王国栋. 形变热处理工艺对马氏体和贝氏体金相组织的影响 [J]. 钢铁研究, 2004 (3): 25 ~ 29.

[27] Reza T, Abbas N, Reza S. Drawing of CCCT Diagrams by Static Deformation and Consideration Deformation Effect on Martensite and Bainite Transformation in NiCrMoV Steel [J]. Journal of Materials Processing Technology, 2008 (196): 321 ~ 331.

[28] 小俣一夫, 吉村洋, 山本定弘. 高度な製造技術でえる高品質高性能厚鋼板 [J]. NKK 技報, 2002 (179): 57.

[29] OKATSU Mitsuhiro, SHIKANAI Nobuo, KONDO Joe. Development of a High-Deformability Linepipe with Resistance to Strain-aged Hardening by HOP [J]. JFE GIHO, 2007, 17: 20 ~ 25.

[30] 田锡亮, 余伟, 宋庆吉. MULPIC 冷却装置在品种钢研发中的生产实践 [J]. 钢铁, 2009 (6).

[31] 万德成. 直接淬火-配分对超高强中厚板组织与性能影响研究 [D]. 北京: 北京科技大学, 2013.

[32] Kagechika H. Production and Technology of Iron and Steel [J]. ISIJ International, 2006, 46 (7): 939 ~ 958.

[33] Fujibayashi K, Omata K. JFE Steel's Advanced Manufacturing Technologies for High Performance Steel Plates [R]. JFE Technical Report, 2005 (5): 10 ~ 15.

[34] Soon T A, Dae S K, Won J N. Microstructural Evolution and Mechanical Properties of Low Alloy Steel Tempereed by Induction Heating [J]. Materials Processing Technology, 2005, 160: 54 ~ 58.

[35] Nagao A, Ito T, Obinata T. Development of YP 960 and 1100 MPa Class Ultra High Strength Steel Plates with Excellent Toughness and High Resistance to Delayed Fracture for Construction and Industrial Machinery [R]. JFE Technical Report, 2008 (11): 13 ~ 18.

[36] 张杰. 热处理工艺对 E690 海洋平台钢强韧性影响机理 [D]. 北京: 北京科技大学, 2012.

[37] 长尾彰英, 伊藤高幸, 小日向忠. Ultra High Strength Steel Plates of 960 and 1100 MPa Class Yield Point with Excellent Toughness and High Resistance to Delayed Fracture for Construction and Industrial Machinery Use [J]. JFE 技報, 2007 (11): 29 ~ 34.

[38] 武会宾. 弛豫—析出控制相变技术对贝氏体钢组织热稳定性的影响 [D]. 北京: 北京科技大学, 2005.

[39] 黄艳, 李谋渭, 张少军, 等. NAC 系统中钢板控冷工艺参数的研究 [J]. 冶金能源, 2005 (6).

[40] 郭锦, 余伟, 何春雨, 等. 中厚钢板正火炉后控制冷却装置的设计与应用 [J]. 冶金设备, 2009 (2).

[41] 齐越. 热处理后快冷工艺对钢板组织性能的影响 [D]. 北京: 北京科技大学, 2012.

[42] 张志勇, 包国云, 王九清. 110mm 厚高韧性船板 FH32 的开发 [J]. 宽厚板, 2015, 15 (5): 23 ~ 26.

9 热轧带钢的组织性能控制

热轧板带钢生产一直是轧制行业中高新技术应用最为集中、最为人关注的领域。热轧带钢的内部组织与性能是重要的质量指标。随着连铸技术的发展，热轧带钢生产技术也取得了长足进步，近 20 年逐步从传统热轧带钢，发展出中厚板坯热轧带钢生产、薄板坯热轧带钢生产以及铸轧薄带生产等技术，产品厚度极限规格、生产能力及灵活性、投资规模都发生了很大变化，生产能耗也在大幅度降低，各种热轧带钢生产工艺的比较如图 9-1 所示。热轧带钢的组织性能控制方法也因此改变。

图　示	典型铸造厚度/mm	典型热轧卷厚度/mm	最大生产能力/万吨·年$^{-1}$	投资费用/%	运行费用/%
传统设备 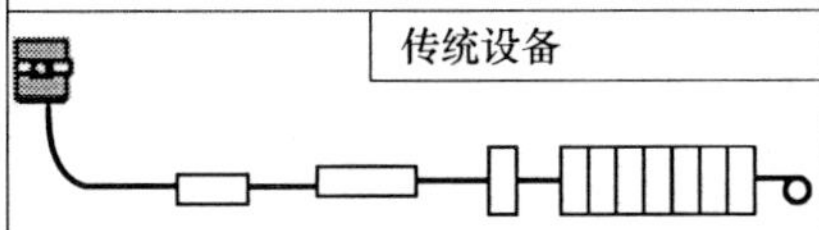	250	>1.5	300	100	100
中厚板坯设备 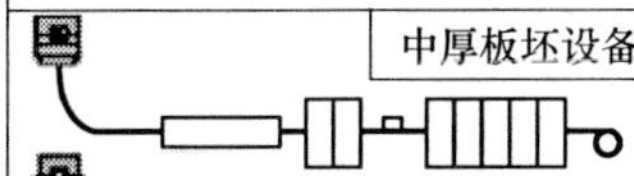	90	> 1.0(0.8)	300	80	80
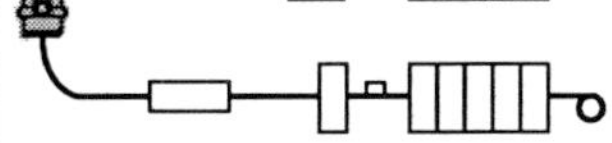	100～150	>1.2	300	81	80
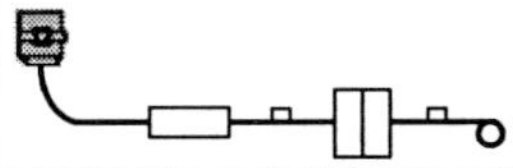	100～150	>1.6	120	114	120
薄板坯设备 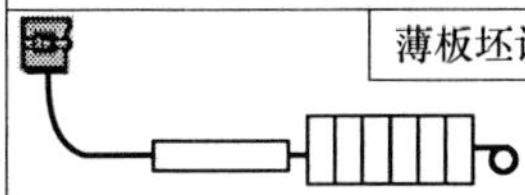	50～70	> 1.0(0.8)	240	94	85
薄带设备 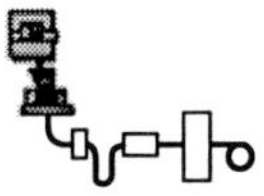	1.5～4.5	1.0～3.5	70	45	80

图 9-1　各种热轧带钢生产工艺的比较

9.1　热轧带钢生产工艺流程及特点

现代热轧带钢轧制技术，越来越向低能耗、高品质方向发展。热轧带钢生产中，传统生产工艺与薄板坯连铸连铸工艺并存，但是工艺流程差异较大。

9.1.1　常规带钢热连轧工艺流程

在常规带钢热连轧工艺中，铸坯加热的入炉方式有多种方式：冷坯装炉加热、热坯装炉和高温铸坯直接装炉，对应的坯料组织状态可能是重新奥氏体化组织，或部分重新奥氏体化 + 部分铸态奥氏体组织，或是铸态的奥氏体组织。如果在生产线设置感应加热装置，对板坯边角进行加热，也可以直接轧制。不同的装炉坯料状态或轧制状态，直接影响最终热轧带钢的组织性能控制效果，尤其是微合金化钢、Al 镇静钢等。

在轧制过程中，为了减少带钢轧制过程的头尾温差，轧制中间需要采用保温罩或热卷箱；为了在精轧机实现控制轧制，有时需要在粗轧机和精轧机之间空冷降温或强制降温（IC）。

精轧机组连轧时，可根据组织性能控制需要调整道次变形，控制道次轧制温度和终轧温度。温度控制除轧机冷却水冷却、空冷和辐射外，还依靠机架间冷却（ISC）。

轧制的控制冷却是在轧制组织控制基础上的相变控制手段，与卷取冷却配合实现热轧带钢的相变控制。当然，相变控制也可以在精轧机前进行，即在精轧实现“铁素体区轧制”。

常规带钢热连轧的工艺流程如图 9-2 所示。其设备的基本配置如图 9-3 所示。

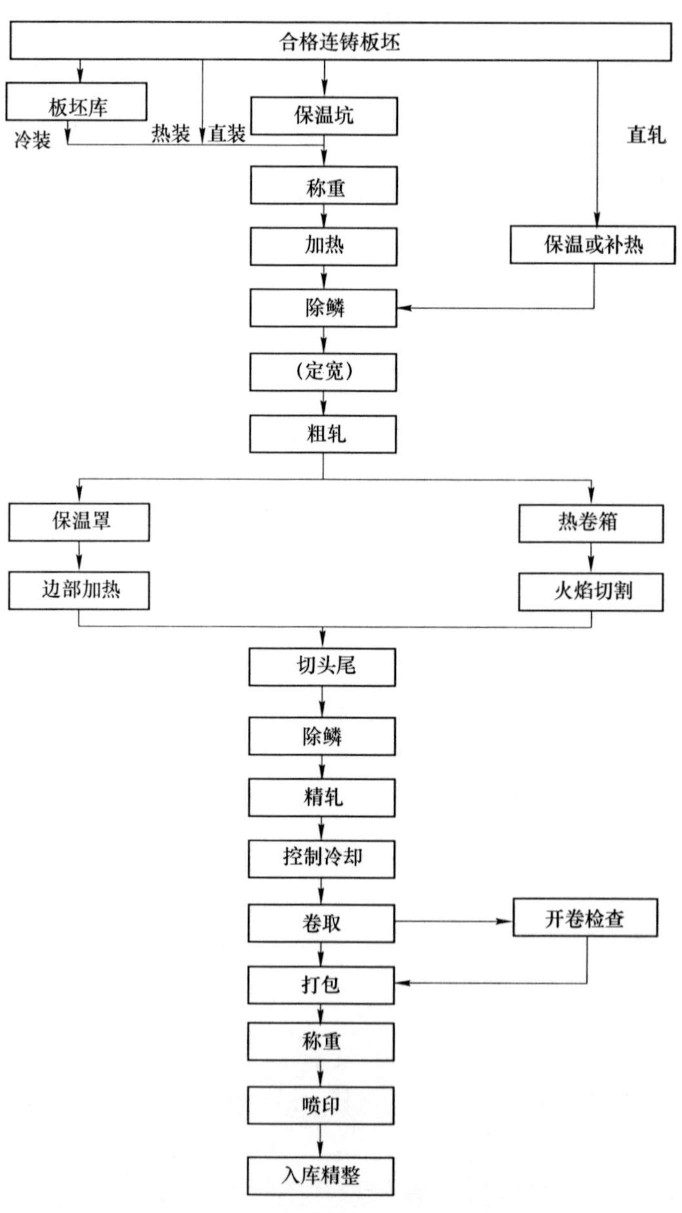

图 9-2　常规带钢热连轧工艺流程

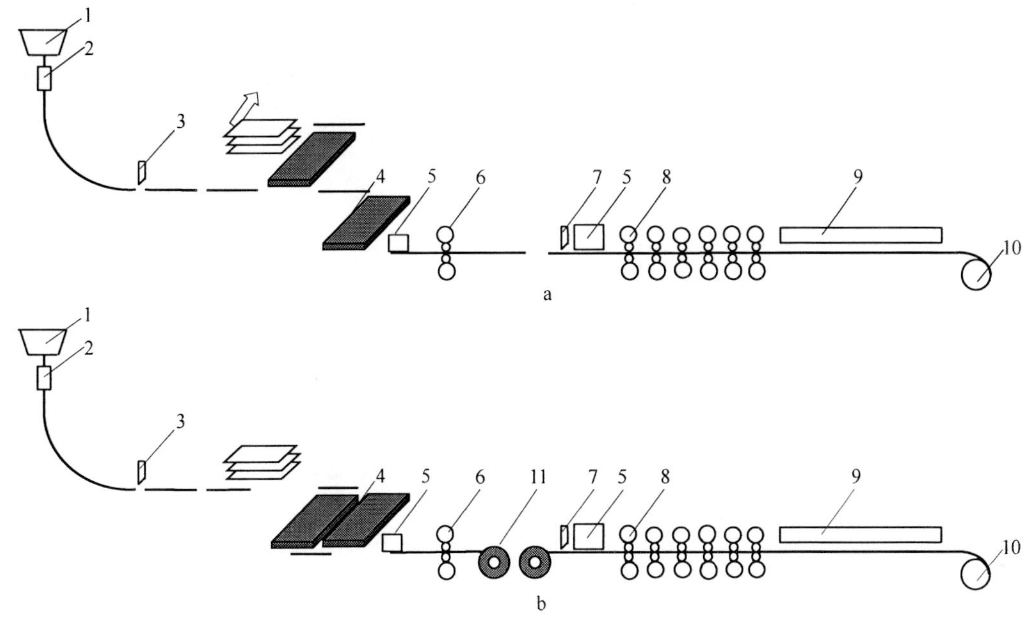

图 9-3 常规板坯连轧生产线设备配置示意图

a—无热卷箱连轧；b—有热卷箱连轧

1—钢包；2—结晶器；3—铸坯切割；4—加热炉；5—高压水除鳞；6—粗轧机；7—切头剪；8—精轧机组；9—轧后控冷；10—卷取机；11—热卷箱

9.1.2 薄板坯连铸连轧工艺流程

薄板坯连铸连轧生产线工艺流程如图 9-4 所示。

在薄板坯连铸连轧工艺中，连铸机与加热炉之间的衔接紧密，连铸薄板坯直接装炉，补热均温后再轧制；配置感应加热也可以直接轧制。热轧带钢的组织性能控制与常规热带钢连铸的直装工艺相同。不同的是，薄板坯从坯料到产品的总变形量比常规连轧工艺的要小。另外薄板坯连铸连轧工艺由于其实现的方式、铸坯的厚度差异，有多种方式。下面作出简要介绍。

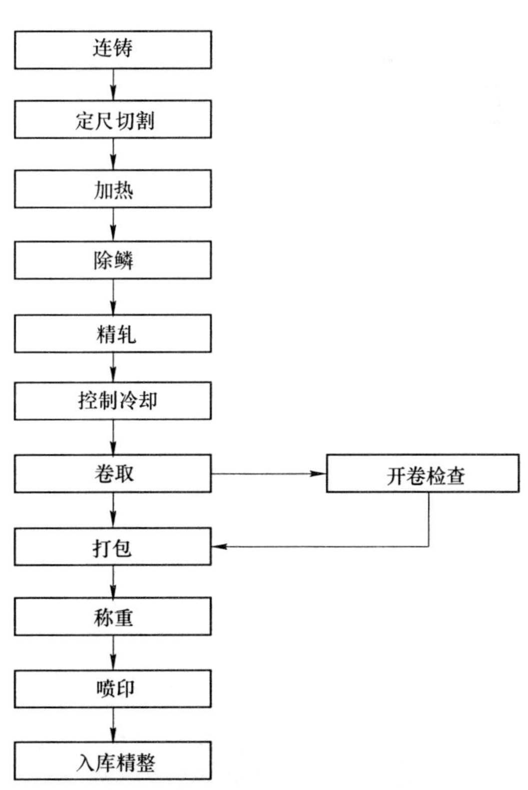

图 9-4 薄板坯连铸连轧生产线工艺流程

9.1.2.1 西马克的 CSP 技术

德国西马克 CSP（Compact Strip Plant）技术的主要想法是实现带钢生产的短流程，设备基本配置如图 9-5 所示。其采用 55 ~ 70mm 的连铸板坯。国内第一套生产线在珠江钢厂，其精轧机组采用五机架，坯料厚度 50mm，生产薄规格产品时道次变形量过大，轧机负荷大，因此采用了强力轧机设计；对厚规格的产品则显得压缩比过小，对提高质量不利，限制了产品范围的扩大和质量的提高。

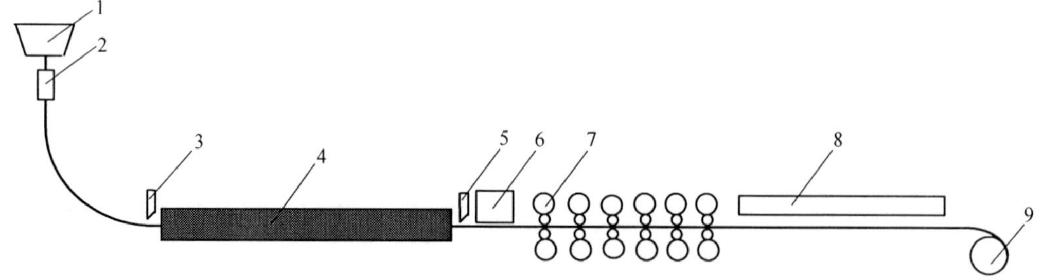

图 9-5　CSP 生产线设备配置示意图

1—钢包；2—结晶器；3—铸坯切割；4—隧道加热炉；5—切断剪；6—高压水除鳞；7—精轧机组；8—轧后控制冷却；9—卷取机

9.1.2.2　德马克的 ISP 技术

德国德马克 ISP 技术采用的连铸坯厚度为 75mm，液芯压下至 60mm，2 架大压下粗轧机轧至 20mm，进感应炉和无芯卷取箱炉均热，4 架精轧机轧制出成品。板坯出连铸机后进大压下轧机前，板坯温度一般已不均匀，工艺设计此处有一除鳞设备，如果使用除鳞，板坯温度下降不利于轧制，不除鳞则影响带钢的表面质量。ISP 工艺的设备基本配置如图 9-6 所示。

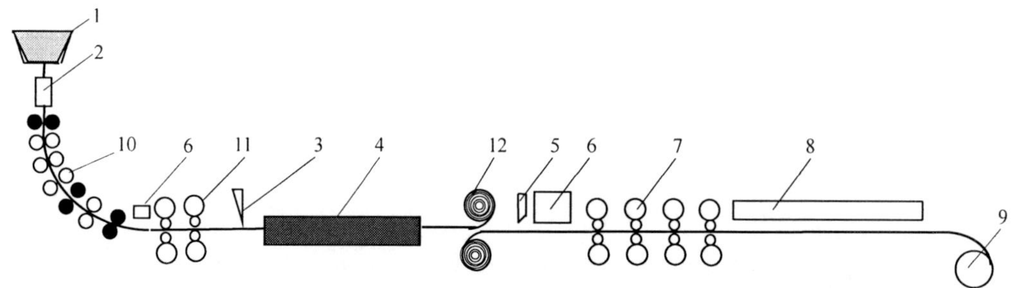

图 9-6　ISP 生产线设备配置示意图

1—钢包；2—结晶器；3—铸坯切割；4—感应加热炉；5—切断剪；6—高压水除鳞；7—精轧机组；8—轧后控制冷却；9—卷取机；10—液芯压下；11—粗轧机；12—热卷箱

9.1.2.3　达涅利的 FTSR 技术

达涅利的 FTSR 技术采用凸透镜型结晶器，铸坯出结晶器进行液芯压下，铸造 70 ~ 90 (100) mm 的薄板坯，然后进入辊底式隧道炉均热，由一台粗轧机轧制到 25 ~ 35mm，再进行均热（辊底式隧道炉），最后进入 5 ~ 6 机架精轧机组，成品厚度 0. 8 ~ 12. 70mm。达涅利技术生产的钢种范围较广，包括包晶钢在内均可生产。在提高质量方面考虑也比较全面，有些生产线增加了边部感应加热和粗轧后的二次加热。为得到更好的表面质量，达涅利的生产线有三次除鳞，分别在连铸机出口、粗轧机入口和精轧机入口，这对于提高表面质量无疑是有利的。达涅利设计的除鳞机为旋转的形式，这对于提高表面质量和减少除鳞后在铸坯表面的积水有利。FTSR 工艺的设备基本配置如图9-7 所示。

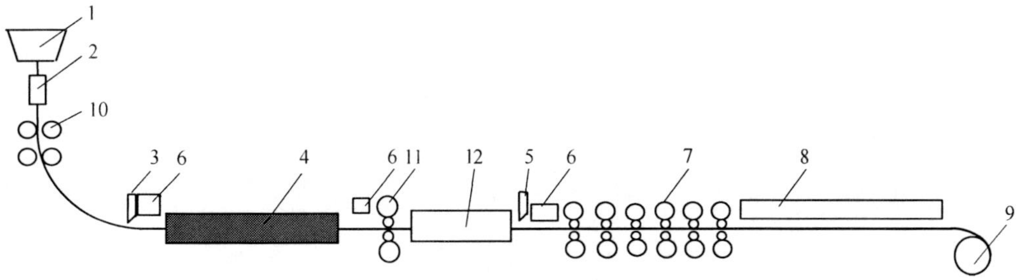

图 9-7 FTSR 生产线设备配置示意图

1—钢包；2—结晶器；3—铸坯切割；4—感应加热炉；5—切断剪；6—高压水除鳞；7—精轧机组；8—轧后控制冷却；9—卷取机；10—液芯压下；11—粗轧机；12—感应加热器

9.1.2.4 奥钢联的 CONROLL 技术

奥钢联只在美国 Mansfield 的 Armco 利用原有的旧轧机改造了一条使用 CONROLL 铸机的生产线。该生产线浇铸 75～125mm 的板坯。连铸坯厚度与传统板坯厚度较近，轧制时压缩比大，从而可提高产品质量；连铸坯拉速降低，降低事故率；坯料单重相同时，输送辊道、加热炉长度较薄板坯生产线短，节省了投资。我国的 ASP 技术在济南钢铁公司 1780mm 热轧带钢生产线应用，与 CONROLL 相近。CONROLL 技术的设备基本配置如图 9-8 所示。

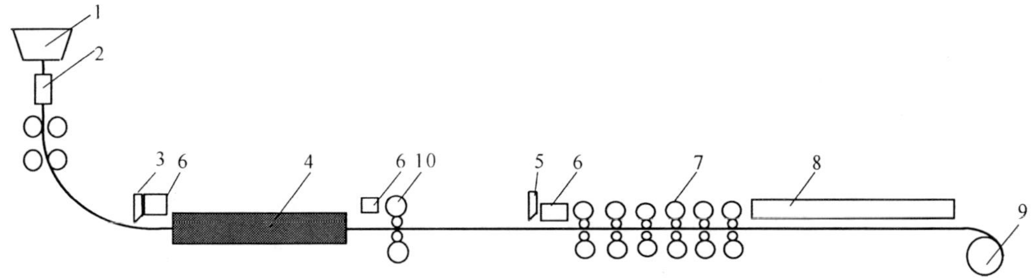

图 9-8 CONROLL 生产线设备配置示意图

1—钢包；2—结晶器；3—铸坯切割；4—步进炉或隧道炉；5—切断剪；6—高压水除鳞；7—精轧机组；8—轧后控制冷却；9—卷取机；10—粗轧机

9.1.2.5 ESP 技术

ESP 的含义是 Endless Strip Production，即无头带钢生产，是由意大利 Arvedi 公司和 SIEMENS-VAI 公司，双方各出资 50% 成立名为 Cremona 工程公司的合资公司，在 Arvedi 公司原 ISP 线多年操作、改造、优化等经验的基础上合作开发的新一代热轧带钢生产技术，是薄板坯连铸连轧工艺之一。

该生产线 2008 年 12 月投产，是完全连续的，并且布置紧凑，生产线长约 190m，铸机拉速高，单流产量达 200 万吨/年。可大批量生产优质、薄规格产品，最薄可达 0.8mm，生产能耗低，排放少。ESP 的设备基本配置如图 9-9 所示。

9.1.2.6 CEM 技术

CEM（Compact Endless Mill）紧凑无头轧机，有时叫 ETR（Extra Thin Rolling Plant），是 Danieli 公司以 POSCO 原 ISP 线为依托全面改造，与 POSCO 合作开发的新一代热轧带钢

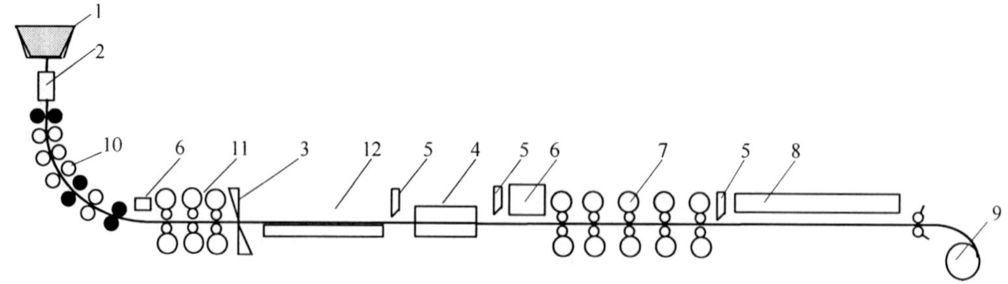

图 9-9 ESP 生产线设备配置示意图

1—钢包；2—结晶器；3—铸坯切割；4—感应加热炉；5—切断剪；6—高压水除鳞；7—精轧机组；
8—轧后控制冷却；9—卷取机；10—液芯压下；11—粗轧机；12—推出装置

生产技术，也是薄板坯连铸连轧工艺之一。2009 年 5 月投产，是完全连续的生产线，布置紧凑，生产线长约 210m，设热卷箱单流产量可达 180 万吨/年，可大批量生产优质、薄规格产品，最薄可达 0.8mm，能耗低，排放少。

9.1.3 薄带铸轧工艺流程

薄带连铸技术是一种近终形的连续铸钢技术，它直接浇铸厚度 15mm 以下的薄带坯，经过 1 个道次热轧或不再经热轧而直接用于冷轧成带材。最早提出这一思想的是贝塞麦（Henry Bessemer），1856 年用双辊顶部注入工艺成功浇铸了钢和可锻铸铁的薄板。由于有色金属熔点低，所以有色金属薄带连铸较早地进入生产阶段。目前，在美国纽柯公司克劳福兹维尔厂、欧洲、日本、韩国等已有实际生产线。

表 9-1 列出了目前国内外薄带连铸代表技术的相关参数[1,2]。

表 9-1 典型薄带连铸代表技术的参数

技术名称	辊径 × 辊宽/mm × mm	钢包重/t	铸速/m · min^{-1}	带厚/mm	卷重/t
DSC（新日铁）	1200 × 1300	60	20 ~ 130	1.6 ~ 5.0	10
EUROSTRIP（AST）	1500 × 800	60	100	2.0 ~ 5.0	20
Postip（浦项）	1200 × 1300	110	30 ~ 130	2.0 ~ 6.0	1
EUROSTRIP（AST）	1500 × 1450	90	15 ~ 140	1.5 ~ 4.5	
EUROSTRIP（纽柯）	500 × 2000	110	15 ~ 140	1.5 ~ 4.5	25
BHP/IHI	~ × 1900	60	30 ~ 40	2.0	18
USINOR	1900 × 865	90	20 ~ 100	1.0 ~ 6.0	25

Castrip 和 EUROSTRIP 带钢铸轧线的设备布置如图 9-10 和图 9-11 所示。

1989 年 BHP 和 IHI 合作开展 Castrip 研究，1993 年 BHP 开始在澳大利亚 Kembla 建立试验工厂，1995 年建成投产，连铸带钢宽度 1300mm，并于 1997 年达到规模商业化生产。经过 5 年的试验工厂运转和不断完善技术，决定在美国 Nucor 的 Crawfordsville 厂建设 Castrip 生产线，由 3 方投资，其中 Nucor 51%、BHP 44% 和 IHI 5%。该生产线 2001 年 2 月开始建设，2002 年 3 月完成，并于 5 月进行调试生产，经过约 6 个月试生产，2002 年基

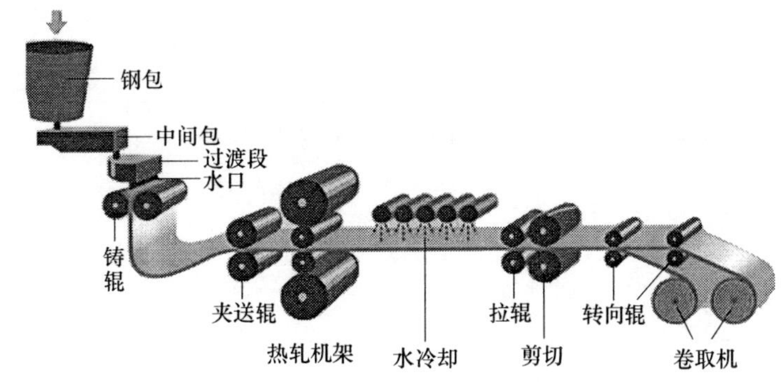

图 9-10 Castrip 生产线的设备布置示意图

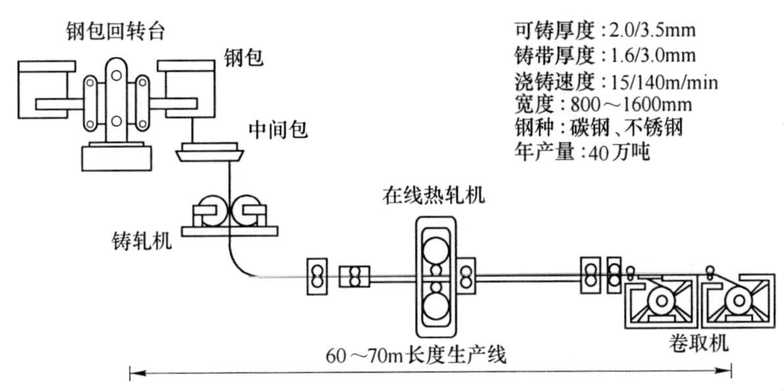

图 9-11 Krefeld 厂的 EUROSTRIP 带钢铸轧线布置

本实现正常生产，主要以低碳钢为主。

Castrip 连铸机投资 1 亿美元，该厂面积宽约 135m、长约 155m，薄带钢连铸机运行总长度即自钢包回转台到卷取机生产线仅为 60m。该连铸机采用的钢包容量为 110t，连铸机双辊直径为 500mm，最高连铸速度为 150m/min。出口带钢厚度为 0.7 ~ 2.0mm，宽度为 1000 ~ 2000mm，卷重 25t。

Castrip 连铸机可进行 6h 连浇，连浇炉数为 4 炉，连浇量为 450t，年产量可达 50 万吨，劳动定员 55 人。配置的单机架四辊热轧机采用液压 AGC，工作辊直径为 475mm，支撑辊直径为 1550mm，辊身长度均为 2050mm，最大轧制力为 30MN，并预留了第 2 架热轧机的位置。

生产的带钢平均厚度由最初的 2mm 降低到 1.3mm，最薄的带钢厚度为 0.84mm，该产品经平整后可以直接代替冷轧产品。同时还对 409 不锈钢、碳含量为 0.25% 的中碳钢、磷含量为 0.1% 的高磷钢和电工钢等进行了试生产。

薄带连铸与薄板坯连铸的区别在于铸坯厚度的进一步减薄，铸造过程的冷却速度更大，其铸态组织更细小，另外轧制过程带坯的温度均匀性好，生产带钢的性能均匀性、厚度公差等较常规热连轧带钢要好。表 9-2 为 Castrip 工艺生产热轧带钢与传统热轧产品典型特性的比较。

表 9-2 Castrip 与传统热轧带钢典型特性比较[3]

项目	Castrip 铸态	Castrip 热轧带钢	传统热轧带钢
屈服强度/MPa	300	320	250 ~ 300
抗拉强度/MPa	440	450	380 ~ 450
伸长率/%	26	28	25 ~ 35
表面粗糙度/μm	1.5 ~ 2.0	约 0.5	1.0 ~ 1.5
表面氧化层/μm	约 2	约 2	4 ~ 7
中心厚度变化/mm	±0.054	±0.034	±0.15①
典型凸度/mm	0.05	0.05	0.025 ~ 0.075

①ASTM 规范 A568 热轧薄带钢的标准厚度公差。

9.2 带钢热轧过程的组织控制

9.2.1 加热铸坯的组织控制

由于薄板坯在结晶器内的冷却强度远大于传统的板坯，其二次和三次枝晶更短，铸态组织晶粒比传统板坯更细、更均匀。原始组织精细为最终组织的细化创造了条件。同时因冷却强度大，板坯的微观偏析也得到较大的改善，分布也更均匀，产品的性能更加稳定。

直轧工艺（Direct Hot-charge Rolling，DHR）取消了 γ-α 相变温度区的中间冷却，热轧变形在粗大的奥氏体组织上直接进行。而传统的冷装（Cold Charge Rolling，CCR）工艺，通过中间冷却的 α-γ-α 相变过程，形成大大细化的新的奥氏体组织。因此，为把粗大的奥氏体转变成细小的成品组织，对于直接轧制工艺也需确定合适的总变形量，对于采用薄板坯而言，这个总变形量只能比传统的冷装厚板坯轧制的总变形量小。从这个角度讲，薄板坯连铸连轧性能质量的提高也有困难。

对管线钢的热装和直装工艺的研究表明：热轧温度和直装不仅影响原始奥氏体晶粒度，还直接影响带钢生产热过程中微合金元素的溶解与析出[4]。为了模拟现场连铸坯热送热装工艺，分别将凝固后的铸坯迅速开模转入保温箱内，及时送入加热炉，具体试验方案见表 9-3。其中 1、2 号样是模拟高温（1100℃）热装状态，3、4 号样模拟低温（750℃）热装状态；2、4 号样保温到时后立即用冷盐水淬火，以观察此时的奥氏体晶粒大小，1、3 号样采用相同的轧制工艺，以模拟不同热装温度对轧制后钢板性能的影响。1、3 号样钢板的轧制是在 ϕ350mm × 400mm 试验轧机上进行的，轧后钢板以约 20℃/s 冷速喷水冷却至 500℃，随后立即放入 500℃的保温炉内，保温 1h，再炉冷 24h 后出炉模拟卷取。实际化学成分（质量分数）为：0.055% C、1.5% Mn、0.19% Si、0.012% P、0.003% S、0.041% Nb、0.049% V、0.01% Ti、0.28% Mo，并添加 Ni、Cu 等。

表 9-3 不同热装炉温度的试验方案

样号	热装温度/℃	加热制度/℃ × h	开轧温度/℃	终轧温度/℃	开冷温度/℃	终冷温度/℃	800 ~ 500℃冷却方式
1	1100	1200 × 1	1150	830	800	500	喷水冷却
2	1100	1200 × 1	立即用冷盐水淬火				
3	750	1200 × 1	1150	830	800	500	喷水冷却
4	750	1200 × 1	立即用冷盐水淬火				

注：1、3 号样冷至 500℃后保温 1h，再炉冷 24h。

研究分析不同热装温度下经1200℃加热保温1h后铸坯的奥氏体晶粒形貌。1100℃装炉的铸坯平均晶粒尺寸约为1000μm，750℃装炉的铸坯约为652μm，可以看到750℃装炉的奥氏体晶粒尺寸明显比1100℃装炉的要细小。表9-4给出了轧制后钢板的力学性能，可以看出750℃热装轧制钢板的屈服强度、抗拉强度均高于1100℃热装的钢板，而1100℃热装钢板的冲击韧性（-20℃）要好于750℃热装的钢板。

表9-4 不同热装温度下X80钢板的力学性能

热装温度/℃	$R_{0.5}$/MPa	R_m/MPa	A/%	A_{KV}(-20℃)/J
1100	600	678	20.0	285
750	640	707	18.5	203

图9-12为钢板中析出物粒度分布图。从图9-12中可以看出，1100℃热装钢板出现了一个峰值，即1~5nm析出颗粒最多，其次是5~10nm（图9-12a），能谱分析显示这些析出物为Nb、Ti的碳氮化物；而750℃热装钢板出现了两个峰值，即18~36nm的最多，其次才是1~5nm（图9-12b），能谱显示也为Nb、Ti的碳氮化物。

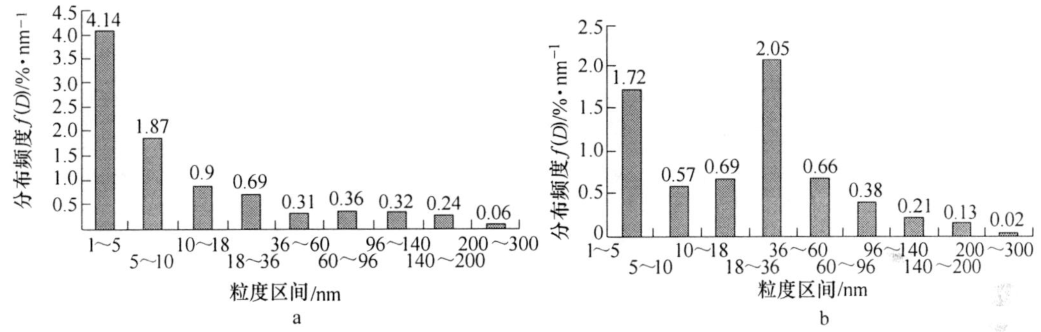

图9-12 X80管线钢析出物粒度分布图

a—1100℃装炉；b—750℃装炉

结果可知，1100℃热装的铸坯加热后奥氏体晶粒尺寸比750℃热装的铸坯粗大，轧后钢板的铁素体晶粒尺寸也比较粗大。该钢铸坯在750℃时已经发生了γ→α相变，当重新加热到1200℃时又发生了α→γ相变，这两次相变使奥氏体晶粒进一步细化。而1100℃装炉的铸坯没有经过相变，一直保持奥氏体化状态，在加热过程中继续粗化，导致奥氏体晶粒尺寸比较粗大。虽然在以后的轧制过程中，发生再结晶细化，但轧前原始奥氏体粗大的遗传效应还是对相变后的铁素体晶粒尺寸造成不利影响，晶粒不够细小。而750℃热装的铸坯轧前经过两次相变，进一步细化奥氏体晶粒，导致轧后钢板的晶粒尺寸比较细小，细晶强化效果好。

微合金元素的碳氮化物在钢中的析出有三个阶段：第一阶段，轧前铸坯中的固溶和析出；第二阶段，轧制过程中的形变诱导析出；第三阶段，轧制后在γ→α相变后在铁素体中的析出。上述试验结果表明，两种热装工艺对Nb、V、Ti等微合金元素的固溶和析出产生重要影响，热装温度在1100℃时，其铸坯在加热前只有少量析出，且加热后发生回溶，微合金元素保持较高的固溶量，在轧制和卷取过程中充分析出，最终钢板析出物总量比750℃热装的多，并且析出颗粒呈细小弥散状分布，推测1~5nm的析出颗粒主要在第三阶段铁素体中析出。而铸坯在冷却到750℃时已经有一些析出发生，在随后保温过程中，由于温度和时间的限制，并没有完全溶解，有的较大颗粒可能发生粗化，同时也消耗了轧后的析出量，造成轧后碳氮化物析出不充分，析出总量少于1100℃热装的，其中Nb元素在铸坯冷却后发生了相间析出，加热后回溶不多，Ti元素在铸坯中析出较多，由于热稳定性高，在1200℃保温过程中也很难回溶。推测750℃热装钢板中较大的析出颗粒是在铸坯中析出颗粒基础上，在随后的轧制和卷取过程中长大的。

9.2.2　热轧带钢生产过程的控制轧制

9.2.2.1　带钢轧制过程的温度变化

采用二维传热模型计算得到带钢传统轧制流程中板坯的温度演变及断面温度分布，如图9-13所示。在粗轧过程中轧件断面较厚，表面和中心位置存在较大的温度梯度，精轧过程中轧件减薄，温度梯度减小，温度趋于均匀。轧制过程中轧件在进入变形区时，高压力下的接触传热导致表面有很大程度的急剧温降，而对中心影响不明显，特别是当轧件较厚时，中心位置基本不受影响。

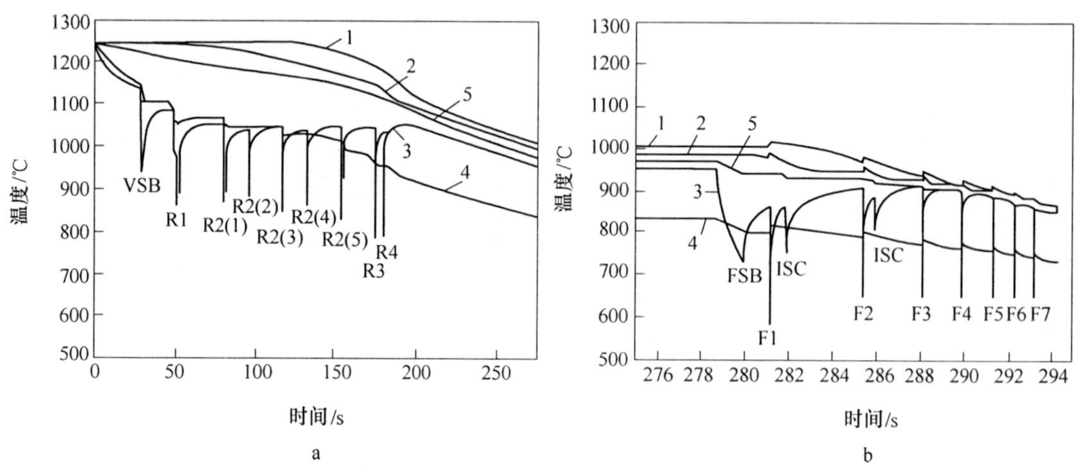

图9-13　带钢粗精轧阶段温度演变模拟结果[5]

a—粗轧阶段温度演变；b—精轧阶段温度演变

VSB—粗轧前除鳞装置；FSB—精轧前除鳞装置；ISC—机架间水冷；

R*n*（*m*）—粗轧第*n*机架（*m*道次）；F*n*—精轧第*n*机架

1—中心节点；2—厚度1/4、宽度1/4节点；3—厚度方向表面中心节点；

4—宽度方向表面中心节点；5—平均温度

对珠江钢厂CSP热轧生产线的温度场进行了计算机模拟，模拟条件为：带钢化学成分为0.05%C、0.08%Si、0.20%Mn，除鳞水流量为260m^3/h，用50mm连铸薄板坯生产2mm带钢。计算得到生产过程中轧件温度变化如图9-14所示。可以看出，板坯在除鳞之前的空冷过程中温降缓慢，但表面温降明显，板坯中存在较大的温度梯度；除鳞过程中表面有较大的温降，除鳞后靠心部向外传热，表面温度逐渐恢复；在变形区，因表面与轧辊接触，温降剧烈，同时因变形热可以在中心处发现温升现象（实际上整个变形区都有温升，且越远离中心温升越高，只是由于远离中心处的温降剧烈而抵消了）。从图中还可以看到，随着轧件逐渐减薄，温度梯度越来越不明显，整个轧件中的温度趋于均匀。

对比 CSP 和传统带钢生产线的轧件温度变化，可以看出，CSP 工艺调节精轧温度只能通过调节薄板坯的加热温度和在机架间的冷却过程来实现，在轧件温度调节能力上其灵活性不如传统连轧工艺。因此，要实现两阶段控制轧制，还需要采用与传统连轧工艺不同的工艺方法和控制方式。

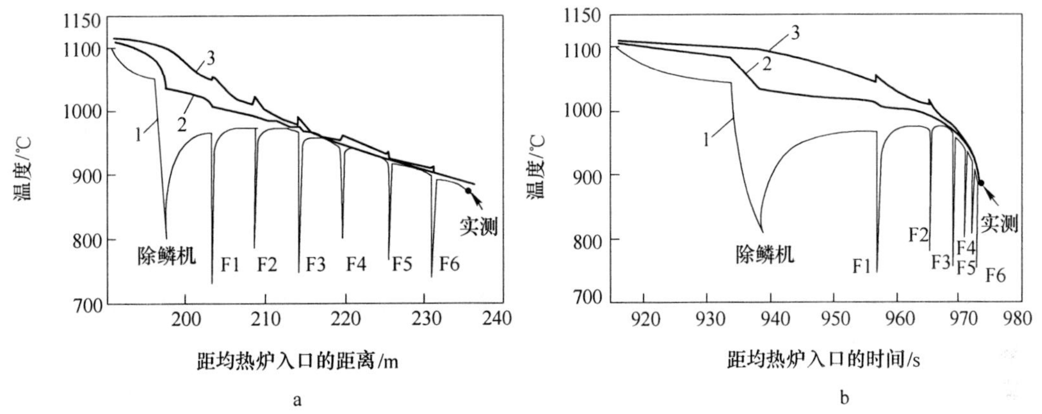

图 9-14 CSP 生产线除鳞与精轧过程温度变化模拟计算结果[6]

a—温度-位置；b—温度-时间

1—表面；2—中心；3—平均

在 CSP 热轧带钢轧制过程中，受轧件厚度方向温度梯度的影响，流变应力在厚度方向产生很大差异。图 9-15 给出了计算得到的第 1 和第 6 道次变形区的流变应力分布值。从图中可看出，靠近表面的部分由于温度很低，导致变形抗力剧烈升高，而轧件的大部分变形抗力相对均匀；变形前几道次由于再结晶，加工硬化不明显，流变应力只有少量上升，变形后几道次，再结晶不能充分发生，变形抗力上升显著。这种温度梯度和流变应力分布为中心区实现大变形创造了良好条件，可进一步改善心部组织状态，也会改善厚规格带钢中心区域的室温组织和力学性能。

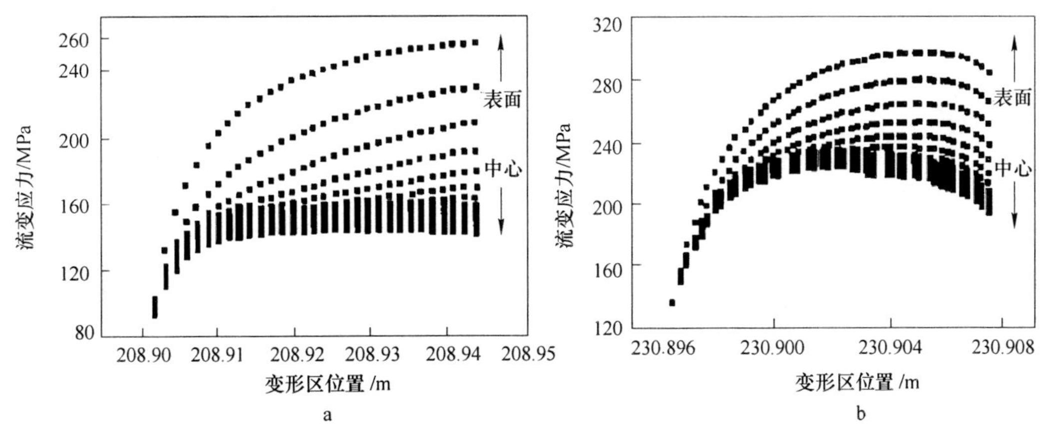

图 9-15 流变应力分布[6]

a—第 1 道次；b—第 6 道次

假设连轧前的奥氏体晶粒直径为 550μm，采用再结晶动力学模型，计算得到 CSP 生产线轧制过程中各道次出口的奥氏体晶粒尺寸，如表 9-5 所示。即奥氏体晶粒的细化主要在前几道次进行。从第 4 道开始，由于道次间隙时间变得很短，而且温度也相对降低，故而晶粒不再发生明显的细化。终轧道次奥氏体晶粒度约为 8 级。

表 9-5　高温奥氏体平均晶粒直径[6]

道次	1	2	3	4	5	6
变形后 d_γ/μm	122.5	42.9	29.8	22.6	21.5	20.8

9.2.2.2　带钢热轧过程的中间坯冷却

与中厚板生产一样，对于厚规格需要控轧的带钢，也需要粗轧和精轧机之间控冷待温，使中间坯的温度能从奥氏体再结晶区过渡到未再结晶区，实现两阶段控制轧制；或者从奥氏体区过渡到完全铁素体区，实现铁素体区轧制。采用中间坯强制冷却可以有效缩短待温时间，减少辊道占用时间，提高轧制生产效率。

计算 220mm 厚度、10000mm 长度连铸坯轧制成不同厚度中间坯，在强制中间冷却和自然空冷方式下的待温时间对比，如表 9-6 所示。采用中间坯冷却，可减少待温时间 50%~70%。关于中间坯冷却的相关内容在第 8 章中已有详细叙述，在此不再多做说明。中间坯冷却装置的安装位置如图 9-16 所示。

表 9-6　中间坯不同冷却方式下的待温时间对比

中间坯厚度/mm	空冷待温时间/s	中间坯长度/m	IC 及待温时间/s
65	180~200	37.2	90~100
55	160~180	44.0	64~70
45	130~150	53.8	46~53
35	70~100	69.1	20~30

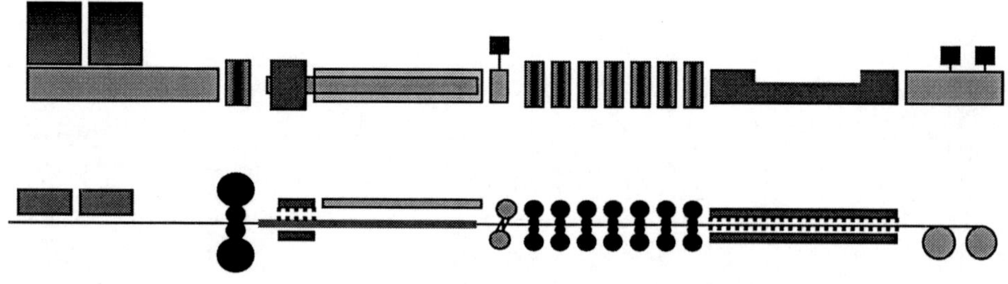

图 9-16　中间坯冷却器位置示意图

米阿赛洛塔尔公司的 Gent 热轧带钢厂在粗轧机和精轧机之间采用中间坯冷却技术，冷却装置距离粗轧机 2.37m，最大水流量为 3000m^3/h，满足中间坯输送速度 3.9m/s 的需要。该技术的优势包括：

（1）F1 的温度最大可降低 70°C；

（2）带钢宽度方向冷却是均匀的，不影响精轧温度和带钢力学性能；

（3）生产效率提高 5%；

（4）可进行选择性冷却，或上表面冷却，或下表面冷却；

（5）降低带钢表面缺陷率，全长带钢表面缺陷率降低 40%~50%。

该冷却装置如图9-17所示。

图9-17 热轧带钢中间冷却装置

9.2.2.3 热轧带钢的机架间冷却

终轧温度在带钢热连轧生产过程中是实现控制轧制的一个非常重要的参数。在精轧过程中，仅仅依靠空冷温降难以保证终轧温度精度。增加机架间冷却系统，不但可以提高终轧温度精度，而且对于实现升速轧制、提高机组产量、改善产品内在质量，以及生产对轧制温度范围有特殊要求的钢材品种都有非常重要的意义。多数带钢连轧机组都设有机架间冷却系统，包括供水系统、回水系统、机架间集管系统、检测仪表及其他相关辅助系统。机架间冷却装置的冷却喷头布置如图9-18所示。

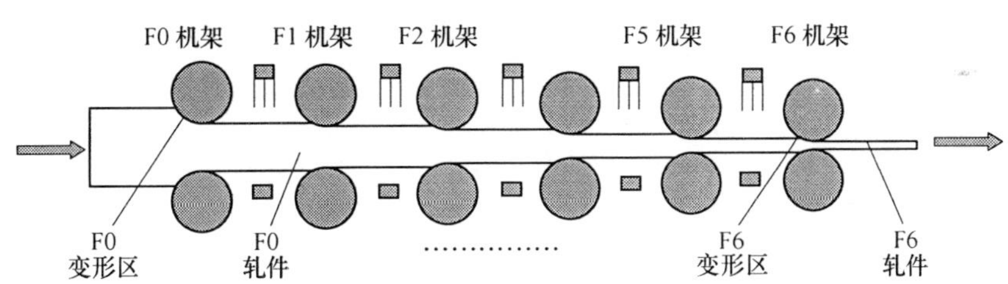

图9-18 机架间冷却装置的冷却喷头布置

某热带钢连轧生产线的机架间冷却布置如图9-18所示，在精轧机F0～F1、F1～F2、F2～F3、F3～F4、F4～F5机架之间，各安装1组喷射集管，每组喷射集管均由上、下各1台喷射集管组成。

以普碳钢Q235轧制过程机架间冷却为例，计算四种条件下冷却水量和终轧温度的关系（表9-7），如图9-19所示。因此，可以根据工艺要求的终轧温度和轧制带钢的速度、厚度规格，调节机架间冷却水量控制终轧温度。

表9-7 普碳钢Q235机架间冷却水量及其他工艺条件

碳钢Q235	条件1	条件2	条件3	条件4
轧件进/出精轧机温度/℃	980/860	990/850	1000/840	1010/830
轧件进/出精轧机厚度/mm	35/6	36/8	40/10	40/12
道次冷却水量/$m^3 \cdot h^{-1}$	60	108	160	201
总水量/$m^3 \cdot h^{-1}$	240	432	640	804

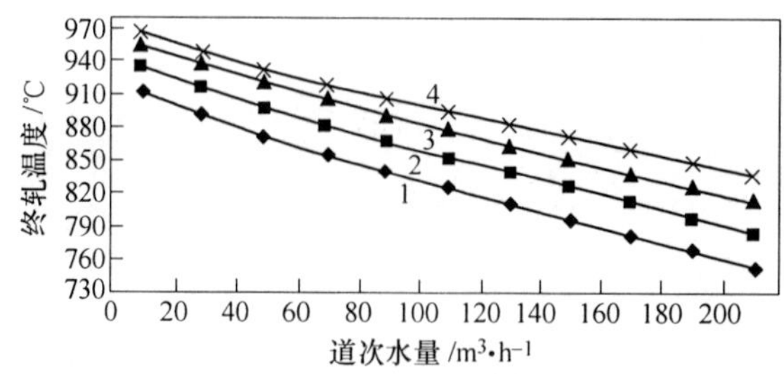

图 9-19　普碳钢 Q235 道次水量和预报终轧温度的关系曲线[8]

1～4—条件 1～4

9.3　热轧带钢的控制冷却及相变控制

9.3.1　带钢轧后控制冷却工艺

轧后冷却是带钢组织性能控制的重要手段。传统带钢热连轧生产线都有层流冷却装置，如图 9-20a 所示。随着资源节约型厚规格高强度热轧钢材品种的研究开发与生产应用，传统层流冷却装置已经无法在冷却速度和带钢残余应力控制能力方面满足实际生产需要。

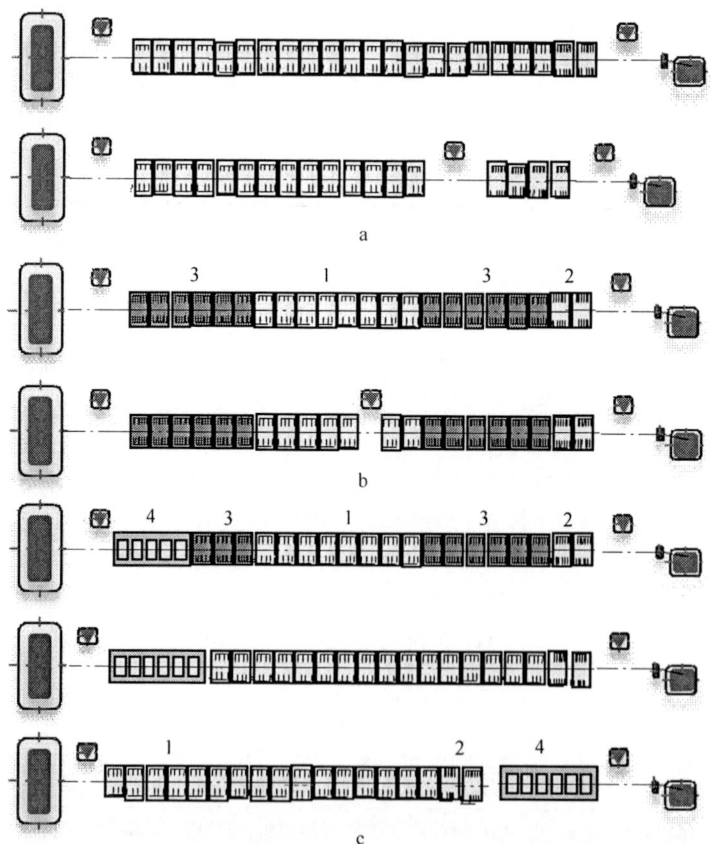

图 9-20　热轧带钢轧后控制冷却装置的布置

a—传统型轧后冷却装置的布置；b—加密型轧后冷却装置的布置；c—加强型轧后冷却装置的布置

1—粗调层流；2—精调层流；3—加密层流；4—中压水喷射

加密型（图 9-20b）和加强型轧后冷却装置（图 9-20c）是在传统层流冷却机组上更换或添加快速冷却装置，提高带钢冷却速度。前者采用加密集管层流冷却，后者采用中压水喷射冷却或中压水喷射冷却 + 加密集管层流冷却。但它们没能完全取代传统层流冷却装置，主要是因为中低冷却速度的需要，而且传统层流冷却的冷却能力能满足 70%～90% 热轧带钢产品的生产需求，生产企业根据其轧制产品定位的差异化选择不同的冷却装置。

传统层流冷却装置冷却能力虽然低，但是在设计上其维护量也是最低的。因此，虽然经历近 40 年发展，仍然在大规模应用。中压水喷射冷却和加密集管层流冷却装置在国内部分热轧带钢厂已经开始建设，应用于低成本细晶粒钢、热轧高强度钢、热轧双相钢的生产。图 9-21 是国内某钢铁公司 2250mm 热带钢连轧生产线的加密冷却装置。

图 9-21 2250mm 热带钢连轧生产线的加密冷却装置

热轧带钢在传统层流冷却条件下的冷却速度如图 9-22 所示，4mm 厚度的带钢，冷却速度范围达到 37～66℃/s[9]，对于热轧 DP 钢的生产来说，这个冷却速度已经足够。但是在生产 18.5mm 厚度的管线钢中发现，夏秋天时冷却速度很难实现 13℃/s 以上。可见传统层流冷却的局限性。

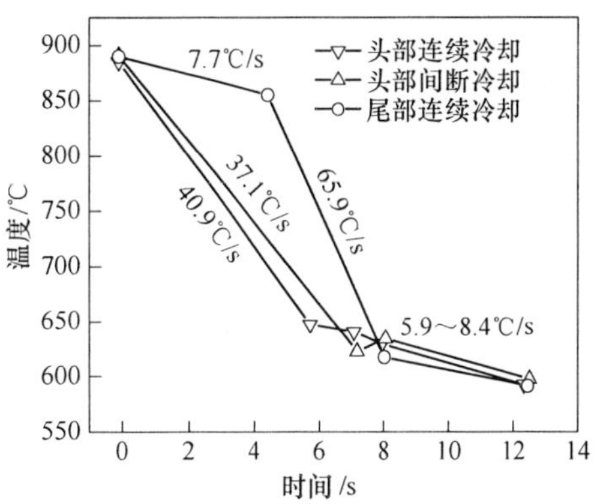

图 9-22 层流冷却中 4.0mm 带钢的实测温降曲线[9]

要提高冷却速度，就需要提高带钢冷却过程的传热效率。传热效率用钢板与冷却介质直接的综合对流换热系数衡量。对于带钢，普通层流冷却过程中的综合对流换热系数为 1000～2800W/(m^2·℃)[10]，其冷却速度通常在 25℃/s 以下。2001 年，比利时的 CRM 率先开发的超快速冷却系统，可以对 4mm 热轧带钢实现 300℃/s 的超快速冷却[11]。

对热轧带钢在不同对流换热系数条件下的冷却曲线进行计算，得到如图 9-23 所示不同对流换热系数下的带钢冷却速度。可以看出，随着对流换热系数的增加，钢板的冷却速度增加，其冷却速度增加梯度逐渐减小。对流换热系数为 3000～7000W/(m^2·℃)（超快速冷却）时，钢板冷却速度随对流换热系数增加而显著增加；对于厚板（大于 30mm），对流换热系数大于 15000W/(m^2·℃) 时，钢板的冷却速度变化较小。这说明，对于同一厚度、材质的钢板，其冷却速度不可能无限制地提高。根据传热学理论，钢板的冷却过程还受钢板本身热物性的影响，尤其是导热系数的影响。对于带钢，换热系数增加，其冷却速度增加的幅度较大。对流换热系数为 7000 ~ 15000W/(m^2 · ℃)（直接淬火）时，对 3 ~ 6mm 带钢可以实现 200 ~ 800℃/s 的超快速冷却。

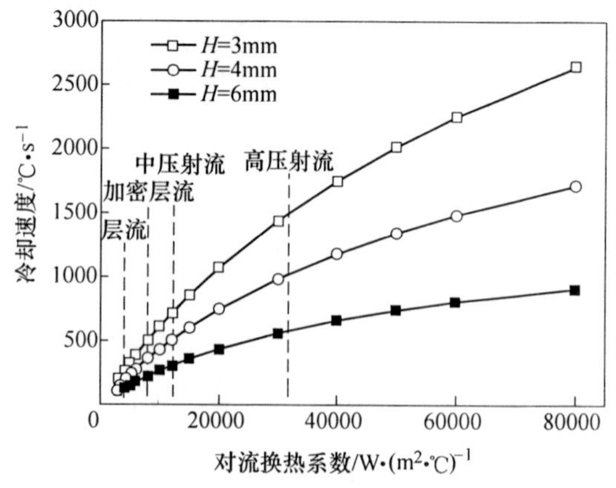

图 9-23　不同对流换热系数下的带钢冷却速度[12]

对加密型层流冷却的测试表明：在 25℃水温条件下，冷却水量比常规层流冷却提高 40%~50%，18mm 厚度带钢的冷却速度可以达到 31℃/s，足以满足现在 X100 级别管线钢的冷却速度要求。当然，提高冷却水流速（中压水）和流量，还可以进一步提高带钢的冷却速度。

过高的冷却速度带来的问题也是显而易见的。由于钢的导热系数限制，过高的换热效率会迅速降低钢板的表面温度，如果冷却速度高于临界速度，温度在 M_s 温度以下，钢板表面就会形成淬火层，如图 9-24 所示。这层淬火组织在后续恢复和卷取过程中发生回火，形成回火马氏体或回火索氏体，影响焊接性能。冷却速度对组织和性能的不利影响，视钢板厚度有所不同，钢板越厚，这种作用越明显。

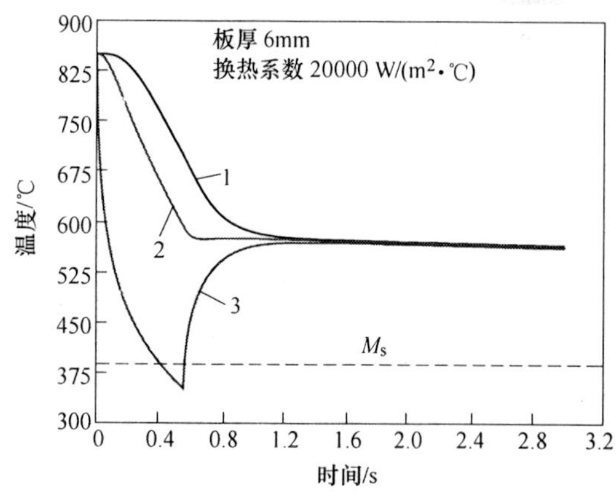

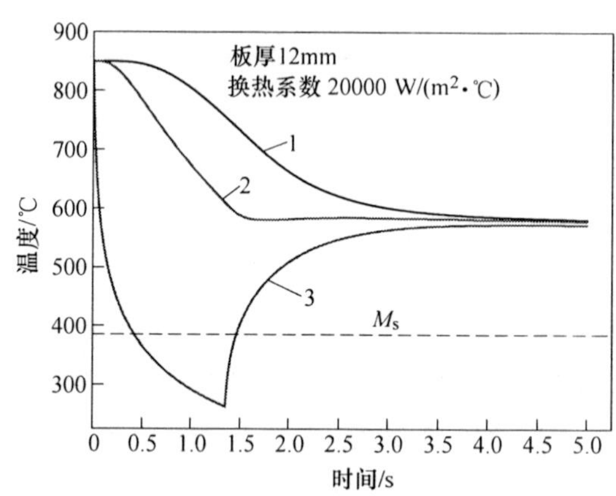

图 9-24　高速冷却对带钢表面淬火层的影响

1—1/2 处；2—1/4 处；3—表面

9.3.2　冷却工艺对组织性能的影响

冷却工艺对热轧带钢组织和性能的影响体现在多个方面。除了开冷温度 *FT*、终冷温度（卷取温度）*CT*、冷却速度 v 外，还和冷却路径（分段冷却时的中间空冷时间 t 和温度 T_m）、轧制结束至冷却前的停留时间相关。因此，需要对钢种的不同组织性能要求，设计精细的冷却工艺方案。不能仅仅强调冷却速度的作用，或卷取温度的作用。

9.3.2.1 冷却速度

下面以轧后冷却速度对普碳钢 Q235 和 C-Mn-Nb 管线钢组织影响的研究结果[13]为例作出说明。

采用的实验方案为：Q235 钢加热至 1100℃，保温 3min，在 1050℃以及 850℃处变形，应变量均为 0.3，然后分别以 120℃/s、100℃/s、80℃/s、40℃/s、20℃/s 的冷却速度冷却至 600℃，模拟卷取保温 60s，最后空冷（2℃/s）至室温。

图 9-25 所示为不同冷却速度下 Q235 钢试样的金相组织扫描照片。从图中可以看出冷速为 20℃/s 时试样中的组织以铁素体 + 珠光体为主，有少量贝氏体；冷速为 40℃/s 和 80℃/s 时试样中的组织以铁素体 + 贝氏体为主，片层状珠光体开始退化，片层状珠光体随着冷却速度的增大而减少，当冷速为 80℃/s 时碳化物开始在晶界析出；冷速为 100℃/s 时试样中的组织以铁素体 + 贝氏体为主，铁素体呈网状分布，且铁素体百分比含量明显减少，另外组织中已观察不到片层状珠光体，出现明显的颗粒状碳化物。

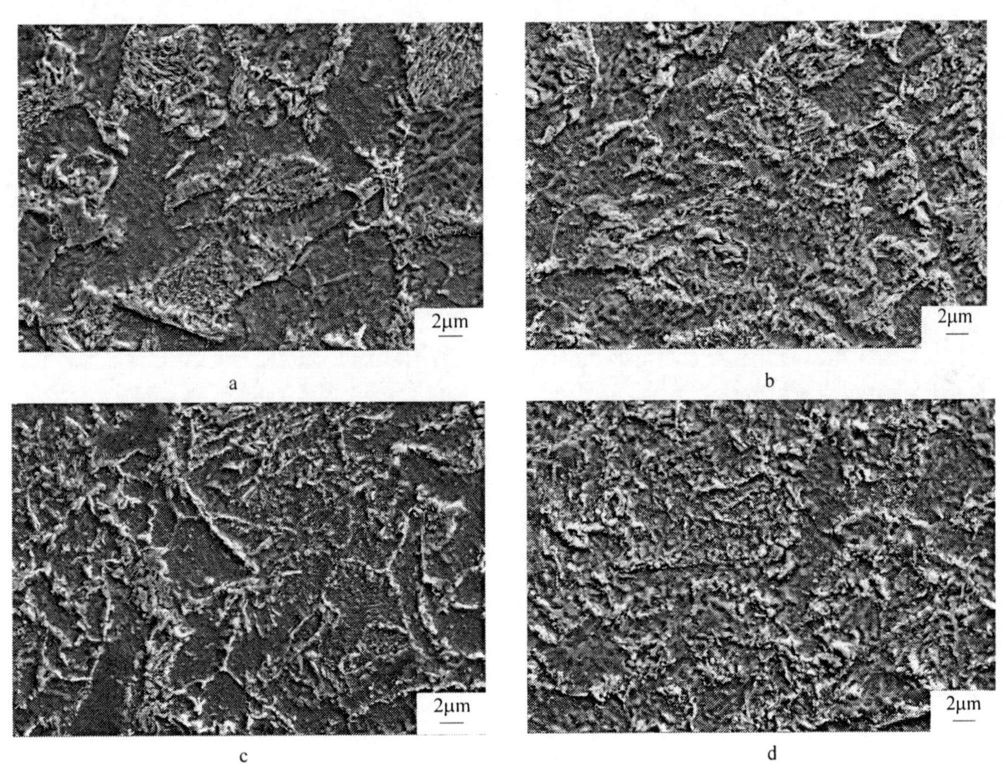

图 9-25 不同冷却速度下 Q235 钢的室温显微组织

a—20℃/s；b—40℃/s；c—80℃/s；d—100℃/s

在 20 ~ 100℃/s 冷却速度下（冷却速度从低到高）试样的晶粒尺寸分别为：7.56μm、6.15μm、4.19μm、4.05μm，冷却速度与铁素体晶粒尺寸的关系如图 9-26 所示。随着冷却速度的增大，Q235 试样铁素体晶粒的平均尺寸减小，但是当冷却速度大于 80℃/s 时铁素体晶粒尺寸的变化很小。对于 C-Mn-Nb 钢，在冷却速度 40℃/s 以上其铁素体晶粒细化作用减弱，如图 9-27 所示。从相变理论分析，冷却速度对于铁素体晶粒的影响，主要体现在增加相变过冷度、提高形核率、抑制相变组织的长大。

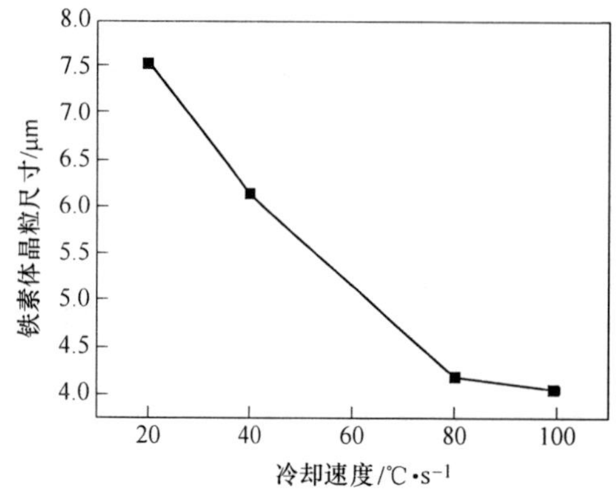

图 9-26　冷却速度对 Q235 铁素体晶粒尺寸的影响

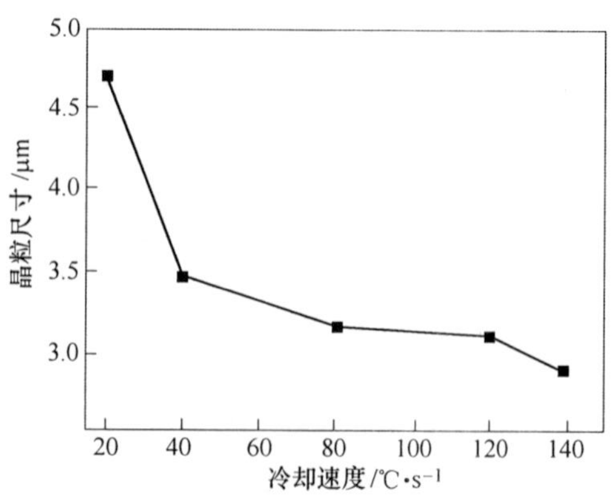

图 9-27　冷却速度对 C-Mn-Nb 钢晶粒尺寸的影响

9.3.2.2　冷却路径

改变冷却组合方式，钢的室温组织也会发生改变。Q235 钢 890℃ 终轧，开冷温度 850℃，经过 80℃/s 超快速冷却，或先经过超快速冷却后再用 25℃/s 层流冷却，卷取温度 600℃ 以下。全程超快速的冷却路径下，钢的室温组织看不到片层状的珠光体，碳化物呈颗粒状，分布弥散；而在超快冷 + 层流冷却路径下，钢的室温组织为少量片层状珠光体和退化珠光体，铁素体晶粒内干净，明显没有碳化物的析出，如图 9-28 所示。

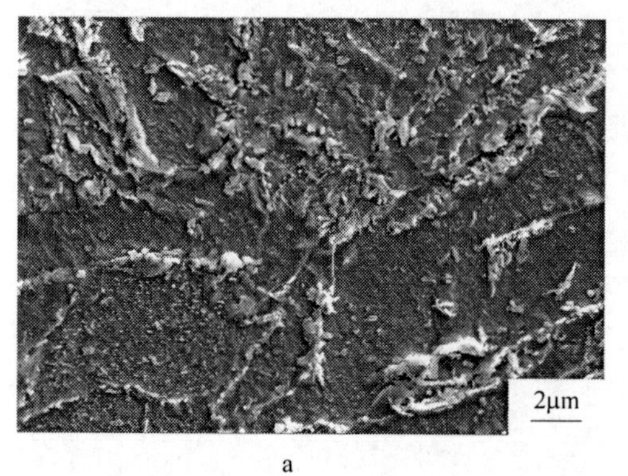

a

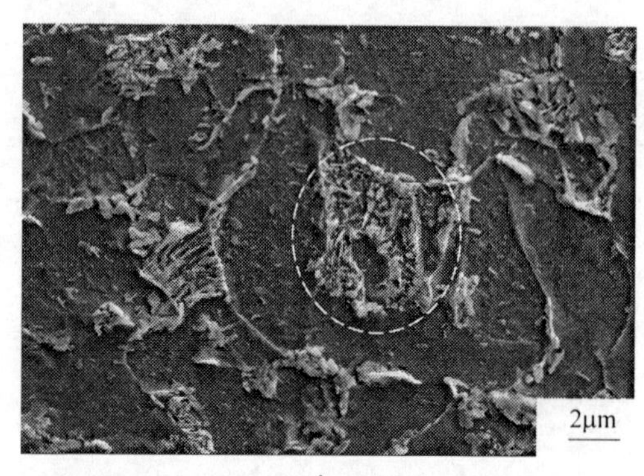

b

图 9-28　不同冷却路径下 Q235 显微组织

a—超快冷；b—超快冷 + 层冷

M. Olasolo 等人[14]研究了奥氏体组织和冷却速度（0.1 ~ 200℃/s）对低碳 Nb-V 微合金钢相变规律的影响，研究发现：奥氏体相变前的累积变形对铁素体相变和贝氏体相变均有加速作用，在高冷速下这种作用对贝氏体相变更加明显；另外，增大冷却速度或变形累积能够改善小角度晶界的晶粒尺寸分布，对大角度晶界不起作用。

S. Shanmugam 等人[15]研究冷却速度对一种铌微合金钢组织和力学性能的影响，研究发现：随着冷却速度的增大，组织变化规律为：铁素体/珠光体→板条/贝氏铁素体/退化珠光体→板条/贝氏铁素体，冷却速度越大，贝氏体倾向越明显。

9.3.2.3 轧后停留时间

Toshiro Tomida 等[16]研究了超快冷前停留时间 Δt 对 C-Mn 钢形变诱导相变后铁素体组织的影响，研究发现：当超快冷前待温时间从 0.05s 延长到 0.5s 时，试验钢表面和心部的铁素体晶粒尺寸分别长大了 2.2μm 和 1.3μm，如图 9-29 所示。在 818℃ 的 A_{e3} 温度终轧，轧后快冷至 650℃后试样的室温横截面金相组织如图 9-30 所示。

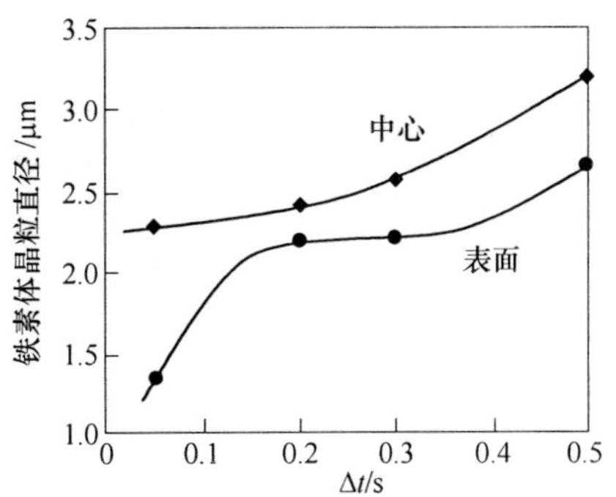

图 9-29 试验钢的铁素体晶粒与停留时间的关系

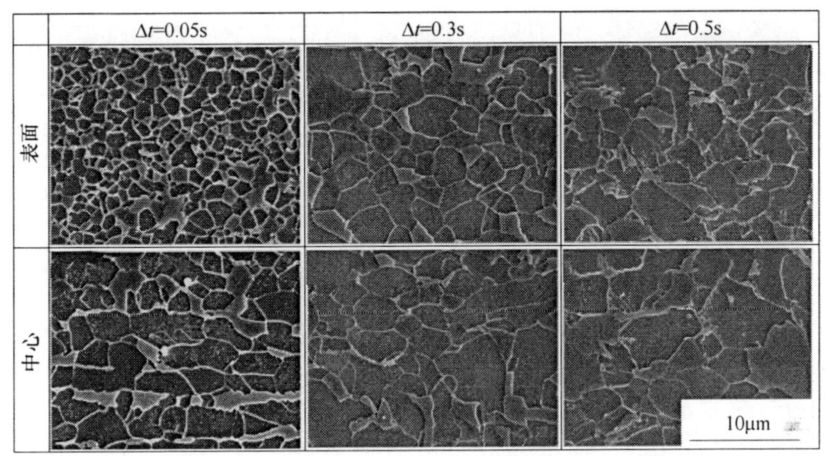

图 9-30 试验钢热轧和快冷至 650℃后的室温横截面金相组织

9.3.2.4 冷却后停留时间

刘翠琴等人[17]研究了保温对低碳钢形变诱导相变铁素体的影响，研究发现低碳钢应变诱导相变铁素体在保温初期的几秒内，晶粒迅速长大，随保温时间延长，长大速度有所下降，但在晶界处形核的应变诱导相变等轴铁素体在保温中生长缓慢，原奥氏体晶内及部分变形带上形成的条状铁素体在保温时迅速长大。铁素体晶粒的长大速率主要取决于温度和长大动力，说明在形变诱导相变条件下，由于形核点多，铁素体晶粒长大动力迅速减弱。

9.3.2.5 轧制过程道次间隙时间

Toshiro Tomida 等[16]对 C-Mn 钢的形变诱导铁素体区轧制的研究表明，冷却过程虽然对铁素体晶粒尺寸有影响，精轧过程最后道次间隙时间对铁素体晶粒也会产生影响。其影响规律如图 9-31 所示。

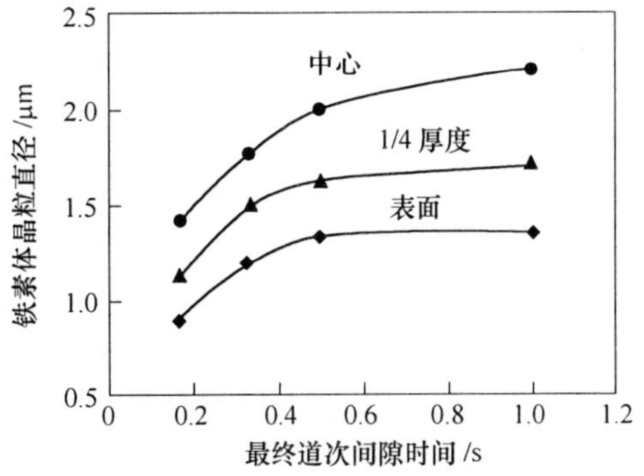

图 9-31 精轧最后道次的间隙时间对铁素体晶粒直径的影响

9.4　典型热轧带钢组织与性能控制应用

9.4.1　热连轧 TRIP 钢的组织与性能控制

相变诱发塑性钢（TRIP 钢）组织由铁素体、贝氏体和残余奥氏体组成。一般地，铁素体的体积分数为 50%～60%，贝氏体体积分数为 25%～40%，残余奥氏体体积分数为 5%～15%。形变过程中，亚稳态的残余奥氏体向马氏体转变，使钢的局部加工硬化能力提高并延迟了颈缩的产生，因此 TRIP 钢同时具有高强度和良好的塑性。TRIP 钢用作汽车板等部件，可有效减轻汽车自重，解决油耗、安全、环保等问题，应用前景十分广阔。

实验用钢采用 25kg 真空感应炉进行冶炼，其化学成分（质量分数）为：C 0.21%，Si 1.18%，Mn 1.41%，Nb 0.033%，V 0.060%，Fe 余量。将铸锭锻造加工成规格为 80mm×60mm×40mm 的钢坯，在加热炉内加热到 1200℃后保温 2h，在实验室二辊轧机上经 7 道次热轧轧成厚度为 5mm 的钢板，压下分配工艺制定为：40mm→31mm→23mm→17mm→12.5mm→9mm→6.5mm→5mm，其中前 3 个道次在奥氏体再结晶区进行粗轧，后 4 个道次在奥氏体未再结晶区进行精轧，粗轧的开轧温度与终轧温度分别为 1150℃和 1050℃，精轧阶段的开轧温度和终轧温度分别为 950℃和 830℃。终轧后立即水冷（约 100℃/s）至室温，或者先水冷（约 100℃/s）至 730℃，随后空冷（约 5℃/s）至 680℃，再水冷（约 100℃/s）至 400℃。采用 3 种工艺对轧后试样进行保温，其中 1、2 号钢板分别在 400℃的模拟卷取炉中等温 30min 和 60min 后取出空冷至室温，3 号钢板在卷取炉中等温 60min 后随炉缓冷至室温（约 15h）。

将试样加工成 ϕ5mm×10mm 圆柱试样并在 Dil805 膨胀仪上测量试验钢 A_{r3} 温度。在热轧后的钢板上切取金相试样，轧制方向经研磨、机械抛光后，用体积分数为 4% 的硝酸酒精溶液侵蚀，在光学显微镜和热场发射扫描电镜下观察显微组织，用图像分析软件对组织中铁素体的体积分数进行统计。依据 GB/T 228.1—2010 在三块热轧钢板上沿轧制方向切取 50mm 标距的矩形横截面拉伸试样，对室温拉伸和拉伸断口形貌进行观察。利用 D_{MAX}-RB 12kW 旋转阳极衍射仪（Cu 靶，K_α 衍射）测得 TRIP 钢中奥氏体｛200｝、｛220｝、｛311｝衍射峰和马氏体｛200｝、｛211｝衍射峰，计算出残余奥氏体含量。

9.4.1.1　显微组织

不同贝氏体区等温时间下试样的扫描组织如图 9-32 所示，均是由多边形铁素体（F）、贝氏体（B）和残余奥氏体（RA）组成。随着等温时间的延长，组织中板条状贝氏体量减少，粒状贝氏体量增多。由 X 射线衍射测量结合图像分析，确定了组织中的各相比例，见表 9-8。

表 9-8　试验钢组织中的各相比例及残余奥氏体碳含量

试样	体积分数/%			C_γ（质量分数）/%
	F	B	RA	
1 号钢板	53.39	34.29	12.32	1.35
2 号钢板	51.24	36.47	12.29	1.26
3 号钢板	52.81	44.13	3.06	1.07

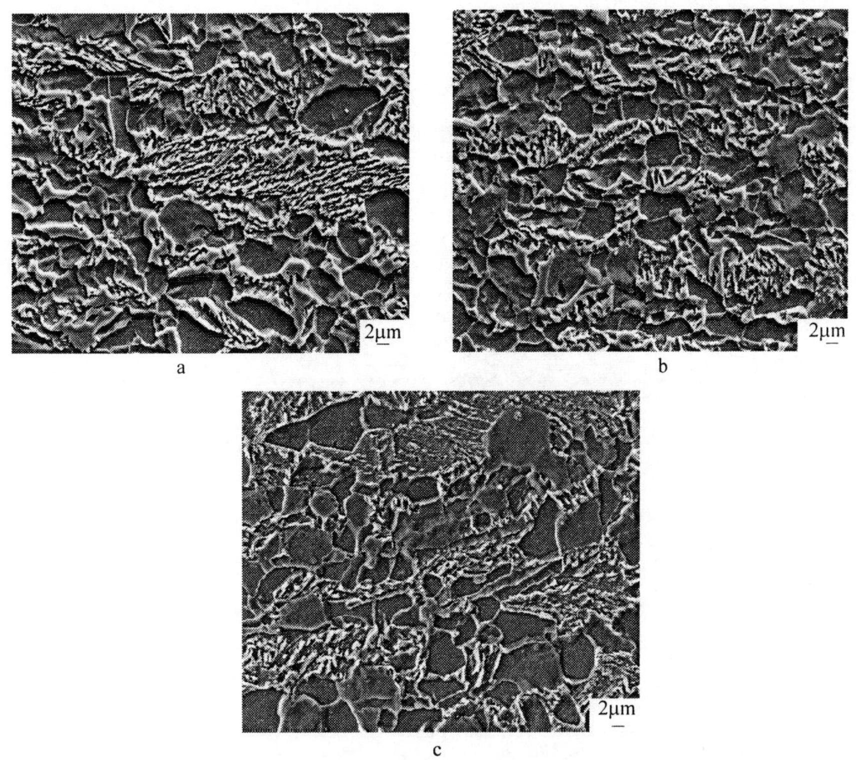

图 9-32 不同贝氏体区等温时间下试验钢的 SEM 组织

a—1 号钢板；b—2 号钢板；c—3 号钢板

试验钢组织中的铁素体，除了传统的形变奥氏体连续冷却相变外，有部分是通过形变诱导铁素体相变（DIFT）生成的。如图 9-33 所示。空冷（约 5℃/s）条件下，测得试验钢 A_{r3} = 744℃；根据化学成分，采用 Thermo-Calc 软件计算得到试验钢 A_{e3} = 843℃。终轧温度 830℃已处于 A_{r3} ~ A_{e3} 温度之间，这将引起形变诱发铁素体相变效应。图 9-33 是试验钢终轧后立即淬火得到的组织，可见有细小的铁素体晶粒生成。与传统的形变奥氏体连续冷却相变不同，这些铁素体是在形变过程中形核的，相变与形变几乎同时进行，并且转变量的增加主要是靠连续不断的形核来完成，由于形变时间很短，相变晶核的生长和晶粒的长大受到抑制，因此铁素体晶粒比较细小。作为 TRIP 钢的基体组织，细化的铁素体晶粒将有助于 TRIP 钢力学性能的提高。更重要的是，残余奥氏体含量随着铁素体晶粒细化而增加，但由于其亦受到组织中贝氏体形貌及碳化物等因素的作用，TRIP 钢中残余奥氏体含量随着铁素体晶粒细化到一定程度后反而有所降低。

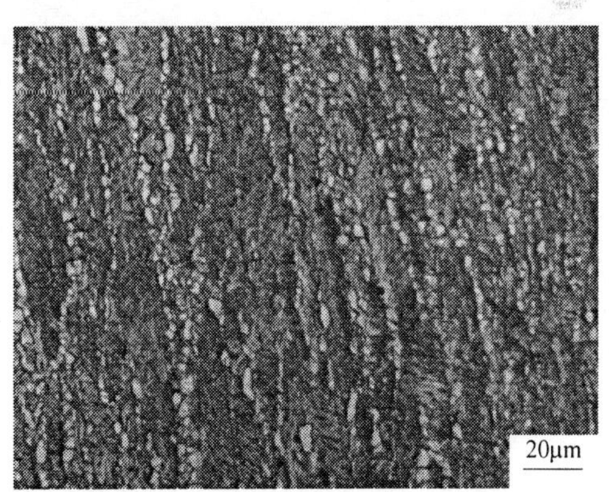

图 9-33 试验钢轧后淬火光学组织

对于 TRIP 钢，残余奥氏体强烈影响着 TRIP 效应。未再结晶区变形时，奥氏体晶粒呈薄饼形状，由于形变温度较低，奥氏体只发生部分回复，而不发生再结晶，晶粒内变形带、孪晶、位错和其他结构缺陷增多，这使奥氏体晶粒内界面和亚晶增加。在轧后控冷过程中，一方面，细小晶粒的奥氏体易于保留至室温而不是发生相变；另一方面，奥氏体中间隙原子的扩散速率加快，钉扎位错，形成溶质气团，提高了残余奥氏体的稳定性。这两方面作用均能促进细小而稳定的残余奥氏体生成，从而有利于试验钢的 TRIP 效应的增强。

试验钢组织中残余奥氏体的分布如图 9-34 所示，各工艺下残余奥氏体均分布在铁素体晶界处、铁素体与贝氏体交界处以及贝氏体铁素体板条之间。贝氏体铁素体板条间的残余奥氏体最为稳定，甚至在形变过程中都不发生转变，而分布于铁素体晶界处和铁素体与贝氏体交界处的残余奥氏体稳定性不足，在形变初期就已大量转变。从图可见，分布在铁素体晶界处的残余奥氏体晶粒最为粗大，铁素体与贝氏体交界处的次之，贝氏体铁素体板条之间的最为细小。图 9-35 是残余奥氏体晶粒在不同晶粒尺寸区间的分布频率统计，可见 1 号钢板、2 号钢板和 3 号钢板的残余奥氏体晶粒尺寸均主要分布在 0.1 ~ 1μm 区间内，累加频率分别高达 93.0%、97.7% 和 96.4%，对应平均晶粒尺寸为 0.269μm、0.285μm 和 0.316μm，即随着等温时间的延长，残余奥氏体晶粒有逐渐增大的趋势。有研究表明，钢材若要获得良好的 TRIP 效应，组织中残余奥氏体晶粒大小应在 0.01 ~ 1μm 之间，晶粒过大稳定性差，过小则会过稳定。以这个标准衡量，3 种等温工艺下试验钢的残余奥氏体稳定性均较为理想。

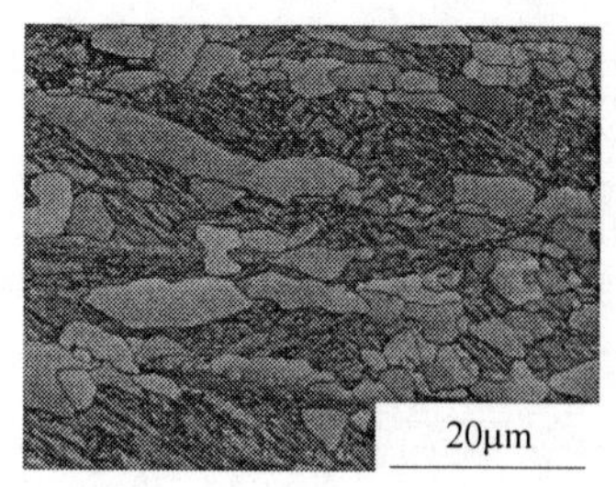

a

b

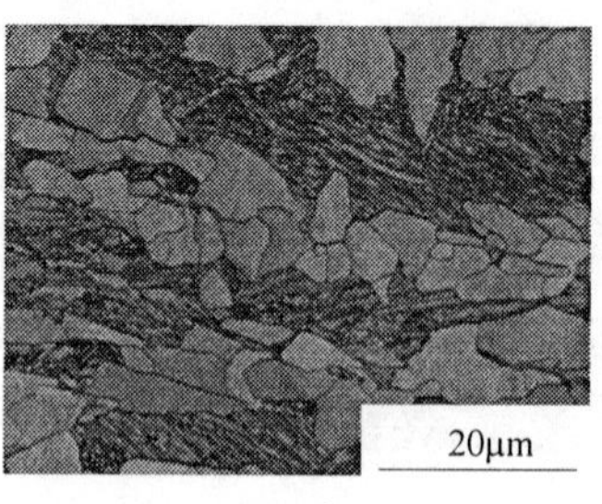

c

图 9-34 不同贝氏体区等温时间下试验钢的 EBSD 相区分图

a—1 号钢板；b—2 号钢板；c—3 号钢板

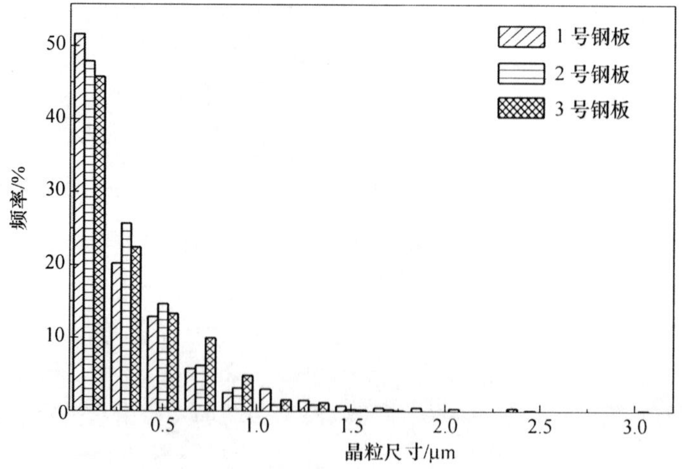

图 9-35 试验钢残余奥氏体晶粒尺寸频率分布直方图

9.4.1.2 力学性能

不同贝氏体区等温时间下试验钢的力学性能如表 9-9 所示。可见，1 号钢板与 2 号钢板的力学性能比较理想，强塑积均超过了 22000MPa · %。等温 30min 时，试验钢的抗拉强度和伸长率分别达到了 876MPa 和 28%；等温 60min 时，抗拉强度达到最大值 936MPa，但伸长率明显降低；等温 60min 后随炉冷却时，抗拉强度和伸长率分别仅有 847MPa 和 20%，力学性能显著恶化，相应的强塑积最小。可见，随着贝氏体区等温时间的延长，试验钢的综合力学性能不断降低。

表 9-9 不同贝氏体区等温时间下试验钢的力学性能

试 样	$R_{p0.2}$/MPa	R_m/MPa	A/%	$R_m \cdot A$/MPa · %
1 号钢板	696	876	28	24528
2 号钢板	745	936	24	22464
3 号钢板	664	847	20	16940

TRIP 钢在 400℃卷取温度保温时，开始阶段由于贝氏体组织的大量形成，残余奥氏体的富碳作用占主导地位，因此 30min 和 60min 保温时间下试验钢组织中残余奥氏体体积分数和碳浓度均比较理想。但经过长时间保温后部分残余奥氏体将发生分解。卷取时间对残余奥氏体的形成有两方面的作用。一方面，随着保温及之后的随炉冷却时间的延长，贝氏体相变时间增加，相变后的残余奥氏体体积分数也就相应减少；另一方面，类似于回火，贝氏体相变的碳元素富集对于奥氏体稳定性的促进作用减弱，从而导致碳元素发生再分配，Seong 等研究后也认为，高的等温温度有利于渗碳体的析出，进而导致奥氏体中碳含量急剧下降，稳定性降低，贝氏体形核将更容易进行。此外，相关研究中也发现，贝氏体铁素体间碳化物的出现也会通过降低奥氏体中碳含量而显著减小残余奥氏体体积分数。

综上所述，贝氏体等温时间对于热轧 TRIP 钢中残余奥氏体的含量和稳定性具有很重要的作用。等温时间在 30 ~ 60min 能够得到碳含量高、稳定性好的残余奥氏体，进而获得优异的力学性能，但保温时间过长会使得残余奥氏体碳含量低、稳定性差，体积分数也显著减少。残余奥氏体在保温及卷取过程中分解与其热稳定性相关，而残余奥氏体中碳含量、尺寸和形貌对其热稳定性有重要作用。提高残余奥氏体时效过程稳定性的途径主要有：选用适宜的保温时间，避免残余奥氏体由于碳元素再分配而发生分解；选用适宜的时效温度，时效温度过高时，碳化物的析出会显著降低残余奥氏体的稳定性，显著降低轧后钢板的力学性能；此外，研究表明，具有强烈固溶强化作用的元素（如 Nb 等）溶解在奥氏体中能显著影响奥氏体相变并提高残余奥氏体稳定性，因此，适当添加该类元素并采用合适的奥氏体化温度保证其在奥氏体中的固溶也有利于提高热轧后钢板的力学性能。

9.4.2 热轧管线钢带的组织性能控制

API X70 管线钢是要求比较高的产品。管线钢在生产中要求高的钢水纯净度，为确保韧性，硫的含量低于 0.003%~0.005%，氮的含量低于 0.005%。组织控制严格，晶粒度可达 13 级以上。在轧制方面要严格控制轧制工艺，一般实施温度控制轧制或热机械轧制。前者是通过一定温度范围内变形获得与正火条件相应的最终组织；后者包含 2 ~ 3 个轧制阶段，阶段之间有一定的中间冷却时间，一般要求在 800℃以下进行 60%~70% 的变形。

在获得细小的原始晶粒方面，薄板坯连铸连轧有其优势，但在进行大变形以获得细小的最终组织方面，薄板坯连铸连轧并无优势，这是因为薄板坯一般比较薄，造成轧制过程的压缩比比较小，和传统的板坯轧制相比，在细化晶粒方面是不利的。由图 9-36 看出，总变形量的增加提高了钢的性能，特别是脆性转变温度。由图 9-37 发现，均热温度最低也要达到 1100℃才能达到最低的质量要求，而一旦温度超过 1300℃，低温韧性会明显的恶化。通过综合比较发现，在 1100℃轧制是可行的。但是可以看到屈服强度仅仅达到下限。

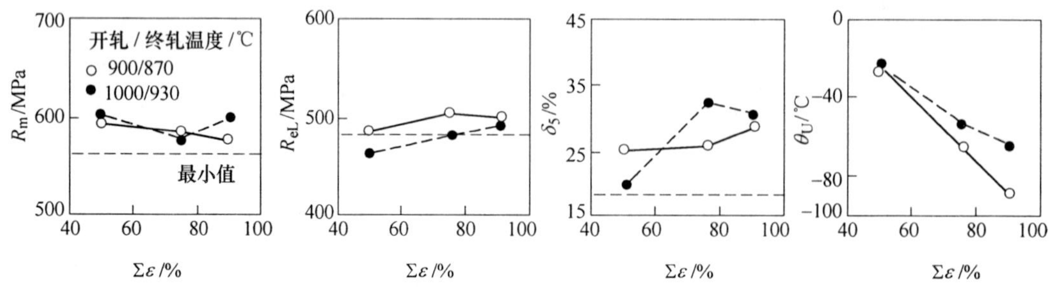

图 9-36　API X70 钢性能与总变形量的关系[18]

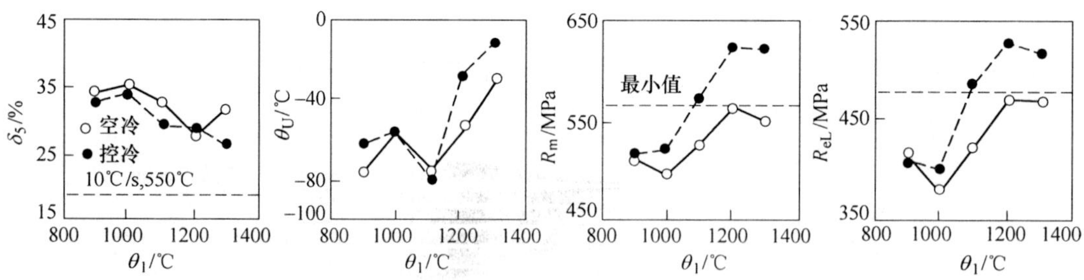

图 9-37　API X70 钢性能与薄板坯加热温度的关系[18]

当然，在常规连轧工艺中，对高性能的 X70、X80 管线钢，可以通过多种方法（TMCP、HTP 等）来生产，能否通过常规再结晶区轧制并结合快速冷却工艺让其达到 API 标准性能要求，表 9-10 的数据似乎说明了可行性，但是，由于试验条件的关系，无法检验 DWTT 性能。从试验钢的组织分析，其中 MA 组织尽管可通过晶粒细化的方法加以控制，但是仍然较未再结晶控制轧制得到 MA 组织粗大。

表 9-10　高温终轧快速冷却 C-Mn-Nb 钢的力学性能

终轧温度/终冷温度/℃	屈服强度 $R_{p0.2}$/MPa	抗拉强度 R_m/MPa	伸长率 A/%	屈强比	-20℃横向冲击吸收功/J	-20℃纵向冲击吸收功/J
926/582	572	711	27.5	0.80	186	210
	581	682	26.6	0.85	159	214
927/649	586	696	28.8	0.84	143	219
	654	704	29.0	0.93	183	227

除上述两个新产品和新工艺开发与应用的实例外，实际生产中有许多热轧商用材和冷轧原料带钢需要控制性能。这些品种包括：

（1）Q195、Q215、Q235、Q345；

（2）冷轧原材料：08Al、05Al、IF；
（3）无取向硅钢、取向硅钢；
（4）优质碳素钢：15～45；
（5）管线钢：X52～X90；
（6）焊瓶钢：HP295、HP345；
（7）高强度超高强度钢。

高强度钢（HSS）、先进高强度钢（AHSS）、超高强度钢（UHSS）是热轧带钢商用材中的开发难点，需要将新材料设计与物理冶金原理结合，研究开发生产工艺及组织性能控制技术。这些品种包括：

（1）高强度合金结构钢：Q460、Q550、Q690 等；
（2）管线钢：X70、X80、X90；
（3）汽车大梁钢：L590、NH460、NH590（大梁、耐候）；
（4）双相钢：DP590、DP780；
（5）热轧 TRIP 钢：TRIP590、TRIP780、TRIP960；
（6）热轧复相钢：CP820、CP960、CP1180；
（7）热轧马氏体钢：MS800、MS960、MS1180。

鉴于中厚板生产中就物理冶金原理、轧制工艺技术和控制冷却技术的应用做了比较细致的说明，本章就不做过多的阐述了。

参考文献

[1] 张丕军，刘小梅．国内外薄带连铸技术的发展与现状［J］．鞍钢技术，1996（5）：14～20.

[2] 潘秀兰，王艳红，梁慧智．世界薄带连铸技术的最新进展［J］．鞍钢技术，2006（4）：12～19.

[3] Wal B，Frank F，Mike S，et al. The Latest Developments with the Castrip Process［C］. Proceedings of the 10th International Conference of Steel Rolling. Organized by The Chinese Society for Metals，2010，15～17. Beijing，China：98～105.

[4] 张鹏程，王路兵，唐荻，等．热装温度对 X80 管线钢组织及析出行为的影响［J］．金属热处理学报，2008，33（10）：99～102.

[5] 唐广波，刘正东，康永林，等．热轧带钢传热模拟及变形区换热系数的确定［J］．钢铁，2006，41（5）：36～40.

[6] 唐广波，刘正东，董瀚，等．CSP 热轧过程温度场模拟［J］．钢铁，2003，38（8）：38～42.

[7] Hugo U，Bart V，Griet L，et al. Towards a Cost and Energy Efficient Leading Edges Hot Strip Mill［C］. Proceedings of the 10th International Conference of Steel Rolling. Organized by The Chinese Society for Metals，2010，15～17. Beijing，China：48～57.

[8] 彭良贵，蔡晓辉，于明，等．热轧带钢轧机机架间冷却离线模拟计算［J］．轧钢，2004，21（2）：27～29.

[9] 陈银莉，康永林．CSP 线层流冷却试验测定［C］．中国金属学会 2003 中国钢铁年会论文集（4），2003，北京：146～149.

[10] Devadas C，Samarasekera I V. Heat transfer during hot strip of steel strip［J］. Ironmaking and Steelmaking，1986，13（6）：311～321.

[11] Lucas A，Simon P，Bourdon G，et al. Metallurgical aspects of ultra fast cooling in front of the downcoiler

[J]. Steel Research, 2004, 75 (2): 139 ~ 146.

[12] 汪贺模，蔡庆伍，余伟，苏岚．中厚板加速冷却和直接淬火时冷却能力研究 [J]. 材料科学与工艺，2012，20 (2)：12 ~ 15.

[13] 张栋斌．超快冷工艺对热轧带钢组织和力学性能的影响规律研究 [D]. 北京：北京科技大学，2012.

[14] Olasolo M, Uranga P, Rodriguez-Ibabe J M, López B. Effect of austenite microstructure and cooling rate on transformation characteristics in a low carbon Nb-V microalloyed steel [J]. Materials Science and Engineering A, 2011, 528: 2559 ~ 2569.

[15] Shanmugam S, Ramisetti N K, Misra R D K. Effect of cooling rate on the microstructure and mechanical properties of Nb-microalloyed steels [J]. Materials Science and Engineering A, 2007, 460 ~ 461: 335 ~ 343.

[16] Toshiro T, Norio I, Kaori M, et al. Grain Refinement of C-Mn Steel to 1μm by Rapid Cooling and Short Interval Multi-pass Hot Rolling in Stable Austenite Region [J]. ISIJ International, 2008, 48 (8): 1148 ~ 1157.

[17] 刘翠琴，李维娟，王国栋，等．保温对低碳钢形变诱导相变组织的影响 [J]. 热加工工艺，2003 (3)：3 ~ 5.

[18] 唐荻，蔡庆伍，米振莉．薄板坯连铸连轧的产品质量控制 [J]. 钢铁，1998，33 (7)：65 ~ 69.

10 组织性能控制在型钢生产中的应用

型钢轧制产品种类繁多、形状各异。当轧机一定、产品规格一定时，其轧制孔型在设计完成后各道次的变形条件就基本确定了，在生产中道次变形仅能在较小范围内调整。因此，在热轧型钢生产中，高温奥氏体组织控制主要是对轧件温度的控制，控制轧制在型钢生产中也称为控温轧制。

轧后的控制冷却或相变控制在热轧型钢生产中应用广泛。根据产品规格、组织和性能要求不同，采用的轧后控制冷却工艺和方法也有很大差别，冷却设备也要满足不同规格、不同钢种的生产工艺要求，而体现出其多功能性或差异性。

与其他热轧钢材生产一样，型钢的组织与性能控制可以通过调整化学成分、轧制过程温度、轧后的冷却制度实现在线热处理、形变热处理，替代或部分替代离线热处理，实现短流程生产，降低生产能耗。

以下对棒材、线材和异型材的组织性能控制的原理、工艺及装备进行介绍。

10.1 棒材及钢筋的组织性能控制

10.1.1 热轧棒材工艺及设备布置

棒材产品按轧机规格不同，通常分为小型棒材、中型棒材及大型棒材。小型棒材产品直径从 ϕ6mm 至 ϕ50mm，中型棒材产品直径从 ϕ40mm 至 ϕ150mm，大型棒材产品直径从 ϕ120mm 至 ϕ300mm。

交货状态通常是热轧状态，对于特殊钢棒线材由于采用了先进的在线热处理工艺，产品可能是调质状态、退火状态、缓冷状态交货，对于大中型棒材产品可能是光亮材交货。

小型棒材：对于普碳钢厂，常规采用 150 ~ 165mm 方形连铸坯，个别厂家使用 170mm 方坯，粗轧机采用 ϕ550 ~ 650mm 轧机。坯料长度 10 ~ 12m。对于特殊钢生产线，可能采用 120mm 方初轧坯或者更大断面的连铸坯。如采用 ϕ250mm 圆坯轧制钢帘线、钢绞线，粗轧后脱头，加保温罩，卷重达到 3t。

中型棒材：中型棒材产品通常属于优特钢较多，考虑压缩比需要，通常采用 200 ~ 400mm 方坯、矩形坯或圆坯，粗轧机采用 ϕ650 ~ 850mm 轧机。如石家庄钢厂中型棒材连轧机采用 300mm × 300mm 方坯及 300mm × 360mm 矩形连铸坯。对于粗轧采用二辊可逆轧机的半连轧生产线，坯料断面可取较大值。

大型棒材：大型棒材产品属于优特钢较多，也包括部分管坯钢。通常采用 400 ~ 800mm 方坯或圆坯，粗轧机采用 ϕ950 ~ 1250mm 二辊可逆轧机。如江阴兴澄特钢采用 ϕ800mm 连铸圆坯生产轴承钢。

棒线产品种类几乎涵盖了所有钢种，具体钢种如下：

(1) 各牌号碳素结构钢，代表钢种有 Q195、Q215、Q235、ML20、H08A 等。

(2) 各牌号低合金高强度结构钢，代表钢种有 20MnSi、25MnSiV、82B 等。

(3) 优质碳素结构钢，代表钢种有 20 号钢、45 号钢等。

(4) 合金结构钢，代表钢种有 40Cr、20CrMnMo、20CrNiMo2A 等。

(5) 易切削结构，代表钢种有 Y12、Y15、Y20 等。

(6) 弹簧钢，代表钢种有 50CrV、72A、65Mn、60Si2Mn 等。

(7) 滚动轴承钢，代表钢种有 GCr15、GCr15SiMn 等。

(8) 碳素工具钢，代表钢种有 T8、T10 等。

(9) 合金工具钢，代表钢种有 Cr12MoV 等。

(10) 高速工具钢，代表钢种有 W18Cr4V 等。

(11) 不锈钢，代表钢种有铁素体 Cr17、马氏体 2Cr3、奥氏体 1Cr18Ni9Ti、双相不锈钢 Cr17Ni2 等。

按钢铁产品的不同用途分类，一些钢号可能列在不同的钢种内，如帘线钢、弹簧钢、冷镦钢等。

图 10-1 ~ 图 10-5 为国内部分典型棒材生产线的车间平面布置。生产线轧制设备有粗轧机（或机组）、中轧机组、预精轧机（或机组）、精轧机（或机组）中的两项或以上，其配置主要是根据产量、产品规格和设备投资等综合考虑的结果。

图 10-1 为 J 厂半连轧小型棒材工艺布置，这种形式存在于 20 世纪 90 年代，由于调速技术控制系统价格昂贵，一些中小企业改造横列式轧机时为了节约投资而采取的设计方案，生产线没有温度控制设备，轧件在生产过程中自然冷却。

图 10-2 为 T 厂典型的普碳钢全连轧小型棒材生产线工艺布置。为了实现普通钢和低合金钢的低成本生产，在生产线精轧机组后设置有穿水冷却装置，其他为空气冷却。

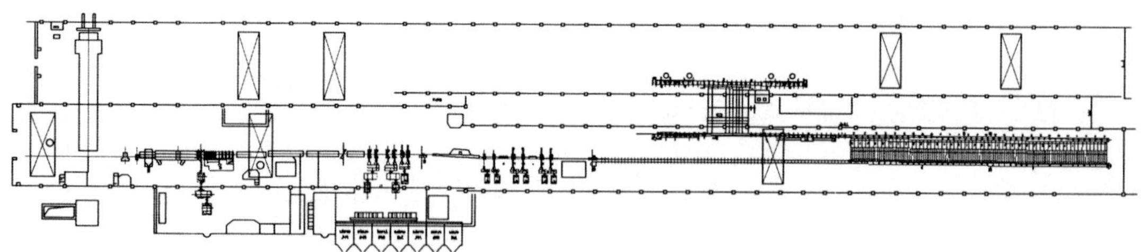

图 10-1 年产 30 万吨小型棒材半连轧生产线布置

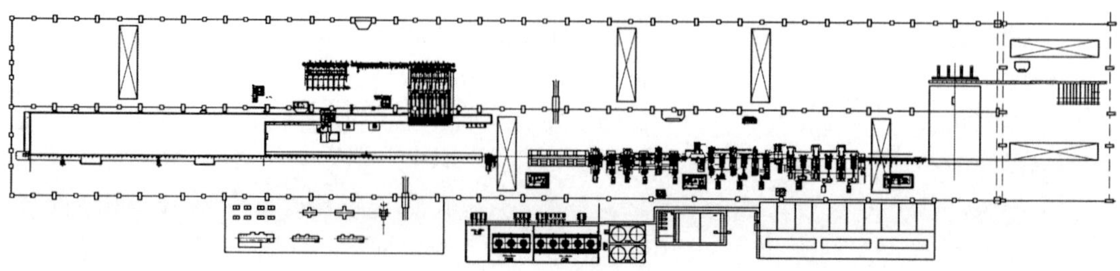

图 10-2 年产 60 万吨小型棒材连轧生产线布置

图 10-3 为 S 厂连轧的中型棒材生产线的工艺布置，在粗轧机组和中轧机组间采用脱头轧制，机组间距离很大，但是没有设置温控设备，精轧机组后也没有设置冷却设备，属于自然空气冷却。

图 10-4 为 J 厂大型棒材生产线工艺布置。车间轧制设备为可逆粗轧开坯轧机和精轧连轧机组，全线冷却也属于自然空冷。

图 10-5 为 B 厂特殊钢的棒线材复合生产线工艺布置。该生产线为棒材、线材复合生产，为控制轧制温度，在预精轧机组后设置 2 段水冷却器，棒材精轧机组后没有设置冷却器；线材精轧机组和定减径机组后均设置水冷器，控制轧件温度，以适应特殊钢棒线材组织性能控制的需求。

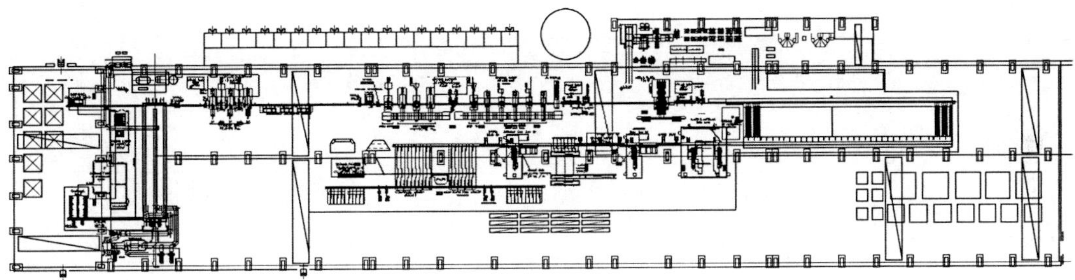

图 10-3　年产 60 万吨中型棒材连轧生产线布置

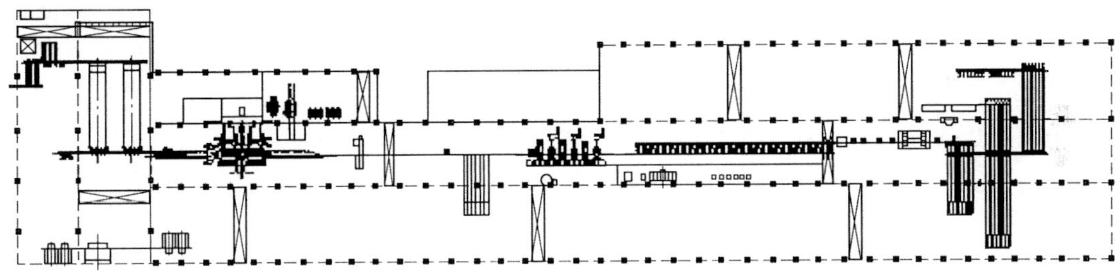

图 10-4　年产 80 万吨大型棒材连轧生产线布置

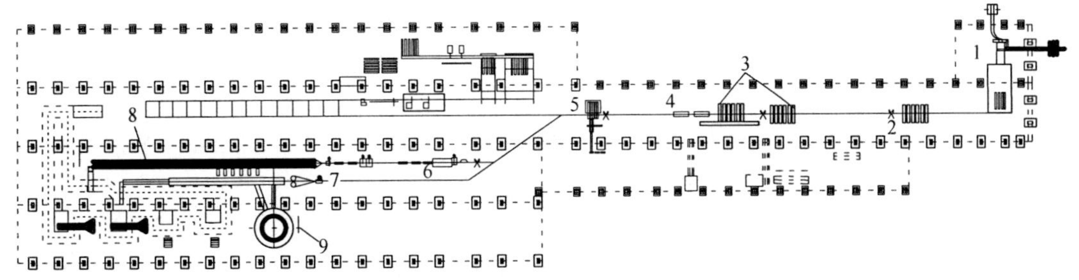

图 10-5　年产 60 万吨特殊钢棒线材工艺平面布置

1—加热炉；2—粗轧机组；3—中/预精轧机组；4—DSC 水箱；5—RSB 精轧机组；6—线材精轧和减定径机组；7—大盘卷和线材卷取机；8—辊式运输机；9—环形炉

棒材生产中组织与性能控制的目的视钢种及性能要求的不同而异，有的是为了提高棒材的综合力学性能，高碳钢和轴承钢棒材是为了减少或消除网状碳化物，为后步球化热处理创造良好的组织条件；而不锈钢则是为了利用轧制余热进行直接固溶处理，以抑制铬碳化物的析出；还有的是为了解决冷床能力不足而采用轧后快速冷却，非组织控制需要。因此，采用哪种组织与性能控制工艺，取决于生产的具体要求。

10.1.2 棒材热轧过程的温度控制

我国台湾省丰新连续式棒材轧机既能轧制 ϕ10 ~ 55mm 棒材，也能生产 ϕ10 ~ 42mm 的线材。所用坯料为 100mm × 100mm × 12m 和 130mm × 130mm × 12m 方坯。其钢种有碳钢、低合金钢、耐热钢和不锈钢。该轧机能实现控温轧制、轧后控制冷却及形变热处理工艺。其设备布置如图 10-6 所示。棒材的轧制速度为 14m/s，轧后进入冷床。轧制棒卷材时的轧制速度为 18m/s，轧后进入加勒特式线材卷取机。

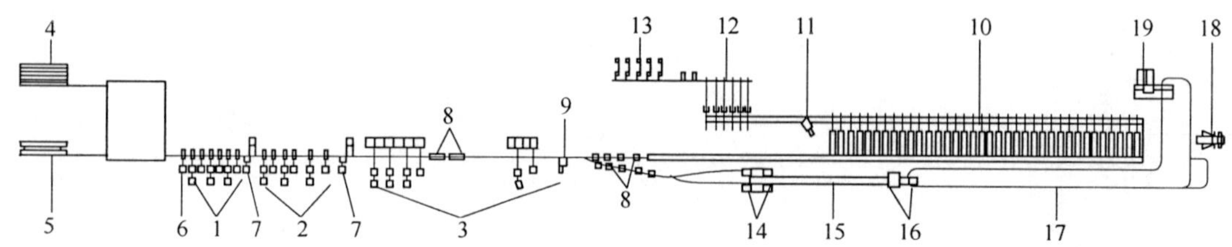

图 10-6 中国台湾丰新钢铁公司棒材轧机的布置

1—粗轧机组，6 台辊环的紧凑式机架；2—中轧机组；3—精轧机组；4—钢坯存放台架；5—缺陷钢坯收集设备；6—拉出和退回夹送辊设备，高压除鳞装置；7—两台滚筒式切头和碎边剪切机；8—两排水冷装置；9—滚筒式剪切机；10—倾斜式冷床，长 18m，宽 8.5m；11—冷剪切机；12—棒材的打捆和捆扎装置；13—称重机和装车台架；14—卷取机；15—盘条输送机；16—盘条发送机；17—钩式运输机；18—盘条压紧和捆带站；19—盘条卸载站

该生产线针对不同钢种所采用的组织与性能控制的工艺如图 10-7 所示，分述如下：

（1）轧制一般棒材时，为了控制终轧温度，在 16 架轧机轧出后仅走一个水冷器 C1，然后经一段空冷，使断面上温度均匀，再进入 17、18 架轧机轧成成品。轧出后经 C4 水冷装置进行轧后快冷。轧制 ϕ10 ~ 25mm 圆钢时都采用这一控温轧制工艺。当开轧温度为 1100℃时，16 架轧机轧出并经 C1 水冷器后，轧件平均温度达到 850℃，精轧后经过 C4 冷却装置冷却钢温降低到 650℃左右。

轧制 ϕ28 ~ 50mm 圆钢时，第 10 架轧机轧制后经 C1 冷却器冷却，并经过一段空冷后，再进入 17 ~ 18 架精轧机轧成成品，出成品轧机后进入 C4 水冷器进行水冷，然后进入冷床。

（2）轧制 ϕ14mm 轴承钢圆钢时，出炉温度为 1100℃，经 16 架轧机轧制后，立即进入 C2 水冷器进行冷却，然后进入 17 和 18 架精轧机，使终轧温度平均为 880℃，再利用 18 机架后 C4 水冷器冷却。

（3）利用轧制余热进行奥氏体不锈钢直接淬火，以抑制铬碳化物的析出。精轧温度大约在 1050℃，经水冷淬火后钢温低于 400℃。轧制直径为 ϕ8 ~ 50mm 之间的奥氏体不锈钢圆钢，不是在最后两架上轧制，而是在 15 和 16 架轧机上轧制成品。轧后经 C1 ~ C3、C4 水冷器水冷后，ϕ30mm 圆钢的平均温度降低到 380℃。直径为 ϕ25mm 的棒材，轧后采用空冷，送到冷床上后，实施强制风冷。尺寸再大，则达不到所需要的冷却速度，这就要求采用中间水冷和轧后水冷工艺。

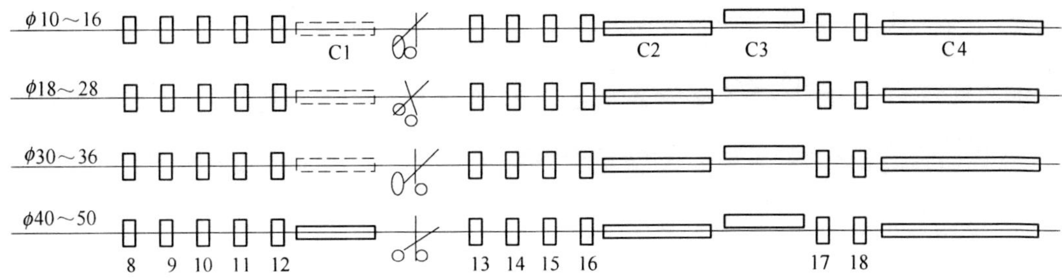

图 10-7 不同规格棒材生产时冷却器的使用

（4）卷材的淬火工艺。为了将直径为 $\phi10 \sim 42$mm 圆钢进行卷取，并控制卷材质量，采用卷材淬火，并开发了一种卷线机，它可以在水下卷取，这些卷取机在美国特殊钢棒材轧机上已成功使用。在水中直接卷取奥氏体不锈钢，可以直接利用轧制余热淬火，也可以用于生产其他钢种的卷材。

对于不允许进行卷线水冷钢种来说，卷线机也能进行“干”操作，从“湿”到“干”能迅速改变操作方式，反之亦然。“干”法卷取的卷材，在通过冷却设备时再进行强制风冷来冷却卷取后的卷材。其冷却工艺根据钢种不同而有所差别。

小型连轧机的控制轧制和控制冷却，一般是在精轧机组的最后两架之前将轧件穿水冷却，使钢温降低到850℃以下，控制终轧温度，在最后两架精轧机上给以约30%的变形量，轧后再进行穿水冷却，使棒材急冷到650℃以下，以控制钢材的组织结构，提高其强度和韧性。这种小型连轧机既能实现730～870℃温度区间结构钢的低温控制轧制，在800～950℃温度区间实现结构钢的取代常化热处理的控制轧制，又可以实现在1100℃左右温度范围内的奥氏体不锈钢淬火奥氏体化。对高合金钢也可以实现在线轧制温度控制工艺。

日本神户钢铁公司神户钢厂于1984年4月建成一新型棒线材生产车间，高效率生产出高质量产品。它装备有冷却能力很强的两个水冷区，一个位于中轧机组和精轧机组之间，另一组安置在精轧机组之后。该棒材轧机的布置如图10-8所示。日本爱知钢厂棒线

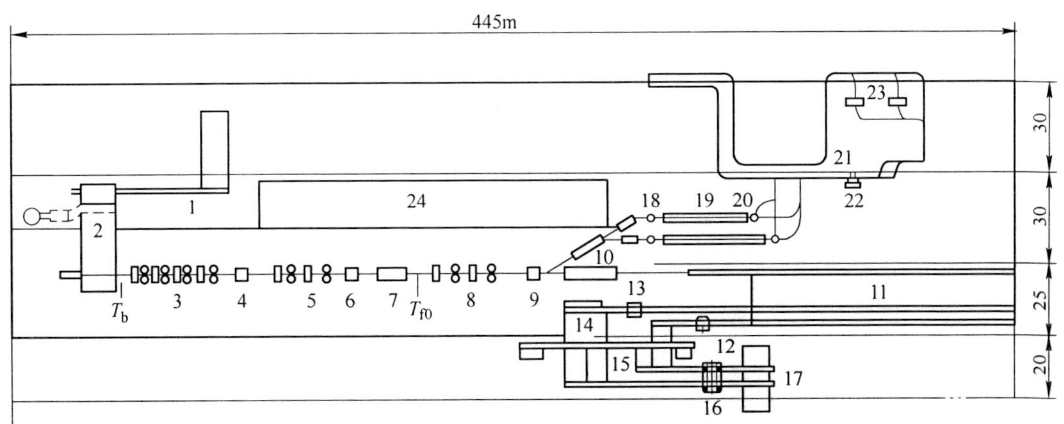

图 10-8 日本神户钢铁公司神户钢厂棒材轧机布置

1—钢坯装炉辊道；2—加热炉；3—粗轧机组；4—1号飞剪；5—中轧机组；6—2号飞剪；7—中间冷却区；8—精轧机组；9—3号飞剪；10—精轧后冷却区；11—冷床；12—1号冷剪；13—2号冷剪；14—检查台；15—分类床；16—包装机；17—出料输送机；18—集卷装置；19—板式运输机；20—盘卷悬挂装置；21—钩式运输机；22—盘卷卸载机；23—盘卷码垛机；24—配电室

材生产线的平面布置如图 10-9 所示，在生产线共布置有 4 组冷却器，以满足不同产品的轧制工艺要求。

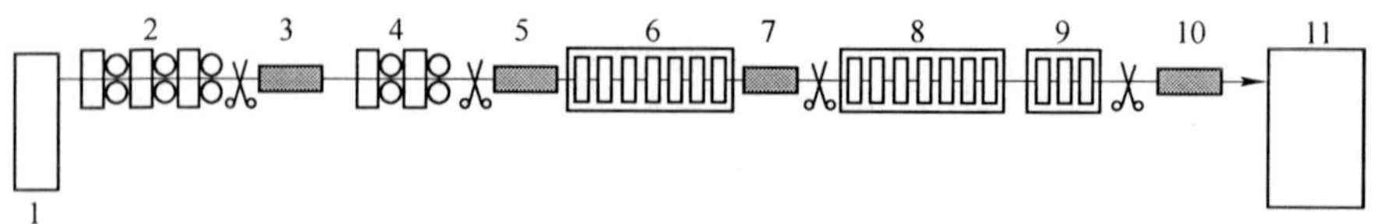

图 10-9　日本爱知厂的 2 号棒线轧机平面布置

1—加热炉；2—粗轧机组；3—1 号冷却区；4—中轧机组；5—2 号冷却区；6—预精轧机组；7—3 号冷却区；8—精轧机组；9—定径机组；10—精轧后冷却区；11—冷床

棒材在采用控温轧制时，在精轧机组前（或中间）装有冷却段，并留出一定的距离，以使轧件在进入最后轧制道次前有一段均温过程，通常要求进入轧机时轧件表面和心部温差不大于 50℃。在轧制过程中，轧件表面及心部温降见图 10-10。

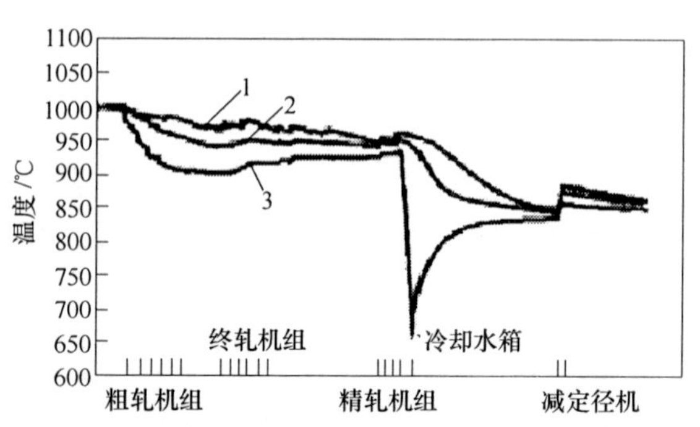

图 10-10　轧件表面及心部温降示意图

1—心部温度；2—1/4 层温度；3—表面温度

我国具备组织性能控制手段或具备控温轧制和轧后控制冷却的棒材连续轧机，其控制温度的方式归纳起来有以下几种形式[1]：

（1）精轧机组前、后及机组内设置水冷装置。精轧机组由 6 架单独传动的常规轧机组成，平立交替布置，前 4 架为一组，后 2 架为另一组，机架之间设置立式活套器，在精轧机组前、第一精轧机组后及第二精轧机组前设置控制水冷装置，轧机及水冷装置平面布置见图 10-11。此种布置形式适合于生产优质合金钢材，优点是生产操作灵活，易于实现两相区控制轧制（又称热机轧制），缺点是生产线较长，增加建设投资。

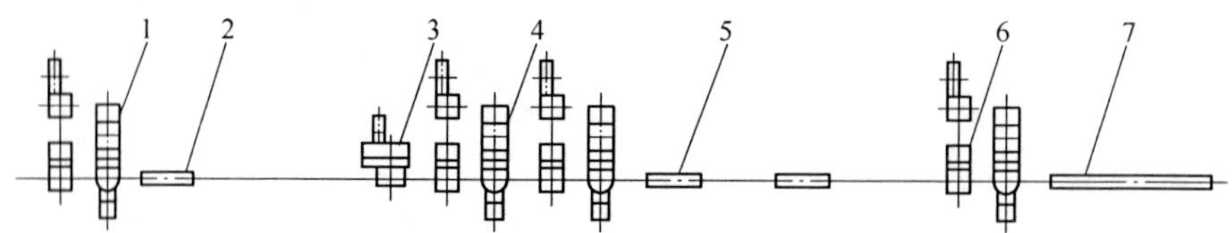

图 10-11　精轧机组前、后及机组内设置水冷装置

1—中轧机；2—精轧前水箱；3—飞剪；4—第一精轧机组；5—精轧间水箱；6—第二精轧机组；7—精轧后水箱

（2）精轧机组前、后设置水冷装置。精轧机组由 4 架单独传动的常规轧机组成，平立交替布置，机架之间设置立式活套器，在精轧机组前及精轧机组后设置控制水冷装置，轧机及水冷装置平面布置见图 10-12。此种布置形式适合于生产优质合金钢材，其生产线长度较前一种形式短，但生产操作没有其灵活。

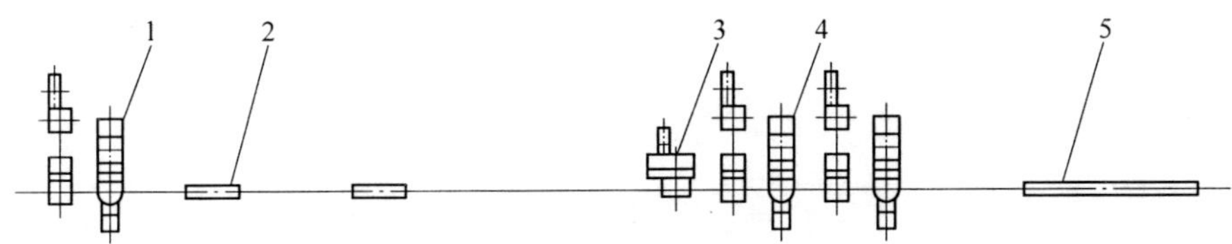

图 10-12 精轧机组前、后设置水冷装置

1—中轧机；2—精轧前水箱；3—飞剪；4—精轧机；5—精轧后水箱

（3）精轧机组为减定径机及其前、后设置水冷装置。精轧机组由 4 架短辊身减径、定径机组成，前 2 架为减径机，单独传动，后 2 架为定径机，集中传动，平立交替布置，机架间不设活套器，在精轧机组前及精轧机组后设置水冷装置，机架及水冷装置平面布置见图 10-13。此种布置形式适合于生产高精度优质钢材，其特点是生产所有规格产品均经过减定径机组，大大简化了粗中轧孔型系统，提高了轧辊共用性，减少了换辊及备辊数。

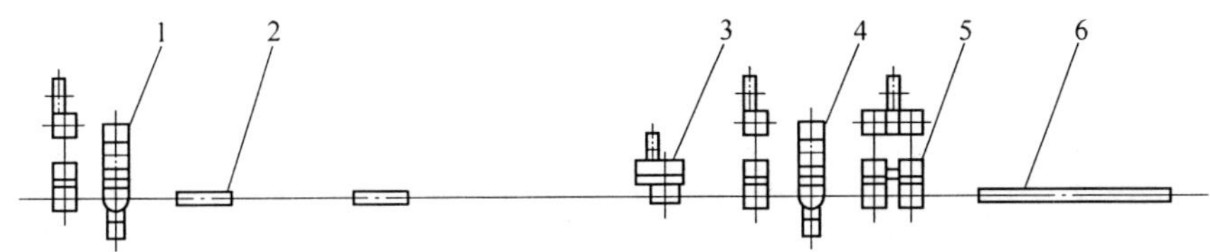

图 10-13 精轧机组为减定径机及其前、后设置水冷装置

1—中轧机；2—减径机前水箱；3—飞剪；4—减径机；5—定径机；6—定径机后水箱

（4）精轧机组为三辊轧机及其前、后设置水冷装置。精轧机组由 3 ~4 架单独传动的三辊轧机组成，各轧辊互成 120°，机架之间不设活套器，在精轧机组前及精轧机组后设置水冷装置，机架及水冷装置平面布置见图 10-14。此种布置形式适合于生产高精度优质钢材，其特点是通过调整三辊轧机辊缝改变产品尺寸，大大简化了粗中轧孔型系统，提高了孔型共用性，减少了粗中轧换辊及备辊数。此种设备配置优点是产品尺寸精度高，缺点是轧机投资稍大。

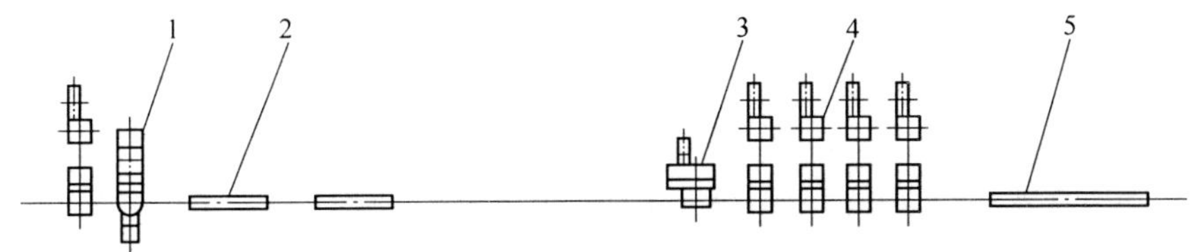

图 10-14 精轧机组为三辊轧机及其前、后设置水冷装置

1—中轧机；2—精轧前水箱；3—飞剪；4—精轧机；5—精轧后水箱

（5）仅精轧机组后设置水冷装置。精轧机组由 6 架单独传动的常规轧机组成，平立交替布置，机架之间设置立式活套器，仅在精轧机组后设置控制水冷装置，轧机及水冷装置平面布置见图 10-15。此种布置方式适合于以生产建材为主的小型轧机。

一般来讲，粗、中轧机组采用再结晶型控制轧制工艺，即通过对加热时粗化的初始奥

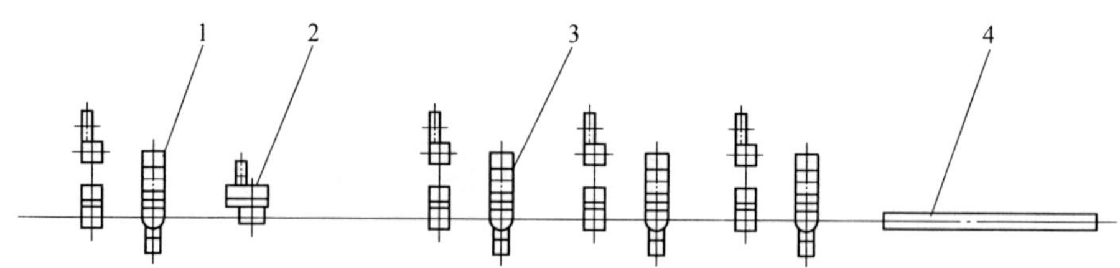

图 10-15　仅精轧机组后设置水冷装置

1—中轧机；2—飞剪；3—精轧机；4—精轧后水箱

氏体晶粒反复轧制使之再结晶细化，获得均匀细小晶粒的奥氏体组织。在较高的温度，轧机负荷较小，对轧制设备要求相应也较低。根据轧制钢种的不同，精轧可采用未再结晶型控制轧制（亦称常化轧制）或两相区控制轧制（亦称热机轧制）。采用未再结晶型控制轧制，变形过程中奥氏体晶粒沿轧制方向伸长，在奥氏体晶粒内部产生形变带，提高了铁素体的形核密度，促进了铁素体晶粒的细化。采用奥氏体 + 铁素体（渗碳体）两相区轧制时，未相变的奥氏体晶粒更加伸长，在晶内形成形变带，已相变的铁素体晶粒在晶内形成亚结构，最终获得微细的多边形铁素体晶粒和含有亚晶粒的铁素体晶粒。对过共析钢，先析出的二次渗碳体经过加工产生断裂，在后续高温中进一步熔断，形成接近粒状渗碳体。仅从细化晶粒效果方面考虑，表 10-1 给出了不同钢种在不同工艺中采用的温度范围。

表 10-1　不同钢种低温精轧温度范围

钢　　种	温度范围/℃	
	常化轧制	热机轧制
低碳钢	880 ~ 920	800 ~ 850
中碳钢	860 ~ 900	800 ~ 850
高碳钢	850 ~ 900	750 ~ 800
齿轮钢	850 ~ 900	780 ~ 850
冷镦钢	850 ~ 900	780 ~ 850
轴承钢	850 ~ 900	

10.1.3　热轧轴承钢棒材的组织控制

10.1.3.1　轴承钢控制轧制与控制冷却的目的

轴承钢属于高碳低铬钢，在轧后奥氏体状态下冷却过程中，有二次碳化物析出，并且在奥氏体晶界形成网状碳化物，对轴承使用寿命有很大影响。因此，如何降低网状碳化物级别，是热轧轴承钢的重大问题之一。以 GCr15 轴承钢为例，其 CCT 曲线如图 10-16 和图 10-17 所示。在不变形和空冷（冷却速度 0.5℃/s）条件下，二次碳化物析出温度在 680 ~ 700℃。根据动态相变理论，在变形条件下，二次碳化物析出温度会提高，要控制其析出必须提高冷却速度，快速越过该温度区间，抑制 C、Cr 和 Mn 元素的扩散；而且提高冷却速度可以降低二次碳化物的相变温度。因此，采用轧后快冷工艺能抑制网状碳化物析出，降低网状碳化物级别，同时又可以获得变态珠光体或索氏体组织，这种组织有利于加快球化退火过程。

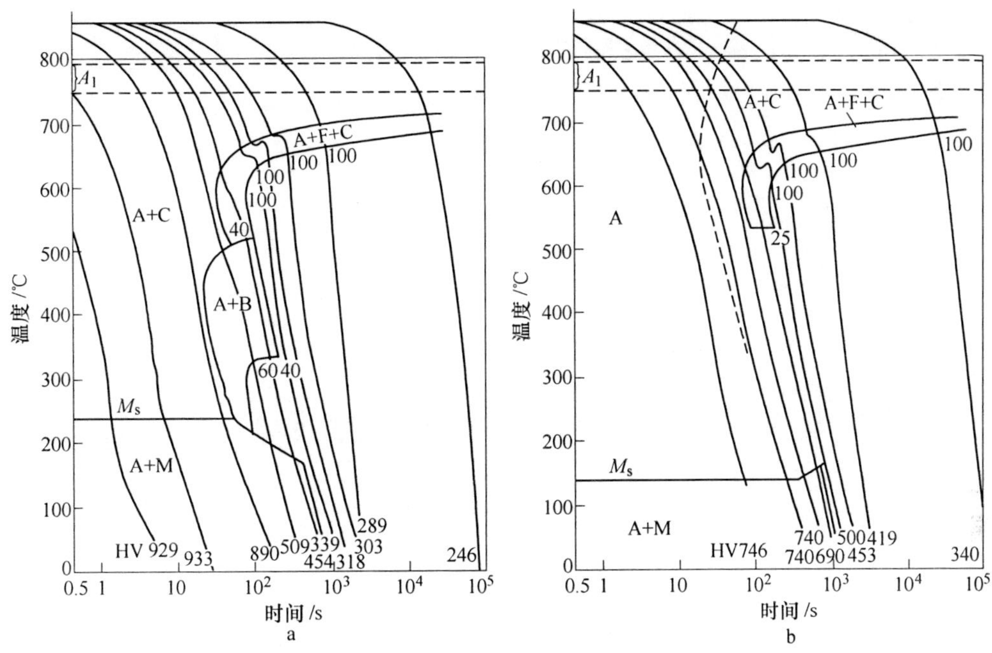

图 10-16 GCr15 钢的静态 CCT 曲线[2]

a—A_{1s}～A_{1f}：750～795℃，M_s：245℃，AT：860℃；b—A_{1s}～A_{1f}：750～795℃，M_s：135℃，AT：1050℃

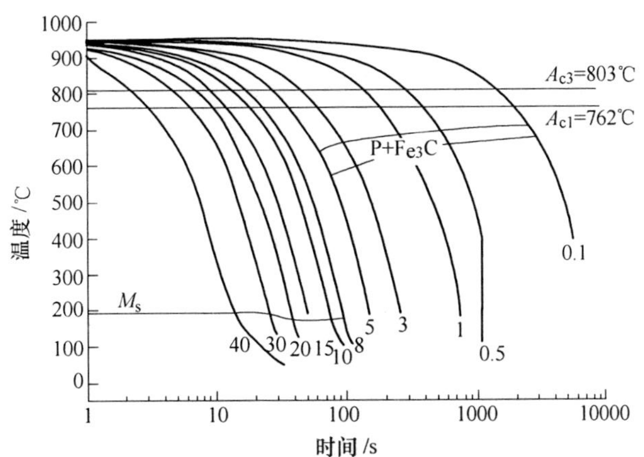

图 10-17 GCr15 钢的动态 CCT 曲线[3]

在平衡条件下，二次碳化物的析出体积分数是一定的。奥氏体晶粒越细小，其晶界总面积越大，在碳化物析出总量不变时，析出二次碳化物厚度会减薄，网状碳化物级别会降低。如图 10-18 所示，GCr15 轴承钢在奥氏体区轧制时同样具有完全再结晶区、部分再结晶区和未再结晶区域。在一般热轧条件下（即道次变形量在 20%～30% 时）1050℃以上即为完全再结晶区，850℃以下为未再结晶区。采用低温未再结晶区终轧，即在 850℃左右终轧，可以通过细化奥氏体晶粒来细化网状碳化物。而增加轧制时的变形量，可以进一步细化奥氏体晶粒，为降低网状碳化物级别创造有利条件。这就是轴承钢棒材组织控制目的。

10.1.3.2　轴承钢组织控制的各种工艺

目前，生产轴承钢棒材的组织控制工艺有下列几种：

（1）在奥氏体单相区轧制。这是我国一些合金钢厂轧制轴承钢仍在使用的工艺。钢坯加热到 1100 ~ 1250℃，整个轧制过程都在奥氏体再结晶区进行，终轧温度一般在 1000℃左右。个别轧钢厂在终轧前待温进行低温终轧，但这不仅会降低轧机的生产效率，并且由于热轧的影响，促使轴承钢的相变温度升高。变形量越大，轧制温度越低，则 A_{rcm}温度提高越多，这是形变诱导相变的结果。A_{rcm}温度提高，表明碳化物在较高温度下即开始析出，轧后采用空冷则碳化物析出加快，析出量增多，形成严重的网状碳化物。

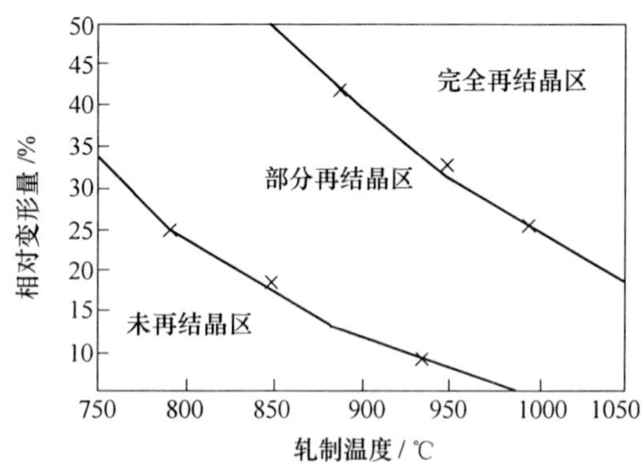

图 10-18　GCr15 圆钢变形奥氏体再结晶图[4]

（2）奥氏体与碳化物两相区终轧工艺。这一轧制工艺特点是将轧制温度进一步降低到奥氏体 + 碳化物两相区轧制一定道次。由于在奥氏体 + 碳化物两相区变形，使先析出的碳化物受到塑性加工，在变形奥氏体中和碳化物中形成大量位错，为碳化物的溶解、溶断和沉积创造了有利条件，故能够获得细小、分散的小条段碳化物颗粒，在以后的球化退火时有利于球化。如果利用待温实现温度控制，则待温时间较长，影响轧机产量；轧件温度低，变形抗力大，常规短应力线轧机和闭口机架轧机承受不了。如果变形量小，则降低细化效果。

（3）热轧和在线球化退火相结合工艺。在热轧 ϕ28 ~ 42mm 棒材时，将坯料加热到 1000 ~ 1100℃，连续轧制并控制温度到 750℃终轧，总变形量为 100% ~ 160%，轧后立即将轴承钢加热到 780℃，保温半小时后以 40 ~ 60℃/h 的冷却速度冷却到 650℃，之后采用空冷。这一工艺特点是将轧制和球化工艺结合为一体，节省燃料。其缺点仍是轧制温度太低，一般轧机承受不了。

（4）低温加热轧制工艺。一种工艺是将钢材从室温加热到奥氏体 + 二次碳化物两相区，并进行轧制；另一种工艺是将钢材加热到 A_1 以下温度，处在珠光体和碳化物状态进行温轧，目的是使二次碳化物或珠光体中增加滑移带密度和位错密度，以便在球化退火、加热保温时产生和加快碳化物溶断过程，缩短球化时间，提高球化质量。但这样工艺只能是附加轧制工艺，使工艺更加复杂。

（5）再结晶控制轧制与轧后控制冷却结合的工艺。这一工艺的特点是将坯料加热到 1000 ~ 1200℃，在奥氏体再结晶区以较大的变形量进行轧制，经过反复的轧制和再结晶，细化了奥氏体晶粒，终轧温度一般在 1000℃左右，终轧后在高效水冷器中进行快速冷却。其目的是：1）防止变形后的奥氏体晶粒长大，降低网状碳化物级别；2）增大过冷度，降低 A_{rcm} 和 A_{r1} 的温度，降低或消除网状碳化物，减小珠光体的片层间距尺寸，并且形成退化珠光体或退化索氏体组织。这种组织有利于快速球化，提高钢材球化质量。这一新工艺是近几年来发展起来的，在轧钢生产中取得了明显效果，降低了网状碳化物级别，且不影响轧机产量，缩短了球化退火时间，提高了轴承的使用寿命，其效益明显。受棒材冷却均匀性控制限制，也有必要控制轧制规格和轧制速度。

10.1.3.3 轴承钢的控制轧制与控制冷却实例

以下以 ϕ430mm×2/ϕ300mm×5 小型轧机轧制 GCr15 轴承钢的轧后控制冷却为例进行说明。

A ϕ30～34mm 规格 GCr15 轴承钢轧后控制冷却

该小型轧机在精轧机后安装有三组快冷装置，每组由两端对称双切向进水湍流冷却管、三台夹送辊和相应水冷器组合台架及供排水设备组成；配备有高温计测量开轧、终轧和钢材返红温度，供水管路安装有测量、指示和记录水压、水量及水温的各种仪表。采用三种工艺对比：常规热轧后空冷、低温终轧后空冷和高温终轧后快冷。三种工艺生产的 GCr15 轴承钢棒材直径为 ϕ32mm，其轧后的棒材冷却曲线如图 10-19 所示。

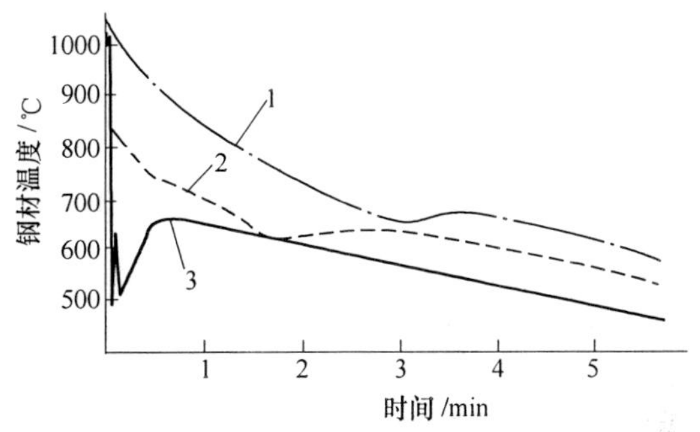

图 10-19 ϕ32mm 轴承钢棒材轧后冷却曲线

1—热轧后空冷；2—低温终轧后空冷；3—轧后控制冷却

图 10-19 中曲线 1 是热轧材终轧温度为 1050℃，轧后缓慢冷却经 3min 钢温降到 655℃，由于相变热使钢温稍有回升，达 675℃，持续 20 多秒，又开始下降。曲线 2 是低温终轧温度 850℃，轧后经 1min20s 降温到 645℃之后钢温回升到 665～670℃，在该温度持续 40s 后又缓慢下降。曲线 3 是轧后控制冷却钢材的冷却曲线。终轧温度为 1000℃左右，轧后经水冷-空冷交替冷却三次，出 3 号水冷器时钢温降低到最低温度，此时圆钢内外温差较大，依靠钢材心部的热量向表面传热，钢材表面逐渐返红，约经 25s 回升到 660℃，在这一温度维持 11s 后，钢温均匀下降。

由于冷却方法和冷却速度不同，轧后钢材所得组织结构也不同。热轧空冷轴承钢的组织为粗片状珠光体和粗厚网状碳化物。低温终轧材中有少量稍粗片状珠光体，网状碳化物也稍薄些。而轧后快冷棒材的组织为索氏体加少量网状薄碳化物，晶粒也细小、均匀，网状碳化物的级别不大于 2.5 级；退火组织中碳化物球粒度小，分布均匀，球化级别在 2～2.5 级范围。球化退火时间比原来普通轧制工艺生产棒材的退火时间缩短 1/4～1/2。制造轴承的疲劳寿命（L50），热轧空冷材为 8.6×10^6，轧后快冷材为 15×10^6，控冷材的疲劳寿命比空冷材的提高了 70%。

轧后控制冷却工艺与低温终轧工艺相比，由于不用终轧前待温，可提高轧机产量一倍多，同时改善了劳动条件。

B ϕ40～55mm 规格 GCr15 轴承钢轧后控制冷却

轴承钢棒材直径大于 40mm 在普通热轧时，由于终轧温度偏高，轧后空冷冷却速度缓慢，导致钢中网状碳化物严重，珠光体粗化，有时需要正火处理后再进行球化退火，这样就增加了工序，同时效果也不够明显，又增加了燃料消耗。因此，如何降低大断面轴承钢的网状碳化物级别，缩短球化退火时间，进一步提高轴承钢的性能是当前的重大研究课题。

大断面轴承钢的轧后控制冷却工艺与小断面的轧后快冷工艺和机理有所不同。控制冷却设备的布置也有差别。

根据在430mm×2/300mm×5小型轧机上轧制ϕ30～34mm GCr15轴承钢轧后控制冷却的机理研究和生产实践经验，又在420mm/300mm×5小型轧机上进行ϕ34～65mm GCr15轴承钢棒材轧后快冷设备研制和工艺研究，并且与快速球化退火相结合，进行了生产性试验，取得明显效果，简化了工艺，节省了燃耗，提高了大断面轴承钢的质量和性能。

结合ϕ420mm/ϕ300mm×5轧机的设备布置和轧制大断面轴承钢轧后快冷的工艺特点，在热锯后安装两组快速冷却装置，每组冷却装置由可调环形双切向进水喷嘴的湍流管式冷却器和三台夹送辊组成；另外，在精轧机出口处预留一组快速水冷装置，以备轧制更大断面棒材轧后三次快冷之用。

在多节湍流管内形成流速不断变化而又旋转的湍流水状态，以利于击破热钢材表面形成的汽膜，加快水与钢材的热交换过程。这种冷却器冷却能力强，冷却速度大，钢材冷却均匀，平直不弯，沿棒材断面的组织比较均匀。

在ϕ420mm/ϕ300mm×5轧机上轧制直径为50mm的GCr15轴承钢棒材，热锯后经两次水冷的钢温曲线如图10-20所示。

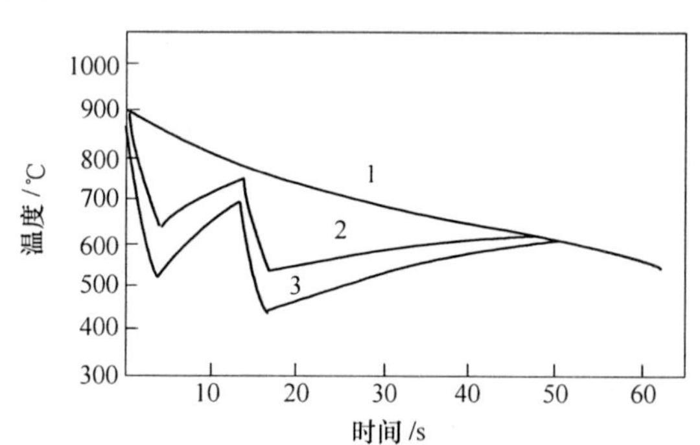

图10-20　直径50mm轴承钢棒材锯后两次水冷的钢温曲线

1—棒材中心；2—1/4D处；3—棒材表面

120mm×120mm方坯在三段连续式加热炉中加热到1120℃，出炉后经ϕ420mm和ϕ300mm×5轧机轧成ϕ50mm圆钢，终轧温度在980℃以上。经热锯成定尺长度后横移，棒材在885～920℃送入1号冷却装置进行一次快冷，出1号水冷装置后，钢材表面温度降低到400～500℃，随后钢温返红到600～700℃，送入2号水冷装置进行二次快冷，出2号水冷装置棒材表面温度一般在400～460℃，经辊道到收集台钢温回升到550～660℃，然后缓冷。每次快冷时，钢材表面温度不应低于300℃（M_s=245～135℃），以防止在棒材表面形成马氏体组织。

（1）终冷温度的影响：在水冷装置中走钢速度一定时，随冷却水水压的加大，钢材返红温度下降。当钢温为885℃开始快冷时，仅采用一次快冷，其钢材最高返红温度达到780℃，经金相与电镜检验，可以看到在断面的边部和1/4直径处得到片状和变态珠光体及少量网状碳化物，而心部位置则为细片状珠光体及网状碳化物。经过二次快冷的轴承钢棒材，返红最高温度为630～650℃，其边部和直径1/4处为变态索氏体和一些球状或半球状的碳化物。个别地方有极细、极薄的网状碳化物，心部组织为断续的细片状珠光体、索氏体及少量细的网状碳化物。

（2）开冷温度的影响：随开冷温度提高，网状碳化物级别降低，在875℃以上，开冷温度对网状碳化物析出影响不大，这是因为在变形条件下轴承钢中网状碳化物析出温度在960～700℃之间，在高温时析出数量比较少，到700～750℃温度范围，碳化物析出最为激烈。如果从较高的钢材温度快冷，就可以抑制在这一温度区间的碳化物析出。

如果轧后立即进行一次水冷，将棒材冷却到800℃以上，可以防止晶粒长大，进一步细化变形奥氏体晶粒。变形促使碳化物析出温度 A_{rcm} 提高，经快冷又使 A_{rcm} 温度下降，使碳化物析出数量减少。同时由于奥氏体晶粒细化，碳化物析出分散、变薄。再进行二次快冷时，可将钢温降低到650℃以下，则可以阻止网状碳化物进一步析出，从而达到进一步降低碳化物网状级别的目的。

（3）轧制规格的影响：轧后快冷的停止温度决定了不同断面尺寸钢材冷却后自身返红温度的高低，影响到组织状态。大断面轴承圆钢必须采用多次冷却工艺，而且在两次水冷之间应相隔一定时间，达到钢材表面返红的目的，并为下一次冷却做准备，返红温度的高低取决于所要求的控制冷却工艺制度。

（4）退火效果对比：由于轧后控冷材的组织为变态索氏体和片层间距较薄的珠光体，在球化退火时碳原子扩散路程短、碳化物容易溶断。溶断后残余的碳化物质点数目多，为降温过程碳化物析出提供了更多的部位。这样就可以采用较快速度冷却。同时，片层间距小，片层之间的界面相应增多，界面能增加，也起到加速原子扩散、加速球化退火的作用。珠光体中的渗碳体呈断续状，甚至成为半球状，有利于球化过程，缩短球化时间。轧后水冷材与轧后空冷材经球化退火后两者相比，结果表明：轧后水冷材的球化退火时间由原来的13h13min缩短到9h55min，缩短球化退火时间1/4，将网状碳化物级别降低到小于2.0级，获得良好的球化组织，碳化物粒度小，圆整度好，数量较多，分布均匀。球化级别在2～3级。

（5）轴承寿命对比：在相同试验条件下对两种棒材进行疲劳寿命试验，水冷材的疲劳寿命比空冷材的疲劳寿命提高20%。球化退火后的硬度HB为196～207。

实验室的模拟试验结果表明：GCr15轴承钢在奥氏体再结晶区经大变形量轧制之后，快冷到550℃，再经550℃等温相变后可以获得在铁素体基体上的碳化物球化或半球化组织。这种组织在球化退火时仅需要很短时间就可以完成球化退火过程。这种轴承钢轧制新工艺将取代传统的球化退火工艺。

C 热机轧制与控制冷却生产轴承钢GCr15棒材

宝钢特钢公司对轴承钢GCr15棒材产品低温精轧工艺进行了研究[5]。棒材生产线有22架轧机，粗轧、中轧、预精轧各6架（共18架）。精轧4架为KOCKS定减径机，精轧平均减面率11.1%～19.0%，总减面率25.7%～56.6%。预精轧与精轧机之间的间距为52.5m，其间设两套水箱，水箱的最大冷却能力可使轧材温度下降240℃，精轧后设一套水箱，水箱的最大冷却能力可使轧材温度下降120℃；轧制过程中，水冷却控制为温度闭环控制。坯料规格为160mm×160mm方坯。生产工艺制度为：出炉温度1180℃；开轧温度1100℃；精轧温度740～840℃（降低网状碳化物级别）；轧后控冷温度600～680℃。

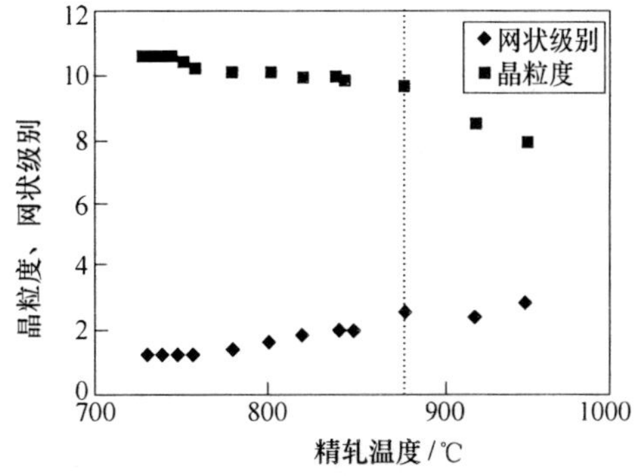

图10-21 精轧温度对晶粒度和网状碳化物的影响

精轧温度对晶粒度和网状碳化物级别的影响如图10-21所示。水冷温度对晶粒度和网状碳化物级别的影响如图10-22所示。精轧温度对球化退火时间的影响如图 10-23 所示。

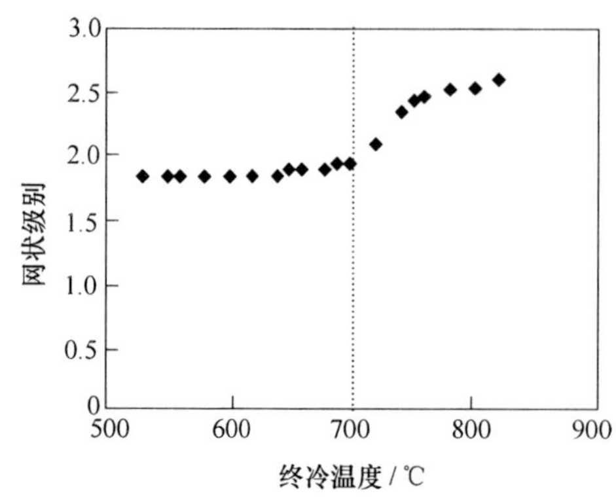

图 10-22　终冷温度对网状碳化物的影响

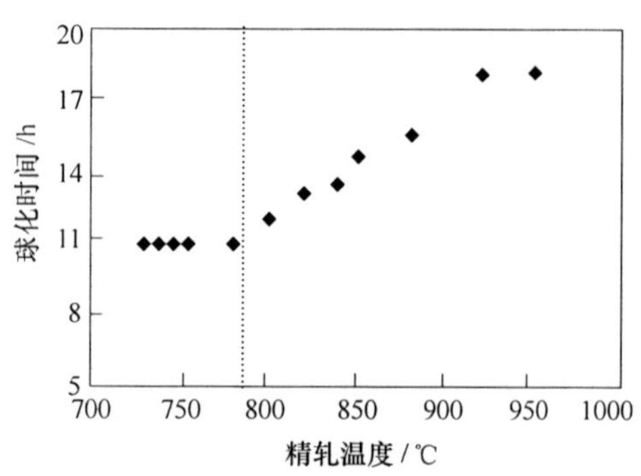

图 10-23　精轧温度对球化退火时间的影响

低的精轧温度一方面可细化晶粒，晶粒的细化，使沿晶界析出的一定数量的碳化物分布在较大的晶界面上，且比较细薄；另一方面，在精轧前先析出的碳化物于轧制中同样受到较大变形渗透的塑性加工作用，从而网状碳化物被破碎细化，在碳化物中形成大量位错，为碳化物的溶解、溶断、扩散和沉积创造了有利条件。轧制温度越低，先析出的网状碳化物越细小，最后形成断续的条状及半球态的碳化物颗粒，因此低温精轧材的网状碳化物级别降低，同时这种组织对球化退火有加速作用，有利于球化退火。

低温精轧过程中的轧后快速水冷可阻止轧后 700～750℃ 的碳化物析出，还可以防止变形后的奥氏体晶粒长大，相变后形成粗大珠光体球团，同时增大过冷度，降低 A_{cm} 和 A_{r1} 温度，减小珠光体的片层间距尺寸，片层之间的界面相应增多，界面能相应增加，也能加速原子扩散，因此有利于球化退火，缩短球化退火时间。低温精轧的棒材产品以降低网状碳化物级别为目标的精轧温度为 750～840℃（热机械轧制温度范围）；以缩短球化退火时间为主要目标的精轧温度为 750～800℃；轧后快速水冷温度为 600～680℃。

通过该研究，网状碳化物级别达到了 2 级以下，球化退火时间由原来的 18h 减少到了 11h。

10.1.3.4　轴承钢在线球化退火

该工艺的坯料加热温度为 1150～1200℃，经多道次轧制，终轧温度不低于 1000℃，轧后可获得均匀细小的完全再结晶奥氏体组织，二次碳化物尚没有析出。轧后控制冷却采用一次快冷和二次快冷的工艺。一次快冷是指从轧后立即快冷到棒材表面温度为 550～650℃，最高返红温度为 650～730℃。二次快冷到钢材表面温度达 450～500℃，最高返红温度达 550～600℃。并立即在炉中或堆冷进行等温相变。控制相变速度，等温相变后立即加热到球化退火温度（一般为 780～790℃），保温一定时间，并以 130℃/h 冷却速度冷却到 650℃ 以后空冷。轴承钢控制轧制、控制冷却和在线球化工艺示意图如图 10-24 所示。图中工艺 Ⅰ 为在线球化工艺，工艺 Ⅱ 为离线球化工艺。

如果不具备在线球化退火条件，也可以在等温转变后进行空冷到室温，然后重新加热进行离线球化退火，如图 10-24 中工艺 Ⅱ。两种工艺制度均可得到理想的球化组织，如表 10-2 所示。

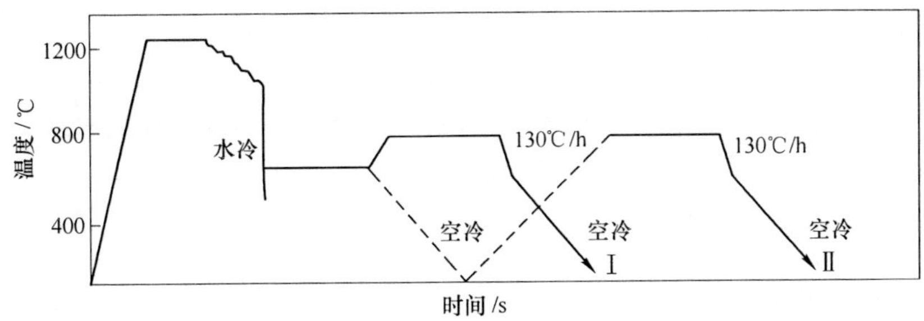

图 10-24 轴承钢控制轧制控制冷却和在线球化工艺示意图[6]

表 10-2 GCr15 轴承钢在线或离线球化退火工艺的球化组织对比

工艺制度	加热速度 /℃·h⁻¹	球化温度 /℃	保温时间 /h	冷却速度 /℃·h⁻¹	球化组织参数		
					平均直径 d /μm	平均长宽比 L/B	硬度 HB
在线球化退火工艺	100	780	0.5	130	0.39	1.44	204
离线球化退火工艺	100	780	0.5	130	0.40	1.45	205

经金相观察，等温相变后空冷到室温的试样，网状碳化物级别降低到 2 级以下。甚至没有形成网状碳化物，并且获得有利于球化退火的预组织——碳化物呈点状或条状，有多数形成半球状或球状的碳化物，弥散度比较大的变态珠光体或变态索氏体组织，这种组织能极大地缩短球化退火时间，改善球化组织。

世界上第一条具备轴承钢在线球化退火的棒材生产线是意大利达涅利设计的 ABS-Luna 钢厂的特殊钢棒材生产线。该生产线设计生产能力为 50 万吨/年特殊钢，设计小时生产能力为 90t。产品规格主要包括 ϕ20 ~ 100mm 直径圆钢棒材，40 ~ 100mm 方钢，符合用户要求卷重的 ϕ15 ~ 50mm 直径棒材大盘卷。生产钢种包括范围广泛的各类机械和汽车制造用钢。连铸矩形坯规格为 200mm × 160mm，由一台两流高速矩形坯连铸机生产。其生产线的布置示意图如图 10-25 所示。

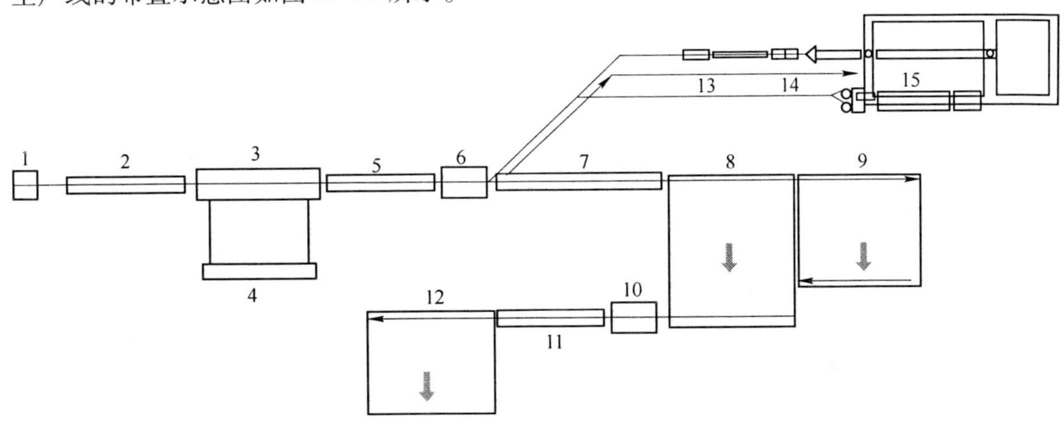

图 10-25 ABS-Luna 钢厂主要生产工艺设备布置[7]

1—中间包；2—隧道加热炉；3—轧机；4—自动机架存储；5—中间水冷箱；6—减定径机组；7—快冷水箱；8—冷床；9—在线退火室；10—在线机械去氧化铁皮；11—在线探伤；12—棒材精整区；13—线材 DWB 机组；14—线材 TMB 机组；15—加勒特盘卷的控制冷却

为了实现轴承钢在线退火，在轧制生产线设置有减定径机组前的中间冷却装置、轧后的快速冷却水箱、在线球化退火仓（退火炉）。该生产线生产 ϕ32mm 规格轴承钢棒材时的距离-温度曲线如图 10-26 所示，经过中间冷却后经减定径机的温度为 720～780℃，轧后快速冷却后钢材的表面温度在 420～500℃。

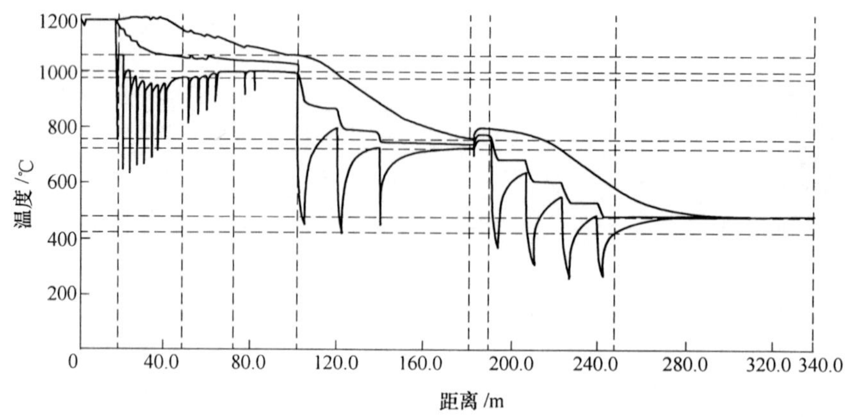

图 10-26 生产轴承钢 52100（GCr15）的距离-温度曲线
（ϕ32mm 圆棒，速度 4.2m/s）

经过控冷后的轴承钢棒材经辊道送入在线退火（ONA）室进行退火。ABS Luna 钢厂 ONA 退火室总长度为 50m，以满足 90t/h 的设计小时生产能力要求。9 个不同的纵向区和两个横向区，可有效控制退火炉内气氛温度。9 个区内配备有双烧嘴和一个强制对流风扇，以使炉内气流分布均匀。该装置可通过两种方式促使室内空气循环，既可以将热空气推向 ONA 退火室入口区（顺时针空气循环），也可以实现反向循环，为位于热处理炉中部的棒材提供更多的热量。这样，就可以为满足特定的热处理工艺要求，形成需要的温度梯度分布。ONA 退火室将控冷后的棒材加热到球化退火温度，实现快速球化退火。设备的横断面图示如图 10-27 所示。

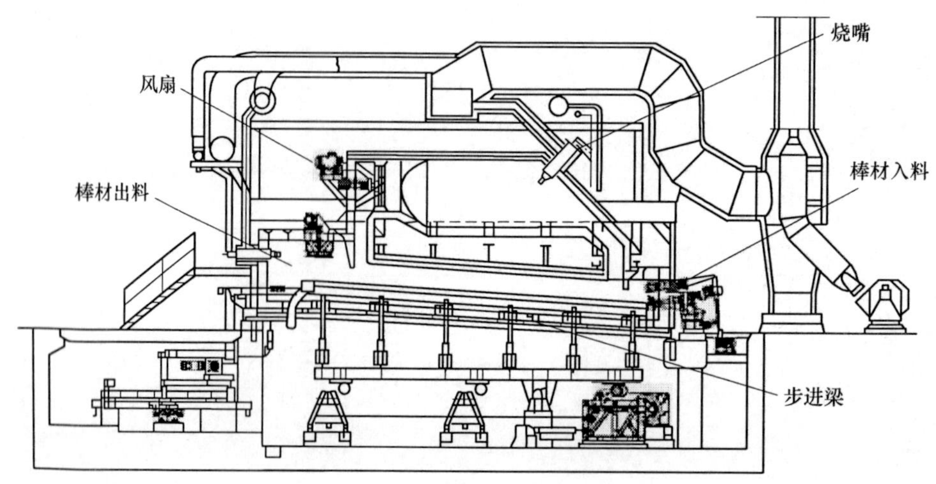

图 10-27 在线球化退火室的横断面图示

在线球化的目的是最大限度地缩短获得所需显微组织的热处理时间。对于高碳铬轴承钢来说，提高球化退火温度并不能总是保证能够缩短热处理时间，过高的退火温度有可能产生粗大的碳化物颗粒，而且最终组织会出现一种非均匀的碳化物分布。在退火初期要有许多成核位置，形核位置均匀分散。随着 ONA 室的入口热处理温度降低，可形成更为细小的显微组织，更有利于球化过程。经过不同的在线球化退火工艺后，各种组织的最终 HB 硬度变化似乎并不太大，如表 10-3 和表 10-4 所示。如果轧后快冷的温度过高，钢材未完成珠光体相变，其球化率将大幅度降低。精轧温度、等温转变起始温度，以及退火温度和时间等工艺参数经过优化后，可使材料内部组织的球化率大于 80%，而最终硬度则低于 220HB。ONA 退火室在实际生产中得到应用，使整个热处理周期缩短到只有 2h，较控轧控冷后离线退火的 7 ~ 11h，生产效率提高 4 ~ 5 倍。

表 10-3 轴承钢在线球化的热处理参数

热处理号	ONA 设定温度/℃	均热时间/s	保温时间/min	ONA 入口温度(最小)/℃	ONA 出口温度/℃
1	780	680	240	680	400
2	780	800	240	570	400
3	740	800	360	570	400
4	740	880	120	500	400
5	740	880	240	500	400
6	720	940	120	450	400
7	720	940	60	450	400

表 10-4 在线球化后轴承钢棒材的硬度与球化级别

热处理号	热处理温度/℃	轧后硬度 HRC	最终硬度 HB	球化级别/%
1	780	40 ~ 42	250	>60
2	780		230	>70
3	740		200	>90
4	740		230	>80
5	740		210	>80
6	720		210	>80
7	720		220	>80

10.1.4 传统棒材生产线的控制轧制

某钢厂的棒材连轧机组早期为螺纹钢生产设计，生产线具备轧后控制冷却设备，后期转为生产优质钢和特殊钢，主要产品为 45、40Cr、20CrMnTi 等优质圆钢。主要设备包括 6 架（2、4、6 号为立式）ϕ550mm ×6 平立交替布置的粗轧机组，中轧机组为 ϕ450mm ×6，精轧机组为 ϕ350mm ×6。建设期间没有考虑控制轧制工艺，机组间距小，机组间没有预留控冷设备位置。ϕ28 ~45mm 圆钢的常规生产过程中，粗轧开坯后中间钢坯的温度在 950 ~1000℃，中轧机组轧制时轧件的温度略有降低，精轧机组轧制时轧件的温度随机组速度提高而增加，温度提高幅度为 30 ~ 60℃，终轧温度在 980 ~ 1050℃之间。

多年的研究和实践表明，传统棒材轧机实现控制轧制最好是在精轧机组，在 800 ~ 950℃的温度范围内，并施以适当的变形量，才能产生均匀细化晶粒的效果。为了满足这些优质钢材组织性能的要求，在该生产线上安装了用于对中间坯进行冷却的控温设备，以实现对钢材的控制轧制。该控温设备包括：（1）机架间水冷导卫装置，设在精轧机组圆孔型后；（2）第 8 机架与第 11 机架间的控轧水箱；（3）控制阀门及管路、检测仪表及自动控制系统等。

对小规格圆钢主要采取机架间水冷导卫装置，对大规格圆钢采取机架间水冷导卫装置和控轧机架间控轧水箱相结合的控温方法。控温设备分布示意如图 10-28 所示。

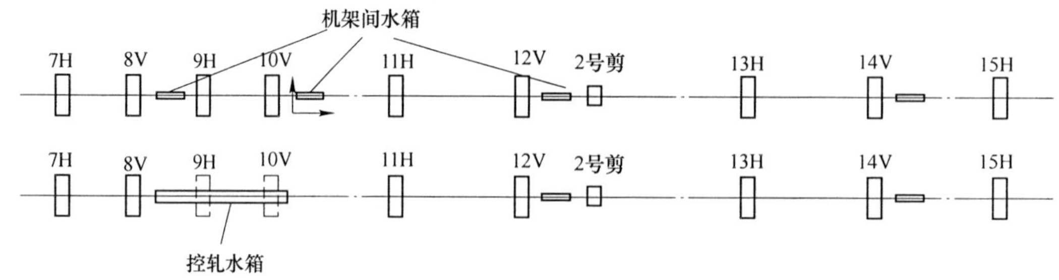

图 10-28　控温设备分布示意图

控制轧制的试生产钢种为 40Cr，坯料规格为 150mm × 150mm。进入精轧机组时钢坯的截面尺寸为 ϕ48mm，经两道次轧制为成品规格 ϕ40mm 圆钢。分别进行控轧和未控轧（常规轧制）两种工艺生产，控轧的温度控制采用机架间和机组间冷却器实现。轧制速度 3.358m/s，开冷温度 930 ~ 960℃，终冷温度 850 ~ 890℃，终轧温度 880 ~ 920℃。试轧过程中，没有出现电机超负荷运行，没有出现断辊等事故，轧制过程顺利。

控轧和不控轧棒材轧后的力学性能如表 10-5 和图 10-29 所示。不经过热处理，控轧与未控轧 40Cr 钢的屈服强度和抗拉强度一致，延伸性能基本不变；控轧圆钢的边缘位置冲击功与未控轧的基本一致，中心位置的冲击功控轧圆钢较未控轧的提高 2 ~ 3 倍。同时，控轧使 40Cr 圆钢的中心和边缘位置的冲击性能更一致；控轧后 40Cr 钢的低温冲击功较未控轧的更高，如图 10-29 所示。

表 10-5　控轧和不控轧 40Cr 棒材的力学性能

生产工艺	屈服强度/MPa	抗拉强度/MPa	伸长率 A_5/%	面缩率/%
控轧	995	1080	14.5	52
不控轧	995	1090	15	54
控轧	985	1090	13.5	57
不控轧	975	1080	15.5	56

控轧和未控轧圆钢的洛氏硬度如图 10-30 所示。可以看出：40Cr 钢经过控轧的圆钢的边缘和 1/4 直径处的洛氏硬度要比未控轧的略有降低，但是中心位置的硬度明显高于未控轧的。控轧后在钢材径向的硬度更加均匀一致。

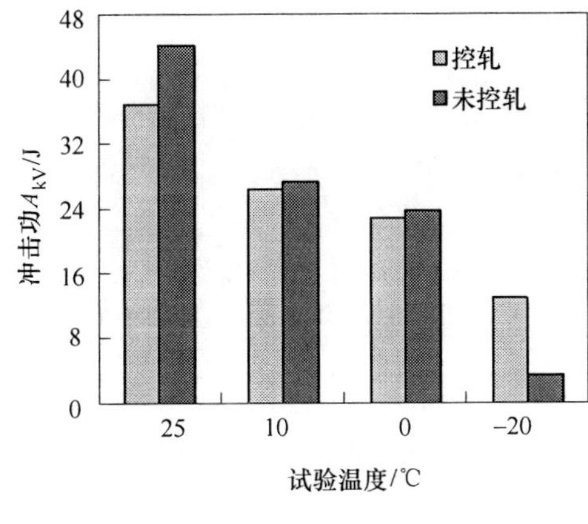

a

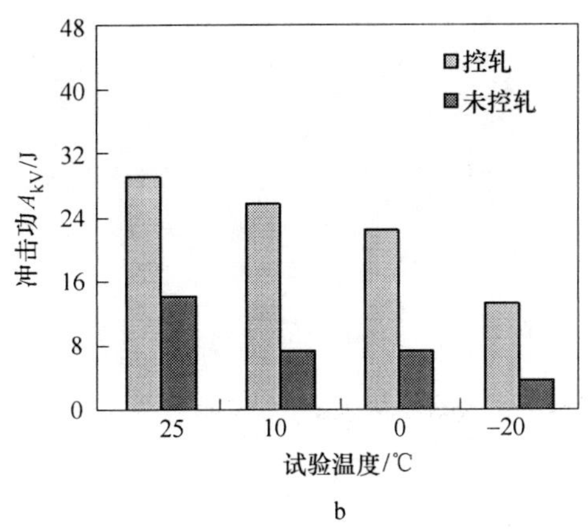

b

图 10-29 控轧和不控轧 40Cr 棒材的冲击功对比

a—边缘位置；b—中心位置

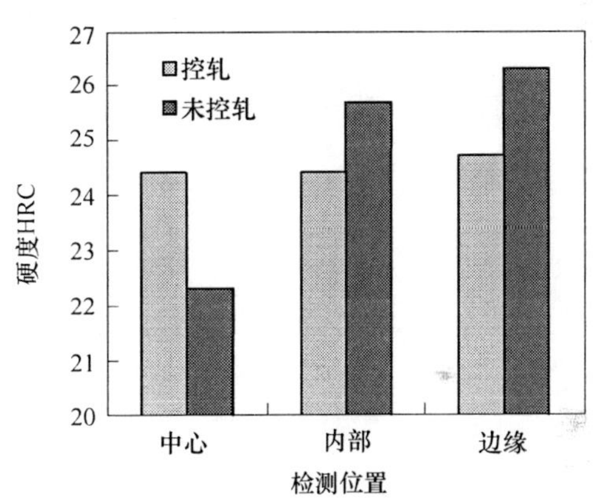

图 10-30 控轧及非控轧 40Cr 圆钢的硬度对比

经过控制轧制后，40Cr 圆钢中心位置的组织中珠光体球团直径比未控轧的更细小，先共析铁素体的体积分数增加，这说明控轧状态下，终轧后的奥氏体晶粒更细小；控轧圆钢的边部组织也有类似特征，但是边部铁素体量明显比中心部位的少，如图 10-31 所示。40Cr 圆钢的中心部位以及边部位置，控轧的晶粒度为 8.5 级，比未控轧的晶粒度小 1.0 ~ 1.5 级。因为中心部位的晶粒细小和铁素体量增加，控制轧制后 40Cr 钢的中心韧性较未控轧的高，但边部两种工艺条件下温度过于接近，因此其性能区别不大。要进一步提高 40Cr 钢的冲击韧性，可以考虑进一步降低终轧温度。

终轧温度在 880 ~ 920℃，在常化轧制工艺温度范围内，对于 40Cr 这类没有加入微合金元素的钢，控轧对高温奥氏体组织的控制作用不显著。因此，要对大规格圆钢实施控制轧制进一步提高冲击韧性，则需要在轧机条件允许的情况下，通过增加控轧冷却装置长度和调节控冷水量，来进一步降低终轧温度。

10.1.5 热轧钢筋的组织性能控制

热轧钢筋按照晶粒度分为普通热轧钢筋和细晶粒热轧钢筋。细晶粒热轧钢筋是指通过控制轧制和控制冷却形成的细晶粒钢筋，其金相组织主要为铁素体和珠光体，不得有影响使用性能的其他组织存在，晶粒度不高于 9 级[8]。按照生产工艺分，热轧钢筋分为控轧控冷型钢筋、轧后余热处理或余热淬火型钢筋以及普通热轧钢筋。

10.1.5.1 控制冷却钢筋的组织与性能

控制冷却工艺生产的热轧钢筋分为轧后余热处理（余热淬火）钢筋和控制冷却细晶

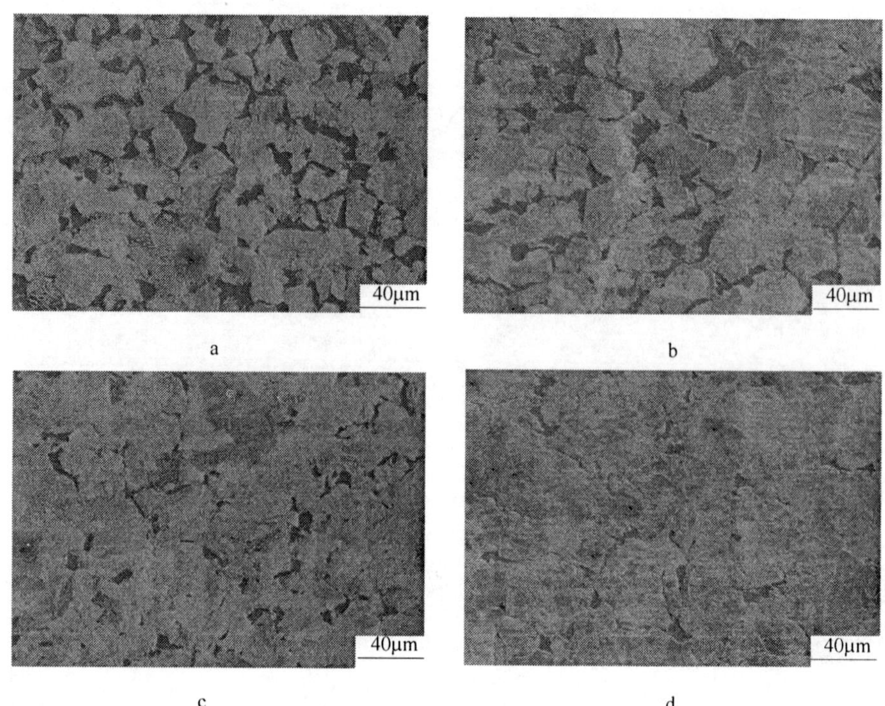

图 10-31　40Cr 钢的显微组织

a—控轧材中心；b—未控轧材中心；c—控轧材表面；d—未控轧材表面

粒钢筋。前者是钢筋终轧后在奥氏体状态下直接进行表层淬火，随后由其心部传出余热并进行自身回火，以提高塑性、改善韧性，使钢筋得到良好的综合性能，这种工艺简单、节约能耗、改善操作环境、钢筋外形美观、条形平直，收到较大的经济效益，在国内外得到广泛的应用；后者是指通过抑制再结晶控制轧制后奥氏体晶粒长大以及控制随后的相变过程生产的热轧控冷钢筋。两者的区别是外层是否有淬火组织。

钢筋的综合性能包括：抗拉强度、均匀伸长率、断后伸长率、反弯、焊接性能、疲劳强度、冲击韧性等，决定于钢的化学成分、变形条件、终轧温度、钢筋直径、冷却条件、冷却速度和自回火温度等因素。其整炉与整支钢筋的组织性能稳定性与均质性同生产工艺参数的控制、钢筋长度、冷却设备形式、水质、水温及其控制有密切关系，合理地选择轧后控制冷却工艺是获得钢筋所要求性能的关键。以下就控冷型钢筋的组织性能控制影响因素进行分析。

A　轧制工艺条件的影响

a　加热温度

加热温度影响轧前的原始奥氏体晶粒大小，各道次的轧制温度及终轧温度影响道次之间及终轧后奥氏体再结晶程度及再结晶后的晶粒大小。奥氏体化温度低，控制冷却后的力学性能好。加热温度影响开轧及终轧温度，但不完全等同，为了降低终轧温度，可在精轧机组或成品机架前设置预冷设备，达到所要求的终轧温度。加热温度对原始奥氏体晶粒有影响，但是经过多道次连轧和反复再结晶，最终加热温度对奥氏体晶粒的影响作用不明显。热装热轧、热装直轧和常规轧制工艺生产螺纹钢的力学性能对比表明，其加热温度和原始奥氏体晶粒对钢筋力学性能的影响是非常小的。

b 变形率与变形速度

为了更好地通过动态再结晶细化晶粒，应采用比较大的变形量，但是，孔型系统确定后，变形量变化较小。一般在设计孔型时，成品孔型中为了充满筋部也采用了比较大的变形量。由于终轧温度较高，因而只能起到动态再结晶细化晶粒作用。对于高强度钢筋，如果要考虑到变形强化，就要考虑变形量与终轧温度的关系，达到未再结晶条件以便得到变形强化与相变强化相结合的效果。

在孔型确定的条件下，轧制速度决定了变形速率，变形速率影响各道次之间的再结晶程度及终轧后奥氏体的再结晶程度，因而影响形变热处理效果，变形速率从 154/s 增加到 197/s，使低温形变热处理效果有所增加。

c 终轧温度

终轧温度及变形量决定奥氏体是否发生再结晶。在发生充分再结晶的条件下，奥氏体再结晶晶粒大小主要决定于变形量，与终轧温度关系较小。终轧温度从 1050℃降低到 900℃使形变热处理效果有所增加。大连钢厂在粗轧后预冷到 920 ~ 972℃终轧，轧制终轧温度在 900 ~ 950℃范围，有较好的形变热处理效果。终轧温度不同，但自回火温度相同时，棒材的力学性能如表 10-6 中所示。从表 10-6 中可看出终轧温度的影响，在相同的 475℃自回火温度时，采用不同的冷却水量，最后结果终轧温度为 965℃的 σ_b 和 σ_s 都比 1050℃终轧时高，而 δ_5 很相近。

表 10-6 不同终轧温度下的 ϕ25mm20MnSi 螺纹钢筋轧后余热处理的性能

终轧温度 /℃	冷却制度			力学性能		
	冷却时间 /s	冷却水总流量 /$m^3 \cdot h^{-1}$	自回火温度 /℃	σ_s /MPa	σ_b /MPa	δ_5 /%
965	3.1	214	475	903	986	15
1055	3.1	241	475	804	883	16

终轧温度对自回火温度、冷却温降都有影响。随着终轧温度升高，自回火温度也提高。但温降却随之增大，其原因是终轧温度升高，钢筋和冷却水的温度差增大，在相同的冷却条件下，冷却能力亦随之提高。

终轧温度降低也影响入水前的组织状态，入水前停留时间越短，变形强化的作用越好，钢筋强度越高。如果终轧温度在再结晶温度以上，终轧变形与再结晶结合使晶粒细化。

B 冷却工艺条件对性能的影响

a 开冷前停留时间

终轧后到入水的时间间隔，这一段时间主要影响变形奥氏体的再结晶程度。如果处于未再结晶条件，延长这一段时间，则可能发生部分再结晶，减小了变形的效果，降低了综合力学性能，但是能减小应力腐蚀开裂倾向。如果在完全再结晶的条件下，由于高温下停留时间长，使再结晶晶粒长大，对综合力学性能不利，应缩短这一段时间。这决定于现场的实际条件，即决定于快冷装置的安装位置。

b 冷却速度

冷却速度是钢筋轧后控制冷却的重要工艺参数之一。它可以决定轧制后钢筋控制冷却后的组织和性能。根据钢的化学成分、奥氏体冷却转变曲线位置和所要求的组织及力学性能来确定轧后的冷却速度。

一般在 1030 ~ 400℃范围内控制冷却速度，当钢筋直径为 10mm 时，穿水冷却的冷却速度为 560 ~ 760℃/s；直径为 12mm 时，冷却速度为 375 ~ 500℃/s；直径为 14mm 时，冷却速度为 325 ~ 365℃/s。冷却速度与冷却器结构、冷却介质、钢筋直径、水温、水压及流量等参数有关。图 10-32 为终轧温度 930℃（表面温度）、直径 ϕ22mm 和 ϕ14mm 热轧带肋钢筋轧后控冷的温降曲线。

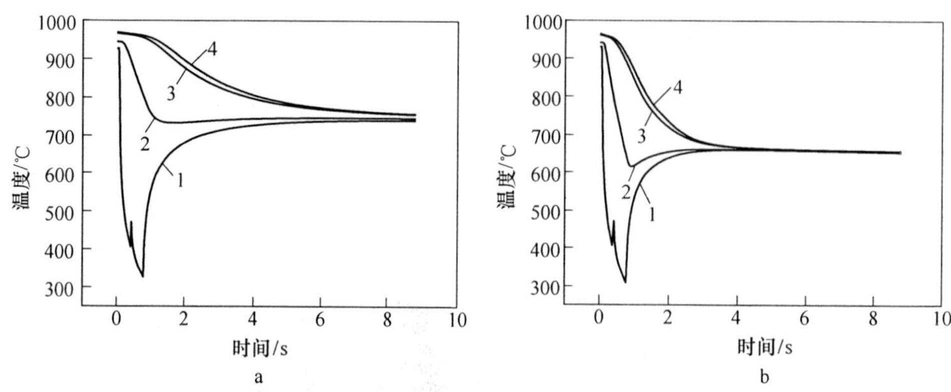

图 10-32　热轧带肋钢筋轧后控冷的温降曲线

a—ϕ22mm；b—ϕ14mm

1—表层；2—3/4R；3—1/2R；4—中心

c　自回火温度

自回火温度是各工艺参数综合影响的结果，是决定轧后控冷钢筋性能最重要的参数。大量数据表明：随着钢筋快冷后自回火温度升高，钢筋的 σ_b、σ_s 降低，如图 10-33 所示。影响钢筋自回火温度的因素很多，它与冷却参数、冷却时间、终轧温度都有关系。但是自回火温度仅能反映钢筋快冷后表面与心部温度平衡的结果，它不能反映是否存在淬透层以及淬透层厚度。淬透层厚度不同，钢筋的强度不同。当钢筋规格、终轧温度、水压、水温、冷却时间一定时，其自回火温度能相对反映钢筋的强度。因此，每一规格品种确定后，钢筋的热轧工艺和控制冷却工艺一定时，可以将自回火温度作为控制目标，以控制性能的稳定性。

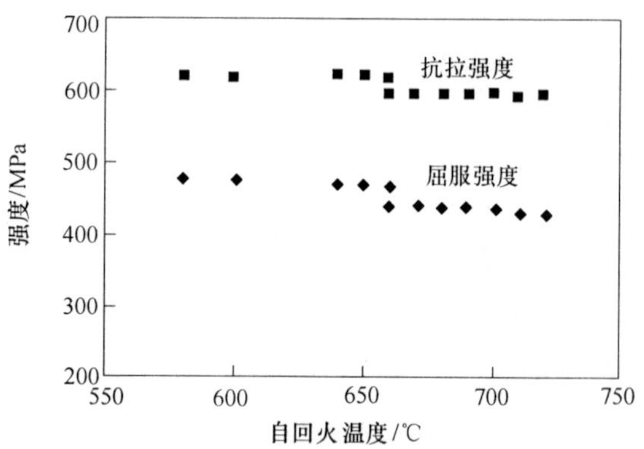

图 10-33　自回火温度对钢强度的影响

d　强冷时间

强冷时间决定了钢筋表层及心部的冷却曲线，即决定了相变后的组织与性能。对于一定化学成分及直径的钢筋来说，缩短强冷时间，意味着提高自回火温度，而使表层急冷组织得到充分回火，心部组织转变在更高的温度下进行，都会使强度降低，塑性提高。在实际生产中，轧制速度基本不变。因此，利用冷却器长度（即节数）来控制冷却时间，即使自回火温度不变，冷却器节数增加，冷却时间增长，也使钢筋的 σ_b、σ_s 提高，而 δ_5 下降。如 ϕ25mm 20MnSi 钢筋在冷却器由一节增加到两节，钢筋的强冷时间增加一倍，在冷却水量相同的条件下，自回火温度降低 40～50℃，导致 σ_s 提高 10～30MPa。

同样钢筋条件下，强冷时间为 1.1s 及 3.9s，回火温度分别为 680℃和 450℃。其钢筋的性能为：前者 σ_s 为 485MPa，σ_b 为 640MPa，δ_5 为 30.0%；后者 σ_s 为 925MPa，σ_b 为 1020MPa，δ_5 为 15%。

C 冷却水参数的影响

（1）冷却水水量：冷却水水量的多少，对钢筋的冷却效果和性能影响很大。冷却水水量是用水流速的大小来表示的。

某厂在小型轧机上轧制钢筋采用轧后快冷工艺，对 ϕ25mm 钢筋进行不同冷却水水量对性能影响的试验，结果表明，当水量为 120～140t/h 时，随着水量的增加，σ_s 提高；当水量大于 160t/h 时，σ_s 变化稳定，有饱和现象。随着钢筋规格加大，要求冷却水水量增加。

水量增加，钢的自回火温度降低，这表明水量的变化主要通过对自回火温度及冷却速度的影响，而改变其组织和性能。

（2）喷头水压力：喷头水压力对钢筋强度有一定影响，当其他条件固定时，喷头水压力提高，σ_b、σ_s 提高。但水压力提高的主要优点是改善钢筋的匀质性，尤其是小规格钢筋更为显著。

（3）冷却水温度：冷却水从 30℃，特别是提高到 66℃后，明显降低了冷却效果。所以冷却水的水温应以不超过 40℃为好。

（4）冷却介质：在国内为了得到强烈冷却效果和便于控制，一般多采用水作为冷却介质。早期也有采用水汽混合的，随着水的比例增加，冷却速度加大。

D 钢筋参数的影响

a 规格大小对性能的影响

规格不同，控制冷却后的组织也不同。大规格钢筋表层易出现回火索氏体，心部是珠光体＋铁素体，并有贝氏体、珠光体和铁素体的过渡层。小规格钢筋的激冷层会存在回火索氏体，心部以铁素体＋珠光体为主，没有明显的过渡。这是由于钢筋规格大时，体积与表面积之比增大引起的，终轧温度相同时其热容量也随之增大，有较多热量传到钢筋表面，使钢筋表面的低碳马氏体得到高温回火。

b 碳含量和锰含量的影响

马氏体开始转变温度随碳含量增加而降低。因此，对于低碳钢需要加大冷却速度，强制冷却，才能达到马氏体相变。在轧后控制冷却条件下，20MnSi 碳含量为上、中、下限的钢筋在相同水冷条件下对力学性能有不同影响。随碳含量增加，钢筋强度增加，塑性降低。其他条件相同，碳含量上限和下限采用控冷和普通热轧钢筋的力学性能对比结果如表 10-7 所示。

表 10-7 碳含量上、下限的轧后余热淬火与热轧钢筋的力学性能对比

钢筋直径/mm	钢筋状态	σ_s/MPa		σ_b/MPa		δ_5/%	
		0.17%C	0.25%C	0.17%C	0.25%C	0.17%C	0.25%C
25	轧后余热退火	475	510	608	675	28.6	25.3
25	热轧	380	435.3	547.2	672.6	31.9	24.5

可以看出，控制冷却工艺比一般轧制工艺受碳含量的影响小。

锰含量与碳含量有类似结果，但其影响没有碳含量影响大。

c　微合金元素的影响

微合金化钢筋，即 V-N 钢、Nb-V-Ti 钢、Nb-Ti 钢用余热淬火后其自回火温度低于 600℃左右时，σ_s可以超过 600MPa。在较低自回火温度下沉淀碳化物作用明显降低。这可能是由于微合金化元素保持固溶状态的缘故。

生产的工艺流程是：纯氧顶吹转炉冶炼→钢包吹氩→连铸坯→连铸坯精整→连铸坯加热→ϕ630mm × 4 轧机开坯→方坯冷却精整→方坯加热→ϕ290mm × 2/ϕ290mm × 5 或 ϕ400mm × 2/ϕ400mm × 2/ϕ260mm × 3 ~ ϕ330mm × 3 轧机上轧成钢筋→冷却装置进行控制冷却→冷床（钢筋自回火）→剪切定尺→检验打包→入库。

其主要工艺参数为：终轧温度 1000 ~ 1070℃，大规格终轧温度偏低，自回火温度在 600 ~ 740℃，随规格变化有所差异。

直径为 25mm 的 20MnSi 螺纹钢筋的金相组织为：表层为回火索氏体，其厚度为 1 ~ 1.7mm，显微硬度 266 ~ 286HV；过渡层为珠光体 + 铁素体 + 少量贝氏体，其厚度为 0.5 ~ 1.45mm，显微硬度 228 ~ 255HV；其心部为细小珠光体 + 铁素体，显微硬度小于 221HV。

采用轧后控制冷却的 20MnSi 钢筋性能与普通热轧钢筋性能对比如表 10-8 所示，其轧后余热淬火钢筋人工时效性能和自然时效性能如表 10-9 和表 10-10 所示。同规格钢筋在其他工艺因素相近的情况下，轧后控制冷却钢筋与热轧钢筋比较，σ_b和 σ_s提高，δ_5和 σ_b/σ_s值降低。

各规格的控制冷却钢筋按标准进行冷弯及反弯工艺性试验，无论强度性能是上限还是下限全部合格且比热轧钢筋好。通过不同温度时效后，其强度与塑性值基本不变。钢筋人工时效和自然时效性能稳定。

表 10-8　钢筋控制冷却后和热轧后的性能对比

规格/mm	工艺	σ_s/MPa		σ_b/MPa		δ_5/%		σ_s/σ_b
		标准值	剩余标准差	标准值	剩余标准差	标准值	剩余标准差	
16	控冷	505.78	22.83	647.39	20.09	25.88	1.92	0.78
	热轧	412.68	27.24	616.81	25.97	28.10	3.03	0.67
20	控冷	495.10	13.92	657.29	19.40	27.0	1.59	0.75
	热轧	416.60	14.93	612.99	25.28	31.16	1.41	0.68
25	控冷	503.52	22.64	642.78	24.99	25.50	1.23	0.78
	热轧	389.16	16.95	586.14	26.66	29.97	1.71	0.66
32	控冷	446.88	14.80	610.83	19.01	25.07	1.52	0.73
	热轧	392.00	7.06	586.04	20.78	28.04	1.59	0.67

表 10-9　20MnSi 余热处理钢筋人工时效性能

序号	时效规程	σ_s/MPa	σ_b/MPa	δ_5/%	δ_{10}/%
1	100℃，60min	510	660	26	20.5
2	150℃，60min	515	660	26.8	21

续表 10-9

序号	时效规程	σ_s/MPa	σ_b/MPa	δ_5/%	δ_{10}/%
3	200℃，60min	515	662.5	26	20.25
4	250℃，60min	515	660	26.75	21
5	未时效	512.5	662.5	26	20.5

表 10-10 20MnSi 余热处理钢筋自然时效性能

性 能	批数	1	2	3	4	5	6	7	8
σ_s/MPa	一批	524.2	534.6	528.6	532.9	546.4	510	519.3	518.6
	二批	517.5	533.8	522.5	528.8	524.5	506.6	511.3	510
σ_b/MPa	一批	667.9	690.7	705.7	713.8	713.6	645.7	695	698.6
	二批	671.3	692.5	705	705	708.8	645	686.3	692.5
δ_5/%	一批	25.14	23.57	24.57	24.07	24.66	27.0	24.3	23.92
	二批	25.5	24.25	23.75	24	24.25	26.37	24.63	24.5

控制冷却钢筋冲击韧性高于热轧钢筋，疲劳寿命也不差，焊接强度没有下降。

控制冷却钢筋经过 5%、10% 变形后，再经 250℃、0min 时效，应变 10% 后，σ_{10} 仍保持在 14.5% 以上，说明钢筋不会产生应变时效脆化。

10.1.5.2 控轧控冷钢筋的组织与性能控制

以 Q235 钢和 20MnSi 钢为例，分析控制轧制和控制冷却工艺对钢筋组织与性能的作用规律及应用效果。Q235 钢和 20MnSi 钢的动态 CCT 曲线如图 10-34 所示。变形条件下，Q235 钢的 A_{r3} 和 A_{r1} 温度的变化如图中虚线所示，可见变形将提高这两个相变温度。根据

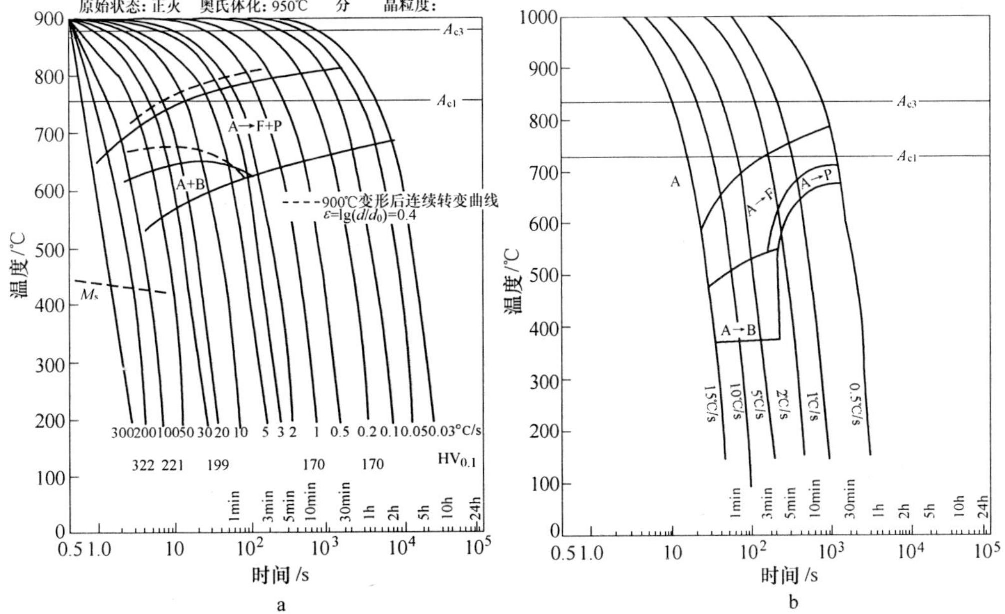

图 10-34 Q235 和 20MnSi 钢的 CCT 曲线[9]

a—Q235 钢；b—20MnSi 钢

前面章节的相变理论可知，变形温度越低，相变储能就越高，A_{r3}温度会提高，20MnSi 钢的铁素体相变温度随轧制温度的变化如图 10-35 所示。

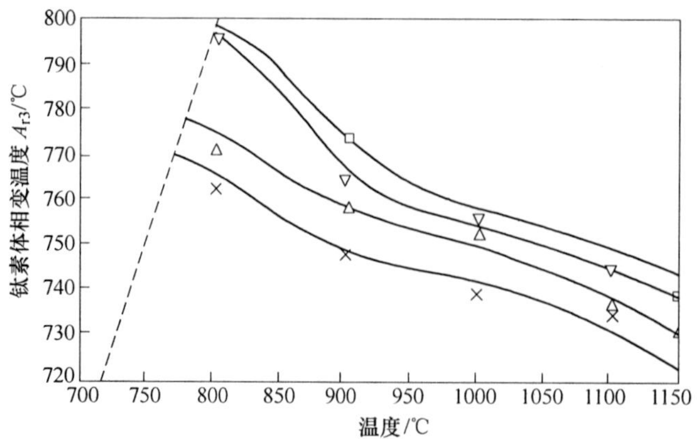

图 10-35 20MnSi 钢的铁素体相变温度随轧制温度的变化[9]

A 形变诱导铁素体相变工艺

钢铁研究总院和国内某钢铁公司对钢筋的控轧控冷工艺进行了联合开发研究[10]。采用“形变诱导铁素体相变（Deforming Induction Ferrite Transformation，DIFT）”工艺进行轧制。“形变诱导铁素体相变”的轧制温度是在奥氏体未再结晶区的低温区间，即在形变诱导铁素体相变温度 A_{d3}和未变形奥氏体的相变温度 A_{r3}之间（在大多数情况下，A_{d3}温度在 A_{r3}温度之下，但在微合金钢和大应变速率下，也可能出现 A_{d3}高于 A_{r3}的现象），因此 $\gamma \rightarrow \alpha + P$ 相变主要发生在变形过程中，而不是变形后的冷却过程中，两者几乎同步进行，其变形都是在实际的两相区中进行。

棒材轧制线生产热轧带肋钢筋，配置有分级控制冷却装置，它包括三段，即轧机间冷却段、成品轧机至成品飞剪间约 10m 的冷却段、成品飞剪后约 20m 的冷却段，可以较好地实现棒材的控制轧制与轧后的控制冷却。分级控制冷却装置布置形式见图 10-36。

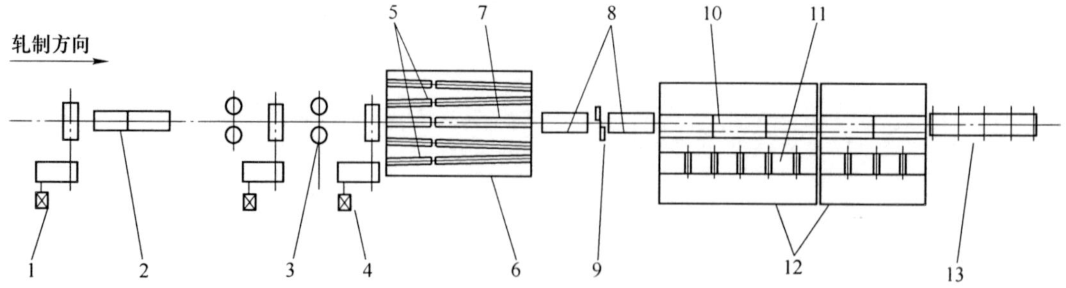

图 10-36 分级控制冷却装置布置形式示意图

1—水平轧机；2—轧机间冷却；3—精轧机组立辊轧机；4—精轧机组水平轧机；5—双线冷却器；6—冷却小车；7—单线冷却器；8—导槽；9—分段飞剪；10—轧后冷却；11—旁通辊道；12—横移小车；13—导槽

经过控制轧制和控制冷却 Q235 的性能如表 10-11 所示。可见，其力学性能达到 HRBF400 级细晶粒钢的屈服强度要求，塑性很好。其不足之处是，细晶粒 Q235 钢的抗拉强度不能大幅提高，稳定满足国家标准要求有难度，其次是屈强比较高。这与细晶强化提高屈服强度和抗拉强度的幅度有关。要提高抗拉强度，还可以利用的有效途径是固溶强化，如增加钢中的 C 或 Mn 含量。Q235 生产的控轧控冷钢筋经过 5 天和 30 天自然时效后的力学性能如表 10-12 所示，时效现象不明显。

表 10-11 Q235 控轧控冷钢筋的工艺参数和力学性能

工艺	轧制速度 /m·s^{-1}	开轧温度 /℃	轧机间冷却后温度 /℃	轧后第一段冷却后温度 /℃	轧后第二段冷却后温度 /℃	σ_s /MPa	σ_b /MPa	δ_5 /%	屈强比
8	10	1000	800	770	515	475	565	25～27	0.841
9	10	1050	805	760	640	420	520	28～31	0.808
10	8	1050	810	690	565	440	535	28～31	0.822

按照“形变诱导铁素体”的轧制工艺，用 Q235 钢轧制的 ϕ25mm 钢筋，$\sigma_s>400$MPa，$\sigma_b>500$MPa，$\delta_5>25\%$。均匀伸长率为 17%～20%；钢筋无时效现象。

表 10-12 控轧控冷 Q235 钢筋自然时效后力学性能

工艺	σ_s/MPa		σ_b/MPa		δ_5/%	
	5 天	30 天	5 天	30 天	5 天	30 天
8	470	485	575	590	25～27	25～29
9	410	415	515	510	28～31	30～33
10	440	445	540	540	28～31	27～30

对控轧控冷钢筋的显微组织分析发现，全部 Q235 钢筋的组织为铁素体（F）+珠光体（P）+少量贝氏体（B），铁素体可分为先共析等轴、形变诱导、针状和块状等类型。贝氏体为上贝氏体或粒贝氏体类型，未见下贝氏体类型及自回火的回火索氏体组织。过渡层为贝氏体。铁素体晶粒尺寸由表层到心部变化较大，表层组织细，心部组织略粗大，晶粒尺寸在 5～10μm。终冷温度低（工艺 8，终冷温度 515℃），增加冷却强度或冷却时间，钢筋的心部会存在贝氏体组织。控制好终冷温度，钢筋心部的组织全部为铁素体+珠光体，过渡层为铁素体+贝氏体，表层为铁素体+贝氏体，横肋和纵肋全部为贝氏体。控轧控冷细晶粒钢筋的组织结构如表 10-13 所示。

表 10-13 控轧控冷 Q235 钢筋的组织结构

工艺	位置	边部	过渡层					心部
			1	2	3	4	5	
8	纵肋		B+F	F+B+P/6.4	F+B	B+F	B+F	B+F
	螺纹		F+B+P/6.0	B+F	B	B+F	B+F	B+F
	表面	F+B+P/8.2	F+B	B	B+F	B+F		B+F
	纵肋		F+B+P/6.7	F+B	B+F			F+B
	螺纹	F+B	F+B	B				
	表面		F+B	B				

续表 10-13

工艺	位置	边部	过渡层					心部
			1	2	3	4	5	
9	纵肋	B + F（少）	F + B	B	B + F		F + P/11	F + P/12.4
	表面	B + F	B					
	纵肋	B	F + B/5.3	B	B + F	F + B	F + P/8.3	F + P/11.8
	表面	F + B/6.5	B	B + F	B + F			
	纵肋	B	F + B/5.7	F + B	B	B + F	F + P/9.1	F + P/10.2
	表面	B	B	B + F				
	纵肋		F + B/5.5	F + B	B	B + F	F + P/7.8	F + P/10.7
	螺纹	F + B/5.7	F + B	B	B + F			
	表面	F + P + B/5.7	F + B	B	B + F			
10	纵肋		F + B	F + B/6.0	F + P + B/4.5	F + B	B + F	F + B
	螺纹	F + B/6.7	F + B	B + F				
	表面	F + P + B/4.6	F + B					

注：组织中的数字表示 F 的晶粒尺寸，单位 μm。

采用相同的控轧控冷工艺生产 20MnSi 热轧钢筋，规格为 ϕ25mm 时，其 σ_s 大于 450MPa，σ_b 大于 580MPa，δ_5 大于 23%，均匀伸长率为 14%~21%，铁素体晶粒度 10~11 级，达到 HRBF400 细晶粒钢筋的要求。

B　低温控制轧制工艺

采用 20MnSi 钢，首先将坯料加热到 950℃ 和 1050℃，开轧温度分别为 1030℃、930℃，根据轧机能力设计进行 5 道次轧制，道次变形量约 26%。终轧温度在 900~720℃，轧制后采用了喷水、空冷、淬水三种方式。分析了开轧温度、终轧温度、冷却方式对钢筋组织和力学性能的影响规律[11]。

a　精轧开轧温度的影响

相同终轧温度条件下，随开轧温度的升高，20MnSi 钢筋的强度略有变化，见表 10-14。

表 10-14　不同开轧温度对试验钢性能的影响

开轧温度 /℃	终轧温度 /℃	冷却方式	屈服强度 σ_s /MPa	抗拉强度 σ_b /MPa	伸长率 δ_5/%
940	807	空冷	472.6	653.2	35.7
1010	803	空冷	466.7	674.5	32.0

b　终轧温度的影响

在相同的开轧温度（1030℃）下，以不同终轧温度轧制后得到不同的室温组织。900℃、850℃和 750℃终轧，空冷后组织中铁素体平均晶粒尺寸分别为 9.45μm、9.37μm、4.44μm。可见，低温轧制后无须高速冷却也可以获得细小铁素体晶粒。在 850℃ 以下终轧，铁素体分布有方向性，且晶粒尺寸不均匀。对于 20MnSi 钢，950~850℃为奥氏体部分再结晶区，850℃～A_{r3}温度区为奥氏体未再结晶区，而A_{d3}在810℃以下。在奥氏体未再结晶区以及A_{d3}和A_{r3}之间轧制可以通过形变促进奥氏体向铁素体相变，即形变诱导相变，增加相变形核率来细化晶粒。

20MnSi钢控制轧制后空冷，室温屈服强度在440MPa以上，轧后控冷条件下，钢的室温屈服强度在485MPa以上，伸长率保持在28%以上。随着终轧温度的降低，轧后试验钢的屈服强度提高，如图10-37所示。因此，在设备能力允许条件下，降低终轧温度是提高强度的有效方法之一。测量不同终轧温度和冷却条件下试样的铁素体晶粒尺寸，对照其力学性能测试结果，可得到钢的屈服强度与晶粒尺寸对应关系，图10-38所示。随着铁素体平均晶粒尺寸的减小，屈服强度提高。

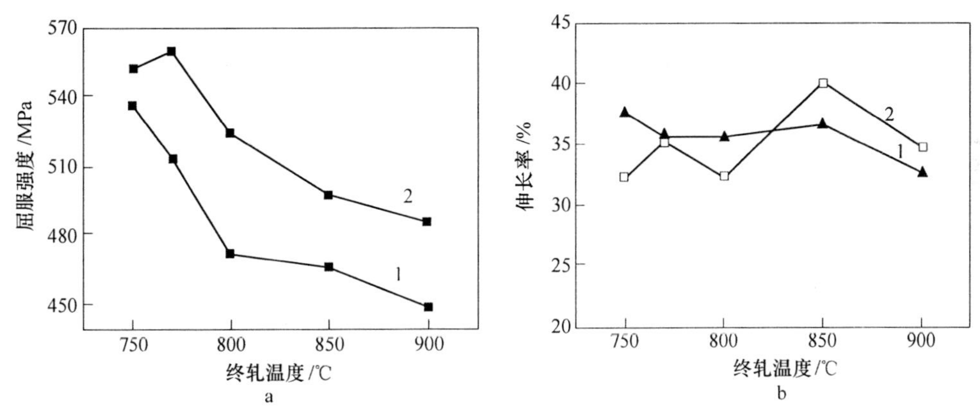

图10-37 终轧温度与钢筋力学性能的关系

a—终轧温度与屈服强度的关系；b—终轧温度与伸长率的关系

1—空冷；2—淬火至650℃

c 轧后冷却方式的影响

950～750℃终轧后，空冷组织均为细小铁素体+细小珠光体组织。750℃终轧温度空冷后得到的铁素体平均晶粒尺寸为4.44μm；轧后淬水，再返温至640℃时，室温组织为铁素体+珠光体，铁素体平均晶粒尺寸为3.13μm；轧后淬水，再返温至476℃时，钢的室温组织为铁素体+珠光体+贝氏体，铁素体平均晶粒尺寸为2.99μm。冷却速度越高，室温时螺纹钢的铁素体晶粒越细小。

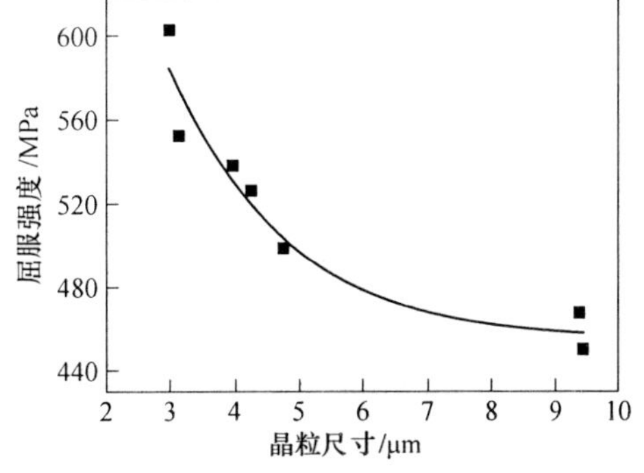

图10-38 屈服强度和铁素体晶粒尺寸的关系

在控轧状态下，冷却方式和冷却工艺参数对抗拉强度的影响不显著，但对屈服强度的影响十分明显。从表10-15可以看出，控轧后空冷时20MnSi钢筋的屈服强度在449～553MPa；控轧控冷后，钢筋的屈服强度在466～602MPa。轧后快速冷却可使钢的屈服强度提高40～70MPa。降低冷却开始温度，可提高钢的屈服强度，塑性变化不大。

表 10-15 不同冷却方式下 20MnSi 钢的力学性能

终轧温度 /℃	冷却方式或返红温度/℃	铁素体晶粒直径 /μm	屈服强度 σ_s /MPa	抗拉强度 σ_b /MPa	伸长率 δ_5 /%
900	660	—	486.2	638.4	32.7
910	空冷	9.45	449.5	657.5	34.8
858	610	9.37	466.7	674.5	32.0
810	空冷	—	472.6	653.2	35.7
800	655	4.25	542.5	680.7	33.3
750	空冷	4.44	552.5	650.8	37.7
770	645	—	560.2	673.6	31.4
750	640	3.13	537.0	673.7	31.3
750	476	2.99	602.1	701.9	32.3

因此，控制轧制后再进行控制冷却比空冷能产生更大的强化效果。控轧后采取空冷时，轧件的伸长率最大；相同的冷却方式，随着终轧温度的降低，其伸长率也降低。在形变诱导相变区变形，碳化物会在铁素体中弥散析出，析出相碳化物细小，这也会使强度增加。

低温控轧或控轧控冷 20MnSi 钢筋的屈服强度不小于 450MPa，抗拉强度不小于 650MPa，伸长率 δ_5不小于 31%。在实际生产中，低温轧制会增加轧辊轧槽的磨损，增加钢筋咬入孔型的难度。因此，是否采用低温控轧或低温控轧控冷，需要综合权衡热轧钢筋的组织力学性能控制能力和生产效率。

10.2 线材的组织性能控制

10.2.1 线材生产的温度控制

10.2.1.1 线材控制轧制的概况

随着线材轧制速度的提高，过程温度控制已成为必不可少的一部分。由于线材的变形过程是由孔型所确定的，要改变各段的变形量比较困难，轧制温度的控制主要决定于加热温度（即开轧温度），无法控制轧制过程中的温度变化，因此在传统线材轧制中很难实现。

为满足用户对线材的高精度、高质量要求，高速线材轧机采用无扭精轧机组机型。1984 年以后，摩根公司提供的 100m/s 高速无扭机组均为轧辊呈 45°交叉布置的 V 型结构。在第一套 V 型机组问世以后，高速线材轧机将控温轧制引入工艺设备等的总体设计中。

现代高速线材轧机已能实现高精度轧制，ϕ5.5mm 线材直径公差普遍可达 ±0.15mm，一些厂家可达不大于 ±0.10mm。为了满足用户精密及极精密轧制尺寸公差（直径公差 =（±0.2%~±0.3%）× 直径）要求，后来开发了线材轧制定径机和减定径机，如三辊的 KOCKS 无扭高精度轧机、两辊 TEKISUN（台克森）高精度轧机。1985 年，摩根推出台克森双机架轧机与精轧机组配合，轧出 ϕ5.0mm、ϕ5.5mm、ϕ6.0mm 及 ϕ6.5mm 线材，可保证 ±0.1mm 公差；还可在 700℃进行控制轧制，生产某些汽车用的非调质钢及快速球化钢。

另外在高速线材轧机精轧机组前增设预冷段（可降低轧制温度 100℃）及在精轧机组

各机架间设水冷导卫装置，以降低轧件出精轧机组的温度等。在第一套V型机组问世后，摩根在高速线材轧机上引入控温轧制技术MCTR（Morgan Controlled Temperature Rolling），即控制轧制。

高速线材生产中常见的轧件温度控制位置有：（1）中轧机列前加水冷箱，可保证精轧温度在900℃；（2）无扭轧机前水冷及机架间水冷，可使无扭轧机机组出口轧件温度为800℃；（3）定径轧机或减定径轧机处，轧制温度为700～750℃，压下量为35%～45%。借此，实现三阶段的温度控制轧制。

日本某厂将轧件温度冷却至650℃进入无扭精轧机组轧制，再经斯太尔摩冷却，这样可得到退化珠光体组织，在球化退火时，可缩短1/2时间。

10.2.1.2 线材采用控温轧制的工厂实例

A 某厂双线线材轧机

某厂双线线材轧机的平面布置如图10-39所示。从中轧机组的最后一个双线机架开始，在精轧机组前、后都有水冷段和均衡段，在环式吐丝机前安装有小尺寸的精轧机架，后为吐丝机和斯太尔摩线。精轧机组内和两组之间也设置有水冷段。

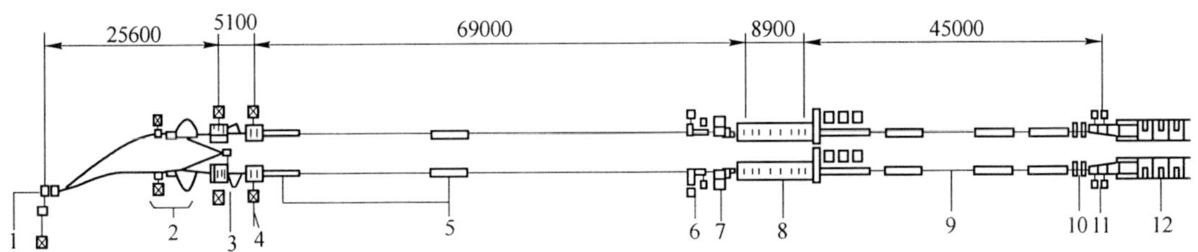

图10-39 双线线材轧机精轧系列示意图

1—原有机架14；2—圆盘剪，活套台；3—预精轧机组活套台；4—预精轧机组；5—水箱；6—切头剪，碎边剪；7—活套台；8—无扭精轧机；9—水箱；10—精轧机；11—夹送辊；12—延迟型斯太尔摩冷却线

图10-40表示出炉温度950℃钢坯，经过多道次轧制后，最后以100m/s的终轧速度轧制直径ϕ5.5mm低合金钢线材的温度曲线，这是通过模拟计算得到的。轧件经过中轧机组后温度高于初始道次温度；预精轧机组后，两个冷却段要分配冷却能力，避免线材表面过冷，总温降在300℃左右；进入精轧机前要均衡内外温度，目标表面温度750℃。精轧机组轧制时，变形热使轧件温度升高，由于精轧机组接触传热的冷却作用，轧件表面温度只升高了100℃，轧件中心温度则升到950℃。

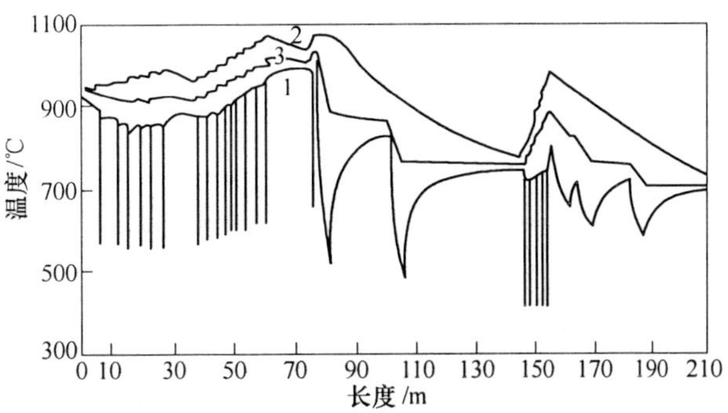

图10-40 线材轧制时的温降曲线

1—表面温度；2—中心温度；3—平均温度

对于特定钢种的控制轧制来讲，最后变形前的温度为750℃最为合适，由于变形温度低，改变了显微组织，可以采用两相区控制轧制，提高了线材的综合性能。

图 10-41 为直径 ϕ5.5mm 棒材从精轧机组以 120m/s 终轧速度出来的轧件温度曲线，精轧后经过三段水冷和均衡温度，再经过定径机两道次轧制后，此时终轧温度仍是 750℃。控制轧制的同时，还实现了高精度轧制。

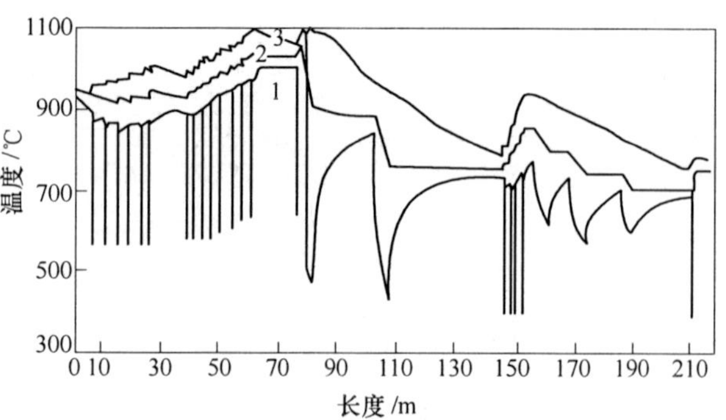

图 10-41　直径为 ϕ5.5mm 棒材的温度曲线

1—表面温度；2—中心温度；3—平均温度

B　日本君津厂摩根双线线材轧机

图 10-42 为日本君津厂摩根双线线材轧机控轧控冷工艺布置图。轧机上，在中轧机间及中轧机后布置有两个水冷段，并在无扭轧机机组内设有水冷导管。在此轧机上进行控轧工艺试验，不经淬火及回火处理可生产出 686MPa 的高强螺栓。如采用低碳钢，其成分为 0.1% C、1.5% Mn 加少量 Nb、V、Ti，经控制轧制工艺生产 ϕ8 ~ 13mm 高强度的螺纹钢筋盘圆及高强度的高碳钢盘条。其工艺为钢坯加热温度 1200℃，开轧温度 1150℃，粗轧压缩率 39%；终轧温度控制在 900℃ 以下，为 750 ~ 850℃；终轧压缩率，ϕ8mm 为 84%，ϕ10mm 为 75%、ϕ13mm 为 58%。

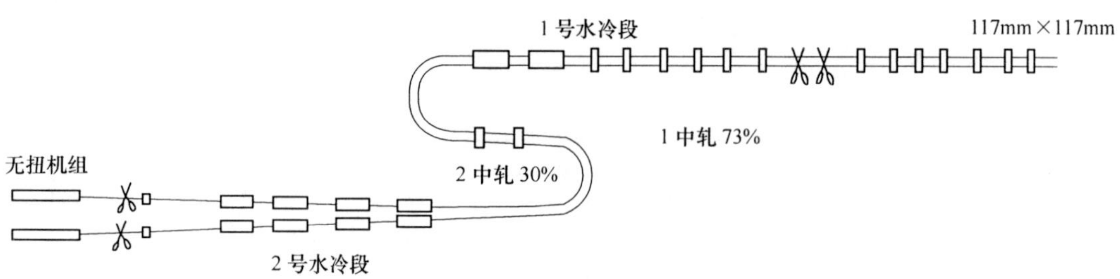

图 10-42　日本君津厂摩根双线线材轧机

C　韩国浦项线材和钢公司第三线材厂

采用 160mm × 160mm × 10.5m 坯料，产品规格为 ϕ5 ~ 20mm 盘圆，钢种为高碳钢及合金钢，最高轧制速度为 120m/s，小时产量 150t/h，年产量 54 万吨。其平面布置如图 10-43 所示。

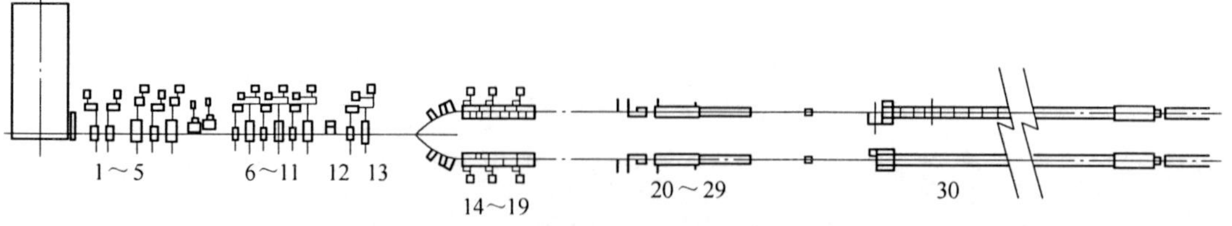

图 10-43　浦项线材厂双线线材轧机

1 ~ 5—精轧机组；6 ~ 11—中间轧机组；12 ~ 13—第二中轧机组；14 ~ 19—预精轧机组；20 ~ 29—无扭轧机；30—斯太尔摩冷却线

该轧机采用了摩根控温轧制及轧后冷却制度，不仅产量高，而且产品尺寸精度好，具有良好的力学性能。该生产线可以根据产品要求不同采用不同的开轧温度及冷却制度，所得的不同冷却曲线如图 10-44 所示。其温度控制是依靠设在吐丝机前的水冷段及无扭轧机前面和后面的水冷箱保证。水冷后线材进入斯太尔摩冷却线或进行自回火。吐丝温度根据钢种及产品最终的使用要求为 550～950℃。

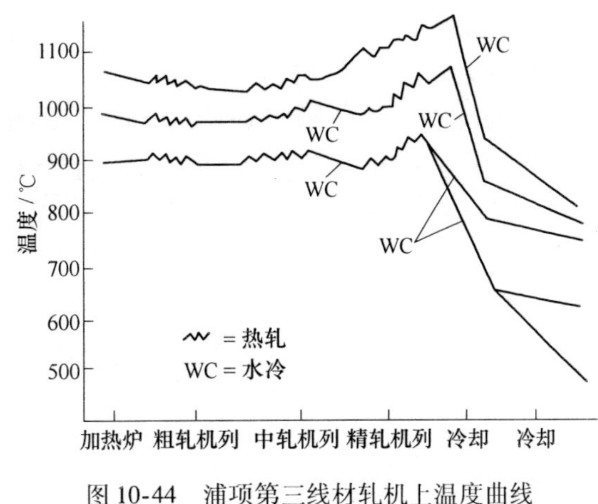

图 10-44 浦项第三线材轧机上温度曲线

D 现代化高速线材轧机

根据目前有关的资料表明，一个满足控温轧制及轧后形变热处理要求的轧机组成可由图 10-45 所示。

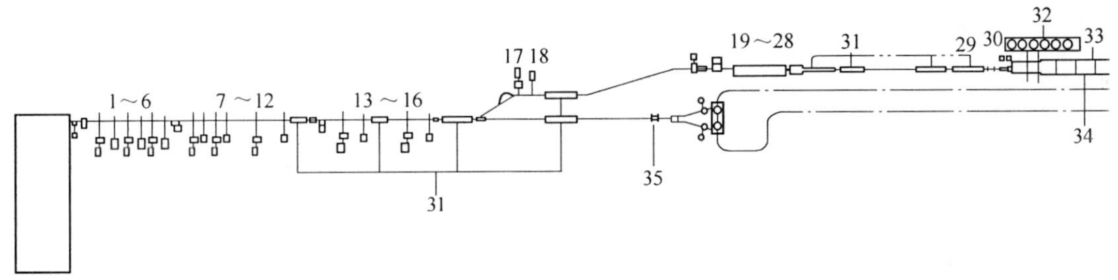

图 10-45 现代高速轧机示意图

1～6—精轧机组；7～12—第一中轧机组；13～16—第二中轧机组；17～18—预粗轧机组；19～28—无扭精轧机组；29～30—精轧机组；31—水冷箱；32—慢冷线；33—斯太尔摩冷却线；34—快冷型延迟型冷却；35—分离器

此布置的特点是在第一中轧机组后、第二中轧机组中、预精轧前及预精轧后各设置一组水冷箱，在精轧机出口处设置数组水冷箱，并具有温度平衡段。在无扭轧机机组内各机架间设有水冷导管。由于这些水冷段存在，可根据要求的温度进行控温轧制。采用摩根的台克森精轧机机组，可在低温下进行控制轧制，生产一些非调质钢，以及简化热处理工艺等。最后在此机组上设有加勒特式线材卷取机，以生产大规格的盘条。

E 奥钢联 Neukirchen 厂高速线材生产线的改造

该生产线是 1979 年建设的传统生产线，2000 年进行现代化改造，改造内容包括：粗轧机现代化改造、在预精轧和精轧机组间添加大活套和三段水冷器、切头及事故碎断剪、延迟型斯太尔摩线、集卷器和过程控制系统。改造后的平面布置如图 10-46 所示。该生产

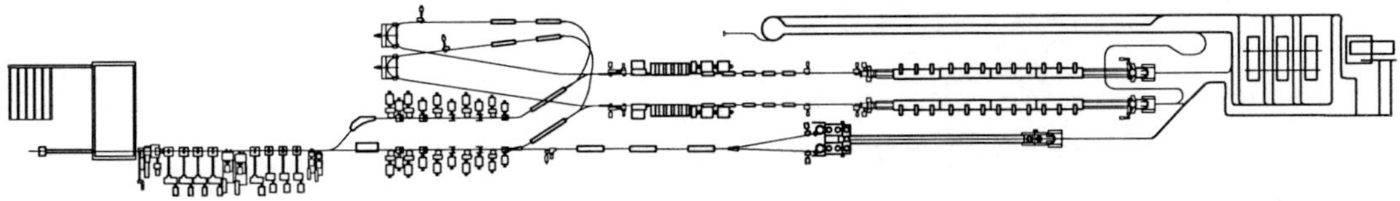

图 10-46 奥钢联 Neukirchen 厂高速线材平面布置

线的产品包括低碳和高碳拉拔材、冷镦材、弹簧钢线材等。

经过改造后，轧件入精轧机组的温度可控，因此可进行控制轧制，生产非调质钢，以及简化热处理工艺等。该机组后设有加勒特式线材卷取机，以生产大规格的盘条。改造后生产的 Cr-Mo 钢晶粒度为 9～10 级，组织为铁素体和珠光体；如果采用传统轧制工艺，组织为铁素体、珠光体、贝氏体和马氏体。采用新轧制工艺后，线材的显微组织和延伸性能改善，在后续加工中可以省去拉拔前的退火处理。

F 日本神户第 7 线材厂的改造

日本神户第 7 线材厂 1999 年改造后的平面布置如图 10-47 所示。钢种为低碳钢、高碳钢及合金钢，最高轧制速度为 100m/s。改造的主要特点是：引进可在 750℃低温下轧制的超高负荷型精轧机，使高度控轧成为可能；引进可精密轧制的定径轧机，使尺寸波动仅为传统的 1/2；可进行高精度的冷却温度控制；通过设置线材立体仓库，减少搬运，使物流合理化。

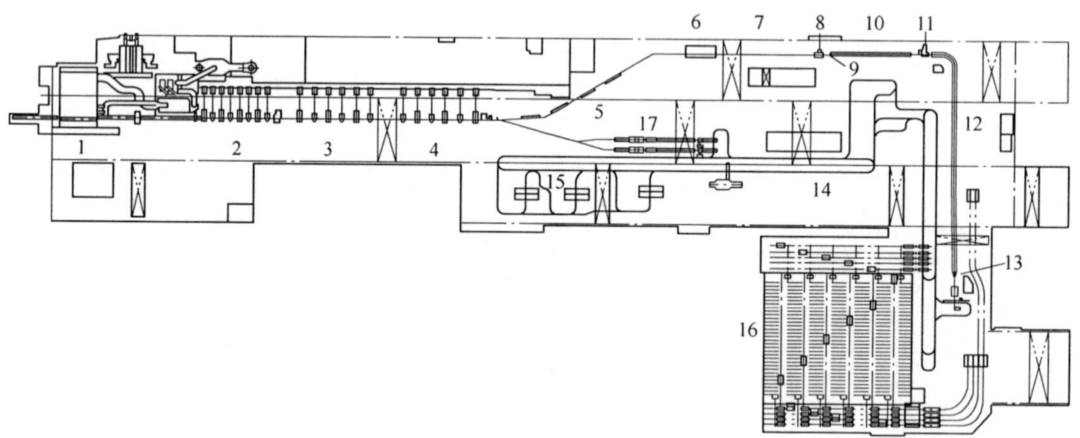

图 10-47 日本神户第 7 线材厂的平面布置[12]

1—加热炉；2—粗轧机组；3—1 号中轧机组；4—2 号中轧机组；5—中间水冷箱；6—精轧机组；7—精轧水冷箱；8—定径轧机；9—热涡流检测；10—成品水冷箱；11—吐丝机；12—盘条运输线；13—盘条收集；14—运输钩；15—压卷机；16—自动打包机；17—加勒特式线材卷取机

10.2.1.3 线材轧后控制冷却及工艺类型

现代高速线材车间轧后控制冷却通常包括两部分：精轧机至吐丝机间的喷水冷却（也称一次水冷）；吐丝机至集卷站间的散卷冷却（也称二次冷却）。

高速线材轧后控制冷却技术的主要目的是得到产品要求的组织和力学性能及均匀性，减少二次氧化铁皮的生成量。对于后者，表面氧化铁皮薄，而且为易于清除的 FeO，因此在深加工前的酸洗时间可以减少，大大降低了酸洗过程的酸消耗。

高速线材生产的品种繁多，以下简单列出高速线材可能生产的品种及用途：

（1）弹簧钢，包括：

1）汽车用，如 50CrV、55SiCr、60Si2Cr、55Si2MnV；

2）一般用，如 60Si2Mn、60Mn。

（2）硬线，包括：

1）钢丝用钢，其中一般高碳有 SWRH42-77A、B，钢帘线有 70LX、77LX，轮胎子午线有 SWRH72A、SWRH72B；

2）预应力钢丝，如 SWRH82A、SWRH82B。

（3）冷镦钢，包括：

1）普通冷镦钢，如 SWRH10-20A、SWRH10-35K、ML15-ML35；

2）优质冷镦钢，如 35VB、SCM435、SCR440、20MnTiB。

（4）焊接线材，包括：

1）焊丝，如 YGW12、B08MnMoTiB；

2）焊条，如 SWRY11。

（5）低碳钢，如 SWRM08-20。

（6）不锈钢，如 SUS304、SUS316。

要满足上述产品组织与性能控制的不同要求，在高速线材生产线上要具备不同的控制能力：

（1）焊条钢线材：防止硬化组织产生，提高断面收缩率和降低加工硬化率，需要线材轧后缓慢冷却。

（2）高碳钢线材：获得索氏体组织，抑制网状碳化物和网状铁素体，取消拉拔前的铅浴淬火，改善拉拔性能，提高强度，需要轧后前期高速冷却，后段等温处理。

（3）弹簧钢线材：获得珠光体组织，降低硬度，改善拉拔性能，需要降低冷却速度，缓慢冷却。

（4）不锈钢线材：取代固溶处理，改善拉拔性能和抗腐蚀性能，轧后需要淬火。

（5）低碳用拉拔线材：需要降低固溶碳的强化效果，利于铁素体过饱和碳的析出，改善线材拉拔性能，提高拉拔生产效率，因此要进行奥氏体晶粒控制与相变过程缓慢冷却。

（6）冷镦线材：提高断面收缩率，还需具有低的屈服强度，省略初次退火和冷变形的中间退火，也需要控制组织类型，因此要在轧后冷却时将奥氏体组织控制与相变控制相结合。

为了满足上述不同产品生产工艺要求，目前，世界上已经投入应用的各种线材控制冷却工艺装备至少有十多种。从各种工艺的布置和设备特点来看，不外乎有三种类型：

第一类：是采用水冷加运输机散卷风冷。这种类型中较典型的工艺有美国的斯太尔摩工艺、英国的阿希洛工艺、德国的施洛曼冷却工艺及意大利的达涅利冷却工艺等。

第二类：是水冷后不用散卷风冷，而是采用其他介质冷却或采用其他布圈方式冷却，诸如 ED 法及 EDC 法和 SEDC 法、流态床冷却法等。

第三类：是冷却到马氏体组织（表面）然后进行自回火，如德马克法，这对于旧厂改造是有意义的。

下面只分别介绍这些有代表性的工艺和设备布置。

A 斯太尔摩控制冷却工艺

斯太尔摩控制冷却工艺是由加拿大斯太尔柯钢铁公司和美国摩根设计建筑公司于 1964 年联合提出的，目前已成为应用最普遍、发展最成熟、使用最为稳妥可靠的一种控制冷却工艺。其工艺布置如图 10-48 所示。

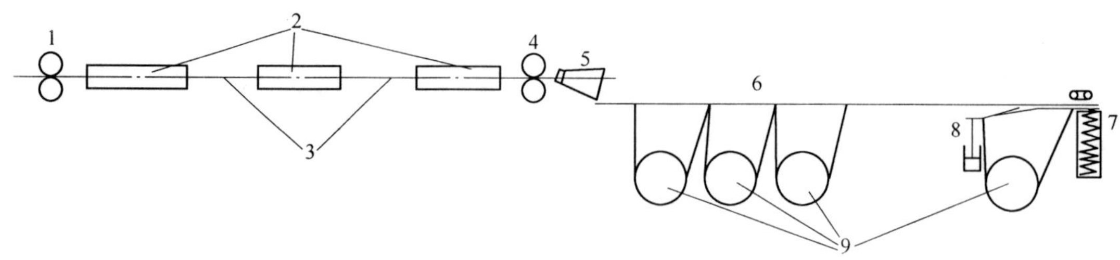

图 10-48 斯太尔摩控冷工艺布置示意图

1—成品轧机；2—水冷箱；3—恢复段；4—夹送辊；5—吐丝机；
6—斯太尔摩运输机；7—集卷筒；8—升降梁；9—风机

从图中可以看出：线材从精轧机组出来后，立即进入由多段水冷箱组成的水冷段进行强制水冷，然后经夹送辊夹送进入吐丝机成圈，并呈散卷状布放在连续运行的斯太尔摩运输机上，运输机下方设有风机可进行鼓风冷却，最后进入集卷筒集卷收集。

a 水冷段

终轧温度为 1040 ~ 1080℃的线材离开轧机后在水冷段立即被急冷到 750 ~ 850℃。水冷时间控制在 0.6s，水冷后温度较高，目的是防止线材表面出现淬火组织。在水冷区控制冷却的目的在于延迟晶粒长大，限制氧化铁皮形成，并冷却到接近但又明显高于相变温度的温度。

斯太尔摩冷却工艺的水冷段全长一般为 30 ~ 40m，由 2 ~ 3 个水冷箱组成，每个水冷箱之间用一段 6 ~ 10m 无水冷的导槽隔开，称为恢复段。其目的是使线材经过一段水冷后，表面和心部温度差在恢复段趋于一致，另外也是为了有效地防止线材表面形成马氏体组织。

线材的水冷是在水冷喷嘴和导管里进行的。每个水冷箱里有若干个水冷喷嘴和水嘴导管。当线材从导管里通过时，冷却水从喷嘴里沿轧制方向以一定的入射角环形地喷在线材的四周表面上。每两个水冷喷嘴后面设有一个逆轧向的清扫喷嘴，目的是为了破杯线材表面蒸汽膜和清除表面氧化铁皮，以加强水冷效果。并装有一个逆向空气喷嘴，使线材出水冷箱时表面不带水。

为了避免水冷箱水流对线材头部和尾部的阻力，每根头尾要有一段不水冷，头尾断水长度的设定，主要取决于钢种规格及水冷段长度。一般对于小规格线材，要等到头部全部通过水冷箱并到达导向器（或夹送辊）时才通水冷却；在尾部尚未进入水冷箱时各水冷箱就要从前到后逐个断水。对于中等规格的软线，一般是轧件头部到达第二个水冷箱时，第一个水冷箱才开始通水，而尾部则可以经受水冷。对于大规格线材，由于于直径大，轧制速度慢，可让头部通过一个水冷箱后就对该水冷箱通水，同时对尾部不能水冷，以免妨碍吐丝机成圈。

b 风冷段

斯太尔摩冷却线的风冷段有三种类型，它依据运输机的结构和状态不同分为标准型冷却、缓慢型冷却和延迟型冷却。

标准型冷却的运输机上方是敞开的，吐丝后的散卷落在运动的输送辊道上由下方风室鼓风冷却，见图 10-49。运输机速度为 0.25 ~ 1.4m/s，冷却速度 4 ~ 10℃/s。它适用于高碳线材的冷却。

缓慢型冷却是为了克服标准型冷却无法满足低碳和合金钢之类的低冷却速度要求而设计的。它在运输机前部加装了可移动的带有加热烧嘴的保温罩，运输机的速度也可设定得更低一些。由于采用了烧嘴加热和缓慢的输送速度，所以可使散卷线材以很慢的冷却速度冷却。其运输机的结构见图10-50。缓慢型斯太尔摩冷却的运输机速度为0.05～1.4m/s，冷却速度为0.25～10℃/s，它适用于处理低碳、低合金及合金钢等类的线材。

延迟型冷却是在标准型冷却的基础上，结合缓慢型冷却的特点加以改进而成的。它是在运输机的两侧装上隔热的保温墙，并在两侧保温墙上方装有可灵活开闭的保温罩盖。当保温罩盖打开时，可进行标准型冷却，若关闭保温罩盖，降低运输机速度，又能达到缓慢型冷却的效果，它比缓慢型冷却简单、经济。由于它在设备结构上不同于缓慢型冷却，但又能减慢冷却速度，故称为延迟型冷却。延迟型冷却的运输机（图10-51）速度为0.05～1.4m/s，冷却速度为1～10℃/s。它适用于处理各类碳钢、低合金钢及某些合金钢。由于延迟型冷却适用性广，工艺灵活，所以近十几年来得到了广泛采用。

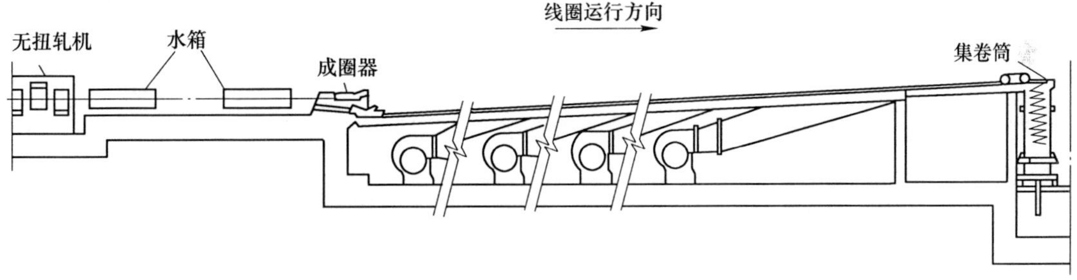

图10-49　标准型冷却斯太尔摩运输机

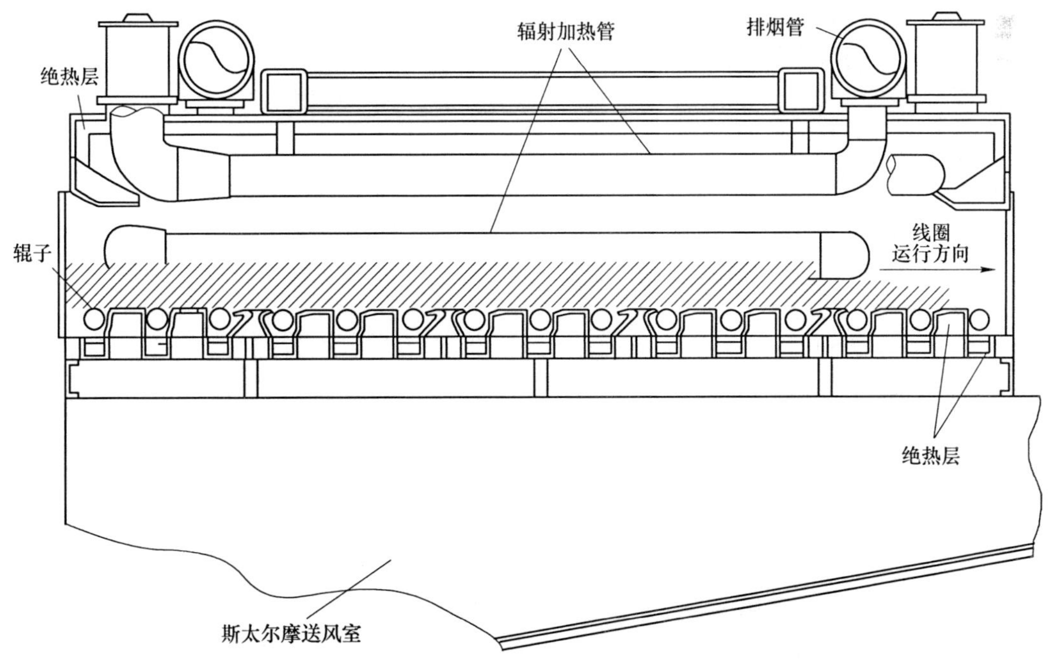

图10-50　缓慢型冷却斯太尔摩运输机

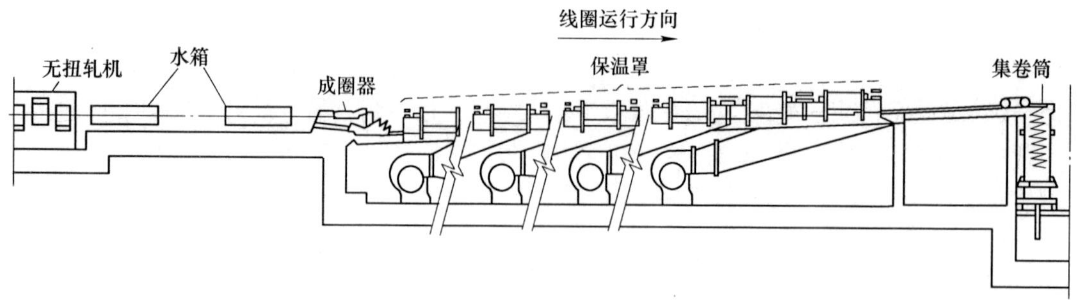

图 10-51　延迟型冷却斯太尔摩运输机

散卷冷却装置一般全长为 60 ~ 90m，风机室数量根据风机的风量确定，大多为 5 ~ 11 个。每个风机室长 6 ~ 9m，风量可以调节，风量变化范围为 0 ~ 100%，经风冷后线材温度为 350 ~ 400℃。

斯太尔摩散卷冷却运输机过去采用链式运输机，因无法错开线材吐丝后圈与圈之间的搭接点和线圈与链条接触点的固定位置，而形成大量热点。这些热点会造成盘条全长或线圈内的性能波动。目前厂家大多采用辊式运输机，辊道分成若干段，各段单独传动，并且辊速可变。根据冷却需要和集卷方便，工艺设计中一般将运输机分成冷却段和集卷段，两段单独控制，两段速度可单独调整。

为了解决由于线材散卷铺放后，两侧堆积厚密、中间疏薄的问题，同时为了加强两侧风量，使线材冷却更加均匀，摩根等公司研究了一种称为“Optiflex”（佳灵）的装置，改进了风冷系统，将风机台数增多，压力及流量加大，风机速度可变，流量可控，风压可调，可纵向、横向调节风量，使散开的线环控制更加均匀，从而最大限度地消除热点。

c　控冷工艺参数的设定与控制

线材控制冷却的工艺参数主要有终轧温度、吐丝温度、相变区冷却速度以及集卷温度。这些参数很大程度上决定了产品的最终质量。

终轧温度：控制终轧温度主要是控制奥氏体晶粒尺寸，一般终轧温度高时，晶粒大。因此，可根据钢种和产品性能要求选择合适的终轧温度。如对于强度和韧性要求较严格的高碳钢、低合金高强度钢以及中碳冷镦钢之类的线材，由于它们的使用性能及加工性能都希望晶粒细小，所以它们的终轧温度不能过高，根据轧机类型一般控制在 800 ~ 950℃。对于主要用于生产铁丝、制钉、拉拔用低碳软钢、焊条芯用碳素钢、合金焊条钢等的线材，要求具有低强度、高塑性的粗铁素体组织，因此终轧温度相应提高，一般可设定在 980 ~ 1050℃。对于高碳轴承钢、高碳工具钢和某些合金钢，为了避免脱碳和网状碳化物形成，应将终轧温度控制在 900℃以下。对于奥氏体不锈钢，为了得到单相奥氏体，达到固溶处理的效果，终轧温度一般不低于 1050℃。终轧温度除了控制加热温度及开轧温度外，在某些轧机上可通过控制精轧机前水冷箱及精轧机组之间的水量来实现。

吐丝温度：吐丝温度是控制相变开始温度的关键参数。根据钢的化学成分、过冷奥氏体分解温度以及产品最终用途等方面考虑，一般水冷段控制可使吐丝温度在 760 ~ 950℃间变化。部分钢种可选用下列吐丝温度：拉拔用钢（中碳）870℃、冷镦钢（中碳）780℃、普碳线材 840℃、硬线（高碳）880℃、软线（低碳）900℃、建筑用钢筋 780℃、低合金钢 830℃、高淬硬性钢 900℃。

吐丝温度对钢材性能影响很大。斯太尔摩控制冷却的生产经验表明，按照美国 AISI 标准分类的低碳钢（碳含量不大于 0.15%）和中碳钢（碳含量为 0.16%~0.23%），在保持其他条件不变的前提下，吐丝温度越高，线材的抗拉强度越低；而对于高碳钢（碳含量大于 0.44%）和高中碳钢（碳含量为 0.24%~0.44%），在其他条件不变的情况下，吐丝温度越高，线材的抗拉强度越高。为了保证线材性能均匀，一般要求将吐丝温度严格地控制在规定范围内，一般允许波动 ±10℃。

相变区冷却速度：相变区的冷却速度决定了奥氏体的分解转变温度和时间，它对线材的最终组织形态起决定性作用。散卷风冷运输机的冷却速度取决于运输机的速度、风机状态和风量大小以及保温罩的开闭。运输机速度改变是控制线圈在运输机上布放的密度。在轧制速度、吐丝温度以及冷却条件一致的情况下，运输机速度越快，线圈铺放的越稀，散热速度越快，因而冷却速度加快。但达到一定值后，若再加快速度就会使冷却时间缩短而降低了冷却速度。

斯太尔摩冷却线的运输机速度以 ϕ5.5mm、轧速为 75m/s 作为基准速度，其速度范围如下：

冷却类型	线材规格/mm	运输机速度/m · min^{-1}
标准型	ϕ5.5 ~ 16	52.9 ~ 30.4
延迟型	ϕ5.5 ~ 16	(4.5 ~ 5.6) ~ (13.5 ~ 16.7)

对于可实现多段速度单独控制的辊式运输机，要求各段速度有一微量变化，以改变线环之间固定接触点。而且后段速度必须大于或等于前段速度。

风机状态及风量控制，一般散卷运输机下方布有多台可分挡控制风量的冷却风机，根据冷却的需要能进行多种状态的组合操作。

（1）所有风机均开，并以满风量工作。这种状态的冷却速度最大可达 10℃/s 以上，主要适用于要求强制风冷的高碳钢（碳含量大于 0.60%）。

（2）各风机以 75%、50%、25%、0% 任意一种风量操作，可以实现 4 ~ 10℃/s 的冷却速度，适用于中等冷却速度要求的钢种。

（3）前几台开、后几台闭，或前几台闭、后几台开，或其中任意几台风机组合开启，其余关闭。这可对应于快冷后慢冷、慢冷后快冷或非均匀冷速的钢种。

（4）所有风机关闭，其冷却速度控制在 1 ~ 6℃/s，适用于要求冷速较低的低碳、低合金及合金钢。

保温罩只有开、闭两种状态，也可部分关闭，以此来满足不同冷速的要求。一般低碳拉拔用线材，可用缓慢冷却，即全部关闭。

集卷温度：集卷温度主要取决于相变结束温度及其之后的冷却过程。为了保证产品性能，避免集卷后的高温氧化和 FeO 的分解以及改善劳动环境，一般说来集卷温度要求在 250℃以下。有时由于受冷却条件的限制，集卷温度可能要高一些，但不应高于 350℃。多数情况下要求集卷段鼓风冷却，以降低集卷温度。

B 阿希洛及施洛曼控制冷却工艺

阿希洛控冷工艺的特点是：轧后的水冷区较短，一般为 20 ~ 30m，采用多段水冷箱和短小平衡段连接，可将线材由终轧温度迅速降低到 750 ~ 950℃。风冷段能实现快速风冷和加保温罩后的缓慢冷却，冷却速度通过风机风量调节。风冷辊道的速度逐段增加。通过风机的开闭控制可以实现间隔式冷却和缓慢冷却。

施洛曼控冷工艺的特点是：改进了水冷装置，强化水冷能力；采用水平锥螺管式成圈器，成圈后的线圈可立着进行水平移动，依靠自然空气冷却，使盘卷冷却更为均匀且易于散热，这样可取消成卷后的强制风冷，改为自然冷却，二次冷却过程不受车间气温和湿度的影响，防止搭接和由此产生的相变不一致。

施洛曼控冷工艺的风冷段有五种形式：（1）低速空冷，线圈水平放置；（2）线圈垂直放置，空气自然冷却；（3）吐丝机后加保温罩；（4）在运输机后部加冷却罩，实施水冷或雾化冷却，降低收集温度；（5）前部空冷，再加热保温，最后水池激冷。

C 达涅利控制冷却工艺

意大利达涅利公司称其散卷控制冷却生产线为达涅利线材组织控制系统。其工艺布置也是采用热轧后水冷＋散卷风冷或空冷。该工艺根据散卷运输机的结构特点，在设计上分为三种类型：

宽组织控制系统：该系统主体部分设有实心辊式的运输辊道、隔热罩盖和冷却风机。对于不同钢种的散卷冷却速度为1～20℃/s。它用于低、中、高碳钢及低合金钢线材。

细组织控制系统：该系统主体部分是运输辊道和冷却风机。散卷冷速可在4～14℃/s。它用于中、高碳钢线材。

普通组织控制系统：仅有运输辊道，其冷却主要依靠空气的自然对流来实现。它仅用于处理无特殊要求的普通线材。

上述三种形式的达涅利控冷工艺，前两种与斯太尔摩延迟型和标准型控冷工艺大致相同，仅是设备参数不同。

D ED法及EDC法、SEDC法

ED（易拉拔）法是由日本住友公司发明的一种工艺。该工艺是将热轧线材在沸腾温度的水浴内卷成盘卷。浸入水中热轧线材的冷却曲线可分为四段：孕育段、膜态沸腾段、核沸腾段和对流段。第一阶段，线材浸入水中只迅速地冷却线材表面，将周围的水加热到沸点。第二阶段，线材被包围在隐态的蒸汽膜内，蒸汽膜起到隔离层的作用并降低线材冷却的速度。第三阶段，线材达到临界温度之后，气泡从线材表面急剧地集结，导热系数很高，而且线材的冷却速度极快增加。第四阶段，线材降到仅通过对流进行传热的温度（导热系统低）。其设备布置如图10-52所示。

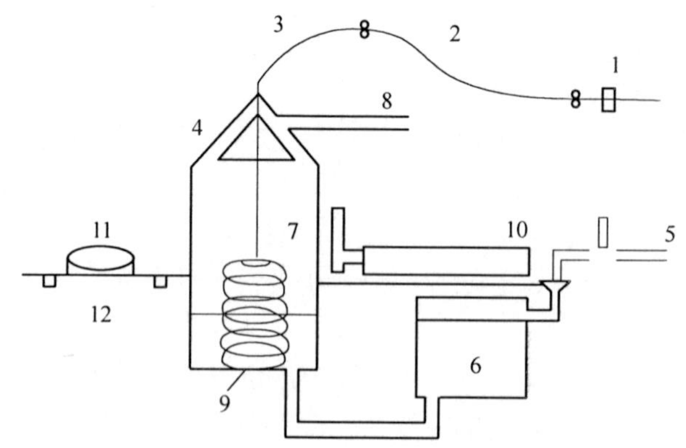

图10-52 ED法工艺布置示意图

1—轧机；2—水冷箱；3—夹送辊；4—吐丝机；5—供水管；6—缓冲槽；7—水冷槽；8—蒸汽排出；9—托板；10—推头；11—线卷；12—输送带

这种方法的优点是结构紧凑，安装容易，操作费用低，容易控制，无污染，整个盘卷的力学性能一致。缺点是水温要求严格，疏松的表面氧化铁皮可能会产生局部的马氏体显微组织，盘卷重量和运输速度受到限制，处理低碳钢时水冷箱必须排空。

EDC 法和 SEDC 法是在 ED 法基础上的改进。图 10-53 示出典型的 EDC 法工艺布置。线材离开精轧机架后通过成圈器，先被放置在较短的 1 号运输辊道上。然后 1 号运输辊道将线材输送到 2 号运输辊道上，后者在轧制高碳钢时，将线材送入热水箱，而轧制低碳钢时进行空冷（运输机上加盖），这样可处理大的盘卷，并能改进低碳钢的性能。其缺点与 ED 法相同，热水的温度与线材表面上的氧化铁皮状态是关键，控制不好局部会出现马氏体。

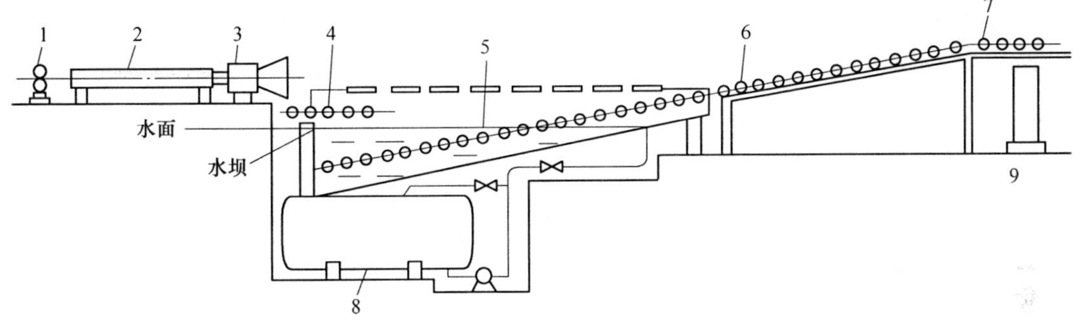

图 10-53 EDC 法工艺布置示意图

1—成品机架；2—温度控制段；3—吐圈机；4—1 号运输辊道；5—2 号运输辊道；6—3 号运输辊道；7—4 号运输辊道；8—缓冲水槽；9—集卷站

E 德马克-八幡竖井法

该技术是由德马克和日本八幡共同研制的一种塔式冷却工艺，简称 DP 法。其主要工艺布置是将轧后的线材用水冷却到 600℃左右吐丝。吐丝后的线圈依次放在垂直链式运输机的托钩上，运输机垂直置于一柱形筒内，按一定的速度下降（速度可调），同时从垂直塔壁上的风孔吹入压缩空气进行冷却，对有些需快速冷却的钢种亦可喷水或喷水汽急冷。该工艺装置如图 10-54 所示。

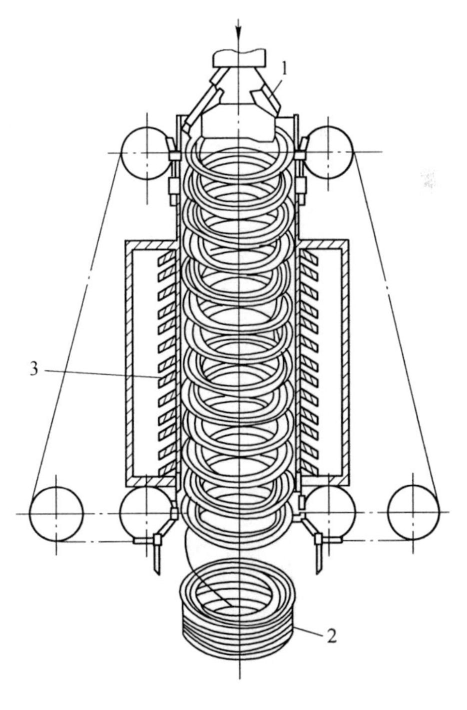

图 10-54 德马克-八幡竖井冷却工艺装置示意图

1—卷线机；2—集卷；3—冷却介质

10.2.2 线材在线热处理工艺

与其他钢材一样在线热处理是短流程生产的一种重要方式，也是节能环保的生产方式，有时还能比离线热处理生产出性能更好的钢材。以下简要说明线材的直接等温淬火和在线退火处理。

10.2.2.1 直接铅浴淬火（DLP）

DLP 高速线材控冷工艺是新日铁开发，用于线材性能控制[13]。其开发的主要目的是降低能源消耗，保护环境，提高线材的性能。原有的铅浴淬火和流态床淬火方法造成的环境保护问题难以克服，而风冷方式也不能很好地满足冷却速度的需要。DLP 应用主要是满足高强度 PC 钢和高强度镀锌桥梁钢丝产品的市场需求。

DLP 工艺利用线材轧制后的余热进行盐浴处理，得到与铅浴淬火相同的组织和性能。工艺路线是从精轧机出来的线材经吐丝机形成散圈状进入第一盐浴槽，在槽内迅速冷却到索氏体相变温度左右，防止奥氏体在高温区转变为粗大的珠光体；然后进入第二盐浴槽，在索氏体相变温度（约 550℃）完成奥氏体→索氏体转变；线材从第二盐浴槽出来后用温水冲洗掉残留在其表面的残盐，最后进入集线器收集成盘。DLP 工艺与铅浴淬火工艺（LP）、斯太尔摩冷却模拟铅浴淬火（DP）的区别如图 10-55 所示。DLP 和 LP 的冷却速度接近，均可以利用其大热熔实现线材的等温淬火处理；而 DP 工艺由于冷却速度低，无法与其他两工艺比拟，线材的珠光体相变温度较高。

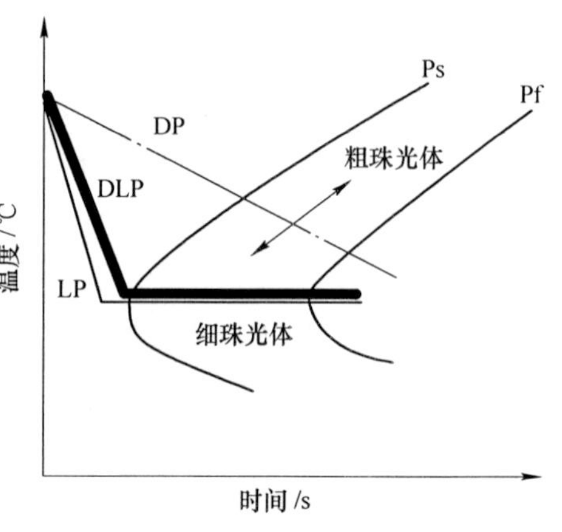

图 10-55　冷却速度和珠光体相变温度的方案

盘条在进入盐浴前的保温温度是 800 ~ 850℃，盐浴中的浸渍时间少于 60s。盐浴内两侧设有托轮，盘条从盐浴通过时，只有两边与托轮接触，盘条是架空从盐浴中走过的。盐浴冷却线上盘条移动的速度为 20m/min。盐浴槽内是硝酸盐 $NaNO_3$ 和 KNO_3，采用电加热方式熔融混合盐。DLP 设备布置如图 10-56 所示。

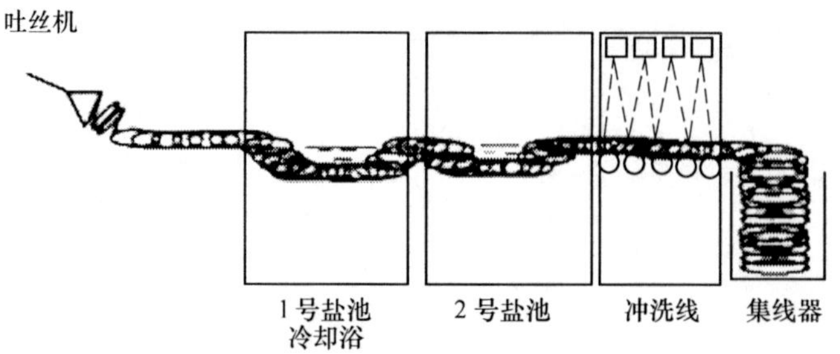

图 10-56　DLP 设备的布置图

三种工艺下相变，获得的线材室温组织如图 10-57 所示。DLP 索氏体化可以达到

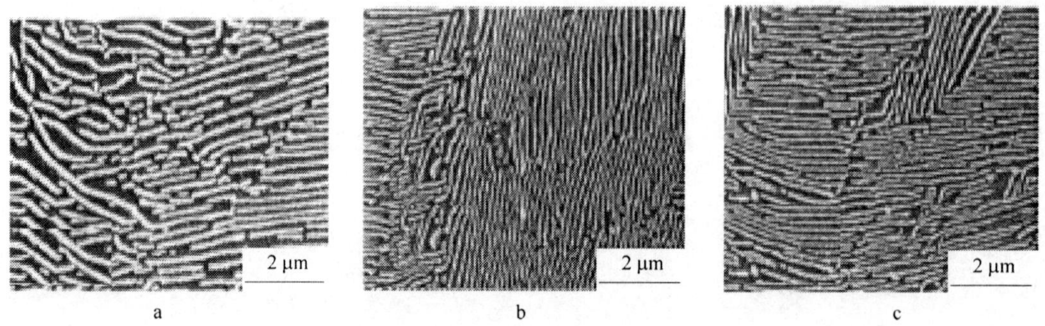

图 10-57　不同热处理工艺下的珠光体组织

a—DP（铅浴淬火）；b—DLP（直接盐浴）；c—LP（斯太尔摩冷却）

95%~98%，斯太尔摩一般只有80%~90%。DLP线材的氧化铁皮厚度与铅浴淬火及斯太尔摩线材相同，氧化铁皮中以氧化亚铁为主，表层有四氧化三铁，容易酸洗。

力学性能方面，DLP线材的显微组织是细小的珠光体-索氏体组织；DLP工艺的钢丝绳抗拉强度的标准偏差要比传统的斯太尔摩线材小，与铅浴淬火处理的线材大致相当，如图10-58所示。经DLP处理的线材与传统的斯太尔摩法处理的线材相比，具有强度高、韧性好、性能离散小、均匀一致等优点，完全可以代替线材再次加工前的铅浴淬火处理，节省工时，节约能源，减少铅尘和铅烟对人体与环境的污染。作为一种控冷新工艺，DLP工艺具有较大的应用价值。

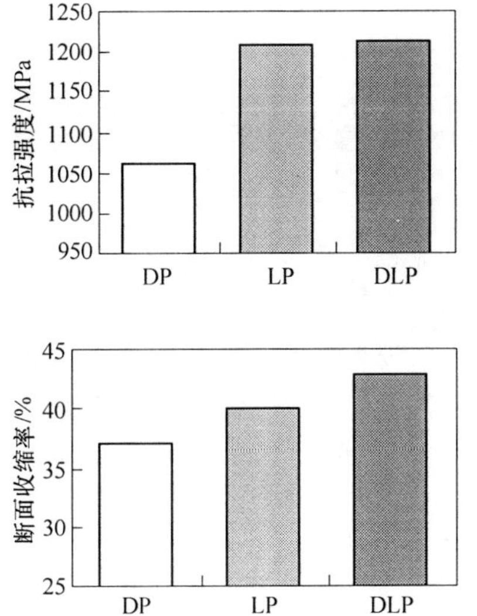

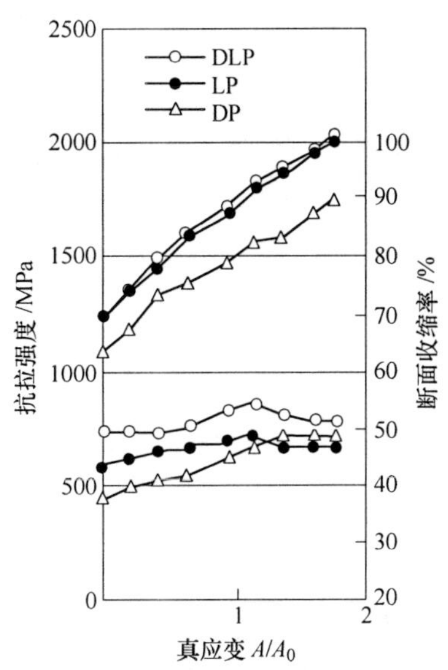

图10-58 不同工艺下高碳钢线材力学性能对比

在评价增加钢的强度第一步，用310K钢绞线作为测试样品，用普通钢的股线进行比较。表10-16列出了试样的化学成分。采用DLP热处理该化学成分的ϕ13mm线材后，把它们加工成310K级高强度PC钢绞线缆，其力学性能示于表10-17。

表10-16 试验样品的化学成分（质量分数） （%）

试验温度/K	类别	C	Si	Mn	P	S	Cr
310	高强化	0.98	1.20	0.33	0.010	0.005	0.19
273	常规	0.83	0.19	0.74	0.014	0.013	0.01

表10-17 钢绞线缆的力学性能

试验温度/K	类别	抗拉强度/MPa	屈服强度/MPa	屈强比/%	伸长率/%
310	高强化	2179	2035	93.4	6.4
273	常规	1920	1768	92.1	6.6

增加直接等温处理钢丝强度的方法包括：选择最佳的热处理条件产生细珠光体结构，线材热处理在一个恒定的温度下完成相变。添加合金元素包括C、Si、Cr和V。如果依靠

增C来增加线材的强度，必须抑制网状先共析渗碳体形成，以防止显著恶化线材的拉拔性能。如果线材是用DLP生产线加工，金属的冷却速度、恒温相变热处理比斯太尔摩冷却更快，抑制先共析渗碳体形成是可预期的（见图10-59）。因此，DLP可以是一种有效的手段，当碳含量增加时，可以进一步提高高碳钢丝的强度。

10.2.2.2　线材在线退火

线材或大规格盘圆在线退火是在收集后，将线材或盘圆送入退火炉中退火。退火炉布置在生产线上，利用钢材余热，快速加热到退火温度，实现退火软化或球化处理。退火炉可以为环形加热炉（图10-60），也可以是隧道式炉（图10-61）。目前，国内的宝钢特殊钢公司和大连特殊钢公司分别建立了这两种在线退火炉，用于特殊钢的生产。

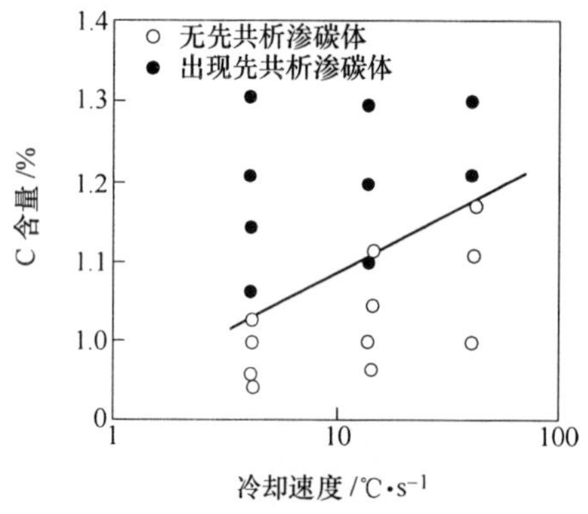

图10-59　C含量和冷却速度对先共析渗碳形成的影响

图10-60　大规格盘圆在线退火的环形加热炉

图10-61　大规格盘圆在线退火的隧道式加热炉

10.3　异型材的组织性能控制

10.3.1　H型钢的组织性能控制

H型钢的问世已有几十年，具有较好的抗弯强度、较小的密度、造价低并且外形美观等优点，现已被广泛应用。但是H型钢在实际生产中，经万能轧机后通常采用空气冷却的方式，容易产生截面温差大、组织成分分布不均、残余应力大，易引起腹板产生波浪瓢曲，严重时会在锯切时发生沿腹板开裂等问题。

对于较大的H型钢，由于近年来大幅度地加快了轧制速度，终冷的温度过高、冷床面积不足已成为急需解决的问题。但不合理的冷却方法会使轧件发生翘曲，因而产生较大的内应力，所以对冷却方式和冷却设备的要求很高。好的冷却方式可以有效地减轻矫直机负荷，延长寿命。因此，型钢控冷的目的是：

（1）降低或防止型钢翘曲；

（2）节省冷床的面积；

（3）减小残余应力；

（4）改善组织状态，提高型钢力学性能。

10.3.1.1 H 型钢的控制轧制

H 型钢轧机现在多采用万能轧机进行孔型轧制，轧机机组数量也就两个或三个机组。图 10-62 为卢森堡迪弗丹日大型钢梁轧机布置，生产线只有三个机组，分别为粗轧机组、中轧机组和精轧机组。

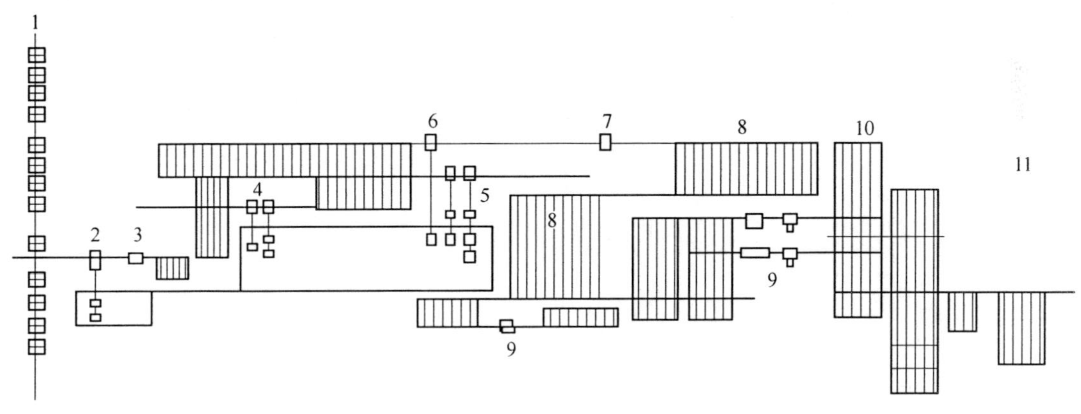

图 10-62 卢森堡迪弗丹日大型钢梁轧机布置

1—均热坑；2—粗轧机；3—切头机；4—万能机座粗轧机和水平轧边机；5—与粗轧机相似的中间轧机；6—万能精轧机；7—热锯；8—步进式冷却台；9—矫直机；10—台架；11—存放场地

H 型钢与其他型材一样，要实现控制道次变形量和变形温度的难度大。尤其是对于 H 型钢这样的异型材，为保证终轧温度，轧制过程控制温降很少采用；道次变形基于坯料和成品尺寸几乎没有大的调整。H 型钢采用连铸坯的各种轧制方法如图 10-63 所示。从奥氏体再结晶理论和再结晶区域图可知，通过成分设计提高未再结晶区温度是实现 H 型钢控制轧制的最好选择。

因此，在国内外的控制轧制中多通过添加扩大未再结晶区的微合金元素 Nb、Ti，实现终轧温度在 850 ~ 950℃温度区间的未再结晶区温度区域轧制，控制奥氏体晶粒尺寸和形态。采用 V 或 VN 合金化或微合金化，主要为了提高沉淀强化效果，以及降低铁素体和珠光体相变温度，细化铁素体晶粒，实现细晶强化。采用 C-Mn-Mo-Nb-Cu 系列低碳贝氏体钢，可以进一步增加奥氏体稳定性，抑制先共析铁素体相变，在空冷条件下获得低碳贝氏体组织，从而获得高强度，这也是控制轧制与相变控制相结合的途径。

程鼎、杨俊[14,15]通过控制生产中的各关键参数，添加适量的铌、钒、钛等微合金化元素，采用“微合金化 + 控制轧制”技术，利用化学成分为 0.14% ~ 0.20% C、0.25% ~ 0.50% Si、1.25% ~ 1.55% Mn、≤0.035% P、≤0.035% S、0.01% ~ 0.05% Nb 的低合金

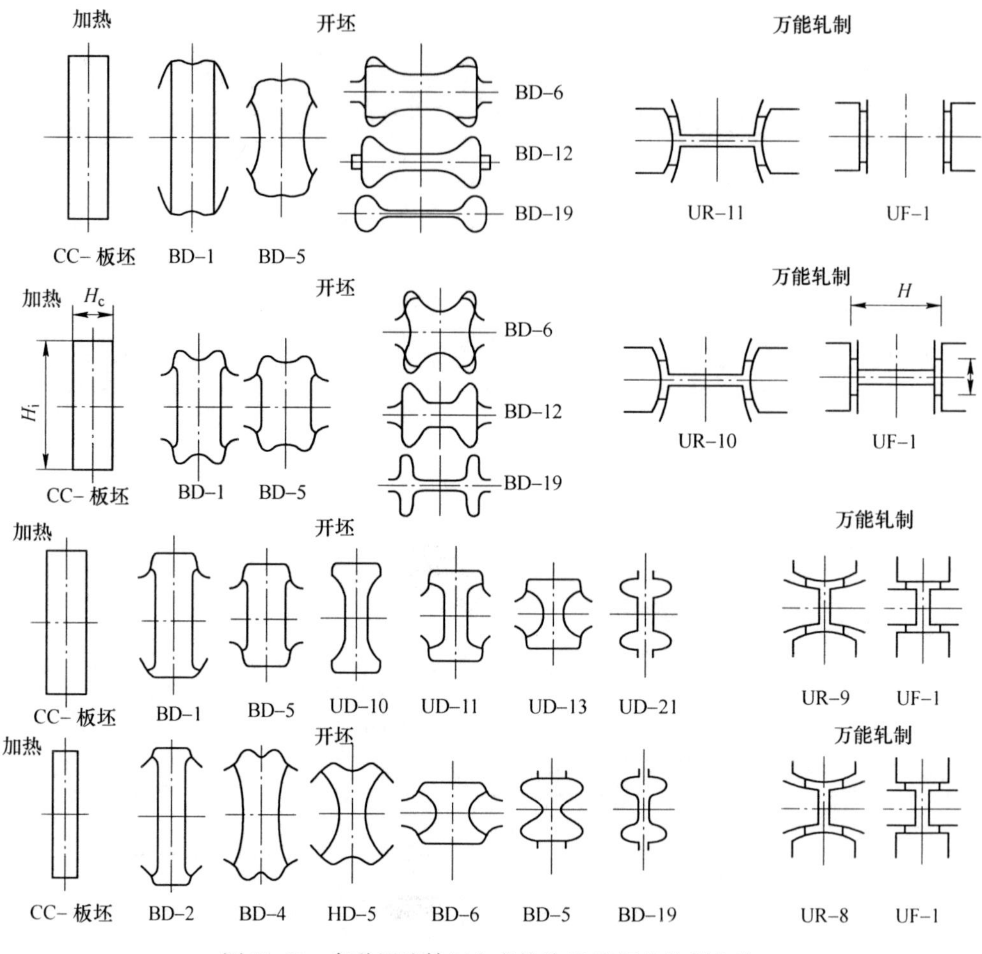

图 10-63　各种用连铸坯生产热轧 H 型钢的轧制方法

钢，成功开发了 $R_{eL}>400$MPa 的高强度 H 型钢产品，其力学性能为 $R_{eL}>400$MPa，$R_m=610\sim660$MPa，$A\geqslant19\%$，0℃冲击功 $A_{KV}\geqslant37$J。钢材的组织细小均匀，晶粒度平均为 9.5 级，表面质量优良，尺寸精度很高，为今后生产更高级别 H 型钢奠定了基础。采用钒氮微合金化，向钢中添加≤0.01% Nb 和 0.101%～0.128% V，控制轧制工艺，加热温度为 1230～1260℃，在 950℃以下形变量达到 60%，终轧温度为 830～880℃，轧后空冷；所得高强度 H 型钢的组织主要为铁素体和珠光体，铁素体晶粒非常细小，平均晶粒尺寸均小于 10μm，晶粒度在 9 级以上，屈服强度为 485MPa，抗拉强度为 610MPa。

汪开忠等[16]用 60t 顶底复吹转炉冶炼，钢包炉吹氩、喂线和成分微调，异型坯（750mm×450mm×120mm）弧形连铸和 H 型钢万能轧机轧制工艺研制了碳当量 Ceq 不大于 0.42% 的 V-Nb 微合金高强度热轧 H 型钢，化学成分为 0.14%～0.17% C、0.43%～0.55% Si、1.28%～1.45% Mn、0.010%～0.028% S、0.010%～0.027% P、0.03%～0.05% Nb、0.08%～0.12% V。检验统计数据表明，BS 55C 热轧 H 型钢组织为铁素体和珠光体，实际晶粒度 9 级，屈服强度均在 420MPa 以上。

川崎制铁公司于 1997 年被日本建设省批准生产 590MPa 级高强度建筑钢材，但这种钢材需要二次淬火-回火处理，对于特厚 H 型钢则需要有专用热处理炉，既影响了交货时间，也提高了生产成本。川崎制铁公司采取微调钢中的化学成分和控制组织形态等方法，即在超低碳贝氏体钢中添加铜元素，利用铜元素析出硬化作用，成功开发出590MPa级别高强度特厚H型钢，满足了用户对590MPa级特厚H型钢的需求[17]。

钱健清等[18]通过理论研究并综合产品要求和现有的条件，应用VN合金进行了低碳高强度H型钢的开发。通过实验室实验确定了具体的轧制工艺。最后经过试生产开发出性能优异的低碳高强度H型钢。试生产在马钢H型钢中型生产线上进行。马钢中型生产线采用的是5架粗轧连轧+10架万能精轧连轧机组，即“5+10”轧机布置形式。热轧试验采用了与实验室试验相同的生产工艺。化学成分中各元素质量分数为0.16% C、1.40% Mn、0.50% Si、0.008% S、0.018% P、0.13% V、0.015% N、0.01% Cu、0.01% Cr、0.42% Ceq。生产工艺是加热温度1200℃，终轧温度830℃，轧后采用空冷。试验产品的力学性能为：$R_{eL}=665$MPa，$R_m=785$MPa，$A=22\%$。

10.3.1.2 H型钢的控制冷却

H型钢在中间粗轧万能轧机、立辊轧机上轧制，最终在精轧万能轧机上热轧成型，在这样的轧机上轧制的H型钢，上缘易冷却，下缘不易散热，引起上、下缘有一定的温度差，即在上缘部位温度低，下缘部位温度高，如图10-64所示。这种温度差在缘宽度方向产生内应力，使H型钢发生变形。为了改善冷却条件，需要对下缘在轧制过程中进行局部冷却，即所谓下缘冷却，尤其是在下缘的内侧面进行冷却，采用的冷却方法如图10-65所示。喷嘴的位置可沿着工字钢缘宽的方向上、下自由运动，并可与缘宽的垂直方向左右运动。同时有一套测量宽度和测量温度的装置，根据温度及宽度测量控制喷嘴的位置，以得到要求的均匀冷却。

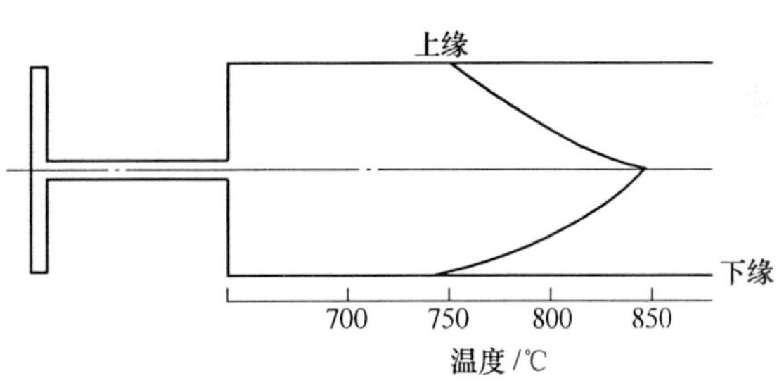

图10-64 H型钢热轧后上、下缘的温度分布

如图10-65c所示，将缘宽测宽仪和腰高测量仪得到的缘宽与腰高信号与设定器得到的信号同时输入控制装置，再从控制器输出与缘宽、腰高相对应的工作指令信号，驱动缘宽方向及腰高方向电机，喷嘴就被设定在进行冷却时的最佳位置。这样即可得到温度均匀分布的型钢，在冷却后不会产生翘曲。当然这种冷却方式只是作为均匀冷却手段，用作轧后相变控制还存在冷却速度问题。

H型钢的轧后控制冷却技术目前在国内尚属空白，国外的一些H型钢生产企业对该技术的研究有翼缘局部强冷技术、QST（淬火自回火）技术等，取得了一定成效。

卢森堡阿尔贝德公司QST技术：H型钢在中间万能机组上轧制时首先对腿部进行局部冷却，使腰、腿部温度均匀，然后在精轧机上轧制最后一道。精轧机后设有上、下、左、右高压水箱，对H型钢的腿部和腰部喷水，进行淬火，使H型钢表面形成马氏体，靠H型钢中心部位的余热自回火，如图10-66所示。

阿赛洛QST技术：在精轧机后设置一冷却段，H型钢出精轧后在850℃时进行喷水淬火冷却，然后自回火温度为600℃，以提高H型钢的屈服强度，同时韧性也有很大的提高，如图10-67所示。

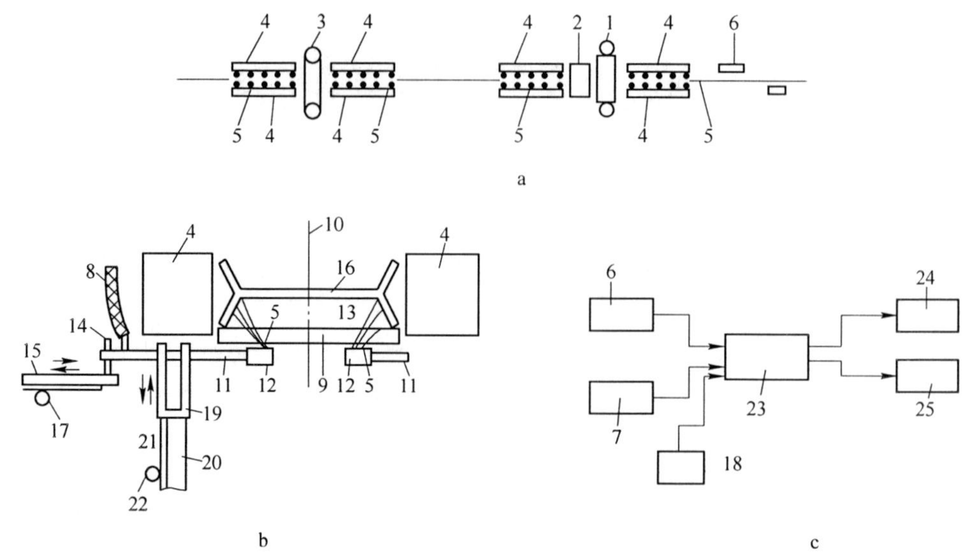

图 10-65　H 型钢冷却装置及冷却示意图[19]

a—万能轧机；b—冷却装置；c—冷却装置控制

1—粗轧万能轧机；2—轧边机；3—精轧万能轧机；4—侧导板；5—喷嘴；6—缘宽测宽仪；7—腰高测量仪；8—软水管；9—辊道；10—中心轴；11—水冷管；12—喷嘴集管；13—喷水；14—连接棒；15—齿条；16—H 型钢；17—齿轮；18—测温仪表；19—自动滑动件；20—杠杆；21—齿条；22—齿轮；23—控制装置；24—缘宽方向驱动电机；25—腰高方向驱动电机

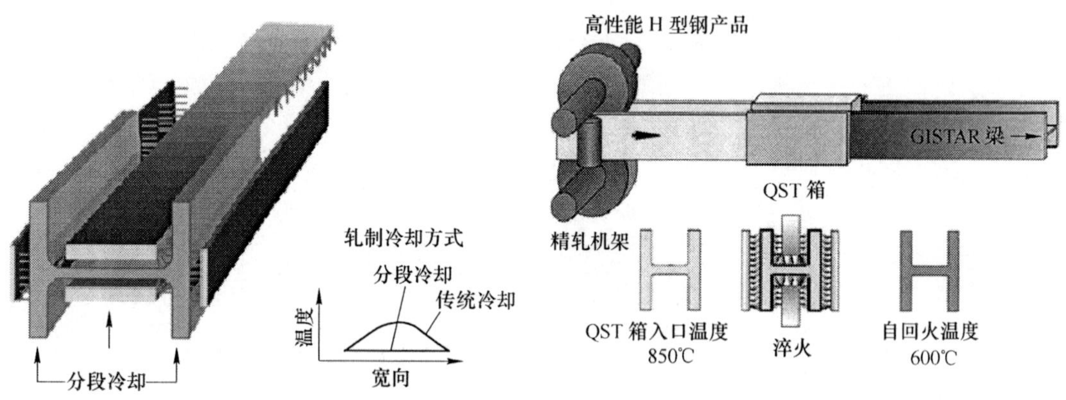

图 10-66　卢森堡阿尔贝德公司 QST 技术　　图 10-67　阿赛洛的 H 型钢 QST 技术

莱芜钢铁公司和北京科技大学开发了 H 型钢气雾冷却技术，并在生产中得到应用，取得了一定的控制冷却效果[20]。设备构成分为摆动辊道部分和输出辊道部分两段。两侧有 14 对喷嘴，每对两侧各 1 个，共 28 个；下喷嘴 10 个；上喷嘴 6 个。每个喷嘴均由独立的阀门控制水量，同时在喷嘴上分别设置压缩空气管路和高压水管路，高压水由高位水箱供水。冷却水在喷射过程中由压缩空气打散成气雾以增大冷却效果，实现 H 型钢的快速降温。

普碳型钢的表面锈蚀问题是型钢生产企业的一个普遍问题。“表面锈蚀”不在产品标准控制之内，不影响用户使用，不影响产品性能，但影响产品的外观。轧后控制冷却，加快了 H 型钢圆角的温降速度，可以实现轧后短时间快冷并减小断面温差，缩短轧件高温氧化时间，使轧件圆角起泡现象得到很好的改善，轧件表面气泡明显减少，表面质量明显改善。

轧后气雾冷却设置使轧件在短时间内大幅度降温，不仅能够细化晶粒，提高产品组织性能，而且使轧件断面组织均匀，进而得到均匀的断面力学性能。在精轧机组后加设气雾冷却装置，使轧件温度在短时间内大幅下降，从而提高了产品的性能。精轧机组后加设气雾冷却装置使产品在伸长率几乎不变的条件下，屈服强度和抗拉强度均提高 20MPa 以上（分别为 21.95MPa 和 21.72MPa）。加设控冷装置后，由于加快了圆角部位的温降速度，不仅产品强度提高，断面性能也变得均匀。

国内外某些 H 型钢轧后控制冷却系统由于设备本身条件限制，冷却速度较低，只能在一定程度上改善 H 型钢的表面质量和温度均匀性，距离显著提高产品性能尚有较大的差距。如日本住友公司在大 H 型钢生产线上采用控冷技术，将 H 型钢的屈服强度提高了 35 ~ 45MPa，但对于厚规格 H 型钢冷却能力仍显不足[21]。

10.3.2 钢轨的在线热处理

10.3.2.1 钢轨的性能特点及组织控制

钢轨使用过程中最主要的损坏方式是磨损和疲劳损伤。钢轨磨损主要是指小半径曲线上钢轨的侧面磨损和波浪磨损。接触疲劳损伤是导向轮在曲线外轨引起剪应力交变循环促使外轨轨头疲劳，导致剥离；车轮及轨道维修不良加速剥离的发展。提高钢轨使用寿命的主要方法包括：净化钢轨钢质，控制杂物的形态，采用钢轨全长淬火，改善钢的组织和力学性质。轻型钢轨材质多为亚共析的碳素钢，组织为珠光体 + 铁素体；重型钢轨多采用共析钢或近共析钢，组织为细珠光体，也有采用中碳合金钢，组织为贝氏体。表 10-18 所示为不同成分钢轨的化学成分及显微组织。

表 10-18 钢轨用钢种的合金成分及显微组织

钢种	化学成分（质量分数）/%								显微组织
	C	Si	Mn	P	S	Cr	Mo	V	
碳素钢	0.78	0.23	0.97	0.018	0.025				珠光体
MnCrV 钢	0.54	0.37	1.43	0.021	0.006	1.01		0.05	
高硅钢	0.72	0.92	1.13	0.022	0.01				
CrV 钢	0.74	0.29	1.3	0.021	0.011	0.79		0.12	
CrMo 钢	0.76	0.15	0.86	0.014	0.006	0.69	0.18		
中碳钢	0.38	0.33	1.2	0.018	0.008	1.17	0.2	0.07	贝氏体

对于珠光体钢或以珠光体为主的钢，改善疲劳性能的组织控制方法是：细化奥氏体晶粒，细化珠光体球团，减少珠光体片层间距，提高钢的强度和韧性，这样就可以减少疲劳损伤时的塑性变形和疲劳裂纹扩展。碳化物的分散也增强了钢的耐磨性能。

为了提高钢轨的力学性能和轨头的耐磨性而采用轨头全长淬火。

早期采用离线全长淬火。采用的方法有：在钢轨冷却后，离线用高频感应方法将轨端快速加热至 880 ~ 920℃，然后喷压缩空气、气雾或喷水冷却淬火。国内外一般采用

2500Hz 单频感应加热，我国也有采用双频感应加热，方法是先用 50Hz 工频将钢轨整体加热到 550 ~ 600℃，然后用 2500Hz 中频加热轨头至 900 ~ 950℃，再喷雾冷却，进行轨头全长淬火。这一工艺使轨头、轨底温差小，重轨弯曲度可控制在千分之四以内。油内全长淬火是将钢轨加热后放在油中进行全长淬火，前苏联一些轨梁厂多采用这一热处理工艺。但其缺点是轨头、轨底和轨腰所得组织基本相同，而且设备占地面积大。离线热处理工艺引起热能消耗增加，工艺复杂。

10.3.2.2　钢轨在线淬火方法及效果

20 世纪 90 年代开始，我国开始研究钢轨在线热处理工艺，并且在生产中加以采用。利用钢轨轧后余热向轨头喷水淬火，然后自身回火。钢轨在线热处理生产工艺的优点是：

（1）热处理设备与轧机的生产能力相适应；

（2）充分利用高温钢轨的热量，节省热能；

（3）在常规生产作业线上的矫直及运输费用降到最少；

（4）能满足钢轨各部位的性能要求，充分发挥钢轨的性能潜力。

卢森堡罗丹日厂在横列式轧机的热锯后面安装钢轨在线余热淬火装置。该轧钢厂的生产流程及主要设备布置如图 10-68 所示。

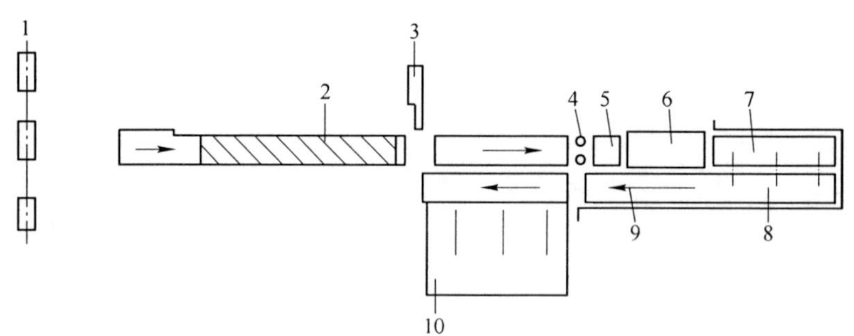

图 10-68　罗丹日轧钢厂的设备布置及生产流程

1—轧机；2—隔热装置；3—热锯；4—夹送辊；5—检测入口处的钢轨温度；6—冷却装置；7—运输机；8—辊式运输机；9—检测回火温度；10—冷床

冷却装置由水嘴和导辊组成，下驱动水平辊保证钢轨按所要求的速度朝前移动，其他辊子在冷却期间引导钢轨。钢轨的移动速度和辊子的停止时间，均由计算机按程序来控制，并且根据钢轨温度的输入来控制钢轨的移动速度和冷却水量。钢轨通过热锯后面的热打印机加以识别，并将这个数据传送给计算机。

为了保持轧后钢轨的温度，在热锯前安装有隔热装置。根据钢轨形状和各部位的冷却要求，水冷装置有 4 个独立的水冷系统：主供水系统供应上部水嘴，用于冷却轨头部分；轨腰冷却系统；轨底冷却系统；轨头侧面冷却系统。轨腰和轨底的冷却除保证钢轨组织性能要求外，还有保持热处理期间和热处理后钢轨平直度的作用。所用冷却水是不经任何化学处理，只经过过滤（孔眼为 500μm）的河水。

利用钢轨轧后余热进行快速冷却可生产高强度、高硬度普通碳素钢和低合金钢轨。为此，国内外在对冷却介质、冷却机组和控制系统进行研究的基础上，制定出各具特色的淬火工艺，并相应建成了各种生产线。目前主要有以下几种。

A 浸水淬火

把轧后经锯切、打印的钢轨从冷床上取下，将轨头或整体浸入添加有合成缓冷剂的水溶液或沸水中快冷，至一定温度取出，空冷至室温。德国克虏伯冶金公司波鸿厂采用这种工艺将740~800℃（最好是800~850℃）的钢轨浸入沸水或温度不高于80℃的水中，待钢轨表面温度降至200~470℃（最好为100~200℃）时取出空冷，完成奥氏体向细珠光体的转变。冷至100~200℃的时间，腿尖端约需1min，轨头边缘约需9min，如图10-69所示。若仅轨头浸入沸水中则钢轨强度不足。为得到所要求的力学性能，需在钢中加入适量的合金元素。

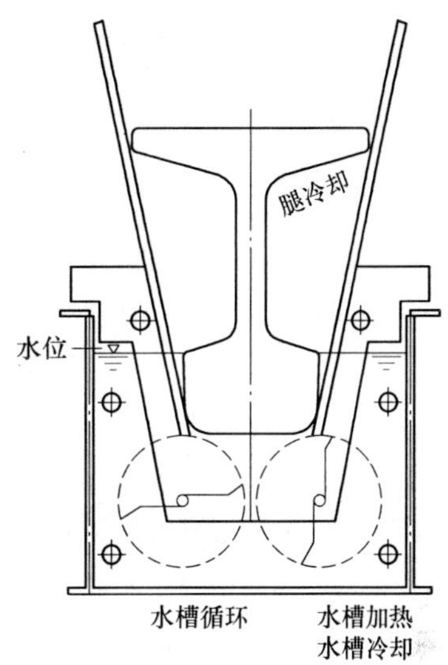

图10-69 多纳维茨厂淬火水槽及钢轨在槽中的位置[22]

奥地利-阿尔卑斯钢铁矿山联合公司多纳维茨厂研制出一种高聚合物缓冷剂，能溶于水，淬火中可在钢轨表面形成一层坚固的薄膜，降低水的冷却强度。调整这种物质在水中的含量，可保证钢轨以适当的速度均匀快速冷却。钢轨在淬火槽内进行头部淬火。为保证淬火槽内冷却介质温度恒定，装有能通冷水和热水的管道循环系统，自动调节水的温度。在轨头浸冷的同时，轨底喷吹压缩空气冷却，以减少钢轨弯曲。此外，该公司还研究出一种可避免钢轨向轨底弯曲的专用设备，以确保钢轨平直度和顺利矫直，减少因矫直引起的残余应力。20世纪80年代初，多纳维茨厂在轧机后面安装了1套试验装置，能处理长36m的钢轨。

B 喷水/水雾淬火

喷水余热淬火是利用水介质（水或水雾）对轧后钢轨的头部、底部及腰部进行喷水预冷，随后空冷，完成奥氏体向珠光体的转变。喷水冷却钢轨的温度大于900℃，冷却终止温度一般控制在450~650℃。加拿大阿尔戈马钢公司采用环境水对钢轨头部和轨底中央部位间断喷水冷却，见图10-70a。喷水冷与空冷相间布置。空冷段封闭，以避免周围环境的影响。采用此种方式冷却，钢轨温度较均匀，见图10-70b。为避免冷却水飞溅或滴落于轨腰、腿尖而导致出现贝氏体或马氏体组织，在轨头下领和轨底喷嘴设有防护挡板，见图10-71。在冷却机组中，钢轨头朝上，由上下导辊及侧辊引导运行，防止钢轨变形。英国钢公司沃金顿厂于1987年9月建成钢轨在线淬火作业线，作业线冷却机组长55m，最高生产能力达135t/h。

C 喷吹压缩空气淬火

新日铁公司在试验室内研究了水雾、压缩空气和盐浴冷却介质对钢轨性能的影响，认为对低合金钢钢轨喷吹压缩空气，只要适当变更空气压力，即可轻易得到现行高强度范围内的任意硬度值[24]。1987年新日铁八幡厂型钢车间一侧建成在线淬火作业线。冷却介质采用压缩空气。由于冷却速度较低，空冷至670~770℃的钢组织和性能稳定。为保证钢轨有足够的强度和硬度，钢轨钢中加入适量的铬。采用压缩空气喷吹生产低合金淬火钢轨，可获得HB300~400内任意硬度的高强钢轨。八幡厂生产两种硬度的余热淬火钢轨

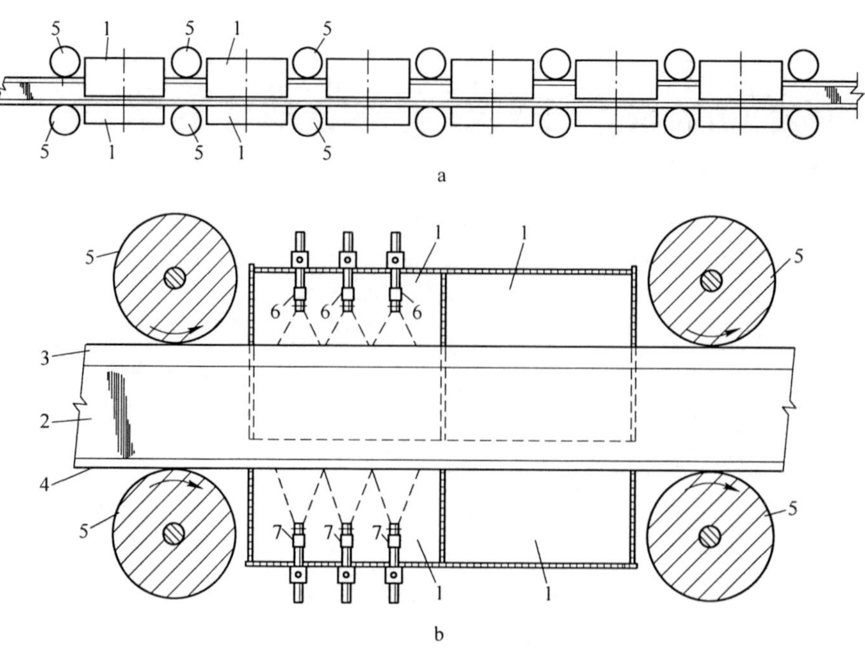

图 10-70　阿尔戈马钢公司冷却机组示意图[23]

a—冷却机组侧视图；b—冷却机组部分剖面图

1—空冷段；2—轨腰；3—轨头；4—轨底；5—导辊；6—上喷嘴；7—下喷嘴

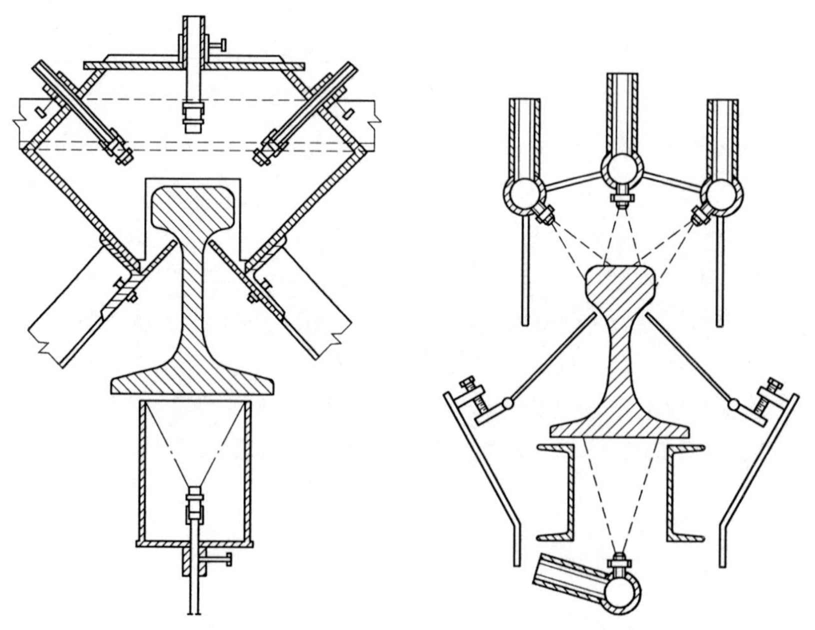

图 10-71　带防护板的喷冷装置断面图[23]

(DHH)，其硬度分别约为 HB340 和 HB370[25]。

D　喷吹气雾 + 压缩空气淬火

攀枝花钢铁公司、包头钢铁公司和鞍山钢铁公司均有自己的在线淬火设备，采用淬火方式多为喷吹气雾 + 压缩空气淬火方法，气雾和压缩空气的顺序可互换，以实现不同的工艺目的。或单独使用气雾冷却，最大限度保证冷却均匀性。

攀枝花的余热淬火机组，包括辊道座梁，辊道座梁上表面固定有辊道座，辊道座上方设置有喷风装置，喷风装置上连接有用于调节喷风装置高度的升降机构。辊道座梁上表面设置有高度可调的限位结构，在小范围内调整喷风装置的高度时，通过调整限位结构的高度，可以减小喷风装置在调整高度时的位置误差，很容易做到一次到位，无需进行多次调整，而且可以避免喷风装置在小范围调整过程中与辊道座卡死，保护整个升降机构不被损坏。因此，该余热淬火机组能够较好地满足生产工艺的要求，保证整个生产线的正常运转，同时降低了维护检修成本。

攀钢从 1996 年开始了在线热处理钢轨的技术研究与生产。在 2004 年年底生产出 100m 的钢轨；2006 年建成了一条 120m 的在线热处理冷却机组，生产 100m 的在线热处理钢轨，进一步提高了生产能力[26]。攀钢在线热处理钢轨的技术开发经历了四个阶段：以 PD3 为标志的第一代在线热处理钢轨；以 U71Mn 为标志的第二代在线热处理钢轨；以连铸坯为原料生产 U75V 的第三代在线热处理钢轨；1300MPa 的 PG4 第四代在线热处理钢轨，也开发了在线热处理钢轨自动控制系统等相关技术。

钢轨在线余热处理的目的在于为轨头提高硬度，而不增加轨腰和轨底的硬度并保持较好的强度和韧性。轧制钢轨的化学成分如表 10-19 所示。

表 10-19　在线热处理钢轨的化学成分（质量分数）　　（%）

编　号	C	Mn	Si	Cr
1	0.72～0.78	0.82～1.00	0.15～0.30	—
2	0.72～0.78	0.82～1.00	0.15～0.30	0.15～0.25

重轨经热轧进行在线热处理后，获得无针状结构的纯珠光体钢，具有高的硬度和高的抗拉强度，这种极细的珠光体结构从轨头表面一直到轨头的心部，其布氏硬度如图10-72。轨头表面硬度为布氏硬度 378。在线热处理钢轨不显露转变区，这是由于装置入口处的轨头心部温度也高，不存在离线热处理时轨头硬化钢轨的退火转变区特性。低倍组织也显示出不存在贝氏体组织。这种细珠光体组织最能适应重载铁路用钢轨的急剧磨损和疲劳等严酷条件。

在钢轨头部取拉伸试样，其位置及尺寸如图 10-73 所示，不同直径试样的拉伸试验结果如表 10-20 所示。在线热处理后的轨头具有 1200MPa 的 σ_b值时，在 +20℃ 的冲击功平均值为 60J。

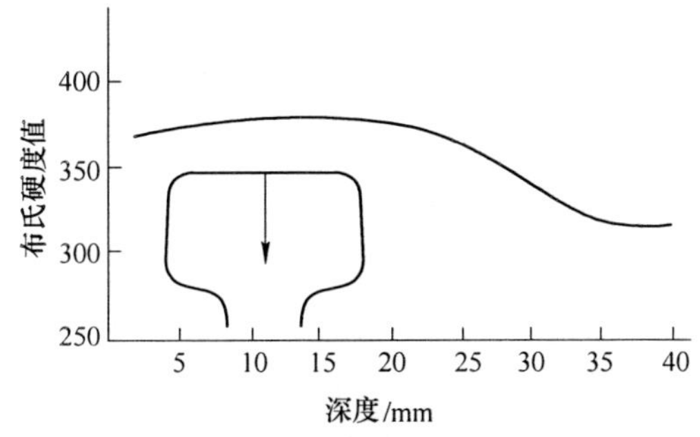

图 10-72　从轨头表面到中心深度的硬度分布

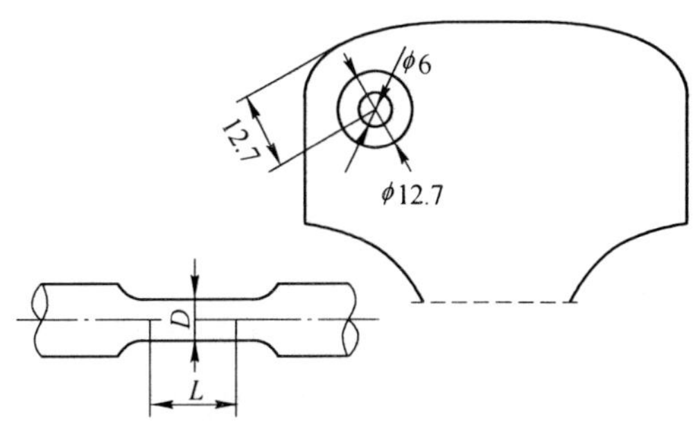

图 10-73　取轨头拉伸试样的位置和尺寸

表 10-20 钢轨在线热处理后轨头的力学性能

直径/mm	6.0	12.7
$\sigma_{0.2}$/MPa	821.0	834.0
σ_b/MPa	1243.0	1255.0
δ/%	12.9	12.0

在硬度相同情况下，在线热处理钢的抗磨性与离线淬火轨头的抗磨性相同。对每批经在线热处理的钢轨进行两次落锤冲击试验，试验结果全部合格。焊接性能也比离线热处理的钢轨有所改善，采用闪光对焊空气淬火减少了热影响区软化。

以上结果表明，热轧钢轨锯后在线热处理工艺，可以获得更合理的组织与性能，并简化了生产工艺，节省了能耗。应全面深入地研究钢轨在线热处理工艺、冷却装置以及控制方法，以便将这一工艺提高到新的水平，适应我国的轨梁生产条件。

参考文献

[1] 孙建国. 控轧控冷技术在小型材生产中的应用 [J]. 轧钢，2004，21 (2)：36～38.

[2] 林慧国，傅代直. 钢的奥氏体转变曲线-原理、测试与应用 [M]. 北京：机械工业出版社.

[3] 余伟. 小型棒材控轧控冷技术报告 [R]. 北京科技大学，2009.

[4] 蔡庆伍，胡水平，苏岚，等. 低合金钢棒材控轧工艺及设备的开发与应用 [J]. 中国冶金，2005，15 (2)：21～24.

[5] 刘剑恒. 轴承钢 GCr15 棒材产品低温精轧的研究 [J]. 钢铁，2005 (11)：49～52.

[6] 王有铭，李曼云. 轴承钢轧制新工艺及其理论 [J]. 特殊钢，1991 (2)：44～48.

[7] Francesco Toschi. New Technology for Bearing Steel Bars Production [C]. 达涅利特钢技术创新研讨会，苏州，2010：24～26.

[8] 中国钢铁工业协会. GB 1499.2—2007 钢筋混凝土用钢第二部分：热轧带肋钢筋 [S]. 北京：中国标准出版社，2013.

[9] 孙本荣，李曼云. 钢的控制轧制和控制冷却技术手册 [M]. 北京：冶金工业出版社，1990.

[10] 谢有君. 超细晶组织的热轧带肋钢筋的研制 [D]. 北京：北京科技大学，2002.

[11] 杨晓莉. 400MPa 级 20MnSi 带肋钢筋控轧与控冷工艺研究 [D]. 北京：北京科技大学，2003.

[12] 神户钢铁公司第七线材车间的更新改造 [J]. 钢铁研究，1993 (3).

[13] Hiroshi O, Seiki N, Toshimi T, et al. High-Performance Wire Rods Produced with DLP [J]. Nippon Steel Technical Report, 2007 (96): 50～56.

[14] 程鼎，杨俊. 高强度 H 型钢的研究与开发 [J]. 中国冶金，2008，18 (4)：39～42.

[15] 程鼎，张永权，杨才福. 钒氮合金在高强度 H 型钢中的应用 [J]. 钢铁，2008，43 (6)：97～100.

[16] 汪开忠，孙维，吴保桥. V-Nb 微合金高强度热轧 H 型钢桩 BS 55C 的开发 [J]. 特殊钢，2004，25 (6)：42～45.

[17] 张朝生. 日本超低碳贝氏体 H 型钢的开发 [J]. 轧钢，2002，19 (5)：40～41.

[18] 钱健清，申斌，吴保桥，吴结才. 高强低碳 H 型钢的开发 [J]. 热加工工艺，2010，39 (8)：62～63.

[19] H 型钢水冷却装置 [P]，日本特许公报，昭 56 (1981) 30379.

[20] 魏鹏，石山，杨栋. 气雾控制冷却技术在 H 型钢生产中的应用 [J]. 山东冶金，2011，33 (6)：21 ~ 22.

[21] 叶晓瑜，左军，张开华. 热轧超快冷技术发展概况及应用探讨 [C]. 2010 年全国轧钢生产技术会议论文集，2010：149 ~ 153.

[22] 布新福. 国外钢轨余热淬火工艺的发展 [J]. 轧钢，1993 (3)：59 ~ 62.

[23] Ackert R J, Witty R W, Crozier P A. Apparatus for the production of improved railway rails by accelerated cooling in line with the production rolling mill [P]. European Patent, EP 0 098 492 B1, 1989-4-19.

[24] 新日本制铁株式会社. 钢轨热处理的方法和设备 [P]. 中国专利，CN85109735，1985-12-23.

[25] 影山英明，衫野和男，等. 余热淬火热处理高强度 DHH 钢轨的开发 [C]. 钢轨余热淬火译文集，1990：52 ~ 58.

[26] 刘晓华. 攀钢热处理钢轨生产的回顾与展望 [J]. 四川冶金，2005，27 (2)：4 ~ 9.

11 热轧无缝钢管的组织性能控制

热轧无缝钢管生产技术发展到现在，已经形成了多种比较成熟的生产工艺和设备，如自动轧管机组、连轧管机组、皮尔格机组、三辊轧管机组及挤压管机组等。这些机组生产线布置方式各不相同，采用的主要设备和工艺流程也千差万别，因而带来钢管生产中金属变形状况的多样性和复杂性，为热轧无缝管的组织与性能控制增添了困难。在合金设计的基础上，应用现代的组织性能控制技术改善热轧无缝管的组织和力学性能，简化工艺流程，降低生产消耗一直是热轧无缝管发展的方向之一。

11.1 热轧无缝钢管的用途及性能要求

热轧无缝钢管分结构用无缝管、流体输送管、低、中压锅炉钢管、高压锅炉钢管、化工用无缝管、石油钻探钢管和其他钢管等。

结构用无缝钢管（GB/T 8162—2008）是用于一般结构和机械结构的无缝钢管，常用材质为碳素钢 10、20、45 和低合金钢 Q345A ~ Q345E、合金钢 20Cr、40Cr、20CrMo、30 ~ 35CrMo、42CrMo 等，加工后的零件，受冲击或疲劳载荷作用，因此有强度、韧性和抗疲劳的要求。

输送流体用无缝管包括：输送流体用无缝钢管（GB/T 8163—2008）和管线管（API SPEC 5L、GB/T 9711.1、GB/T 9711.2）用于石油、天然气工业中的氧、水、油输送管。后者代表钢种有 X42、X46、X52、X56、X60、X65、X70、X80，在输送压力、输送介质类型上更加苛刻，除强度、韧性外，有时还有耐腐蚀等要求。

低、中压锅炉用无缝钢管（GB 3087—2008）是用于制造各种结构低、中压锅炉过热蒸汽管、沸水管及机车锅炉用过热蒸汽管、大烟管、小烟管用的优质碳素结构钢热轧和冷拔（轧）无缝管。

高压锅炉用无缝钢管（GB 5310—2008）是用于制造高压及其以上压力的蒸汽锅炉受热面用的优质碳素钢（20G、20MnG、25MnG）、合金结构钢（20MoG、15MoG、15Ni1MnMoNbCu 等）和不锈（耐热）钢（07Cr19Ni10 等）无缝钢管。这些锅炉管经常处于高温和高压下工作，管子在高温烟气和水蒸气的作用下还会发生氧化和腐蚀，因此，要求钢管有高的持久强度、高的抗氧化性能，并具有良好的组织稳定性。

高压化肥设备用无缝钢管（GB 6479—2013）是适用于工作温度为 -40 ~ 400℃、工作压力为 10 ~ 30MPa 的化工设备和管道的优质碳素结构钢（10、20）和合金钢（12CrMo、12Cr2Mo）无缝钢管。

石油裂化用无缝钢管（GB 9948—2013）是适用于石油精炼厂的炉管、热交换器和管道无缝钢管。常用优质碳素钢（10、20）、合金钢（12CrMo、15CrMo）、耐热钢（12Cr2Mo、15Cr5Mo）、不锈钢（1Cr18Ni9、1Cr18Ni9Ti）制造。

金刚石岩芯钻探用无缝钢管（GB 3423—1982）是用于金刚石岩芯钻探的钻杆、岩心杆、套管的无缝钢管。地质钻探用钢管（YB 235—70）是供地质部门进行岩心钻探使用的钢管，按用途可分为钻杆、钻铤、岩心管、套管和沉淀管等。

地质钻探用管要深入到几千米地层深度工作，工作条件极为复杂，钻杆承受拉、压、弯曲、扭转和不均衡冲击载荷等应力作用，还要受到泥浆、岩石磨损，因此，要求管材必须具有足够的强度、硬度、耐磨性和冲击韧性。

油井钻的油井管包括钻杆、套管、油管、钻铤等，强度级别有 API 标准的 H40、J55、N80、P110、Q125 及企业标准的 140（$\sigma_s=980\text{MPa}$）、150（$\sigma_s=1050\text{MPa}$）、155（$\sigma_s=1070\text{MPa}$）强度级别。油井管服役条件恶劣，如油管柱和套管柱通常要承受几百甚至上千个大气压的内压或外压，几百吨的拉伸载荷，还有高温及严酷的腐蚀介质的作用。在要求高强度的同时还要求有较高的韧性、抗压溃性能、有的还要求低温冲击韧性、特定腐蚀介质（CO_2、H_2S 或 HCl）的耐蚀性能。

为了达到这些性能，除采用合金化之外，还需要在轧成成品后进行热处理，如淬火及回火处理或正火 + 回火处理，这样不仅需要增加庞大的热处理设备，还要消耗大量的能源。为了解决这些矛盾，在轧制过程中广泛采用了控制轧制、控制冷却及形变热处理等工艺，在这些方面国内外进行了很多研究，并逐步用于生产实际中。钢管的控制轧制、控制冷却及形变热处理的目的，一般有以下几方面：

（1）提高钢管的力学性能以达到或超过进行热处理工艺钢管的性能并取消热处理工艺。

（2）由于热处理工艺的去除，可以节省能源。

（3）对有某些特殊要求的钢种，通过控轧、控冷及形变热处理得到一定组织及性能。例如轴承钢管为减少网状碳化物、快速球化及提高轴承疲劳寿命，采用了轧后快速冷却工艺。18-8 型不锈钢管为了保证组织中铁素体比例不过大并得到细小晶粒等都可以采用控轧。

11.2 热轧无缝钢管的控制轧制

目前，热轧无缝钢管控制轧制工艺的应用还不广泛，由于热轧无缝钢管生产机组复杂性和多样性，以及无缝管属于较固定孔型的特点，对一确定机组的变形温度和变形量的设立灵活性较少，对热轧无缝钢管中变形对组织变化规律影响还缺乏研究。

图 11-1 和图 11-2 是两个典型的热轧无缝钢管生产线的平面布置图，前者的轧管机是斜轧管方式，后者是纵轧管方式。热轧无缝钢管虽然工艺和装备迥异，根据变形温度制度和应力应变分配状况，仍然可以将热轧无缝钢管生产分成三个主要阶段：穿孔变形、轧管延伸变形和定径减径变形。可以认为穿孔工序和轧管工序是高温、粗轧阶段，而定减径工序（包括均整工序）是低温、精轧阶段，并且热轧无缝钢管生产中的变形主要集中在前两个工序上，从这方面讲，热轧无缝钢管生产也具有极大的共性。另外，在现代钢管车间，为了保证定减径温度及其均匀性，定减径工序和轧管工序间通常设置再加热炉，因此，可以将再加热炉与定减径看作一个独立的变形过程。针对上述工艺的复杂性和共性，实行控制轧制工艺是可行的。

11.2.1 热轧无缝钢管变形规律研究方法

表征轧制工艺制度的参数有：应变（变形量）、应变速率（变形速率）、变形温度、道次间隙时间和冷却制度等。由于建钢管生产试验轧机的困难性，试验研究一般采用热扭转试验和板条轧制模拟试验等来研究热轧无缝钢管生产中的组织变化规律。

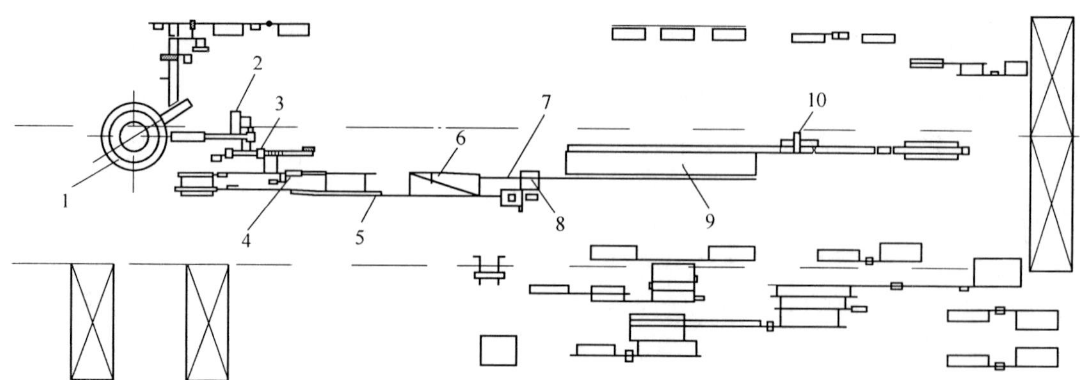

图 11-1　热轧无缝钢管 ASSEL 三辊轧管机组车间平面布置图[1]

1—环形加热炉；2—热定心机；3—穿孔机；4—ASSEL 轧管机；5—热锯；6—再加热炉；7—高压水除鳞；8—张力减径机组；9—冷床；10—钢管分段冷锯

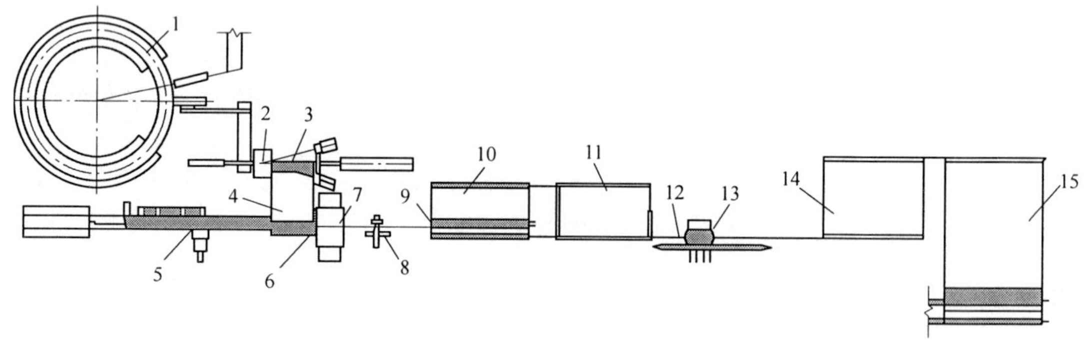

图 11-2　ϕ340mm 连轧管机组热轧线工艺平面布置示意图[2]

1—环形加热炉；2—穿孔机；3—吹氮、喷硼砂装置；4—毛管横移装置；5—芯棒限动装置；6、12—高压水除鳞装置；7—连轧管机；8—脱管机；9—切尾热锯；10—再加热炉前横移装置；11—再加热炉；13—12 架三辊微张力定（减）径机；14—1 号冷床；15—2 号冷床

采用热扭转和热变形模拟机进行模拟研究可以做到：

（1）在较大范围内改变温度、变形量和变形速度。

（2）进行多道次连续变形，并可调整道次间隔时间。

（3）调整冷却速度，并可固定高温下的金属瞬态组织。

（4）测定变形过程中各变形道次的金属变形抗力及应力应变曲线。

采用热扭转试验和热模拟试验来研究热轧钢管生产中组织变化规律时，要考虑钢管在轧制过程中发生复杂的二维变形，故采用等效应变 ε_{eq} 代替实际应变。等效应变可用下式计算：

$$\varepsilon_{eq} = \frac{\sqrt{2}}{3}\sqrt{(\varepsilon_1 - \varepsilon_2)^2 + (\varepsilon_2 - \varepsilon_3)^2 + (\varepsilon_3 - \varepsilon_1)^2} \tag{11-1}$$

式中，ε_1、ε_2、ε_3 为主真应变。

忽略钢管轧制的附加应变，那么这三个主真应变分别代表钢管的轴向（L）、周向（C）和径向（t）的真应变。因此：

$$\varepsilon_1 = \varepsilon_L = \ln(L_2/L_1) \tag{11-2}$$

$$\varepsilon_2 = \varepsilon_C = \ln(C_2/C_1) \tag{11-3}$$

$$\varepsilon_3 = \varepsilon_t = \ln(t_2/t_1) \tag{11-4}$$

式中，L_1、L_2、C_1、C_2、t_1、t_2分别为变形前后的钢管长度、断面平均周长和壁厚。

根据体积不变原理可得：

$$L_1 t_1 C_1 = L_2 t_2 C_2 \tag{11-5}$$

或

$$L_1 t_1 R_1 = L_2 t_2 R_2 \tag{11-6}$$

式中，R_1、R_2为变形前后的平均半径，将式（11-5）、式（11-6）代入式（11-2）、式（11-3）和式（11-4），再代入式（11-1）得：

$$\varepsilon_{eq} = \frac{\sqrt{2}}{3}\left\{\left[\ln\left(\lambda^2 \frac{R_2}{R_1}\right)\right]^2 + 2\left[\ln\left(\frac{R_1^2}{\lambda R_2^2}\right)\right]\right\}^{1/2} \tag{11-7}$$

式中，λ 为延伸系数，$\lambda = \frac{L_2}{L_1}$。

钢管生产中每道次中的应变速率 ε 是连续变化的，研究中采用平均应变速率 $\bar{\varepsilon}$，平均应变速率：

$$\bar{\varepsilon} = \frac{\varepsilon_{eq}}{t}$$

ε_{eq} 为道次等效应变，道次变形时间、变形温度、道次间隙时间及变形速度则可完全根据实际情况而定。

日本的三厚丰[3]等对图 11-3 所示的轧制过程中的温度进行实测和计算，其结果如图 11-4 和图 11-5 所示。由以上各图可知，穿孔工序和轧管延伸工序是高温变形阶段，而均整和定径工序是低温（中高温）变形阶段，加拿大 ALGOMA 无缝钢管厂自动轧管机组和连轧管机组的温度变化及变形量分配见表 11-1 和表 11-2。

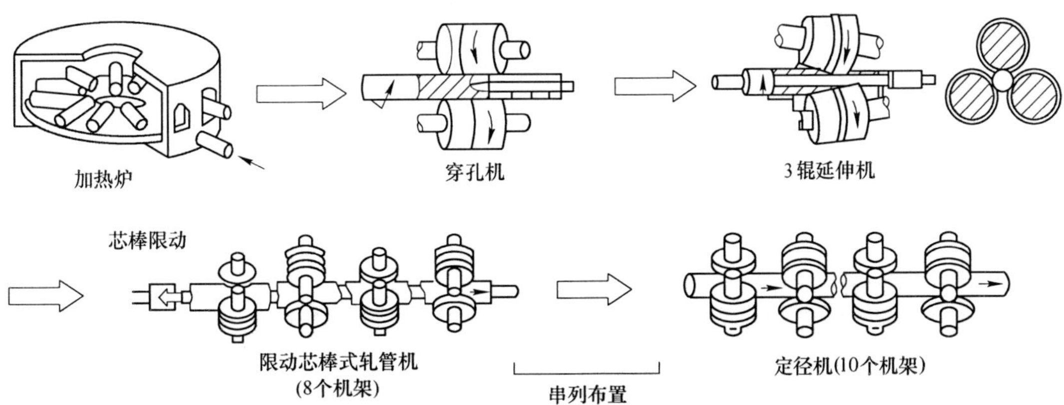

图 11-3 热轧无缝管生产流程示意图

表中给出的温度变化规律与图 11-4 和图 11-5 是完全一致的。分析表 11-1 和表 11-2 中的等效应变可知，穿孔工序和轧管延伸工序集中了钢管轧制变形的大部分变形量，而均整和定减径工序的变形量很小。因此，可以认为穿孔和轧管工序是高温粗轧，而定减径工序是低温精轧。

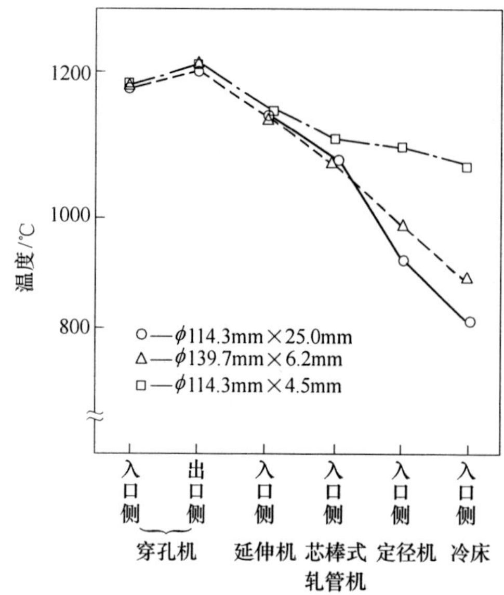

图 11-4　轧制过程温度的变化

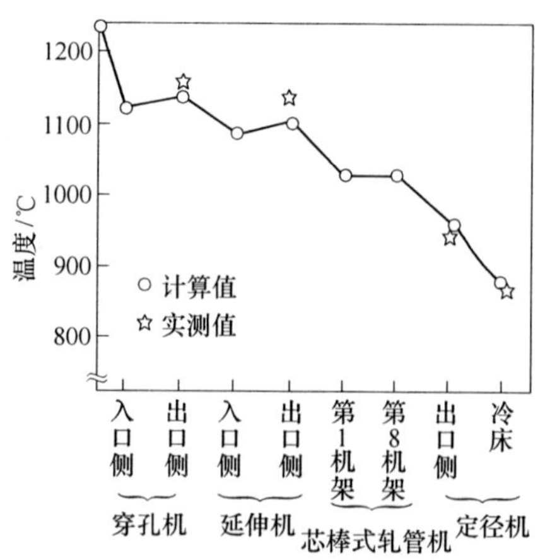

图 11-5　整个轧制过程的温度变化
（ϕ140.3mm×7.72mm）

表 11-1　自动轧管机工艺制度

道次 No.	道次 形式	温度/℃	等效变形	平均应变速率/s^{-1}	间隙时间/s
加热		1260			
粗轧					
1	穿孔 1	1200	1.00	2	29
2	穿孔 2	1170	0.90	2	32
3	轧管 1	1125	0.35	15	13
4	轧管 2	1043	0.30	15	
精轧					
5	均整	930	0.08	0.1	35
6	定径 1	837	0.02	0.5	2
7	定径 2	821	0.05	1	2
8	定径 3	805	0.05	1	2
9	定径 4	788	0.04	1	2
10	定径 5	772	0.035	1	2
11	定径 6	756	0.022	1	2
12	定径 7	740	0.010	0.5	2
总数			2.86		154
管坯尺寸：18mm	钢管尺寸：ϕ178mm×8mm				

表 11-2 连轧管机组工艺制度

道次 No.	道次 形式	温度/℃	等效变形	平均应变速率 /s⁻¹	间隙时间/s
	加热	1280			
	粗轧	30min			
P1	穿孔	1234	1.59	2.73	54
M2	限动芯棒连轧管机	1085	0.43	11.1	0.93
M3	连轧管机	1074	0.38	28.0	0.94
M4	连轧管机	1064	0.29	32.8	0.54
M5	连轧管机	1053	0.18	44.5	0.61
M6	连轧管机	1042	0.08	39.8	0.45
M7	连轧管机	1031	0.04	28.8	0.32
M8	连轧管机	1020	0.01	7.7	0.32
E9	挤压	1000	0.04	6.3	75
		1000			5
		10～15min			
	精轧				
S10	张力减径	1000	0.05	3.7	0.2
S11	张力减径	990	0.05	3.8	0.2
S12	张力减径	980	0.04	3.9	0.2
S13	张力减径	970	0.04	4.0	0.2
S14	张力减径	960	0.04	4.2	0.2
S15	张力减径	950	0.04	4.3	0.2
S16	张力减径	940	0.04	4.5	0.2
S17	张力减径	930	0.04	4.6	0.2
全部			3.38		140
管坯尺寸：ϕ216mm	钢管尺寸：ϕ127mm×7mm				

11.2.2 无缝钢管再结晶型控制轧制模拟研究

11.2.2.1 试验材料及方案

加拿大的 Pussegoda LN 研究小组对采用 C-Mn 钢、C-V 钢和 C-3Nb-V 钢，对无缝钢管穿孔及连轧过程进行了模拟试验研究[4～7]，以下对其研究过程和结果总结如下。

试验材料的化学成分见表 11-3，其中 Ti、V、Nb 是专为再结晶控制轧制（RCR）而加入的。

小管模拟工艺制度见表 11-4。

大管模拟工艺制度见表 11-5。

表 11-3　试验用钢的化学成分　(%)

材料	C	Si	Mn	S	P	Al	V	Ti	N	CE
10C-10V	0.10	0.30	1.7	0.008	0.013	0.014	0.10	0.010	0.0150	0.42
18C-9V	0.18	0.30	1.72	0.008	0.013	0.016	0.090	0.011	0.0150	0.50
12C-16V	0.12	0.37	1.7	0.008	0.014	0.019	0.16	0.013	0.0200	0.45
19C-15V	0.19	0.36	1.7	0.008	0.014	0.027	0.15	0.012	0.0185	0.52
10C-3Nb-4V	0.10	0.24	1.26	0.01	0.01	0.042	0.040	Nb = 0.027	0.0085	

$$CE^{①} = C + \left(\frac{Mn}{6} + \frac{Si}{24} + \frac{Cu}{15} + \frac{Ni}{28} + \frac{Cr + Mo + V + Nb + 5B}{5}\right)$$

① CE = 碳当量。

表 11-4　小管模拟工艺制度

道　　次	每道等效应变	温度/℃	每道间的间隙时间/s
1—穿孔	1.6	1230	54
2—连轧管机组	0.45	1085	1
3—连轧管机组	0.40	1072	1
4—连轧管机组	0.30	1060	0.5
5—连轧管机组	0.20	1050	0.5
6—连轧管机组	0.18	1020	30
入炉温度	—	731	—
加热	—	1000	5
7—张力减径	0.10	1000 ~ 800	0.5

注：1. 保温温度为 1250℃，保温 15min；2. 加热炉至穿孔机时间间隔为 80s；3. 每道的变形速率为 $2s^{-1}$。

表 11-5　大管模拟工艺制度

道　　次	等效应变	温度/℃	各道间隔时间/s
1—穿孔	1.6	1230	54
2—连轧管	0.45	1085	1
3—连轧管	0.40	1072	1
4—连轧管	0.30	1060	0.5
5—连轧管	0.20	1050	0.5
6—连轧管	0.18	1020	75
加热	—	1000	5
7—张力减径	0.05	1000	0.5

研究方案分两种：小管生产模拟和大管生产模拟，其差别在于小管生产模拟中张力减径的总应变量达 1.6，而大管生产模拟中张力减径应变量仅为 0.05。另外，张力减径模拟后的冷却速度分别为 3.5℃/s 和 1℃/s。模拟试验采用 ϕ6.4mm × 20mm 的扭转试样。

模拟 10C-10V 和 12C-16V 钢穿孔和连轧轧管时的应力-应变曲线如图 11-6 所示。由图可知，穿孔时的真应力-真应变曲线有一单峰存在，然后是一个平台。这说明穿孔过程

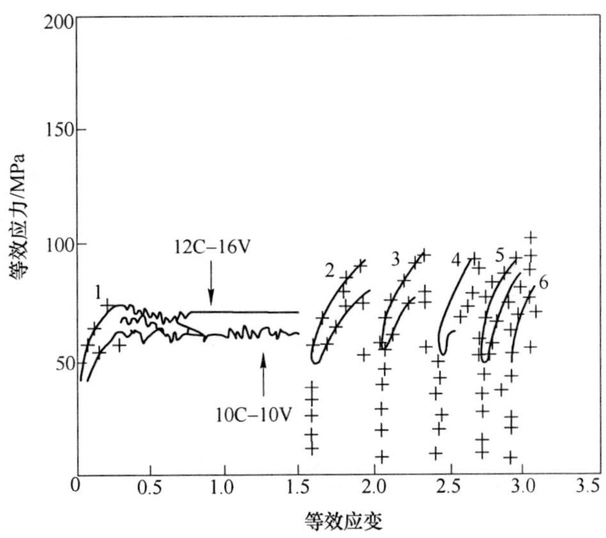

图 11-6 用热扭转模拟穿孔及热连轧管的应力-应变曲线

中发生了动态再结晶，且是稳态的，这会产生晶粒细化。连轧轧管时的应力-应变曲线表明，道次间隙发生了几乎完全软化，即几乎完全的静态再结晶。比较两组曲线可知，12C-16V 比 10C-10V 的流动应力大，这是 V 含量增加所致。

10C-10V 和 12C-16V 钢在张力减径变形过程中的应力-应变曲线如图 11-7 所示。由图可知，两种钢的前三道应力迅速增加，后一道的起始应力与前一道的终了应力基本相等。这说明道次间隙时间内几乎没有发生再结晶，其原因是每道次应变仅为 0.1，道次间隙时间仅为 0.5s，即每道次的应变尚未超过动态再结晶的临界值，时间太短又不足以产生静态再结晶。因而应变积累起来，造成应力的迅速增加。同样，由图可知，从第四道开始，应力的增加速率很小。这一情况表明发生了动态再结晶，同时还有少量的静态软化。因为变形温度已从 1000℃ 显著降到 840℃，应力本应是急剧增加，而实际上增加不大。

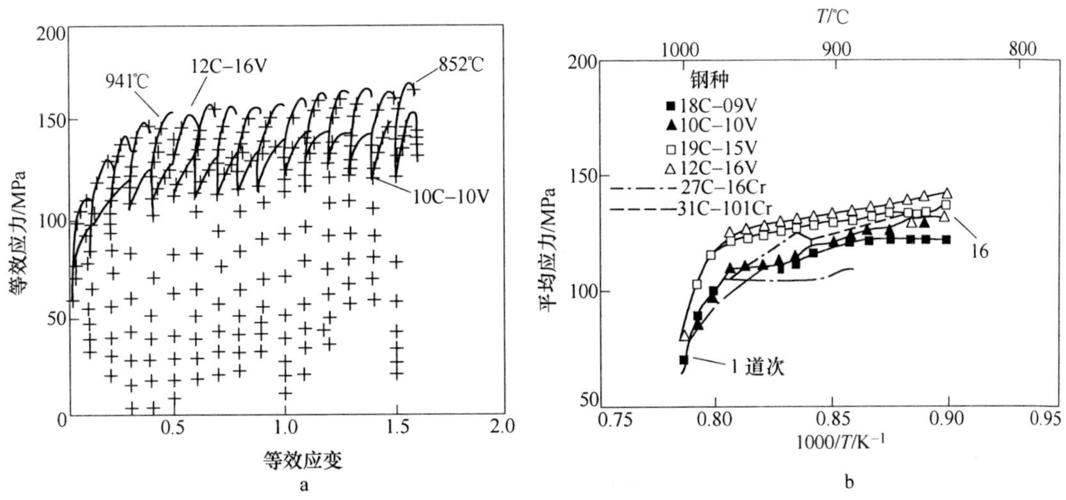

图 11-7 在热扭转机上模拟张力减径时的应力-应变曲线

11.2.2.2　无缝钢管动态再结晶控制轧制

从前面讨论可知，前六道次间隙时间内均发生了近乎完全的静态再结晶，因此，可以采用再结晶控制轧制（RCR）来细化定减径前的奥氏体晶粒。下面着重讨论减径时的应力－应变及组织变化规律。

动态再结晶的出现有以下两个先决条件：

（1）实际应变量应大于动态再结晶的临界应变量；

（2）实际应变量达到临界应变量的时刻应早于应变诱导析出产生的时刻。

在一般钢材轧制时，第一点往往不能满足，而在减径生产时，由于应变的累积，第一点是可以满足的。研究结果表明，对 Ti-V 钢应变诱导析出在最后几道，因此动态再结晶控制轧制（DRCR）得以实现。

如表 11-1 和表 11-2 所示，实际无缝钢管生产中减径时的间隙时间为 0.2～2s，而变形温度在 1000～800℃之间。由于每道次中的应变量小，变形过程中不足以产生动态再结晶，而由于温度低及间隙时间短，前几道的间隙时间内也不可能发生静态再结晶。因此前几道的应变将累积起来，在中间道次发生动态再结晶。

为说明这一点，将图 11-7b 进行技术处理，图中曲线可用式（11-8）表示（统计回归式）：

$$\bar{\sigma}(\mathrm{MPa}) = -268 + 4.45 \times 10^5 / T(\mathrm{K}) \tag{11-8}$$

采用此等式可算出温度差引起的应力差 $\Delta\sigma$。为消除温度引起平均应力的影响，将各道次的应力以 905℃为标准进行修正。对 12C-16V 钢，修正的应力-应变曲线如图 11-8 所示，即也为等温减径时的流动应力曲线。由图可清晰获知，流动应力曲线有单峰存在，说明发生了动态再结晶。在目前情况下，动态再结晶在第四道出现，动态再结晶之所以能得以实现，也是由于应变量小和间隙时间短，使得应变诱导析出难以产生或产生得极少。

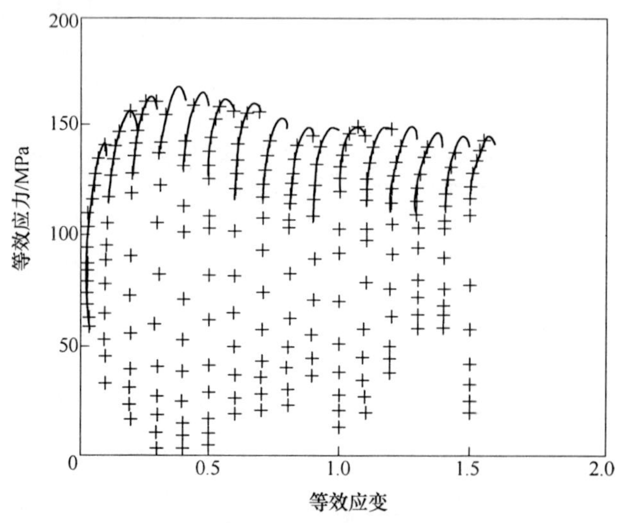

图 11-8　905℃等温减径时，12C-16V SRM 应力-应变曲线

变形温度和化学成分对动态再结晶是否出现及出现早晚很有关系。图 11-9 表明变形温度及化学成分对动态再结晶的影响。由图可知，随着变形温度的降低，出现动态再结晶的道次往后推（T_e = 1000℃、910℃和 850℃时分别为 No. 4、No. 7 和 No. 9 道），相应道次

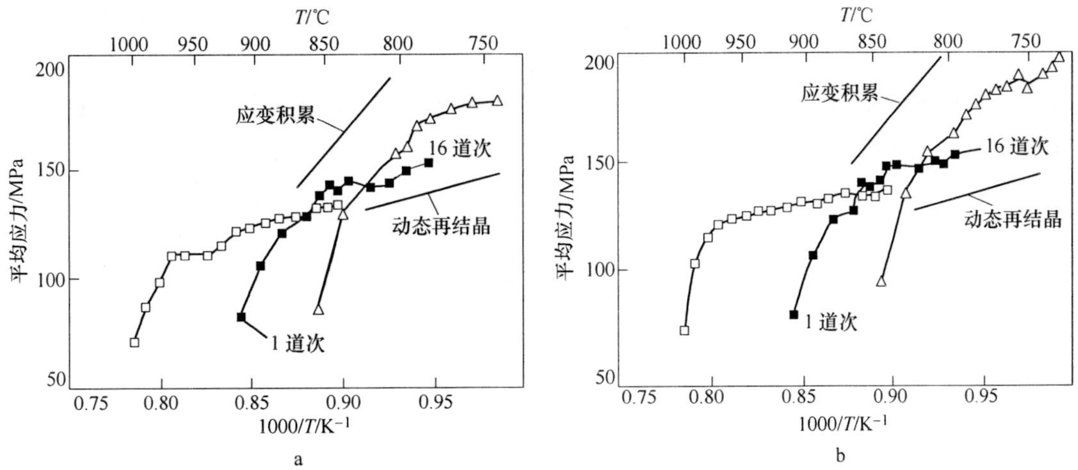

图 11-9 变形温度及化学成分对动态再结晶的影响

a—10C-10V 钢；b—19C-15V 钢

□— T_e（$T_入$）=1000℃，T_f（$T_出$）=860℃；■—T_e=910℃，T_f=795℃；△— T_e=850℃，T_f=735℃

的应力也提高。这一规律普碳和 HSLA 钢在绝热恒应变速率下的规律一致：降低变形温度，推迟动态再结晶的出现及扩展速度，从而增加峰值应变和应力。

比较图 11-9a 和 b 知，当合金成分高时，出口温度低，最后几道又可出现应变积累，应力增加速率也大，这是因为此时已产生了应变诱导析出。19C-15V 钢模拟后得到组织均为动态再结晶组织，并且随着出口温度降低，晶粒显著细化。其产生动态再结晶的极限温度为 735 ℃，出口温度再低，则不会产生动态再结晶、奥氏体晶粒拉长。

图 11-10 为含 Nb 钢（10C-3Nb-4V）的再结晶与温度的关系。由图可知，当 T_e = 1000℃、T_f = 860℃时，应变积累至第七道，于第八道才开始发生动态再结晶，即比 Ti-V 钢迟，当降低 T_e至 940℃以下，T_f至 850℃以下时，没有发生动态再结晶，其晶粒被压扁拉长。含 Nb 钢的未再结晶温度在 940℃以下。

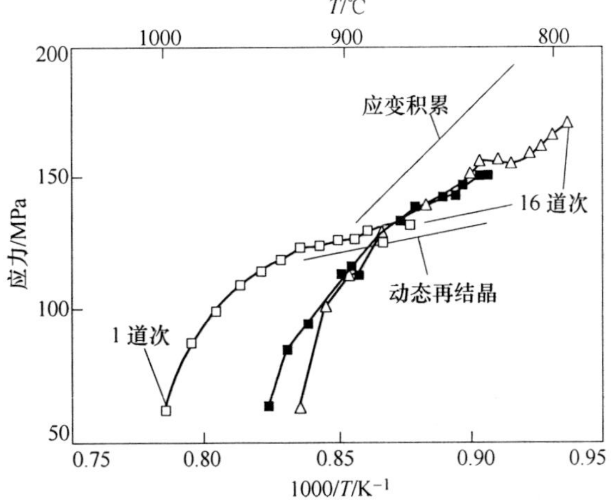

图 11-10 10C-3Nb-4V 钢模拟张力减径时，温度与动态再结晶关系

□—T_e=1000℃，T_f=860℃；■—T_e=930℃，T_f=830℃；△— T_e=910℃，T_f=795℃

上述流动应力曲线可以用图 11-11 加以统一说明。此图中有三条虚线，分别代表静态再结晶、应变积累对动态再结晶，即可以利用静态再结晶来细化再加热前的奥氏体晶粒，在减径时可以应用动态再结晶来细化最终的奥氏体晶粒，而常规定径生产，由于变形量小，不能利用再结晶细化奥氏体晶粒。

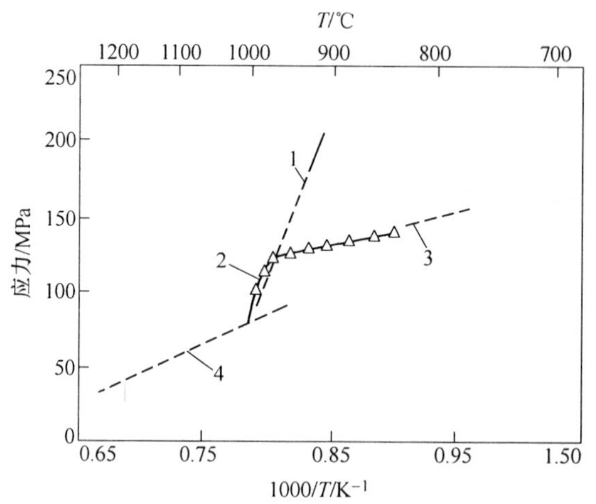

图 11-11　温度与再结晶关系示意图

（12C-16V 钢，每道应变量为 0.1，道次间隙时间为 0.55s，冷却速度为 10℃/s）

1—应变积累；2—张力减径模拟；3—动态再结晶；4—静态再结晶

综上所述，在热轧钢管生产中的三个变形阶段都可以采用再结晶型控制轧制工艺达到细化晶粒的目的。为更有效地发挥这一工艺的作用，需对所用钢种、工艺参数和轧后冷却速度进行调整和控制。

在热轧无缝钢管生产中，为使穿孔和轧管时道次间隙时间内的静态再结晶得以进行得充分，温度高些有利，因此没有必要去调整轧制温度。但由于加热温度对原始奥氏体晶粒影响很大，穿孔过程中又伴随升温现象，因此适当降低加热温度是十分必要的。

在生产小规格管，即采用较大变形量的减径或张力减径工艺时，对 Ti-V 钢降低再加热温度和减径温度有利于细化轧后奥氏体晶粒。而对定径工艺，应适当增加变形采用未再结晶型控轧工艺来直接细化铁素体晶粒。对于 Nb-V 钢，在减径工艺中，由于未再结晶区增大，也可采用未再结晶型控制轧制细化铁素体晶粒。

11.3　热轧无缝管的组织性能控制应用

11.3.1　轧后快速冷却工艺

轧后快速冷却工艺是在轧后按照一定的组织要求，确定相应的开冷温度、冷却速度以及终冷温度，即对轧后钢管进行控制冷却。不同钢种，不同规格的钢管，冷却方式也有所不同。

轧后快速冷却工艺目前已用于管线管、不锈钢管、轴承钢管以及其他一些钢管品种的生产中，并取得了较好的效果。

（1）轴承钢管的轧后快速冷却。多年来轴承钢管生产中的一个很大问题是球化退火周期太长，用车底式炉多在 26 ~ 27h 以上，而采用轧后快速冷却以后，可提供细珠光体或极细珠光体等优良的预备组织，经验表明这可将球化退火时间缩短1/2～1/3。这样，运用轧后快速冷却加连续炉球化退火新工艺之后整个球化退火时间为5h，甚至更短。轴承钢轧后快速冷却工艺介绍如下：

热轧生产工艺为：GCr15轴承钢管坯经过酸洗、检验、修磨、切断后在斜底炉加热，加热温度为1130～1150℃，加热后的钢管送入ϕ76mm穿孔机组中进行一次穿孔及二次穿孔。一次穿孔终轧温度为1140～1160℃，二次穿孔终轧温度为950～1030℃，穿孔后的钢管送至400kg夹板锤进行锤头，锤头后钢管温度为850～900℃，然后由“V”形输送辊道送入水冷器进行穿水冷却，最后在冷床上空冷至室温。

穿水冷却所采用的水冷套由外套筒、内胆及端面板、管道等组成。内胆上钻有中心轴心方向的出水小孔，孔径为ϕ4mm。带有压力的水在水套中旋转并从斜孔中喷出，离心力使水形成旋转水帘并成环状，均匀地喷射在钢管表面上。这种薄型水冷套除了能保证穿水过程中有足够的冷却能力外，还能保证顺利地排水。

水冷器分为四组，在进入第一组水冷器前及第四组水冷器后两处测温。每组水冷器由两个水冷套组成，保证具有一定的冷却强度。水冷器由外套筒、内胆及端面板、管道组成。每个水冷器有四个进水口进水，特别对下部考虑到水的重力影响，水量是单独控制的。内胆上钻有中心向轴心的出水小孔，孔径为4mm，带有压力的水在套中旋转并从斜孔中喷出，所造成的离心力形成旋转环状水帘。在管材的穿水冷却过程中使水能均匀的喷射在钢管表面。

轴承钢的穿水冷却温度应严格控制，出水温度过高网状碳化物消除较差，如进水温度为910℃、出水温度为530℃，20s返红至720℃，其平均网状碳化物力1.5～2级，轧后组织为珠光体+局部网状碳化物，球化后球化级别为3级。钢管进水温度为850～830℃，出水温度为450℃，这时网状碳化物基本消除，但出现马氏体和贝氏体组织，在钢管表面产生了大裂纹。该钢管球化后，球化级别为1.5～2级。但实际中不能应用。根据该厂条件，出水后管材温度以550～600℃为好，这样既可得到细片状珠光体（索氏体）加局部网状渗碳体，又能降低网状级别，使其小于1.5级，还能保证不产生马氏体和贝氏体组织，防止管材表面产生裂纹。

冷却水为室温，四段水冷的水量分别为36～40m^3/h、30～39m^3/h、28～35m^3/h、10～20m^3/h，到水冷器时水压为0.2～0.25MPa，为了保证水中不带杂物而装置了过滤网。通过调节每个水冷套水流量和输送辊道速度来控制管材冷却速度和出水温度。为了防止轴承管材一次冷却速度太快以至表面产生马氏体组织，该厂采用多段冷却的方式，四段冷却器，每段之间距离为3.5m，如输送辊道速度为0.8m/s。整个穿水冷却过程为13s。

试验结果如下：钢管一次穿孔温度为1140～1170℃，二次穿孔终了温度为950～1050℃，锤头温度为840～890℃，进入第一组水冷器前钢管表面温度为820～845℃，经过第一组水冷器的钢管降为675～715℃，在由输送辊道进入第二组水冷器前，其表面温度上升至720～770℃，在其他三组水冷器的冷却过程中，钢管表面同样经过多次下降与回升，最后冷却至550～580℃，在冷床上回升到610～675℃后空冷至室温，这个工艺得到细珠光体加极少网状碳化物的管材，断面上硬度均匀。网状碳化物一般在1级左右，极个别为1.5级。

由于得到了细珠光体，在奥氏体区碳化物易于熔断，因此缩短了球化退火时间7～

8h。采用轧后穿水冷却的轴承管材经球化退火后，碳化物颗粒分散度大，分布均匀，碳化物颗粒平均直径比雾冷管材减少 10%~17%，提高了管材强韧性，改善冷拔性能，提高一次冷拔变形量，并减少了断头[8]。

（2）碳钢和低合金管的轧后快速冷却。某 Assel 轧管机组定径机后安装了无缝钢管在线快速冷却装置，如图 11-12 所示。冷却系统配置的主要机电设备有 1 号可变角度且可升降辊道，2、3 号可变角度辊道，液压站，3 个液压缸，组合式冷却器，2 台风机，3 台水泵及多个风、水管路阀门，流量调节阀门根据钢种、冷却效果的不同，可采用风冷、气雾、细水雾、中压水等多种方式对管体进行冷却。

通过对 20、45、Q345 等钢种的试验研究，表明在线快速冷却工艺在改善无缝钢管组织，提高无缝钢管综合力学性能，细化表面晶粒，提高抗疲劳裂纹扩展能力等方面效果明显。

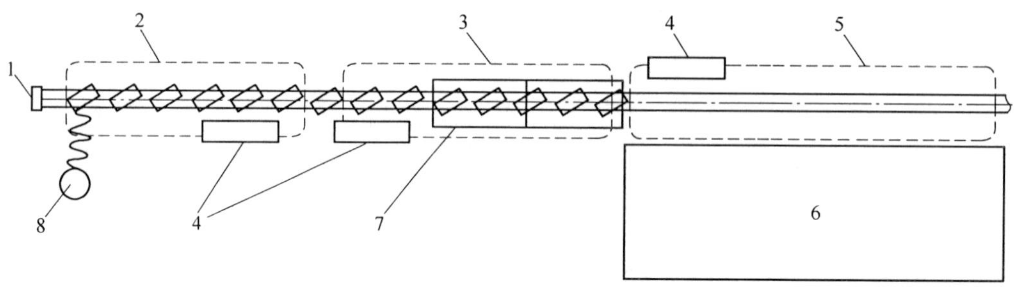

图 11-12　无缝钢管在线快速冷却装置示意图

1—定径机；2—1 号可变角度辊道；3—2 号可变角度辊道；4—液压缸；
5—3 号可变角度辊道；6—冷床；7—冷却器；8—升降装置

控冷辊道系统必须满足在钢管完全离开定径机，并且进入冷却区前辊道时，倾转一定角度，使钢管螺旋前进，进入冷却器冷却，控制冷却区域辊道 2 号的设计同样为可变角度形式，待钢管完全脱离冷却器后，冷却器前部控冷辊道 1 号复位迎接下一根钢管轧出定径机，此时冷却器后部控冷辊道 3 号始终倾斜一定角度，一直至冷却系统停止使用后再复位。组合式冷却器安装在冷床入口处至定径机方向的 69~70 区域段内。

组合式冷却器由四组冷却单元组成，各组喷头沿轧线方向依次排放，其冷却器喷头布置如图 11-13 所示。供水系统设计流量为 750m³/h。定径后的钢管终轧温度一般在 950~980℃范围内，控冷后的温度根据管径的壁厚不同，一般在 680~780℃，温降值一般在 200~270℃之间。

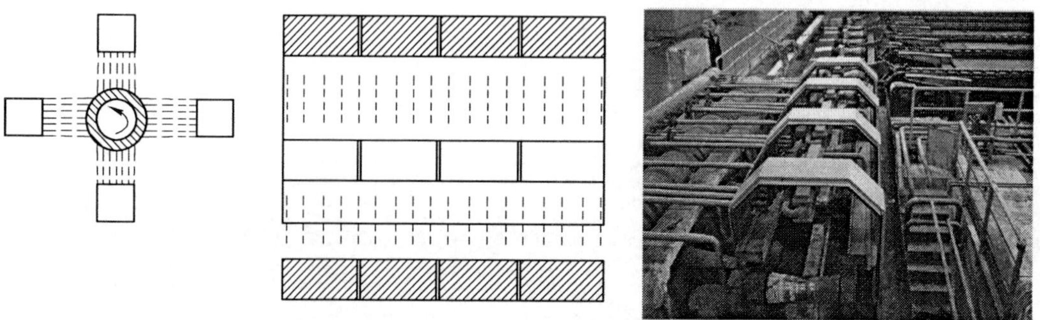

图 11-13　冷却器喷头布置简图及实物照片

对于20钢，ϕ140mm×13mm钢管经控冷后的屈服强度、抗拉强度和伸长率分别提高了12.7%、5.45%和9.93%；ϕ168mm×6mm规格经控制冷却后的屈服强度、抗拉强度和伸长率分别提高了8.74%、0.35%和2.8%；ϕ180mm×22mm规格的45钢经控制冷却后的屈服强度、抗拉强度和伸长率分别下降了2.3%、1.185%和1.65%，但冲击功提高了25%。

20钢结构管，ϕ140mm×13mm规格的轧后控制冷却显微组织，按组织类型划分成三部分：1）距表层0.9mm为贝氏体；2）距表层0.9~3.5mm为贝氏体+针状铁素体与等轴铁素体+团状珠光体的过渡带；3）3.5mm以内为等轴铁素体+团状珠光体，晶粒度为7.5级。对于45钢，ϕ180mm×22mm规格钢管的轧后空冷显微组织晶粒度为4.5级；轧后经过控制冷却钢管室温组织中表层晶粒度为8级，中内层为5.0级。可见，控冷对晶粒细化有一定作用。

（3）ERW石油套管J55的张力减径和在线控制冷却。焊接石油套管J55常规方法是电阻焊（ERW）后进行再加热控冷处理，保证焊缝与基体的性能一致。将ERW焊接与再加热减径结合，可以减少焊接设备投资，生产管材的规格可以更灵活，提高生产效率。采用这种工艺的流程为：ERW焊管→缓冲储料→再加热→高压水除鳞→热张力减径→旋转热切锯→在线冷却→冷床冷却→人工去毛刺→入库。

在线冷却钢管要保证冷却均匀性，两个需要解决的最基本问题是：1）周向水柱正面撞击造成的向钢管内注水问题；冷却器长度增加造成的冷却器下部积水问题，影响下部冷却效果。防止冷却器内腔壁面飞溅水对钢管冷却的影响就需要优化冷却器的设计。经过优化设计的冷却器采用沿钢管切向喷淋方式，如图11-14a和b所示，克服了轴向喷淋生产的钢管内部进水问题（如图11-14c所示）。

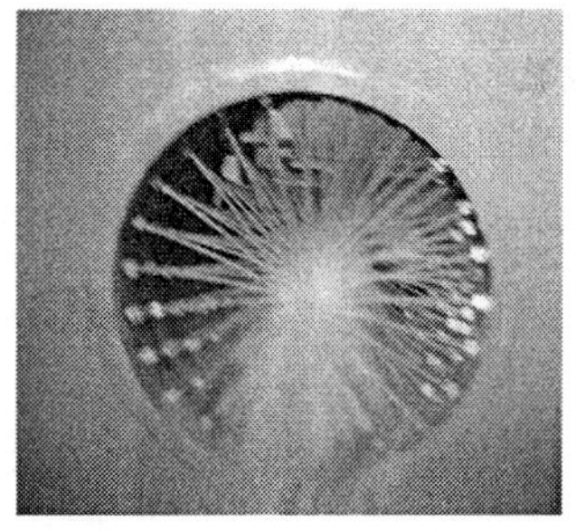

图11-14 切向与轴向喷淋冷却器的工作状况

a—切向喷淋冷却器；b—切向喷淋工作状态；c—常规轴向喷淋冷却器

通过在钢管中预埋热电偶测量钢管冷却期间的温降曲线，计算了喷淋水量对钢管冷却强度-对流换热系数，在水流密度为1360~8010 L/(m^2·min)条件下，对流换热系数在4600~8400W/(m^2·℃)，如图11-15所示。

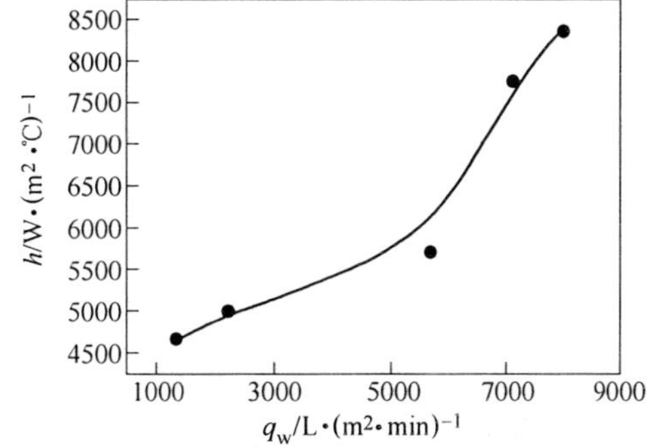

图11-15 钢管切向冷却器的换热效率[10]

J55钢级焊管的规格为ϕ139.7mm×7.8mm，化学成分（按质量分数计）为：0.3% C，0.26% Si，1.2% Mn，余量为Fe。采用两种加热方案及在线冷却，对比对组织和性能的影响。方案一：用电阻炉加热至1000℃，而后空冷至约830℃，再分别水冷（切圆喷淋）和空冷至约650℃，而后空冷至室温。方案二：分别用电感应加热和电阻炉加热管体至1000℃，而后空冷至约830℃，再水冷（切圆喷淋）至约650℃，而后空冷至室温。对 ϕ139.7mm×7.8mm 的钢管，其空冷速率为2～5℃/s，水冷速率为30～40℃/s。不同工艺下，J55钢管的力学性能见表11-6，在感应加热条件下，其力学性能与TMCP工艺生产的热轧带钢相近，电阻加热性能偏低是由于加热时间长、奥氏体晶粒长大所致。

表11-6　不同工艺条件下J55钢管的性能[11]

加热方式	出炉温度/℃	喷淋前温度/℃	喷淋后温度/℃	屈服强度/MPa	抗拉强度/MPa	伸长率/%	硬度/HV
电感应加热	1025	835	650	485	715	29	196
电阻炉加热	1000	840	630	410	675	24	193
原始管性能	TMCP板带，ERW制管			581	714	22	222
API标准				379～552	≥512	≥23	—

在线控制冷却后，J55钢管的金相组织中为仿晶界铁素体+珠光体，控制冷却过程中铁素体相变受到抑制，铁素体体积分数减少，更低温度的相变产物珠光体增加。由于珠光体含量较多和珠光体组织细化，导致感应加热+在线控冷钢管的强度较高。

11.3.2　轧后直接淬火

11.3.2.1　轧后直接淬火工艺及其优点

热轧无缝钢管在线直接淬火工艺是在定减径变形或均整变形后，利用余热进行直接淬火，获得马氏体组织，再经回火处理。直接淬火工艺可广泛应用于碳钢和低合金钢。

用在线直接淬火法生产钢管与用传统的淬火方法相比，具有以下优点：

（1）有效地改善钢材的性能组合。由于均整变形和定径变形过程一般不发生静态再结晶和动态再结晶，因此余热淬火后钢管的组织主要为细小的马氏体和高密度的位错，以及极为细小的碳化物。回火过程中，组织中的铁素体亚晶开始逐渐形成，由于原淬火钢中马氏体板条很细和大量稳定位错的存在，故回火组织中的铁素体亚晶块也很细，亚晶并有位错，此外还有细小的碳化物。这种组织的强度高、塑性好、脆性降低，使钢管强韧性提高。

（2）降低能耗和生产费用。利用钢管热定径或均整后的余热进行淬火可以大大节省调质型油井管的能源消耗。据川崎钢铁公司知多厂的经验，生产直径大于125mm的油井管，采用直接淬火后与普通调质型油井管相比，可节省能源40%以上。采用直接淬火工艺生产油井管，每吨钢管可节能643.7kJ，1982年知多厂因采用直接淬火工艺而节约重油6380m^3。该厂用直接淬火工艺生产的调质型钢管与用普通调质生产相比，降低成本25%左右。

（3）节省设备投资。采用直接淬火，可节省一套淬火加热设备。因此，设备投资、厂房面积和操作工人等也都可相应减少。

11.3.2.2　钢管淬火的冷却方法

轧后直接淬火能否付之于生产实现，冷却方法和冷却器的形式是个重要问题。钢管的各种冷却方法都要考虑冷却剂喷溅、倒流或管内蒸汽堵塞等问题。因为这些问题的出现必然导致冷却中不能达到淬火要求或者冷却不均。目前，钢管在线淬火方法基本上分为两类：喷流淬火法（喷淬）和水槽浸渍淬火法（槽淬）。

（1）喷流淬火法。喷流淬火方法是从喷嘴中射出高压冷却水冲击钢材表面带走钢材的热量而进行冷却的方法，装置本身小，可装在输送辊道上，故可进行输送淬火。不仅钢管采用，同时也广泛用于板材淬火装置上，如图11-16所示，又分为外面冷却、内面冷却和内外表面冷却三种方法。对于中小直径钢管，由于钢管内径小，把带有喷嘴的集管放入钢管内是困难的，而采用配置在管外的喷嘴进行外面淬火。这种单面淬火对厚壁管是不合适的，一般采用两面冷却，喷射冷却法的冷却能力与水量、水压及喷嘴角度有关，调整是复杂的，同时耗水量大，还需要大的供水动力泵等，因此这种方法不是很理想。

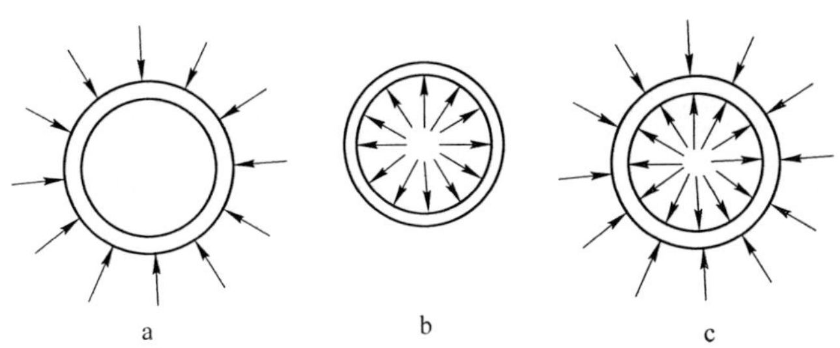

图11-16 钢管喷流淬火的三种方法

a—外表面；b—内表面；c—外表面和内表面

（2）水槽浸渍法。把钢管浸渍于水槽内进行淬火。这种方法冷却能力高、构造简单。厂家多数采用这种新设备，钢管内表面是由设在水槽端部、沿钢管轴向的喷嘴进行冷却的，故称为轴流淬火法。与此不同，虽然同属轴流淬火方法，但也有不设水槽，直接使钢管端部与内表面喷嘴接触喷射冷却水的内表面冷却方法，然而这是单面冷却，对厚壁管来说，与喷流淬火一样不可能有高的冷却能力。

轴流淬火方法，可分为搅拌浸渍淬火方法和内外表面轴流淬火方法，如图11-17所示。前者外面冷却稍差，但其优点是不管钢管端部镦粗形状如何，在纵向上都可获得均匀的冷却效果。后者外壁轴流供水冷却有两种方法，一种开路系统，不管喷嘴压力怎样提高，都难增加外面轴流流量，另一种是闭路系统，根据喷嘴压力可以调整外面轴流流量。轴流淬火法的能力主要决定于水量，在低压域内也可以充分发挥其效能，不需要高压泵。

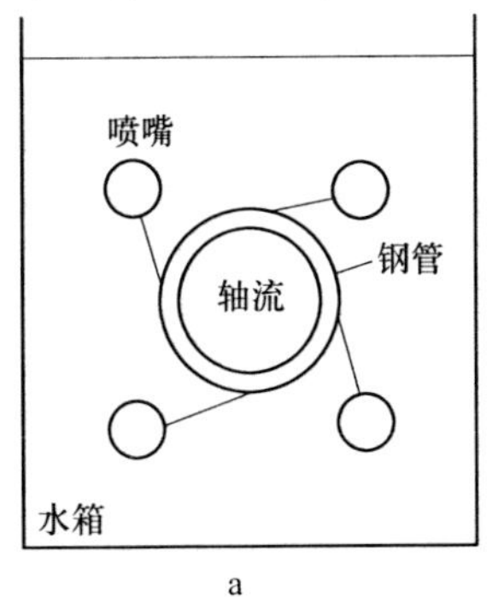

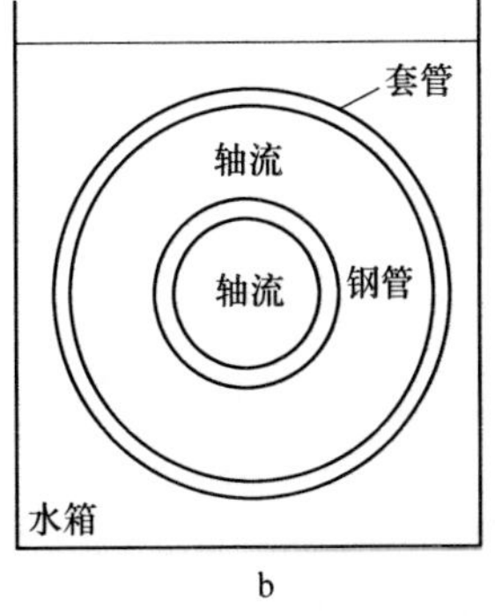

图11-17 浸渍淬火法的两种形式

a—搅拌淬火；b—轴流淬火

从以上几种情况来看，喷流淬火方法处理能力小，和轧制线同步有困难，采用轴流淬火，外面用搅拌方法时，若是钢管外径增大，就需要增加搅拌喷嘴的数量，因此内外轴流冷却方式较好。

内外表面轴流浸渍淬火使之形成轴流有两种：一种仅内表面喷嘴喷射，外面水流靠带入产生轴流法；另一种是内外表面都用喷嘴喷射的直接轴流法。其差别有两点：1）前者可得到相同流量，但需要很高的喷嘴压力；2）轴流内的流量分布，后者比较均匀。目前雾化冷却也使用在钢管冷却中。上述淬火方法总结于表 11-7 中。

表 11-7　钢管在线直接淬火的类型

淬火方法			淬火性能	
			淬透层深度/mm	单位耗水量/%
喷淬	外表面喷淬		<16	100
	内表面喷淬	水流垂直于管壁水流与管壁成一定角度射入，螺旋前进		
	内外表面同时喷淬	内表面水流垂直于管壁，外表面水流反向螺旋倒回	20 左右	
槽淬	浸渍淬火		<20	69
	内表面轴流或螺旋流，外表面喷水	内表面轴流		
		外表面喷水		
		内表面螺旋流		
		外表面喷水		
	内表面轴流或螺旋流，外表面轴流	开路系统		
		闭路系统	达 40	31

11.3.2.3　钢管快速冷却及淬火装置

为了顺利进行钢管轧后直接淬火，对其所需设备要考虑确定影响直接淬火材料质量的主要原因；确定不发生弯曲的冷却条件，提出防止产生缺陷的措施。目前，直接淬火装置已有很多发明和专利，这里介绍其中几种：

（1）连续式外表面冷却装置。此发明的特点是当把高温加热或轧制后的高温（温度在相变点以上）管材从外面进行连续冷却时，冷却液是从与被处理管材中心轴在同心圆周上等距离排列的许多喷嘴中（通常为扁平喷嘴）喷射出，而冷却液呈扇形幕状、并被液滴化或雾化但未成细小液滴范围（喷嘴端头和被处理管材表面之间的距离不能大于规定值）内，以保持被处理管材表面恒定冷却。实践证明，这种方法冷却是极有效的。采用低流量密度冷却液，在长度方向及管材周围方向都能进行均匀冷却，改善了管材形状、减少弯曲和椭圆度。

采用扁平型喷嘴喷出冷却液在幕状非液滴化区域进行管材淬火冷却方法，在工业上的优点是冷却液用量小、喷射压力低、很少堵塞。其冷却装置基本结构图如图 11-18 所示。

采用喷嘴喷射冷却只是方式之一，与板带钢、棒线材中的缝隙式冷却一样，也有专利涉及管材的在线冷却或淬火的环缝式冷却装置。其示意图与工作状态如图 11-19 所示。其中部件 1 和部件 2 形成一个激冷环室 3，并形成一个方向与运动方向相交的环形缝隙，用于喷水冷却介质。两个冷却器之间还设有环形板 4 用于密闭工件的反射水，偏转与反散射工件的反射水，防止反射水对上游淬火的干扰。上游冷却器喷射介质会被下游冷却器的导板 5 偏转，减少温度升高介质对下游冷却的干扰。导板 5 固定在冷却器部件 2 上。在应用中，冷却装置出口设有环形布置的喷嘴，用于清扫钢管表面的残留水。

（2）钢管进行快速淬火的冷却装置。这个专利特点是：设置在加热装置之后，冷却装置之上有环状喷嘴对纵向输送的钢管进行急冷。在被冷却钢管和冷却装置内设置的喷嘴内圆周之间的空间设置筒形活门，当钢管冷却到中央部位时，该活门退出冷却装置之外，而在钢管的前端进入冷却装置时就随其向冷却装置内移动，目的在于遮蔽冷却水直接喷射到钢管前端，随着钢管的移动，活门自身也同向移动。这实际上是解决钢管冷却过程中头尾不均的问题。其结构如图 11-20 所示，按照这种结构，可以防止从极简单构造的喷嘴射出来的冷却水从钢管端部浸入钢管内部，进而防止钢管淬火不均引起质量降低等问题。

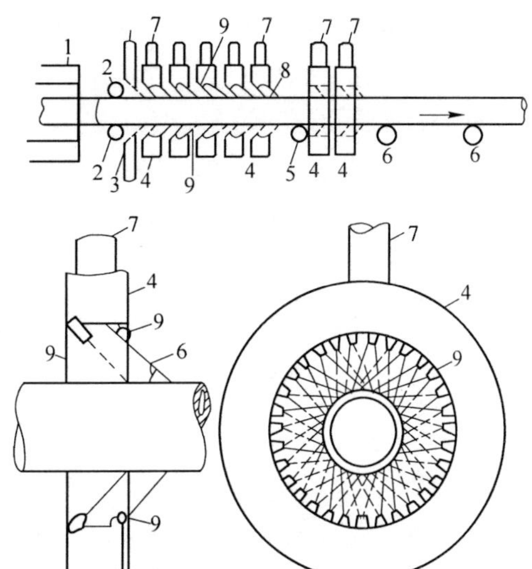

图 11-18 连续式外表面淬火装置图[13]

1—空气幕用缝隙喷嘴；2—冷却用环状集管；3—气吹扫；4—供水环；5—脱辊；6—辊道；7—供水管；8—钢管；9—喷嘴

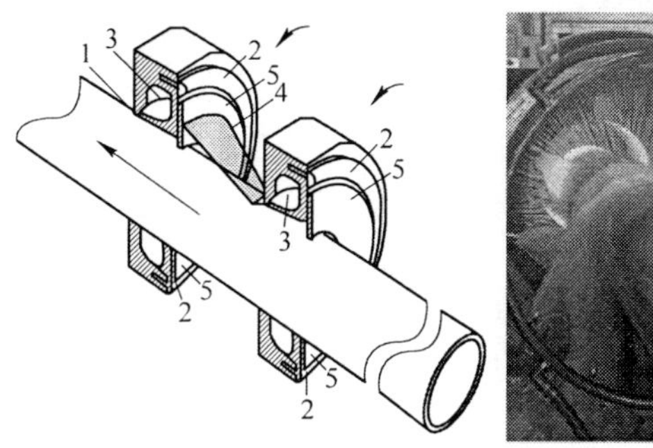

图 11-19 环缝式连续外表面冷却装置图[14]

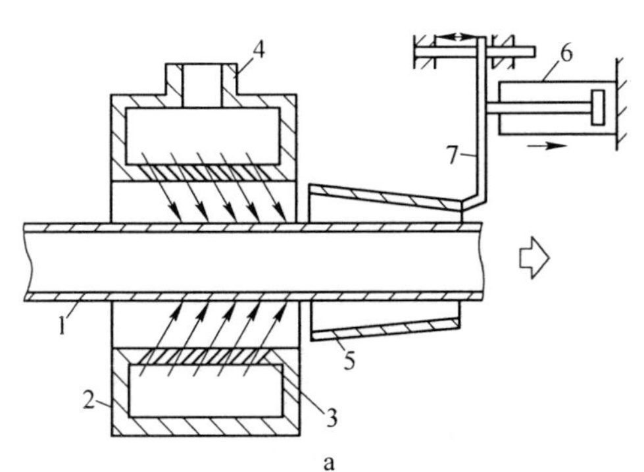

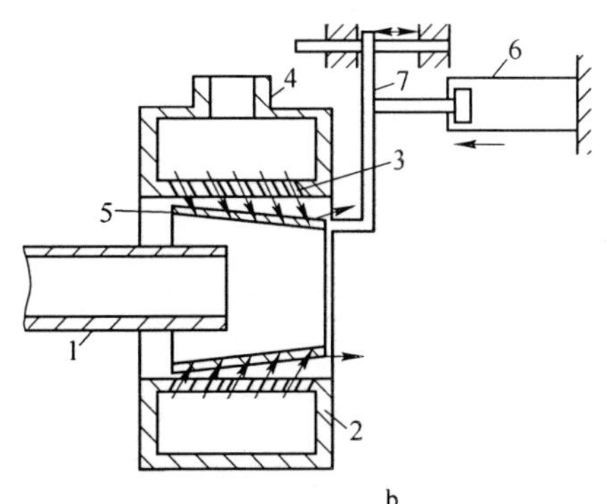

图 11-20 钢管进行快速淬火的冷却装置[15]

a—筒状活门在冷却器外部；b—筒状活门进入冷却器，遮挡冷却水

1—被冷却钢管；2—环状冷却装置；3—喷嘴；4—冷却水入口；5—筒状活门；6—汽缸；7—支持管

（3）钢管外部冷却装置。这种冷却装置有两 个特点，其一是在回火热处理的后部工序中设置钢管外面冷却装置，它由配置成的一段或多段圆环状集管组成，集管上安装着多个冷却水喷嘴，前后列相互交错配置，将沿轴向输送的被加热的钢管从 400 ~ 700℃开始冷却，冷至 300℃然后再冷却至室温，平均水流量密度在 $2m^3/(min \cdot m^2)$ 以下。其二是在上述条件下控制由于钢管内表面平均冷却速度在 30℃/s 以下冷却和由于水流量密度的变化而引起钢管内壁沿圆周方向发生的拉伸残留应力。

该专利是把回火后钢管进行强制冷却，以提高冷床的冷却能力和在不提高抗拉强度情况下提高压溃强度的钢管冷却方法。

为了从整体上提高钢管的压溃强度，把钢管内表面的平均冷却速度（550 ~ 250℃）控制在 5 ~ 40℃/s 以内，并控制终了温度。冷却终了温度的上限按经验以 350℃为宜。

为了冷却均匀，用扁平喷嘴喷出幕状流和滴状流都可以。最大喷出压力为 0.3MPa 即可，这适用于生产耐酸性压溃强度高的油井钢管。

此装置结构如图 11-21 所示，图中 a 是冷却用集管和冷却水喷出的正视图；b 是用扁平喷嘴的侧视图；c 是用锥体型喷嘴的侧视图。

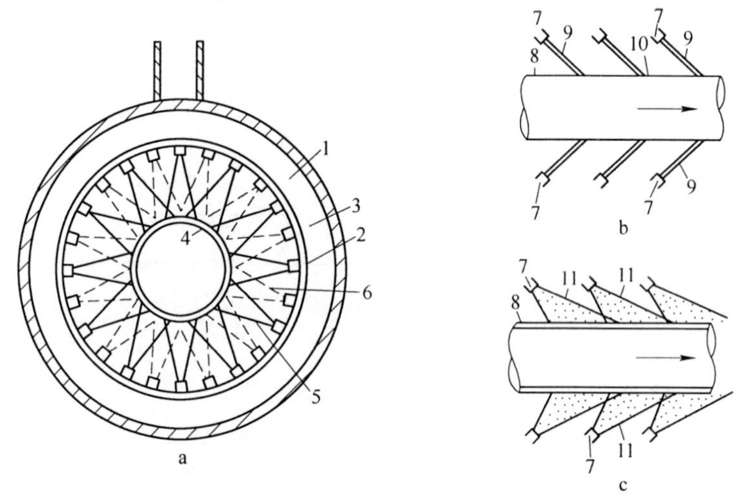

图 11-21　水冷器示意图[16]

1—外壳；2，3，7—喷嘴；4，8，10—钢管；5，6，9，11—水柱

（4）带有内喷嘴的钢管浸淬冷却装置。此专利的特点是在冷却槽内相对地设置了与液源相连接的钢管内表面冷却喷嘴和连接可动装置的间隔调整器，同时在两者之间配置承载钢管部件，把钢管顺序送进钢管承载部件上，钢管内表面冷却用喷嘴大致置于钢管中心延长线上，用间隔调整器推动钢管的端部，使钢管内表面冷却用的喷嘴与钢管端部保持规定的间隔。

此种钢管冷却装置使赤热的钢管浸渍在充满冷却水的冷却槽内，沿圆周方向和长度方向均匀地冷却钢管内表面和外表面，从而获得均匀材质和良好形状。

浸渍冷却的一个问题是为了能保持均匀冷却和良好的形状，必须使钢管外面的冷却水得到充分的搅拌。然而，外面冷却无论怎样强冷和均匀，因堵在钢管内的气体和水压的关系，管内的气体逸出和冷却水浸入反复进行。这样，在冷却中从钢管两端向管内流入的冷却水变得不规律了。因此，钢管的长度方向以及沿圆周方向发生冷却不均匀，进而钢管发生变形和冷却不均匀。

此专利采用内喷嘴不固定在钢管前端，而配置在钢管中心范围，这样可得到对钢管内表面冷却有效且稳定的冷却水流。其结构如图 11-22 所示。

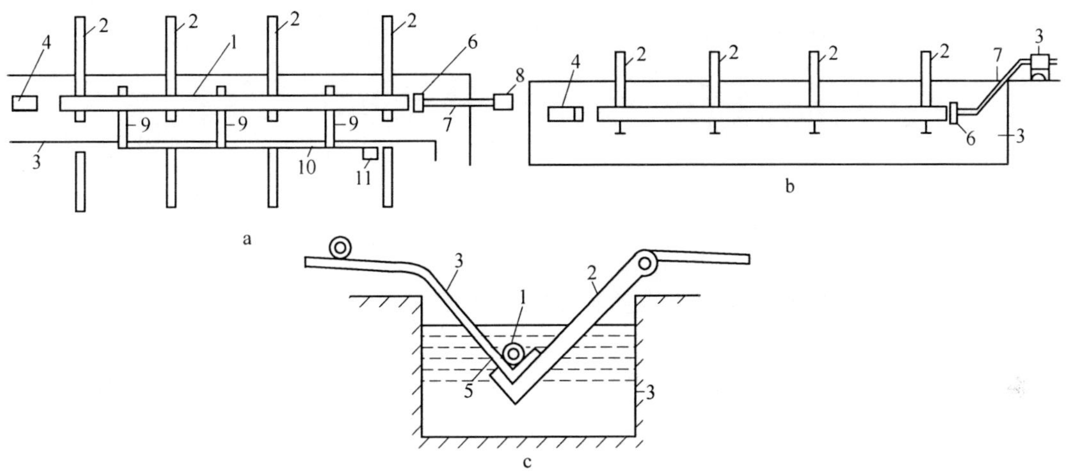

图 11-22 带内喷嘴的浸渍冷却装置[17]

a—平面图；b—侧视断面图；c—正视图

1—钢管；2—输送滑轨；3—冷却槽；4—冷却喷嘴；5—承载钢管部件；6—间隔调整器；7—联动机构；8—可动源；9—出料滑轨；10—回转轴；11—动力源

（5）钢管轴流淬火。这种设备特点是在水槽里把钢管放在套管内进行冷却的装置，在此封闭管路中同时对淬火钢管内外表面进行轴流冷却，系统构成、平面布置、生产过程如图 11-23 所示。该设备可用于外径 177.8～425.45mm，长 5.5～16.5m 钢管。由于采用内外轴流方式对管内外喷射的水量及喷射时间能够分别进行调整；为了稳定地供应大容量的水，设置 3 台泵和高空水箱；喷射水量的控制，研制和使用了阀门（即川崎式回转阀门），该阀门具有良好的控制性能和灵敏度，而且对水冲击也具有足够的强度，为了防止淬火钢管局部温度的降低，对定径机轧辊冷却水开关控制以及全部进行绝热；对冲击采取了措施，管子交接过程中，全部采用简易落下方式；由于采用工艺程序电子计算机控制，与轧制过程相适应的淬火温度、喷水量、喷射时间等参数，每根钢都可显示。此设备不在工艺流程线上，因此可不停产进行改建。

（6）层流喷水加内轴向喷射。层流喷水加内轴向喷射方式对钢管进行淬火处理，即外表面层流喷水和内表面轴流喷水，同时钢管旋转，可保证钢管淬火均匀，有效地防止了钢管淬火弯曲。钢管淬火装置的工作原理及生产状态如图 11-24 所示。

钢管内喷淬火，由喷嘴对着管口将水喷向钢管内部，供水压力为 0.6～0.8MPa；外冷则是沿钢管轴向上部喷射层流淬火水，供水压力为 0.2～0.3MPa。喷淋式钢管淬火装置淬火用水，不同规格钢管淬火用水量差异很大，瞬时用水量大、用水制度为间断式。表 11-8 为不同规格钢管用水量参数。

当钢管到达淬火工位后，喷淋式钢管淬火装置开始对钢管内外表面同时进行喷水，达到工艺要求的时间后，喷水停止。从开始喷水到喷水停止，这段时间称为淬火时间；从喷

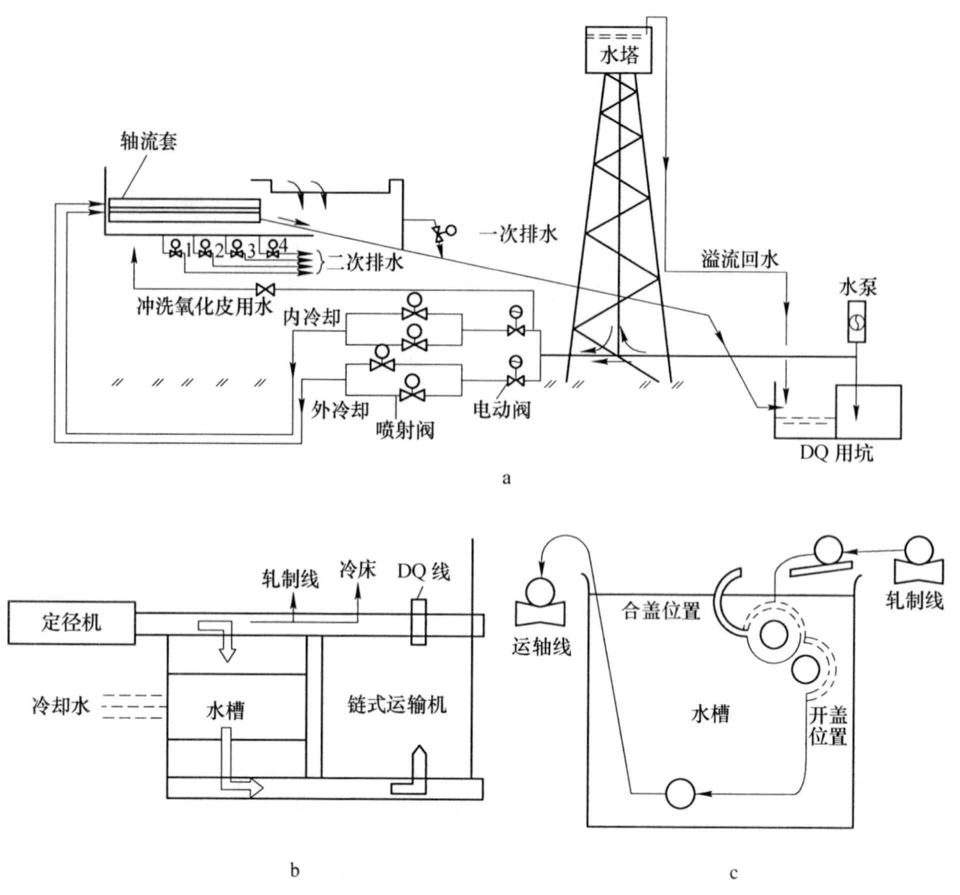

图 11-23 川崎制铁知多厂钢管轴流淬火生产技术[18]

a—系统构成；b—淬火平面布置图；c—淬火过程示意图

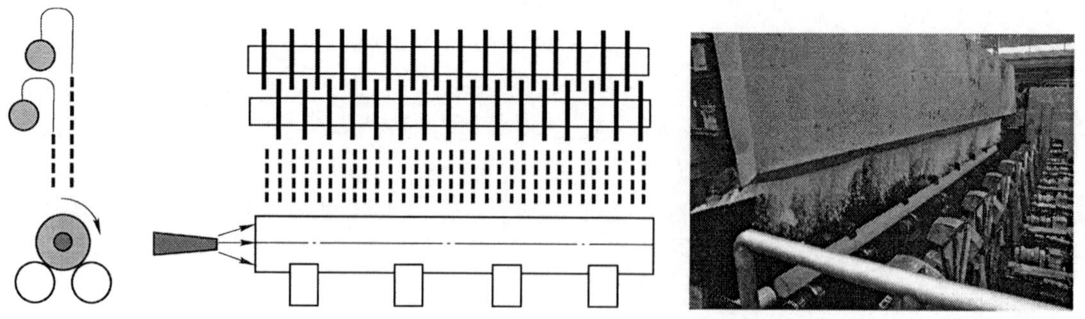

图 11-24 钢管淬火装置的工作原理及生产状态

表 11-8 不同规格钢管热处理的喷水量

钢管外径/mm	73	140	168	180	220	245	273	340	365
外淋最小用水量/$m^3 \cdot h^{-1}$	500	1200	1400	1600	1800	2000	2200	2400	2600
内喷最小用水量/$m^3 \cdot h^{-1}$	350	500	750	800	1200	1500	2000	3000	3200

水停止到下一根钢管淬火喷水开始，这段时间称为间歇时间。以生产外径 60.30 ~ 194.46mm、壁厚 4.83 ~ 16.7mm、长度 9.0 ~ 12.5m 的钢管为例，采用喷淋式淬火装置处

理具有代表性规格的钢管时，在淬火时间、间歇时间内的外淋、内喷用水量见表 11-9。

表 11-9 喷淋式淬火装置在淬火时间、间歇时间内的外淋、内喷用水量[19]

钢管品种	规格及钢级				时间/s		供水量 /$m^3 \cdot h^{-1}$		淬火时用水量 /$m^3 \cdot h^{-1}$		间歇时用水量 /$m^3 \cdot h^{-1}$	
	外径 /mm	壁厚 /mm	长度 /m	钢级	淬火时间	间隙时间	外淋	内喷	外淋	内喷	外淋	内喷
石油油管	60.32	4.83	9	N80	8	18	600	350	185	108	415	242
	73.03	7.01	9	N80	12	19	600	350	232	135	368	215
	88.90	6.45	9	P110	11	26	750	350	223	104	527	246
	101.06	5.74	9	N80	9	19	750	350	241	113	509	238
石油套管	114.30	6.35	10	P110	10	20	1200	600	400	200	800	400
	127.00	9.19	10	P110	14	36	1200	600	336	168	864	432
	139.7	7.72	10	P110	12	30	1200	600	343	171	857	429
	168.28	7.32	10	P110	12	34	1600	900	417	235	1183	665
	177.80	10.36	10	P110	16	49	1600	900	394	222	1206	678
接箍管料	77.80	10.8	9	N80	14	32	750	350	228	107	522	243
	114.30	15.24	9	N80	21	41	1200	600	406	203	794	397
	120.65	15.6	9	N80	25	41	1200	600	455	227	745	373
	127.00	13	9	N80	20	40	1200	600	400	200	800	400
	141.30	14	10	P110	22	44	1600	600	533	200	1067	400
	153.67	14	10	P110	24	51	1600	900	512	288	1088	612
	194.46	15.4	10	P110	32	60	2200	900	765	313	1435	587

在供水系统中，喷淋式钢管淬火装置的外淋供水系统和内喷供水系统需采用常开模式，如果不采取节能措施，间隙时间内的无效能耗将是巨大的。因此，对喷淋式钢管淬火装置的排水系统进行优化，将淬火时间、间歇时间内的排水做独立设计。在淬火时间内，受污染并有一定温升的淬火水排放至氧化铁皮沟，经过铁皮坑及泵站、过滤器、冷却塔等相关装置的处理后，返回到冷水池。在间歇时间内，内喷装置排出的水通过旁通管道输送至淬火水系统的冷水池；外淋水靠其自身重力，通过管道、沟道也输送回淬火水系统的冷水池，或通过回水池进行收集，再通过泵站、管道送往淬火水系统的冷水池。钢管淬火装置的水循环系统如图 11-25 所示。

采用独立内喷水系统设计，还可以进一步降低能耗。供水系统提供淬火用水到淬火装置的外淋用水管，只满足外淋用水。在淬火时间内，受污染并有一定温升的淬火水排放至冲渣铁皮沟；在间歇时间内，无污染的外淋水通过淬火装置的收集系统输送回单独的内喷水用冷水池，经水泵加压作为水淬内喷水供应。钢管淬火用水排入铁皮沟的水量比常规供排水设计规模至少小 1/2 以上，因此，水处理投资大幅度减少。按此方案设计钢管淬火装置的供排水循环系统如图 11-26 所示。

通过水泵的组合可以满足不同规格钢管的淬火流量要求。如果将工艺时间和水位或压力检测和供水结合起来，采用变频传动水泵还可以进一步节约能源。

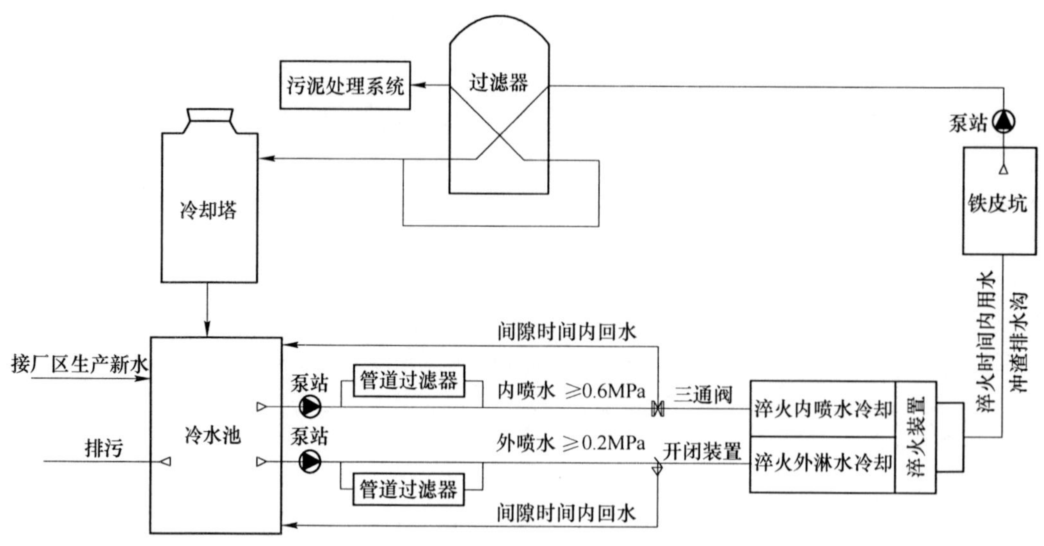

图 11-25 钢管淬火装置的水循环系统示意图[19]

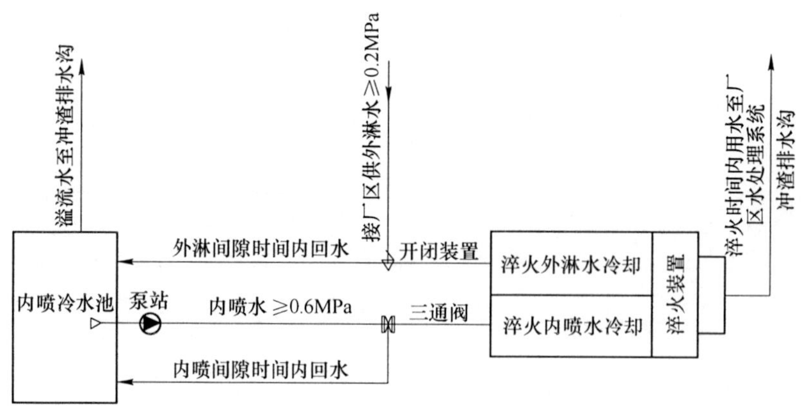

图 11-26 钢管淬火装置的单独内喷水系统示意图

日本钢管公司比较了浸淬、浸淬加内轴向喷射、外喷射加内轴向喷射和层流喷射加内轴向喷射等冷却方法的冷却能力，其结果见表 11-10。从表 11-10 得知，钢管外表面加层流喷射和内轴向喷射工艺的冷却能力极强，淬火效率高。若配以钢管旋转（转速为 90r/min）装置，还能使钢管在圆周方向均匀冷却和冷却变形极小，甚至无淬火弯曲变形。

表 11-10 几种冷却方法的冷却能力比较[20]

冷 却 方 法	冷却速度（800～400℃的平均冷却速度）/℃ · s^{-1}	弯曲值（管长 10m）/mm · m^{-1}
浸 淬	32	60
浸淬加内轴向喷射	55	35
外喷射加内轴向喷射	61	40
层流喷射加内轴向喷射	75	10

注：淬火钢管尺寸为 ϕ244.5mm × 13.5mm × 10000mm，内轴向喷射水流速为 6m/s，外喷射和层流喷射水量均为 600L/(min · m)，冷却速度为管壁厚中心点的速度。

11.3.2.4 淬火钢管的形状及裂纹控制

钢管直接淬火或离线淬火过程中，冷却的均匀性和由此产生的开裂、弯曲和残余应力也是需要克服的。为此想了很多办法，在工艺和装备上采取了许多措施。

钢管在水淬过程中，淬裂、弯曲产生椭圆是常见的缺陷。出现这些缺陷的原因是多种多样的，有钢管自身的因素，也有淬火不均匀的因素。钢管自身的因素如钢种的淬裂敏感性、钢管材质的均匀性、钢管壁厚的均匀性、氧化铁皮的厚薄均匀度等；淬火不均匀因素如钢管长度方向和圆周方向的淬火温度不均匀等。

（1）淬火裂纹控制。淬火时钢管产生两种应力，即热应力和组织应力。热应力使钢管表面受压，组织应力使钢管表面受拉，合力大小决定钢管是否淬裂。但在这两种应力中，淬火组织应力是主要的。防止淬裂的方法是在 M_s 点附近给以缓慢冷却，或在马氏体相变区域缩小管壁内外面的温差[21]。

川崎钢铁公司的研究结果认为，钢管内喷射冷却水的压力对淬裂有影响。当钢管一端稍倾斜进入冷却槽时，在管头附近易产生淬裂。若用高压冷却水强制性地排出管内空气，在高压水与空气混合后，进一步助长了圆周方向的不均匀冷却，这样冷却水先进入钢管的一端易产生淬裂。川崎钢铁公司的办法是，在淬火初期，钢管进入水槽内规定的位置时，迅速用低压（$4.9\times10^4 \sim 29.4\times10^4$Pa）冷却水排除管内空气，然后以每秒增压 19.6×10^4 Pa 的速度增加冷却水的压力，直到压力达到高压 $29.4\times10^4 \sim 117.6\times10^4$Pa 为止[22]。

住友金属的方法是在马氏体相变区间使淬火钢管的内外表面温差低于50℃，即当钢管外表面温度达到 M_s 点时开始急冷。当钢管内表面温度达到 M_f 点时，通过调节冷却水量，保证钢管外表面温度在 M_f ~50℃范围内。

（2）弯曲与椭圆度控制。尺寸 ϕ244.48mm×11.99mm 的低成本的碳锰系 25MnV 钢，在生产 P110 石油套管中会存在较大残余应力。为了减少残余应力，采用了直接淬火、水淬＋空冷、水淬＋空冷＋水淬三种冷却方式进行对比试验[23]。其中直接淬火模拟了现场直接淬火至室温的冷却方式。水淬＋空冷冷却方式，钢管出水空冷时温度略高于 M_f 点。水淬＋空冷＋水淬冷却方式，控制钢管在水中的停留时间，使心部温度降到 B_f 点以下，然后取出空冷使钢管内外表面温差最小，温度场尽可能均匀，然后再次入水完成马氏体组织转变。不同冷却方式示意图如图 11-27 所示。对冷却后的试样采用动态电阻应变仪利用逐层钻孔法测试不同工艺下残余应力的释放应变，分析淬火组织的特征与残余应力的关系。

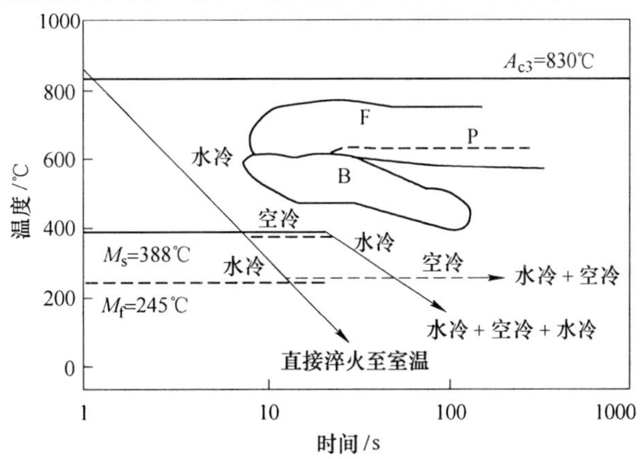

图 11-27 淬火冷却方式示意图

直接淬火工艺的淬火组织为板条马氏体和孪晶马氏体共存，且孪晶马氏体的含量较多。水淬＋空冷和水淬＋空冷＋水淬两种工艺的淬火组织为板条马氏体、下贝氏体和大量的位错胞互相缠结，不同程度的残余奥氏体的存在。水淬＋空冷、水淬＋空冷＋水淬两种冷却方式和直接淬火工艺相比，钢管内的切向和轴向残余应力均减小，从而易减小钢管的变形，以及降低和缓解了钢管内微裂纹的产生和扩展趋势。其轴向和纵向的残余应力分布如图 11-28 所示。

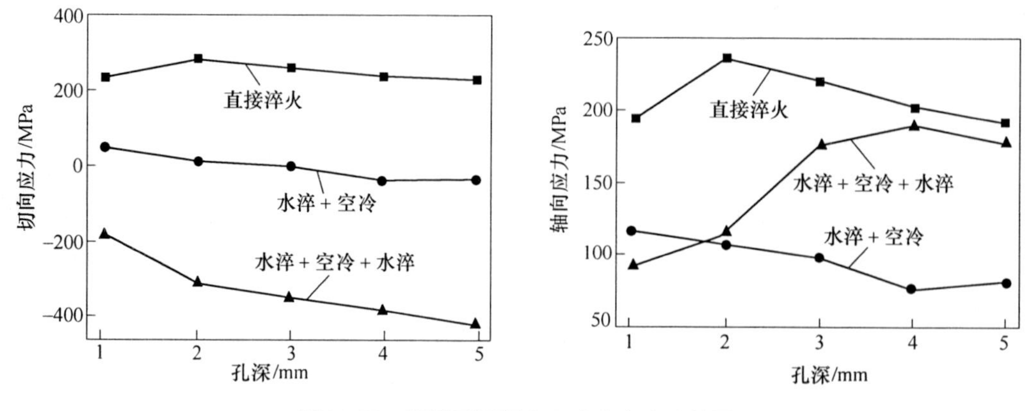

图 11-28 钢管不同深度上残余应力比较图

钢管水淬工艺极易造成钢管弯曲，尤其是在水槽中淬火和小直径钢管、长钢管的水淬。防止钢管水淬弯曲的措施有水淬时钢管旋转、增大钢管内冷却水流量和沿钢管长度方向设夹紧装置等。

川崎钢铁公司研究了[24,25]在槽中水淬时钢管旋转速度对钢管弯曲度的影响。当钢管只浸水淬火时，钢管旋转可减小弯曲；在转速达到 100r/min 以上时，几乎可消除淬火弯曲。在钢管不旋转时，浸水淬火加内轴向喷射也可减小弯曲。但在钢管旋转情况下，由于旋转本身可减小弯曲，并使弯曲度小到可忽略不计的程度，因此，再用内轴向喷射对减小淬火弯曲几乎不起作用。

川崎钢铁公司还研究了浸淬加内轴向喷射工艺的旋转速度对钢管两个端部弯曲度的影响[26]。研究结果认为：随钢管旋转速度的提高，尾部的弯曲度减小；钢管头部有夹紧装置时，管头悬伸量越小，弯曲度越小；钢管的尾部悬伸量大时，为减小弯曲，钢管旋转的线速度应不低于 1m/s。

新日铁、川崎钢铁公司、日本钢管公司研究的结论是：钢管内轴向喷射时，内喷水的流量越大，始弯点（钢管从进水端到开始弯曲变形处）越向钢管的出水端移动，始弯点的位置与冷却急剧变化点的位置基本一致。在钢管的全长上，不应存在冷却速度急剧变化点，即必须用大流量冷却水使钢管在整个长度上都均匀淬火[27]。

新日铁研究的防止钢管淬火弯曲的方法是：采用夹紧装置压紧钢管，防止其弯曲。钢管两端的自由端长度与头部弯曲度的关系为：自由端在 800mm 以内时，管头弯曲度在 7/1000 以下；若自由端在 250mm 以内时，管头弯曲度在 3/1000 以下或不弯曲。为防止钢管两端弯曲，在距管端 800mm 内，最好在 250mm 处安装夹紧装置。为防止钢管弯曲，夹紧装置安装间距应为 1.5～1.8m[28]。川崎钢铁公司研究的夹紧装置的夹持力：在空气中为 980N，在水中为 4900N[29]。川崎知多厂防止钢管淬火弯曲的方法是：用夹紧装置夹紧钢管，在高速旋转的同时快速浸水淬火，浸水的瞬间向钢管施以内喷水和外喷水冷却。这种方法对厚壁管也可实现均匀淬火，且钢管的弯曲度和椭圆度都很小。

11.3.2.5 钢管轧后直接淬火工艺的应用

（1）钢管直接淬火设备的应用。阿塞拜疆轧管厂于1979年在ϕ250mm自动轧管机组上首先采用直接淬火工艺生产N80石油套管。该机组的直接淬火装置在均整机之后。

日本新日本钢铁公司在八幡厂ϕ400mm自动轧管机组生产线上设置了一套直接淬火设备，布置在定径机后面，几乎所有的调质型油井管都用这一设备进行淬火。

日本住友金属工业公司也在尼崎厂设置了钢管直接淬火设备。

日本钢管公司在扇岛厂ϕ250mm连轧管机组作业线上，在定径后设置了直接淬火装置，采用喷淬方式，可处理长24～40m的钢管。该公司在京滨厂的钢管生产线上，在定径机后面也设置了直接淬火装置，可对长度达29m的钢管进行直接淬火。钢管淬火时旋转，采用内表面轴流淬火、外表面用喷嘴搅动方法，效果很好，钢管不产生弯曲。

日本川崎知多制造厂中径无缝钢管车间，开发了以低压大流量为基础的轴流淬火法，设备在1980年12月完成，后来一直顺利生产。现介绍如下，其设备性能见表11-11。

表11-11 直接淬火的设备性能

项目	性能
钢 管 尺 寸	外径：177.8～425.5mm
	长度：5.5～16.5m
	厚度：30mm
淬火方法	内部和外部轴流淬火
生产能力	150～165t/h

直接淬火装置放置在中直径无缝钢管轧制线最终位置处，如图11-23所示。钢管在定径后进行直接淬火，直接淬火钢管和一般轧制状态下的钢管，是在定径机出口侧分路，如图11-23b所示。直接淬火装置动作情况如图11-23c所示。在轧制线上的钢管呈直线排列进行搬运，用翻料杆将钢管投入淬火槽内。此时淬火槽上部处于打开状态，钢管投入后则关闭上压盖。在放上盖的同时，内、外喷嘴开始喷流，按规定时间喷流之后下压盖开始下降，当下压盖到达某个角度时，钢管从淬火槽内落在水槽的底部。进一步把钢管通过链式运输机移送到冷床上，与常规轧制线合流。对淬火钢管要进一步进行回火处理，经过精整作业线加工成为成品。

为了稳定地供给低压大流量的冷却水而设置了三台泵及高位水箱。在控制冷却水量方面，研制了控制性能好、灵敏度高并且对水的冲击具有充分强度的KR阀。内外面轴流的喷射水量及定时喷射，可以分别设定。钢管被投入淬火水槽之后，到喷射开始的时间由钢管在轴流套管内达到固定位置总的时间决定。淬火所需要的喷射时间由传热计算所决定，也可由另外研制的水温测定系统来决定。

水温测定系统安装在排水口，由热敏电阻水温传感器来检测冷却水的变化，根据冷却水的温度上升和流量计算出向冷却水传递的热量、进而推断出钢管冷却状态的结果。

淬火温度的控制，对钢管质量是个极重要的因素。在该设备上考虑了以下两方面：一方面为了防止定径机轧辊的冷却水从钢管端部进入，在管端通过时应暂停轧辊的冷却水；另一方面在钢管停留地方，为防止钢管被支撑部件冷却，采用了绝热材料的衬垫，另外，采用双色高温计监视温度，并将程序储存在计算机内，实行分别管理。

淬火裂纹是淬火时由于马氏体相变而产生的急剧膨胀和降低了钢材的塑性所造成的；

自生裂纹是属于淬火后发生的缓慢破坏，主要是由于氢原子扩散所致。对于前者，可通过降低碳含量减少膨胀量，增加塑性得到解决。对于后者，主要可通过降低钢材中氢含量就可防止。现在设计的碳含量的上限，由于全部钢种进行脱气处理，所以两种裂纹都没有发生。

钢管的弯曲程度，在外观形状中视为最重要的条件，如按前述的采用低喷射流量平稳地排除空气以及通过流量调整全面进行均匀冷却，就可减少弯曲量。

通过直接淬火后钢管质量提高，油井用钢管硬度高，硬度在 500HV_{10}左右，抗拉强度达到 API 标准，回火稳定性与普通淬火法相比较略高；断口转变温度（VT_{vs}）在较低的温度水平及在寒冷地区有足够韧性。压溃强度符合 API 要求。在有 H_2S、CO_2的腐蚀环境下使用的油井管，要求进行耐 SSCC（硫化氢应力腐蚀裂纹）试验，直接淬火钢管（N80）以 NACE 法的 SSCC 试验结果是 720h 的极限载荷应力比（破坏载荷应力/标准最小屈服应力）为 0.9 以上，表示具有良好的性能[27]。

（2）直接淬火工艺对钢管组织性能控制。周民生等人[30,31]在减径余热淬火的深化研究、设备研制和工艺试验等方面取得了成效，将 50Mn 和 34Mn 钢管性能分别提高到 DZ55、DZ60 和 N-80、X-95 的水平。

在 35、45、50Mn、34Mn 钢等减径余热淬火的工艺试验基础上，重点用 50Mn、34Mn 钢批量试制了 DZ55 级地质套管、岩芯管、DZ60 级地质钻杆和 E 级水文钻杆，并交付使用。减径前的再加热温度为 880～930℃，减径开始温度为 870～920℃，减径终了温度为 780～810℃，总减径率为 23%。35、45、50Mn、34Mn 钢的 A_{r3}温度分别为 774℃、751℃、755℃、734℃。现将有关性能与标准列于表 11-12 和表 11-13。由此可见，经减径余热淬火后的钢管综合力学性能比热轧态平均升高 2～3 级，而且冲击韧性提高、脆性转变温度降低。

表 11-12　50Mn 钢管的冲击韧性

工艺 \ 性能	20	0	-20	-40	-78	-100	-196
余热淬火-回火	106	—	—	107	100	86	62
一般热轧	72	72	60	58	56	—	—

表 11-13　减径余热淬火-回火钢管的力学性能与标准比较

钢　种	回火温度/℃	$\sigma_{0.2}$/MPa	σ_b/MPa	δ_5/%	A_K/J	备注
35 钢	550	670	790	16		
	600	637	735	19		
	热轧态	330	580	25		
50Mn	550	785	899	17	80	
	580	705	794	20		
	热轧态	460	713	22	57	
50Mn 40Mn2Mo 40MnB 45MnMoB	DZ40 DZ55 DZ60	≥392 ≥539 ≥588	≥637 ≥735 ≥764	≥14 ≥12 ≥12		$\sigma_{0.2}$和σ_b为换算值

续表 11-13

钢 种	回火温度/℃	$\sigma_{0.2}$/MPa	σ_b/MPa	δ_5/%	A_K/J	备注
34Mn	550	760	870	20	92	
	600	670	790	22		
	热轧态	430	690	24	104	
E		≥	≥	≥		δ_5为计算值
X		≥	≥	≥		
N80		≥	≥	≥		
X95		≥	≥	≥		

11.3.3 在线常化工艺

11.3.3.1 在线常化工艺及其特性

N80 石油套管是高强度高韧性无缝钢管，通常采用的方法有：调质处理（含轧后直接淬火 + 回火处理）、常化、常化 + 回火以及轧制后高温回火。在线常化工艺是利用轧制过程余热实现在线热处理，提高或保证高强度热轧无缝钢管的性能的一种工艺。

热轧无缝钢管在线常化工艺示意图如图 11-29 所示。即在热轧无缝钢管生产中，在轧管延伸工序后将钢管按常化热处理要求冷却到某一温度后再进再加热炉，然后进行定减径轧制，按照一定的冷却速度冷却到常温。因此，要求轧管工序的终轧温度（T_1）在临界温度 A_{r3} 或 A_{rcm} 以上，中间冷却后的温度（T_3）在 A_{r3} 以下，保证奥氏体组织完全分解，再加热温度 T_2 应在奥氏体化温度以上。

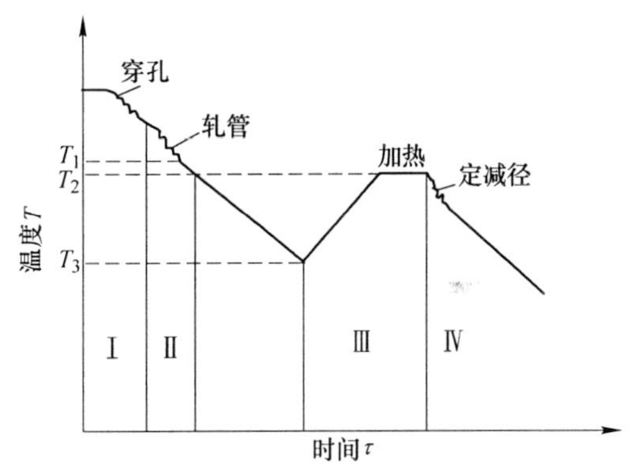

图 11-29 在线常化工艺示意图
Ⅰ—穿孔；Ⅱ—轧管；Ⅲ—再加热；Ⅳ—定减径
T_1—轧管的终轧温度；T_2—定减径温度；
T_3—中间冷却温度

从以前分析可知，轧管工序后的组织是再结晶奥氏体。在冷却过程中发生相变，通过再加热时进行奥氏体化，变形后冷却时又进行奥氏体向铁素体 + 珠光体转变。由于转变时控制了冷却速度，晶粒得到了细化。因此，理论上在线常化定径前的预组织比直轧工艺中的好。

在线常化工艺既可收到离线常化的效果，又能缩短工艺流程，节约能源，为生产高强度高韧性石油套管开辟了新途径。在线常化工艺的中间冷却和加热过程，确定合理的在线常化中间冷却温度、速度和常化温度对热加工过程 N80 石油套管的组织性能都会有不同程度的影响。

11.3.3.2 在线常化工艺的研究方法

采用两种成分的钢进行试验，分别为 42Mn2V 和 40Mn2V 钢，其化学成分见表 11-14。

将试样加热至 1050℃ 保温 5min 后，按照 ϕ225.8mm × 6.32mm、ϕ173.4mm × 9.87mm、ϕ244.6mm ×11.99mm 三种规格钢管在中间冷床上的不同冷却速度（分别称为

表 11-14　不同成分 N80 级钢的相变温度及相构成

钢种	C	Mn	Si	V	S	P
42Mn2V	0.41	1.57	0.20	0.13	0.008	0.015
40Mn2V	0.39	1.47	0.26	0.08	0.005	0.023

冷却方案1、方案2、方案3）冷却，采用热膨胀法测定以上两种成分钢在上述冷却条件下的相变温度。采用 Gleeble1500 热模拟试验机，模拟在线常化工艺。具体的工艺方法是：加热到1150℃保温5～10min，在1100℃实施1道次45%的变形模拟毛管连轧过程；然后将试样采取冷却方案1冷却到850℃、550℃、400℃不同的中间温度，然后终止冷却；再将试样分别加热到920℃和950℃保温5min，再在880～920℃模拟定径，施加15%的总变形，变形后淬火，以确定在不同的入炉温度下奥氏体晶粒的变化规律。试验工艺如图 11-30 所示。

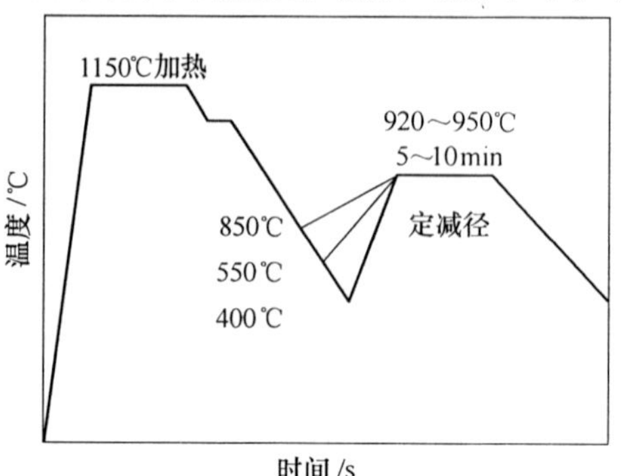

图 11-30　模拟试验工艺的示意图

为确定再加热温度对组织和性能的影响，将40Mn2V 在加热炉中常化处理。常化处理温度为880～1040℃，在炉时间10min；出炉后模拟生产中钢管的冷却方式冷却至室温。测定处理后试样的硬度、纵向冲击功、奥氏体晶粒尺寸分布。测定在线常化工艺生产的 ϕ244.5mm × 13.84mm，ϕ244.5mm ×10.03mm 和 ϕ177.8mm ×8.05mm 三种规格 N80 级钢管的力学性能和组织，对测定结果统计分析，并与连轧后直接经温度定径工艺生产的套管进行组织性能比较。

11.3.3.3　中间冷却过程中钢管的相变

模拟现场冷却条件，测定钢42Mn2V 和40Mn2V 钢的相变温度，见表 11-15。F_s、P_s、B_s 为先共析铁素体、珠光体、贝氏体的相变开始温度；F_f、P_f、B_f 为铁素体、珠光体、贝氏体的相变终止温度。由表11-15 可见，在冷却方案1、2 的条件下，42Mn2V 钢的相变终止温度在415℃左右；而当42Mn2V 钢采用冷却方案3，40Mn2V 钢采用冷却方案1时，相变终止温度在540℃左右。相变终止温度后者比前者明显提高。42Mn2V 在冷却方案1、2（较快冷却）下组织中有少量贝氏体。降低42Mn2V 钢的冷却速度以及碳、钒含量稍低的40Mn2V 钢，组织均为铁素体＋珠光体，没有贝氏体组织。

表 11-15　不同钢种在试验条件下的相变温度及相变组织

钢种	冷却方案	F_s/℃	P_s/℃	P_f/℃	B_s/℃	B_f/℃	各相百分比
42Mn2V	1	643	594	553	515	414	7.5%F + 49.5%P + 43%B
	2	658	603	562	512	417	15.3%F + 72.2%P + 12.5%B
	3	683	619	536			16.7% F +83.3%P
40Mn2V	1	667	611	540			25.4%F +74.6%P

11.3.3.4　在线常化工艺对钢管组织性能的影响

（1）中间冷却温度的影响。不同温度入炉加热后钢管的奥氏体组织如图 11-31 所示。

模拟条件下，模拟入炉温度分别为550℃、400℃，常化温度为950℃时，奥氏体晶粒平均尺寸分别为52.6μm、38.5μm；550℃、400℃入炉，常化温度为920℃时的奥氏体晶粒平均尺寸分别为26.3μm、11.6μm，晶粒度分别达到7.5级和9级。因此，920℃常化时可以获得更细小的奥氏体晶粒。入炉温度在400℃和920℃时，再加热后奥氏体晶粒均匀。

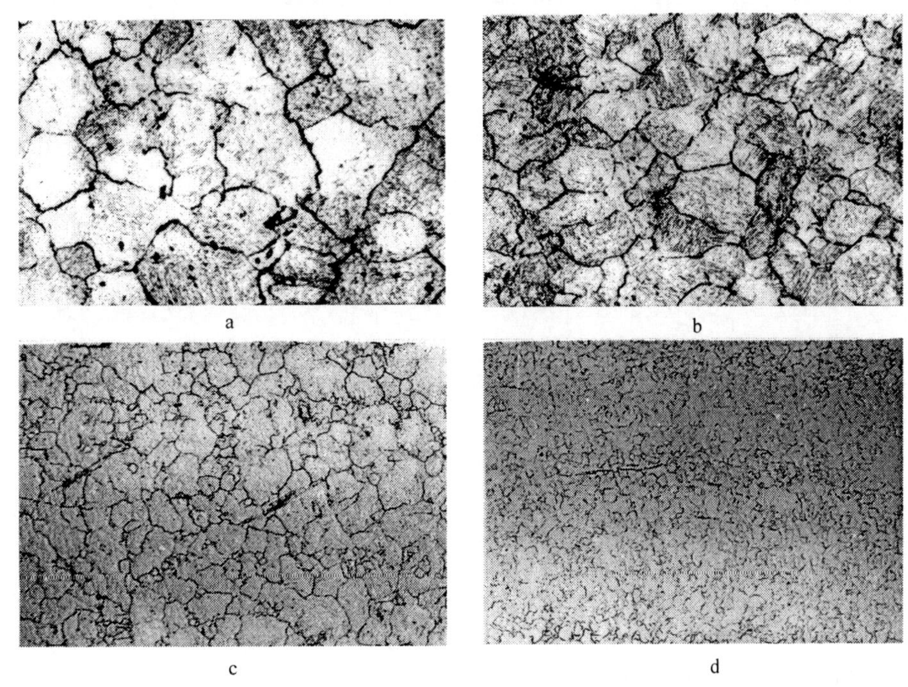

图11-31 不同温度入炉加热后钢管的奥氏体组织

a—550℃入炉，950℃加热；b—400℃入炉，950℃加热；c—550℃入炉，920℃加热；d—400℃入炉，920℃加热

当中间冷却后在550℃入炉，常化温度在920℃和950℃时，常化处理后奥氏体组织都有混晶现象。生产实验表明：规格为ϕ177.8mm×8.05mm的40Mn2V钢管按照在线常化工艺生产，入炉温度在650℃以上时，钢管的纵向冲击功很低，冲击功平均小于15J，650℃以下随入炉温度降低，冲击功逐渐增加。650～510℃入炉，钢管平均冲击功增加幅度较小，但550～510℃时平均冲击功波动幅度较大；510～475℃入炉，钢管平均冲击功增加幅度较大。在475℃入炉，在线常化后的钢管冲击功平均达到67J，最低值为50J（将10mm×5.0mm×55mm试样的冲击功折算成10mm×510mm×55mm V形缺口试样冲击功），如图11-32所示。API 5CT标准中，要求N80套管的单个冲击试样最小冲击功为23J。可见，42Mn2V钢管的纵向冲击功要稳定达到API 5CT标准的N80套管的单个冲击试样最小冲击功23J要求，中间冷却后温度至少应低于560℃。

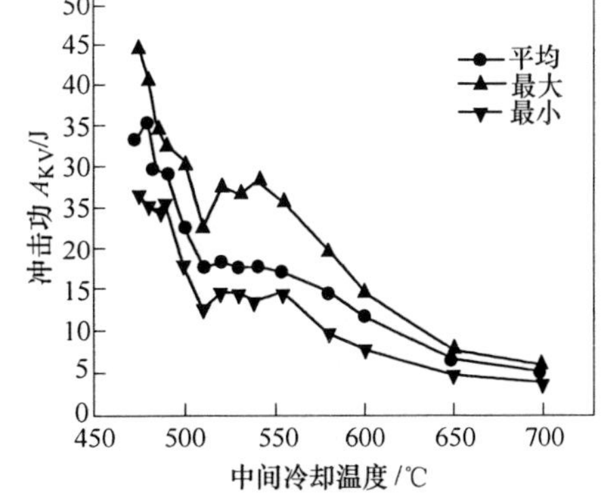

图11-32 中间冷却温度对钢管冲击功的影响

（10mm×5.0mm×55mm V形缺口冲击试样）

中间冷却对组织和性能的影响与加热过程中奥氏体的形核与长大机制有关。当钢管在中间冷床上冷却至相变温度 A_{r3} 与 B_f（或 P_f）之间，奥氏体部分分解，常化再加热后的奥氏体以下列两种不同的形核和长大方式进行：

1）在铁素体—铁素体晶界，奥氏体以经典的方式形核和长大；

2）在铁素体—奥氏体晶界，奥氏体以原未分解的奥氏体为核长大，即奥氏体继续长大。

机制 1）使奥氏体晶粒细化，机制 2）会使奥氏体晶粒有所长大。两种机制共同作用下奥氏体晶粒变化的方向，取决于哪种占优势。实际上，加热后奥氏体晶粒大小和分布取决于中间冷却终止时的相变程度，相变越充分，再加热时按机制 1）形成的细小奥氏体分数越大，奥氏体平均晶粒尺寸越小。如果中间冷却至完全相变，加热后奥氏体组织才最细小、均匀，钢材的韧性才会充分提高。

钢管在冷却过程中的相变程度，取决于材料的相变特性、冷却速度和所处温度。对于壁厚相对较薄、口径较小的钢管，冷却速度相对较大，完全转变后组织中有贝氏体，相变终止温度为 415℃左右；大口径、厚壁钢管，相变终止温度在 540℃左右。因此，大口径、厚壁管可以采用 540℃以下的入炉温度，对小口径、薄壁管（冷却方式 3）最好采用 410℃以下入炉温度。

但入炉温度过低，会降低在线常化节能的效果，降低生产效率。对小口径、薄壁管，提高入炉温度的最好措施是提高钢材相变终止温度，中间冷却时钢管不产生贝氏体。例如，降低 42Mn2V 钢中碳、钒含量，采用 40Mn2V 钢，将钒含量控制在 0.110%~0.106% 之间。42Mn2V 钢按冷却方式 2 冷却时，相变后的组织中贝氏体数量少，约 13%；而且在 470℃时贝氏体转变也完成了总量的 70%，剩余的极少量未转变奥氏体（约 4%）很细小，不会影响常化后奥氏体组织的均匀性。因此，为提高钢种适应性，对小口径、薄壁管可将入炉温度提高至 470℃。

（2）中间冷却速度的影响。从前面的试验和分析可知，冷却速度直接影响中间冷却过程的相构成、相变比例及相变终止温度。在生产工艺布置确定的条件下，中间冷却速度过快，钢管会形成贝氏体组织，降低相变终止温度，因此必须降低入炉温度，延长生产节奏。为保证相变能在较高的温度完成，提高入炉温度必须适当降低冷却速度。当然，在保证强度的前提下，适当降低钢的含碳量或合金含量（如 Mn 或 V），可以进一步提高珠光体或贝氏体相变终止温度，对提高中间冷却终止温度或入炉温度，减少中间冷床压力有利。

由于 42Mn2V 钢在较慢冷却速度下（如 ϕ173.4mm × 9.87mm 钢管冷却）产生的贝氏体数量少，在 13%左右，贝氏体转变在 470℃时已完成约 70%。极少量未转变奥氏体很细小，不会影响形变热处理后奥氏体组织的均匀性。为提高钢种适应性，对小口径、壁薄管可采用 470℃以下入炉温度。

（3）在线常化加热温度的影响。提高常化温度，奥氏体晶粒长大，套管的硬度（或抗拉强度）提高，但其纵向冲击韧性降低，如图 11-33 和图 11-34 所示。在试验的快速加热条件下，常化温度从 900℃升高到 980℃，奥氏体平均晶粒尺寸从 8.4μm 增加到 17μm；超过 980℃后，奥氏体晶粒粗化趋势明显，从 980℃到 1020℃，晶粒尺寸从 17μm 增加到 23μm。常化温度超过 940℃后，纵向冲击功由平均 63J 降低至 37J 以下，降低幅度较大；

但是硬度（或抗拉强度）提高幅度明显减小。加热温度从900℃提高到940℃，钢的硬度的增加值为HRC3.1，而从940℃升高1020℃，钢的硬度增加值仅为HRC1.4。

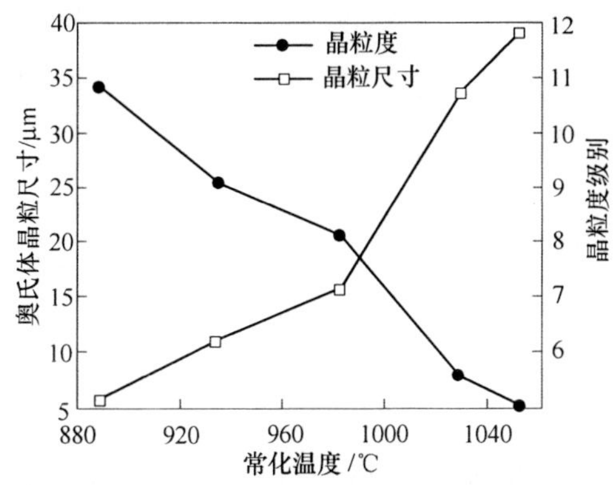

图11-33　常化温度对晶粒尺寸和晶粒度的影响

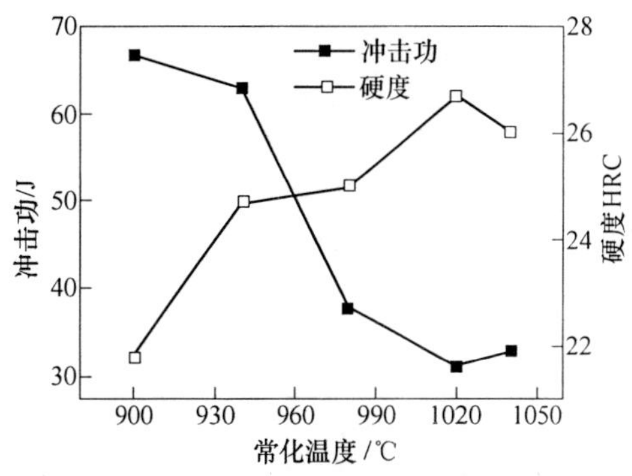

图11-34　常化温度对纵向冲击功和硬度的影响（10mm×10mm×55mm CVN试样）

加热温度对奥氏体晶粒的影响规律遵循晶粒长大的经典理论。也就是加热温度高、保温时间延长，奥氏体晶粒尺寸就会增大。控制合理的再加热温度，可有效细化奥氏体晶粒，42Mn2V钢的在线加热温度应控制在920℃左右。

在线常化会降低微合金化钢的沉淀强化效果。与直接定减径轧制相比，钢的屈服强度有一定降低。含钒0.08%~0.13%（约0.10%）钢的奥氏体晶粒粗化温度在950℃左右，就是说，碳氮化钒（V(CN)）的大量固溶温度在950℃左右。为降低生产成本、节约微合金元素用量，应充分发挥钢中钒的沉淀强化作用。解决方法是在加热过程中让部分V(CN)固溶，以增加定减径后沉淀强化的效果，同时阻碍奥氏体晶粒粗大，防止韧性骤降。综合考虑V对冲击功和强度的作用，40Mn2V钢可适当提高常化温度。

L. N. Pussegoda对于10C-10V、18C-9V、12C-16V、19C-15V钢进行在线常化冷却的试验研究表明，该工艺可以细化铁素体晶粒，提高钢的屈服强度，见表11-16；对10C-3Nb-4V和C-Mn钢，不仅可以细化铁素体晶粒，还可改变组织中的相变比例，珠光体的比例大幅度减少，导致钢的屈服强度反而降低，其组织与性能变化见表11-17。

表11-16　直轧和在线常化工艺下C-V钢的组织与性能

钢　种	工艺类型	铁素体晶粒尺寸/μm	显微硬度HV（10g）	屈服强度/MPa
10C-10V	直轧	11.3	215±6	533
	在线常化	7.4	193±3	546
18C-9V	直轧	9.5	204±6	624
	在线常化	6.4	182±8	650
12C-16V	直轧	18	222±6	579
	在线常化	10	165±2	462
19C-15V	直轧			710
	在线常化			728

表 11-17 直轧和在线常化工艺下 C-Mn 和 10C-3Nb-4V 钢的组织与性能

钢 种	工艺类型	铁素体晶粒尺寸		非铁素体相体积分数/%	屈服强度/MPa
		μm	晶粒度		
10C-3Nb-4V	直轧	18	8.3	24.9 ± 2.3 (P + B)	579
	在线常化	10	10	10.4 ± 1.9 (P)	462
C-Mn	直轧	90	3.7	81 ± 2 (P)	460
	在线常化	10	10	54 ± 3 (P)	455

在线常化工艺与轧后快速冷却工艺相结合，10C-10V、18C-9V、12C-16V、19C-15V 可以获得力学性能良好的管材，见表 11-18。

表 11-18 多种工艺组合下 C-V 钢的组织与性能

钢种	工艺类型	屈服强度/MPa	抗拉强度/MPa	伸长率/%	硬度，VHN			铁素体晶粒尺寸/μm	冲击功/J		
					顶面	中部	底部		2℃	-18℃	-40℃
10C-10V	HR + AC	482	588	38.5	190	190	190	7.27	221	222	164
	HR + N + AC	435	553	34.0	186	183	181	6.00	313	438	258
	HR + WC	541	667	30.0	216	219	215	5.64	155	195	80
	HR + N + WC	581	664	27.0	203	203	195	5.22	209	187	171
18C-9V	HR + AC	518	638	36.5	189	217	212	6.91	149	114	68
	HR + N + AC	477	581	33.0	170	194	183	5.70	237	212	190
	HR + WC	641	750	31.5	222	242	242	5.26	107	94	46
	HR + N + WC	600	769	27.0	209	217	210	5.07	220	—	87
12C-16V	HR + AC	538	685	34.0	225	225	224	6.66	92	71	28
	HR + N + AC	498	633	32.0	210	208	210	6.35	156	115	91
	HR + WC	724	834	—	279	242	247	4.98	118	87	72
	HR + N + WC	671	907	30.5	315	317	312	4.89	141	—	81
19C-15V	HR + AC	578	746	27.5	242	249	249	6.22	46	38	15
	HR + N + AC	527	684	—	227	228	220	5.88	118	99	68
	HR + WC	791	915	27.0	297	297	283	5.12	100	60	46
	HR + N + WC	629	767	—	250	244	247	4.50	122	94	73

11.3.3.5 在线常化工艺在套管生产中的应用

实际生产条件下，采用钢管不经中间冷床冷却而直接定径工艺生产的钢管，其冲击性能极低，平均纵向冲击功仅 9J，晶粒度为 5.5 ~ 6.5 级。经中间冷床冷却后，控制入炉温度低于 540℃，采用在线常化工艺，奥氏体晶粒度为 8.5 ~ 9 级。与直接定径工艺相比，在线常化工艺得到的晶粒要细 2.5 ~ 3 级。在线常化后套管的各项力学性能指标都达到 API 5CT 标准对 N80 级套管的要求。不同规格套管的力学性能和晶粒度级别见表 11-19。可以看出：随钢管直径和壁厚增加，在线常化后钢管的强度和冲击功降低，而塑性有一定的提高。由于生产 ϕ177.8mm 和 ϕ244.5mm 钢管采用的坯料分别是 ϕ270mm 和 ϕ310mm，加工过程中的压缩比相近，冲击韧性的差异并不是压缩比造成的。冲击功降低可能与钢管直径和壁厚增加导致的中间冷却终止温度（常化入炉温度）较高以及定减径轧制后冷却慢有关。

表 11-19 不同规格 42Mn2V 钢套管的力学性能统计

钢管尺寸 /mm × mm	屈服强度 /MPa	抗拉强度 /MPa	伸长率 /%	纵向冲击功 /J	晶粒度	工艺
ϕ244.5 × 13.84	555 ~ 580 571	828 ~ 856 853	32 ~ 34 33	22 ~ 28 25.5	8.5	在线常化
ϕ244.5 × 10.03	566 ~ 591 576	821 ~ 856 837	29 ~ 31 30	29 ~ 49① 39.1	8.5	在线常化
ϕ177.8 × 8.05	593 ~ 646 623	819 ~ 915 893	24 ~ 27 25	36 ~ 58② 41.1	9.0	在线常化
ϕ177.8 × 8.05	593 ~ 671 632	915 ~ 973 944	23 ~ 27 25	7 ~ 11② 9.1	5.5 ~ 6.5	直接定径

注：表中数据分别为最大值、最小值和平均值。
① 10mm × 7.5mm × 55mm 试样冲击功折算成 10mm × 10mm × 55mm 试样冲击功；
② 10mm × 5.0mm × 55mm 试样冲击功折算成 10mm × 10mm × 55mm 试样冲击功。

直径和壁厚较大的 ϕ244.5mm × 13.84mm 钢管，在线常化后其强度和冲击功较低，而塑性有一定的提高，主要是受冷却速度低导致相变温度高的影响，也不利于析出第二相的细化，与钢管加工过程压缩比无关。从冷却速度对 42Mn2V 相变温度的影响看，ϕ244.5mm × 13.84mm 钢管冷却时，组织中无贝氏体，为铁素体和珠光体，其中铁素体形成温度较高，强度较低。从生产工艺角度看，42Mn2V 钢对冷却速度和入炉温度的敏感性较强。

经在线常化后，42Mn2V 钢管的纵向冲击功 $A_{KV} \geqslant 23$J，$\sigma_{0.5} \geqslant 555$MPa，$\sigma_b \geqslant 820$MPa，$\delta_5 \geqslant 23\%$，各项力学性能指标都达到 API 5CT 标准对 N80 级套管的要求。

参考文献

[1] 曾良平，易兴斌. ϕ340mm 连轧管机组工艺技术特点和装备水平 [J]. 钢管，2006，35（4）：35 ~ 38.

[2] 张燕燕，兰兴昌. 无锡西姆莱斯钢管有限公司热轧无缝钢管车间 [J]. 特殊钢，1999，20（2）：35 ~ 37.

[3] 三原丰，上野康，等. 无缝钢管的直接淬火工艺 [J]. 鉄と鋼，1985，71（8）.

[4] Pussegoda L N, Yue S, Jonas J J. Effect of Intermediate Cooling on Grain Refinement and Precipitation During Rolling of Seamless Tubes [J]. Material Science and Technology, 1991, 7 (2): 129.

[5] Pussegoda L N, Yue S, Jonas J J. Laboratory Simulation of Seamless Tube Piercing and Rolling Using Dynamic Recrystallisation Schedules [J]. Metallurgical Transactions A, 1990, 21A (1): 153.

[6] Pussegoda L N, Barbosa R, Yue S, et al. Laboratory simulation of seamless-tube rolling [J]. Journal of Materials Processing Technology, 1991, 25 (1): 69 ~ 90.

[7] George Ruddle E, Pat Hunt J, Benoit Voyzelle. Pilot-Scale Development of Ti-V-N Microalloy Steels For Seamless Tubular Products [C]. 1990 Mechanical Working and Steel Processing Proceedings, Iron and Steel Society of AIME, Warrendale, PA, 1990, 375.

[8] 马宗况，潘勤伦，许玉成，等. 轴承钢管轧后穿水冷却工艺的研究 [J]. 钢管技术，1985

(2)：5～11.
[9] 钟锡弟，庄刚，李群，等．热轧无缝管在线控制冷却技术的开发与减量化生产实践［G］．第十二届北方钢管技术研讨会论文汇编，2008.
[10] 韩会全．J55 油井管在线控冷工艺及装备研究［C］．轧钢生产高效用水技术及装备研讨会．2011：21～23.
[11] 韩会全，胡建平，王强．钢管冷却喷淋水量对换热系数的影响［J］．钢管，2014，49（3）：55～58，62.
[12] 韩会全，陈泽军，胡建平，等．J55 钢级焊接油井管在线控冷工艺的研究［J］．钢管，2012，41（3）：24～27.
[13] 高温处理管材的冷却方法与装置［P］．日本，19370，昭 56（1981）．
[14] Spray quench systems for heat treated metal products［P］．美国专利 US4581512 B2：2007-2-8.
[15] 钢管的冷却装置［P］．日本，31847，昭 56（1981）.
[16] 钢管的冷却方法［P］．日本，108829，昭 56（1981）.
[17] 钢管冷却装置［P］．日本，28971，昭 56（1981）.
[18] 黄恺．日本的钢管直接淬火技术［J］．钢管技术，1984，(1)：67～73.
[19] 姚发宏，余伟，程知松．喷淋式钢管淬火装置水循环节能设计［C］．第十届中国钢铁年会暨第六届宝钢学术年会论文集．北京：冶金工业出版社，2015.
[20] 钢管冷却装置［P］．日本，52426，昭 58（1983）.
[21] 特开昭 55（1980）．日本，6417.
[22] 特开昭 57（1982）．日本，127731.
[23] 李亚欣，刘雅政，洪斌，等．P110 级石油套管淬火组织形态对残余应力的影响［J］．钢铁研究学报，2010，22（9）：55～59.
[25] 连野贞夫，等．回转烧入钢管の形状变化こ关する为实验室的检讨［J］．鉄と鋼，1984（13）.
[26] 李银平，译．钢管旋转淬火用的新型热处理线的发展［C］．第三届国际轧钢会议论文集．钢管技术编辑部出版，1987.
[27] 特开昭 60（1985）．日本，125327.
[28] 特开昭 58（1983）．日本，87226.
[29] 特开昭 59（1984）．日本，35627.
[30] 周民生，魏林，高玮，等．钢管轧制余热淬火工艺的研究［J］．轧钢，1991（2）：27～32.
[31] 周民生，魏林，高玮，等．N-80 级钢管轧后余热淬火工艺研究［J］．钢铁，1992，27（1）：25～28.

12 热轧钢材的组织性能预报与控制

随着科技的发展，交通、能源、建筑、机械等行业对高性能的钢材需求越来越多，要求也越来越高。钢材产品的性能参数与其内部的组织结构密切相关，在生产过程中，需要对轧件的微观组织结构进行精确的预测和控制才可能得到满足用户需求的产品。本章以热轧生产为例，对其组织演变及力学性能的预报模型相关技术进行介绍。

12.1 加热过程的组织演变

12.1.1 奥氏体的形核与晶粒长大

板坯加热的目的在于使合金成分均匀，获得完全奥氏体相，减小钢的变形抗力。奥氏体转化分为四个阶段：(1) 奥氏体形核；(2) 奥氏体晶核长大；(3) 剩余渗碳体溶解；(4) 奥氏体成分相对均匀化。钢在经过奥氏体化之后，奥氏体晶粒会不断长大，晶粒由初始的不规则形状逐渐变为等轴状。

奥氏体的形核位置通常在铁素体和渗碳体两相的界面上。奥氏体的碳含量介于铁素体和渗碳体之间，在两相的界面上碳原子的扩散速度较快，容易形成较大的浓度涨落，使相界面上的奥氏体的形核位置通常在铁素体和渗碳体两相的界面上。在均匀成核条件下形核率和温度的关系可以用下式表示：

$$I = C' e^{-\frac{Q}{kT}} \cdot e^{-\frac{W}{kT}} \tag{12-1}$$

式中 C' ——常数；

Q ——扩散激活能；

k ——玻耳兹曼常数；

T ——绝对温度；

W ——临界形核功。

奥氏体沿着铁素体和渗碳体晶界交界面处形核长大，形成了 γ-α 和 γ-Fe_3C 两个新的相界面。奥氏体两侧界面分别向铁素体和渗碳体推移。奥氏体长大的线速度包括向两侧推移的速度。碳原子在奥氏体中的扩散速度决定了推移速度的快慢。

随着奥氏体化的结束，温度继续升高或者持续保温，奥氏体的晶粒将长大，但当晶粒长大到一定程度时将停止长大。

12.1.2 影响奥氏体晶粒尺寸的主要因素

晶粒的长大主要表现为晶界的移动，它受加热温度、保温时间、加热速度、钢的成分与第二相颗粒的存在等因素的影响。

(1) 加热温度和保温时间的影响。晶界移动的速度也随温度的升高而急剧增大，晶粒长大的趋势越来越快。同时温度升高第二相发生固溶，并且会发生聚合长大，对晶界迁移的阻碍作用减弱，促使奥氏体晶粒长大速度加快。

保温时间越长，奥氏体在此速率下长大的时间越长，因此晶粒不断长大，但是晶粒不会无限制的长下去，延长保温时间可使晶界弥散相扩散程度加大，晶界迁移量也增大，长大速率逐渐减小，最终趋于定值。

（2）加热速度的影响。加热速率对晶粒长大影响实质上即为加热温度和保温时间对晶粒尺寸的影响：加热速率较快，相当于长大过程在各温度下保温时间较短，升到指定温度后的初始晶粒较小；反之，加热速率较小，相当于长大过程在各温度下的保温时间较长，升到指定温度后的初始晶粒尺寸较大。另外，加热速度比较快时也会造成比较大的过热度，使成核率增高，起始晶粒变细。

（3）钢中含碳量的影响。碳含量在一定限度范围内奥氏体晶粒度随碳含量的增加而增大。当增加碳含量超过限度时，晶粒长大受形成未溶解的二次渗碳体或液溶体所阻碍，降低了奥氏体晶粒长大倾向。

（4）合金元素的影响。固溶于钢中的微合金元素，如 V、Nb、Ti 在奥氏体晶界处会发生偏聚，降低奥氏体晶界的界面能，从而阻止晶界迁移，在一定程度上细化奥氏体晶粒。为保证一定晶粒尺寸的奥氏体晶粒在高温加热时被钉扎而不发生粗化，需存在足够体积分数的平均尺寸够小的第二相粒子。增大第二相体积分数，降低第二相的平均尺寸可以增大钉扎作用，使在高温加热过程奥氏体晶粒尺寸得到控制，而不粗化。

保温的温度越高，二相粒子析出的体积分数越小。在给定温度条件下，体积分数都会趋于一个稳定值。析出物的平均半径也会随着温度和保温时间的不同而发生改变。总体来看，温度越高，二相粒子的平均半径越大。图 12-1 为不同温度下 X70 管线钢中析出的碳氮化物的体积分数和平均半径。

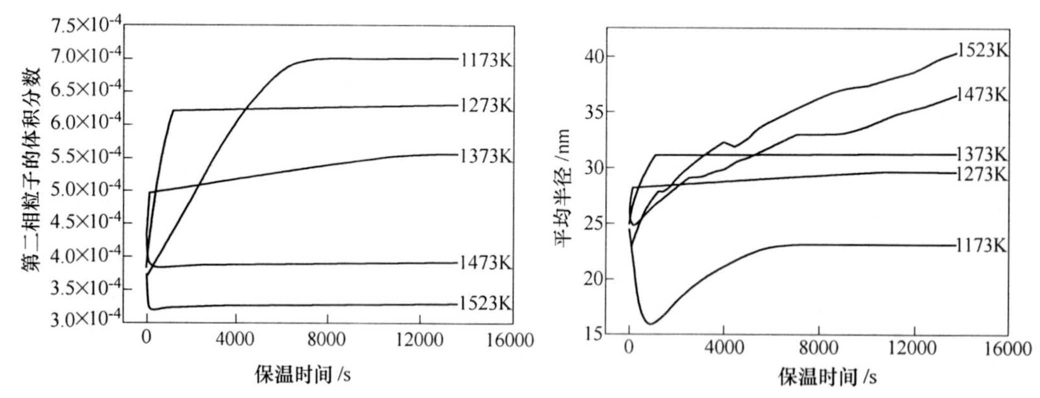

图 12-1 不同温度下 X70 管线钢中析出的碳氮化物体积分数和平均半径

12.1.3 奥氏体晶粒长大模型

预测奥氏体正常晶粒长大规律通常采用 C. M. Sellars 在分析 C-Mn 钢等温长大规律的基础上提出来的模型：

$$d^n - d_0^n = At\exp(-Q/RT) \tag{12-2}$$

式中 d——长大后晶粒尺寸，μm；

d_0——初始晶粒尺寸，μm；

Q——晶粒长大激活能，J/mol；

t——保温时间，s；

T——温度，K；

R——气体常数，8.314J/(mol·K)；

n，A——实验常数。

上述模型给出了奥氏体晶粒长大的一般规律，对于不同的钢种，模型参数需要通过试验数据来拟合，对试样进行不同加热速度、保温温度和保温时间的热处理，然后观察原始奥氏体组织并统计晶粒尺寸和分布，如图 12-2 所示。

a

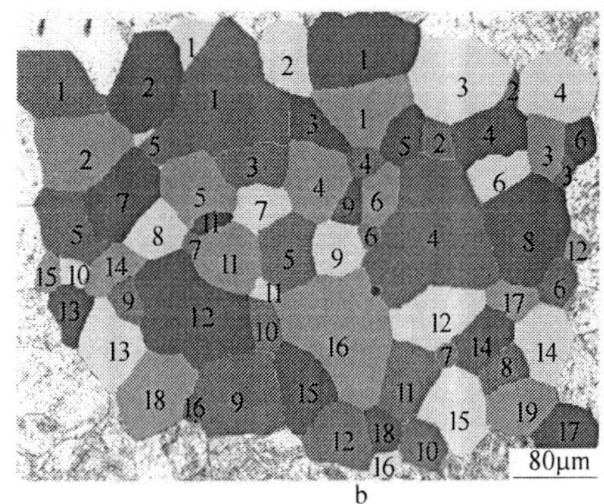

b

图 12-2　原始奥氏体组织及晶粒尺寸统计

a—原始金相照片；b—处理后的金相照片

从图 12-3 所示以不同加热速度升温至各温度下的初始奥氏体晶粒尺寸试验结果，可以看出，随着加热速度的增加晶粒尺寸不断减小，最后趋于不变。

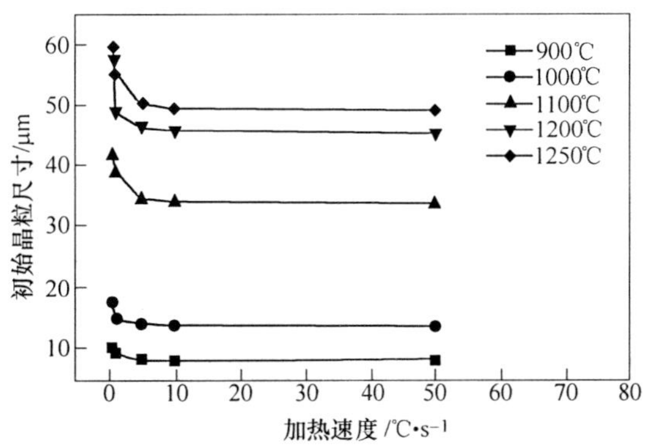

图 12-3　不同加热速度的初始奥氏体晶粒尺寸

图 12-4 所示为初始晶粒尺寸 d_0 随加热速度的倒数 $1/v$ 变化情况，可见 d_0 呈类似线性增长的趋势，所以初始奥氏体晶粒尺寸和加热速度之间的关系可以用式（12-3）表示，式中 M 和 N 在温度恒定下为常数，v 为加热速度（K/s）：

$$d_0 = M\exp(N/v) \tag{12-3}$$

图 12-5 所示为管线钢 X70 在不同温度下保温不同时间的奥氏体晶粒尺寸试验数据。

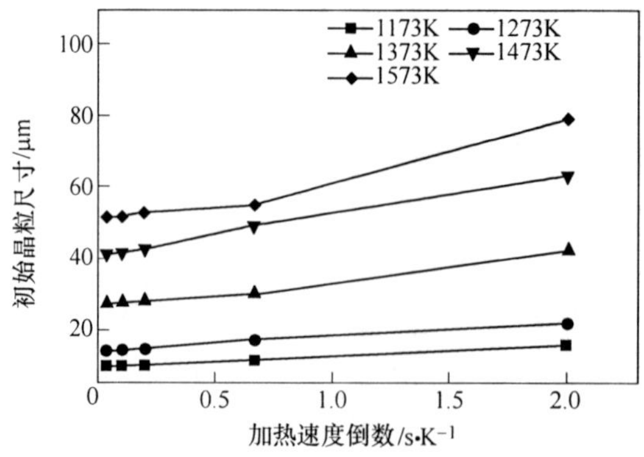

图 12-4　初始晶粒尺寸 d_0 随加热速度的倒数 $1/v$ 变化情况

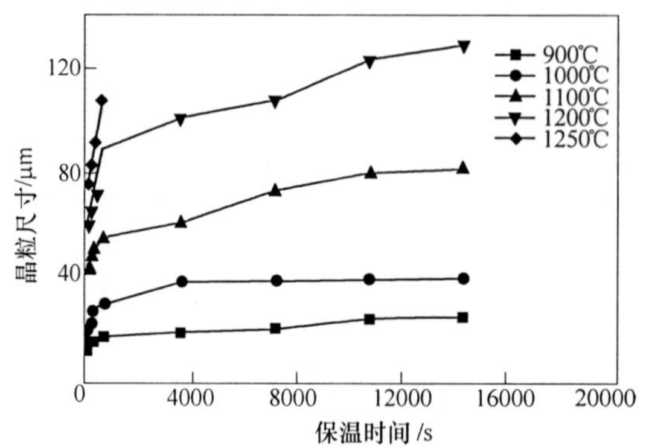

图 12-5　不同保温制度下的奥氏体晶粒尺寸

通过参数拟合，可得该钢种的晶粒长大模型为：

$$d^{7.2}-d_0^{7.2}=4.84\times10^{32}t\exp(-611403/RT) \tag{12-4}$$

12.2　轧制过程中的组织演变

轧制过程中金属经过变形后，其内部的组织结构会发生一定的变化。这种变化在宏观上可以体现为力学性能的改变，在微观上，表现为晶粒被压扁、拉长，晶粒内部的位错密度的增加等。变形使得金属与合金体系的自由能升高。这种高的自由能状态是不稳定的，有自发向更稳定的更低能量状态转变的趋势。这种转变根据具体的形式可以分为回复和再结晶两类。再结晶后的晶粒都会发生不同程度的细化。因此在实际生产中，会在较高温度下进行大变形，使钢中奥氏体发生再结晶，产生新的细小均匀的晶粒，以此来提高和改善钢材最终的力学性能。

12.2.1　动态回复与再结晶

动态回复是指在热变形条件下，随着位错数量的增加，通过位错运动使部分位错消失或重新排列的过程。但是当畸变能（一般与变形量有关）积累到一定程度时会发生大角度晶界的迁移，使更多的位错消失，这称为动态再结晶过程。这两个过程同时进行，并且伴随着整个热变形过程。宏观上看，变形时的真应力值（也称为流动应力）并不随着真应变值的增加而单调上升，而是有升有降。

图 12-6 为发生动态再结晶时的典型的真应力-真应变曲线示意图。图中实线为真实的应力应变曲线，经过变形后材料首先会经历加工硬化，并伴随有动态回复的发生；当真应变大于动态再结晶的临界变形量时，动态再结晶开始。一旦动态再结晶开始，软化的程度迅速增大。由于变形所产生的硬化与再结晶所产生的软化是一个此消彼长的关系，应力在达到一个峰值后就开始下降，然后趋于稳定。也就是动态再结晶产生的软化与变形引起的硬化效果相当。而如果没有动态再结晶发生，应力线会沿虚线不断升高最后趋于一个稳定值，其内部的畸变将处于相对饱和的状态。

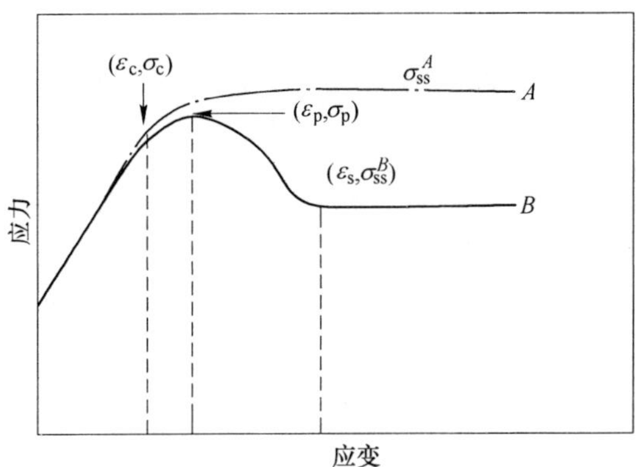

图 12-6 动态再结晶真应力-真应变曲线示意图

A—加工硬化 + 动态回复；

B—加工硬化 + 动态回复 + 动态再结晶

由于动态回复和动态再结晶的存在，加工硬化速率 $\theta(\mathrm{d}\sigma/\mathrm{d}\varepsilon)$ 会随变形不断变化。因此可以通过研究 θ-σ 曲线上的拐点来确定动态再结晶的临界发生条件。图 12-7 是通过对试验得到的应力-应变曲线进行平滑处理，然后进行求导，得到不同变形条件下 θ-σ 曲线。

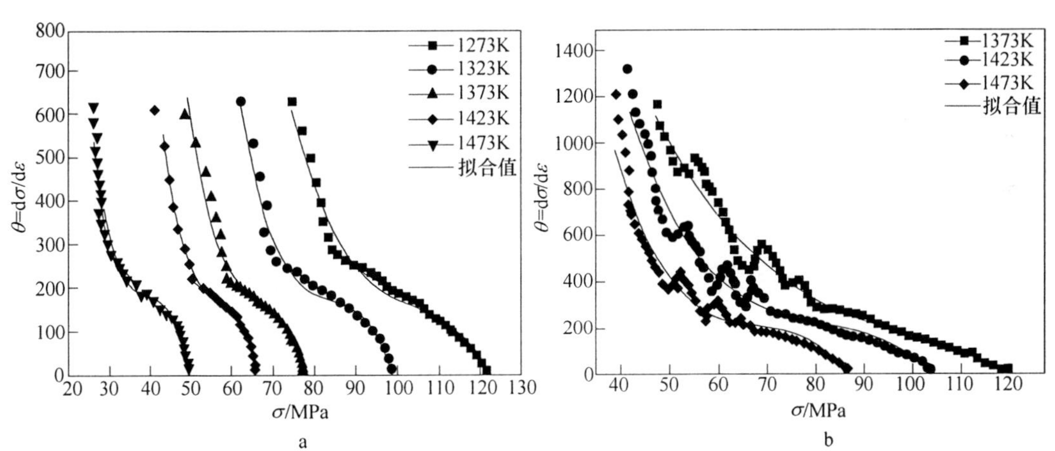

图 12-7 应变硬化率与真应力关系图

a—$\dot{\varepsilon}=0.05\mathrm{s}^{-1}$；b—$\dot{\varepsilon}=1\mathrm{s}^{-1}$

从图 12-7 中可以看出 θ 与 σ 呈三次多项式的关系。θ-σ 曲线可以用三阶多项式进行拟合：

$$\theta = a\sigma^3 + b\sigma^2 + c\sigma + d \tag{12-5}$$

式中，a、b、c、d 为不同变形条件下的拟合常数。

对上式求二阶偏导，令等式为零，可以求出动态再结晶临界应力 σ_c 为：

$$\frac{\partial^2\theta}{\partial\sigma^2} = 6a\sigma + 2b = 0 \tag{12-6}$$

$$\sigma_c = -b/3a \tag{12-7}$$

求出不同变形条件下的临界应力 σ_c 后，结合试验测得的真应力-应变曲线，得到相应的临界应变 ε_c。研究表明，临界应力与峰值应力之间存在一定的比例关系，由图 12-8 可以得到 $\sigma_c = 0.83\sigma_p$，$\varepsilon_c = 0.4\varepsilon_p$。

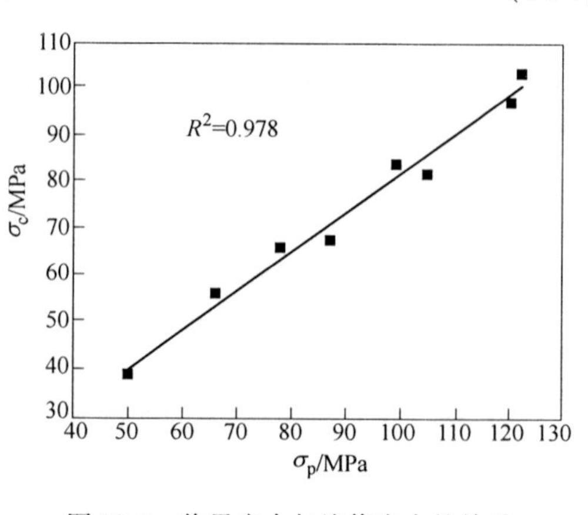

图 12-8 临界应力与峰值应力的关系

动态再结晶主要受变形温度和变形速率影响，可以用 Zener-Hollomon 参数来描述其作用：

$$Z = \dot{\varepsilon}\exp[Q_{def}/(RT)] = A[\sinh(\alpha\sigma)]^n \tag{12-8}$$

式中 Z——Zener-Hollomon 参数；

Q_{def}——形变激活能，J/mol；

R——气体常数，J/(mol · K)；

T——绝对温度，K；

α，n——与材料相关的常数，α 一般为 0.007 ~ 0.014。

对式（12-8）取自然对数可以得到：

$$\ln\dot{\varepsilon} + Q_{def}/RT = \ln A + n\ln[\sinh(\alpha\sigma_p)] \tag{12-9}$$

在一定的温度下，式（12-9）两边对 $\ln\dot{\varepsilon}$ 求偏导可得：

$$n = \left.\frac{\partial\ln\dot{\varepsilon}}{\partial\ln[\sinh(\alpha\sigma_p)]}\right|_T \tag{12-10}$$

同理当应变速率一定时，式(12-9)两边对 $1/T$ 求偏导可以得到：

$$Q_{def} = Rn\left.\frac{\partial\ln[\sinh(\alpha\sigma_p)]}{\partial(1/T)}\right|_{\dot{\varepsilon}} \tag{12-11}$$

以 X70 管线钢为例，根据试验数据，分别做出 $\ln\dot{\varepsilon}$ 与 $\ln[\sinh(\alpha\sigma_p)]$ 以及 $\ln[\sinh(\alpha\sigma_p)]$ 与 $1/T$ 的关系图，如图 12-9 所示。通过线性拟合求平均值的方法，可以确定 X70 管线钢动态再结晶形变激活能 Q_{def} = 393kJ/mol，参数 n 值为 4.7。

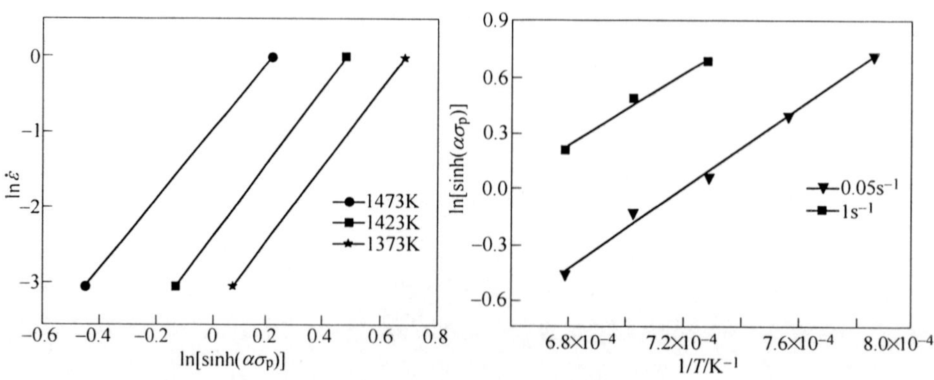

图 12-9 $\ln[\sinh(\alpha\sigma_p)]$ 与 $\ln\dot{\varepsilon}$、$1/T$ 之间的关系

推导出 Zener-Hollomon 参数后，可用下面经验公式来描述峰值应力：

$$\sigma_p = AZ^m \tag{12-12}$$

式中，A 和 m 均为与材料相关的系数。

图 12-10 所示为试验所得 $\ln\sigma_p$ 与 $\ln Z$ 的对应关系，对其进行线性拟合，可以求得 $A = 0.44937$，$m = 0.1638$。

用同样的方法可以求得峰值应变与 Zener-Hollomon 参数之间的关系式：

$$\varepsilon_p = 2.6 \times 10^{-4} Z^{0.2158} \tag{12-13}$$

通过图 12-6 的真应力-真应变曲线，可以用下式计算动态再结晶软化率 X_d：

$$X_d = \frac{\sigma^A - \sigma^B}{\sigma_{ss}^A - \sigma_{ss}^B} \tag{12-14}$$

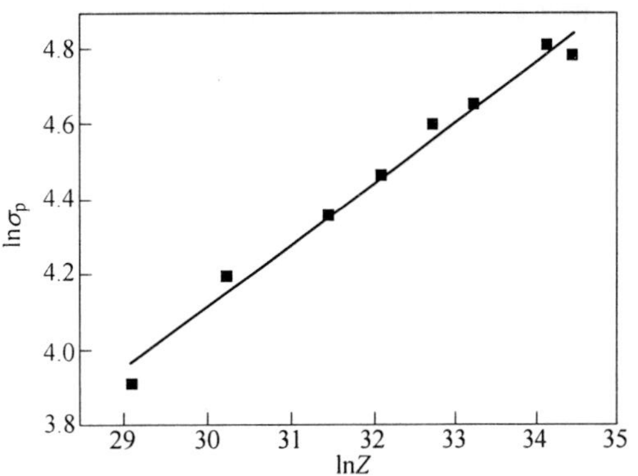

图 12-10 $\ln\sigma_p$ 与 $\ln Z$ 之间的关系

式中 σ^A，σ_{ss}^A——瞬时、稳定的动态回复流变应力；

σ^B，σ_{ss}^B——瞬时、稳定的动态再结晶流变应力。

其中，σ^B、σ_{ss}^B 从曲线上可以直接读出；σ^A、σ_{ss}^A 需要通过 $\varepsilon < \varepsilon_c$ 时的应力-应变曲线形状，按只发生动态回复应力-应变模型外推得到。

动态再结晶软化率 X_d 与应变 ε 的关系式：

$$X_d = 1 - \exp\left[-k\left(\frac{\varepsilon - \varepsilon_c}{\varepsilon_p}\right)^n\right] \tag{12-15}$$

式中 k，n——与钢种有关的常数。

动态再结晶后，发生动态再结晶的奥氏体晶粒尺寸会变得非常细小，一般认为发生动态再结晶后的晶粒尺寸 D_d 取决于 Z 参数，可表示为：

$$D_d = AZ^n \tag{12-16}$$

式中，参数 A 一般取 $2.26 \times 10^4 \sim 2.82 \times 10^4$，参数 n 一般取 $-0.24 \sim -0.27$。

动态再结晶后，奥氏体晶粒还将继续长大，常用的晶粒长大模型如下：

$$D_{dz}^n = D_d^n + A\exp\left(-\frac{Q}{RT}\right)t^x \tag{12-17}$$

式中 D_{dz}^n——动态再结晶 t 秒后的奥氏体晶粒尺寸；

D_d^n——$D_d = D$，动态再结晶后的奥氏体晶粒尺寸；

Q——变形激活能；

A，x——与钢种有关的常数。

12.2.2 静态回复与再结晶

在热变形间隙时间或者在奥氏体相区的缓冷过程中，奥氏体组织还会发生变化，自发的消除加工硬化组织，使组织达到稳定状态。这种变化仍然是回复、再结晶过程。但是它们不是发生在热加工过程中，所以称为静态回复、静态再结晶。

通过双道次压缩试验可以研究金属与合金的静态再结晶行为。如果第二道次的应力-

应变曲线的加工硬化率更高，说明经过第一次变形后，基体内部存在一定的残余应变。如果在两道次间隙，金属发生了完全再结晶，基体内部残余应变极小，前后两道次的应力-应变曲线差异会非常小。如果没有发生再结晶，第二次变形应力值会迅速上升到一次变形卸载前的峰值应力。

利用前后两道次应力-应变曲线的差异，可以间接求出静态再结晶的百分比。求静态再结晶百分数主要有以下几种方法：

（1）后插法（Back Extrapolation）。图 12-11 所示为后插法求静态再结晶百分数示意图，其表达式为：

$$X_S = \frac{\sigma_m - \sigma_r}{\sigma_m - \sigma_0} \tag{12-18}$$

式中　σ_m——卸载之前对应的应力；

σ_0——第一道次热变形的屈服应力。

确定 σ_r 的方法为：将第一道次真应力-真应变曲线向第二道次真应力-真应变曲线方向平移至其部分重合，平移线与第一道次压缩实验的卸载线的交点对应的应力，定义为 σ_r。

（2）补偿法（Offset Method）。图 12-12 为补偿法求静态再结晶百分数示意图，其表达式为：

$$X_S = \frac{\sigma_m - \sigma_r}{\sigma_m - \sigma_0} \tag{12-19}$$

式中　σ_m——卸载之前对应的应力；

σ_0——第一道次热变形的屈服应力；

σ_r——第二道次热变形的屈服应力。

σ_0 和 σ_r 通过应力补偿法获得，可取 0.2% 或 2% 的应变补偿。

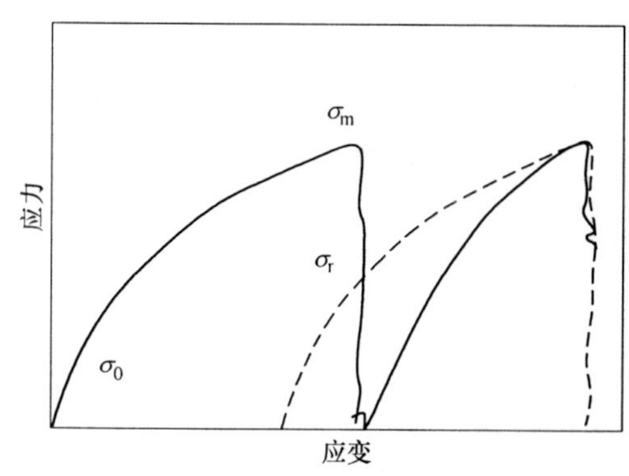

图 12-11　后插法求静态再结晶百分数

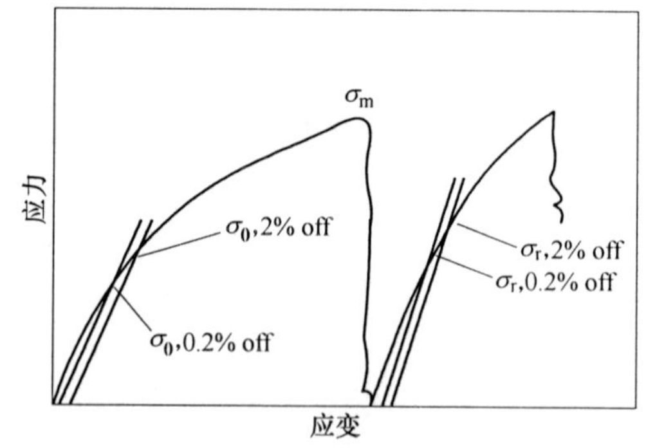

图 12-12　补偿法求静态再结晶百分数

两种测量方法都能够比较准确的测量静态再结晶百分数，但是实际应用时却各有侧重点，后插法能够比较直观的反应应力软化行为，但是操作方法比较烦琐，最重要的是当应变速率较大时，应力应变曲线会出现很大的振荡，使得操作时很难确定平移曲线何时与第二道次重合，会造成很大的误差；补偿法在确定补偿线角度时也有一定的误差，应用范围比较广，能够测量曲线振荡较大的情况的静态再结晶百分数。

静态再结晶百分数模型一般也是在 Avrami 方程基础上建立的：

$$X = 1 - \exp[-k(t/t_{0.5})^n] \tag{12-20}$$

式中，$t_{0.5}$ 为静态再结晶发生 50% 所需时间，其大小一般受应变 ε，应变速率 $\dot{\varepsilon}$，初始晶粒尺寸 d_0，静态再结晶激活能 Q_s 以及变形温度 T 等参数影响。

$$t_{0.5} = A\varepsilon^p \dot{\varepsilon}^q d_0^s \exp\left(\frac{Q_s}{RT}\right) \tag{12-21}$$

式中 ε，$\dot{\varepsilon}$——分别为应变和应变速率；

A，p，q——常数。

图 12-13 所示为不同变形条件下静态再结晶百分数随道次间隔时间变化趋势的实验结果。对图中曲线进行非线性拟合并通过内插或外插算法即可得各个变形条件下再结晶百分数达到 50% 所需时间 $t_{0.5}$，计算结果见表 12-1。

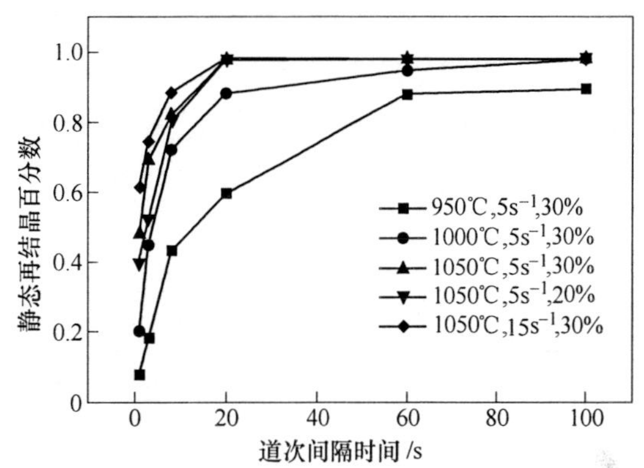

图 12-13 静态再结晶百分数随道次间隔时间变化趋势

表 12-1 各应变条件下 $t_{0.5}$ 值

温度/℃	应 变	应变速率/s^{-1}	$t_{0.5}$/s
950	0.36	5	12.96
1000	0.36	5	3.75
1050	0.36	5	1.06
1050	0.22	5	1.91
1050	0.36	15	0.4

12.2.3 微合金元素的影响

普通碳钢在奥氏体区轧制时，奥氏体再结晶和晶粒长大进行得很快，晶粒的细化受到限制。如果有细小的第二相质点导入到奥氏体基体之中，由于质点和晶界发生相互作用，第二相质点通常会钉扎在晶界上。当晶界试图摆脱质点的束缚而迁移时，局部的能量增加，因此晶粒长大受到来自质点的阻力。

弥散质点可以阻滞晶粒长大，但效果最好的是在轧制过程中随温度下降而析出的碳化物和氮化物。图 12-14 和图 12-15 给出了这些碳化物和氮化物的溶解度和温度的关系。可以看出，所有这些化合物的溶解度都很小，在热轧温度范围内（900～1300℃）溶解度随着温度的下降而下降。但是有些合金元素，例如 Cr 和 Mo 的碳化物在奥氏体中的溶解度很高。只要温度足够高，它们就会完全溶解到奥氏体中去，但是直到温度降低到奥氏体晶粒长大的临界温度范围时，Cr 和 Mo 的碳化物都不会从奥氏体中析出，因此无法达到细化晶粒的效果。

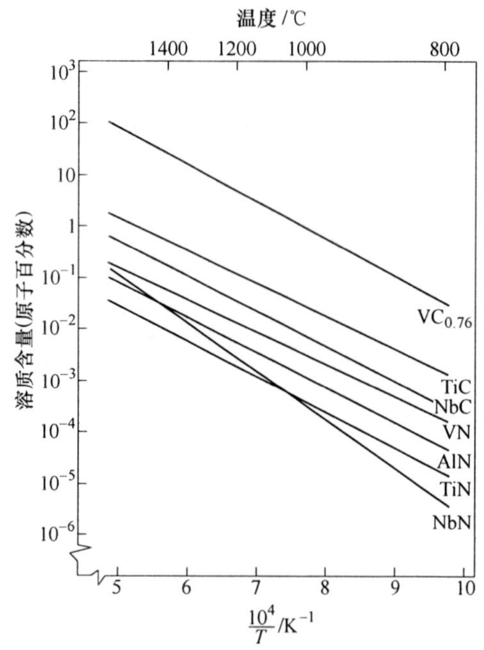

图 12-14　碳化物和氮化物在奥氏体中的溶解度和温度的关系

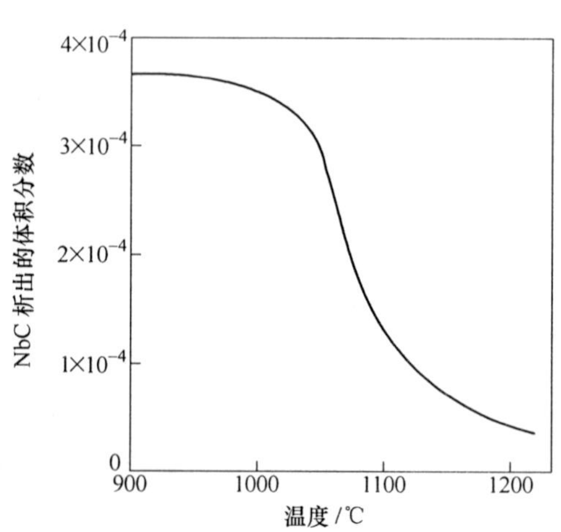

图 12-15　0.15C-1.14Mn-0.04Nb 钢中的溶解度曲线

合金元素除了阻碍再结晶奥氏体晶粒长大之外，另外一个重要的作用是推迟变形奥氏体的再结晶过程：（1）提高奥氏体发生再结晶的温度，如图 12-16 所示；（2）提高奥氏体发生再结晶所需的临界变形量，如图 12-17 所示。

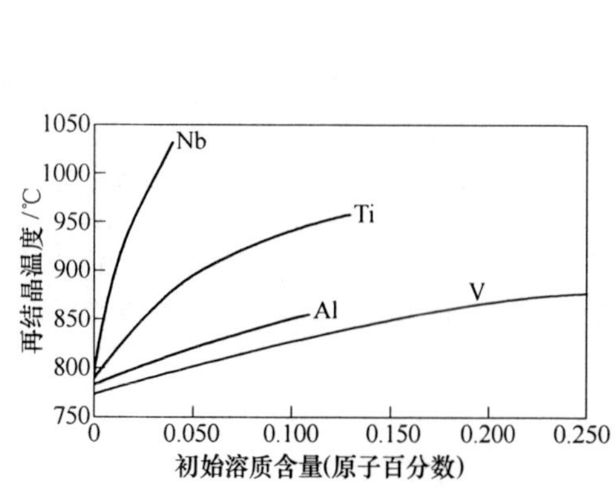

图 12-16　合金元素对再结晶温度的影响

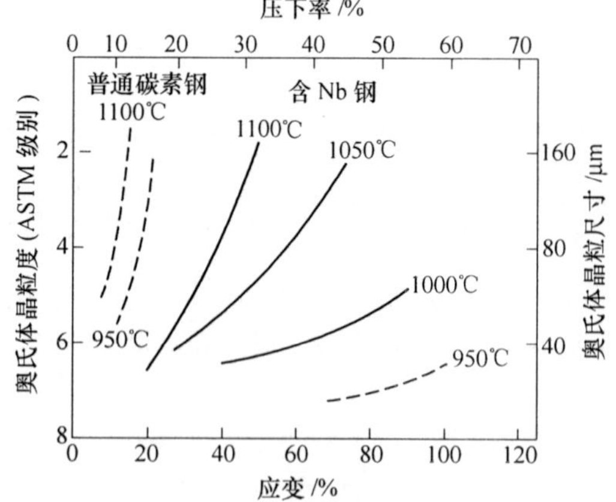

图 12-17　奥氏体再结晶所需的临界应变量

12.2.3.1　析出热力学模型

在热力学计算中，由于元素 Nb、V、C 和 N 含量很小，故假设金属组元（Nb，V）和间隙组元（C，N）在奥氏体中形成稀溶液。假设复合碳氮化物符合理想化学配比，即在碳氮化物中金属原子的总数等于 C 和 N 原子的总数，忽略间隙和金属空位。这样，复合碳氮化物的化学式可写为（Nb_xV_y）(C_aN_b)，其中 x、y 和 a、b 分别为 Nb、V 和 C、N 在各自亚点阵中的摩尔分数，且 $x+y=1$，$a+b=1$。另外，从晶体学的角度考虑，碳氮化物与二元碳化物和氮化物具有相同的 NaCl 型晶体结构，因此 1mol 碳氮化物（Nb_xV_y）（C_aN_b）可看作是二元碳化物和氮化物的混合：xamol NbC，xbmol NbN，yamol VC 和 ybmol VN。这样，碳氮化物（Nb_xV_y）（C_aN_b）的形成自由能为：

$$G_{(Nb_xV_y)(C_aN_b)} = xaG^0_{NbC} + xbG^0_{NbN} + yaG^0_{VC} + ybG^0_{VN} - T^IS^m + {}^EG^m \tag{12-22}$$

式中，G^0_{NbC}、G^0_{NbN}、G^0_{VC} 和 G^0_{VN} 为纯二元化合物在任意温度的形成自由能；${}^IS^m$ 为理想混合熵；${}^EG^m$ 为过剩自由能；T 为绝对温度。

假定金属原子和非金属原子各自在其亚点阵内随机混合，则理想混合熵 ${}^IS^m$ 由下式给出：

$$-\frac{{}^IS^m}{R} = x\ln x + y\ln y + a\ln a + b\ln b \tag{12-23}$$

式中，R 为气体常数。考虑到 Nb-V 和 C-N 的交互作用，过剩自由能采用规则溶液模型写为：

$${}^EG^m = xyaL^C_{NbV} + xybL^N_{NbV} + xabL^{Nb}_{CN} + yabL^V_{CN} \tag{12-24}$$

式中，L^C_{NbV}、L^N_{NbV}、L^{Nb}_{CN} 和 L^V_{CN} 为交互作用参数。二元化合物析出相的偏摩尔自由能写为：

$$\overline{G}_{NbC} = G^0_{NbC} + yb\Delta G + RT\ln x + RT\ln a + {}^E\overline{G}_{NbC} \tag{12-25}$$

$$\overline{G}_{NbN} = G^0_{NbN} - ya\Delta G + RT\ln x + RT\ln b + {}^E\overline{G}_{NbN} \tag{12-26}$$

$$\overline{G}_{VC} = G^0_{VC} - xb\Delta G + RT\ln y + RT\ln a + {}^E\overline{G}_{VC} \tag{12-27}$$

$$\overline{G}_{VN} = G^0_{VN} + xa\Delta G + RT\ln y + RT\ln b + {}^E\overline{G}_{VN} \tag{12-28}$$

式中，$\Delta G = G^0_{NbN} + G^0_{VC} - G^0_{NbC} - G^0_{VN}$。${}^E\overline{G}_{NbC}$、${}^E\overline{G}_{NbN}$、${}^E\overline{G}_{VC}$ 和 ${}^E\overline{G}_{VN}$ 为偏过剩自由能。由于描述碳化物和氮化物的规则溶液参数数据有限，因此使用一些简化处理：交互作用参数 L^C_{NbV} 和 L^N_{NbV} 取为零；L^{Nb}_{CN} 和 L^V_{CN} 等于 −4260J/mol[5]。偏过剩自由能写为：

$${}^E\overline{G}_{NbC} = {}^E\overline{G}_{VC} = L_{CN}(b)^2 \tag{12-29}$$

$${}^E\overline{G}_{NbN} = {}^E\overline{G}_{VN} = L_{CN}(a)^2 \tag{12-30}$$

从热力学角度看，当奥氏体和碳氮化物达到热力学平衡时，析出相中由原子交互作用产生的自由能变化量一定等于奥氏体中的自由能变化量。因此，奥氏体与析出相间的热力学平衡条件如下：

$$\overline{G}_{NbC} = \overline{G}^{\gamma}_{Nb} + \overline{G}^{\gamma}_{C} \tag{12-31}$$

$$\overline{G}_{NbC} = \overline{G}^{\gamma}_{Nb} + \overline{G}^{\gamma}_{C} \tag{12-32}$$

$$\overline{G}_{VC} = \overline{G}^{\gamma}_{V} + \overline{G}^{\gamma}_{C} \tag{12-33}$$

$$\overline{G}_{VN} = \overline{G}^{\gamma}_{V} + \overline{G}^{\gamma}_{N} \tag{12-34}$$

式中，$\overline{G}^{\gamma}_{Nb}$、$\overline{G}^{\gamma}_{V}$、$\overline{G}^{\gamma}_{C}$、$\overline{G}^{\gamma}_{N}$ 分别为 Nb、V、C 和 N 在奥氏体中的偏摩尔自由能。其表达式写为：

$$\overline{G}_M = RT\ln a_M \tag{12-35}$$

式中，a_M 为组元 M 的活度。对于很小的溶解组元含量，活度可通过摩尔分数 x_M 表示。

对式（12-31）~式（12-34）进行转化，得到最后的平衡条件方程。即：

$$a\ln\frac{xaK_{\mathrm{NbC}}}{x_{\mathrm{Nb}}x_{\mathrm{C}}}+(1-a)\ln\frac{x(1-a)K_{\mathrm{NbN}}}{x_{\mathrm{Nb}}x_{\mathrm{N}}}+\frac{L_{\mathrm{CN}}}{RT}[a(1-a)]=0 \tag{12-36}$$

$$x\ln\frac{xaK_{\mathrm{NbC}}}{x_{\mathrm{Nb}}x_{\mathrm{C}}}+(1-x)\ln\frac{a(1-x)K_{\mathrm{VC}}}{x_{\mathrm{V}}x_{\mathrm{C}}}+\frac{L_{\mathrm{CN}}}{RT}(1-a)^2=0 \tag{12-37}$$

$$x\ln\frac{x(1-a)K_{\mathrm{NbN}}}{x_{\mathrm{Nb}}x_{\mathrm{N}}}+(1-x)\ln\frac{(1-x)(1-a)K_{\mathrm{VN}}}{x_{\mathrm{V}}x_{\mathrm{N}}}+\frac{L_{\mathrm{CN}}}{RT}a^2=0 \tag{12-38}$$

式中，x_{Nb}、x_{V}、x_{C} 和 x_{N} 为平衡时奥氏体中这些组元的摩尔分数。根据二元化合物在奥氏体中的溶度积经验公式，进一步利用重量平衡方程：

$$x_{\mathrm{Nb}}^0=f\left(\frac{x}{2}\right)+(1-f)x_{\mathrm{Nb}} \tag{12-39}$$

$$x_{\mathrm{V}}^0=f\left(\frac{1-x}{2}\right)+(1-f)x_{\mathrm{V}} \tag{12-40}$$

$$x_{\mathrm{C}}^0=f\left(\frac{a}{2}\right)+(1-f)x_{\mathrm{C}} \tag{12-41}$$

$$x_{\mathrm{N}}^0=f\left(\frac{1-a}{2}\right)+(1-f)x_{\mathrm{N}} \tag{12-42}$$

式中，x_{Nb}^0、x_{V}^0、x_{C}^0、x_{N}^0 分别为 Nb、V、C 和 N 在钢中的初始摩尔分数；f 为复合碳氮化物析出相的摩尔分数。

由热力学平衡和重量平衡方程得到的七元非线性方程组的未知数包括 x、a、x_{Nb}、x_{V}、x_{C}、x_{N} 和 f。可以用 Monte Carlo 法进行数值求解。

根据经典形核理论，化学驱动力在形核析出的过程中将产生十分重要的作用。它控制着析出相的形核速率及晶核尺寸。单位体积析出相形核的化学驱动力 ΔG_{V}，可以表示为单位体积的复合析出相晶核 $(\mathrm{Nb}_x\mathrm{V}_y)(\mathrm{C}_a\mathrm{N}_b)$ 从过饱和奥氏体中形成的自由能变化：

$$\Delta G_{\mathrm{V}}=RT[\ln(x_{\mathrm{Nb}}\cdot x_{\mathrm{V}}\cdot x_{\mathrm{C}}\cdot x_{\mathrm{N}})-\ln(x_{\mathrm{Nb0}}\cdot x_{\mathrm{V0}}\cdot x_{\mathrm{C0}}\cdot x_{\mathrm{N0}})]/V_p \tag{12-43}$$

式中，x_i 为在温度 T 时组元 i 的平衡浓度；x_{i0} 为组元 i 在固溶处理时溶解的，即在温度 T 时处于过饱和状态的浓度；V_p 为复杂析出相的摩尔体积，它可以表示为纯二元化合物的摩尔体积的加权和。

$$V_p=\mathrm{NbC\%}\cdot V_{\mathrm{NbC}}+\mathrm{VC\%}\cdot V_{\mathrm{VC}}+\mathrm{NbN\%}\cdot V_{\mathrm{NbN}}+\mathrm{VN\%}\cdot V_{\mathrm{VN}} \tag{12-44}$$

式中，$MX\%$ 为在新形成的复杂析出相晶核中纯二元化合物 MX 的百分比；V_{MX} 为二元化合物的摩尔体积，$\mathrm{m^3/mol}$。这里列出了室温数据，但由于线膨胀系数一般为 10^{-6} 的数量级，故温度的改变对其影响不太大，一般问题中采用室温数据就足够准确的了。

12.2.3.2　析出动力学模型

A　晶核形成的临界自由能

对于微合金碳氮化物在奥氏体中的沉淀析出过程，由于微合金碳氮化物基本呈球形，因此考虑形核时的化学自由能变化 ΔG_{V}、形成新相表面所需的界面能 σ 以及由于比容变化而导致的弹性应变能 ΔG_ε，形成一个直径为 d 的晶核所导致的系统自由能变化为：

$$\Delta G=\frac{1}{6}\pi d^3\Delta G_{\mathrm{V}}+\pi d^2\sigma+\frac{1}{6}\pi d^3\Delta G_\varepsilon \tag{12-45}$$

以 ΔG_{V} 对 d 求导，并令其等于 0，可得临界晶核尺寸和自由能为：

$$d^*=-4\sigma/(\Delta G_{\mathrm{V}}+\Delta G_\varepsilon) \tag{12-46}$$

$$\Delta G^* = 16\pi\sigma^3/[3(\Delta G_V + \Delta G_\varepsilon)^2] \tag{12-47}$$

σ 的数值在 0.19～0.55J/m² 之间，本研究选为 0.42J/m²；对于 ΔG_ε，由于其典型值 107J/m³ 的数量级远小于化学自由能，所以在计算中一般将其忽略。

B 形核速率

在位错上形核的情况下，形核位置密度是位错密度（ρ）和单位长度的位置数（$1/a$）的乘积。在稳定状态条件下，形核速率 I_{pre} 可写成：

$$I_{pre} = \frac{D_M x_M}{a^3}\rho \cdot \exp\left(-\frac{\Delta G^*}{kT}\right) \tag{12-48}$$

式中，a 为奥氏体的点阵常数，3.646×10^{-10}m；k 为 Boltzmann 常数；D_M 和 x_M 分别为微合金元素在奥氏体中的扩散系数和浓度。为简化，将复杂析出相的 D_M 和 x_M 表示成平均扩散系数和浓度。

C 长大速率

按照 Zener 扩散控制长大理论，碳氮化物粒子尺寸与时间的关系遵守抛物线准则，即：

$$r = \alpha_{pre}(D_M t)^{1/2} \tag{12-49}$$

式中，r 为碳氮化物粒子的半径；α_{pre} 为析出相的长大速率，可以表示为：

$$\alpha_{pre} = \left(2\frac{C_M^0 - C_M^\gamma}{C_M^p - C_M^\gamma}\right)^{1/2} \tag{12-50}$$

式中，C_M^p 和 C_M^γ 分别为在析出相/奥氏体界面处析出相侧和奥氏体侧微合金元素的平衡体积浓度；C_M^0 为在扩散区末端处微合金元素的体积浓度。

D 等温析出动力学

采用形核-长大模型计算析出动力学，在 t_1（$0<t_1<t$）时刻形核的粒子到时刻 t 时的体积 V 的增加速率为：

$$\frac{dV}{dt} = 4\sqrt{2}\pi\left(D_M\frac{C_M^0 - C_M^\gamma}{C_M^p - C_M^\gamma}\right)^{3/2}(t - t_1)^{1/2} \tag{12-51}$$

从时间 t_1 到 $t_1 + dt_1$ 内形成的晶核数目为 $I_{pre}dt_1$，这些粒子的体积增加速率在 t 时刻是 $I_{pre}dt_1 dV/dt$，所以从 $t=0$ 到 $t=t_1$ 形成的所有粒子的体积 V 的增加速率为：

$$\frac{dV}{dt} = \frac{8\sqrt{2}}{3}\pi D_M^{3/2}\left(\frac{C_M^0 - C_M^\gamma}{C_M^p - C_M^\gamma}\right)^{3/2} I_{pre}\cdot t^{3/2} \tag{12-52}$$

为将析出相的体积转化为析出体积分数，上面的公式必须乘以 $\frac{C_M^0 - C_M^\gamma}{C_M^p - C_M^\gamma}$ 和竞争参数（$1-Y$），对公式积分后导出：

$$Y = 1 - \exp\left[-\frac{16\sqrt{2}}{15}\pi D_M^{3/2}\cdot\left(\frac{C_M^0 - C_M^\gamma}{C_M^p - C_M^\gamma}\right)^{1/2} I_{pre}\cdot t^{5/2}\right] \tag{12-53}$$

将形核速率公式代入上式得到：

$$Y = 1 - \exp\left[-\frac{16\sqrt{2}}{15}\pi\frac{x_M\rho}{a^3}D_M^{5/2}\cdot\left(\frac{C_M^0 - C_M^\gamma}{C_M^p - C_M^\gamma}\right)^{1/2}\cdot\exp\left(-\frac{\Delta G^*}{kT}\right)\cdot t^{5/2}\right] \tag{12-54}$$

12.2.3.3 微合金元素在奥氏体中的析出

在轧制过程中钢材处于奥氏体状态，随着温度降低微合金元素开始析出。其析出过程可以采用连续冷却析出过程的计算方法，可以采用将连续冷却时间分割成微小等温时间段的迭代方法。

假定某温度 T^j 下形成的析出相晶核成分为 $(Nb^j_{dx}Ti^j_{dy}V^j_{dz})(C^j_{da}N^j_{db})$，应形成的净平衡摩尔分数为 f^0_j。在该温度下保持微小时间段 $dt_j = t_j - t_{j-1}$ 后形成的体积分数增量为 $dY^j = Y^j - Y^{j-1}$，则析出相的摩尔分数增量为 $df^j = dY^j \cdot f^0_j$。采用该温度时的形核速率和长大速率，dY^j 可表示为：

$$dY^j = (1 - Y^{j-1}) \cdot \{1 - \exp[-\frac{16}{15}\pi D^{3/2}_{Mj} \cdot \alpha^j_{pre} \cdot I^j_{pre} \cdot (t^{2.5}_j - t^{2.5}_{j-1})]\} \tag{12-55}$$

此时已形成的析出相的总摩尔分数为：

$$f^j = f^{j-1} + df^j \tag{12-56}$$

在温度 T^j 时形成的析出相粒子总数为：

$$N^j_{NG} = \sum_{k=1}^{j} I^k_{pre} \cdot (t_k - t_{k-1}) \tag{12-57}$$

此时析出相粒子的平均半径可表示为：

$$r^j = [(3 \cdot \sum_{k=1}^{j} df^k V^k_p)/4\pi N^j_{NG}]^{1/3} \tag{12-58}$$

图 12-18 为含 Nb 的 Q345D 钢不同冷却速率下析出相体积分数随温度的变化，图 12-19 表示为不同冷却速率下粒子半径随温度的变化。

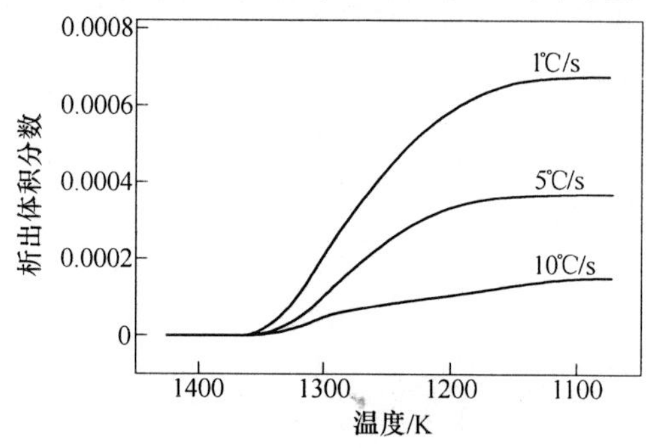

图 12-18 不同冷却速率下析出相体积分数随温度的变化

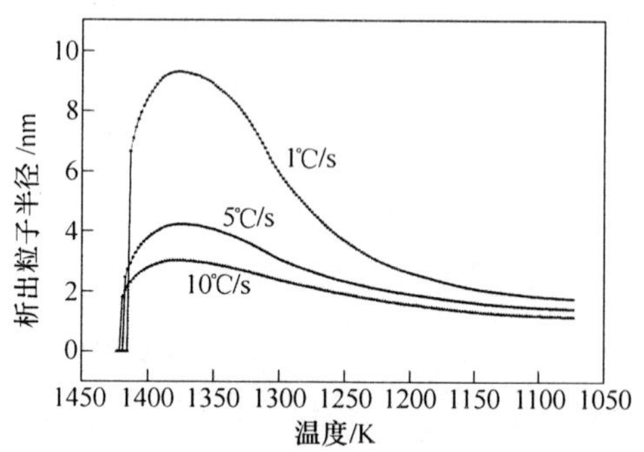

图 12-19 不同冷却速率下粒子半径随温度的变化

12.2.3.4 微合金元素在铁素体中的析出

当微合金碳、氮化物在铁素体中析出时，它们与铁素体的位向关系为 Baker-Nutting 关系，微合金碳氮化物在各个方向上与基体之间的错配度是不一样的。在第 5 章中，介绍了相关研究中 Nb、V、Ti 的碳化物或碳氮化物在铁素体中均有析出。以下在介绍微合金元素在铁素体中析出时，不一一列举计算各种碳化物的析出，只将 VC 的析出作为例子进行计算。

VC 在铁素体中析出的化学驱动力可表示为：

$$\Delta G^{\alpha}_{VC} = RT[\ln(x^{\alpha}_V \cdot x^{\alpha}_C) - \ln(x^{\alpha}_{V0} \cdot x^{\alpha}_{C0})]/V_{VC} \tag{12-59}$$

式中，x^{α}_{V0} 和 x^{α}_{C0} 分别为控冷相变前残留于奥氏体中的 V 和 C 含量；x^{α}_V 和 x^{α}_C 分别为在铁素体

中溶解的 V 和 C 含量。

根据前述的位错线上形核沉淀理论，当半径为 $d_{p\alpha}$、高为 $h_{p\alpha}$ 的圆柱状析出相在铁素体中的位错线上形核时的临界尺寸和自由能为：

$$d_{p\alpha}^{*} = \frac{-4\sigma_1}{\Delta G_V} \tag{12-60}$$

$$h_{p\alpha}^{*} = \frac{-4\sigma_2}{\Delta G_V} \tag{12-61}$$

$$\Delta G_{\alpha}^{*} = 8\pi \frac{\sigma_1^2\sigma_2}{\Delta G_V^2} \tag{12-62}$$

类似于奥氏体中的情况，考虑 VC 在铁素体中的形核速率可表示为：

$$I_{pre}^{\alpha} = \frac{D_V^{\alpha} x_{V0}^{\alpha}}{a_{\alpha}^3}\rho \cdot \exp(-\Delta G_{\alpha}^{*}/kT) \tag{12-63}$$

式中，a_{α} 为铁素体的点阵常数；D_V^{α} 为 V 在铁素体中的扩散系数。

对于析出相在铁素体中的长大，本研究采用晶核按比例长大模型，假设其按照保持径厚比值为常数的过程进行，因此径向和厚向长大速率可分别表示为：

$$\alpha_{pre\alpha}^{d} = \left(2\frac{C_{V0}^{\alpha} - C_V^{\alpha}}{C_V^{p} - C_V^{\alpha}}\right)^{1/2} \tag{12-64}$$

$$\alpha_{pre\alpha}^{h} = 0.544 \times \left(2\frac{C_{V0}^{\alpha} - C_V^{\alpha}}{C_V^{p} - C_V^{\alpha}}\right)^{1/2} \tag{12-65}$$

类似于在奥氏体中的推导过程，以体积分数表示 VC 在铁素体中的等温析出动力学为：

$$Y^{\alpha} = 1 - \exp\left[-\frac{8\sqrt{2}}{5}\pi\frac{x_{V0}^{\alpha}\rho}{a_{\alpha}^3}D_{V\alpha}^{5/2} \cdot \left(\frac{C_{V0}^{\alpha} - C_V^{\alpha}}{C_V^{p} - C_V^{\alpha}}\right)^{1/2}\exp\left(-\frac{\Delta G_{\alpha}^{*}}{kT}\right) \cdot t^{5/2}\right] \tag{12-66}$$

12.3 轧后冷却过程的组织演变

轧制完成后，变形奥氏体会在随后的冷却过程中向先共析铁素体、珠光体、魏氏铁素体、贝氏体等组织转变。相变模型可以计算奥氏体向铁素体、珠光体、贝氏体转变的开始温度、各组成相的体积分数以及晶粒尺寸等。在带钢热轧过程中，从目前所生产的大部分钢种以及层冷设备冷却能力来看，以发生铁素体相变和珠光体相变为主。

12.3.1 相变平衡温度计算模型

根据热力学一般原理，一切自发过程的进行方向，总是从自由能高的状态向自由能低的状态过渡。自由能与温度有关系（H 为焓，S 为熵）：

$$G(T) = H(T) - T \cdot S(T) \tag{12-67}$$

相变驱动力是两相的自由能之差。随着温度的变化，当两相的自由能之差接近 0 时，它们处于平衡状态，此时的温度为相变平衡温度，即在热力学上达到相变开始的温度。

处理多元合金的相变热力学模型主要有超组元模型、规则溶液亚点阵模型、几何溶液模型、正平衡和准平衡模型、中心原子模型、简化热力学模型等。对于 Fe-$\sum X_i$-C（X_i = Si、Mn、Ni、Mo、Cr 等）合金，γ→α 转变的相变平衡温度可以用超组元模型来求解。将

Fe-$\sum X_i$视为一个超组元 S，那么 Fe-$\sum X_i$-C 合金就与 Fe-C 合金类似，可以采用 KRC、LFG 模型对其进行计算。

当奥氏体中析出先共析铁素体时，整个体系的自由能改变量为：

$$\Delta G^{\gamma\to\alpha+\gamma'} = RT[x_C^\gamma \ln(a_C^{\gamma/\alpha}/a_C^\gamma) + (1-x_C^\gamma)\ln(a_S^{\gamma/\alpha}/a_S^\gamma)] \tag{12-68}$$

式中　x_C^γ——碳在奥氏体中的摩尔分数；

a_C^γ——碳在奥氏体中的活度；

$a_C^{\gamma/\alpha}$——碳在 γ/α 相界处奥氏体侧的活度；

a_S^γ——超组元 S 在奥氏体中的活度；

$a_S^{\gamma/\alpha}$——超组元 S 在 γ/α 相界处奥氏体侧的活度；

R——气体常数，8.31J/(mol · K)；

T——绝对温度，K。

碳在奥氏体中的活度表达式为：

$$\ln a_C^\gamma = 5\ln\left(\frac{1-2x_C^\gamma}{x_C^\gamma}\right) + \frac{6W_\gamma}{RT} + 6\ln\left(\frac{\delta_\gamma - 1 + 3x_C^\gamma}{\delta_\gamma + 1 - 3x_C^\gamma}\right) + C_\gamma(T) \tag{12-69}$$

式中　$\delta_\gamma = [1 - 2(1+2J_\gamma)x_C^\gamma + (1+8J_\gamma)x_C^{\gamma 2}]^{1/2}$；

$J_\gamma = 1 - \exp[-W_\gamma/(RT)]$；

$C_\gamma(T) = (\Delta\overline{H}_C^\gamma - \Delta\overline{S}_\gamma^{xs}T)/(RT)$。

碳在铁素体中的活度表达式为：

$$\ln a_C^\alpha = 3\ln\left(\frac{3-4x_C^\alpha}{x_C^\alpha}\right) + \frac{4W_\alpha}{RT} + 4\ln\left(\frac{\delta_\alpha - 3 + 5x_C^\alpha}{\delta_\alpha + 3 - 5x_C^\alpha}\right) + C_\alpha(T) \tag{12-70}$$

式中　$\delta_\alpha = [9 - 6(3+2J_\alpha)x_C^\alpha + (9+16J_\alpha)x_C^{\alpha 2}]^{1/2}$；

$J_\alpha = 1 - \exp[-W_\alpha/(RT)]$；

$C_\alpha(T) = (\Delta\overline{H}_C^\alpha - \Delta\overline{S}_\alpha^{xs}T)/(RT)$。

将式（12-69）、式（12-70）代入式（12-68），可得：

$$\Delta G^{\gamma\to\alpha+\gamma'} = RT\left\{x_C^\gamma\left[5\ln\frac{x_C^\gamma(1-2x_C^{\gamma/\alpha})}{x_C^{\gamma/\alpha}(1-2x_C^\gamma)} + 6\ln\frac{(\delta_\gamma^{\gamma/\alpha} - 1 + 3x_C^{\gamma/\alpha})(\delta_\gamma + 1 - 3x_C^\gamma)}{(\delta_\gamma^{\gamma/\alpha} + 1 - 3x_C^{\gamma/\alpha})(\delta_\gamma - 1 + 3x_C^\gamma)}\right] + (1-x_C^\gamma)\left[5\ln\frac{(1-x_C^{\gamma/\alpha})(1-2x_C^\gamma)}{(1-x_C^\gamma)(1-2x_C^{\gamma/\alpha})} + 6\ln\frac{(1-2J_\gamma + x_C^{\gamma/\alpha}(4J_\gamma - 1) - \delta_\gamma^{\gamma/\alpha})(2x_C^\gamma - 1)}{(1-2J_\gamma + x_C^\gamma(4J_\gamma - 1) - \delta_\gamma)(2x_C^{\gamma/\alpha} - 1)}\right]\right\} \tag{12-71}$$

Zener 认为可以把 γ→α 转变时系统的自由能变化量分解为铁磁性和非铁磁性两部分，并假设钢中置换型合金元素之间无相互作用。合金元素对于 Fe-$\sum X_i$体系相变自由能的改变用合金 X_i的铁磁性部分和非铁磁性部分所对应的温度位移来修正。当 γ→α 转变超组元 S 的自由能变化为：

$$\Delta G_S^{\gamma\to\alpha} = 141\sum X_i(\Delta T_M^i - \Delta T_{NM}^i) + \Delta G_{Fe}^{\gamma\to\alpha}(T - 100\sum X_i \Delta T_M^i) \tag{12-72}$$

式中　X_i——置换型合金元素 i 的摩尔分数；

ΔT_M^i——自由能的磁性分量所对应的温度位移；

ΔT_{NM}^i——自由能的非磁性分量所对应的温度位移；

$\Delta G_{Fe}^{\gamma\to\alpha}$——纯铁由 γ→α 的自由能变化量。

对于纯铁由 γ→α 的自由能变化量，可采用以下两种方式计算：

$$\Delta G_{Fe}^{\gamma\to\alpha} = G_{Fe}^{\alpha} - G_{Fe}^{\gamma} \quad (12\text{-}73)$$

$$\Delta G_{Fe}^{\gamma\to\alpha} = 20853.06 - 466.35T - 0.046304T^2 + 71.147T\ln T \quad (12\text{-}74)$$

不过式（12-74）的适用范围较小（如图 12-20 所示），当温度大于 850℃时，γ→α 转变的自由能降低，且高于 912℃时仍然为负值，这与理论有一定出入。

自由能的磁性和非磁性分量所对应的温度位移通常被称为 Zener 两参数，具体数值见表 12-2。

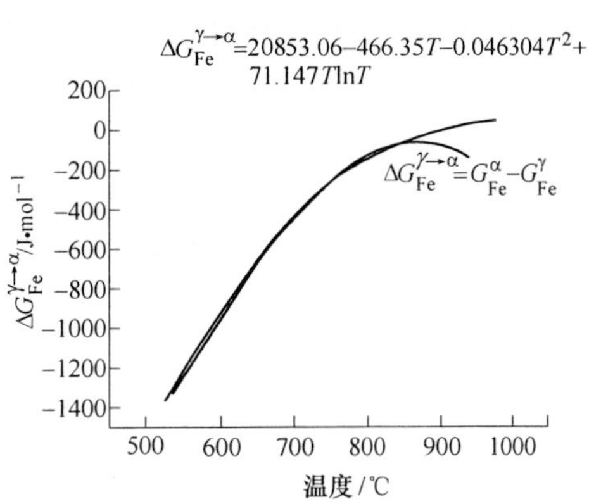

图 12-20　纯铁由 γ→α 转变自由能变化比较

表 12-2　合金元素的 Zener 参数

元　素	ΔT_M^i	ΔT_{NM}^i
Si	0	-3
Mn	-39.5	-37.5
Ni	-18	-6
Co	16	19.5
Mo	-17	-26
Al	15	8
Cu	-11.5	4.5
Cr	-18	-19

当先共析铁素体与奥氏体达到相平衡时，超组元 S 在界面两侧的化学势相等，超组元 S 由奥氏体变为铁素体的自由能变化可表示为：

$$\Delta G_S^{\gamma\to\alpha} = G_S^{\alpha} - G_S^{\gamma} = RT\ln a_S^{\gamma/\alpha} \quad (12\text{-}75)$$

其中超组元 S 在奥氏体中的活度为：

$$\ln a_S^{\gamma} = 5\ln\left(\frac{1 - x_C^{\gamma}}{1 - 2x_C^{\gamma}}\right) + 6\ln\left[\frac{1 - 2J_{\gamma} + (4J_{\gamma} - 1)x_C^{\gamma} - \delta_{\gamma}}{2J_{\gamma}(2x_C^{\gamma} - 1)}\right] \quad (12\text{-}76)$$

结合式（12-72）、式（12-75）和式（12-76）可以求出界面处奥氏体侧碳浓度 $x_C^{\gamma/\alpha}$。

同样，当先共析铁素体与奥氏体到相平衡时，碳在奥氏体与先共析铁素体相界面两侧的化学势也相等，有 $\mu_C^{\alpha/\gamma} = \mu_C^{\gamma/\alpha}$。以纯石墨为标准态可得：

$$\ln a_C^{\alpha/\gamma} = \ln a_C^{\gamma/\alpha} \quad (12\text{-}77)$$

将式（12-69）中的 x_C^{γ} 替换为 $x_C^{\gamma/\alpha}$ 得到 C 在 γ/α 界面处 γ 侧的活度表达式，将式（12-70）中的 x_C^{α} 替换为 $x_C^{\alpha/\gamma}$ 得到 C 在 γ/α 界面处 α 侧的活度表达式。将由式（12-76）所得 $x_C^{\gamma/\alpha}$ 代入式（12-77）可以得到 $x_C^{\alpha/\gamma}$。

将得到的 $x_C^{\gamma/\alpha}$ 和 $x_C^{\alpha/\gamma}$ 代入式（12-71），当 $\Delta G^{\gamma\to\alpha+\gamma'} = 0$ 时所对应的温度为 A_3。

奥氏体分解为珠光体的相变驱动力为：

$$\Delta G^{\gamma\to\alpha+cem} = (1 - x_C^{\gamma})G_S^{\alpha} + x_C^{\gamma}G_C^{G} + x_C^{\gamma}\Delta G^{cem} - G^{\gamma} \quad (12\text{-}78)$$

式中 G_{C}^{G}——石墨的自由能；

G^{γ}——奥氏体的自由能；

ΔG^{cem}——渗碳体的自由能。

奥氏体的自由能 G^{γ} 为：

$$G^{\gamma} = x_{C}^{\gamma}(G_{C}^{G} + RT\ln a_{C}^{\gamma}) + (1 - x_{C}^{\gamma})(G_{S}^{\gamma} + RT\ln a_{S}^{\gamma}) \tag{12-79}$$

将式（12-79）代入式（12-78），得到奥氏体分解为珠光体的相变驱动力为：

$$\Delta G^{\gamma\to\alpha+cem} = (1 - x_{C}^{\gamma})\Delta G_{S}^{\gamma\to\alpha} + x_{C}^{\gamma}\Delta G^{cem} - RTx_{C}^{\gamma}\ln a_{C}^{\gamma} - (1 - x_{C}^{\gamma})RT\ln a_{S}^{\gamma} \tag{12-80}$$

ΔG^{cem} 可以用关于温度的回归表达式来计算：

$$\Delta G^{cem} = 22429.73 + 6.662T - 0.0562T^{2} + 2.811 \times 10^{-5}T^{3} \tag{12-81}$$

渗碳体与奥氏体相界面处奥氏体侧的碳浓度可以用式（7-68）求出：

$$3\Delta G_{S}^{\gamma\to\alpha} + \Delta G^{cem} = RT(3\ln a_{S}^{\gamma} + \ln a_{C}^{\gamma})\,|\,x_{C}^{\gamma/cem} \tag{12-82}$$

式中，$|\,x_{C}^{\gamma/cem}$ 表示式（12-82）中活度表达式中的 C 浓度用奥氏体与渗碳体界面奥氏体侧的碳浓度来表示。将超组元以及 C 在奥氏体中的活度表达式（12-77）以及式（12-69）代入式（12-82）可以求出碳在奥氏体与渗碳体界面处奥氏体侧的浓度。

$$\begin{aligned} & 5\ln\left(\frac{1 - 2x_{C}^{\gamma/cem}}{x_{C}^{\gamma/cem}}\right) + 6\ln\left(\frac{\delta_{C}^{\gamma/cem} - 1 + 3x_{C}^{\gamma/cem}}{\delta_{C}^{\gamma/cem} + 1 - 3x_{C}^{\gamma/cem}}\right) + 15\ln\left(\frac{1 - x_{C}^{\gamma/cem}}{1 - 2x_{C}^{\gamma/cem}}\right) + \\ & 18\ln\left[\frac{1 - 2J_{\gamma} + x_{C}^{\gamma/cem}(4J_{\gamma} - 1) - \delta_{C}^{\gamma/cem}}{2J_{\gamma}(2x_{C}^{\gamma/cem} - 1)}\right] \\ = & \frac{3\Delta G_{S}^{\gamma\to\alpha} + \Delta G^{cem} - \Delta\overline{H}_{\gamma} + \Delta\overline{S}_{\gamma}^{xs}T - 6W_{\gamma}}{RT} \end{aligned} \tag{12-83}$$

随着先共析铁素体量不断增加，奥氏体中的碳浓度不断升高。当奥氏体中的碳浓度与式（12-83）所确定的 $x_{C}^{\gamma/cem}$ 相等时，进入珠光体相变孕育期。当珠光体相变驱动力 $\Delta G^{\gamma\to\alpha+cem} = 0$ 时，对应的温度为 A_{1}。

奥氏体在经过变形后，系统的吉布斯自由能会升高。此时奥氏体分解为先共析铁素体和奥氏体时，其平衡状态将发生变化，如图 12-21 所示。变形前后碳在奥氏体和先共析铁素体中的化学势相等，因此变形后奥氏体和先共析铁素体中的碳浓度都会有一定程度的提高。

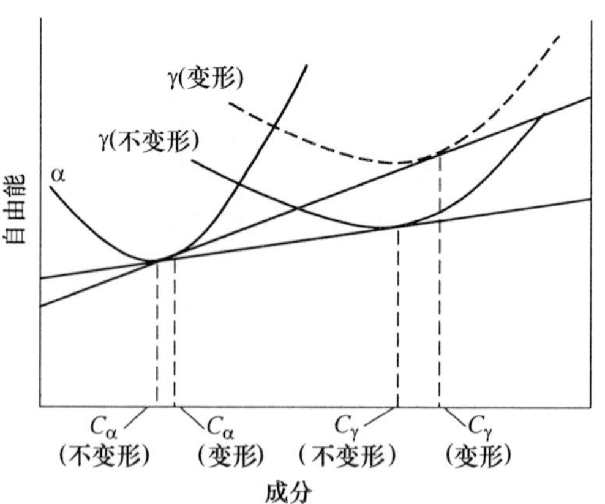

图 12-21 变形前后系统自由能与成分示意图

奥氏体经过变形会引起系统自由能升高，当奥氏体与先共析铁素体达到平衡时，考虑由变形而引起的化学势增量 $\Delta\mu^{d}$ 后，碳及超组元 S 在界面两侧的化学势平衡表达式将修正为：

$$\mu_{i}^{\alpha/\gamma} = \mu_{i}^{\gamma/\alpha} + \Delta\mu^{d} \qquad (i = S, C) \tag{12-84}$$

变形会增加金属内部的位错密度，从而引起奥氏体自由能增加，自由能-成分曲线会上移。由变形引起的奥氏体的化学势增量为：

$$\Delta\mu^{d} = 0.5\mu\rho\boldsymbol{b}^{2}v_{\gamma} \tag{12-85}$$

式中 μ——剪切模量，N/m^2。奥氏体的剪切模量可以用关于温度的函数来表示，即：

$$\mu = 8.1 \times 10^{10} \times \left(1 - 0.91 \times \frac{T - 300}{1810}\right)$$

ρ——位错密度，$1/m^2$；

$\boldsymbol{b}$——柏氏矢量，$2.5 \times 10^{-10}m$；

v_{γ}——奥氏体摩尔体积，$6.68 \times 10^{-6}m^3/mol$。

12.3.2 相变孕育期计算模型

当轧件温度达到热力学的相变平衡温度以下时，能否发生相变，还取决于孕育期能否满足要求。孕育期是指带钢温度在相变平衡温度以下时，还需要经过一段等温时间之后过冷奥氏体才开始转变的这段时间，与相变开始的驱动力有关。

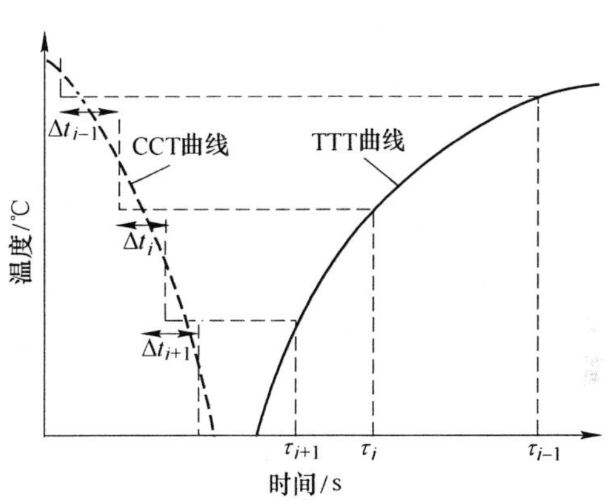

图 12-22 Scheil 叠加法则示意图

实际相变过程中往往是在连续冷却的条件下发生相变。对于连续冷却相变，由于相变孕育期是一个不断累积的过程，可以采用 Scheil 叠加法则处理，如图 12-22 所示，将连续冷却相变处理成微小等温相变之和，当满足下面公式时，则达到了连续冷却条件下铁素体相变开始发生的临界温度。

$$\frac{t_1}{\tau_1} + \frac{t_2}{\tau_2} + \frac{t_3}{\tau_3} + \cdots + \frac{t_n}{\tau_n} = \sum_{t=1}^{t=t_n} \frac{t(T)}{\tau(T)} = 1 \tag{12-86}$$

式中 τ_i——各温度 T_i 下的相变孕育期；

t_i——各温度 T_i 下停留的时间。

江坂一彬提出的碳锰钢相变模型中，对过冷奥氏体向铁素体、珠光体以及贝氏体转变时的相变孕育期计算方法为：

铁素体：

$$\ln\tau_{F} = -1.6454\ln k_{F} + 20\ln T + 3.265 \times 10^{4}T^{-1} - 173.89$$

$$k_{F} = \exp[4.7766 - 13.339w_{C} - 1.1922w_{Mn} + 0.02505(T - 273) - 3.5607 \times 10^{-5}(T - 273)^{2}]$$

珠光体：

$$\ln\tau_{P} = -0.91732\ln k_{P} + 20\ln T + 1.9559 \times 10^{4}T^{-1} - 157.45$$

$$k_{P} = \exp[10.164 - 16.002w_{C} - 0.9797w_{Mn} + 0.00791(T - 273) - 2.313 \times 10^{-5}(T - 273)^{2}]$$

贝氏体：

$$\ln\tau_{B} = -0.68352\ln k_{B} + 20\ln T + 1.6491 \times 10^{4}T^{-1} - 155.8$$

$$k_{B} = \exp[28.9 - 11.484w_{C} - 1.1121w_{Mn} + 0.13109(T - 273) - 1.2077 \times 10^{-4}(T - 273)^{2}]$$

12.3.3 相变转变量计算模型

在连续形核模型中形核速率应满足 Arrhenius 方程：

$$I = I_0 \exp\left[-\frac{Q_I}{RT(t)}\right] \tag{12-87}$$

式中 Q_I——与温度无关的形核激活能。

在位置饱和形核模型中，新相的晶核在相变前已经形成，并且其数量在相变过程中保持不变，可以表示为：

$$I = I^* \delta(t-0) \tag{12-88}$$

式中 $\delta(t-0)$——Dirac 函数。

在扩散控制情况下，母相中的长程扩散控制着新相粒子的长大。等温扩散的特征长度可以表示为：

$$L = (Dt)^{1/2} \tag{12-89}$$

式中 D——扩散系数。

非等温相变时，扩散的特征长度为：

$$L = \left\{\int D[T(t)]\mathrm{d}t\right\}^{1/2} \tag{12-90}$$

扩散系数与温度的关系也满足 Arrhenius 形式：

$$D[T(t)] = D_0 \exp[-Q_D/RT(t)] \tag{12-91}$$

式中 D_0——扩散系数前值数；

Q_D——扩散活化能。

在扩散控制生长的模型下，其体积可以表示为：

$$Y = gL^d \tag{12-92}$$

式中 g——几何因子；

d——生长维数，$d = 1,2,3$。

Johnson、Mehl、Avrami 等人研究了等温相变过程中相转变百分比与时间之间的关系，提出了一个用于计算扩散型相变过程中相转变量与时间和温度的关系：

$$X = 1 - \exp(-kt^n) \tag{12-93}$$

式中 X——转变量；

t——等温时间；

k，n——新相形核长大系数，随钢的成分和温度的不同而异，可以由试验决定。

式（12-94）假定形核率与长大速率都是常数，所以对等温过程的拟合效果较好。

在界面控制生长下，新相与母相间的界面移动控制着新相的生长，而界面移动的速率取决于界面两侧原子的流动性。这种界面两侧原子的流动，既包括原子从母相中迁入新相中，还包括原子从新相中迁出进入母相，其总体效果是这两种迁移的平衡叠加的结果。

界面控制生长模型可以归结为下式：

$$Y(t,\tau) = g\left[\int_\tau^t v(T)\mathrm{d}t\right]^{\frac{d}{m}} \tag{12-94}$$

$$v(T) = V_0 \exp(-Q_G/RT) \tag{12-95}$$

式中 m——$m=1,2$（等于1时表示界面控制生长，等于2时表示扩散控制生长）；

Q_G——界面控制生长激活能；

v——界面移动速率。

$$v = M_0 \exp\left(-\frac{Q_G}{RT}\right)[-\Delta G(T)] \tag{12-96}$$

式中 M_0——界面可动性常数。

在不考虑新相粒子之间的相互碰撞的条件下，新相的体积为：

$$V^e = \int_0^t VI[T(\tau)]Y(t,\tau)\mathrm{d}\tau \tag{12-97}$$

但实际的相变中新相粒子不可能独立地无限长大，同时，新相粒子只能在母相内长大而不能在相邻的新相中长大。因而还需要明确新相的实际体积 V^t 与扩展体积 V^e 之间的关系，即粒子之间的碰撞引起的体积修正。

杠杆法则的基本原理是根据热膨胀试验所得试验结果和相关数据提取有关相变动力学的信息，具体原理为：在钢的组织转变过程中会发生体积膨胀的转变，由热膨胀试验可得其膨胀量与温度的关系，如图12-23所示。当试样由开始温度冷却至 a 点温度 T_a 时，试样由线性收缩开始发生相变，膨胀量与温度间的线性关系被破坏，曲线发生转折。如果没有相变的影响，膨胀曲线应达到 oa 的延长线 A，由于相变的影响，曲线通过 C 点。在温度 T 时，可以看出 AC 是由相变引起试样长度的变化量，到温度 T_b 时相变结束。故通过观察热膨胀曲线就可以判断相变开始、结束温度，并可以利用公式（12-53）计算组织转变量。假定相变量直接与相变的体积效应成正比，且新相与母相之间的膨胀系数不同，故在温度 T_0 时，相变产物的体积分数可由杠杆定律得：

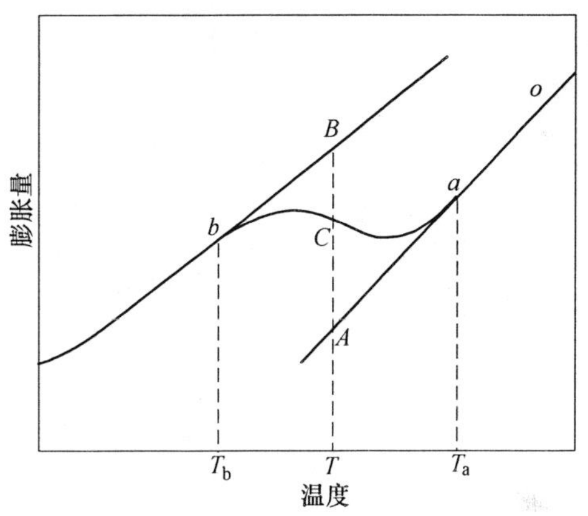

图12-23 冷却过程中钢的热膨胀曲线

$$f = \frac{AC}{AB} \times Q\% \tag{12-98}$$

式中 f——转变产物的体积分数,%；

AB——通过转变温度范围的中点 C 作横坐标与膨胀曲线两相邻直线部分延长线交点间的线段；

$Q\%$——该温度范围内的最大转变量。

在图12-23的单相相变的情况，若转变发生在高温区，则 $Q\%=100\%$；若中温区，由于相变的不完全性，有残余奥氏体，则 $Q\% = (100-A_{残})\%$。但是对于一般中碳、低碳合金钢，$Q\%$ 可近似看作100%。

根据国标YB/T 5128—1993：如果热膨胀曲线中转变发生在两个温度范围内，即发生了两次相变，如图12-24所示，假定高温区转变和中温区转变的体积效应相同，则各区转变的相对量可按下式求得，即：

$$f = \frac{AB}{AB + EF} \times Q\% \tag{12-99}$$

$$f = \frac{EF}{AB + EF} \times Q\% \tag{12-100}$$

式中 AB，EF——通过转变温度范围的中点 C 和 G 作横坐标的垂线与膨胀曲线两相邻直线部分延长线交点间的线段；

$Q\%$——两个温度范围内的总转变量。

以双相钢为例，根据各温度下所测量的热膨胀曲线，利用杠杆原理公式（12-99）和式（12-100）可以分别计算出 630～690℃下 DP590 中铁素体和马氏体各占的体积分数，如图 12-25 所示。

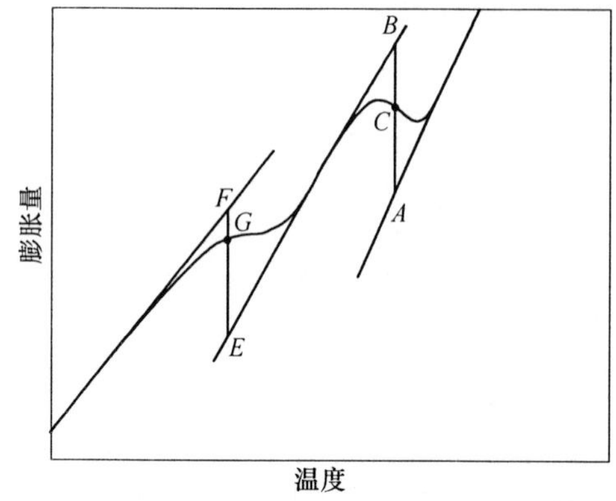

图 12-24 两相相变过程中钢的热膨胀曲线

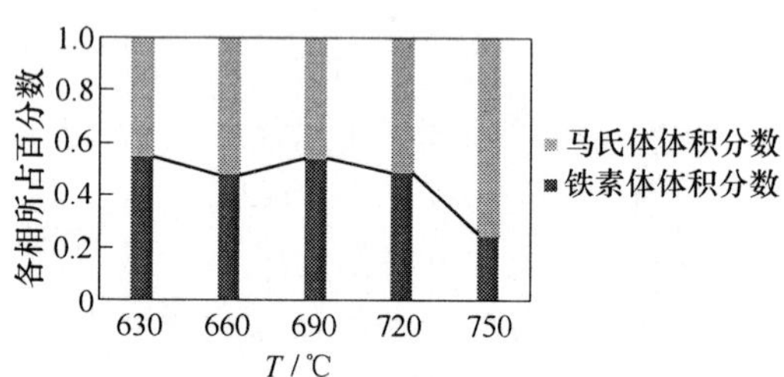

图 12-25 杠杆法则计算的双相钢体积分数

试验得到的显微组织如图 12-26 所示，图中白色部分为铁素体，黑色板条状部分为马氏体。由金相法可得各相所占体积分数，如图 12-27 所示。

对于仅是单相相变过程，只需要膨胀仪测量的相关数据应用杠杆法则就能够计算出转变新相的体积分数与温度的变化关系；当发生两相以上相变，对比由传统杠杆法则计算出的各相体积分数如图 12-25 所示和试验所测各相体积分数如图 12-27 所示，可以计算出各温度下马氏体体积分数的误差平均值为 23%，铁素体体积分数的误差更大，故传统杠杆法则计算两相的体积分数误差较大。因此，必须完善杠杆法则以适应两相及以上多相连续析出的相变情况。

式（12-98）只适用于一条膨胀曲线求该相变在此状态下的体积分数，为了突破杠杆法则的局限性，使之适应两种或者以上相变的情况，如图 12-28 所示，提出下列方程式：

$$f'(T) = f(T) \cdot \eta\% = \frac{QM}{MN} \cdot \frac{AB}{AB + EF} \tag{12-101}$$

式中，$f(T)$ 为两相或多相中某相按杠杆法则计算的该相的体积分数和温度的关系；$\eta\%$ 为该相最终在多相中占的最大转变量，可由试验所得，亦可由热膨胀曲线所得，即式（12-99）中 $\frac{AB}{AB + EF}$，两者误差较小，故两种计算方法皆可行。其中，MN 是在第一相相变时任意温度 T 下作的垂直于温度的线段，交膨胀曲线于 Q 点，M、N 分别为与热膨胀曲线切线的交点。由于 MN 是随温度移动的一条线段，故能够只用一条膨胀曲线就计算出该冷速下所有温度时刻的体积分数，即 $f(T)$。

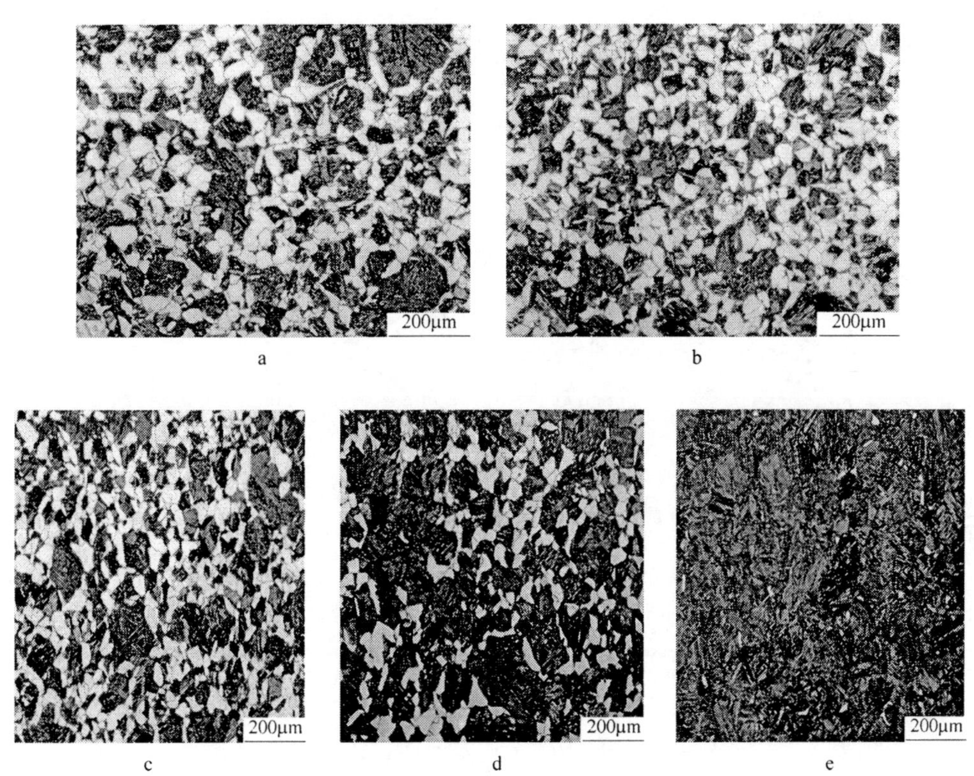

图 12-26 分别冷却之后快冷所得显微组织

a—630℃；b—660℃；c—690℃；d—720℃；e—750℃

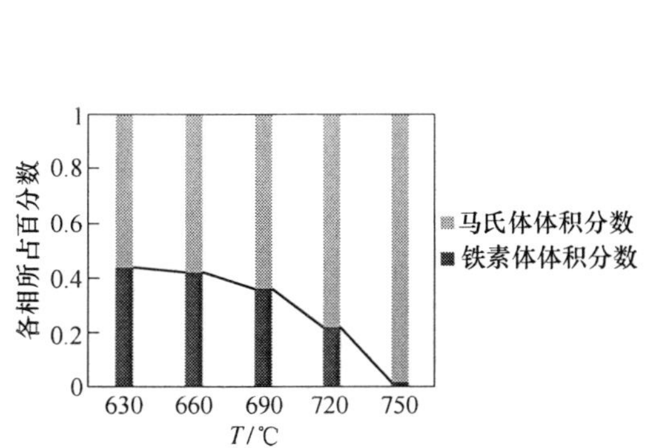

图 12-27 试验测得的双相钢体积分数

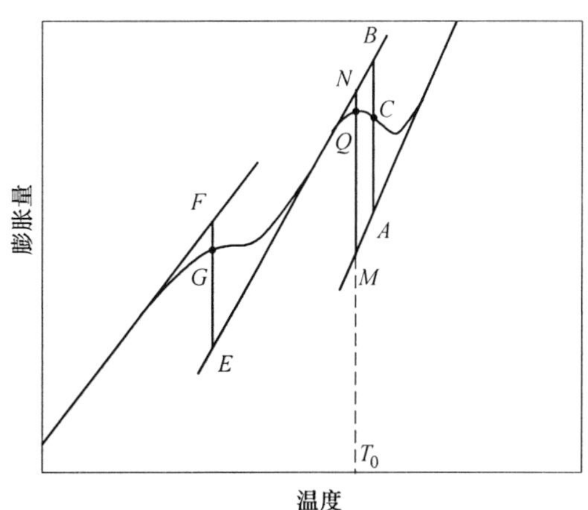

图 12-28 杠杆法则计算多相组织转变量的示意图

12.4 室温组织与力学性能关系模型

钢材的强韧化机制主要有固溶强化、析出强化、相变强化、位错强化和细晶强化等。

因此，影响室温力学性能的组织参数可归纳为：

（1）溶质元素在固溶体中溶解的质量分数［M_i］；

（2）碳氮化物析出相的相变率f_P和质点尺寸d_P；

（3）各组成相的相变率X_F、X_P和X_B等；

（4）平均位错密度ρ；

（5）铁素体晶粒尺寸d_F等。

钢的屈服强度通常由以下几个部分组成

$$\sigma_s = \sigma_0 + \sigma_g + \sigma_c + \sigma_w + \sigma_d \quad (12\text{-}102)$$

式中，σ_0为钢基体的强度，主要是基体内位错运动所克服的阻力；σ_g、σ_c、σ_w、σ_d分别表示固溶强化、沉淀强化、位错强化和细晶强化。

12.4.1　固溶强化模型

按照各合金元素强化效果线性叠加原则，确定固溶强化的屈服强度增量经验公式为：

$$\sigma = \sum k_{M_i}[M_i] = 4570[C] + 3750[N] + 37[Mn] + 83[Si] + 470[Si] + 470[P] + 38[Cu] + 11[Mo] + 2.9[V] + 80.5[Ti] - 30[Cr] \quad (12\text{-}103)$$

式中，［M_i］为处于固溶态的各元素的质量百分数，它们与钢材的化学成分并不相同。对于一般的微合金钢和普碳钢来说，可以认为，全部的Si、Ni、P和Cu均处于固溶态；而碳含量较低，特别是扣除了强碳氮化物形成元素所固定的碳后，大部分的Mn和Cr也处于固溶态；对于C、N和V等元素的含量，则需要通过计算来确定。

经研究表明，对非合金钢和低合金钢，固溶强化σ_g可以看作基体的强化机制，与轧制制度无关，且与溶质的含量、与抗拉强度和屈服强度成正比。例如每增加0.1%的C就能使抗拉强度平均提高70MPa，但是碳含量的增加将极大地降低钢的韧性。所以，根据实验数据得出以下公式：

屈服强度（MPa）：

$$\sigma_s = 9.8 \times \{12.4 + 28C + 8.4Mn + 5.6Si + 5.5Cr + 4.5Ni + 8.0Cu + 55P + [3.0 - 0.2(h-5)]\} \quad (12\text{-}104)$$

抗拉强度（MPa）：

$$\sigma_b = 9.8 \times \{23.0 + 70C + 8.0Mn + 9.2Si + 7.4Cr + 3.4Ni + 5.7Cu + 46P + [2.1 - 0.14(h-5)]\} \quad (12\text{-}105)$$

式中，h为产品厚度；各元素含量以质量分数代入。

12.4.2　析出强化模型

σ_c为沉淀强化，主要反映第二相粒子的影响，沉淀强化在低合金钢控制轧制中是不可忽略的。根据Orowan-Ashby的计算，第二相质点所产生的强度增加值为：

$$\sigma_c = \{5.9\,(f)^{1/2}/\bar{d} \times \ln[\bar{d}/(2.5 \times 10^{-4})]\} \times 6894.76 \quad (12\text{-}106)$$

式中　$\bar{d}$——第二相质点的平均直径，μm；

f——第二相质点的体积分数，%。

由此可见，第二相引起的强化效果与质点的平均直径$\bar{d}$成反比，与其体积分数f的平方根成正比，质点越小，质点的体积分数越大，第二相的强化效果越大。

12.4.3　位错强化模型

σ_w 反映位错密度对屈服强度的贡献，通过位错增加实现了加工硬化，使强度增加，可用下式表示：

$$\sigma_w = abG\rho^{1/2} \tag{12-107}$$

式中，a 为系数；b 为柏氏矢量；G 为切变矢量；ρ 为位错密度，g/m³。

上式表示基体的屈服强度与位错密度的平方根$\sqrt{\rho}$成正比，也可以体现加工硬化的影响。

12.4.4　细晶强化模型

σ_d 反映晶粒尺寸的影响，晶粒越细，晶界越多，晶界阻力越大，σ_d 值越大。屈服强度与晶粒尺寸的关系用 Hall-Petch 公式描述，即：

$$\sigma_d = \sigma_i + Kd^{1/2} \tag{12-108}$$

式中　σ_i——常数，相当于单晶体时的屈服强度，MPa；

K——晶粒尺寸系数；

d——晶粒直径，mm。

位错强化与细晶强化之间具有强烈的相互作用，他们对屈服强度的综合作用不能简单地直接线性叠加，而应该采用均方根叠加法，即：

$$\sigma_{wd} = (\sigma_w^2 + \sigma_d^2)^{\frac{1}{2}} \tag{12-109}$$

抗拉强度 σ_b 可按照 Tomota 和 Tamura 的分配应变方法来计算：

$$\sigma_b = f_b^1[f_F(H_F + f_b^2 d_F^{-\frac{1}{2}}) + f_P H_P + f_B H_B] + f_b^3 \tag{12-110}$$

式中　f_b^1, f_b^2, f_b^3——待定常数；

X_F, X_P, X_B——铁素体、珠光体和贝氏体的相变率；

H_F, H_P, H_B——铁素体、珠光体和贝氏体的显微硬度，H_P 取为 222，而 H_F 和 H_B 与相变温度有关。

$$H_F = 458 - 0.357T_{mf} + 50w(\mathrm{Si}) \tag{12-111}$$

$$H_B = 669 - 0.588T_{mb} + 50w(\mathrm{Si}) \tag{12-112}$$

式中，T_{mf} 和 T_{mb} 分别为铁素体和贝氏体相变温区的平均相变温度。

当珠光体量大于 30% 时，珠光体对材料强度的影响不能忽视，公式可以改写为：

$$\sigma_s = f_F\sigma_{0.2} + f_P\sigma_P + f_F KD^{-1/2} \tag{12-113}$$

式中，f_F、f_P 是铁素体和珠光体的体积分数，即 $f_F + f_P = 1$；$\sigma_{0.2}$ 和 σ_P 相应为纯铁素体钢和纯珠光体钢的屈服强度。由式（12-113）可看出，曲线斜率 $f_F K$ 随含碳量提高而变小，从而降低了细化铁素体晶粒的强化作用。相反含碳量提高使珠光体量增加，珠光体对 σ_s 的贡献加大。因此，与细化晶粒有关的提高钢强度的方法中，钢中碳含量越低其强化效果越大。

对于铁素体、珠光体和贝氏体相组成多相钢，其抗拉强度 σ_b 可按照 Tomota 和 Tamura 的分配应变方法来计算：

$$\sigma_b = p[f_F(H_F + qd_F^{-1/2}) + f_P H_P + f_B H_B] + r \tag{12-114}$$

式中 p，q，r——常数，分别取 1.6MPa、3.75N/mm$^{3/2}$和 228MPa；

f_F，f_P，f_B——铁素体、珠光体和贝氏体的体积分数；

H_F，H_P，H_B——铁素体、珠光体和贝氏体的显微硬度，其中 H_P 对 Nb 钢取为 222，对普碳钢取为 188，而 H_F 和 H_B 与相变温度有关。

$$H_F = 458 - 0.357T_{mf} + 50w(\mathrm{Si}) \tag{12-115}$$

$$H_B = 669 - 0.588T_{mb} + 50w(\mathrm{Si}) \tag{12-116}$$

式中，T_{mf}和 T_{mb}分别为铁素体和贝氏体相变温度，由相变动力学计算。

晶粒细化不仅是钢中最主要的强化方式之一，而且能够提高钢材的韧性。晶粒与韧性转变温度的关系为：

$$T_c = T_{c0} + 3290w(\mathrm{C}) + 700w(\mathrm{N})^{\frac{1}{2}} + 1660w(\mathrm{P}) + 44w(\mathrm{Si}) + 220X_P - 11.5d_F^{-\frac{1}{2}} + 0.26\frac{\sqrt{6}Gbf_P^{\frac{1}{2}}}{1.18\pi^{\frac{3}{2}}k_p d_p}\ln\left(\frac{\pi k_d d_p}{4b}\right) + 0.26Gb\rho^{\frac{1}{2}} \tag{12-117}$$

式中，T_{c0} 为待定常数。

对于低碳钢和高强度低合金钢，伸长率 Er 可表示为：

$$Er = K_F f_F + K_P f_P + K_B f_B + K_M f_M + K_d \bar{d}^{-1/2} + K_h h + K_c \tag{12-118}$$

式中，K_F、K_P、K_B、K_M、K_d、K_h、K_c 均为常数；$\bar{d}$ 为平均晶粒尺寸；h 为板厚；f_F、f_P、f_B 和 f_M 分别为铁素体、珠光体、贝氏体和马氏体的体积分数。

12.5 热轧钢材组织性能预报与控制系统及应用

热轧计算机控制系统不直接参与预测和控制轧件的微观组织。通常的做法是：先由工艺人员根据产品性能要求，通过试验和试错等方法确定好温度制度和变形制度，再由计算机控制系统负责保证其中几个重要工艺目标参数（如终轧温度、卷取温度等）的控制精度，来达到产品性能控制的目的。然而，由于控制系统并不理解工艺人员的真实意图，只是机械地去执行对这几个工艺参数的控制，即使能够到很高的控制精度（比如卷取温度控制公差为 ±15℃以内），也不能保证产品性能的全长均匀性和批次间稳定性。比如，在实际生产中，轧件头尾部分的轧制工艺制度无法做到与本体一致，这样如果全长卷取温度都严格控制在同一个目标范围内，反而将造成其头尾性能超差。因此，组织性能预报技术与热轧控制系统的深度结合对产品性能质量及合格率的提高有着重要意义。

组织性能预报技术与控制系统的深度结合可以从两方面开展工作，一方面是与过程控制数学模型结合提高其预报精度；另一方面是与过程控制工艺策略结合，通过组织性能预报在线动态优化工艺参数，实现组织性能的在线闭环控制。

12.5.1 热轧钢材组织性能预报模型构成

热轧过程除了轧制规程计算外，结合轧制规程计算和温度场计算，进一步完成轧制过程钢材组织和最终产品性能的计算。

结合热轧过程和上面章节的组织和性能计算模型，可以把热轧过程分为坯料加热、轧制、轧后冷却过程，在这三大过程中钢材的组织变化如下：

（1）钢坯加热：钢材重新奥氏体化、奥氏体晶粒长大，微合金元素的溶解；

（2）钢材轧制：奥氏体发生回复、动态和静态再结晶、再结晶晶粒长大、应变诱导析出；

（3）轧后冷却：相变组织的形核、长大（包括析出物的析出、长大），各相的相变热力学和相变动力学。

对钢材产品最终检验的组织和力学性能，组织与性能有对应的关系。因此，可以根据热轧过程将组织性能预报模型分成三个大的模块：轧制模块（奥氏体组织变化及析出）、相变模块（各相组织转变过程及相组成计算）、性能模块（根据化学成分和相变组成计算力学性能）。工艺及组织性能计算模块的关系如图12-29所示。

（1）轧制模块。轧制模块用于推定钢材加热和热轧过程中奥氏体组织状态的变化、微合金元素的固溶作用和析出行为，它是由晶粒长大、回复和再结晶、析出三个子模块组成，如图12-30所示。因为微量元素的固溶、析出行为对回复和再结晶行为有明显的影响，所以要求这三个子模型必须有机地结合。晶粒长大模块用于推定钢材加热和热轧过程中奥氏体晶粒的长大行为；析出模块以热力学观点分析碳氮化物的稳定性，以应变诱导析出理论预测固溶、析出行为；回复和再结晶模块用于推定热轧时奥氏体晶粒的动态回复和再结晶行为以及道次间的奥氏体晶粒的静态回复和再结晶行为。

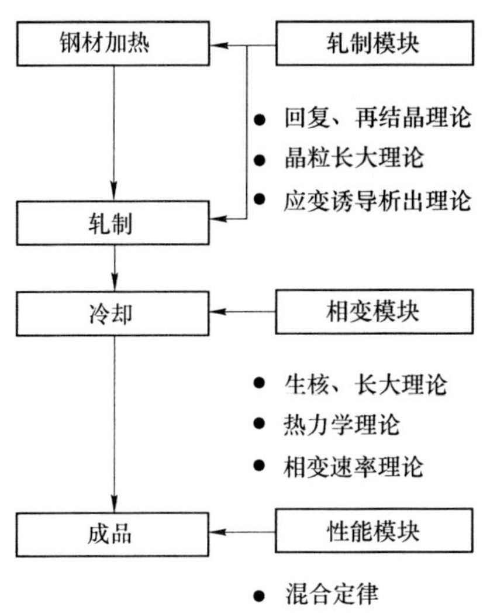

图12-29 热轧过程及组织性能预测模块的关系[14]

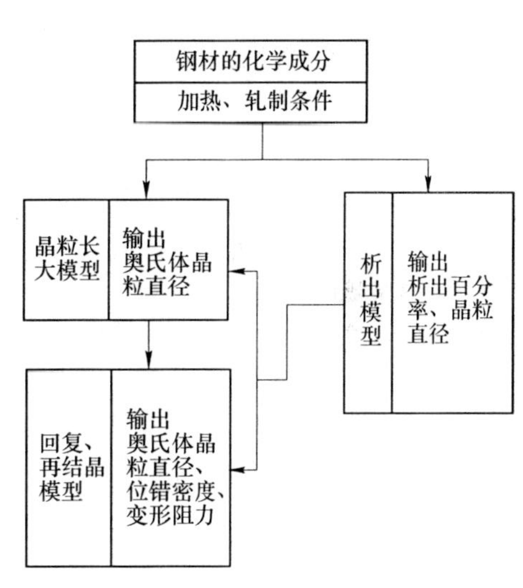

图12-30 轧制模块的构成

热轧过程中，工件内部各点的变形量、变形速率与变形温度决定了热轧时奥氏体晶粒的回复和再结晶行为，因此，为进行预测和提高预测的精度，必须同时建立热轧变形过程模型和钢材温度模型。热轧变形过程模型用于计算热轧过程中工件内部各点的变形量、变形速率；温度模型计算热轧过程中任意时刻工件内部各点的温度。

（2）相变模块。相变模块是根据轧制模块推出的奥氏体晶粒直径、再结晶百分数、加工硬化程度等信息，分析轧制连续冷却过程中奥氏体向铁素体、珠光体和贝氏体相变的行为，并通过热力学模型、形核速率模型、长大速率模型，计算各时刻相变的体积膨胀率，推定轧后冷却时的相变速率和最终成品组织，如图12-31所示。

（3）性能模块。性能模块根据相变模块推出的最终成品组织，计算热轧钢材的最终力学性能，包括屈服强度、抗拉强度、伸长率和韧性。目前，一般用混合定律计算钢的最终力学性能。在建立性能模块时，必须考虑析出强化、固溶强化、相变强化和位错或亚晶强化的影响。

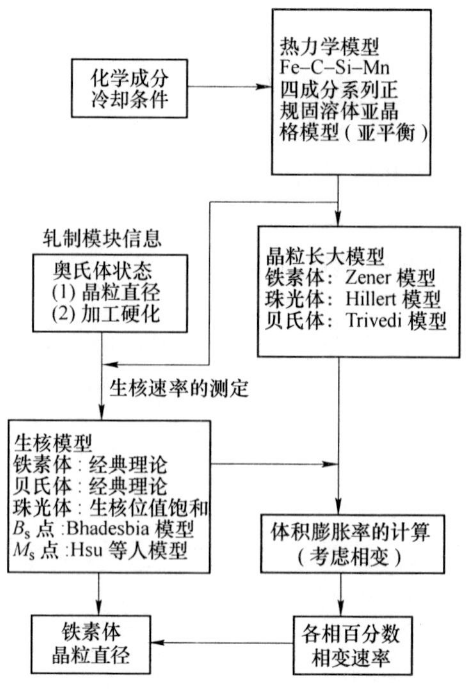

图 12-31　相变模块的构成

12.5.2　组织性能在线预报系统构成与应用

热轧组织性能在线预报系统共包括 4 个模块：GMPP、RMPP、CMPP 和 PMPP，分别用于计算加热炉出炉、轧制、层流冷却和卷取各阶段的组织和性能参数，如图 12-32 所示。系统基于 C++ 编程语言开发。系统的输入参数包括工艺参数和设备参数，工艺参数可以是设定值也可以是实测值，系统的输出参数包括热轧带钢各阶段的组织参数和最终产品的力学性能。

根据粗轧精轧的模型设定参数，由 RMPP 模块得到带钢在粗轧和精轧阶段的奥氏体晶粒尺寸和再结晶百分数，如图 12-33 所示。从图中可以看出，在粗轧阶段，发生完全动态再结晶，奥氏体晶粒尺寸随着轧制次数的增加不断减小。在精轧阶段，从第四个机架开始，奥氏体晶粒尺寸有所增加，此时发生静态再结晶。精轧后三个机架的再结晶过程不完全会使得带钢内部有残余应变存在，影响带钢的变形抗力。

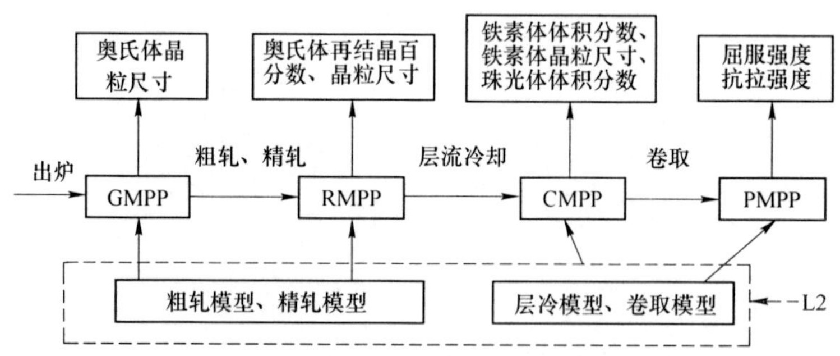

图 12-32　热轧组织性能预报系统模块结构

在层流冷却阶段（如图 12-34 所示），带钢内部组织发生奥氏体向铁素体或珠光体转变。带钢在粗调区开始发生铁素体转变，转变温度为 789.82℃。当温度降低到 718.82℃，珠光体转变开始，铁素体转变终止，此时的铁素体体积分数为 85%，铁素体晶粒尺寸为 7.53μm。随着冷却过程的进行，剩余的奥氏体将全部转变为珠光体。

根据温降曲线和钢种的化学成分计算出钢的随温降过程的组织构成及变化，如图 12-35 的右下方所示。将组织参数作为 PMPP 模块的输入参数，可对带钢的力学性能进行预测，如图左侧中部。图中的右上方的三张图示，分别显示了热轧带钢全长上的力学性能

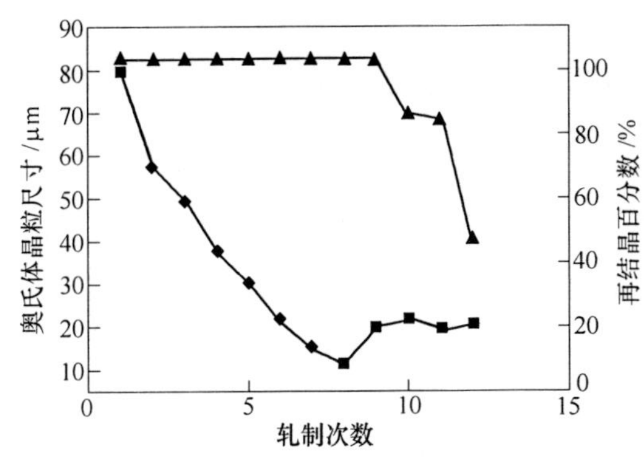

图 12-33 轧制阶段奥氏体晶粒尺寸和再结晶百分数

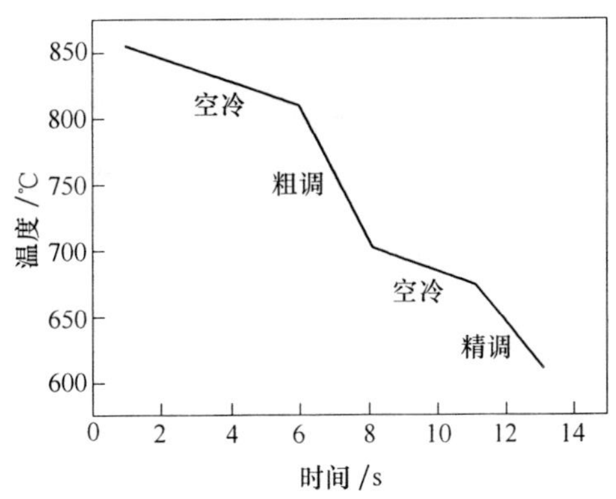

图 12-34 层流冷却温度曲线

分布状况，预测是否到达目标性能。待带钢力学性能的实测值上传到控制系统后，就可以知道模型的计算精度。

北京科技大学开发的组织性能预报系统在马鞍山钢铁公司 1780mm 热连轧生产线应用结果表明，实时预报的 SPHC2 钢的屈服强度和抗拉强度与实测值的误差小于 5%。

将来，热轧钢材组织与性能预测与控制技术可以有不同方式的应用，包括离线预测、在线预测、在线控制和化学成分及工艺参数设计与优化等。

离线预测是该技术的最基本的应用方式。系统建立后，输入化学成分、加工和冷却条件，所轧产品的组织变化和最终力学性能都可预测出来，并且可以绘制 TTT 和 CCT 曲线。这样就节约了常规实验手段所需的时间和资金。同时也可通过离线预测软件的反复运算，对新钢种进行设计与优化。

在线预测、在线控制是组织性能预测与控制技术在线应用的两个阶段。

在线预测是指在线对产品长向与宽向（对板材）的性能进行预测，从而节约实际检测时间。这对板卷的生产特别适用，因为通常只检测板带卷头尾两端的性能，而板卷中间部分的性能则难于测试与保证。部分国外的大型钢铁公司已建立了钢板组织和性能在线预测的生产线。

在线控制是组织性能预测与控制技术的最终目标，需要轧制参数的在线检测和精确的模型及反应迅速的计算机系统。在此阶段，可以在生产过程中对热轧钢材组织和性能进行实时控制，从而减少钢材的性能不合格率和提高生产率。与其他技术相结合，可以实现轧制力的精确预报。这时的控制目标，已经将传统的工艺参数（温度）、变形或时间改变为组织或性能。

大型的热轧钢材组织和性能预测与控制技术的实际应用系统如图 12-35 所示。

在这种模式下，为保证性能，可能过程工艺参数需要变动。以国外某钢厂的高碳钢带钢的层流冷却控制为例，为了保证最终带钢性能，其带钢的卷取温度曲线如图 12-36 所示。

热轧钢材组织与性能预测和控制系统，我国首先应立足在板带热连轧生产线。这些生产线自动化程度高，检测与控制手段齐备，可以获得组织性能预报所需的实时参数。将来进一步扩展到中厚板轧制、棒线材轧制、型钢轧制、钢管轧制及其他热加工方式，获得相

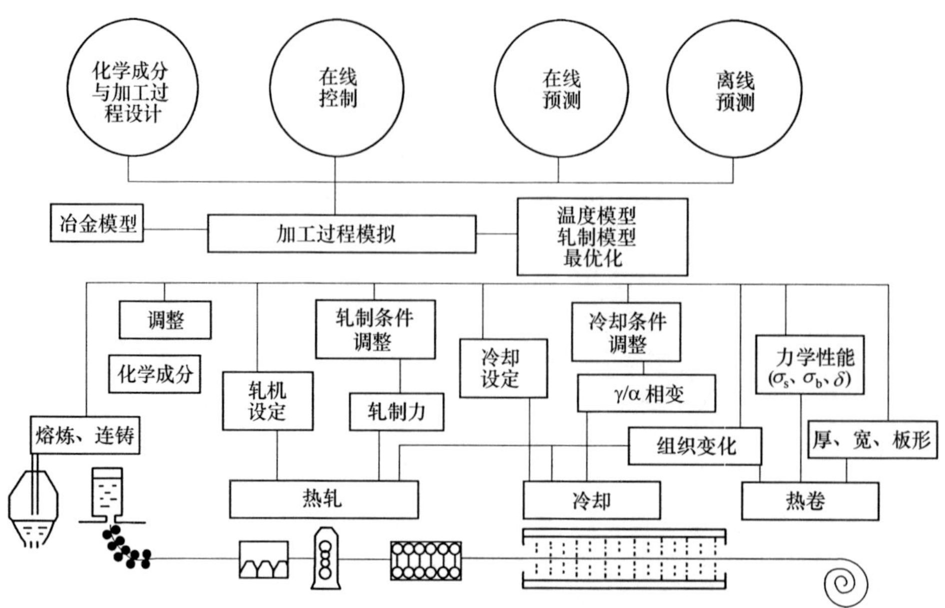

图 12-35 热轧钢材组织和性能预测与控制技术实际应用系统

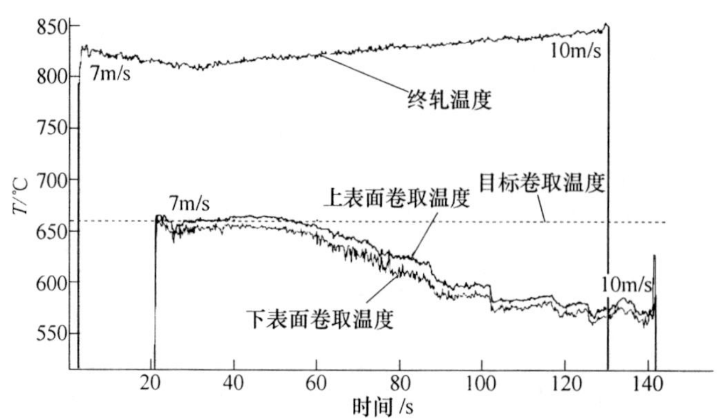

图 12-36 组织性能控制目标下的带钢的卷取温度变化

应的组织性能预报系统，使产品开发水准和产品组织与性能控制的基础理论与应用技术达到国际先进水平。

参 考 文 献

[1] 宋维锡. 金属学 [M]. 北京：冶金工业出版社，1988.

[2] 刘饶川，汪凌云，辜蕾钢. AZ31B 镁合金板材退火工艺及晶粒尺寸模型的研究 [J]. 轻合金加工技术，2004，32 (2)：22 ~ 25.

[3] Sellars C M, Whiteman J A. Recrystallization and grain growth in hot rolling [J]. Metal Science, 1979.

[4] Najafizadeh A, Jonas J J. Predicting the critical stress for initiation of dynamic recrystallization [J]. Isij Int, 2006, 46 (11).

[5] 潘晓刚．X70 级管线钢热轧过程微观组织演变规律研究［D］．北京：北京科技大学，2011.

[6] 徐耀文．高强微合金钢组织演变模型研究［D］．北京：北京科技大学，2013.

[7] Min J, Lin J, Min Y A, et al. On the ferrite and bainite transformation in isothermally deformed 22MnB5 steels［J］. Materials Science and Engineering：A, 2012, 550（31）：375～387.

[8] Åkerstr M P, Oldenburg M. Austenite decomposition during press hardening of a boron steel—Computer simulation and test［J］. Journal of materials processing technology, 2006, 174（1～3）：399～406.

[9] 徐祖耀，牟翊文．Fe-C 合金贝氏体相变热力学（LFG 模型）［J］．金属学报，1985，21：107～111.

[10] 王群，唐荻，宋勇，等．DP590 钢线膨胀测量中相转变体积分数的分析［J］．金属热处理，2013，38（1）：108～112.

[11] 王蕾，唐荻，宋勇，等．基于位错密度的残余应变计算方法［J］．机械工程学报，2015（18）：91～98.

[12] 徐福昌，王有铭，余伟，等．热轧钢材组织和性能预测及控制专家系统［J］．1995，30（6）：39～42，26.

[13] 宋勇．马鞍山钢铁公司 1780mm CSP 热连轧自动化系统改造技术总结报告［R］．2016-3-10.

[14] Ohjoon Kwon. A technology changes and for the prediction and mechanical propertiesin control of microstructural steel［J］. ISIJ International, 1992, 32（3）：350～358.